U0830405

教育部高等农林院校理科基础课程
教学指导委员会推荐示范教材

普通高等教育农业部“十二五”规划教材

高等农林教育“十三五”规划教材

无机及分析化学

Inorganic and Analytical Chemistry

第 2 版

贾之慎　主编

中 国 农 业 大 学 出 版 社
·北京·

内容简介

本书为普通高等教育农业部"十二五"规划教材，是在教育部高等农林院校理科基础课程教学指导委员会推荐示范教材《无机及分析化学》的基础上修订而成的，该书保持了第一版教材的基本框架和主要内容，是根据2008年11月教育部高等农林院校理科基础课程教学指导委员会制定的普通高等农林学校非化学专业化学教学基本要求编写的。内容主要为化学反应的基本原理、物质结构基础理论、溶液化学平衡、滴定分析、常用仪器分析、重要生命元素等。为更好地体现教学基本要求、便于教师开展多媒体教学，本教材还提供配套的《无机及分析化学》课件。

本书是一本近化类专业通用型的化学基础课教材，可作为植物生产类、动物生产类、草业科学类、森林资源类、环境生态类、动物医学类、水产类以及生命科学、食品科学、制药工程、林产化工等专业《无机及分析化学》课程教材使用，也可作为《普通化学》和《分析化学》课程教材使用。

电子教学课件及资料库的链接网址：http://xy.caupress.cn/course/1530，请打开以上网址，下载相关文件。

图书在版编目(CIP)数据

无机及分析化学/贾之慎主编. —2版. —北京：中国农业大学出版社，2014.8(2021.7重印)
ISBN 978-7-5655-0998-8

Ⅰ.①无… Ⅱ.①贾… Ⅲ.①无机化学-高等学校-教材 ②分析化学-高等学校-教材 Ⅳ.①O61 ②O65

中国版本图书馆CIP数据核字(2014)第143719号

书　　名　无机及分析化学　第2版
作　　者　贾之慎　主编

策划编辑　梁爱荣　潘晓丽　　　**责任编辑**　魏秀云　冯雪梅
封面设计　郑　川
出版发行　中国农业大学出版社
社　　址　北京市海淀区圆明园西路2号　　　**邮政编码**　100193
电　　话　发行部 010-62818525，8625　　　读者服务部 010-62732336
　　　　　　编辑部 010-62732617，2618　　　出　版　部 010-62733440
网　　址　http://www.cau.edu.cn/caup　　　**e-mail** cbsszs @ cau.edu.cn
经　　销　新华书店
印　　刷　北京时代华都印刷有限公司
版　　次　2014年9月第2版　　2021年7月第7次印刷
规　　格　787×1 092　　16开本　　25印张　　618千字　　彩插1
定　　价　59.00元

第 2 版编写人员

主　　编　贾之慎

副 主 编　（按姓氏拼音排序）

高　爽　郝海玲　贾佩云　刘　松　娄天军

申凤善　王日为　杨素萍　朱丽珺

第 1 版编写人员

主　　编　贾之慎

副 主 编　娄天军　杨素萍　贾佩云

　　　　　申风善　刘艳新

参编人员　（按姓氏拼音排序）

　　　　　李　强　陶建中　王日为

　　　　　王天喜　王小红　袁德凯

出版说明

在教育部高教司农林医药处的关怀指导下，由教育部高等农林院校理科基础课程教学指导委员会(以下简称“基础课教指委”)推荐的本科农林类专业数学、物理、化学基础课程系列示范性教材现在与广大师生见面了。这是近些年全国高等农林院校为贯彻落实“质量工程”有关精神，广大一线教师深化改革，积极探索加强基础、注重应用、提高能力、培养高素质本科人才的立项研究成果，是具体体现“基础课教指委”组织编制的相关课程教学基本要求的物化成果。其目的在于引导深化高等农林教育教学改革，推动各农林院校紧密联系教学实际和培养人才需求，创建具有特色的数理化精品课程和精品教材，大力提高教学质量。

课程教学基本要求是高等学校制定相应课程教学计划和教学大纲的基本依据，也是规范教学和检查教学质量的依据，同时还是编写课程教材的依据。“基础课教指委”在教育部高教司农林医药处的统一部署下，经过批准立项，于 2007 年底开始组织农林院校有关数学、物理、化学基础课程专家成立专题研究组，研究编制农林类专业相关基础课程的教学基本要求，经过多次研讨和广泛征求全国农林院校一线教师意见，于 2009 年 4 月完成教学基本要求的编制工作，由“基础课教指委”审定并报教育部农林医药处审批。

为了配合农林类专业数理化基础课程教学基本要求的试行，“基础课教指委”统一规划了名为“教育部高等农林院校理科基础课程教学指导委员会推荐示范教材”(以下简称“推荐示范教材”)。“推荐示范教材”由“基础课教指委”统一组织编写出版，不仅确保教材的高质量，同时也使其具有比较鲜明的特色。

一、“推荐示范教材”与教学基本要求并行　教育部专门立项研究制定农林类专业理科基础课程教学基本要求，旨在总结农林类专业理科基础课程教育教学改革经验，规范农林类专业理科基础课程教学工作，全面提高教育教学质量。此次农林类专业数理化基础课程教学基本要求的研制，是迄今为止参与院校和教师最多、研讨最为深入、时间最长的一次教学研讨过程，使教学基本要求的制定具有扎实的基础，使其具有很强的针对性和指导性。通过“推荐示范教材”的使用推动教学基本要求的试行，既体现了“基础课教指委”对推行教学基本要求的决心，又体现了对“推荐示范教材”的重视。

二、规范课程教学与突出农林特色兼备 长期以来各高等农林院校数理化基础课程在教学计划安排和教学内容上存在着较大的趋同性和盲目性，课程定位不准，教学不够规范，必须科学地制定课程教学基本要求。同时由于农林学科的特点和专业培养目标、培养规格的不同，对相关数理化基础课程要求必须突出农林类专业特色。这次编制的相关课程教学基本要求最大限度地体现了各校在此方面的探索成果，“推荐示范教材”比较充分反映了农林类专业教学改革的新成果。

三、教材内容拓展与考研统一要求接轨 2008 年教育部实行了农学门类硕士研究生统一入学考试制度。这一制度的实行，促使农林类专业理科基础课程教学要求作必要的调整。“推荐示范教材”充分考虑了这一点，各门相关课程教材在内容上和深度上都密切配合这一考试制度的实行。

四、多种辅助教材与课程基本教材相配 为便于导教导学导考，我们以提供整体解决方案的模式，不仅提供课程主教材，还将逐步提供教学辅导书和教学课件等辅助教材，以丰富的教学资源充分满足教师和学生的需求，提高教学效果。

乘着即将编制国家级“十二五”规划教材建设项目之机，“基础课教指委”计划将“推荐示范教材”整体运行，以教材的高质量和新型高效的运行模式，力推本套教材列入“十二五”国家级规划教材项目。

“推荐示范教材”的编写和出版是一种尝试，赢得了许多院校和老师的参与和支持。在此，我们衷心地感谢积极参与的广大教师，同时真诚地希望有更多的读者参与到“推荐示范教材”的进一步建设中，为推进农林类专业理科基础课程教学改革，培养适应经济社会发展需要的基础扎实、能力强、素质高的专门人才做出更大贡献。

中国农业大学出版社

2009 年 8 月

第2版前言

《无机及分析化学》自2009年作为教育部高等农林院校理科基础课程教学指导委员会组织编写的理科基础课程示范教材以来，国内有多所高校将其作为教材，在无机及分析化学教学中取得了较好的使用效果。为了使本书得到更大的推广，进一步发挥示范教材的辐射作用，在农业部和中国农业大学出版社的支持下，本书又被列为普通高等教育农业部"十二五"规划教材。在广泛征求相关院校使用意见的基础上，2013年10月在北京召开了《无机及分析化学》教材的修订会议，根据近年来教材使用的情况，大家对教材的提出了修改意见，制订了编写计划。

本次修订做到两个保持：保持第1版教材的特色和风格，即基础性与应用性、系统性与前沿性的有机结合；保持第1版教材的基本框架和主要内容。

在修订中对全书的习题进行了修改和补充，对相关阅读的材料进行了更新，反映了学科近年来的最新发展。

对教材中部分段落、内容和文字做了适当的修改、润色，使本书的知识关系更加合理，表述更加通顺，增强了可读性。

具体的重要内容的修订分述如下：

第1章和第2章对一些概念的定义进行了修订，阐述更为准确。

第5章增加了水溶液中配平氧原子的基本规则、甘汞电极图。

第6章对配合物的命名进一步规范化，修改了例题和习题中部分配合物的命名。

第8章增加了滴定分析实例的介绍，对酸碱滴定可行性判断标准进行了修正。

考虑到目前的教学学时数较少，仪器分析在许多院校已经单独设课，第9章仪器分析选介中删去了原子吸收分光光度法和色谱分析法，其内容可以在相关专业的后续课程仪器分析中学习。紫外-可见分光光度法和电势分析法分别成为第9章和第10章，这样全书共有12章。

第12章补充了部分生命元素的生物效应。

经过这次修订，分析化学部分的内容更为充实，因此书本可以作为《无机及分析化学》教材使用，也可以分别作为《普通化学》和《分析化学》教材使用。

和本书配套使用的教学课件及学习指导经修订后也将由中国农业大学出版社出版。

本次修订由贾之慎（浙江大学）担任主编，郝海玲（河南科技学院）、高爽（东北农业大学）、贾佩云（东北林业大学）、刘松（北京林业大学）、娄天军（河南科技学院）、申凤善（延边大学）、王日为（山东农业大学）、杨素萍（河北北方学院）、朱丽珺（南京林业大学）担任副主编。

在本书编写和出版过程中，许多兄弟院校和中国农业大学出版社给予了热情的支持，在此一并致以衷心的感谢。

尽管作者在修订过程中力求完美，但限于水平，仍难免有不足和疏漏，恳请广大师生和其他读者多提宝贵意见。

编　者

2014 年 4 月

第 1 版 前 言

无机化学和分析化学是农林院校近化类专业必修的两门化学基础课，经过近十年的教学改革实践，将无机化学和分析化学两门课程合并成无机及分析化学已经得到了普遍的认可，适用于理、工、农、医等专业的各类无机及分析化学教材先后问世。我国实现高等教育大众化后，全国高等农业院校管理体制和学科专业结构发生重大变革，全国农林院校的专业、学科更为齐全，许多单科性学院发展成了多科性的大学。在这种形势下，若仍按理、工、农、医分门别类采用不同的教材进行教学，既不利于化学系公共化学课程教学的组织，也不利于学分制和学生自由选课制的实行。目前化学类教材种类多，但精品教材少，不能适应全面提高学生素质和教育教学质量的需要。因此适时地编写适用较宽专业的通用型无机及分析化学教材，是当前高等农林院校教学改革的一个重要内容。

本书为教育部高等农林院校理科基础课程教学指导委员会组织编写的理科基础课程示范教材，是根据 2008 年 11 月教育部高等农林院校理科基础课程教学指导委员会制定的普通高等农林学校非化学专业化学教学基本要求编写的。内容主要为化学反应的基本原理、物质结构基础理论、溶液化学平衡、滴定分析、常用仪器分析、元素化学知识等。近化类专业和农林类专业在以上教学内容方面的化学教学基本要求是相同的，因此本书可供植物生产类、动物生产类、草业科学类、森林资源类、环境生态类、动物医学类、水产类、生命科学、食品科学、资源与环境科学、制药工程、林产化工等专业使用。

通过本课程的学习，使学生了解近代化学的基本理论，为后续的化学课程（有机化学、物理化学）、专业基础课程、专业课程提供必要的化学基础知识。通过课程的教学，引导学生从中学的学习模式过渡到大学的在教师指导下的主动学习，使学生逐步了解知识是如何探索、研究和发展的。

本教材贯彻教育部实施“质量工程”的精神，结合我们教学实践中的体验和无机及分析化学教学改革的实际，在编写时主要考虑了以下几点：

1. 教学理念创新。根据教学基本要求提出的“本科教学不只是传授知识，更要传授获取知识的方法和思想，培养学生的创新意识和科学品质，使学生具备潜在的发展能力和基础”的教学目标，本教材破除传统学科体系的束缚，教材内容注意融入有关科学史、方法论、科研成果、信息技术等内容，重视素质能力的培养。教材理论阐述简明扼要，突出原理分析，删除繁难的公式推导，概念阐述准确。同时注意教材的易读性，力求语言简洁通顺，叙述条理清晰，适应学习者自主学习的要求，符合学习者的认知规律，便于学习者自学。

2. 模块组合创新。在教材的编排形式上力求有所创新，为了突出基础知识和基本理论的内在联系，本教材将原子结构和分子结构合并成物质结构一章；化学热力学、化学动力学和化学平衡合并成化学反应基本原理一章。全书由若干个模块组成，教师可根据学科专业特点和学时多少选择相关模块组合教学，不必按照教材章节顺序教学。考虑到部分学校无机及分析化学由无机化学(或普通化学)和分析化学教研组分别担任，分析化学模块由"分析化学概论"、"滴定分析"、"仪器分析选介"三章组成。无机化学和分析化学可以分开教学，也可以在讲完平衡以后分别讲授相关的滴定分析方法。仪器分析则可以根据情况选讲部分内容。

3. 教材定位创新。考虑到不同学校和专业的教学要求和学时有所不同，教材中的部分内容可作为选学，用*表示。考虑到不同的培养需求，以及农科生源的实际水平，将习题分为基础题和提高题，基础题是多数学生必须掌握的基本内容，体现了课程的基本要求，提高题是为部分学有余力的学生加深拓宽的内容，使不同的学生都能在原有的水平上满足不同的需要。为适应高等教育与国际接轨的发展趋势，本教材中的绝大部分专业术语以中英文两种文字给出，部分习题也用英文编写，希望这种编写方式能为本课程的"双语教学"提供方便。

4. 载体形式创新。每章都有"相关阅读"栏目，提供教师和学生阅读的文献，以加深对教材的理解以及对学科最新发展的了解。为便于教师开展多媒体教学和学生的主动性学习，本教材还提供《无机及分析化学》电子教案。该电子教案配合教材，参考其他同类教材，用优秀的教本、简单的平台提供给教师一个教授的基本素材，并为教师留下各自可以充分发挥特色的空间。我们还将编写《无机及分析化学学习指导》，帮助学生了解该课程的有关要求，明确要点和难点，引导学生对新学知识进行综合分析和思考，培养学生独立思考和自学的能力，也有利于主讲教师教学。

5. 教学资源网络化。以互联网为标志的信息化时代的到来，使得教师和学生获取知识的手段更加方便，学生的学习不再局限于以教师为中心，不再局限于一本教材"包打天下"。教师和学生都可以充分利用互联网、多媒体等现代科技手段获取信息和知识，及时跟踪学科发展的最新动向。因此，互联网已经成为化学教学中必不可少的工具。为培养信息化时代的学习方法和获取知识的能力，教材还介绍了利用 Internet 信息资源搜索化学数据和科学文献的手段，为教师和学生提供了专业化学网站和数据库的部分资料。

参加本书编写的有贾之慎(编写绪论、第 10 章，浙江大学)，袁德凯(编写第 1 章，中国农业大学)，申凤善(编写第 2 章，延边大学)，贾佩云(编写第 3 章，东北林业大学)，王小红(编写第 4 章，海南大学)，王日为(编写第 5 章，山东农业大学)，娄天军(编写第 6 章，河南科技学院)，杨素萍(编写第 7 章，河北北方学院)，刘艳新(编写第 8 章，东北农业大学)，陶建中、王天喜(编写第 9 章，河南科技学院)，李强(编写第 11 章，北京林业大学)。

贾之慎担任主编，娄天军、杨素萍、贾佩云、申凤善、刘艳新担任副主编，全书由主编审阅、定稿。

本书在编写过程中得到全国高等农林院校理科基础课程示范教材编审委员会、参编学校各级领导、中国农业大学出版社的指导和支持，在此表示衷心的感谢。

限于编者水平，书中仍会有疏漏甚至错误之处，恳请读者和专家批评指正。

编　者

2009 年 5 月

目录
CONTENTS

绪论

Introduction

化学是在原子、分子水平上研究物质的组成、结构和性能以及变化规律的一门科学。化学贯穿于人类活动与环境的相互作用之中，与能源、材料、环境、生命和人类生活紧密相连。一些著名的科学家在论述今后发展的趋势时，提出了“化学是中心科学”的论点，因为化学联系着物理学和生物学、材料科学和环境科学、农业科学和医学，它是所有处理化学变化的科学的基础。化学是促进当代科学技术进步和人类物质文明飞速发展的基础和动力，化学是一门核心、实用、创造性的科学，也是一门古老而又生机勃勃的科学。但是近些年来，在许多人的心目中，化学却越来越多地与一些负面影响相联系，如环境污染、能源消耗等。因此，我们需要客观、准确、全面地了解化学发展的历史以及化学在人类发展历史中的地位。

人类从懂得用火开始，就从野蛮进入了文明。燃烧是人类最早利用的化学反应，燃烧不仅改善了人类的饮食条件，而且也改善了人类的生活条件，人们利用燃烧反应制作了陶器、冶炼了青铜等金属。古代的炼丹家更是在寻求长生不老之药的过程中使用了燃烧、煅烧、蒸馏、升华等化学基本操作。造纸、染色、酿造、火药等使人类生活质量提高的生产技术的发明无一不是经历无数化学反应的结果。因此，化学从一开始就和人类的生活密切相关。当然，在古代，化学表现出的是一种经验性、零散性和实用性的技术，化学尚没有成为一门科学。

17世纪中叶以后，随着资本主义生产的迅速发展，积累了有关物质变化的知识。同时，数学、物理学、天文学等相关学科的发展促进了化学的发展。1661年玻意尔(Boyle R)首次指出“化学的对象和任务就是寻找和认识物质的组成和性质。”他明确地把化学作为一门认识自然的科学，而不是一种以实用为目的的技艺。恩格斯对此给予了高度的评价，指出：“是玻意尔把化学确立为科学”。

18世纪末，化学实验室开始有了较精密的天平，使化学科学从对物质变化的简单定性研究进入到精密的定量研究。随后相继发现了质量守恒定律、定组成定律、倍比定律等，为化学新理论的诞生打下了基础。19世纪初，为了说明这些定律的内在联系，道尔顿(J. Daltan)和阿佛加德罗(A. Avogadro)分别创立了原子论和原子论-分子论，从此进入了近代化学的发展时期。19世纪下半叶，物理学的热力学理论被引入化学，从宏观角度解决了化学平衡的问题。随着工业化的进程，出现了生产酸、碱、合成氨、染料以及其他有机化合物的大工厂，化工工业的发展更促进了化学科学的深入发展。化学开始形成了无机化学、分析化学、有机化学和物理化学四大基础化学学科。

20世纪是化学取得巨大成就的世纪，化学的研究对象从微观世界到宏观世界，从人类社会到宇宙空间不断地发展。无论在化学的理论、研究方法、实验技术以及应用等方面都发生了巨大的变化。现代科学中能源、环境、材料、生物、信息技术等学科无一例外地与化学密切相关，化学已成为促进社会及科学发展的基础学科之一。原来的四大基础化学学科已容纳不下新的发展，从而衍生出新的学科分支，例如生物化学、分子生物学、环境化学、材料化学、药物化学、地球化学和天体化学等。

20 世纪 90 年代以来，生物学和化学在更深层次上的交叉，打破了传统学科间的界限并催化和衍生出新的分支学科和生长点，产生了利用化学的思路、研究方法和手段来研究生物学和医学问题的学科——化学生物学。化学生物学的发展得益于化学科学的发展以及生物学和生命科学研究的积累，是几十年来化学与生物学和医学交叉的必然结果。化学生物学在分子水平上探索生命现象的本质，通过研究生物活性分子的结构、功能，进而运用化学的理论、方法来探索和解决生命及生物医学问题。同时，借助生物学的原理、方法以及生物技术的新成果和新发现来解决化学难题。化学生物学融合了化学、生物学、物理学、信息科学等多个相关学科的理论、技术和研究方法，是一个最有活力、最有应用前景的领域。在化学生物学研究领域，通过对生理过程有调控作用的蛋白质、核酸和多醣等生物大分子与化学小分子的识别及作用机理研究，为开发新型药物、临床诊断和治疗提供了新的途径。设计、合成及从天然产物中提取的生物活性物质将作为创制新颖药物或农药的先导化合物，也将为医药、农业和环境等领域技术的发展提供资源。

化学作为一门中心的、实用的和创造性的科学，它与社会的多方面的需求有关，也有人称“化学是一门使人类生活得更美好的学科”。中科院院士徐光宪教授说过“如果没有发明合成氨、合成尿素和第一、第二、第三代新农药的技术，世界粮食产量至少要减半，60 亿人口中的 30 亿就会饿死。没有发明合成各种抗生素和大量新药物的技术，人类平均寿命要缩短 25 年。没有发明合成纤维、合成橡胶、合成塑料的技术，人类生活要受到很大影响。”在未来 25 年中，我们将会看到化学为解决人类所面临的能源和粮食问题所做的贡献。化学将在研制高效肥料和高效农药，特别是与环境友好的生物肥料和生物农药，以及开发新型农业生产资料等方面发挥巨大作用。化学将在发展新能源和资源的合理开发和高效安全利用中起关键作用；在研制大规模、大功率的光电转换材料，推广太阳能的开发利用等方面发挥特别的作用。这些将改变人类能源消费的方式，同时提高人类生态环境的质量。化学也将在电子信息材料、生物医用材料、新型能源材料、生态环境材料和航空航天材料的研究中发挥重大的作用。在发展量子计算机、生物计算机、分子器件和生物芯片等新技术中化学都将做出自己的贡献。化学将在克服疾病和提高人们的生存质量等方面进一步发挥重大的作用。在攻克高死亡率和高致残的心脑血管病、肿瘤、糖尿病以及艾滋病的进程中，化学家将和医学工作者一起不断创造和研究包括基因疗法在内的新药物和新方法。化学研究也将使人们从分子水平了解病理过程，提出预警生物标志物的检测方法。化学研究也将在揭示中药的有效成分、揭示多组分药物的协同作用机理方面发挥巨大作用，从而加速中医药走向世界。

总之，化学是与国民经济各部门、人民生活各个方面、科学技术各领域都有密切联系的基础学科。它不仅是化学工作者的必备专业知识，而且是理、工、农、医各相关学科专业人士所必须掌握的专业基础知识。为培养基础扎实、知识面宽、能力强、具有创新精神的高级人才，较为系统地学习化学基本原理、掌握必需的化学基本技能，了解它们在现代科学各个领域的应用是十分必要的。同时，化学是一门充满活力和创造性的学科，通过化学课程的学习，不但使学生掌握了一定的化学专业知识，而且有利于培养学生的创新思维能力和辩证唯物主义观点。化学是一门以实验为基础的科学，化学实验是人们认识物质化学性质，揭示化学变化规律和检验化学理论的基本手段。学生在实验室模拟各种实验条件，细致地对实验现象进行观察比较，并从中得出有用的结论。因此，可以培养学生的动手能力、认真细致的工作习惯、分析和解决一些实际问题的思想方法和工作方法。

无机化学和分析化学对于近化学专业如生命科学、农学、环境科学、食品、化工、材料、医学、药学等专业的学生的相关基础和专业知识的学习都是必不可少的。经过二十多年的教学改革实践，将无机化学（普通化学）和分析化学两门课程合并成无机及分析化学已逐步得到了认可。无机及分析化学最大的特点是将定量分析化学中的四大滴定融入四大平衡，使无机化学（普通化学）和分析化学自然成为一体，实现了两门课程的有机结合，避免了知识的重复，适应了基础课学时减少的需要，减轻了同学们的学习负担。无机及分析化学包含了无机化学原理和定量分析的基本内容，本书从宏观上介绍分散体系（稀溶液、胶体）的基本性质和化学反应的基本原理（能量变化，反应速度，反应方向，反应的平衡移动），从微观上介绍物质结构（原子、分子、晶体）的基本知识。阐述在科学研究中定量分析的原理，溶液中的化学平衡以及在滴定分析中的应用，介绍常用的仪器分析的方法、重要的元素及其生物效应。

我们希望通过学习这门课程能提供学习其他课程所需的背景材料和化学知识。我们也希望通过本课程的学习能发展你对化学的兴趣。通过这门课程的学习，掌握化学科学的基本内容，扩大知识面，为进一步学习各门有关的专业课程打下基础。通过本课程的学习，了解化学变化的基本规律，学会从化学反应产生的能量、反应的方向、反应的速度、反应进行的程度等方面来分析化学反应的条件，从而优化化学反应的条件。学会用原子分子结构的观点解释元素及其化合物的性质。正确处理各类化学平衡（酸碱平衡、沉淀—溶解平衡、氧化还原平衡、配位平衡）的移动以及平衡之间的转换。学会用定量分析的方法来测定物质的量，从而解决生产、科研中的实际问题。了解常用分析仪器的原理并掌握其使用方法。

化学概念和化学理论的形成和发展都有它的实验依据和历史背景，在客观真理的探索过程中，某一个阶段内人类的认识总有其相对性和局限性。从一定意义上讲，一切科学理论都只是一种简化了的模型，是不全面的、近似的。有些理论会被新的实验事实证明是错误的，必将被新的理论所代替，已建立的化学理论需在科学与生产实践中不断得到修正和完善，这个过程，也就是科学不断完善、发展、进步的过程。因此，我们在学习过程中对于化学理论的认识，既要深刻而又不僵化，要注意科学理论的适用局限性。

化学是一门孕育着巨大发展创新机会的学科。化学科学知识随着人类认识的深入而不断发展变化，是一个从宏观到微观、从定性到定量、从描述性到推理性的发展过程。随着人类对世界认识的不断深化，它不断被补充、完善、发展或更新，成为后人探索、发现真理的阶梯和借鉴。我们要把化学作为发展的、动态的知识，从它的孕育、产生和发展的历史过程去认识它。以开阔的视野，全面、深刻地理解化学知识，把握化学发展的规律，而且能够用发展的眼光去看待化学的今天和未来，并激发起补充、完善和发展化学科学的兴趣和动力，从而活跃思维、培养科学探索和创新精神。

随着现代科学技术的快速发展，知识更新速度加快，各类信息量大幅增加。化学是信息量特别大的一门学科,20 世纪下半叶以来,由于现代分析仪器的使用,高通量筛选技术在药物设计中的应用,组合化学方法和基因组学、蛋白组学、代谢组学的发展,人类在分子层次上的信息量指数般增长。1970 年在美国化学文摘(CAS)上登录的从天然产物中分离出来的和人工合成的已知化合物只有 236.7 万种,而目前已经超过 2 400 万种,它们的各种性质,加上多元体系的性质,可以说是一个无边无际的数据海洋。从事与化学相关研究的工作人员,经常要在如此巨大的资料海洋中获取自己需要的信息,采用传统的检索方法,往往事倍功半,很难适应现代化学化工发展的新形势。国际互联网 Internet 的出现以及其迅猛的发展,使当今世界真正跨入了信息时代。Internet 具有世界上最大的信息资源,包括各种文献、图片图像、声音视频、程序和数据库等。Internet 已成为人们学习、工作和生活的不可缺少的工具。Internet 资源信息量大,内容覆盖面广。要在信息的海洋中,能够以最快的速度在网上索取自己需要的信息和资料,就必须熟练掌握常用的搜索引擎和文献数据库等信息时代的检索工具的使用方法。更需要在实践中总结经验,不断熟练掌握检索工具的应用技巧以及获取这些信息的方法。本书的附录Ⅹ将简单介绍化学信息网络检索的几种主要途径。

在开始学习之前,不妨用几分钟时间粗略地看一下本书的目录,大致了解课程的内容。根据不同的专业和学时安排,教师讲授的次序可能会与书中不同,有些章节可能不作要求。在听课之前,应该提前阅读所要讲授的内容,这将使你在老师讲述之前就知道了那些重要的概念和术语。课后,你必须更加仔细地阅读相应的章节,以保证能够理解所有的问题。如果你有疑问,可以和同学讨论,也可以和教师讨论。要仔细研究书中的例题,它能帮助你了解各种类型的解题方法。在学完一章后,你可以根据学习要求检查自己有没有掌握本章的主要内容。习题中的基本题体现了课程的基本要求,如果你能熟练地解答这些习题,说明你已经达到了课程的基本要求。其中的选择题是对该章的主要知识点、概念的考核,是非常重要的。如果你对自己有更高的要求,你可以做一下提高题。如果你对书中的某一知识感兴趣,或者想拓宽你的知识面,可以利用网络去查阅相关阅读中的有关文献(和教材配套的教学课件的资料库中也有文献的全文)。另外,掌握一些概念和术语的英文,对扩大你的词汇量有好处。也许,你应该把书后的附录粗略地翻阅一下,以便对它们有所了解。

欢迎和我们联系,无论是告诉我们书中的缺点、印刷和排版中的错误,还是提出新的建议,我们都将十分感谢。

□ 相关阅读

1. 徐光宪. 今日化学何去何从. 大学化学,2003(1):1.
2. 马林. 如何从化学学科的角度理解化学生物学的内涵. 化学进展,2006(4):514.
3. 赵玉芬. 化学生物学与生命起源. 科技导报,2004(6):3.
4. 刘建超,等. 化学农药的发展方向——绿色化学. 农药,2005(1):1.
5. 乔园园,等. 化学信息学与生物信息学开放性比较. 化学进展,2007(4):624.
6. 王胡. 化学与生命科学. 绥化学院学报,2007(3):146.
7. 黄砾,等. 基于 Internet 的化学学习模式与化学网络资源的利用. 大学化学,2003(6):42.

8. 杨秀平. 浅谈 Internet 网上的化学信息资源. 甘肃教育学院学报(自然科学版),2003(3):73.

9. 徐光宪. 第六次科技革命的内涵,功能材料信息,2013(3):8.

10. 张俊豪.《无机与分析化学》网络教学平台的开发与应用. 产业与科技论坛,2013(7):168.

11. 吴婕. 超分子化学在生命科学领域的研究进展. 材料导报,2013(7):118.

12. 唐有祺. 化学学科的发展历程. 化学世界,2002(10):507.

13. 王玉华. 网络课堂辅助基础化学教学的研究与应用. 大学化学,2013(2):29.

Chapter 1 第 1 章

气体、溶液和胶体

Gas, Solution and Colloid

学习目标

1. 了解分散系的种类及主要特征。
2. 掌握理想气体状态方程、道尔顿分压定律及二者的应用。
3. 掌握蒸气压下降、沸点升高和凝固点降低、渗透压等稀溶液的通性。
4. 熟悉胶体的基本概念、结构和主要性质等。
5. 了解高分子溶液、表面活性物质、乳浊液的基本概念和重要特征。

溶液(solution)和胶体(colloid)是物质在自然界存在的两种重要形式。广义的溶液可以以气态、液态和固态三种不同的聚集状态存在。人们习惯上将气态溶液归为气体(gas)进行研究,通常所讲的溶液都是指液态溶液,水溶液则是最为重要的溶液体系。自然界中,水是所有生命形式存在的基本条件之一,它不仅是构成生命体的基本物质,而且也是生物体内各种生理生化过程的主要介质。胶体是物质存在的另一种重要形式,如我们所熟悉的土壤、动物和植物体的骨架、组织,以及各种生命现象,都与胶体密切相关。在本章中,我们将从分散系的角度,分别介绍气体和溶液的重要性质,以及胶体的一些基本知识。

1.1 分散系

自然界中,除少数物质以气态、液态或固态的纯净物形式单独存在外,多数物质是以混合物的形式存在的。这些由一种(或多种)物质分散于另一种物质所构成的系统,称为分散系(dispersion system)。日常生活中常见的空气、海水、泥浆、牛奶,以及生物的体液和各种合金等,都是分散系。在分散系中,被分散的物质称为分散相(dispersion phase),容纳分散相的物质称为分散介质(dispersion medium)。多数情况下,分散相处于分割成粒子的不连续状态,而分散介质则处于连续状态。分散相和分散介质可以是固体、气体或液体,所以按照聚集状态分类,分散系共九种(表 1-1)。如果按照分散相粒子的大小来分类,则分散系可分为:粗分散系、胶体分散系和小分子或离子分散系(表 1-2)。虽然这三类分散系的性质有明显差异，但它们之间的界限是相对的，其性质和状态也是逐步过渡的。实际的分散系往往比较复杂，如牛奶中既有粒径较大的脂肪微粒，也有蛋白质等高分子物质，还有乳糖等小分子物质；常见的云和雾则是小液滴分散于气体混合物中所形成的分散系。

人类所生活的自然界是由大气圈、水圈、岩石圈和生物圈所构成，这些大的系统或其局部都可归结为上述分散系中的一种或多种的组合。

表 1-1 按聚集状态分类的各种分散系

分散相	分散介质	实例
气体	气体	空气、天然气、焦炉气
液体	气体	云、雾
固体	气体	烟、灰尘
气体	液体	碳酸饮料、泡沫
液体	液体	白酒、牛奶
固体	液体	盐水、泥浆、油漆
气体	固体	泡沫塑料、木炭
液体	固体	豆腐、硅胶、琼脂
固体	固体	合金、有色玻璃

表 1-2 按照分散质粒子大小分类的各种分散系

<table>
<tr><th rowspan="2">项目</th><th rowspan="2">粗分散系</th><th colspan="2">胶体分散系</th><th rowspan="2">小分子或离子分散系</th></tr>
<tr><th>溶胶</th><th>高分子溶液</th></tr>
<tr><td>分散相粒径/nm</td><td>＞100</td><td colspan="2">1～100</td><td>＜1</td></tr>
<tr><td>分散相</td><td>分子大集合体</td><td>分子小集合体</td><td>高分子</td><td>小分子或离子</td></tr>
<tr><td>稳定性</td><td>不稳定</td><td>较稳定</td><td colspan="2">稳定</td></tr>
<tr><td>扩散及透过性</td><td>扩散很慢，颗粒不能透过滤纸</td><td colspan="2">扩散慢，颗粒不能透过半透膜</td><td>扩散快，颗粒能透过半透膜</td></tr>
<tr><td>相态</td><td colspan="2">多相体系</td><td colspan="2">均相体系</td></tr>
<tr><td>主要实例</td><td>泥浆、乳汁</td><td>碘化银、氢氧化铁、硫化砷溶胶</td><td>蛋白质、核酸水溶液</td><td>氯化钠、葡萄糖水溶液</td></tr>
</table>

1.2 气　　体

气体的基本特征是扩散性和可压缩性。因此气体没有固定的形状和体积，将气体引入任何容器中，气体分子将均匀地充满整个容器空间。另外，不同种类的气体能以任意比例均匀混合。许多化学变化和生理生化过程，如物质的燃烧、生物体的呼吸、植物的光合作用和生物固氮等，都是在空气中发生的。在科学研究和生产实践中，也常有气体参加的反应。因此，对气体的基本性质的了解具有重要的理论和实际意义。

1.2.1 理想气体状态方程

我们称分子本身不占有体积、分子间没有相互作用力的气体为理想气体(ideal gas)。作为一种抽象模型,理想气体在实际中并不存在。但实际气体在低压、高温条件下,气体分子自身的体积与气体体积相比可以忽略;气体分子之间的距离相当大,分子间的作用力也减小到可以忽略。因此,低压、高温下的实际气体可近似看作理想气体。

通过大量实验,人们发现理想气体的压力① p、体积 V、温度 T、体积 V 和物质的量 n 之间存在确定的函数关系,即:理想气体状态方程(ideal gas law)。

$$pV = nRT \tag{1-1}$$

在 SI 单位制中,p 的单位为 Pa,V 的单位为 m^3,T 的单位为 K,n 的单位为 mol。其中 R 为摩尔气体常数。在 273.15 K,101.325 kPa 时,根据理想气体的摩尔体积 $V_m = 0.022\ 414\ 10\ m^3 \cdot mol^{-1}$。可计算出 $R = 8.314\ J \cdot mol^{-1} \cdot K^{-1}$。

例 1-1 某碳氢化合物的蒸汽,在 100℃及 101.325 kPa 时,密度 $\rho = 2.55\ g \cdot L^{-1}$,由化学分析结果可知该化合物中碳原子数与氢原子数之比为 1∶1。试确定该化合物的分子式。

解:设该化合物的摩尔质量为 M,质量为 m,组成为 $(CH)_x$。

根据理想气体状态方程:$pV = nRT$

得 $pV = \frac{m}{M}RT$

故 $M = \frac{mRT}{pV} = \frac{\rho RT}{p} = \frac{2.55 \times 10^3\ g \cdot m^{-3} \times 8.314\ J \cdot mol^{-1} \cdot K^{-1} \times 373.15\ K}{1.013\ 25 \times 10^5\ Pa} = 77.89\ g \cdot mol^{-1}$

由 $M = x[M(C) + M(H)] = x \times (12.0\ g \cdot mol^{-1} + 1.01\ g \cdot mol^{-1})$

解得 $x = 6$

故该化合物的分子式为 C_6H_6。

1.2.2 分压定律

实际工作中的气体常常是两种或多种气体构成的多组分体系。若多种相互不发生化学反应的气体混合后,分子本身的体积和相互作用力均可忽略不计,这样的体系则被称为理想气体混合物。理想气体混合物中的各组分气体均充满整个容器,任一组分气体对器壁的碰撞作用均不会因其他组分气体的存在而有所改变。因此,混合气体中任一组分的分压与该组分气体在相同温度下独占整个容器所产生的压力相同:

$$p_i = \frac{n_i}{V}RT \tag{1-2}$$

① 此处"压力"实际是指气体的压强。

而理想气体混合物的总压力 p 等于混合体系中各组分气体的分压之和：

$$p = p_1 + p_2 + p_3 + \cdots + p_i = \sum_{i=1}^{n} p_i \tag{1-3}$$

上述规律是由英国化学家道尔顿(Dolton)于 19 世纪初通过实验所提出的，后为气体分子运动论所证明，被称为道尔顿理想气体分压定律。

在理想气体混合时，由于分子间无相互作用，故任一组分在容器中碰撞器壁产生的压力与独立存在时是相同的。即在混合气体中，组分气体是各自独立的，这就是分压定律的实质。

将式(1-2)代入式(1-3)得：

$$p = \sum_{i=1}^{n} p_i = \sum_{i=1}^{n} n_i \frac{RT}{V} = n \frac{RT}{V} \tag{1-4}$$

式中：n 为混合气体总的物质的量。

由式(1-3)和式(1-4)可得：

$$\frac{p_i}{p} = \frac{n_i}{n}$$

或

$$p_i = \frac{n_i}{n} p = x_i p \tag{1-5}$$

式中：x_i 为某组分气体的物质的量分数。式(1-5)表明，理想气体混合物中某组分气体的分压等于该气体的物质的量分数和总压力的乘积。这是道尔顿分压定律的另一种表述形式。应当指出的是，只有理想气体才会严格遵守道尔顿分压定律。实际气体只有在低压和高温下，才近似适用。

道尔顿分压定律对研究气体混合物非常重要。如：在实验室中经常使用排水法收集气体，而此时的气体总是含有饱和水蒸气。所以混合气体的总压力是实验温度下气体分压与水的饱和蒸气压之和。水的饱和蒸气压仅与温度有关，相关数据见表 1-3。

表 1-3　水在不同温度下的饱和蒸气压

温度/℃	压力/kPa	温度/℃	压力/kPa	温度/℃	压力/kPa
0	0.61	7	1.00	14	1.60
1	0.65	8	1.07	15	1.71
2	0.71	9	1.15	16	1.81
3	0.76	10	1.23	17	1.93
4	0.81	11	1.31	18	2.07
5	0.87	12	1.40	19	2.20
6	0.93	13	1.49	20	2.33

续表1-3

温度/℃	压力/kPa	温度/℃	压力/kPa	温度/℃	压力/kPa
21	2.49	32	4.76	75	38.54
22	2.64	33	5.03	80	47.34
23	2.81	34	5.32	85	57.81
24	2.97	35	5.63	90	70.10
25	3.17	40	7.37	95	84.54
26	3.36	45	9.59	96	87.67
27	3.56	50	12.33	97	90.94
28	3.77	55	15.73	98	94.30
29	4.00	60	19.92	99	97.75
30	4.24	65	25.00	100	101.32
31	4.49	70	31.16	101	105.00

例 1-2 在 290 K，99.3 kPa 的气压下，用排水集气法收集氮气 150 mL。求在 273 K，101.3 kPa 下该气体经干燥后的体积。

解：查表 1-3，290 K 时水的饱和蒸气压为 1.93 kPa

则根据分压定律，氮气分压为 $p(N_2)=p(总)-p(H_2O)=99.3\ \text{kPa}-1.93\ \text{kPa}=97.4\ \text{kPa}$

设经干燥后氮气的体积为 V'，压力为 p'，温度为 T'，则

$$\frac{pV}{T}=\frac{p'V'}{T'}$$

$$V'=\frac{pVT'}{p'T}=\frac{97.4\times10^3\ \text{Pa}\times150\times10^{-6}\ \text{m}^3\times273\ \text{K}}{101.325\times10^3\ \text{Pa}\times290\ \text{K}}=1.36\times10^{-4}\ \text{m}^3$$

合 136 mL。

1.3 溶液浓度的表示方法

溶液的性质常与溶液中溶质和溶剂的相对含量，即溶液的浓度有关。表示溶液浓度的方法有很多，较为常见的有物质的量浓度、质量摩尔浓度、质量分数和物质的量分数等。

1.3.1 物质的量浓度

物质的量浓度是指单位体积溶液中所含溶质 B 的物质的量，其数值为 B 的物质的量与溶液体积的商。在不产生混淆时，可简称为浓度。用符号 c_B 表示：

$$c_B = \frac{n_B}{V} \tag{1-6}$$

式中：n_B 为物质 B 的物质的量，SI 单位为 mol；V 为溶液的体积，SI 单位为 m^3。故 c_B 的 SI 单位是 $mol \cdot m^{-3}$。由于人们常用 L 作为体积单位，故物质的量浓度 c_B 的常用单位是 $mol \cdot L^{-1}$。

根据 SI 规定，使用物质的量单位“mol”时，应指明物质的基本单元。而物质的量浓度单位是由基本单位“mol”推导得到，故在使用该单位表示物质浓度时也应指明物质的基本单元。例如，

在 1 L $m(H_2SO_4) = 9.808$ g 的硫酸溶液中，则 $n(H_2SO_4) = 0.100\ 0$ mol，相应地，$c(H_2SO_4) = 0.100\ 0\ mol \cdot L^{-1}$。

同样在 1 L $m(H_2SO_4) = 9.808$ g 的硫酸溶液中，则 $n(1/2H_2SO_4) = 0.200\ 0$ mol，则相应地，$c(1/2H_2SO_4) = 0.200\ 0\ mol \cdot L^{-1}$。

显而易见，由于选取基本单元的不同，物质的量浓度所表示的实际数值也会随之而异。

1.3.2 质量摩尔浓度

质量摩尔浓度是指单位质量溶剂中所含溶质 B 的物质的量，其数值为 B 的物质的量与溶剂质量的商。用符号 b_B 表示：

$$b_B = \frac{n_B}{m_A} \tag{1-7}$$

式中：m_A 为溶剂的质量，SI 单位为 kg，故 b_B 的单位为 $mol \cdot kg^{-1}$。

由于物质的质量不受温度影响，故溶液的质量摩尔浓度是一个与温度无关的物理量。另外，在使用该单位表示溶液浓度时也应像使用物质的量浓度一样指明物质的基本单元。

例 1-3 将 0.270 g KCl 晶体溶于 100 g 水中，计算所得溶液中 KCl 的质量摩尔浓度。

解：

$$b(KCl) = \frac{n(KCl)}{m(H_2O)} = \frac{m(KCl)}{M(KCl)\,m(H_2O)}$$

$$= \frac{0.270\ g}{74.5\ g \cdot mol^{-1} \times 0.100\ kg} = 0.036\ 2\ mol \cdot kg^{-1}$$

1.3.3 质量分数

质量分数是指单位质量溶液中所含物质 B 的质量，其数值为物质 B 的质量 m_B 与溶液质量 m 的商。用符号 ω_B 表示：

$$\omega_B = \frac{m_B}{m} \tag{1-8}$$

由于 m_B 和 m 的 SI 单位均为 kg，故 ω_B 的量纲为 1。

若已知浓度为 ω_B 的溶液的密度 ρ，则可通过计算得到 c_B 与 ω_B 的关系式为：

$$c_B = \frac{n_B}{V} = \frac{m_B}{M_B V} = \frac{\rho m_B}{M_B m} = \frac{\omega_B \rho}{M_B} \tag{1-9}$$

M_B 为溶质 B 的摩尔质量。

对两组分溶液，当溶质 B 的含量较少时，则溶液的质量 m 近似等于溶剂的质量 m_A，则

$$c_B = \frac{n_B \rho}{m} = \frac{n_B \rho}{m_A + m_B} \approx \frac{n_B \rho}{m_A} = b_B \rho \tag{1-10}$$

对于稀的水溶液，当 c_B 的单位为 $mol \cdot L^{-1}$，b_B 的单位为 $mol \cdot kg^{-1}$ 时，二者数值近似相等。

例 1-4 已知浓硫酸的密度 $\rho = 1.84\ g \cdot mL^{-1}$，硫酸的质量分数为 96.0%，若配制 500 mL $c(H_2SO_4) = 0.10\ mol \cdot L^{-1}$ 的稀硫酸，应取浓硫酸多少毫升？

解：设需取用浓硫酸的体积为 V，则

$$\frac{\rho V \omega}{M(H_2SO_4)} = cV'$$

$$V = \frac{cV'M(H_2SO_4)}{\rho\omega} = \frac{0.10\ mol \cdot L^{-1} \times 500 \times 10^{-3}\ L \times 98.0\ g \cdot mol^{-1}}{1.84 \times 10^3\ g \cdot L^{-1} \times 0.96} = 2.8 \times 10^{-3}\ L$$

合 2.8 mL。

在配制上述溶液时，首先是量取 2.8 mL 的浓硫酸，然后将其缓缓加入 400 mL 左右的蒸馏水中，然后在容量瓶中定容至 500 mL。

1.3.4 物质的量分数

B 的物质的量与混合物总的物质的量之比，称为 B 的物质的量分数，又称为 B 的摩尔分数。B 的物质的量分数用符号 x_B 表示：

$$x_B = \frac{n_B}{n_{总}} \tag{1-11}$$

式中：x_B 的量纲为 1。

两组分溶液中：

$$x_B = \frac{n_B}{n_A + n_B} \qquad x_A = \frac{n_A}{n_A + n_B}$$

故：$x_A + x_B = 1$。

若推广到多组分体系，则：$\sum_i x_i = 1$。

1.4 稀溶液的通性

溶液的性质可分为两大类。一类与溶液中溶质的本性有关，如溶液的颜色、密度、酸碱性、导电性等；另一类则与溶剂中溶质的独立质点数相关，而与溶质本身的性质无关，如溶液的蒸气压、沸点、凝固点和渗透压等。而对于后一类性质，在难挥发的非电解质稀溶液(dilute nonelectrolyte solution)①中，会体现出一定的共性和规律性。我们把这类性质称为稀溶液的通性或依数性(colligative properties)。这些性质包括蒸气压下降、沸点升高、凝固点降低和渗透压现象。

1.4.1 溶液蒸气压的下降

液体分子脱离液体表面变为气体的过程称为蒸发。作为液体气化的方式之一，蒸发过程之所以能够进行，是因为尽管液体中的分子为邻近分子所束缚，但总有一部分分子能克服分子间的引力进入气相。

在一定温度下，如果将液体置于密闭容器中，并将容器上方抽成真空，则随着蒸发的进行，液体上方的气体分子数目逐渐增多，蒸气压力逐渐升高。反之，气体分子也存在凝聚过程，液体上方气体分子数目越多，分子重新凝结为液体的速率也逐渐加快。当液体蒸发与气体凝结的速率达到相等时，体系即为动态平衡状态，此时，蒸汽的压力不再改变，液相物质与气相物质达到平衡。在一定温度下，液体与其蒸气平衡时的蒸气压力称为该温度下的液体的饱和蒸气压(saturated vapor pressure)，简称蒸气压，以 p^* 表示。

蒸气压是液体的重要性质，它与液体的本质和温度有关。若液体分子间的引力较强，则在一定温度下该液体的蒸气压必然较低；反之则较高。对于同一种液体，其蒸气压会随着温度的升高而增大。图 1-1 中是几种常见溶剂的蒸气压曲线。

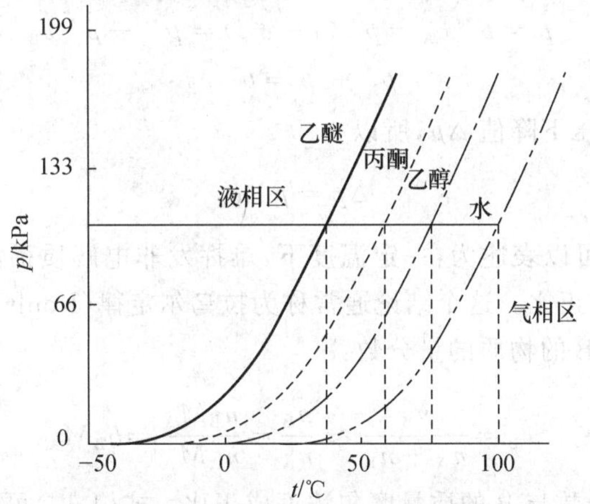

图 1-1　几种液体的蒸气压曲线

---

① 稀溶液是指溶剂与溶质分子之间、溶质分子之间没有相互作用的溶液，为一种理想化的溶液模型。

当在纯溶剂中加入一定量的难挥发溶质后，溶剂的表面就会少量地被溶质粒子所占据，溶剂的物质的量分数下降，在单位时间、单位面积内逸出液面进入气相的溶剂分子数目要比纯溶剂少(图 1-2)。所以在达到平衡状态时，溶液的蒸气压就要比相同温度下纯溶剂的饱和蒸气压低，这种现象称为溶液的蒸气压下降(vapor pressure lowing)。

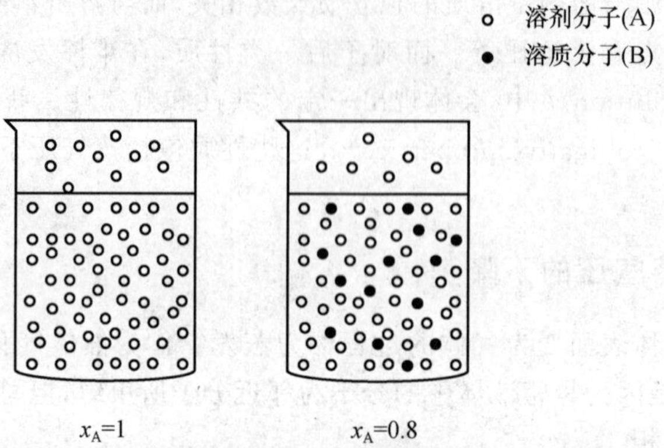

图 1-2　溶液蒸气压下降示意图

1887 年，法国物理学家拉乌尔(Roult F M)，总结出一条关于溶剂蒸气压的规律。即：一定温度下，稀溶液的蒸气压等于纯溶剂饱和蒸气压与溶液中溶剂的摩尔分数的乘积，其数学表达式为

$$p = p^* x_A \tag{1-12}$$

式中：p 为溶液的蒸气压，p^* 为溶剂的饱和蒸气压，SI 单位均为 Pa；x_A 为溶剂的物质的量分数。

在两组分体系中，由于 $x_A + x_B = 1$，即 $x_A = 1 - x_B$，因此

$$p = p^* x_A = p^*(1 - x_B) = p^* - p^* x_B$$

$$p^* - p = p^* x_B$$

而 $p^* - p$ 为溶剂蒸气压下降值 Δp，所以

$$\Delta p = p^* x_B \tag{1-13}$$

因此，拉乌尔的结论又可以表述为：一定温度下，难挥发非电解质稀溶液的蒸气压下降值与溶质的物质的量分数成正比。这个结论通常称为拉乌尔定律(Roult's Law)。

在稀溶液中，溶质 B 的物质的量分数：

$$x_B = \frac{n_B}{n_A + n_B} \approx \frac{n_B}{n_A} = \frac{n_B M_A}{n_A M_A} = b_B M_A$$

即溶质 B 的物质的量分数与 B 的质量摩尔浓度成正比。式(1-13)可改写为：

$$\Delta p = p^* x_B = p^* b_B M_A = k b_B \tag{1-14}$$

因此，拉乌尔定律还可表述为：一定温度下，难挥发非电解质稀溶液的蒸气压下降与溶质的质量摩尔浓度成正比。

在溶液的浓度较大时，由于溶质与溶剂分子间以及溶质分子间的作用不能忽略，虽然此时难挥发非电解质溶液具有明显的蒸气压下降现象，但拉乌尔定律在此时不再适用。

电解质溶液与难挥发非电解质溶液相比，其蒸气压下降现象更加明显，但由于溶液中既有电解质的电离现象，又存在离子之间、离子与溶剂之间更为复杂的作用，拉乌尔定律也不再适用。

对于含有易挥发的非电解质的稀溶液，溶剂的分压依然服从拉乌尔定律，而溶液的蒸气压为溶剂蒸气压与溶质蒸气压之和。

1.4.2 溶液沸点的升高和凝固点的降低

当液体的蒸气压与外压相等时，液体表面和内部同时发生气化现象，该过程被称为沸腾(bioling)。此时的温度，称为液体的沸点(boiling point)。通常液体的沸点是指其蒸气压等于 101.325 kPa 时的温度，称为正常沸点，也简称沸点。如水的正常沸点为 373.15 K。液体的沸点会随着外压的升高而升高。

由于难挥发非电解质稀溶液的蒸气压比纯溶剂要低，所以在达到纯溶剂的沸点时，溶液不能沸腾。为了使溶液也能在此压力下沸腾，就必须使溶液的温度升高，加剧溶剂分子的热运动，以增加溶液的蒸气压。当溶液的蒸气压与外压相等时，溶液开始沸腾。很显然，此时溶液的温度应高于纯溶剂的沸点。该现象被称为溶液的沸点升高。图 1-3 中，曲线 AA' 和 BB' 分别表示纯溶剂和溶液的蒸气压曲线，T_b 和 T'_b 分别代表纯溶剂的沸点和溶液的沸点。

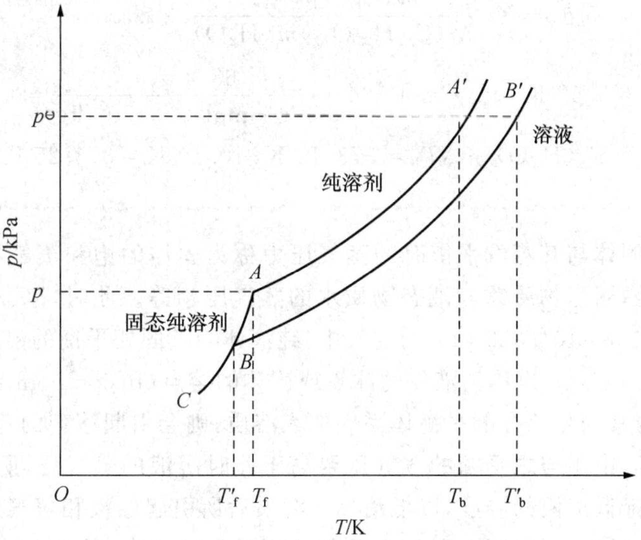

图 1-3 溶液的沸点升高、凝固点降低示意图

溶液的浓度越高，其蒸气压下降的越多，则溶液沸点升高的也越多，其关系为：

$$\Delta T_b = K_b b_B \tag{1-15}$$

式中：ΔT_b 为溶液沸点的升高值，单位为 K 或℃；K_b 为溶剂沸点升高常数，单位为 K · kg ·

mol^{-1} 或℃·kg·mol^{-1}；b_B 为溶质的质量摩尔浓度，单位为 mol·kg^{-1}。K_b 为只与溶剂性质有关，而与溶质本性无关的常数。不同的溶剂有不同 K_b 值，它们既可通过理论计算，也可由实验测得。表 1-4 中列出了几种常见溶剂的 K_b 值。

溶液沸腾之后，随着溶剂的不断蒸出，溶液的浓度不断增大。所以，与纯溶剂不同，溶液的沸点在达到饱和之前是在不断升高的。

表 1-4 几种溶剂的 T_b 和 K_b

溶剂	T_b/K	K_b/(K·kg·mol^{-1})
水(H_2O)	373.15	0.52
苯(C_6H_6)	353.35	2.53
四氯化碳(CCl_4)	351.65	4.88
丙酮(CH_3COCH_3)	329.65	1.71
三氯甲烷($CHCl_3$)	334.45	3.63
乙醚($C_2H_5OC_2H_5$)	307.55	2.16

例 1-5 68.4 g 蔗糖($C_{12}H_{22}O_{11}$，M=342 g·mol^{-1})溶于 1 000 g 水中，计算该溶液的沸点。

解：查表 1-4，水的沸点为 373.15 K，其沸点升高常数 K_b=0.52 K·kg·mol^{-1}。

$$\Delta T_b = K_b b_B = K_b \frac{m(C_{12}H_{22}O_{11})}{M(C_{12}H_{22}O_{11})m(H_2O)}$$

$$= 0.52\ K \cdot kg \cdot mol^{-1} \times \frac{68.4\ g}{342\ g \cdot mol^{-1} \times 1.00\ kg} = 0.10\ K$$

$$T_b = T_b(H_2O) + \Delta T_b = 373.15\ K + 0.10\ K = 373.25\ K$$

一定温度下，固体与其蒸汽平衡时的蒸气压力称为固体的饱和蒸气压。在冰和水的蒸气压曲线的交点处，固态物质冰与液态物质水的蒸气压相等。此时，冰、水和蒸气三者之间达到平衡状态。在 p=101.325 kPa 的空气中，纯液体与其固相平衡的温度就是该液体的正常凝固点(freezing point)，也称为液体的冰点或固体的熔点(fusion point)。

向一纯溶剂与其固相共存的平衡体系中加入溶质，则会引起溶剂的蒸气压下降，导致平衡破坏。对于固相，由于与之平衡的蒸气压要高于此时溶液的蒸气压，所以，此时必然有固相溶剂融化，从而降低溶液的浓度，以抵消加入溶质后所引起的液相蒸气压下降作用。而固相溶剂在融化中要吸收大量的热，所以在重新达到平衡过程中，整个系统的温度要降低，进而引起固相溶剂和溶液上方蒸气压的下降。该现象被称为溶液的凝固点降低。在图 1-3 中，固态纯溶剂蒸气压曲线 AC 与溶液蒸气压曲线 BB' 相交，交点处固态纯溶剂与溶液的蒸气压相等，此时的温度为溶液的凝固点。溶液的凝固点降低是常见的自然现象，如海水中因含有大量盐分，其结冰时的温度在 0℃以下；人们使用甘油和乙二醇的水溶液作为汽车水箱的抗冻剂，也是对溶液的凝固点降低的应用。与难挥发非电解质稀溶液的沸点升高现象类似，溶液凝固点下降的数值也与溶质的质量摩尔浓度成正比关系：

$$\Delta T_f = K_f b_B \tag{1-16}$$

式中：ΔT_f 是溶液凝固点下降值，单位为 K 或℃；K_f 为溶剂的凝固点下降常数，单位为 $K \cdot kg \cdot mol^{-1}$ 或 $℃ \cdot kg \cdot mol^{-1}$；$b_B$ 为溶质的质量摩尔浓度。与溶剂的沸点升高常数类似，K_f 为一个只与溶剂性质有关，而与溶质本性无关的常数。不同的溶剂有不同 K_f 值，它们既可通过理论计算，也可由实验测得。表 1-5 中列出了几种常见溶剂的 K_f 值。溶液温度达到其凝固点时，由于析出的是固态纯溶剂，因此溶液的浓度会增大。与纯溶剂不同，在溶液达到饱和之前，其凝固点并不能保持恒定，而是在不断降低。

表 1-5　几种溶剂的 T_f 和 K_f

溶剂	T_f/K	K_f/($K \cdot kg \cdot mol^{-1}$)
水(H_2O)	273.15	1.86
苯(C_6H_6)	278.66	5.12
硝基苯($C_6H_5NO_2$)	278.85	6.90
萘($C_{10}H_8$)	353.35	6.80
醋酸(CH_3COOH)	289.75	3.90
环己烷(C_6H_{12})	279.65	20.2

溶液的沸点上升与凝固点下降都与加入的溶质的质量摩尔浓度成正比，而质量摩尔浓度又与溶质的摩尔质量有关。因此，可通过溶液沸点升高和凝固点降低的测定来估算溶质的摩尔质量。由于同一物质的凝固点下降常数要比沸点升高常数大，而且凝固点的测定是在低温下进行，不会破坏试样的结构和组成，故凝固点下降法常用于测定溶质的摩尔质量。

例 1-6　从人尿中提取出一种中性含氮化合物，将 90.0 mg 纯品溶解在 12.0 g 蒸馏水中，所得溶液的凝固点比纯水降低了 0.233 K，试计算此化合物的摩尔质量。

解：查表 1-5 得水的凝固点降低常数 $K_f = 1.86\ K \cdot kg \cdot mol^{-1}$。

$$\Delta T_f = K_f b_B = K_f \frac{m_B}{M_B m_A}$$

$$M_B = \frac{K_f m_B}{\Delta T_f m_A} = \frac{1.86\ K \cdot kg \cdot mol^{-1} \times 90.0 \times 10^{-3}\ g}{0.233\ K \times 12.0 \times 10^{-3}\ kg} = 59.8\ g \cdot mol^{-1}$$

研究表明，植物的抗旱性和抗寒性与溶液的蒸气压下降和凝固点降低的规律密切相关。当环境温度发生较大改变时，植物细胞中就会产生大量的可溶性碳水化合物来提高细胞液的浓度，以保证植物细胞在较低的温度下不结冻，从而体现出一定的抗寒能力。同样，由于细胞液浓度增加，其蒸气压下降较大，使细胞的水分蒸发减弱，体现出植物的抗旱能力。此外，利用凝固点降低原理，人们还通过在冰雪路面上抛撒融雪剂的办法进行道路除冰；利用冰盐混合物获得低温，如：冰盐混合物的最低温度可达−22℃以下，通过此法得到的冷冻剂广泛应用于水产和食品的保鲜。

1.4.3 溶液的渗透压

物质自发的由高浓度处向低浓度处迁移的现象称为扩散(diffusion)。溶质在溶剂中的溶解可看作溶质粒子扩散的结果。扩散现象不但存在于溶质与溶剂之间,也存在于不同浓度的溶液之间。如在两个不同浓度的溶液之间放置一种能选择性通过某种粒子的膜,即半透膜(semi permeable membrance),就可观察到扩散现象的发生。如在一个连通器的两边各装入蔗糖溶液与纯水,中间以半透膜隔开。开始时两边的液面高度相等,经过一段时间之后,会发现蔗糖溶液一边的液面要比纯水的液面高,见图 1-4a。这是因为半透膜能阻止蔗糖分子向纯水中扩散,但不能阻止水分子的扩散。由于单位体积蔗糖溶液中水分子的数目要比纯水中少,故开始扩散时,纯水中水分子通过半透膜向蔗糖溶液中扩散的速率要比蔗糖溶液中水分子向纯水中的速率快。这导致蔗糖溶液一边的液面升高。这种物质粒子通过半透膜单向扩散的现象称为渗透(osmosis)。随着蔗糖溶液液面的升高,液柱的静压力增大,使得蔗糖溶液中水分子通过半透膜的速率加快。当压力达到一定值时,半透膜两边水分子通过的速率相等,两侧液面高度也不再发生变化。此时,便达到了渗透平衡状态。这种为维持半透膜所隔开的溶液与溶剂之间的渗透平衡而需要的额外压力称为渗透压(osmosis pressure)。换句话说,渗透压就是阻止渗透作用进行时所需加给溶液的额外压力,见图 1-4b。对于两种不同浓度溶液所构成的体系,也会发生渗透现象。而渗透压相等的溶液则称为等渗溶液(isotonic solution)。

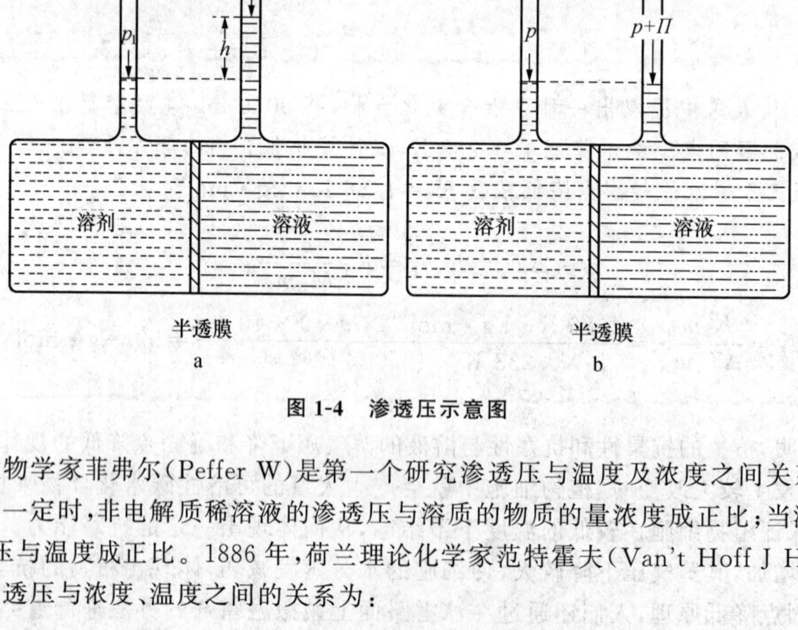

图 1-4 渗透压示意图

德国植物学家菲弗尔(Peffer W)是第一个研究渗透压与温度及浓度之间关系的人。他发现在温度一定时,非电解质稀溶液的渗透压与溶质的物质的量浓度成正比;当溶液浓度一定时,渗透压与温度成正比。1886 年,荷兰理论化学家范特霍夫(Van't Hoff J H)进一步总结出溶液渗透压与浓度、温度之间的关系为:

$$\Pi = c_B RT \tag{1-17}$$

式中:Π 为溶液的渗透压,SI 单位为 Pa,R 为摩尔气体常数,为 8.314 $J \cdot mol^{-1} \cdot K^{-1}$,$c_B$ 为溶质的物质的量浓度,SI 单位为 $mol \cdot m^{-3}$,T 是体系的温度,单位为 K。

通过对溶液渗透压的测定,可以估算出溶质的摩尔质量。

例 1-7 有一蛋白质的饱和水溶液,每升含有蛋白质 5.18 g。已知在 293.15 K 时,溶液的渗透压为 0.413 kPa。计算该蛋白质的摩尔质量。

解:根据渗透压公式得:

$$\Pi = c_B RT = \frac{m_B RT}{M_B V}$$

$$M_B = \frac{m_B RT}{\Pi V} = \frac{5.18\ g \times 8.314\ J \cdot mol^{-1} \cdot K^{-1} \times 293.15\ K}{0.413 \times 10^3\ Pa \times 1.0 \times 10^{-3}\ m} = 3.06 \times 10^4\ g \cdot mol^{-1}$$

渗透现象广泛存在于生物体的生命活动之中。生物体的细胞液和体液都是水溶液,它们具有一定的渗透压,而生物体内绝大部分膜都是半透膜。渗透现象与生物体的生存与发展密不可分。如:某些淡水鱼由于细胞液渗透压较低,放入海水中会因细胞大量失水而死亡;而某些海洋生物的细胞具有较高的渗透压,将其放在淡水中后,强烈渗透作用会使其细胞胀破,导致死亡。植物体内水分的传递、养料的转运与吸收都与渗透压密切相关,渗透压是植物体内水分由根部上升的主要驱动力之一。当植物生长在盐碱地或根部施肥过多时,则会因为细胞脱水而枯萎。正常情况下,人体内血液和细胞具有大小相近的渗透压。当人体大量失水后,会导致细胞中的水分向血液中渗透,造成细胞脱水,有时甚至危及生命。此时,应及时饮水或滴注生理盐水或葡萄糖溶液等生理等渗溶液以补充水分。

渗透技术在工业上也具有广泛的应用。如人们在渗透压较大的溶液一端加上比其渗透压更大的压力,可迫使溶剂由高浓度向低浓度被动扩散,从而达到浓缩溶液的目的。这就是所谓的反渗透(reverse osmosis)技术。如:为保证饮料的原始口味,人们可通过常温反渗透技术制造速溶咖啡和速溶茶等饮料。此外,反渗透技术在海水淡化领域中也得到了广泛应用。

由上述讨论可知:难挥发非电解质稀溶液的某些性质(蒸气压下降、沸点升高与凝固点降低、渗透压)与一定量的溶剂中所含溶质的物质的量成正比,而与溶质本性无关。这些性质被统称为稀溶液的依数性(colligative properties of dilute nonelectrolyte solution)。

应该指出的是稀溶液的依数性定律并不适用于浓溶液及电解质溶液。这是因为,溶液浓度增大时,溶剂与溶质间的作用不可忽略;在电解质溶液中会发生离解、缔合等变化,上述关系也不再适用,必须加以校正。表 1-6 列出了不同浓度的 NaCl 和 HAc 溶液的凝固点降低的实验值和计算值。但一般可根据溶液中粒子的总数来定性比较不同溶液的蒸气压、沸点、凝固点及渗透压的相对大小。

表 1-6 NaCl 和 HAc 溶液的凝固点下降

$b_B/(mol \cdot kg^{-1})$	$\Delta T_f(NaCl)/K$			$\Delta T_f(HAc)/K$		
	实验值/K	计算值/K	$\frac{实验值}{计算值}$	实验值/K	计算值/K	$\frac{实验值}{计算值}$
0.100 0	0.348	0.186	1.87	0.188	0.186	1.01
0.050 0	0.176	0.093 0	1.89	0.094 9	0.093 0	1.02
0.010 0	0.035 9	0.018 6	1.93	0.019 5	0.018 6	1.05
0.005 0	0.018 0	0.009 3	1.94	0.009 8	0.009 3	1.06

1.5 胶体溶液

胶体的概念是英国化学家格雷厄姆(Graham T)于 1861 年提出的。20 世纪初，俄国科学家维伊曼通过对 200 多种化合物的实验，证明几乎各种典型的晶体物质都可通过降低其溶解度或选用适当分散剂的方法制成溶胶。此时，人们才真正认识到胶体并非是一类特殊的物质，它只不过是物质以一定的分散度存在的状态。由表 1-2 可知胶体分散系(colloid dispersion system)是由粒径在 10^{-9}～10^{-7} m 的分散质组成的体系。它可以分为两大类：一类是胶体溶液，又称为溶胶，其分散质是小分子、原子或离子所聚集而成的较大颗粒，为多相体系，常见的例子有：胶体硫、AgBr 胶体、$Fe(OH)_3$ 胶体、$Al(OH)_3$ 胶体、As_2S_3 胶体等；另一类是高分子化合物所形成的高分子溶液，为均相的真溶液，如：淀粉溶液、蛋白质溶液、天然橡胶的苯溶液等。在高分子溶液中，由于高分子化合物的摩尔质量较大，其分了的大小属于胶体分散系，因此表现出许多与胶体相同的性质，故把高分子溶液看作胶体的一部分。但由于高分子溶液是均相的真溶液，所以其稳定性要高于胶体溶液。这一节主要介绍胶体的结构和性质。

1.5.1 固体在溶液中的吸附

1. *表面能与比表面积*

作为一种多相分散系，溶胶的相与相之间存在着界面(interface)，也称表面(surface)。分散系的分散度(dispersion degree)常用比表面积(specific area)来衡量，所谓比表面积就是单位体积分散质的总表面积。其定义式为：

$$s = \frac{S}{V} \tag{1-18}$$

式中：s 为分散质的比表面积，单位为 m^{-1}；S 为分散质的总表面积，单位为 m^2；V 为分散质的体积，单位为 m^3。

由上式可知，单位体积分散质的总表面积越大，分散质的颗粒就越小，则分散质的比表面积就越大，分散度也越高。如：体积为 1 cm^3 的立方体的表面积为 6 cm^2，其比表面积为 6×10^{-2} m^{-1}。若将之分成边长为 10^{-7} cm 的小立方体(共 10^{21} 个)，则体系总表面积变为

6×10^{7} cm^{2}，比表面积为 6×10^{9} m^{-1}。可见比表面积可以反映分散质的分散程度。胶体分散系中粒子的粒径在 $10^{-9}\sim10^{-7}$ m 范围之内，所以其比表面积是非常大的，这使得溶胶具有某些特殊的性质。

处于物质表面的质点，包括分子、原子、离子等，所受的作用力与处于物质内部相同质点的作用力并不相同。对于同一相中的质点来讲，处于内部的质点受到来自周围各个方向且大小相近的作用力，故其所受合力为零。而位于表面的质点，由于在界面两侧所受作用力并不相同，其所受合力不为零，且与界面垂直。因此，位于物质表面的质点处于不稳定的受力状态，故其能量要比内部质点高。物质表面上的质点都有向物质内部自发迁移的趋势，而将内部质点迁移至表面则需要吸收能量。表面质点比内部质点所多出的能量称为表面能(surface energy)。若物质的表面积越大，则位于表面的分子就越多，其表面能也越高，体系越不稳定。因此，液体和固体都有自动减少其表面能的趋势。

凝聚(coagulation)和表面吸附(adsorption)是降低表面能的两种途径。

凝聚是指液体的小液滴聚集成大液滴的作用，直接结果是体系的表面积减小，表面能降低。如：在春秋两季，雾滴可以凝聚成露水。

吸附是指各种气体、蒸气以及溶液里的溶质被吸着在固体或液体表面上的作用。具有吸附性的物质叫做吸附剂，被吸附的物质叫做吸附质。该作用的实质是吸附剂对吸附质质点的吸引。吸附剂的吸附性则来自于其表面质点的剩余力场，借这种力场，物质的表面层就能够吸附同它接触的液体或气体质点。常见的吸附剂有活性炭、硅胶、活性氧化铝、硅藻土等。电解质溶液中生成的许多沉淀，如：氢氧化铝、氢氧化铁、氯化银等也具有吸附能力，它们能吸附电解质溶液中的多种离子。吸附作用的强弱与吸附剂的性质、表面积、吸附质的性质和浓度、温度等因素有关。吸附剂的总面积愈大，吸附的能力愈强。对于特定吸附剂在吸附质的浓度和压强一定时，温度越高，吸附能力越弱，故低温对吸附作用有利；当温度一定时，吸附质的浓度和压强越高，吸附能力越强。

2. 物理吸附和化学吸附

吸附作用可产生在固—气、固—液、液—气、液—液等界面之间。在这里，我们主要讨论固—液界面上的吸附作用。在固—液界面上，被固体所吸附的物质既可以是溶质，也可以是溶剂。

根据作用方式的不同，吸附可分为物理吸附和化学吸附。物理吸附是吸附质与吸附剂以分子间作用力相吸引，作用力较弱，为可逆过程，吸附剂与吸附质均不会发生性质上的改变。如：在温度较低时，活性炭能对许多气体进行吸附，但在高温时，被吸附的气体很容易解脱。化学吸附则是指吸附质与吸附剂以类似于化学键的力相互吸引，作用力较强，多数情况下为不可逆过程，吸附剂与吸附质会发生某些性质上的改变。例如：金属镍、钯、铂等金属催化剂对氢气的吸附，被吸附的氢气需要在很高的温度下才能解脱，而且催化剂在性状上会发生某些变化。对同一物质，可能在低温下进行的是物理吸附，而在高温下会转化为化学吸附，或者两者同时进行。

3. 分子吸附和离子吸附

根据吸附对象的不同，溶液中固体的吸附作用可分为分子吸附和离子吸附两大类。

分子吸附是固体吸附剂对非电解质或弱电解质整个分子的吸附。其一般规律为：极性吸附剂易于吸附极性的溶质或溶剂;非极性吸附剂易于吸附非极性的溶质或溶剂,即"相似相吸"。在溶液中吸附剂对溶剂的吸附越多,对溶质的吸附就越少,反之亦然。如:人们利用活性炭进行脱色、除臭或除去溶液中杂质,以达到分离或提纯的目的。

离子吸附是指吸附剂对强电解质溶液中阴阳离子的吸附作用,又可细分为离子选择性吸附与离子交换吸附。

离子选择性吸附是指吸附剂从溶液中优先选择吸附与自己组成、性质有关的离子。如:在 $AgNO_3$ 溶液中,AgBr 固体会选择性吸附与之相关的 Ag^+ 离子,使固体表面带正电荷;而在 KBr 溶液中,AgBr 固体则会吸附与之相关的 Br^- 离子,使固体表面带负电荷。关于这类吸附作用,可参见后续章节对胶团结构的介绍。

离子交换吸附是指吸附剂从溶液中吸附某种离子的同时,还要等电荷数的释放出另一种与被吸附离子带同种电荷的离子进入溶液。这种离子交换是可逆过程。许多物质具有离子交换能力。如:离子交换树脂就是一大类应用于离子交换反应的高分子化合物。如含有—SO_3H、—COOH、—OH 等基团的离子交换树脂可选择性吸附水中的阳离子,释放出 H^+,称为阳离子交换树脂;而含有—NH_2、═NH 等基团的离子交换树脂可吸附阴离子,释放 OH^-,称为阴离子交换树脂。离子交换树脂广泛应用于水处理和物质的分离提纯等领域。

土壤溶液对养分的吸收和释放也涉及离子交换作用。当施入铵态氮肥后,NH_4^+ 会与土壤溶胶中的 Ca^{2+} 发生离子交换作用,使 NH_4^+ 为土壤所吸附。当溶液中的 NH_4^+ 被植物吸收之后,NH_4^+ 就会从土壤中释放出来继续供植物吸收利用。

$$\text{土壤}\cdot Ca^{2+} + 2NH_4^+ \rightleftharpoons \text{土壤}\cdot 2NH_4^+ + Ca^{2+}$$

吸附作用的应用早已为人类所掌握,如:古人使用木炭除水、除臭和防腐。在生产和科学研究中,人们常利用吸附和解吸作用来干燥气体或对物质进行分离提纯。吸附作用除可以使反应物在吸附剂表面浓集,提高化学反应速率外,还会使反应物分子内部的化学键减弱,进而降低反应的活化能,加快反应速率,因此吸附剂在某些化学反应中可用作催化剂。如:人们广泛使用非均相催化体系进行催化氢化、氧化、裂解等工艺过程。

1.5.2 胶团的结构

作为高度分散的多相体系,胶体溶液中的粒子具有巨大的表面积及表面能。溶胶粒子为减小其表面能,会吸附体系中的其他离子,使之能在系统中较为稳定的存在。一旦溶胶粒子吸附其他离子,它的表面就会带电。而带电的表面又会通过静电引力去与体系中其他带相反电荷的离子发生作用,形成双电层结构。以碘化银溶胶为例,首先 Ag^+ 与 I^- 反应后生成粒径为 1～100 nm 的 AgI 颗粒,该颗粒称为胶核。由于胶核的颗粒分散度很高,具有较高的表面能。如果此时体系中存在过剩的离子,那么胶核就会对其进行选择性吸附。如:当体系中 KI 过剩时,胶核会优先吸附 I^-,因此胶核的表面就会因吸附 I^- 离子而带负电。被胶核所吸附的离子称为电位离子。此时,由于胶核表面带有相对集中的负电荷,所以它会以静电引力吸引带正电的 K^+。这些带相反电荷的离子称为反离子。胶核与被其吸附的电位离子和部分被较强吸附的反离子,统称为胶粒,胶粒与被吸附较弱的反离子共同构成中性的胶团结构。在胶体溶液中能够自由运动的是胶粒结构。AgI 胶团的结构如图 1-5 所示,其结构式如下：

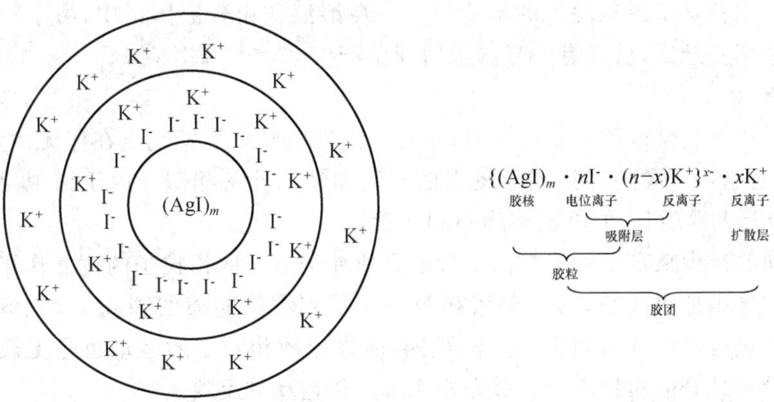

图 1-5　KI 过量时所形成的 AgI 胶团结构示意图

若在制备 AgI 胶体时，溶液中的 $AgNO_3$ 过量，则胶团的结构与上述情况有所不同：

$$\{(AgI)_m \cdot nAg^+ \cdot (n-x)NO_3^-\}^{x+} \cdot xNO_3^-$$

氢氧化铁、三硫化二砷和硅胶的胶团结构式可表示如下：

$$\{(Fe(OH)_3)_m \cdot nFeO^+ \cdot (n-x)Cl^-\}^{x+} \cdot xCl^-$$

$$\{(As_2S_3)_m \cdot nHS^- \cdot (n-x)H^+\}^{x-} \cdot xH^+$$

$$\{(H_2SiO_3)_m \cdot nHSiO_3^- \cdot (n-x)H^+\}^{x-} \cdot xH^+$$

应当特别指出的是，在制备胶体时，一定要有稳定剂存在。通常的稳定剂就是吸附层中的离子，由于胶粒的吸附层带有相同的电荷，胶粒之间的静电排斥力能避免胶粒的相互碰撞，从而阻止了聚沉作用的发生。

1.5.3　胶体溶液的性质

胶体的许多性质与其高度分散及多相共存的特点有关。溶胶的性质主要包括光学、动力学性质和电化学性质。

1. 溶胶的光学性质

早在 1869 年，丁铎尔（Tyndall）在研究胶体时将一束可见光照射到透明的溶胶上，在与光线垂直的方向可以观察到一条发亮的光柱（图 1-6），后人将这一现象称为丁铎尔效应（Tyndall effect）。由于丁铎尔效应现象是胶体所特有的现象，因此可以用来区分溶液与胶体。

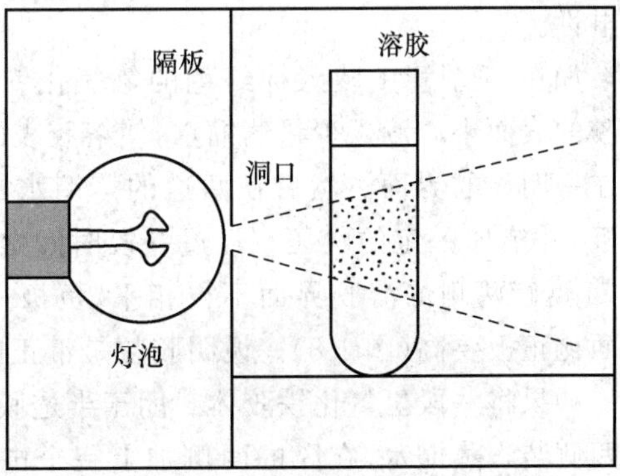

图 1-6　丁铎尔效应示意图

丁铎尔效应的产生与胶体中分散质的粒径有直接的关系。我们知道，可见光的波长在 400～760 nm 之间，而胶体颗粒的粒径在 1～

100 nm 之间。由于二者非常接近，所以在可见光通过胶体溶液时，胶体颗粒对其具有明显的散射作用。这就是丁铎尔现象的本质所在。在溶液和粗分散体系中，由于粒子的粒径与可见光的波长相差悬殊，故没有明显的散射现象产生。

2. 溶胶的动力学性质

在超显微镜下观察散射现象的同时，还可以发现溶胶中的发光点在作无休止、无规则的运动(图 1-7)。这一现象与花粉在液体表面的运动情况非常相似。由于该现象由植物学家布朗(Brown)首先发现，人们将其称为布朗运动。

布朗运动的产生来自于各个方向上分散介质粒子对分散相粒子的碰撞作用。由于溶胶粒子的质量和体积都比较小，所以分散相粒子在受到溶剂碰撞的瞬间会产生较大的位移。由于分散介质热运动的方向和大小无法预测，所以分散相粒子的运动也是无规则的。故布朗运动也可看作是分散相粒子对分散介质无规则热运动的反映。

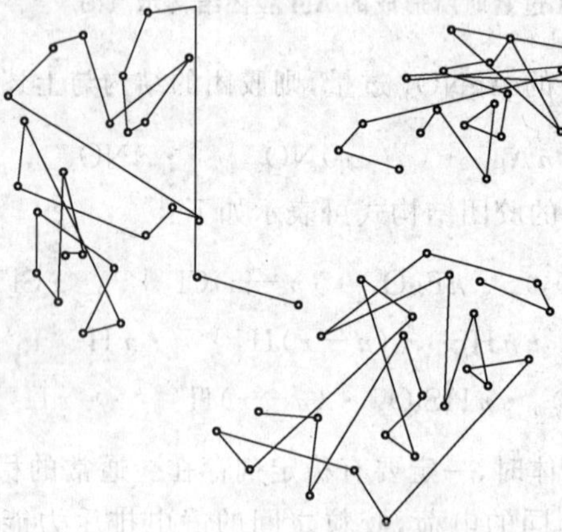

图 1-7 布朗运动

3. 溶胶的电学性质

在电场中，溶胶体系的胶粒在分散介质中能发生定向迁移，这种现象称为溶胶的电泳(electrophoresis)。因此，可以通过胶粒在电场中的迁移方向来判断胶粒的带电性。

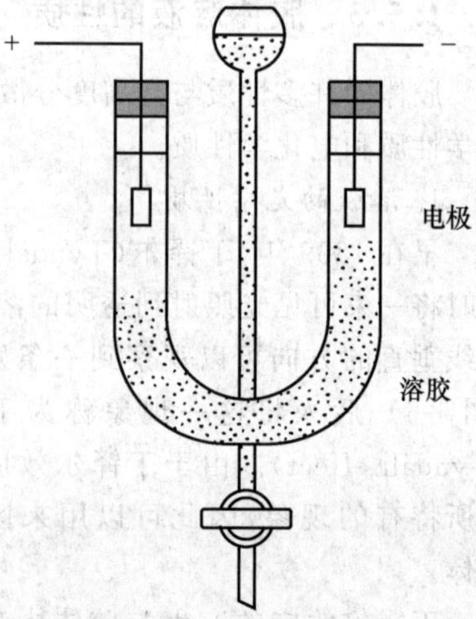

图 1-8 $Fe(OH)_3$ 溶胶的电泳

如在 U 型管中装入棕红色的氢氧化铁胶体，并在溶胶的表面小心滴入少量蒸馏水，使溶胶表面与水之间存在一明显的界面。然后在两边的蒸馏水中插入惰性电极，并施加一定的电压。经过一段时间之后，可以发现 U 型管两侧的溶胶界面不再相平，负极一端的溶胶界面比正极要高(图 1-8)。说明胶粒是带正电的。

如果将一段氢氧化铁胶体封闭于半透膜中，半透膜的两侧装入蒸馏水，在膜的两侧加上一个电场，一段时间后会发现正极一端的液面会升高，这种分散介质剂在电场作用下发生定向移动的现象称为电渗(electroosmosis)(图 1-9)。电渗作用表明胶体溶液中溶剂也是带电的。

综上可知，在氢氧化铁胶体中，虽然在整体上胶体溶液是电中性的，但胶粒和溶剂带有相反的电荷。结合氢氧化铁胶体中胶团的结构，我们可以知道，胶体中自由移动的粒子是胶粒，在电场作用下，胶团结构中的吸附层和扩散层之间会产生相对的运动。

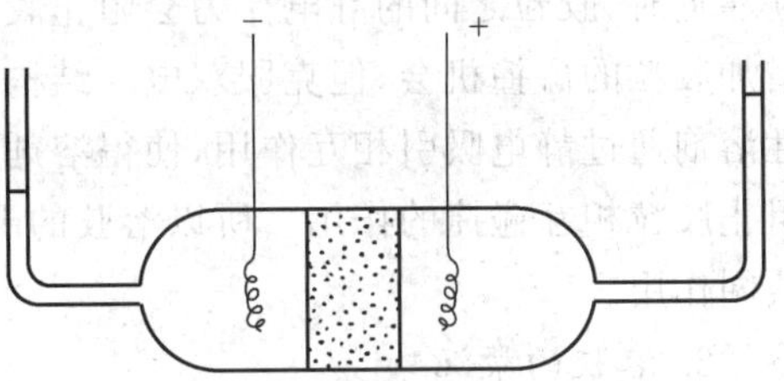

图 1-9 $Fe(OH)_3$ 溶胶的电渗

胶粒带电的原因有以下两个方面。

吸附作用　溶胶具有较高的表面能，胶核表面可以选择性地吸附溶液中的离子。如氢氧化铁溶胶是使用 $FeCl_3$ 在沸水中水解制得。在水解过程中产生大量的 FeO^+ 离子，正是由于 $Fe(OH)_3$ 对 FeO^+ 的吸附作用才使胶粒带正电。硫化砷溶胶在制备时，通常是将 H_2S 通入饱和的 H_3AsO_4 溶液中，经过一段时间以后，生成淡黄色的 As_2S_3 溶胶。由于 H_2S 在溶液中电离产生大量的 HS^-，所以 As_2S_3 吸附 HS^- 之后，胶粒带负电。

电离作用　有部分胶粒带电是由于自身表面解离所造成的。例如：硅胶粒子带负电就是因为 H_2SiO_3 解离形成 $HSiO_3^-$ 或 SiO_3^{2-}，并附着在胶核表面所致。

$$H_2SiO_3 = HSiO_3^- + H^+ = SiO_3^{2-} + 2H^+$$

应该指出的是，胶粒带电的原因十分复杂，以上两种情况只能说明胶粒带电的某些规律，至于溶胶究竟带何种电荷、荷电量为多少等问题，都要通过实验来证实。另外，溶胶的带电情况还与溶胶的制备方法有直接的关系。如：AgI 溶胶在 $AgNO_3$ 过量时，胶粒带正电；在 KI 过量时，胶粒带负电。

由于胶粒带电的特性，使得电泳技术得到了广泛的应用。如：在生物学领域，凝胶电泳法是对蛋白和核酸进行分离和鉴定的基本方法之一。

1.5.4 溶胶的稳定性和聚沉

1. 溶胶的稳定性

在讨论溶胶的稳定性之前，先来看看溶胶的不稳定性的两个表现：首先，溶胶粒子会在重力作用下发生沉降；其次，溶胶是一个高分散、高表面能的系统，胶粒之间有自发凝聚成大颗粒聚沉的趋势。但实际上溶胶系统是相对稳定的，这与前面所述的溶胶特性紧密相关。溶胶的稳定性包括动力学稳定性(kinetic stability)和聚结稳定性(coagulation stability)两个方面。

溶胶的动力学稳定性是指溶胶粒子不会因重力作用而从分散剂中分离出来。这是溶胶粒子的动力学特征所决定的。由于胶粒的质量较小，所受重力作用也比较小，因此其运动主要受布朗运动的控制，因此不会发生沉降。但在粗分散系中，由于分散质颗粒较大，受重力影响也较大，因此容易产生沉淀。如：在 20℃时，直径为 1 mm 的石英砂在水中于 25 s 内沉降 25 cm；而将其分散为 100 nm 的颗粒，相同条件下沉降同样的距离需 1 个月时间；分散为 1 nm 时，沉降同样距离则需 250 年。所以，布朗运动是溶胶稳定存在的重要因素。

溶胶的聚结稳定性是指溶胶在放置过程中，不会发生分散质粒子的相互聚结而产生沉淀。这与溶胶的结构特征密切相关。由于胶粒的双电层结构，当两个带相同电荷的胶粒相互靠近时,胶粒之间的静电斥力会阻止胶粒的相互碰撞,使溶胶趋于稳定。尽管布朗运动会增加胶粒的碰撞机会,但克服双电层结构也很困难。另外,由于溶胶粒子中的带电离子与极性溶剂通过静电吸引相互作用,使得溶剂分子在胶粒表面形成溶剂化膜,溶剂化膜也能起到阻止胶粒相互碰撞的作用。所以溶胶的聚结稳定性来自于胶粒的双电层结构和溶剂化膜的共同作用。

2. 溶胶的聚沉

若溶胶的动力学稳定性与聚结稳定性遭到破坏,胶粒就会因碰撞而聚结沉降,澄清透明的溶胶就会变的浑浊。在胶体分散系中,这种分散质从分散剂中分离出来的过程称为聚沉(coagulation)。

造成胶体聚沉的因素很多,如:胶体本身的浓度过高、溶胶被长时间加热、以及溶胶中加入强电解质等。溶胶浓度过高,胶粒之间发生碰撞的几率大大增加,溶胶容易发生聚沉。将溶胶长时间加热,会使溶胶粒子的热运动加剧,同时胶粒周围的溶剂化膜被破坏,使胶粒暴露于溶剂之中;同时胶粒的热运动加剧还会使胶粒表面的电位离子和反离子减少,双电层变薄,胶粒间碰撞聚结的机会大大增加。对溶胶聚沉影响最大的是在溶胶中加入电解质。当电解质浓度较低时,胶粒周围的扩散层较厚,胶粒之间静电斥力较大,可防止胶粒聚沉,但加入大量电解质以后,由于大量的离子进入扩散层,使扩散层变薄,同时反离子减少了胶粒的带电数目,胶粒之间的静电斥力减弱,聚沉的机会增加。

电解质中对溶胶起聚沉作用的主要是与胶粒所带电荷相反的离子,而且与其所带电荷多少有关。一般来说,离子带电越高,聚沉作用越大。带有相同电荷的离子对溶胶的聚沉能力也有差异:随离子半径减小,电荷密度增加,水化半径随之增加,聚沉能力减弱。如:碱金属离子对带负电溶胶聚沉能力大小的顺序为:$Rb^+>K^+>Na^+>Li^+$,碱土金属离子对带负电溶胶聚沉能力大小的顺序为:$Ba^{2+}>Sr^{2+}>Ca^{2+}>Mg^{2+}$。这种带相同电荷的离子对溶胶聚沉能力大小的顺序称为感胶离子序。

电解质的聚沉能力通常用聚沉值来表示。所谓聚沉值是指一定时间内,使一定量的溶胶完全聚沉所需要的电解质的最低浓度。电解质的聚沉值越大,其聚沉能力越弱;聚沉值越小,其聚沉能力越强。表 1-7 列出了电解质对 AgI 负溶胶的聚沉值。

表 1-7　电解质对 AgI 负溶胶的聚沉值

电解质	聚沉值/($mmol \cdot L^{-1}$)	水化离子半径/10^{-10} m	电解质	聚沉值/($mmol \cdot L^{-1}$)	水化离子半径/10^{-10} m
$LiNO_3$	165	2.31	$Mg(NO_3)_2$	2.60	3.32
$NaNO_3$	140	1.76	$Ca(NO_3)_2$	2.40	3.00
KNO_3	136	1.19	$Sr(NO_3)_2$	2.38	3.00
$RbNO_3$	126	1.13	$Ba(NO_3)_2$	2.26	2.78

如果将两种带有相反电荷的溶胶按适当比例相互混合,溶胶也会发生聚沉,这种现象称为溶胶的互聚。溶胶的互聚必须按照等电量原则进行,否则其中一种溶胶的聚沉会不完全。

在某些情况下需要对溶胶进行保护,保护溶胶的方法很多,可以加入适量的保护剂,如:

动物胶，以增加胶粒溶剂化的保护膜；也可以对胶体进行渗析，除去溶胶中所含的部分电解质，以适当降低溶剂中电解质的浓度，防止胶粒的聚沉。

有时溶胶的产生会给生产和实验带来不便，如：胶状沉淀不仅能透过滤纸，而且过滤时间大大增加，此时则应采取措施促进胶粒的聚沉，从而达到破坏胶体的目的。

1.6 高分子溶液和乳浊液

高分子溶液和乳浊液都属于液态分散系，前者为胶体分散系，后者为粗分散系，下面简要介绍其性质。

1.6.1 高分子溶液

1. 高分子溶液的特性

高分子化合物(polymers)是指摩尔质量大于10 000 $g \cdot mol^{-1}$ 的有机大分子化合物。许多天然有机物，如：蛋白质、核酸、纤维素、淀粉、橡胶及人工合成的各种塑料都是高分子化合物。高分子化合物是由一种或几种小的结构单元通过一定的方式共价连接得到的大分子。如：淀粉和纤维素的基本单元是葡萄糖苷、蛋白质的基本单位是各种氨基酸。

高分子化合物的分子结构通常为线状或带支链结构的线状，长度可达几百纳米，但高分子的截面积却与普通分子相当。当高分子化合物溶解在适当的溶剂中，就可以形成高分子化合物溶液，简称高分子溶液。高分子化合物在适当溶剂中可以达到较高的浓度，其渗透压可以测定，通过进一步计算可求得其平均摩尔质量。

高分子溶液中溶质的颗粒大小与溶胶粒子相近，属于胶体分散系，故表现出某些溶胶的性质，如：不能透过半透膜、扩散速率慢等。但它的分散质粒子为单个大分子，是一个分子分散的单相体系，因此它又表现出溶液的某些性质，与溶胶的性质有许多不同之处。

高分子化合物像一般溶质一样，在适当溶剂中其分子能强烈地自发溶剂化而逐步溶胀，形成很厚的溶剂化膜，使之能稳定地分散在溶液中而不凝结，最后溶解成溶液，具有一定的溶解度。如：蛋白质和淀粉能溶于水，天然橡胶可溶于苯。在除去溶剂后，再加入溶剂仍可溶解，因此高分子溶液是热力学稳定体系。而溶胶的胶核是不溶于溶剂的，溶胶是由特殊方法制备的，溶胶体系一旦发生聚沉，则不可能通过再加入溶剂的方法使之复原，故溶胶为热力学不稳定体系。高分子溶液中，溶质与溶剂之间无明显的相界面存在，因此其丁铎尔效应不像溶胶那样明显。另外，高分子化合物还具有很大的黏度，这与它的链状结构和高度溶剂化的性质有关。

2. 高分子溶液的盐析和保护作用

高分子溶液具有一定的抗电解质聚沉的能力，加入少量的电解质，它的稳定性并不受影响。这是因为在高分子溶液中，溶质本身带有较多的可离解或已离解的亲水基团，如：$-OH$、$-COOH$、$-NH_2$ 等。由于这些基团具有很强的水化能力，它们能使高分子化合物表面形成一层较厚的水化膜而稳定存在于溶液之中，不易聚沉。要使高分子化合物从溶液中聚沉出来，除要中和掉高分子化合物所带电荷外，最重要的是破坏其水化膜。因此，必须加入大量的电解质。电解质离子在实现自身水化的同时，要大量夺取高分子化合物水化膜上的溶剂化水，从而破坏水化膜，使高分子溶液失去稳定性，发生聚沉。像这样通过加入大量电解质使高分子化合物聚沉的作用称为盐析(salting out)。加入乙醇、丙酮等溶剂，也能将高分子溶质沉淀出来。这是因为这些溶剂具有强的亲水性，能破坏高分子化合物的水化膜。人们在研究天然产物时，常常用盐析或加入乙醇等溶剂的方法来分离蛋白质和其他物质。

在溶胶中加入适量的高分子化合物，就会提高溶胶对电解质的稳定性，这就是高分子化合物的保护作用。在溶胶中加入高分子，高分子化合物会附着在胶粒表面，这具有两个作用：第一可以使原先的憎液胶粒变为亲液胶粒，提高胶粒的溶解度；第二可以在胶粒表面形成高分子保护膜，增强溶胶的抗电解质能力。所以高分子化合物经常被用作胶体的保护剂。高分子化合物的保护作用在生理过程中具有重要的意义。如：健康人的血液中所含的碳酸镁、磷酸钙等物质都是以溶胶的形式存在，并被血清蛋白等保护着。当人体发生某些病变时，由于保护物质在血液中减少，就有可能使这些溶胶在身体的各个部位发生聚沉作用，使代谢受阻，在肝、肾等器官形成结石。

3. 高分子化合物的絮凝作用

如果溶胶中加入少量的高分子化合物，就会出现一个高分子化合物附着几个胶粒的现象。此时，高分子化合物非但不能保护胶粒，反而使胶粒相互粘接形成大颗粒而发生聚沉作用。这种由于高分子溶液的加入使得溶胶稳定性减弱的作用称为絮凝作用。在生产中，人们常利用絮凝作用进行污水的处理和净化、矿泥中有效成分的回收及分离等工艺。

1.6.2 乳浊液

乳浊液(emulsion)是分散相和分散介质均为液体的粗分散系。牛奶、豆浆、人和动物的血液、淋巴液都是乳浊液。乳浊液中液滴的直径在 100～500 nm 之间。根据分散相与分散介质的不同性质，乳浊液可以分为两大类：一类是水包油型，即“油”(通常指有机物)分散在水中所形成的分散系，以 O/W 表示，如：牛奶、豆浆、农药乳剂等；另一类是油包水型，即水分散在油中所形成的分散系，以 W/O 表示，如石油等。

将油和水直接放在一起剧烈震荡，可以得到乳浊液。但这种乳浊液并不稳定，静置后会迅速分层。因此乳浊液也像溶胶那样需要有第三种物质作为稳定剂才能形成较为稳定的体系。如：在油水混合时加入少量肥皂，则形成的乳浊液在静置时分层很慢，肥皂此时就是一种稳定剂。乳浊液的稳定剂称为乳化剂(emulsifying agent)，许多乳化剂都是表面活性物质。因此，表面活性剂有时也称为乳化剂。乳化剂根据其亲和能力的差别分为亲水性乳化剂和亲油性乳化剂。如：钾肥皂、钠肥皂、蛋白质、动物胶等是亲水性乳化剂，而钙肥皂、高碳醇、高碳酸、石墨则是亲油性乳化剂。

制备不同类型的乳浊液，要选择不同类型的乳化剂。如：亲水性乳化剂适合制备水包油型乳浊液。这是因为亲水性乳化剂亲水基团结合能力比亲油基团大，乳化剂分子大部分分布于油滴表面。能在油滴表面形成较厚的保护膜，阻止油滴之间的碰撞聚结。在制备油包水型乳化剂时，应选择亲油性乳化剂。通过向体系中加水的方法可以区分乳浊液的类型。如加水稀释后不出现分层，则为 O/W 型乳剂；若加水后分层，则为 W/O 型乳剂。

极细的固体粉末也能起到乳化剂的作用。如炭黑是一种 W/O 型乳化剂，而 SiO_2 粉末是一种 O/W 型乳化剂。去污粉或细炉灰等擦洗器皿油污后，用水冲洗就很干净，就是因为形成了 O/W 型乳浊液。

乳浊液和乳化剂在生产中具有广泛的应用。绝大多数农药和植物生长调节剂的使用都离不开乳化剂。为使农药在水中均匀分散，需加入适量乳化剂，以达到均匀施药、降低成本、提高使用效果的目的。人体分泌的胆汁也是一种乳化剂，在小肠蠕动的作用下，使食物中的脂肪形成微小的液滴，以供肠壁的吸收。另外，乳浊液在日化、制药、食品、涂料、石油开采等领域也都有广泛的应用。

根据实际需要，人们有时又需要破坏已形成的乳浊液。如在溶液萃取、处理石油和天然橡胶乳浆时需要使油水完全分层。常用的方法是加入不能生成牢固保护膜的表面活性剂来取代原来的乳化剂，如：异戊醇等物质；或加入无机酸破坏皂类的乳化作用；或采取加热的办法破坏乳浊液。

□ 相关阅读

1. 肖旺钏，等. 以导电玻璃为电极超声电解合成纳米银溶胶的研究. 化学世界，2011(6)：323-326.

2. 冯建国，等. 农药水乳剂用乳化剂的应用研究现状. 农药，2012，51(10)：706-709，723.

3. 庄玉贵，等. $Fe(OH)_3$ 溶胶电泳实验的改进. 福建师大福清分校学报，2012，113(5)：52-56.

4. 高胜利，等. 关于稀溶液依数性讲解中的几个问题讨论. 大学化学，2010，25(5)：66-69.

5. 杨庆生，等. 聚合物胶体的化学－力学相互作用. 北京工业大学学报，2011，10(37)：1465-1469.

6. 吕瑞东，等. 稀溶液的依数性与浓度关系的推导方法. 大学化学，2009，24(3)：69-72.

7. 邓崇海，等. 稀溶液依数性的相图解析与应用. 合肥学院院报(自然科学版)，2013，23(1)：70-73.

8. 赵东育. 液体活性炭胶体乳液(专利号：200910013325.2). 专利技术，2010，10(17)：168.

9. 曹淼，等. 用 NaCl 解决胶体絮凝问题的研究. 三峡大学学报(自然科学版)，2010，1(32)：32-35.

10. 刘子文，等. 正渗透技术在海水淡化中的应用. 现代化工，2013，7(33)：34-37.

11. 杨海燕，等. 用胶体体系的光散射性质解释一首唐诗中的奇观. 大学化学，2008，23(3)：53-55.

12. 孙道华，等. 含生物质的水溶性纳米银粉的制备. 厦门大学学报(自然科学版)，2009，6(48)：858-861.

习　题

基础题

1-1　选择题：

(1)摩尔分数的单位是________。

A. mol　　B. 1　　C. $mol \cdot kg^{-1}$　　D. $mol \cdot L^{-1}$

(2)下列物质的水溶液，浓度均为 $0.01\ mol \cdot L^{-1}$，沸点最高的是________。

A. $C_{12}H_{22}O_{11}$　　B. $C_6H_{12}O_6$　　C. KCl　　D. $Mg(NO_3)_2$

(3)将 $0.01\ mol \cdot L^{-1}$ 的 NaI 溶液和 $0.02\ mol \cdot L^{-1}$ 的 $AgNO_3$ 溶液等体积混合，制成溶胶，下列电解质对该溶胶聚沉能力最大的是________。

A. Na_3PO_4　　B. NaCl　　C. $MgSO_4$　　D. Na_2SO_4

(4)欲使水与苯形成水/油型乳浊液，选用的乳化剂是________。

A. 钠皂　　B. 钾皂　　C. 钙皂　　D. 动物胶

(5) 称取同样质量的两种难挥发的非电解质 A 和 B，分别溶解在 1 L 水中，测得 A 溶液的凝固点比 B 溶液的凝固点低，则________。

A. B 的分子量小于 A 的分子量　　B. A 的分子量和 B 的分子量相同

C. B 的分子量大于 A 的分子量　　D. 无法判断

(6)在 $c(KMnO_4)=0.020\ mol \cdot L^{-1}$ 的高锰酸钾溶液中，$c(1/5\ KMnO_4)$ 为________。

A. $0.020\ mol \cdot L^{-1}$　B. $0.10\ mol \cdot L^{-1}$　C. $0.50\ mol \cdot L^{-1}$　D. $2.0\ mol \cdot L^{-1}$

(7)298.15 K 时的水的蒸气压为 133.3 Pa，若有一甘油水溶液中甘油占 10%，则溶液上的蒸气压为________。

A. 136.1 Pa　　B. 133.3 Pa　　C. 130.5 Pa　　D. 120.5 Pa

(8)在 $AgNO_3$ 溶液中，加入稍过量的 KBr 溶液，制得 AgBr 溶胶，则其胶团结构为________。

A. $[(AgBr)_m \cdot nBr^- \cdot (n-x)K^+]^{x-} \cdot xK^+$

B. $[(AgBr)_m \cdot nAg^+ \cdot (n-x)NO_3^-]^{x+} \cdot xNO_3^-$

C. $[(AgBr)_m \cdot nBr^-]^{n-} \cdot nK^+$

D. $[(AgBr)_m \cdot nNO_3^-]^{n+} \cdot nNO_3^-$

1-2　作为高度分散的体系，胶体为何具有稳定性，试举例说明。

1-3　胶体的聚沉作用和高分子溶液的盐析作用的区别是什么？

1-4　解释下列现象：

(1)明矾能净水；

(2)井水洗衣服时，肥皂的去污能力变差；

(3)江河入海口处常常形成三角洲；

(4)农作物施用化肥过量会发生“烧苗”现象。

1-5　胶体溶液与真溶液有何区别？

1-6　请解释为何难挥发物质的稀溶液的凝固点和沸点不像纯溶剂一样能保持恒定，而是在溶剂凝固和蒸发过程中不断变化直至溶液饱和。

1-7 比较下列水溶液的指定性质的递变次序：

(1)凝固点：0.1 $mol \cdot kg^{-1}$ 的蔗糖溶液，0.1 $mol \cdot kg^{-1}$ 醋酸溶液，0.1 $mol \cdot kg^{-1}$ 的 KCl 溶液；

(2)渗透压：0.1 $mol \cdot L^{-1}$ 的葡萄糖溶液，0.1 $mol \cdot L^{-1}$ 的 $CaCl_2$ 溶液，0.1 $mol \cdot L^{-1}$ 的 KCl 溶液。

1-8 试估算在 10 kg 水中加入多少乙二醇($C_2H_6O_2$)，才能保证水在－15℃时不结冰。

1-9 市售浓硫酸的质量分数为 98%，密度为 1.84 $g \cdot mL^{-1}$：

(1)求算 H_2SO_4 的物质的量浓度。

(2)欲配制 $c(1/2H_2SO_4)$ 2.00 $mol \cdot L^{-1}$ 的稀硫酸溶液 200 mL，应量取上述浓硫酸多少毫升？

1-10 医学上使用的葡萄糖($C_6H_{12}O_6$)注射液是血液的等渗溶液，测得其凝固点下降值为 0.543℃。

(1) 计算葡萄糖注射液的质量分数；

(2) 计算血液在 37℃时的渗透压。

1-11 烟草中的主要有害成分为尼古丁，其最简式为 C_5H_7N，今将 496 mg 尼古丁溶于 10.0 g 水中，所得溶液在 101.325 kPa 下的沸点是 100.17℃，求该化合物的化学式。

提高题

1-12 有一容积为 30 L 的高压气体钢瓶，可以耐压 2.5×10^4 kPa。问在 298 K 时，可装多少千克 O_2，而不致发生危险。

1-13 在一定温度下将 0.66 kPa 的氮气 3.0 L，1.0 kPa 氢气 1.0 L 混合在 2.0 L 的密闭容器中。假定混合前后的温度不变，则混合气体的总压力为多少？

1-14 密闭钟罩内有两杯溶液，甲杯中含有 1.68 g 蔗糖($C_{12}H_{22}O_{11}$)，20.00 g 水，乙杯中含有 2.45 g 某非电解质和 20.00 g 水。在恒温下放置足够长的时间达到平衡，甲杯水溶液总质量增加为 24.90 g，求该非电解质的近似摩尔质量。

1-15 海水中含有下列离子，它们的质量摩尔浓度分别为：$b(Cl^-)=0.57\ mol \cdot kg^{-1}$，$b(SO_4^{2-})=0.029\ mol \cdot kg^{-1}$，$b(HCO_3^-)=0.002\ mol \cdot kg^{-1}$，$b(Na^+)=0.49\ mol \cdot kg^{-1}$，$b(Mg^{2+})=0.055\ mol \cdot kg^{-1}$，$b(K^+)=0.011\ mol \cdot kg^{-1}$，$b(Ca^{2+})=0.011\ mol \cdot kg^{-1}$，试计算海水的近似凝固点和沸点。

1-16 1.00 g HAc 分别溶于 100 g 水和苯中，测得它们的凝固点分别为－0.314℃和 4.972℃。已知纯水和纯苯的凝固点分别为 0.000℃和 5.400℃。计算两种溶液的质量摩尔浓度，并解释为何存在上述差别？

1-17 摩尔质量为 120 $g \cdot mol^{-1}$ 的弱酸 HA 3.00 g 溶于 100 g 水中，在 $p=101.325$ kPa 时测定溶液的沸点为 100.180℃，近似求此弱酸的离解度。

1-18 将 101 mg 胰岛素溶于 10.0 mL 水中，测得该溶液在 25℃时的渗透压为 4.34 kPa，求：

(1)胰岛素的摩尔质量；

(2)求溶液的蒸气压下降值 Δp(25℃时水的饱和蒸气压为 3.17 kPa)。

1-19 将 10 mL 0.02 mol·L^{-1} 的 $AgNO_3$ 溶液与 100 mL 0.005 mol·L^{-1} 的 KCl 溶液混合以制备 AgCl 溶胶，请写出胶团的结构式，问胶粒通电后向哪一极移动？

1-20 The two solutions pictured here are separated by a semi-permeable membrane that permits only the passage of water molecules. In what direction will a net flow of water occur, that is, from left to right, or right to left?

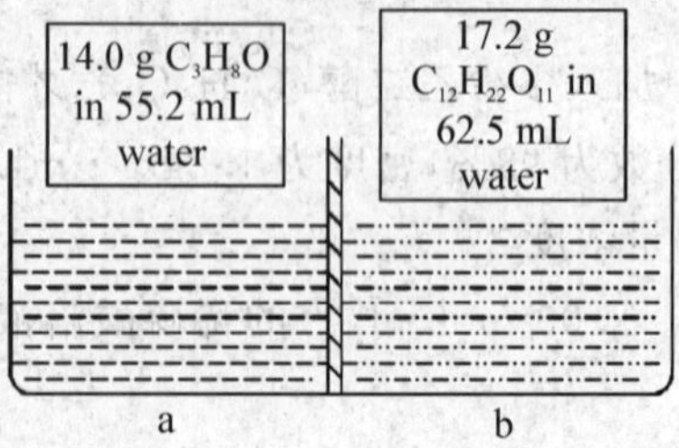

Chapter 2 第 2 章

化学反应的基本原理

The Basic Principle of Chemical Reactions

学习目标

1. 理解热力学的基本概念，理解可逆途径、自发过程的意义。
2. 掌握热力学能 U、焓 H、熵 S、吉布斯函数 G 等热力学函数的定义和物理意义。
3. 掌握盖斯定律和热力学第一定律、第二定律、第三定律，熟练计算过程或反应的焓变、熵变、吉布斯函数变，并运用吉布斯函数判据判断化学反应的方向。
4. 理解化学平衡的基本概念，掌握化学平衡的计算。
5. 熟练掌握平衡常数的意义和应用，掌握平衡移动的原理和应用。
6. 理解化学速率的基本概念，掌握化学速率的计算。

2.1 化学反应中的能量变化

2.1.1 化学热力学的基本概念

热力学(thermodynamic)是研究系统变化过程中能量转化规律的一门科学。热力学的基础是热力学第一、第二定律，这两个定律是人类长期科学实践的经验总结，它的正确性为大量实验事实所确证。随着科学的发展，热力学的研究范围逐渐扩大，将热力学的原理和方法应用于研究化学现象就产生了化学热力学(chemical thermodynamics)。化学热力学可以解决化学反应中能量变化问题、化学反应的方向和限度问题，而这些问题是化学反应最为基本的问题。

1. 系统与环境

热力学研究中，首先必须确定被研究的对象。热力学中把所研究的物质部分称为系统(system)，未被选为系统部分的与系统有关的其他物质部分称为环境(surrounding)。系统与环境的划定完全是人为的。

依据系统与环境之间有无物质和能量交换，系统可分为三种类型：

(1)敞开系统(open system)　系统与环境之间既有物质交换，又有能量交换。

(2)封闭系统(closed system)　系统与环境之间没有物质交换,但却有能量交换。

(3)孤立系统(isolated system)　系统与环境之间既无物质交换,也无能量交换。

例如,将一敞口杯中的热水当做系统,而将水以外的部分做为环境,水既可以向环境不断地蒸发,又可以向环境释放出热能,则这种系统就是敞开系统。若在杯上加一个不让水蒸发出去的盖子,系统水与环境间只能有热的交换,没有物质交换,则得到一个封闭系统。若将上述封闭系统中的杯子换成一个理想的保温瓶,系统与环境既无能量交换又无物质交换,则得到一个孤立系统。

应该指出,真正的孤立系统实际上是不存在的,它只是研究问题时做出的一种科学抽象。化学反应作为一个系统,由于化学反应遵循质量守恒定律,反应系统与环境之间可以有能量交换,但不能有物质交换,所以属于封闭系统。在化学热力学中,我们主要研究封闭系统。

2. 状态与状态函数

选定了系统之后,还必须说明系统变化前后的状态(state)。所谓状态是系统的物理性质和化学性质的综合表现,即系统所有宏观性质的综合表现。描述系统的状态要用到系统的一系列物理量,如理想气体的状态,通常可用 p、V、T 和 n 四个物理量来描述。热力学中把这种能够确定系统状态的物理量称为状态函数(state function)。系统的状态是由一系列状态函数确定的。例如,我们将某一理想气体作为研究的系统,处于标准状态时,其物质的量 $n=1$ mol、温度 $T=273$ K、压强 $p=10^5$ Pa、体积 $V=22.4$ L。所以,该理想气体的标准状态就是由这些状态函数所确定下来的系统的一个状态。

状态函数具有以下特点:

状态函数是与系统的状态相联系的,当系统处于一定状态时,系统的各种状态函数有确定的值。

系统由始态(变化前的状态)变到终态(变化后的状态),状态函数的改变量只与变化的始态和终态有关,与变化的途径无关。

根据系统的性质与系统物质的量的关系,可把系统的性质分为两类:

(1)容量性质(extensive properties)　这种性质的数值与系统中所含该物质的量成正比,具有加和性。如系统的质量(m)、体积(V)、热力学能(U)等都属于系统的容量性质。

(2)强度性质(intensive properties)　这种性质的数值不随系统中物质的数量而变化,不具有加和性。例如,将两杯 298 K 的水混合后,水温仍是 298 K。系统的温度、压力、密度等都属于系统的强度性质。

3. 过程和途径

系统由一种状态变化到另一种状态,我们就说它经历了一个过程(process)。常见的过程有以下三种。

(1)恒温过程(constant temperature process)　过程中系统始、终态温度相同且等于环境温度,即 $T_{始}=T_{终}=T_{环}$。

(2)恒压过程(constant pressure process)　过程中系统始、终态压力相同且等于环境压力,即 $p_{始}=p_{终}=p_{环}$。

(3)恒容过程(constant volume process)　过程中系统的体积保持不变。

系统由始态到终态，完成一个变化过程，我们把完成变化过程的每一种具体路线称为途径(path)。

完成某一过程，途径可以不同。如碳氧化成二氧化碳可以分两步完成：$C+\frac{1}{2}O_2 \rightarrow CO$；$CO+\frac{1}{2}O_2 \rightarrow CO_2$。也可以一步完成：$C+O_2 \rightarrow CO_2$。虽然途径不同，但系统的始、终态相同，所以所有状态函数的改变量均相同。

4. 反应进度

反应进度(extent of reaction)是描述化学反应进行程度的量，是化学反应的最基础的量，用符号 ξ 表示。对任一化学反应

$$aA+dD=gG+hH$$

当反应进行到某一阶段时，各物质物质的量变化为 Δn_A、Δn_D、Δn_G、Δn_H，则：

$$\frac{\Delta n_A}{-a}=\frac{\Delta n_D}{-d}=\frac{\Delta n_G}{g}=\frac{\Delta n_H}{h}$$

反应进度定义为

$$\xi=\frac{\Delta n_B}{\nu_B}$$

式中：B 为反应中任一种物质，ν_B 为化学计量数(stoichiometric number)。当 B 为反应物时，ν_B 为负值，例如物质 A 的化学计量数为 $-a$，物质 D 的化学计量数为 $-d$；当 B 为生成物时，ν_B 为正值，物质 G 的化学计量数为 g，物质 H 的化学计量数为 h。ν_B 可为整数，也可为分数。例如反应：

$$\frac{1}{2}N_2+\frac{3}{2}H_2=NH_3$$

化学计量数 ν_B 分别为：$\nu(N_2)=-\frac{1}{2}$，$\nu(H_2)=-\frac{3}{2}$，$\nu(NH_3)=1$。

反应进度的 SI 单位为 mol。如 $\xi=1$ mol，表明 a mol 的物质 A 与 d mol 的物质 D 反应，生成 g mol 的物质 G 和 h mol 的物质 H。

反应进度只与化学反应方程式的写法有关，而与选择反应系统中何种物质无关。因此，在使用反应进度时，必须与具体的反应式相对应。

例如，对于反应：

$$N_2(g)+3H_2(g)=2NH_3(g)$$

若 $\xi=1$ mol，表明 1 mol N_2 与 3 mol H_2 完全反应，生成 2 mol NH_3。

如果反应写为：

$$\frac{1}{2}N_2(g)+\frac{3}{2}H_2(g)=NH_3(g)$$

若 $\xi=1$ mol，表明 $\frac{1}{2}$ mol N_2 与 $\frac{3}{2}$ mol H_2 完全反应，生成 1 mol NH_3。

2.1.2 热力学第一定律

1. 热

系统和环境之间可通过功、热、辐射三种形式进行能量交换，热力学中仅考虑功和热这两种能量交换形式。

在系统和环境之间由于温度不同而传递的能量称为热(heat)。例如，两个不同温度的物体相互接触，高温物体把能量传给低温物体，用这种方式传递的能量就是热。热总是与过程相联系，不能说系统含有多少热，而只能说系统在某一过程中吸收或放出多少热。一旦过程停止，热也就不存在了。热不是系统本身具有的性质，因而不是状态函数。

热用符号 Q 表示，规定系统吸热，$Q>0$；系统放热，$Q<0$，Q 的 SI 单位为焦耳，符号为 J。

2. 功

系统与环境之间除热以外的其他形式传递的能量称为功(work)，功的大小与具体的过程有关。功不是系统本身的性质，所以也不是状态函数。功的种类很多，有体积功(或称为膨胀功)、电功、表面功等。热力学上把体积功以外的其他形式的功都统称为非体积功或有用功。

功用符号 W 表示，规定系统向环境做功，$W<0$；环境向系统做功，$W>0$，W 的 SI 单位为焦耳，符号为 J。

3. 热力学能

系统的热力学能(thermodynamic energy)是指系统内部一切能量的总和，也称内能(internal energy)，用符号 U 表示。

热力学能包括系统中各种物质的粒子(分子、原子、电子、原子核等)的动能(平动能、转动能、振动能等)、粒子间相互作用的势能(吸引能、排斥能、化学能等)等。热力学能的 SI 单位是焦耳，符号为 J。

虽然热力学能的绝对值还不能求得，但是系统的状态一定时其热力学能是一个定值。因此，热力学能是系统的状态函数，且有加和性。系统的状态发生变化，只要始态和终态确定，则热力学能变化量 ΔU 为定值。

4. 热力学第一定律

自然界中一切物质都具有能量，能量有各种不同的形式，可以从一种形式转化为另一种形式，从一个物体传递给另一个物体，在转化和传递的过程中能量的总和保持不变，这就是著名的能量守恒定律(energy conservation law)。这个定律应用于宏观的热力学系统就是热力学第一定律。

从化学热力学的观点看，对于一个封闭系统，系统由始态 1 变化到终态 2，系统从环境吸收热量为 Q，同时环境对系统做功为 W，根据能量守恒原理，系统的热力学能变化可表示如下：

$$\text{状态 }1(U_1)\xrightarrow[W]{Q}\text{状态 }2(U_2)$$

$$U_2 = U_1 + Q + W$$

系统的热力学能变(即系统的热力学能改变值)$\Delta U = U_2 - U_1$,所以上式变成

$$\Delta U = Q + W \tag{2-1}$$

式(2-1)就是封闭系统的热力学第一定律的数学表达式。它表示封闭系统以热和功的形式传递的能量,等于系统热力学能的变化。若系统从环境吸热或环境对系统做功,系统的热力学能增加。反之,系统对环境做功或放热,则系统的热力学能减少。

例 2-1 某系统从始态变到终态,从环境吸热 200 J,同时对环境做功 300 J,求系统和环境的热力学能变。

解:系统吸热 200 J,所以 $Q_{系统}=200$ J,系统对环境做功 300 J,故 $W_{系统}=-300$ J,根据式(2-1)

$$\Delta U_{系统} = Q_{系统} + W_{系统} = 200\ \text{J} + (-300\ \text{J}) = -100\ \text{J}$$

上述变化系统吸热,环境就要放热。因此对于环境而言 $Q_{环境}=-200$ J,环境接受系统做的功,所以,$W_{环境}=300$ J,那么环境的热力学能变为:

$$\Delta U_{环境} = Q_{环境} + W_{环境} = -200\ \text{J} + 300\ \text{J} = 100\ \text{J}$$

通过计算可知,系统与环境的能量变化之和等于零,这就是能量守恒的结果。由热力学第一定律表达式还可以得出:由于孤立系统与环境之间没有物质和能量交换,所以孤立系统中发生的任何过程 $Q=0$、$W=0$、$\Delta U=0$,这是热力学第一定律的一个推论。

由热力学第一定律可看出,系统经由不同途径发生同一过程时,不同途径中的功和热不一定相同,但热和功的代数和却只与过程有关,与途径无关。

2.1.3 化学反应热

一般发生化学反应时,总是伴随着能量的变化,这种能量变化以热的形式与环境进行交换,所以在反应进行的同时常伴随吸热或放热现象。

若一个化学反应只做体积功,且反应完成后反应物和产物的温度相同时,系统所吸收或放出的热量称为化学反应的热效应,简称反应热(heat of reaction)。根据化学反应进行的具体过程不同,反应热可以分为恒容反应热和恒压反应热。

1. 恒容反应热

当化学反应在恒容下进行时测得的热效应称为恒容反应热(constant volume heat of reaction),常用 Q_V 表示。

在恒温恒容,不做非体积功的条件下:

$$W_{体积} = 0$$

$$\Delta U = Q_V + W_{体积} = Q_V \tag{2-2}$$

式(2-2)说明,在恒温恒容,不做非体积功的条件下,系统吸收或放出的热等于热力学

能变。

2. 恒压反应热与焓变

当化学反应在恒压下进行时测得的热效应称为恒压反应热(constant pressure heat of reaction)，用符号 Q_p 表示。

在恒温恒压，不做非体积功的条件下：

$$W_{体积} = -p\Delta V$$
$$\Delta U = Q_p + W = Q_p - p\Delta V$$
$$Q_p = \Delta U + p\Delta V \quad (2\text{-}3)$$

式(2-3)说明，在恒温恒压，不做非体积功的条件下，系统吸收或放出的热等于热力学能变与所做的体积功之和。

$$Q_p = \Delta U + p\Delta V = U_2 - U_1 + p(V_2 - V_1)$$

因为恒压条件下 $p_2 = p_1 = p$

$$Q_p = (U_2 + p_2V_2) - (U_1 + p_1V_1)$$

因为 U、p、V 均为状态函数，所以它们的组合也必为状态函数。热力学将这个组合后的状态函数定义为焓(enthalpy)，用符号 H 表示，即：

$$H = U + pV \quad (2\text{-}4)$$

因为焓是热力学能 U 和 pV 的加和，而 U 的绝对值无法确定，因此焓的绝对值也无法确定。焓是容量性质的状态函数，其 SI 单位为 J 或 kJ。

系统在变化前后，H 的改变量为焓变(enthalpy change)，即：

$$H_2 - H_1 = \Delta H$$

所以可得出只做体积功的化学反应：

$$Q_p = \Delta H \quad (2\text{-}5)$$

式(2-5)表明在恒温恒压，不做非体积功的条件下，系统吸收或放出的热等于系统的焓变。虽然系统的焓值无法知道，但系统的焓变 ΔH 却可由测定定压热 Q_p 而得到。由于大多数化学反应是恒压条件下发生的，所以焓变 ΔH 是一种最常用的反应热，本书所涉及的反应热效应如无特殊说明，都是指定压反应热。

3. 盖斯定律

1840 年，俄国化学家盖斯(Hess G. H.)根据大量实验事实发现："一个化学反应，不论反应一步完成还是分几步完成，其热效应总是相同的"。也就是说，化学反应的热效应只与反应的始终态有关，而与反应经历的途径无关。这个定律称作盖斯定律(Hess law)。盖斯定律在无非体积功条件下，恒容反应或恒压反应时才成立。

盖斯定律实际上是热力学第一定律的必然结果。对于一个不做非体积功的系统，在恒压下 $Q_p = \Delta H$，恒容下 $Q_V = \Delta U$。而 H 和 U 均是状态函数，因此，任意化学反应，不管其反应途径如何，只要始终态相同，则 ΔH 或 ΔU 必定相同。

盖斯定律的意义在于：

①由易测反应的热效应求得难测反应的热效应；

②由已知的反应热效应数据求得未知的反应热效应数据。

例 2-2　已知 298 K，100 kPa 下

$$C(石墨)+O_2(g)=CO_2(g) \qquad \Delta_r H_m(1)=-393.5\ kJ\cdot mol^{-1} \qquad (1)$$

$$CO(g)+\frac{1}{2}O_2(g)=CO_2(g) \qquad \Delta_r H_m(2)=-283.0\ kJ\cdot mol^{-1} \qquad (2)$$

求反应 $C(石墨)+\frac{1}{2}O_2(g)=CO(g)$ 的反应热 $\Delta_r H_m(3)$。

解：这三个反应有如下关系：

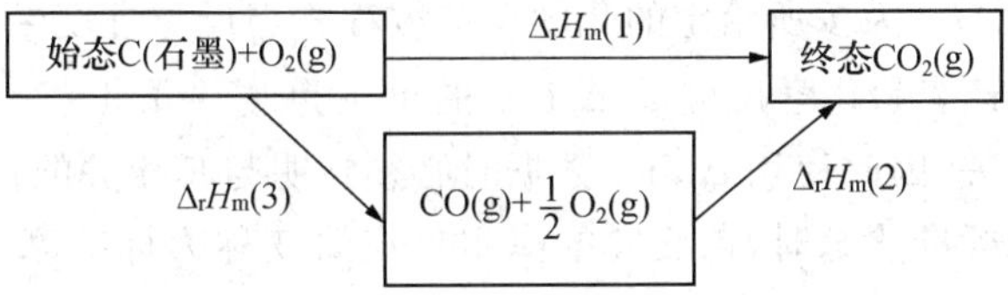

根据盖斯定律　$\Delta_r H_m(1)=\Delta_r H_m(3)+\Delta_r H_m(2)$

所以：

$\Delta_r H_m(3)=\Delta_r H_m(1)-\Delta_r H_m(2)=-393.5-(-283.0)=-110.5(kJ\cdot mol^{-1})$

也可以像代数式一样计算，反应(1)－反应(2)得：

$$C(石墨)+\frac{1}{2}O_2(g)=CO(g) \qquad (3)$$

所以 $\Delta_r H_m(3)=\Delta_r H_m(1)-\Delta_r H_m(2)=-393.5-(-283.0)=-110.5(kJ\cdot mol^{-1})$

2.1.4　化学反应焓变的计算

1. 物质的标准态

同一种物质，在不同的温度、压力下，性质上有所差异。热力学中，为表述状态函数和计算状态函数的变化，提出了基准态，即标准状态（standard configuration ）。热力学中规定：标准状态是在温度 T 及标准压力 $p^{\ominus}$（$p^{\ominus}=100$ kPa）下的状态，简称标准态，用右上标“$\ominus$”表示。当系统处于标准态时，指系统中诸物质均处于各自的标准态。对具体的物质而言，相应的标准态如下。

①气态物质的标准态，是指气体在指定温度 T、标准压力 $p^{\ominus}$ 时的状态。

理想气体混合物中任一组分的标准态是该气体组分的分压为 $p^{\ominus}$ 时的状态（无机及分析化学中把气体均近似作为理想气体）。

②纯液体和纯固体的标准状态，分别是指在指定温度 T，压力 $p=p^{\ominus}$ 时纯液体和纯固

体的状态。

③溶液中各组分的标准态，是指在指定温度 T，压力 $p=p^{\ominus}$，质量摩尔浓度 $b^{\ominus}=1.0\ mol\cdot kg^{-1}$ 或物质的量浓度 $c^{\ominus}=1\ mol\cdot L^{-1}$ 的状态。

标准状态规定中只规定了压力 $p^{\ominus}$，并没有规定温度，故随着温度的变化，可有不同的标准态。一般选择 298 K 为参考温度，所以手册上的热力学数据大都是 298 K 时的数据。

生命系统中的化学反应多在中性、稀溶液中进行，所以生物学家在原有标准态规定的基础上，还附加规定系统的 pH＝7 的条件，从而构建了生化标准态。生化标准态用符号“⊕”表示。

2. 摩尔反应焓变 $\Delta_r H_m$ 与标准摩尔反应焓变 $\Delta_r H_m^{\ominus}$

反应的焓变，即恒压反应热，不仅与温度和压力有关，还与反应的量有关。例如，燃烧 2 g 氢气放出的热是燃烧 1 g 氢气放出的热的 2 倍。为了简便表示反应热提出了摩尔反应焓变(molar reaction variable enthalpy)$\Delta_r H_m$ 概念。

摩尔反应焓变 $\Delta_r H_m$ 为按所给定的化学反应方程式当反应进度 ξ 为 1 mol 时的反应焓变，“Δ”的右下角加“r”表示化学反应 。$\Delta_r H_m$ 的单位为 $kJ\cdot mol^{-1}$。由于反应进度 ξ 与具体化学反应方程式有关，因此使用 $\Delta_r H_m$ 数据时必须指明与其相关的化学反应方程式。

当化学反应处于标准状态时，该反应的摩尔反应焓变称为标准摩尔反应焓变(standard molar reaction variable enthalpy)，以 $\Delta_r H_m^{\ominus}(T)$ 表示，T 为反应的热力学温度。

3. 热化学方程式

凡注明反应热的化学方程式称为热化学方程式(thermochemical equation)。例如

$$H_2(g)+\frac{1}{2}O_2(g)=H_2O(g) \qquad \Delta_r H_m^{\ominus}(298\ K)=-286\ kJ\cdot mol^{-1}$$

$$N_2(g)+2O_2(g)=2NO_2(g) \qquad \Delta_r H_m^{\ominus}(298\ K)=66.40\ kJ\cdot mol^{-1}$$

在书写热化学方程式时要注意：

①要注明反应物和产物的状态，用 s、l、g、aq 分别表示固态、液态、气态和水溶液，对于有多种晶体类型的固态物质应注明晶型。

②通常用 $\Delta_r H_m$ 表示恒压摩尔反应热，负值表示放热，正值表示吸热。

③反应系统各物质状态都处于标准态时，反应热用 $\Delta_r H_m^{\ominus}$ 表示。若不注明温度，通常指 298 K。

④$\Delta_r H_m^{\ominus}$ 与方程式的写法有关。例如

$$H_2(g)+\frac{1}{2}O_2(g)=H_2O(g) \qquad \Delta_r H_m^{\ominus}(298\ K)=-286\ kJ\cdot mol^{-1}$$

$$2H_2(g)+O_2(g)=2H_2O(g) \qquad \Delta_r H_m^{\ominus}(298\ K)=-572\ kJ\cdot mol^{-1}$$

4. 标准摩尔生成焓 $\Delta_f H_m^{\ominus}$

热力学规定，在指定温度 T 及标准状态下，由稳定单质生成 1 mol 某物质时反应的焓变称为该物质的标准摩尔生成焓(standard molar enthalpy of formation)。用 $\Delta_f H_m^{\ominus}(T)$表示，下角标 f 表示生成(formation)，温度为 298 K 时，T 可以省略。$\Delta_f H_m^{\ominus}$ 的单位为 $J\cdot mol^{-1}$ 或 $kJ\cdot mol^{-1}$。

规定表明，在指定温度及标准状态下，稳定单质的标准摩尔生成焓为零。例如，$\Delta_f H_m^\ominus(H_2, g, 298\ K)=0$，$\Delta_f H_m^\ominus(O_2, g, 298\ K)=0$，但对具有不同晶型的固态单质，只有最稳定单质的标准摩尔生成焓为零，如C(石墨)的 $\Delta_f H_m^\ominus=0$ ，但C(金刚石)的 $\Delta_f H_m^\ominus=1.895\ kJ \cdot mol^{-1}$。一些常见化合物的标准摩尔生成焓，见附录Ⅲ。

5. 标准摩尔燃烧焓 $\Delta_c H_m^\ominus$

多数有机物的标准摩尔生成焓很难测定。但有机物大多可以在氧气中燃烧，其燃烧焓容易准确测得，故通常用标准摩尔燃烧焓计算反应热。

在指定温度标准状态下，1 mol物质完全燃烧时反应的焓变称为该物质的标准摩尔燃烧焓(standard molar enthalpy of combustion)，用符号 $\Delta_c H_m^\ominus$ 表示，下角标c表示燃烧(combustion)，燃烧焓的单位为 $kJ \cdot mol^{-1}$。

所谓完全燃烧是指有机物中各元素均氧化为稳定的氧化产物，如 $C \rightarrow CO_2(g)$，$N \rightarrow NO_2(g)$，$H \rightarrow H_2O(l)$，$S \rightarrow SO_2(g)$等，根据定义可知，上述燃烧产物及 O_2 的标准摩尔燃烧焓为零。

6. 标准摩尔反应焓变的计算

利用盖斯定律求算反应热需要知道许多反应的热效应，这通常是很复杂的过程。但利用 $\Delta_f H_m^\ominus$ 和 $\Delta_c H_m^\ominus$，可很方便地计算出反应的 $\Delta_r H_m^\ominus$。由盖斯定律可以推导出，在标准状态下，化学反应：

$$aA + dD = gG + hH$$

的标准摩尔反应焓变 $\Delta_r H_m^\ominus$ 为

$$\Delta_r H_m^\ominus = g\Delta_f H_m^\ominus(G) + h\Delta_f H_m^\ominus(H) - a\Delta_f H_m^\ominus(A) - d\Delta_f H_m^\ominus(D) \quad (2\text{-}6)$$

$$\Delta_r H_m^\ominus = -[g\Delta_c H_m^\ominus(G) + h\Delta_c H_m^\ominus(H) - a\Delta_c H_m^\ominus(A) - d\Delta_c H_m^\ominus(D)] \quad (2\text{-}7)$$

表明化学反应的标准摩尔焓变等于产物的标准摩尔生成焓之和减去反应物标准摩尔生成焓之和，或等于产物的标准摩尔燃烧焓之和减去反应物摩尔燃烧焓之和的负值。

例2-3 由附录Ⅲ的数据计算反应

$$CO(g) + H_2O(g) = CO_2(g) + H_2(g)$$

在298 K，100 kPa时的反应热。

解：由附录Ⅲ的数据：

$$\Delta_f H_m^\ominus(CO_2) = -393.51\ kJ \cdot mol^{-1},\ \Delta_f H_m^\ominus(CO) = -110.53\ kJ \cdot mol^{-1},$$

$$\Delta_f H_m^\ominus(H_2O) = -241.82\ kJ \cdot mol^{-1} \quad \Delta_f H_m^\ominus(H_2) = 0\ kJ \cdot mol^{-1}$$

根据式(2-6)

$$\begin{aligned}\Delta_r H_m^\ominus &= [\Delta_f H_m^\ominus(CO_2) + \Delta_f H_m^\ominus(H_2)] - [\Delta_f H_m^\ominus(CO) + \Delta_f H_m^\ominus(H_2O)] \\ &= [-393.51 + 0] - [-110.53 + (-241.82)] \\ &= -41.16\ (kJ \cdot mol^{-1})\end{aligned}$$

例2-4 求下列反应的反应热

$$CH_3OH(l)+\frac{1}{2}O_2(g)=HCHO(g)+H_2O(l)$$

已知：$\Delta_c H_m^{\ominus}/(kJ\cdot mol^{-1})$　-726.51　0　-570.78　0

解：$\Delta_r H_m^{\ominus}=-[-570.78)-(-726.51)]=-155.73(kJ\cdot mol^{-1})$

从计算得知甲醇氧化为甲醛的反应是一个放热反应。

2.2　化学反应的方向

2.2.1　化学反应的自发性

自然界发生的一切变化，在一定条件下，都是朝着一定方向进行的。例如水可以自动从高处向低处流动，热可以自动从高温物体传给低温物体，气体在恒温下向真空膨胀等。而欲使这些过程的逆过程得以进行，就必须对系统做非体积功。例如，利用水泵将低处水引到高处，利用制冷机做功将热从低温物体传向高温物体，将活塞等温压缩使气体恢复原来状态等。在一定条件下，不靠任何外力的推动就能自动进行的过程叫自发过程(spontaneous process)。

一切自发过程都有以下共同特点：

①自发过程具有方向性。在一定条件下，自发过程只能自动地单向进行，其逆过程不能自发进行。若要使逆过程能进行，必须要消耗能量，要对系统做功。

②自发过程有一定的限度。自发过程不会无休止地进行，总是进行到一定程度就自动停止。高处的水向低处流，到两处水位相等时就停止流动；热传导也是在温度相等时就停止进行了；化学反应进行到一定程度，达到化学平衡。自发过程进行的限度就是系统达到平衡。

③进行自发过程的系统具有做非体积功的能力。高处流下的水可以推动水轮机；某些化学反应可以设计成电池做电功。但系统做非体积功的能力随着自发过程的进行逐渐减少，当系统达到平衡后，就不再具有做有用功的能力。

早在19世纪中期，化学家们就提出反应热来预言反应的自发性，即 $\Delta_r H_m<0$ 时，系统的能量降低，反应自发进行，反之则反应不能自发进行。

实践证明，大多数放热反应自发进行。例如：

$$HCl(g)+NH_3(g)\rightarrow NH_4Cl \qquad \Delta_r H_m^{\ominus}=-177.13\ kJ\cdot mol^{-1}$$

$$CH_4(g)+2O_2(g)\rightarrow 2H_2O(l)+CO_2(g) \qquad \Delta_r H_m^{\ominus}=-890.36\ kJ\cdot mol^{-1}$$

但是，很多吸热反应和过程在一定条件下也可自发进行，放热反应在一定条件下也可能不能自发进行。例如，硝酸钾自发溶于水，是吸热过程；碳酸钙的分解反应：$CaCO_3(s)\rightarrow CaO(s)+CO_2(g)$ $\Delta_r H_m>0$，在常温下非自发，但在高温下自发；而氯化氢气体与氨气的化合反应，虽然 $\Delta_r H_m<0$，却只在较低温度时自发，高温时则不能自发。因此用化学反应热作为反应自发性的一种普遍性判断是不恰当的。

经验表明，宏观物质世界中一个变化过程自发进行的方向普遍遵循以下两个自然法则：一是系统趋于能量最低状态；二是系统倾向于增加混乱度。上述吸热过程之所以能够自发进行，就是系统的混乱度增大了。

2.2.2 混乱度熵(S)

1. 熵的概念

混乱度也称无序度，它的大小与系统中微观粒子存在的状态数有关。就物质的聚集状态而言，固体物质内部的粒子排布整齐，有序程度高，混乱度小。液体物质粒子可以自由移动，有序程度较低，混乱度较大。气体物质的粒子运动更激烈，有序程度更低，混乱度更大。同一种物质构成的同一种聚集状态，温度越高混乱度越大。两种物质相混合，混合后比混合前混乱度大，组成复杂的物质比组成简单的物质混乱度大。

系统的状态一定，混乱度有确定值；状态变化，系统的混乱度也变化。混乱度的大小与系统的状态密切相关。所以，可以用一个状态函数来表示系统混乱度的大小，这一状态函数称为熵(entropy)，用符号 S 表示，熵的单位是 $J \cdot K^{-1}$。

若以 Ω 代表系统内部的微观状态数，则熵 S 与微观状态数 Ω 的关系为：

$$S = k\ln\Omega$$

式中：k 为玻兹曼常数。系统的微观状态数 Ω 越大，熵值越大。系统的状态一定，就具有确定的熵值，每种物质在给定的条件下都有一定的熵值。

物质的熵值大小有如下规律：

①熵是具有容量性质的状态函数；

②同种物质，聚集状态不同，熵值不同，规律是 $S(s)<S(l)<S(g)$；

③同一聚集态的同种物质温度升高，熵值增大，即 S(低温)$<S$(高温)；

④相同条件下的不同物质，分子越大，结构越复杂，熵值越大。

例如，$S(O_2,g)<S(O_3,g)$。

2. 热力学第二定律

自然界中所发生的一切变化都遵循热力学第一定律。热力学第一定律只能计算某一过程所伴随的能量变化，而不能判断过程进行的方向和限度。解决这些问题所依据的原理就是热力学第二定律。热力学第二定律有几种表述形式，熵增加原理(也称熵判据)是热力学第二定律的表述形式之一。

熵增加原理指出：在孤立系统中发生的变化总是自发地向熵增加的方向进行，直到系统的熵值增加到最大值达到平衡态为止。即在孤立系统中发生的任何自发过程，总是向熵增加的方向进行。用数学式表示为

$$\begin{aligned} &\Delta S_{\text{孤立}} > 0 \quad \text{自发过程} \\ &\Delta S_{\text{孤立}} = 0 \quad \text{平衡态} \\ &\Delta S_{\text{孤立}} < 0 \quad \text{非自发过程} \end{aligned} \tag{2-8}$$

利用熵增加原理，能够判别孤立系统中所发生的过程的方向和进行的程度。对于封闭系统，可将系统和系统有关的环境合在一起构成孤立系统，所以，对于封闭系统，熵增加原理

可改写为如下形式：

$$\Delta S_{系统} + \Delta S_{环境} > 0 \quad 自发过程$$
$$\Delta S_{系统} + \Delta S_{环境} = 0 \quad 平衡态 \tag{2-9}$$
$$\Delta S_{系统} + \Delta S_{环境} < 0 \quad 非自发过程$$

但由于 $\Delta S_{环境}$ 计算很麻烦，利用熵增加原理判断反应自发性受到很大的限制。

3. 标准摩尔反应熵变 $\Delta_r S_m^{\ominus}(T)$

随着温度的降低，水蒸气逐渐凝结成水，水再凝固为冰。在此过程中，系统的无序度越来越小，熵值也越来越小。热力学温度为 0 K 时，任何纯物质分子的热运动可以认为完全停止，分子都位于理想有序的晶格点上，则称为完美晶体。此时物质微粒在晶格上都呈现规则排列，此时其微观状态数 $\Omega=1$，系统的熵值 $S(0\ \mathrm{K})=0$。据此，人们总结出一条经验规律，即热力学第三定律："在绝对零度时，任何纯物质的完美晶体的熵值都等于零"。

根据热力学第三定律，可以确定物质的熵。在标准状态下，将完美的晶体由 0 K 加热到温度为 T 时的指定状态，过程的熵变 ΔS，即为该物质在 T 时的熵值 $S(T)$，即

$$\Delta S = S(T) - S(0\ \mathrm{K}) = S(T) - 0 = S(T)$$

在指定温度标准状态下，1 mol 纯物质的熵值称为该物质的标准摩尔熵（standard molar entropy），用符号 $S_m^{\ominus}(T)$表示，单位 $\mathrm{J\cdot mol^{-1}\cdot K^{-1}}$。本书附录Ⅲ给出了 298 K 时物质的标准摩尔熵值。

对于化学反应而言，反应物和产物都处在标准状态时，反应的熵变，称为该反应的标准摩尔熵变（change of standard molar entropy），用符号 $\Delta_r S_m^{\ominus}(T)$ 表示。

化学反应的标准摩尔熵变，可由生成物和反应物的标准摩尔熵求得。

在 298 K 标准状态下，化学反应：

$$a\mathrm{A} + d\mathrm{D} = g\mathrm{G} + h\mathrm{H}$$

化学变化的熵变等于产物的标准熵之和减去反应物标准熵之和，即：

$$\Delta_r S_m^{\ominus}(T)(298\ K) = [gS_m^{\ominus}(\mathrm{G}) + hS_m^{\ominus}(\mathrm{H})] - [aS_m^{\ominus}(\mathrm{A}) + dS_m^{\ominus}(\mathrm{D})] \tag{2-10}$$

注意：虽然 $\Delta_r S_m^{\ominus}$ 与温度有关，但随温度变化不大，所以在本章计算中忽略温度对 $\Delta_r S_m^{\ominus}$ 的影响。

例 2-5 在 298 K 及 100 kPa 下，计算臭氧自发变为氧气过程的熵变和焓变。

解：反应式及各物质的标准摩尔熵与标准摩尔生成焓如下：

	$2O_3(g) =$	$3\ O_2(g)$
$S_m^{\ominus}/(\mathrm{J\cdot mol^{-1}\cdot K^{-1}})$	238.9	205.14
$\Delta_f H_m^{\ominus}/(\mathrm{kJ\cdot mol^{-1}})$	142.7	0

$$\Delta_r S_m^{\ominus} = [3\times S_m^{\ominus}(O_2)] - [2\times S_m^{\ominus}(O_3)]$$
$$= 3\times 205.14 - 2\times 238.9$$

$=137.62(\mathrm{J \cdot mol^{-1} \cdot K^{-1}})$

$\Delta_r H_m^{\ominus} = [3\times\Delta_f H_m^{\ominus}(O_2)]-[2\times\Delta_f H_m^{\ominus}(O_3)]$

$=3\times0-2\times142.7=-285.4(\mathrm{kJ \cdot mol^{-1}})$

例 2-6 计算反应：$2NO(g)+O_2(g)=2NO_2(g)$在 298 K 时的标准摩尔熵变，并判断该反应是混乱度增加还是减小。

解： $2NO(g)+O_2(g)=2NO_2(g)$

由附录Ⅲ查得：$S_m^{\ominus}/(\mathrm{J \cdot mol^{-1} \cdot K^{-1}})$ 210.76 205.14 240.06

$\Delta_r S_m^{\ominus} =2S_m^{\ominus}(NO_2)-[2S_m^{\ominus}(NO)+S_m^{\ominus}(O_2)]$

$=2\times240.06-(2\times210.76+205.14)$

$=-146.54(\mathrm{J \cdot mol^{-1} \cdot K^{-1}})$

$\Delta_r S_m^{\ominus}<0$，表示该反应混乱度减小。

这两个反应在指定的条件下都是自发反应，而系统的熵变前者 $\Delta_r S_m^{\ominus}>0$，后者 $\Delta_r S_m^{\ominus}<0$，说明只用系统的熵变判断变化的自发性是不全面的。但不可否认，熵变是影响反应自发性的一个重要因素，即 $\Delta_r S_m^{\ominus}>0$ 时，熵变因素对反应的自发性有利，而 $\Delta_r S_m^{\ominus}<0$ 时，熵变因素对反应的自发性不利。

2.2.3 化学反应方向的判断

1. 吉布斯函数

熵增加原理可用来判断孤立系统中反应自发进行的方向及平衡的条件，但大部分化学反应是在封闭系统中进行，如果能找出一个封闭系统中化学反应自发性的判据，将更具应用价值。

为了确定一个反应(或过程)自发性的判据，1876 年美国物理学家吉布斯(J. W. Gibbs)提出一个综合了系统焓、熵和温度三者关系的新的状态函数吉布斯函数(Gibbs function)，用符号 G 表示。其定义为：

$$G=H-TS \tag{2-11}$$

由于 H、T、S 都是系统的状态函数，故 $H-TS$ 必然是状态函数，且具有容量性质。G 的单位为 J 或 kJ。

2. 反应自发性的判断

热力学中已经证明：封闭系统在恒温恒压下吉布斯函数 G 的变化等于系统对外能做的最大非体积功 W_{max}。即

$$\Delta_r G=W_{max} \tag{2-12}$$

由式(2-12)可知，当 $W_{max}<0$ 时，恒温恒压下系统对环境做功，即系统具有对外做非体积功的能力，说明这样的反应或过程可以自发进行，此时 $\Delta_r G<0$；当 $W_{max}=0$ 时，系统不具有对外做非体积功的能力，系统处于平衡状态，此时 $\Delta_r G=0$；当 $W_{max}>0$ 时，环境对系统做

功，反应或过程不能自发进行，此时 $\Delta_r G>0$。

综上所述，恒温恒压下过程自发进行的判据是

$$\begin{array}{ll} \Delta G<0 & \text{过程可正向自发进行} \\ \Delta G=0 & \text{系统处于平衡态} \\ \Delta G>0 & \text{过程正向不能自发进行} \end{array} \tag{2-13}$$

即恒温恒压下过程总是自发地向着吉布斯函数减少的方向进行，直至吉布斯函数减至最小值，达到平衡为止。这就是吉布斯函数减小原理，也是热力学第二定律的吉布斯函数表述形式。

此判据应用于恒温恒压下的化学反应系统，化学反应自发进行的判据是

$$\begin{array}{ll} \Delta_r G_m<0 & \text{正反应可自发进行} \\ \Delta_r G_m=0 & \text{反应处于平衡态} \\ \Delta_r G_m>0 & \text{正反应不能自发进行，逆反应自发进行} \end{array} \tag{2-14}$$

表 2-1 将熵判据和吉布斯函数判据进行了比较。

表 2-1　熵判据和吉布斯函数判据的比较

项目	熵判据	吉布斯函数判据
系统	孤立系统	封闭系统
过程	任何过程	恒温恒压过程
自发进行的方向	$\Delta S>0$，自发	$\Delta G<0$，自发
平衡条件	熵值最大，$\Delta S=0$	吉布斯函数最小，$\Delta G=0$
判据原理	熵增加原理	吉布斯函数减小原理

3. 标准摩尔生成吉布斯函数与标准摩尔反应吉布斯函数变

热力学规定，在指定温度及标准状态下，由元素最稳定单质生成 1 mol 化合物时的吉布斯函数的变化称为该化合物的标准摩尔生成吉布斯函数(standard molar Gibbs function of formation)。用符号 $\Delta_f G_m^\ominus(T)$ 表示，其单位为 $kJ \cdot mol^{-1}$。如果温度为 298 K，可以简写为 $\Delta_f G_m^\ominus$。

显然，在指定温度标准状态下，元素最稳定单质的标准摩尔生成吉布斯函数为零，一些常见物质的标准摩尔生成吉布斯函数 $\Delta_f G_m^\ominus$ 的数值可在附录Ⅲ中查到。

如同用标准摩尔生成焓计算化学反应的标准摩尔焓变的计算公式一样，在 298 K 及标准状态下，对下面的化学反应：

$$a\mathrm{A}+d\mathrm{D}=g\mathrm{G}+h\mathrm{H}$$

标准摩尔反应吉布斯函数变为：

$$\Delta_r G_m^\ominus=g\Delta_f G_m^\ominus(\mathrm{G})+h\Delta_f G_m^\ominus(\mathrm{H})-a\Delta_f G_m^\ominus(\mathrm{A})-d\Delta_f G_m^\ominus(\mathrm{D})$$

例 2-7 求 298 K 标准状态下，反应 $Cl_2(g)+2HBr(g)=Br_2(l)+2HCl(g)$ 的标准摩尔反应吉布斯函数变 $\Delta_r G_m^\ominus$，并判断反应的自发性。

解：从附录Ⅲ查得

$\Delta_f G_m^\ominus(HBr)=-53.45\ kJ\cdot mol^{-1}$，$\Delta_f G_m^\ominus(HCl)=-95.30\ kJ\cdot mol^{-1}$。

故：
$$\begin{aligned}\Delta_r G_m^\ominus &=2\Delta_f G_m^\ominus(HCl)+\Delta_f G_m^\ominus(Br_2)-2\Delta_f G_m^\ominus(HBr)-\Delta_f G_m^\ominus(Cl_2)\\ &=2\times(-95.30)+0-2\times(-53.45)-0\\ &=-83.70(kJ\cdot mol^{-1})\end{aligned}$$

$\Delta_r G_m^\ominus<0$，反应可以自发进行。

4. 温度对 ΔG 的影响

吉布斯函数的大小不仅与焓和熵有关，还与温度有关，即不能忽略温度对 $\Delta_r G_m^\ominus$ 的影响，反应的 $\Delta_f G_m^\ominus(T)$ 不能近似等于 $\Delta_f G_m^\ominus(298\ K)$。

根据吉布斯函数定义式 $G=H-TS$，恒温恒压下只做体积功的系统由始态变到终态，系统的自由能改变为：

$$\Delta G=\Delta H-T\Delta S \tag{2-15a}$$

对于标准状态下发生的化学反应：

$$\Delta_r G_m^\ominus=\Delta_r H_m^\ominus-T\Delta_r S_m^\ominus \tag{2-15b}$$

式(2-15)称为吉布斯·亥姆霍兹(Gibbs-Helmholtz)方程。

吉布斯—亥姆霍兹方程反映了两方面的问题，首先它表明化学变化的自发性取决于变化的焓、熵两个因素，同时还表明吉布斯函数与温度的关系，即化学反应自发性与温度有关。

热力学证明，反应的 ΔH 和 ΔS 受温度的影响很小，在温度变化不太大的范围内，可以认为 $\Delta_r H_m^\ominus(T)\approx\Delta_r H_m^\ominus(298\ K)$，$\Delta_r S_m^\ominus(T)\approx\Delta_r S_m^\ominus(298\ K)$，吉布斯-亥姆霍兹公式可改写为

$$\Delta_r G_m^\ominus(T)\approx\Delta_r H_m^\ominus(298\ K)-T\Delta_r S_m^\ominus(298\ K) \tag{2-16}$$

从式(2-16)可以看出，$\Delta_r G_m^\ominus(T)$ 的值取决于 $\Delta_r H_m^\ominus$、$\Delta_r S_m^\ominus$ 和 T，按 $\Delta_r H_m^\ominus$、$\Delta_r S_m^\ominus$ 的符号及温度 T 对化学反应 $\Delta_r G_m^\ominus(T)$ 的影响，可预测反应的趋势，归纳为表 2-2 的四种情况。

表 2-2 温度对反应自发性的影响

$\Delta_r H_m^\ominus$	$\Delta_r S_m^\ominus$	$\Delta_r G_m^\ominus$	反应方向
−	+	−	任何温度下，反应都能自发进行
+	−	+	任何温度下，反应都不能自发进行
−	−	−	温度较低时，反应自发进行
		+	温度较高时，反应不能自发进行

续表2-2

$\Delta_r H_m^\ominus$	$\Delta_r S_m^\ominus$	$\Delta_r G_m^\ominus$	反应方向
+	+	+	温度较低时,反应不能自发进行
		−	温度较高时,反应自发进行

上表表明,若 $\Delta_r H_m^\ominus$ 和 $\Delta_r S_m^\ominus$ 符号相同,反应方向与温度有关;若 $\Delta_r H_m^\ominus$ 和 $\Delta_r S_m^\ominus$ 符号不相同,反应方向与温度无关。

随着温度的改变,反应的方向可能发生逆转,即反应的吉布斯函数的符号发生变化。根据吉布斯一亥姆霍兹方程可以求得反应逆转温度,即反应的吉布斯函数为 0 的温度。

由

$$\Delta_r G_m^\ominus = \Delta_r H_m^\ominus - T\Delta_r S_m^\ominus = 0$$

得

$$T_{转} = \Delta_r H_m^\ominus / \Delta_r S_m^\ominus$$

例 2-8 计算压力为 100 kPa,298 K 及 1 400 K 时反应

$$CaCO_3(s) = CaO(s) + CO_2(g)$$

的 $\Delta_r G_m^\ominus$,分别判断在这两个温度下反应的自发性,估算该反应可以自发进行的最低温度。

解: $CaCO_3(s) = CaO(s) + CO_2(g)$

查表得 $\Delta_f H_m^\ominus/(kJ \cdot mol^{-1})$ −1 206.9 −635.1 −393.51

$S_m^\ominus/(J \cdot mol^{-1} \cdot K^{-1})$ 92.90 39.75 213.74

$$\begin{aligned}\Delta_r H_m^\ominus(298\ K) &= \Delta_f H_m^\ominus(CaO) + \Delta_f H_m^\ominus(CO_2) - \Delta_f H_m^\ominus(CaCO_3)\\ &= -635.1 + (-393.51) - (-1\,206.9)\\ &= 178.3(kJ \cdot mol^{-1})\end{aligned}$$

$$\begin{aligned}\Delta_r S_m^\ominus(298\ K) &= S_m^\ominus(CaO) + S_m^\ominus(CO_2) - S_m^\ominus(CaCO_3)\\ &= 39.75 + 213.74 - 92.90 = 160.59(J \cdot mol^{-1} \cdot K^{-1})\end{aligned}$$

$$\begin{aligned}\Delta_r G_m^\ominus(298\ K) &= \Delta_r H_m^\ominus(298\ K) - T\Delta_r S_m^\ominus(298\ K)\\ &= 178.32 - 298 \times 160.59 \times 10^{-3} = 130.46(kJ \cdot mol^{-1})\end{aligned}$$

$\Delta_r G_m^\ominus(298\ K) > 0$,故在 298 K 时该反应不能自发进行。

$$\begin{aligned}\Delta_r G_m^\ominus(1\,400\ K) &\approx \Delta_r H_m^\ominus(298\ K) - 1\,400\Delta_r S_m^\ominus(298\ K)\\ &= 178.32 - 1\,400 \times 160.59 \times 10^{-3}\\ &= -46.51(kJ \cdot mol^{-1})\end{aligned}$$

$\Delta_r G_m^\ominus(1\,400\ K) < 0$,故在 1 400 K 时该反应能自发进行。

设在温度 T 时反应可自发进行,则:

$$\Delta_r G_m^\ominus(T) \approx \Delta_r H_m^\ominus(298\ K) - T\Delta_r S_m^\ominus(298\ K) < 0$$

$$178.32\times10^3-T\times160.59<0$$
$$T>1\,110\text{ K}$$

温度高于 1 110 K 时，反应就可以自发进行。

例 2-9 煤有一些含硫杂质，当煤燃烧时，就有 SO_2 和 SO_3 生成。试问是否可能用 CaO 来吸收 SO_3 以减少烟道废气对空气的污染？

解：

	$CaO(s)+$	$SO_3(g)=$	$CaSO_4(s)$
$\Delta_f H_m^\ominus/(kJ\cdot mol^{-1})$	-635.1	-395.72	$-1\,432.7$
$S_m^\ominus/(J\cdot mol^{-1}\cdot K^{-1})$	39.75	256.76	106.7

$$\Delta_r H_m^\ominus(298\text{ K})=\Delta_f H_m^\ominus(CaSO_4)-\Delta_f H_m^\ominus(CaO)-\Delta_f H_m^\ominus(SO_3)$$
$$=-1\,432.7-(-635.1)-(-395.72)=-401.88(kJ\cdot mol^{-1})$$
$$\Delta_r S_m^\ominus(298\text{ K})=S_m^\ominus(CaSO_4)-S_m^\ominus(CaO)-S_m^\ominus(SO_3)$$
$$=106.7-39.75-256.76=-189.81(J\cdot mol^{-1}\cdot K^{-1})$$
$$\Delta_r G_m^\ominus(298\text{ K})=\Delta_r H_m^\ominus(298\text{ K})-T\Delta_r S_m^\ominus(298\text{ K})$$
$$=-401.88-298\times(-189.81\times10^{-3})$$
$$=-345.32(kJ\cdot mol^{-1})$$

$\Delta_r G_m^\ominus(298\text{ K})<0$，298 K 时反应可以自发进行。但此反应高温时可不自发进行。此转变温度应满足：

$$\Delta_r G_m^\ominus(T)\approx\Delta_r H_m^\ominus(298\text{ K})-T\Delta_r S_m^\ominus(298\text{ K})=0$$
$$T=2\,117.3\text{ K}=1\,844.3℃$$

一般炉温在 1 200℃左右，所以从热力学的分析看，用价格低廉的生石灰来吸收 SO_3 以减少大气污染的可能性是存在的，现在已有人采用这种方法。

2.3 化学反应的限度——化学平衡

化学平衡涉及绝大多数化学反应，如酸碱平衡、沉淀溶解平衡、氧化还原平衡和配位平衡等。本节通过对化学平衡共同特点和规律的探讨，应用热力学的基本原理，讨论化学平衡建立的条件以及化学平衡的移动及化学反应的限度等问题。

2.3.1 可逆反应与化学平衡

1. 可逆反应

在一定条件下，既可以向正反应方向进行，同时也可以向逆反应方向进行的化学反应叫做可逆反应(reversible reaction)。例如反应：

$$NO_2(g)+SO_2(g)\underset{\text{逆反应}}{\overset{\text{正反应}}{\rightleftharpoons}}NO(g)+SO_3(g)$$

在目前已知的化学反应中，除了放射性元素的衰变之外，绝大多数化学反应都有一定的可逆性。只是某些反应由于逆向进行的趋势比较弱，从表面上看反应是向正反应方向进行的，如 AgI 的沉淀反应。还有些反应在进行时，逆反应的条件尚未具备，反应物即已耗尽。例如，$KClO_3$ 加热分解的反应：

$$2KClO_3 = 2KCl + 3O_2$$

这类反应可看作从左向右进行得很完全，习惯上称为不可逆反应(non-reversible reaction)。

2. 化学平衡

对于可逆反应，当正反应速度与逆反应速度相等时，反应系统中各物质的分压(或浓度)不再随时间变化而改变，这时反应所处状态叫化学平衡状态(chemical equilibrium state)，习惯上称为化学平衡(chemical equilibrium)。

从热力学原理分析，即从宏观上分析，一定条件下达到平衡的系统，其吉布斯函数变化为零，反应宏观上停止。无论反应是从正向还是从逆向达到平衡，各反应物、产物的压力或组成均不再变化。达到平衡时，反应的 $\Delta_r G_m = 0$。因此，化学平衡状态是反应在一定条件下所能达到的最大限度的状态。

从化学动力学角度分析，达到化学平衡状态的系统，处于正向反应和逆向反应的速率相等的状态，正向反应和逆向反应均未停止，这就是说，化学平衡状态是系统在一定条件下的动态平衡状态。

对于在一定条件下达到化学平衡的系统，若反应条件发生改变，反应的 $\Delta_r G_m$ 不再等于 0，即正逆反应速率不再相等。此时，原有的平衡状态被破坏，系统又向新的平衡状态转移，平衡发生移动。

2.3.2 平衡常数

1. 标准平衡常数

大量的实验结果表明，在封闭体系中，任一可逆的化学反应：

$$aA + dD = gG + hH$$

在指定温度下达到平衡时，如果反应为液相反应，则反应物和产物的浓度间具有确定的关系

$$K_c = \frac{[c(G)]^g [c(H)]^h}{[c(A)]^a [c(D)]^d} \tag{2-17a}$$

如果反应物和产物都是气体，则平衡时各组分分压之间存在确定的关系

$$K_p = \frac{[p(G)]^g [p(H)]^h}{[p(A)]^a [p(D)]^d} \tag{2-17b}$$

这两个关系式称为化学平衡常数表达式，式中 K 称为化学平衡常数，简称平衡常数(equilibrium constant)。平衡常数 K 的大小表明化学反应程度的大小，K 值越大，表明化学反应完成的程度越大；K 值越小，表明化学反应完成的程度越小。

根据平衡常数的获得方法不同，人们将平衡常数分为实验平衡常数和标准平衡常数两类。通过实验测定平衡系统中各物质的浓度(或分压)计算得到的平衡常数称为实验平衡常

数(empirical equilibrium constant)，用 K_c 或 K_p 表示；根据热力学函数计算得到的平衡常数叫做标准平衡常数(standard equilibrium constant)，用 $K^{\ominus}$ 表示。实验平衡常数获得比较困难，是个有单位的量；标准平衡常数无单位，本书只讨论标准平衡常数。

使用标准平衡常数时应注意以下几点：

①对于气相反应，在平衡常数表达式中各物质的分压必须使用相对分压($p/p^{\ominus}$)来表示各物质的量，$p^{\ominus}=100.00$ kPa，称为标准压力。例如：气相反应

$$2SO_2(g)+O_2(g)=2SO_3(g)$$

的标准平衡常数表达式为

$$K^{\ominus}=\frac{[p(SO_3)/p^{\ominus}]^2}{[p(SO_2)/p^{\ominus}]^2\cdot[p(O_2)/p^{\ominus}]}$$

②对液相反应，标准平衡常数表达式中各物质的浓度也必须以相对浓度 ($c/c^{\ominus}$)来表示。例如液相反应

$$HAc(aq)=H^+(aq)+Ac^-(aq)$$

的标准平衡常数表达式为

$$K^{\ominus}=\frac{[c(H^+)/c^{\ominus}]\cdot[c(Ac^-)/c^{\ominus}]}{[c(HAc)/c^{\ominus}]}$$

由于 $c^{\ominus}=1\ mol\cdot L^{-1}$，为简单起见，$c^{\ominus}$ 在与 $K^{\ominus}$ 有关的数值计算中常予以省略。用 $c(H^+)$、$c(Ac^-)$、$c(HAc)$分别表示氢离子、醋酸根离子和醋酸分子在平衡时的相对浓度，上式可写成：

$$K^{\ominus}=\frac{c(H^+)\cdot c(Ac^-)}{c(HAc)}$$

③在反应中若有纯固体或纯液体参与，因为它们的浓度可视为常数，故不应写在平衡常数表达式中，如反应

$$CaCO_3(s)=CaO(s)+CO_2(g)$$

的标准平衡常数表达式为

$$K^{\ominus}=p(CO_2)/p^{\ominus}$$

④稀溶液中的反应，若有水参加，则水的浓度看作常数，不必写在平衡常数表达式中。如

$$Cr_2O_7{}^{2-}(aq)+H_2O=2CrO_4{}^{2-}(aq)+2H^+(aq)$$

$$K^{\ominus}=\frac{c^2(CrO_4^{2-})\cdot c^2(H^+)}{c(Cr_2O_7^{2-})}$$

但在非水溶液反应中，若水分子参加反应时，水的浓度不可看作常数，必须写在平衡常数表达式中。例如反应

$$C_2H_5OH(l)+CH_3COOH(l)=CH_3COOC_2H_5(l)+H_2O$$

$$K^{\ominus}=\frac{c(CH_3COOC_2H_5)\cdot c(H_2O)}{c(C_2H_5OH)\cdot c(CH_3COOH)}$$

⑤标准平衡常数与反应式的写法有关。例如合成氨的反应的方程式可写成如下两种形式：

(1) $N_2(g)+3H_2(g)=2NH_3(g)$ $\quad K_1^{\ominus}=\frac{[p(NH_3)/p^{\ominus}]^2}{[p(N_2)/p^{\ominus}][p(H_2)/p^{\ominus}]^3}$

(2) $\frac{1}{2}N_2(g)+\frac{3}{2}H_2(g)=NH_3(g)$ $\quad K_2^{\ominus}=\frac{[p(NH_3)/p^{\ominus}]}{[p(N_2)/p^{\ominus}]^{\frac{1}{2}}[p(H_2)/p^{\ominus}]^{\frac{3}{2}}}$

显然，$K_1^{\ominus}=(K_2^{\ominus})^2$

2. 多重平衡规则

通常见到的化学平衡系统，往往同时包含多个相互有关的平衡，系统内有些物质，同时参加了多个平衡，此种平衡系统，称为多重平衡系统。在多重平衡系统中，若某反应可以表示成几个反应之和(或之差)时，则其平衡常数等于各个反应平衡常数的乘积(或商)，这种关系称为多重平衡原则。例如

(1) $SO_2(g)+\frac{1}{2}O_2(g)=SO_3(g)$ $\quad K_1^{\ominus}=\frac{[p(SO_3)/p^{\ominus}]}{[p(SO_2)/p^{\ominus}][p(O_2)/p^{\ominus}]^{\frac{1}{2}}}$

(2) $NO_2(g)=NO(g)+\frac{1}{2}O_2(g)$ $\quad K_2^{\ominus}=\frac{[p(NO)/p^{\ominus}][p(O_2)/p^{\ominus}]^{\frac{1}{2}}}{[p(NO_2)/p^{\ominus}]}$

(3) $SO_2(g)+NO_2(g)=SO_3(g)+NO(g)$ $\quad K_3^{\ominus}=\frac{[p(SO_3)/p^{\ominus}]\cdot[p(NO)/p^{\ominus}]}{[p(SO_2)/p^{\ominus}]\cdot[p(NO_2)/p^{\ominus}]}$

显然

$$K_1^{\ominus}\times K_2^{\ominus}=\frac{[p(NO_3)/p^{\ominus}]}{[p(SO_2)/p^{\ominus}][p(O_2)/p^{\ominus}]^{\frac{1}{2}}}\times\frac{[p(NO)/p^{\ominus}][p(O_2)/p^{\ominus}]^{\frac{1}{2}}}{[p(NO_2)/p^{\ominus}]}$$

$$=\frac{[p(SO_3)/p^{\ominus}]\cdot[p(NO)/p^{\ominus}]}{[p(SO_2)/p^{\ominus}]\cdot[p(NO_2)/p^{\ominus}]}=K_3^{\ominus}$$

例 2-10 已知 823 K 时，在同一系统中反应(1)和反应(2)都处于平衡状态，试求在该温度下反应(3)的标准平衡常数 $K_3^{\ominus}$。

(1) $CO_2(g)+H_2(g)=CO(g)+H_2O(g)$ $\quad K_1^{\ominus}=0.140$

(2) $CoO(s)+H_2(g)=Co(s)+H_2O(g)$ $\quad K_2^{\ominus}=67.0$

(3) $CoO(s)+CO(g)=Co(s)+CO_2(g)$

解：分析题意可知三个反应之间的关系为：反应(3)＝反应(2)－反应(1)。

由多重平衡规则得：

$$K_3^{\ominus}=\frac{K_2^{\ominus}}{K_1^{\ominus}}=\frac{67.0}{0.140}=479$$

2.3.3 化学反应等温式

在标准状态下，不同反应的标准摩尔吉布斯函数变 $\Delta_r G_m^\ominus$ 不同，这是由物质本性决定的。而同一反应，物质浓度不同反应的吉布斯函数变 $\Delta_r G_m$ 也不同，说明物质的浓度对反应的吉布斯函数改变也有贡献。

热力学研究证明，恒温恒压下，对一个化学反应

$$aA + dD = gG + hH$$

任意时刻的 $\Delta_r G_m$ 与 $\Delta_r G_m^\ominus$ 及反应商之间关系为

$$\Delta_r G_m = \Delta_r G_m^\ominus + RT\ln\frac{c^g(G)\cdot c^h(H)}{c^a(A)\cdot c^d(D)} \tag{2-18a}$$

或

$$\Delta_r G_m = \Delta_r G_m^\ominus + RT\ln\frac{[p(G)/p^\ominus]^g[p(H)/p^\ominus]^h}{[p(A)/p^\ominus]^a[p(D)/p^\ominus]^d} \tag{2-18b}$$

$\dfrac{c^g(G)\cdot c^h(H)}{c^a(A)\cdot c^d(D)}$称为浓度商，以 Q_c 表示，

则式(2-18a)将变为

$$\Delta_r G_m = \Delta_r G_m^\ominus + RT\ln Q_c \tag{2-18c}$$

同理，$\dfrac{[p(G)/p^\ominus]^g[p(H)/p^\ominus]^h}{[p(A)/p^\ominus]^a[p(D)/p^\ominus]^d}$为分压商，以 Q_p 表示，

则式(2-18b)变为

$$\Delta_r G_m = \Delta_r G_m^\ominus + RT\ln Q_p \tag{2-18d}$$

式(2-18)的四种形式都称作范特霍夫(Van't Hoff)化学反应等温式。Q_c、Q_p 统称为反应商 Q，利用该式可以求算非标准吉布斯函数变 $\Delta_r G_m$。

应注意的是，反应商 Q 的表达式在形式上与标准平衡常数 $K^\ominus$ 的表达式完全一致，不同之处在于 Q 表达式中的浓度或分压为任意态的(包括平衡态)，而 $K^\ominus$ 表达式中的浓度或分压是平衡态的。当化学反应达到平衡时，反应的 $\Delta_r G_m = 0$，此时反应方程式中物质的浓度或分压均为平衡浓度或分压，反应商 Q 的数值与标准平衡常数 $K^\ominus$ 数值相等，式(2-18)可变为：

$$\Delta_r G_m^\ominus = -RT\ln K^\ominus \tag{2-19a}$$

或

$$\Delta_r G_m^\ominus = -2.303RT\lg K^\ominus \tag{2-19b}$$

根据式(2-19)可以利用热力学数据计算任一温度下的标准平衡常数 $K^\ominus$。同时说明化学反应的 $\Delta_r G_m^\ominus$ 越负，平衡常数 $K^\ominus(T)$ 值越大，标准状态下反应正向进行的趋势越大；反之，$\Delta_r G_m^\ominus$ 越正，$K^\ominus(T)$ 越小，反应逆向进行的趋势越大。

由式(2-18)可知，应使用反应的 $\Delta_r G_m(T)$ 判断化学反应自发性。这是因为当反应系统标准摩尔吉布斯函数变 $\Delta_r G_m^{\ominus}$ 的绝对数值不是很大时，Q 往往会决定 $\Delta_r G_m(T)$ 的大小。

将式(2-19a)代入式(2-18)得

$$\Delta_r G_m = -RT\ln K^{\ominus}(T)^{+} + RT\ln Q \tag{2-20}$$

或

$$\Delta_r G_m = RT\ln \frac{Q}{K^{\ominus}} \tag{2-21}$$

这两式亦称作化学反应等温式，由该式可知，反应的 $\Delta_r G_m(T)$ 取值的正负，决定于 Q 与 $K^{\ominus}$ 之比。在一定温度下，只要知道系统中各组分的浓度或分压，就可由 $Q/K^{\ominus}$ 值判断指定条件下反应进行的方向。

当 $Q<K^{\ominus}$ 时，$\Delta_r G_m(T)<0$，正反应自发进行；

当 $Q>K^{\ominus}$ 时，$\Delta_r G_m(T)>0$，逆反应自发进行，

当 $Q=K^{\ominus}$ 时，$\Delta_r G_m(T)=0$，反应处于平衡状态。

上述判据称为化学反应方向的反应商判据。

例 2-11 计算压力为 100 kPa 下，反应 $CO(g)+H_2O(g)=CO_2(g)+H_2(g)$ 在 298 K 及 850 K 时的标准平衡常数 $K^{\ominus}$。

解：反应式及各物质的标准热力学数据如下

	$CO(g)$	$+H_2O(g)$	$=CO_2(g)$	$+H_2(g)$
$\Delta_f H_m^{\ominus}/(kJ\cdot mol^{-1})$	-110.53	-241.82	-393.51	0
$S_m^{\ominus}/(J\cdot mol^{-1}\cdot K^{-1})$	197.67	188.83	213.74	130.68

$\Delta_r H_m^{\ominus} = -393.51+0-(-110.53)-(-241.82)$

$\quad = -41.16(kJ\cdot mol^{-1})$

$\Delta_r S_m^{\ominus} = 213.74+130.68-197.67-188.83$

$\quad = -42.08(J\cdot mol^{-1}\cdot K^{-1})$

298 K 时

$$\Delta_r G_m^{\ominus} = \Delta_r H_m^{\ominus} - T\Delta_r S_m^{\ominus} = -41.16\times10^3 - 298\times(-42.08) = -28\,620(J\cdot mol^{-1})$$

因为

$$\Delta_r G_m^{\ominus} = -2.303RT\lg K^{\ominus}(T)$$

所以，298 K 时

$$\lg K^{\ominus}(298\ K) = \frac{-\Delta_r G_m^{\ominus}}{2.303RT} = \frac{28\,620}{2.303\times8.314\times298} = 5.02$$

$$K^{\ominus}(298\ K) = 1.05\times10^5$$

850 K 时

$$\Delta_r G_m^{\ominus}(850\ \text{K}) = \Delta_r H_m^{\ominus}(298\ \text{K}) - T\Delta_r S_m^{\ominus}(298\ \text{K})$$
$$= -41.16\times10^3 - 850\ \text{K}\times(-42.08)$$
$$= -5\ 392(\text{J}\cdot\text{mol}^{-1})$$

$$\lg K^{\ominus}(850\ \text{K}) = \frac{-\Delta_r G_m^{\ominus}}{2.303RT} = \frac{5\ 392}{2.303\times8.314\times850} = 0.33$$
$$K^{\ominus}(850\ \text{K}) = 2.14$$

例 2-12 反应 $2SO_2(g)+O_2(g)=2SO_3(g)$ 在 1 000 K 时，$K^{\ominus}=3.45$，计算在 SO_2、O_2、SO_3 分压分别为 1 kPa、10 kPa、10 kPa 时的 $\Delta_r G_m$，并判断反应进行的方向。

解：反应的分压商为

$$Q_p = \frac{\{p(SO_3)/p^{\ominus}\}^2}{\{p(SO_2)/p^{\ominus}\}^2\cdot\{p(O_2)/p^{\ominus}\}} = \frac{(10/100)^2}{(1/100)^2(10/100)} = 1\ 000$$

$$\Delta_r G_m(1\ 000\ \text{K}) = RT\ln\frac{Q}{K^{\ominus}} = 2.303\times8.314\times1\ 000\times\lg\frac{1\ 000}{3.45}$$
$$= 47.1(\text{kJ}\cdot\text{mol}^{-1})$$

$\Delta_r G_m(1\ 000\ \text{K})>0$，所以正反应不能自发进行，而逆反应可自发进行。

一般情况下，一个反应的 $K^{\ominus}$ 很大，表明反应正向进行的趋势很大，$K^{\ominus}$ 很小，反应正向进行的趋势很小，而当 $K^{\ominus}$ 不是很大时，反应的可逆性就比较明显。

一般的化学反应，当 $K^{\ominus}\geqslant10^8$ 时，正反应就进行得比较彻底，而逆反应几乎不能进行；当 $K^{\ominus}\leqslant10^{-8}$ 时，逆反应进行得比较彻底，正反应几乎不能进行。所以当 $K^{\ominus}\geqslant10^8$ 时，正反应自发进行；当 $K^{\ominus}\leqslant10^{-8}$ 时，逆反应自发进行。在 298 K 时

$$\Delta_r G_m^{\ominus} = -2.303RT\lg K^{\ominus}(T) = -2.303\times8.314\times298\ \lg 10^{\pm8}$$
$$= \mp45.6(\text{kJ}\cdot\text{mol}^{-1})$$

因此，当 $\Delta_r G_m^{\ominus}\leqslant-45.6\ \text{kJ}\cdot\text{mol}^{-1}$ 时，正反应一定自发进行；而当 $\Delta_r G_m^{\ominus}\geqslant 45.6\ \text{kJ}\cdot\text{mol}^{-1}$ 时，逆反应一定自发进行。这就是用平衡常数 $K^{\ominus}$ 或用 $\Delta_r G_m^{\ominus}$ 判断反应进行方向的依据。

当 $|\Delta_r G_m^{\ominus}|\leqslant45.6\ \text{kJ}\cdot\text{mol}^{-1}$ 时，必须考虑反应商的作用，只能用 $\Delta_r G_m$ 来判断反应自发的方向。

2.3.4 化学平衡的移动

一切平衡都是相对的、暂时的。化学反应只是在一定条件下才能保持平衡，一旦条件改变，系统的平衡就会破坏，系统的宏观静止状态也就被破坏，反应或正向自发、或逆向自发进行，最终在新的条件下达到新的平衡。这种因外界条件改变使化学反应从原来的平衡状态转变到新的平衡状态的过程，叫做化学平衡的移动(The chemical equilibrium movement)。

1. 浓度对化学平衡的影响

在等温条件下，对任何已达到平衡的化学反应，改变系统中各物质的浓度(或分压)，使

反应商 Q 发生变化，根据化学反应等温式

$$\Delta_r G_m(T)=RT\ln\frac{Q}{K^{\ominus}}$$

可知：

增加反应物的浓度（或分压）或减少产物的浓度（或分压），能使反应商 Q 变小，反应的 $\Delta_r G_m(T)<0$，平衡将向正反应方向移动；

减少反应物的浓度（或分压）或增加产物的浓度（或分压），将使反应商 Q 变大，反应的 $\Delta_r G_m(T)>0$，平衡将向逆反应方向移动。

2. 压力对化学平衡的影响

(1)系统总压力的影响　压力的变化对液相反应或固相反应几乎没有影响，但对于气体参加的反应，在一定温度下改变系统的总压，可能引起平衡的移动。例如恒温下，下述两反应都达到平衡。

① $$N_2(g)+3H_2(g)=2NH_3(g)$$

② $$H_2(g)+Cl_2(g)=2HCl(g)$$

通过等温压缩过程改变系统的总压，不能使反应②的平衡移动，而能使反应①的平衡发生移动。

反应①达平衡时，各物质分压分别是 $p(N_2)$、$p(H_2)$、$p(NH_3)$，其标准平衡常数为

$$K^{\ominus}=\frac{[p(NH_3)/p^{\ominus}]^2}{[p(N_2)/p^{\ominus}][p(H_2)/p^{\ominus}]^3}$$

若将系统等温压缩为原体积的一半，所有物质的分压同时增大 1 倍，系统的总压也增大 1 倍，即

$$p'(N_2)=2p(N_2)、p'(H_2)=2p(H_2)、p'(NH_3)=2p(NH_3)$$

此时反应商为

$$Q_p=\frac{[p'(NH_3)/p^{\ominus}]^2}{[p'(N_2)/p^{\ominus}][p'(H_2)/p^{\ominus}]^3}=\frac{[2p(NH_3)/p^{\ominus}]^2}{[2p(N_2)/p^{\ominus}][2p(H_2)/p^{\ominus}]^3}$$

$$=\frac{1}{4}\frac{[p(NH_3)/p^{\ominus}]^2}{[p(N_2)/p^{\ominus}][p(H_2)/p^{\ominus}]^3}=\frac{1}{4}K^{\ominus}$$

代入代学反应等温式

$$\Delta_r G_m(T)=RT\ln\frac{Q}{K^{\ominus}}=RT\ln\frac{1}{4}<0$$

可见，增加系统的总压时，平衡向气体物质的量少的方向移动。

同样方法可以推得，当减小系统的总压时，平衡向气体物质的量多的方向移动。对反应①，平衡将逆向移动。

同理，还可以证明，系统总压的增减，不能改变反应②的平衡，即反应前后气体物质的量相等的化学反应不受压力变化的影响。

(2)惰性气体的影响　所谓惰性气体是不与系统中各物质发生反应的气体。有恒定容

积和恒定总压两种情况。

向达到平衡的恒容系统中充入惰性气体，虽然系统的总压增大，但系统中各气态物质的分压不变，不会引起平衡的移动。

向达到平衡的反应系统中充入惰性气体并保持总压不变，会使系统的体积增大，对各气体物质来说相当于"冲稀"，各气体的分压将等比例减小。由前面的分析可知，对反应物和产物气体物质的量不等的反应，此时平衡向气体物质的量多的方向移动，对反应物和产物气体分子物质的量相等的反应，平衡不移动。

例 2-13 恒温情况下，对下述反应

①$CaCO_3(s)=CaO(s)+CO_2(g)$

②$\frac{1}{2}N_2(g)+\frac{3}{2}H_2(g)=NH_3(g)$

③$H_2(g)+I_2(g)=2HI(g)$

(1)通过恒温压缩过程增加系统的总压；(2)恒压下加入惰性气体，平衡将如何移动？

解：(1)增加系统的总压时

反应①：因反应物气体物质的量少，所以平衡向逆反应方向移动。

反应②：因产物气体物质的量少，所以平衡向正反应方向移动。

反应③：因产物与反应物气体物质的量相等，所以反应的平衡不移动。

(2)恒压下，加惰性气体

反应①：因产物的气体物质的量多，所以平衡向正反应方向移动。

反应②：因反应物的气体物质的量多，所以平衡向逆反应方向移动。

反应③：因产物、反应物气体物质的量相等，所以平衡不移动。

3. 温度对化学平衡的影响

恒温条件下，浓度和压力使平衡移动的原因是改变了反应商(Q)，导致反应的$\Delta_r G_m(T)$发生了改变，而$\Delta_r G_m^{\ominus}(T)$和$K^{\ominus}$是不变化的。温度对化学平衡的影响与前者有本质区别，因为温度变化将引起$\Delta_r G_m^{\ominus}(T)$和$K^{\ominus}$的变化。

对一给定化学反应，有

$$\Delta_r G_m^{\ominus}(T)=\Delta_r H_m^{\ominus}-T\Delta_r S_m^{\ominus}$$
$$\Delta_r G_m^{\ominus}(T)=-RT\ln K^{\ominus}$$

将两式合并，得

$$\ln K^{\ominus}=\frac{-\Delta_r H_m^{\ominus}}{RT}+\frac{\Delta_r S_m^{\ominus}}{R} \tag{2-22}$$

设该反应在温度为T_1时的平衡常数为$K_1^{\ominus}$，在温度为T_2时的平衡常数为$K_2^{\ominus}$，可有

$$\ln K_2^{\ominus}=\frac{-\Delta_r H_m^{\ominus}}{RT_2}+\frac{\Delta_r S_m^{\ominus}}{R}$$

$$\ln K_1^{\ominus}=\frac{-\Delta_r H_m^{\ominus}}{RT_1}+\frac{\Delta_r S_m^{\ominus}}{R}$$

因为 $\Delta_r H_m^{\ominus}$ 和 $\Delta_r S_m^{\ominus}$ 受温度变化的影响很小，可以认为它们与温度变化无关。将两式相减得

$$\ln \frac{K_2^{\ominus}}{K_1^{\ominus}} = \frac{\Delta_r H_m^{\ominus}}{R}\left(\frac{1}{T_1} - \frac{1}{T_2}\right) \tag{2-23a}$$

或

$$\lg \frac{K_2^{\ominus}}{K_1^{\ominus}} = \frac{\Delta_r H_m^{\ominus}}{2.303R}\left(\frac{1}{T_1} - \frac{1}{T_2}\right) \tag{2-23b}$$

式(2-23)称作范特霍夫方程，它表明温度对平衡常数的影响。

由式(2-23)可知，对放热反应，$\Delta_r H_m^{\ominus} < 0$，当升高温度时，$T_2 > T_1$，$K_2^{\ominus} < K_1^{\ominus}$，即平衡常数随温度升高而减小，平衡向逆反应方向移动；降低反应温度时，$T_2 < T_1$，$K_2^{\ominus} > K_1^{\ominus}$，平衡向正反应方向移动。同理，对吸热反应，$\Delta_r H_m^{\ominus} > 0$，升高温度使平衡常数增大，平衡向正反应方向移动；降低温度使平衡常数减小，平衡向逆反应方向移动。在恒压系统中，升高系统温度平衡向吸热方向移动，降低系统温度，平衡向放热方向移动。

4. 勒夏特列原理

早在 1907 年，在总结大量实验事实的基础上，勒夏特列(Le Chatelier H L)就定性得出平衡移动的普遍原理，即任何一个处于化学平衡的系统，当某一确定系统状态的因素(如浓度、压力、温度等)发生改变时，系统的平衡将发生移动。平衡移动的方向总是向着减弱外界因素的改变对系统影响的方向。例如增加反应物的浓度或反应物气体分压，平衡向生成物方向移动，以减弱反应物浓度或反应物气体分压增加的影响，这就是勒夏特列原理(Le Chatelier's principle)。必须注意，勒夏特列原理只适用于已经处于平衡状态的系统，而对于未达平衡状态的系统则不适用。

2.4 化学反应速率

化学热力学指出，在一定条件下，凡是吉布斯函数改变值小于零的反应，都具有自发进行的趋势和可能。如氢气与氧气化合成水的反应，$\Delta_r G_m^{\ominus} = -237.19\ \text{kJ} \cdot \text{mol}^{-1}$，表明在温度为 298 K、标准状态下，反应 $H_2(g) + O_2(g) = H_2O(l)$ 的自发趋势很大。但事实上在此条件下，把氢气与氧气混合，经过很长时间也观察不到水的生成。只有改变条件，例如点火、加入适当的催化剂或在较高温度下，反应才能发生，甚至发生爆炸。

上述事实说明，在研究一个化学反应，除了要从热力学的角度研究化学反应的可能性和限度之外，还必须从化学动力学的角度研究反应的现实性。

对于一个给定的反应，反应经历怎样的途径，以多大的速率转化为产物等，都是化学动力学研究的问题。本节所涉及的反应速率属于化学动力学的基本内容。

化学动力学所研究的内容包括化学反应的速率以及浓度、温度、压力及催化剂等各种因素对速率的影响等，它要求人们去研究反应的具体过程和途径。

2.4.1 化学反应速率的表示方法

化学反应速率(chemical rate of reaction)是表征化学反应进行快慢的物理量。通常以

单位时间内反应物或生成物的浓度变化来表示。反应速率通常用平均速率和瞬时速率来表示。

(1)平均速率 化学反应的平均速率(average rate)是指单位时间 Δt 内反应的平均速率。
表示为：

$$\bar{v}=\frac{1}{\nu_B}\times\frac{\Delta c_B}{\Delta t} \tag{2-24}$$

式中：ν_B 和 c_B 分别表示反应中任意物质 B 的化学计量系数和物质的量浓度。

对于反应

$$aA+dD=gG+hH$$

$$\bar{v}=-\frac{1}{a}\times\frac{\Delta c_A}{\Delta t}=-\frac{1}{d}\times\frac{\Delta c_D}{\Delta t}=\frac{1}{g}\times\frac{\Delta c_G}{\Delta t}=\frac{1}{h}\times\frac{\Delta c_H}{\Delta t} \tag{2-25}$$

同一反应在不同时间段的平均速率不同，而且在任意时间段内前半段和后半段的平均速率也不同。所以反应速率用瞬时速率来表示更为合理。

(2)瞬时速率 化学反应的瞬时速率(instantaneous rate)是当时间间隔 Δt 趋近于零时，平均速率的极限。

$$v=\lim_{\Delta t\to 0}\frac{1}{\nu_B}\times\frac{\Delta c_B}{\Delta t}=\frac{1}{\nu_B}\times\frac{dc_B}{dt} \tag{2-26}$$

反应速率的常用单位为 $mol\cdot L^{-1}\cdot s^{-1}$。

大部分化学反应都不是等速进行的，反应速率均随时间而变化。只有反应速率足够慢的反应，实验中可以用平均速率近似代替瞬时速率。求算反应的瞬时速率在理论上有两种方法，一是微分法，另一是作图法，后者在实际中更常用。

作图法是先做物质 B 的物质的量浓度与时间的关系曲线，曲线上任意点切线的斜率除以 B 物质的化学计量系数就是这一点所对应的 t 时刻的瞬时速率。

例 2-14 已知 40℃时 N_2O_5 在 CCl_4 溶液中的分解反应如下：

$$2N_2O_5(CCl_4)=2N_2O_4(CCl_4)+O_2(g)$$

产物 O_2 不溶于 CCl_4，可以收集并准确测定其体积，有关实验数据如下：

40℃时在 CCl_4 溶液中不同时间测定的 N_2O_5 的浓度

t/s	0	300	600	900	1 200	1 800	2 400	3 000	4 200	5 400	6 600	∞
$c(N_2O_5)/(mol\cdot L^{-1})$	0.200	0.180	0.161	0.144	0.130	0.104	0.084	0.068	0.044	0.028	0.018	0.00

计算：(1)反应从 300 s 到 900 s 的平均反应速率；

(2)反应在 2 700 s 时的瞬时速率。

解：(1)由式(2-25)得：

$$\bar{v}=-\frac{1}{a}\cdot\frac{\Delta c_A}{\Delta t}=-\frac{1}{2}\cdot\frac{0.144-0.180}{900-300}$$

$$=3.00\times10^{-5}(\mathrm{mol\cdot L^{-1}\cdot s^{-1}})$$

(2)以 c 为纵坐标、t 为横坐标，画出 $c\sim t$ 曲线(图 2-1)。曲线上任意一点的切线的斜率与物质的化学计量系数之比的绝对值即为该点对应于横坐标上 t 时的瞬时速率。

$$k=-\frac{1}{2}\cdot\frac{0.144-0}{0-55.8\times10^2}$$

$$=1.29\times10^{-5}(\mathrm{mol\cdot L^{-1}\cdot s^{-1}})$$

即该反应在 A 点($t=2\ 700$ s)的反应速率为 $1.29\times10^{-5}\ \mathrm{mol\cdot L^{-1}\cdot s^{-1}}$。

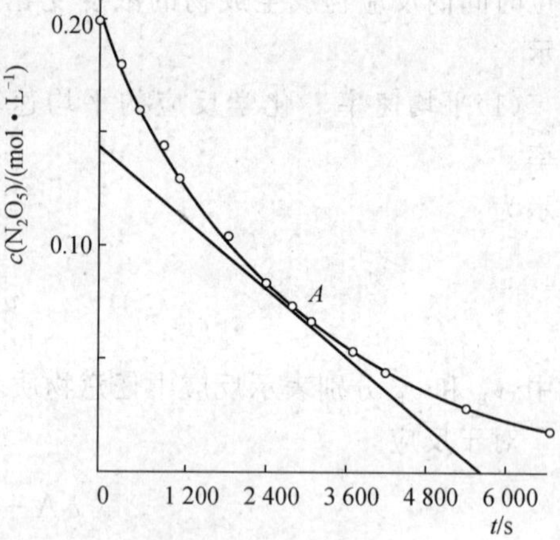

图 2-1　$c\sim t$ 曲线

2.4.2　浓度对化学反应速率的影响

1. 反应历程与基元反应

一个化学方程式，只能说明反应物与产物的关系，并不能体现反应物向产物转化的途径。化学反应由反应物到产物所经历的具体途径称为反应机理(reaction mechanism)，又称作反应历程(reaction path)。要确定一个反应的反应机理，应进行大量实验，是一个非常复杂的过程。如对 H_2 与 I_2 合成 HI 的反应机理研究了百余年，现在公认的机理为

①$I_2(g)\longrightarrow 2I(g)$　　(快反应)

②$2I(g)+H_2(g)\longrightarrow 2HI(g)$(慢反应)

又如：NO_2 分解为 NO 和 O_2 的反应机理为：

$$2NO_2(g)=2NO(g)+O_2(g)$$

即两个 NO_2 分子经过一步反应就转化为 NO 和 O_2 分子。这种由反应物经过一步反应就直接转变为产物的反应称为基元反应(elementary reaction)。由一个基元反应构成的反应叫简单反应(simple reaction)。

例如下面反应都是简单反应。

$$NO_2(g)+CO(g)=NO(g)+CO_2(g)$$

$$O_3(g)+NO(g)=NO_2(g)+O_2(g)$$

但只有少数反应是基元反应，绝大多数反应并不是基元反应。由若干个基元反应构成的反应称为复合反应(multiple reaction)，也称为复杂反应。例如：

$$3NaClO=2NaCl+NaClO_3$$

由两个基元反应构成：

①$2NaClO\longrightarrow NaCl+NaClO_2$　　(慢)

②$NaClO_2 + NaClO \longrightarrow NaCl + NaClO_3$　　　（快）

大量实验证明，对于多步骤且速率相差较大的复杂反应，其反应速率由整个反应中速率最慢的那一步决定，该步骤称为复合反应的决速步骤，或称为限速步骤。

化学反应速率是由反应物的本性和反应机理所决定的。化学动力学的首要任务，就是研究反应机理，确定反应历程，深入揭示反应速率的本质。

2. 质量作用定律

反应速率与反应物的浓度有密切关系。在一定温度下，对于反应

$$aA + dD = gG + hH$$

某一时刻的瞬时速率与反应物浓度之间有如下关系：

$$v = k\,c^m(A) \cdot c^n(D) \tag{2-27}$$

式(2-27)称为反应的速率方程式(equation of reaction rate)。式中 k 称为速率常数(rate constant)，k 与反应物的浓度无关，但与温度及催化剂有关。其物理意义是：当反应物的浓度均为 1 $mol \cdot L^{-1}$ 时的反应速率。$c(A)$、$c(D)$分别是反应物 A、D 在某一时刻的浓度，m、n 分别是反应物 A、D 的反应级数，$(m+n)$是这个反应的反应级数(order of reaction)。反应级数可以是正整数、分数、小数或负数。目前最常见的反应有负一级、零级、一级、二级反应，三级反应并不常见。对于复杂反应，反应级数通常由实验测得。

若反应 $aA + dD = gG + hH$ 为基元反应，则 $m = a$、$n = d$，其速率方程式可直接写出：

$$v = k\,c^a(A) \cdot c^d(D)$$

即基元反应的化学反应速率与反应物浓度的化学计量系数的绝对值的幂次的乘积成正比。这一定律称为质量作用定律(the law of mass action)。由于反应速率单位为 $mol \cdot L^{-1} \cdot s^{-1}$，速率常数的单位随反应级数而变，若反应级数为 n 级，速率常数单位是 $(mol \cdot L^{-1})^{1-n} \cdot s^{-1}$。因此，也可从速率常数的单位判断反应的级数。在相同温度、浓度下，不同化学反应的 k 值可反映出反应速率的相对快慢。

书写速率方程式时还须注意：稀溶液中溶剂、固体或纯液体参加的化学反应，其速率方程式的数学表达式中不必列出它们的浓度项。

例 2-15　303 K 时，乙醛分解反应 $CH_3CHO(g) = CH_4(g) + CO(g)$ 反应速率与乙醛浓度的关系如下：

$c(CH_3CHO)/(mol \cdot L^{-1})$	0.10	0.20	0.30	0.40
$v/(mol \cdot L^{-1} \cdot s^{-1})$	0.025	0.102	0.228	0.406

求速率常数并写出速率方程。

解：设速率方程为 $v = k\,c^n(CH_3CHO)$。任选两组数据代入速率方程，即可求得 n 值。如选第一和第二组数据得

$$0.025\ mol \cdot L^{-1} \cdot s^{-1} = k(0.10\ mol \cdot L^{-1})^n$$

$$0.102\ mol \cdot L^{-1} \cdot s^{-1} = k(0.20\ mol \cdot L^{-1})^n$$

二式相除得

$\frac{0.025}{0.102}=\left(\frac{0.10}{0.20}\right)^n$ 解得 $n\approx2$，该反应为二级反应。

将任一组实验数据代入速率方程，可求得 k。

$$0.228=k\,0.30^2$$
$$k=2.53(\mathrm{mol^{-1}\cdot L\cdot s^{-1}})$$

速率方程式为 $v=2.53\times c^2(CH_3CHO)$。

2.4.3 温度对反应速率的影响

前面讨论浓度对反应速率的影响时，是以温度不变为前提的，实际上温度对反应速率的影响比浓度的影响更为显著。当温度升高时，一方面，分子的运动速率加快，单位时间内分子的碰撞频率增加；另一方面，分子的平均能量提高，具有较高能量的分子（活化分子）的百分数增加，这都使反应速率加快。

1901 年范特霍夫（Van′t Hoff）根据大量的实验事实总结出一条近似规则，即反应系统的温度每升高 10 K，化学反应速率增加 2～4 倍。

当温度恒定时，反应的速率常数 k 不随反应物浓度改变而改变；当反应物浓度一定，温度改变时，反应速率常数 k 发生改变。

两年后阿仑尼乌斯（H. A. Arrhenius）提出反应速率与温度的定量关系，温度对反应速率的影响表现在对反应速率常数的影响，即

$$k=A\mathrm{e}^{-\frac{E_a}{RT}} \tag{2-28}$$

或
$$\ln k=\ln A-\frac{E_a}{RT} \tag{2-29}$$

式(2-28)、式(2-29)叫做阿仑尼乌斯公式。式中 E_a 为反应的活化能，R 为理想气体常数，T 为热力学温度，A 为指前因子。对于同一化学反应，因 A、E_a 为常数，由式(2-29)看出 $\ln k\sim1/T$ 成直线关系，图 2-2 表示温度与速率常数的关系（$\ln k\sim1/T$ 图）。Ⅰ为 E_a 较小的反应，Ⅱ为 E_a 较大的反应。可见活化能越大，温度对反应速率的影响越大。

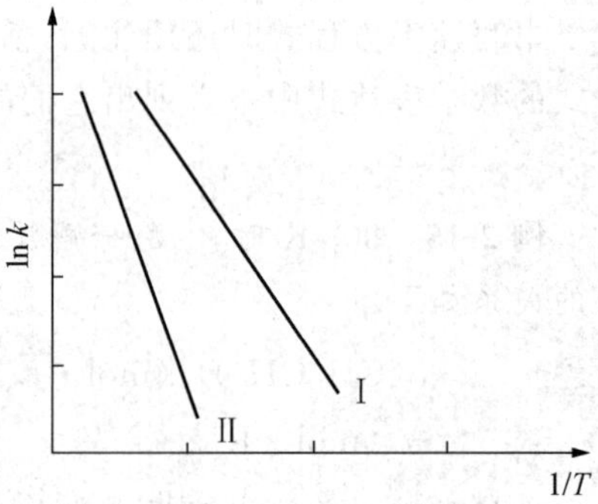

图 2-2 不同反应的 lnK～1/T

对同一个化学反应，当其他反应条件不变时，反应温度由 T_1 变为 T_2 时速率常数分别为 k_1 和 k_2，根据式(2-29)

$$\lg k_1=\lg A-\frac{E_a}{2.303R}\times\frac{1}{T_1}$$
$$\lg k_2=\lg A-\frac{E_a}{2.303R}\times\frac{1}{T_2}$$

两式相减，得

$$\lg\frac{k_2}{k_1}=\frac{E_a}{2.303R}\left(\frac{1}{T_1}-\frac{1}{T_2}\right) \tag{2-30}$$

根据式(2-30)，只要知道反应的活化能 E_a 及 T_1 时的速率常数 k_1，就可以计算另一温度 T_2 时的速率常数 k_2。同样，若已知两个温度下的速率常数，也可求得反应的活化能和指前因子 A。

例 2-16 反应 $C_2H_5Cl(g)=C_2H_4(g)+HCl(g)$ 的 $A=1.6\times10^{14}$，$E_a=246.9\ kJ\cdot mol^{-1}$，求 700 K 时和 710 K 的速率常数并加以比较。

解：根据式(2-29)

$$\lg k=\lg A-\frac{E_a}{2.303RT}$$

当 $T=700$ K 时，$\lg k=\lg 1.6\times10^{14}-\dfrac{246\ 900}{2.303\times8.314\times700}=-4.22$

$$k(700\ K)=6.03\times10^{-5}$$

当 $T=710$ K 时，$\lg k=\lg 1.6\times10^{14}-\dfrac{246\ 900}{2.303\times8.314\times710}=-3.96$

$$k(710\ K)=1.1\times10^{-4}$$

$$\frac{k(710K)}{k(700K)}=\frac{1.1\times10^{-4}}{6.03\times10^{-5}}\approx2$$

例 2-17 已知气相反应 $C_2H_4+H_2=C_2H_6$ 的活化能 $E_a=180\ kJ\cdot mol^{-1}$，700 K 时的速率常数 $k_1=1.3\times10^{-8}\ mol^{-1}\cdot L\cdot s^{-1}$，求 730 K 时的速率常数 k_2。

解：将有关数据代入式 (2-30)得

$$\lg\frac{k_2}{1.3\times10^{-8}}=\frac{180\times10^3}{2.303\times8.314}\left(\frac{1}{700}-\frac{1}{730}\right)$$

$$k_2=4.6\times10^{-8}(mol^{-1}\cdot L\cdot s^{-1})$$

2.4.4 催化剂对反应速率的影响

催化剂是影响化学反应速率的重要因素。反应物浓度的增大和温度的提高是有限度的，因此现在化学工业生产中大量反应需要使用催化剂。

1. 催化剂与催化反应

催化剂(catalyst)是一种能改变化学反应速率，而其本身的质量和化学组成在反应前后保持不变的物质。例如反应氢气和氧气在 298 K、100 kPa 条件下混合，长时间不会观察到水的生成，但往该系统中加入微量的 Pt 粉，反应立即发生，而且反应进行得相当完全。

一般加快反应速率的催化剂叫做正催化剂，能减慢反应速率的催化剂叫做负催化剂或阻化剂。如六亚甲基四胺$(CH_2)_6N_4$可以作为负催化剂降低钢铁腐蚀反应的速率，故也常被称为缓蚀剂。通常人们所提到的催化剂，多是指正催化剂。催化剂多数由金属、金属氧化物、多酸化合物和配合物组成。

某些杂质对催化剂的性能有很大影响。能增强催化功能的叫"助催化剂"，能减弱催化功能的叫做"抑制剂"。还有些杂质可能严重阻碍催化功能，甚至使催化剂"中毒"，完全失去催化作用，这种杂质称为催化剂的"毒物"。例如合成氨反应中所用的Fe催化剂，可因系统中存在的H_2O、CO_2、CO、H_2S等杂质而中毒。

2. 催化作用的特征

催化剂参与反应，改变了反应历程，降低反应的活化能。例如，某反应的非催化历程为：

A＋B→AB 活化能高，速率慢。加入催化剂K后，反应历程变为：

A＋K→AK 活化能低、速率快；AK＋B→AB＋K 活化能低、速率快。

图2-3表示上述2种历程中能量变化。

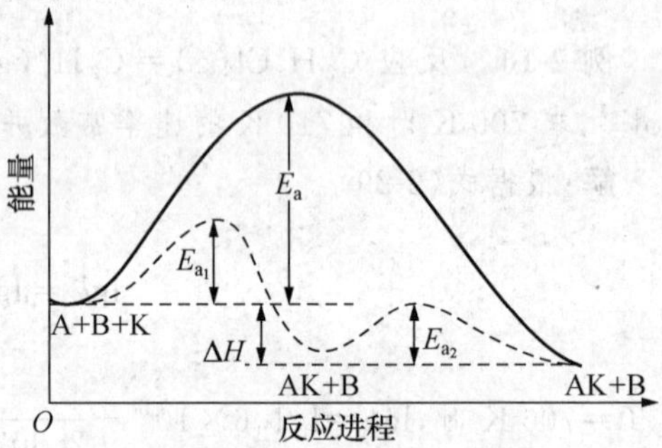

图2-3 催化剂改变反应历程降低活化能示意图

在非催化历程中活化能为E_a；而在催化历程中，只有两个较低的活化能E_{a_1}和E_{a_2}，均较小。

加催化剂后正反应活化能降低的数值与逆反应活化能降低的数值相等。

催化剂不改变反应系统的热力学状态，不影响化学平衡。反应的始态和终态在催化剂加入前后均无改变，催化剂的加入没有改变反应的焓变和吉布斯函数变。热力学上不可能的反应，使用任何催化剂都不能使之发生。因此催化剂不能改变反应的方向和限度，只能缩短到达化学平衡的时间。

催化剂具有一定的选择性。每种催化剂都只能催化某一类或某几类反应，有的甚至只能催化某一个反应。

3. 均相催化和非均相催化

反应物和催化剂处于同一相内的催化反应称为均相催化反应(homogeneous catalysis reaction)。例如，乙醛的气相分解反应

$$CH_3CHO(g) \xrightarrow{791\ K} CH_4(g) + CO(g)$$

该反应的活化能为190 kJ·mol^{-1}。在反应系统中加入少许I_2蒸汽，活化能降为136 kJ·mol^{-1}，反应速率提高了3 700倍。反应可能的机理是：

$$CH_3CHO + I_2 \longrightarrow CH_3I + HI + CO$$

$$CH_3I + HI \longrightarrow CH_4 + I_2$$

又如H^+对乙酸乙酯水解反应的催化作用

$$CH_3COOC_2H_5 + H_2O \xrightarrow{H^+} CH_3COOH + C_2H_5OH$$

反应物、生成物和催化剂都是在溶液相内。

非均相催化反应又称为多相催化反应(heterogeneous catalysis reaction)。多相催化反应中,反应物一般是气体或液体,催化剂往往是固体。催化反应发生在固体表面,故又称为表面催化反应。多相催化反应在工业生产中有广泛应用。如合成氨反应中用 Fe 作催化剂;Cu 催化 C_2H_5OH 的脱氢反应等。SO_2 在高空氧化成 SO_3 的过程,可能是受 NO、O_3 等催化的均相催化过程,也可能是受烟尘中 Fe、Mn 氧化物催化的多相催化过程。

4. 酶催化反应

酶是生物体内的特殊催化剂,在新陈代谢活动中起着重要的作用,几乎一切生命现象都与酶有关。人体内约有 3 万多种酶,它们都分别是某种反应的有效催化剂,这些反应包括食物消化,蛋白质、脂肪合成,释放生命活动所需的能量等。体内某些酶的缺乏或过剩,都会引起代谢功能失调或紊乱,引起疾病。

酶是生物催化剂,酶催化的反应,其速率常与反应物(又称为底物)的浓度无关,表现为零级反应。除了具有一般催化剂的特点外,酶催化反应还有以下特点:

(1)催化效率高。酶在生物体内的量很少,一般以微克或纳克计。例如,1 mol 乙醇脱氢酶在室温下,1 s 内可使 720 mol 乙醇转化为乙醛。而同样的反应,工业生产中以 Cu 作催化剂,在 200℃下每 1 mol Cu 只能催化 0.1～1 mol 的乙醇转化。可见酶的催化效率非常高,是一般的催化剂无法比拟的。

(2)反应条件温和。一般的化工生产中,常用高温高压条件,强酸或强碱介质等。而酶催化反应在生物体内进行,条件温和,一般在常温常压下进行,介质是中性或近中性,反应物浓度也往往不高。例如,化学工业要在高温高压下才能使空气中的氮固定成氮的化合物,而植物根瘤菌的固氮酶在常温常压下便使空气中的氮固定成氮的化合物。

(3)高度专一性。一种酶通常只能催化一种反应。例如,脲酶专门催化尿素的水解反应,但不能催化别的反应;转氨酶只能催化 α-氨基酸和 α-酮酸之间氨基的转移作用。

酶催化反应用于工业生产,可以简化工艺过程,降低能耗,节省资源,减少污染。酿造工业利用酶催化反应生产酒、抗菌素等产品,已成为一项重要的产业。随着生命科学和仿生科学的发展,有可能用模拟酶代替普通催化剂,这必将引发意义深远的技术革新。

2.4.5 反应速率理论简介

不同的化学反应,反应速率差别很大。那为什么反应速率有快有慢呢?化学反应是如何发生的?为了阐明这些问题,也为了讨论影响反应速率的各种因素,人们先后提出了反应速率的碰撞理论和过渡态理论。

1. 碰撞理论

1918 年路易斯(Lewis)运用气体分子运动论的成果,提出反应速率的碰撞理论(collision theory)。该理论假定:反应物分子是刚性球体,认为反应物分子间的相互碰撞是反应进行的先决条件。

现以简单反应

$$NO_2(g)+CO(g)=NO(g)+CO_2(g)$$

为例介绍碰撞理论的要点。碰撞理论认为：反应速率正比于反应物分子的碰撞次数。用 Z 表示反应物分子的碰撞次数，Z 与反应物的浓度有关：

$$Z=Z_0c(NO_2)c(CO)$$

式中：Z_0 为比例常数，是当反应物为单位浓度时的碰撞频率。则反应速率

$$v\propto Z_0c(NO_2)c(CO)$$

由气体分子运动论计算表明，当 $c(NO_2)$ 和 $c(CO)$ 浓度均为 1 $mol\cdot L^{-1}$ 时，Z 值可达 10^{30} 次 $\cdot cm^{-1}\cdot s^{-1}$，如果每次碰撞都能由反应物变成产物，反应将以爆炸的形式瞬间完成。但实际上理论计算结果远比实验的测定值大得多，这说明在反应分子的碰撞中，大多数并不能引起化学反应，只有少数碰撞才能发生化学反应。

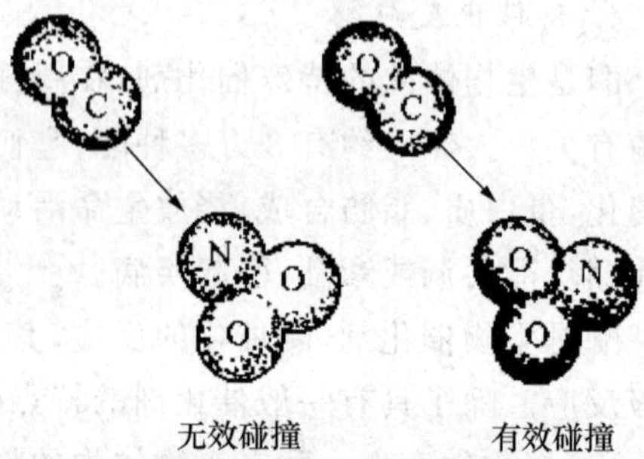

图 2-4　分子碰撞的不同取向

碰撞理论认为：能发生反应的碰撞为有效碰撞(effective collision)，有效碰撞的频率越高反应速率越快。决定有效碰撞的有方位因素和能量因素。

碰撞理论认为：反应物分子必须定向碰撞才可能发生反应。在 NO_2 和 CO 分子的碰撞中，只有 NO_2 分子中的 O 原子与 CO 分子中的 C 原子正面碰撞才可能变成产物分子，其他取向的碰撞不能发生化学反应(图 2-4)。将取向正确的碰撞次数占全部碰撞次数的比值叫做取向因子，用 P 表示。则可能发生反应的碰撞次数为：

$$PZ_0c(NO_2)c(CO)$$

而反应速率应正比于这个碰撞次数

$$v\propto PZ_0c(NO_2)c(CO)$$

碰撞理论认为：具有一定能量的分子间碰撞才能发生反应。在正确取向的碰撞中，只有能量较高的反应物分子相互碰撞，才能打破原有的化学键，形成新的分子，反应才能发生。这些具有较高能量能发生有效碰撞的分子为活化分子(activating molecular)。活化分子具有的最低能量(E_c)与分子的平均能量(E_{av})的差值称做活化能(activation energy，E_a)(图 2-5)。按统计理论，活化能为 E_a 的反应系统中，活化分子的分数 f 为

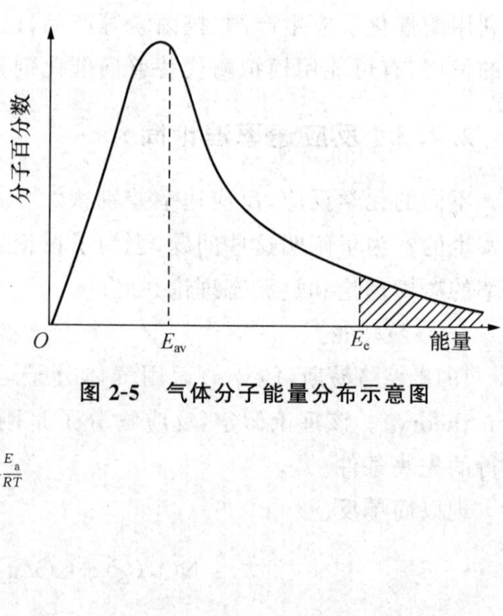

图 2-5　气体分子能量分布示意图

$$f=e^{-\frac{E_a}{RT}}$$

故化学反应速率为

$$v = PZ_0 f c(NO_2)c(CO) = PZ_0 e^{-\frac{E_a}{RT}} c(NO_2)c(CO)$$

令 $PZ_0 e^{-\frac{E_a}{RT}} = k$，则反应速率为

$$v = k\ c(NO_2)c(CO)$$

用碰撞理论可以解释浓度、温度和催化剂对反应速率的影响。

①增加反应物的浓度，使单位体积内活化分子总数增加，有效碰撞次数增加，反应速率明显增大。

②升高反应温度，主要是活化分子百分数提高，有效碰撞次数增加，反应速率明显增大。

③温度不变时，使用催化剂，可以降低反应的活化能（改变反应机理），使活化分子的百分数提高，反应速率大幅度提高。

2. 过渡态理论

碰撞理论比较直观，在解释简单反应中较为成功。但对于涉及结构复杂的分子反应，这个理论有一定的局限性。这是由于碰撞理论简单地把分子看成没有内部结构和内部运动的刚性球，忽略了分子内部结构和内部运动的复杂性。20 世纪 30 年代年爱林（H・E-Yring）、珀兰尼（M・Polanyi）等在统计力学和量子力学基础上提出了过渡态理论（transition state theory）。

该理论认为，具有足够能量的反应物分子不是通过简单碰撞就直接变成产物，而是当反应物分子相互靠近时，先形成一定结构的、能量较高的活化配合物，然后活化配合物经过旧键断裂、新键生成，变成产物分子。

例如 A 原子与 BC 分子的反应

$$A + BC \xrightarrow{快} \underset{(活化配合物)}{A\cdots B\cdots C} \xrightarrow{慢} AB + C$$

活化配合物的特点是旧键松弛，新键生成，处于较高的势能状态，极不稳定，很容易分解成原来的反应物（快反应），也可能分解为生成物（慢反应）如图 2-6 所示。

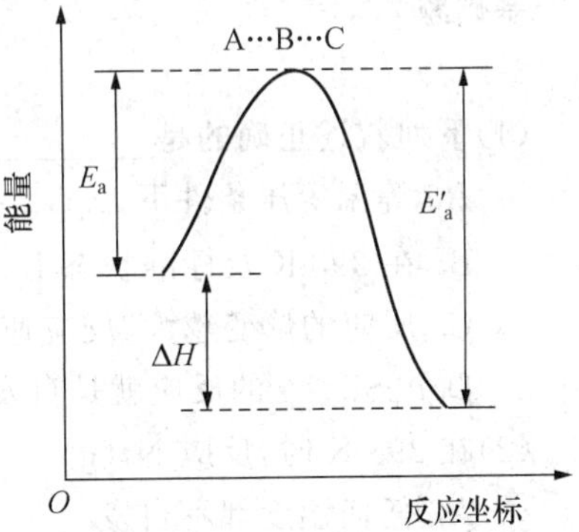

图 2-6　反应物、产物和过渡态的能量关系

由反应物变成活化配合物是吸收能量的过程，所吸收的能量（用于分子变形、旧键松弛）叫做正反应的活化能 E_a。活化配合物变成产物分子时所释放的能量也就是产物分子分解所需的活化能，即逆反应的活化能 E'_a。可见化学反应的热效应就是正、逆反应的活化能之差，即

$$\Delta_r H_m = E_a - E'_a$$

过渡态理论考虑了分子结构的特点和化学键的特性，较好地揭示了活化能的本质，这是该理论的成功之处。不同化学键的改组需要的活化能不同，因而反应速率就不同。

活化能越高，活化分子数越少，反应速率越慢；活化能越小，反应速率越快。一般化学反应的活化能在 42～420 kJ・mol^{-1} 之间，活化能小于 42 kJ・mol^{-1} 的化学转化速率极快，而

高于 420 kJ·mol^{-1} 的化学转化速率又极慢。大多数化学反应的活化能在 62～250 kJ·mol^{-1} 之间。

过渡态理论克服了碰撞理论不能从理论上估计活化能的缺陷，提出了用量子力学和统计力学的方法来计算活化能，有关过渡态、活化配合物的概念现已得到广泛应用。

□ 相关阅读

1. 王元星. 化学热力学的建立与发展概略. 大学化学，2011(4)：26.
2. 刘毅敏. 化学热力学与生命科学. Journal of Mathematical Medicine，2007(1)：20.
3. 卢新生. 化学热力学在生命科学中的应用研究. 甘肃高师学报，2011(2)：16.
4. 陈菊娜. 化学平衡原理在生命代谢过程中的应用. 科技创新导报，2013(18)：118.
5. 蔡清海，等. 关于动力学与热力学问题的讨论. 大学化学，2002(3)：17.
6. 杨永华，等. 关于吉布斯—杜亥姆方程的推导. 大学化学，2003(3)：18.
7. 侯文华，等. 化学动力学的建立与发展概略. 大学化学，2007(3)：22.
8. 贺克强，等. 化学动力学与化学热力学的联系. 武汉工业大学学报，2000(2)：22.
9. 王艳芝，等. 化学热力学关系式中反应进度的引入. 燕山大学学报，2003(2)：27.
10. 李宪平. 论化学热力学和化学动力学的矛盾及其统一. 湖南人文科技学院学报，2005(5)：10.
11. 索福喜，等. 一个与化学反应速率常数有关的问题. 大学化学，2008(3)：23.
12. 张龙. 绝对零度的思考. 大学化学，2008(3)：23.

□ 习　题

基础题

2-1　选择题

(1)下列叙述正确的是________。

A. 等温等压条件下，$\Delta_r G_m^\ominus = \Delta_r H_m^\ominus - T\Delta_r S_m^\ominus$

B. 在 298 K 及标准状态下，简单单质的 $\Delta_f H_m^\ominus$、$S_m^\ominus$、$\Delta_f G_m^\ominus$ 都为零

C. 反应的焓变越大，反应速率越快

D. $\Delta_r S_m > 0$ 的反应就是自发反应

(2)在 298 K 时，反应 $N_2(g) + 3H_2(g) = 2NH_3(g)$ 的 $\Delta_r H_m < 0$，该反应是________。

A. 任何温度都不自发　　B. 高温自发，低温不自发

C. 低温自发，高温不自发　　D. 任何温度都自发

(3)一种反应在高温下能自发进行，而在低温下不能自发进行的条件是________。

A. $\Delta_r H < 0, \Delta_r S > 0$　　B. $\Delta_r H < 0, \Delta_r S < 0$

C. $\Delta_r H > 0, \Delta_r S > 0$　　D. $\Delta_r H > 0, \Delta_r S < 0$

(4)25℃时，反应 $N_2(g) + 3H_2(g) = 2NH_3(g)$，$\Delta_r H < 0$，在密闭容器中该反应达到平衡时，若体积恒定加入惰性气体；则________。

A. 平衡右移，氨产量增加　　　　B. 平衡左移，氨产量减小

C. 平衡状态不变　　　　D. 正反应速率加快

(5)反应 A(g)+B(g)$\rightleftharpoons$C(g)+D(g)的标准平衡常数 $K^{\ominus}=4.0\times10^{-2}$，若反应和生成物均处于标准状态，下面的陈述中正确的是________。

A. $\Delta_r G_m^{\ominus}=0$　　　　B. 反应逆向进行

C. 反应能自发进行　　　　D. $\Delta_r G_m^{\ominus}$与 $K^{\ominus}$无关

(6)已知反应 $3O_2 \rightleftharpoons 2O_3$ 的 $\Delta_r H_m^{\ominus}=285.4\ kJ \cdot mol^{-1}$。为使 O_3 的产率提高，应采取的措施是________。

A. 低温低压　　B. 低温高压　　C. 高温高压　　D. 高温低压

(7)在合成氨反应中，测得 N_2 的转化率为 0.20，若采用一种新的催化剂，可使该反应速率提高一倍，则 N_2 的转化率为________。

A. 0.20　　B. 0.40　　C. 0.10　　D. 不可知

(8)某反应在 T_1 时达平衡，标准平衡常数为 $K_1^{\ominus}$，温度下降到 T_2 后达平衡，平衡常数为 $K_2^{\ominus}$，测得 $K_2^{\ominus}>K_1^{\ominus}$，此反应的 ΔH ________。

A. 等于零　　B. 大于零　　C. 小于零　　D. 由 ΔS 决定

(9)某温度时，反应 $H_2(g)+Br_2(g)=2HBr(g)$的 $K^{\ominus}=0.04$，则反应 $HBr(g)=\frac{1}{2}H_2(g)+\frac{1}{2}Br_2(g)$的 $K^{\ominus}$等于________。

A. 5　　B. 0.2　　C. 0.04　　D. 无法知道

(10)已知汽车尾气无害化反应 $CO(g)+NO(g)=CO_2(g)+\frac{1}{2}N_2(g)$的 $\Delta_r H_m^{\ominus}(298\ K)<0$ 要有利于取得尾气的最大转化率，可采取的措施是________。

A. 低温低压　　B. 高温高压　　C. 低温高压　　D. 高温低压

(11)升高温度可以增加反应速率，最主要是因为________。

A. 增加了分子总数　　　　B. 增加了活化分子的百分数

C. 降低了反应的活化能　　　　D. 促使平衡向吸热方向移动

(12)对于一定温度下的某化学反应，下列说法正确的是________。

A. E_a 越大，反应速率越快　　　　B. $K^{\ominus}$越大，反应速率越快

C. 反应物浓度越大，反应速率越快　　D. $\Delta_r H_m^{\ominus}$ 的负值越大，反应速率越快

2-2　不查表，判断下列过程中，系统是熵增还是熵减。

(1)KNO_3 溶于水

(2)$NH_3(g)+HCl(g)=NH_4Cl(s)$

(3)$2Cu(NO_3)_2(s)=2CuO(s)+4NO_2(g)+O_2(g)$

(4)石灰石分解

2-3　已知在温度为 298 K，压力为 100 kPa 下

(1)$2\ P(s)+3\ Cl_2(g)=2PCl_3(g)$　　$\Delta_r H_m^{\ominus}(1)=-574\ kJ \cdot mol^{-1}$

(2)$PCl_3(g)+Cl_2(g)=PCl_5(g)$　　$\Delta_r H_m^{\ominus}(2)=-88\ kJ \cdot mol^{-1}$

试求(3)$2P(s)+5\ Cl_2(g)=2PCl_5(g)$ 的 $\Delta_r H_m^{\ominus}(3)$的值。

2-4 根据有关热力学数据，求在 298 K，100 kPa 时，下列反应的反应热

$$4NH_3(g) + 5\ O_2(g) = 4NO\ (g) + 6\ H_2O(g)$$

2-5 填空题

(1)绝热过程是系统和环境之间没有热量交换的过程，其结果是 ΔU 与________相等。

(2)不查表，下列物质其标准熵值由大到小的顺序为________。

K(s)；Br(l)；Br(g)；KCl(s)；K_3PO_4(s)

(3)反应 $CaO(s)+H_2O(l)=Ca(OH)_2(s)$ 在室温自发，在高温逆反应自发，该反应的 $\Delta_r H_m$ ________ 0、$\Delta_r S_m$ ________ 0(填写：大于，小于)。

(4)对于反应：$3H_2(g)+N_2(g)=2NH_3(g)$；$\Delta_r H_m^{\ominus}(298\ K)=-92.2\ kJ\cdot mol^{-1}$。若升高温度，则下列各项将如何变化(填写：不变，基本不变，增大或减小)。

$\Delta_r H_m^{\ominus}$ ________；$\Delta_r G_m^{\ominus}$ ________；$K^{\ominus}$ ________。

(5)某反应的速率方程式为 $v=kc^{1/2}(A)\cdot c^2(B)$，若将反应物 A 的浓度增加到原来的 4 倍，则反应速率为原来的________倍；若将反应的总体积(若 A、B 均为气体)增加到原来的 4 倍，则反应速率为原来的________倍。

(6)反应速率常数 k 的单位为 s^{-1}，该反应为________级反应；若 k 的单位为 $mol\cdot L^{-1}\cdot s^{-1}$，该反应为________级反应。

2-6 已知 $\Delta_f G_m^{\ominus}(N_2O_4)=97.8\ kJ\cdot mol^{-1}$，$\Delta_f G_m^{\ominus}(NO_2)=51.3\ kJ\cdot mol^{-1}$。

计算反应 $2NO_2(g) \rightleftharpoons N_2O_4(g)$ 在 25℃时的平衡常数 $K^{\ominus}$。

提高题

2-7 1 mol 水在 373 K 标准压力下加热至完全变为 373 K 水蒸气，计算此变化的 Q、W、ΔU、ΔH(1 g 水的汽化热为 2.26 kJ，水的体积忽略不计)。

2-8 根据有关热力学数据，计算下列反应

$$2SO_2(g) + O_2(g) = 2SO_3(g)$$

(1)在 298 K 时的 $\Delta_r H_m^{\ominus}$，$\Delta_r S_m^{\ominus}$，$\Delta_r G_m^{\ominus}$；

(2)在 500 K 时的 $K^{\ominus}$；

(3)分别说明增大压力、升高温度对平衡移动的影响。

2-9 根据有关热力学数据，通过计算说明下列问题：

$$C_2H_5OH(l) \rightarrow C_2H_5OH(g)$$

(1)在 298 K 及 100 kPa 下，$C_2H_5OH(l)$能否自发地变成 $C_2H_5OH(g)$？

(2)在 373 K 及 100 kPa 下，$C_2H_5OH(l)$能否自发地变成 $C_2H_5OH(g)$？

(3)估算乙醇的沸点。

2-10 根据下列反应的热力学数据

$$MgCO_3(s) = MgO\ (s)+CO_2(g)$$

(1)在 100 kPa，298 K、600 K 时反应能否自发进行？

(2) 在 100 kPa 时，$MgCO_3(s)$分解的最低温度是多少？

2-11 反应$\frac{1}{2}N_2(g)+\frac{1}{2}O_2(g)=NO(g)$在 1 800 K 时的平衡常数为 1.11×10^{-2}，在 2 000 K 时的平衡常数为 2.02×10^{-2}，计算反应的 $\Delta_r H_m^\ominus$ 及 2 000 K 时的 $\Delta_r G_m^\ominus$。

2-12 已知反应 $H_2(g)+I_2(g)=2\ HI(g)$，在 628 K 时 $K^\ominus=54.4$，现混合 H_2 和 I_2 的量各为 0.2 mol，并在该温度和 5.10 kPa 下达到平衡，求 I_2 的转化率。

2-13 已知 $\Delta_f H_m^\ominus(NO,g)=90.25\ kJ\cdot mol^{-1}$，在 2 273 K 时，反应 $N_2(g)+O_2(g)=2NO(g)$的 $K^\ominus=0.100$。

(1)在 2 273 K 时，若 $p(N_2)=p(O_2)=10$ kPa，$p(NO)=20$ kPa，判断反应自发进行的方向。

(2)在 2 000 K 时，若 $p(NO)=10$ kPa，$p(N_2)=p(O_2)=100$ kPa，判断反应自发进行的方向。

2-14 对反应 $A(g)+B(g)=AB(g)$ 进行反应速率的测定，某温度下有关数据如表所示：

$c(A)/(mol\cdot L^{-1})$	$c(B)/(mol\cdot L^{-1})$	反应速率/$(mol\cdot L^{-1}\cdot s^{-1})$
0.500	0.400	6.00×10^{-3}
0.250	0.400	1.50×10^{-3}
0.250	0.800	3.00×10^{-3}

(1) 写出反应的速率方程；

(2) 求反应级数及该温度下的速率常数；

(3) 求该温度下，$c(A)=c(B)=0.20\ mol\cdot L^{-1}$时的反应速率。

2-15 反应 $C_2H_5I+OH^-\rightarrow C_2H_5OH+I^-$，在 298 K 时的 $k=5.03\times10^{-2}\ mol\cdot L^{-1}\cdot s^{-1}$，而在 333 K 时的 $k=6.71\ mol\cdot L^{-1}\cdot s^{-1}$，使计算该反应在 305 K 时的速率常数。

2-16 在 303 K 时鲜牛奶经 3 h 变酸，在 280 K 的冰箱内，可保持 48 h 才变酸。设牛奶酸变的反应速率与酸变时间成正比，试计算该条件下牛奶酸变反应的活化能。

2-17 It is difficult to prepare many compounds directly from the elements, so $\Delta_f H_m^\ominus$ values for these compounds cannot be measured directly. For many organic compounds, it is easier to measure the standard enthalpy of combustion $\Delta_c H_m^\ominus$ by reaction of the compounds with excess $O_2(g)$ to form $CO_2(g)$ and $H_2O(l)$. From the following standard enthalpies of combustion at 298.15 K, determine $\Delta_f H_m^\ominus$ for the compound.

(1) cyclohexane, $C_6H_{12}(l)$, a useful organic solvent: $\Delta_c H_m^\ominus=-3\ 920\ kJ\cdot mol^{-1}$.

(2) phenol, $C_6H_5OH(s)$, used as a disinfectant and in the production of thermo-setting plastics: $\Delta_c H_m^\ominus=-3\ 053\ kJ\cdot mol^{-1}$.

Chapter 3 第3章

酸碱平衡

Acid-Base Equilibrium

学习目标

1. 掌握酸碱质子理论中酸、碱、共轭酸碱对以及酸碱反应的实质等基本概念。
2. 掌握水的离子积、弱酸、弱碱的解离平衡常数的表示方法及相关计算。
3. 了解一元酸，多元酸中各种型体的分布规律及分布系数的计算方法。
4. 掌握质子条件式，一元弱酸碱，多元弱酸碱以及两性物质的 pH 计算的原理与方法。
5. 掌握缓冲溶液的缓冲原理，缓冲容量，缓冲范围以及缓冲溶液的配置方法。
6. 了解酸碱电子理论的基本概念。

酸和碱是生活实际、生产实践和科学实验中最重要的两类物质。酸碱反应是一类极重要的化学反应，而且许多其他类型的化学反应，如沉淀反应、氧化还原反应、配位反应等，均需在一定的酸碱条件下才能顺利进行。研究溶液中酸碱平衡的规律，在化学、生物科学、医学科学、食品营养科学、土壤科学以及生产实践中具有重要的意义。

3.1 酸碱理论

人们对于酸碱的认识最初是从生产生活实践中得来的。如有酸味，能使石蕊变红的物质有酸性；而有涩味，有滑腻感并能使石蕊变蓝的物质有碱性。随着对于物质组成和结构认识的不断深化，人们开始从物质的组成与结构方面认识酸和碱。18 世纪后期，人们提出氧元素是酸的必要组分；19 世纪初，由于盐酸、氢碘酸和氢氰酸等无氧酸的发现，人们认为氧不是酸的必要组分，而氢是酸的必要组分。直到 1884 年，阿累尼乌斯才提出了具有科学意义的近代酸碱理论—酸碱电离理论。该理论认为：在水溶液中电离出的阳离子全部是氢离子的化合物是酸；在水溶液中电离出的阴离子全部是氢氧根离子的化合物是碱。酸碱电离理论在化学科学的发展过程中起到了非常重要的作用，但却存在明显的局限性。如电离理论中的酸碱只限于水溶液中，在非水溶液、气态和固态中无法定义酸碱；有些物质如 NH_4Cl，$AlCl_3$ 的水溶液呈酸性，另一些物质如 Na_2CO_3，Na_3PO_4 的水溶液呈碱性，但前者自身并不

含有 H^+，后者并不含有 OH^-；该理论中的酸碱之间没有相互联系。为此又出现了多种酸碱理论，其中比较重要的有布朗斯太特(Brönsted J N)的酸碱质子理论，路易斯(Lewis G N)的酸碱电子理论以及皮尔逊(Pearson R G)的软硬酸碱理论等。本章我们重点讨论酸碱质子理论，并对酸碱电子理论做简单介绍。

3.1.1 酸碱质子理论

1. 酸碱的概念

酸碱质子理论认为：能给出质子的物质是酸(acid)，能接受质子的物质是碱(base)；能给出多个质子的物质是多元酸(multinary acid)，能接受多个质子的物质是多元碱(multinary base)；酸失去一个质子变为其共轭碱(conjugated base)，碱得到一个质子变成其共轭酸(conjugated acid)。酸碱之间这种相互联系，相互依存的关系称为共轭关系。酸 HA 与其共轭碱 A^- 之间的共轭关系可以通过下式来表示：

$$HA \rightleftharpoons H^+ + A^-$$

例如：

$$NH_4^+ \rightleftharpoons H^+ + NH_3$$
$$HCl \rightleftharpoons H^+ + Cl^-$$
$$HAc \rightleftharpoons H^+ + Ac^-$$
$$H_2O \rightleftharpoons H^+ + OH^-$$
$$H_2CO_3 \rightleftharpoons H^+ + HCO_3^-$$
$$HCO_3^- \rightleftharpoons H^+ + CO_3^{2-}$$
$$[Al(OH_2)_6]^{3+} \rightleftharpoons H^+ + [Al(OH)(OH_2)_5]^{2+}$$

由上述例子可见，酸(碱)可以是中性分子，也可以是正离子或者负离子；酸与其释放·个 H^+ 后形成的相应碱为共轭酸碱对(conjugated pair of acid-base)，如 HCl 和 Cl^-，NH_4^+ 和 NH_3，以及 $H_2PO_4^-$ 和 HPO_4^{2-} 均互为共轭酸碱。在 H_3PO_4-$H_2PO_4^-$ 共轭系统中，$H_2PO_4^-$ 是碱，在 $H_2PO_4^-$-HPO_4^{2-} 共轭系统中，$H_2PO_4^-$ 是酸，这类既可以给出质子，又可以接受质子的物质称为两性物质(amphoteric compound)。酸碱质子理论中的酸和碱不是相互对立的两种物质，它们之间存在着内在的联系，酸中有碱，碱中有酸，通过质子得失相互依存。

2. 酸碱反应的实质

酸碱质子理论认为：酸碱反应的实质就是酸和碱之间通过相互作用，发生质子转移，分别转化为其共轭碱和共轭酸的反应。例如 HAc 在水溶液中的解离过程，它实际上是通过如下两个过程来实现的：

$$HAc \rightleftharpoons H^+ + Ac^-$$
$$H_2O + H^+ \rightleftharpoons H_3O^+$$

总反应为：　　$HAc + H_2O \rightleftharpoons H_3O^+ + Ac^-$

显然如果没有作为碱的水的存在，就无法实现 HAc 在水中的解离。同样，碱在水溶液中的解离过程，也是碱和水之间的的质子转移过程。例如 NH_3 在水中的解离过程：

$$NH_3 + H^+ \rightleftharpoons NH_4^+$$
$$H_2O \rightleftharpoons H^+ + OH^-$$

总反应为：$$NH_3 + H_2O \rightleftharpoons OH^- + NH_4^+$$

如果没有作为酸的水提供质子，NH_3 在水中的解离过程也无法实现。不仅是酸(碱)在水中的解离过程，一般的酸碱反应也是酸碱之间的质子转移反应，如 NH_3 和 HCl 之间发生的反应，实质是通过 NH_3 和 HCl 之间的质子转移来完成的：

$$HCl \rightleftharpoons H^+ + Cl^-$$
$$NH_3 + H^+ \rightleftharpoons NH_4^+$$

总反应为：$$NH_3 + HCl \rightleftharpoons NH_4Cl$$

从以上讨论可以看出，酸碱质子理论极大地扩展了酸碱的概念及应用范围，不仅在水溶液中，非水溶液、固体、气体中的酸碱反应都可以通过酸碱质子理论予以解释。酸碱质子理论中不存在盐的概念，如在电离理论中的盐 NH_4Cl 是由质子理论中的酸 NH_4^+ 和碱 Cl^- 组成的。由于酸碱之间给出和接受质子能力的不同，在酸碱反应中必然存在着酸碱之间的争夺质子的竞争，其结果必然是较强的酸给出质子后转化为其共轭碱—弱碱，较强的碱夺得强较的酸给出的质子后转化成其共轭酸—弱酸。也就是说酸碱反应总是由较强的酸和较强的碱反应相互作用，反应生成较弱的碱和较弱的酸。

3.1.2* 酸碱电子理论

酸碱质子理论将酸、碱以及酸碱反应通过质子转移联系在一起。显然对于不涉及质子转移，但却具有酸碱特征的反应，酸碱质子理论是无法做出合理解释的。因此在酸碱质子理论提出的同时，1923 年美国化学家路易斯(Lewis G N)便提出了酸碱电子理论。该理论认为：酸是电子对的接受体(electron pair acceptor)，是任何可以接受外来电子对的分子或离子(具有可以接受电子对的空轨道)；碱是电子对的给予体(electtron pair donor)，是可以给出电子对的分子或离子，通常我们称这样定义的酸和碱为路易斯酸和路易斯碱。路易斯酸提供空轨道，路易斯碱提供电子对，它们之间通过该共价配键相结合，生成酸碱加和物，反应过程中不发生电子转移。可用公式表示为：

$$\underset{\text{路易斯酸}}{A} + \underset{\text{路易斯碱}}{:B} = \underset{\text{酸碱加合物}}{A:B}$$

下列反应都为路易斯酸碱反应：

$$H^+ + OH^- = H_2O$$
$$HAc + NH_3 \rightleftharpoons NH_4Ac$$
$$Ni + 4CO \rightleftharpoons Ni(CO)_4$$
$$SO_3 + CaO \rightleftharpoons CaSO_4$$
$$Fe^{3+} + 6CN^- \rightleftharpoons [Fe(CN)_6]^{3-}$$
$$H_3BO_3 + H_2O \rightleftharpoons [B(OH)_4]^- + H^+$$

在第二个反应中 HAc 解离出的 H^+ 提供空轨道，NH_3 提供电子对，H^+ 和 NH_3 通过共价配键形成酸碱加和物 NH_4^+，该反应也可以通过酸碱质子理论给出很好的解释，因此酸碱质子理论是酸碱电子理论的一种特例。但酸碱电子理论极大地扩大了酸碱的概念和应用范围，能接受电子对的不仅仅是 H^+，也可以是原子、金属离子、中性分子等。例如 Ni 作为路易斯酸提供空轨道接受 CO 提供的电子对形成酸碱加和物 $Ni(CO)_4$；SO_3 作为路易斯酸接受 CaO 中的 O^{2-} 提供的电子对形成酸碱加和物 $CaSO_4$；Fe^{3+} 作为路易斯酸接受 CN^- 提供的孤对电子形成酸碱加和物$[Fe(CN)_6]^{3-}$；尤其是 H_3BO_3，B 具有空轨道能接受 H_2O 提供的电子对形成酸碱加和物$[B(OH)_4]^-$ 和 H^+，因此 H_3BO_3 不是三元的质子酸，而是一元的路易斯酸。

酸碱电子理论进一步扩大了酸碱的范围，故有人也称酸碱电子理论为广义的酸碱理论。酸碱电子理论也有许多不足之处，主要是路易斯酸碱的强度没有统一的标准。例如，OH^- 和 NH_3 都是路易斯碱，在和质子反应时，碱性 $NH_3 < OH^-$；但和 Ag^+ 反应时，AgOH 在液氨中全部解离，而$[Ag(NH_3)_2]^+$ 稳定存在，则碱性 $NH_3 > OH^-$。因此不能简单地比较酸碱的强弱，而要依据具体的反应来判断。为了弥补这一缺陷，皮尔逊(Pearson R G)等人提出了“硬软酸碱理论”(rule of hard and soft acids and bases)。总之，人们对酸碱的认识是在不断地深入之中，任何一种酸碱理论都不能用来解释所有的实验现象。

3.2 酸(碱)的解离平衡

3.2.1 水的离子积常数

酸(碱)的强弱不仅取决于酸(碱)本身给出(接受)质子能力的强弱，还与溶剂接受(给出)质子的能力密切相关。因此，要比较各种酸碱的相对强弱，必须选择同一种溶剂作为参考。水是最重要而且最常用的溶剂之一，因此在以后的讨论中，如果不做特殊说明，都是以水作为溶剂的。在纯水中，水分子之间也存在质子的传递反应。

$$H_2O(酸) + H_2O(碱) \rightleftharpoons OH^-(碱) + H_3O^+(酸)$$

其中一个水分子作为酸给出一个质子变成其共轭碱 OH^-，另一个水分子作为碱接受一个质子成为其共轭酸 H_3O^+。我们称这种在水分子之间存在的质子传递反应为水的质子自递反应。该反应的平衡常数称为水的质子自递常数或者水的离子积(ionization produce of water)，通常以 $K_w^\ominus$ 来表示。

$$K_w^\ominus = c(H^+) \cdot c(OH^-) \tag{3-1}$$

作为水中质子自递反应的平衡常数，$K_w^\ominus$ 与浓度、压力无关，而与温度有关，温度一定时，$K_w^\ominus$ 是一个常数。精确实验测得在室温(22～25℃)时纯水中的 $c(H^+) = c(OH^-) = 1.0 \times 10^{-7}\ mol \cdot L^{-1}$，则 $K_w^\ominus = 1.0 \times 10^{-14}$，$pK_w^\ominus = 14.00$。

3.2.2 弱酸(碱)的解离常数及其相对强度

酸(碱)在水溶液中的解离过程实际上是酸(碱)与水之间的质子传递反应。酸给出一个质子转化成其共轭碱，水得到该质子转化成其共轭酸(H_3O^+)。酸与水的质子传递反应达到平衡状态时的平衡常数称为该弱酸的解离常数，简称酸常数，通常以 $K_a^\ominus$ 来表示。水失去一个质子变成其共轭碱 OH^-，碱接受该质子变成其共轭酸。碱与水的质子传递反应达到平衡状态时的平衡常数称为该弱碱的解离常数，简称碱常数，通常以 $K_b^\ominus$ 来表示。一元弱酸 HA 在水溶液中的解离过程可以用下面的反应方程式来表示：

$$HA + H_2O \rightleftharpoons H_3O^+ + A^-$$

在达到平衡状态时其解离常数可以表示为：

$$K_a^\ominus(HA) = \frac{c(H^+) \cdot c(A^-)}{c(HA)}$$

例如一元弱酸 HAc，NH_4^+ 的解离过程及其 $K_a^\ominus$ 如下：

$$HAc + H_2O \rightleftharpoons H_3O^+ + Ac^-$$

$$K_a^\ominus(HAc) = \frac{c(H^+) \cdot c(Ac^-)}{c(HAc)} = 1.8 \times 10^{-5}$$

$$NH_4^+ + H_2O \rightleftharpoons H_3O^+ + NH_3$$

$$K_a^\ominus(NH_4^+) = \frac{c(H^+) \cdot c(NH_3)}{c(NH_4^+)} = 5.6 \times 10^{-10}$$

一元弱碱 A^- 在水溶液中的解离过程可以表示为：

$$A^- + H_2O \rightleftharpoons OH^- + HA$$

例如一元弱碱 Ac^- 和 NH_3 的解离过程及其 $K_b^\ominus$ 如下：

$$Ac^- + H_2O \rightleftharpoons OH^- + HAc$$

$$K_b^\ominus(Ac^-) = \frac{c(OH^-) \cdot c(HAc)}{c(Ac^-)} = 5.6 \times 10^{-10}$$

$$NH_3 + H_2O \rightleftharpoons OH^- + NH_4^+$$

$$K_b^\ominus(NH_3) = \frac{c(OH^-) \cdot c(NH_4^+)}{c(NH_3)} = 1.8 \times 10^{-5}$$

多元弱酸(碱)的解离过程是分步进行的，如 $H_2C_2O_4$ 的解离过程如下：

$$H_2C_2O_4 + H_2O \rightleftharpoons H_3O^+ + HC_2O_4^-$$

$$HC_2O_4^- + H_2O \rightleftharpoons H_3O^+ + C_2O_4^{2-}$$

相应的解离常数为：

$$K_{a_1}^\ominus(H_2C_2O_4) = \frac{c(H^+) \cdot c(HC_2O_4^-)}{c(H_2C_2O_4)} = 5.4 \times 10^{-2}$$

$$K_{a_2}^\ominus(H_2C_2O_4) = \frac{c(H^+) \cdot c(C_2O_4^{2-})}{c(HC_2O_4^-)} = 6.4 \times 10^{-5}$$

如 S^{2-} 的解离过程如下：

$$S^{2-} + H_2O \rightleftharpoons OH^- + HS^-$$

$$HS^- + H_2O \rightleftharpoons OH^- + H_2S$$

相应的解离常数为：

$$K_{b_1}^{\ominus}(S^{2-})=\frac{c(OH^-)\cdot c(HS^-)}{c(S^{2-})}=7.7\times10^{-2}$$

$$K_{b_2}^{\ominus}(S^{2-})=\frac{c(OH^-)\cdot c(H_2S)}{c(HS^-)}=9.3\times10^{-8}$$

在水溶液中，酸将质子给予水的能力越强，其酸性就越强，反之就越弱；碱从水分子中夺取质子的能力越强，其碱性就越强，反之就越弱。酸碱的强度可以由酸碱解离反应的平衡常数定量描述，在相同条件下，酸常数 $K_a^{\ominus}$ 越大，表示该酸的解离反应进行的程度越大，从而 H^+ 浓度越大，酸性越强；碱常数 $K_b^{\ominus}$ 越大，表示该碱的解离反应进行的程度越大，从而 OH^- 浓度越大，碱性越强。

3.2.3 共轭酸碱对 $K_a^{\ominus}$ 和 $K_b^{\ominus}$ 之间的关系

共轭酸碱对之间通过质子的得失相互联系，因此其 $K_a^{\ominus}$ 和 $K_b^{\ominus}$ 之间一定存在着某种联系。定性地，我们知道某酸的酸性越强，其共轭碱的碱性就越弱；某碱的碱性越强，其共轭酸的酸性就越弱。某一元弱酸 HA 的解离常数为 $K_a^{\ominus}$，其共轭碱 A^- 的解离常数为 $K_b^{\ominus}$，$K_a^{\ominus}$ 和 $K_b^{\ominus}$ 的积等于水的离子积。

$$\begin{aligned}K_a^{\ominus}(HA)\cdot K_b^{\ominus}(A^-)&=\frac{c(H^+)\cdot c(A^-)}{c(HA)}\cdot\frac{c(OH^-)\cdot c(HA)}{c(A^-)}\\&=c(H^+)\cdot c(OH^-)=K_w^{\ominus}\end{aligned}$$

显然，对于共轭酸碱对如 HAc-Ac^-，NH_4^+-NH_3 以及 HS^--S^{2-} 的解离常数之间也存在如下关系：

$$K_a^{\ominus}(HAc)\cdot K_b^{\ominus}(Ac^-)=K_w^{\ominus}$$
$$K_a^{\ominus}(NH_4^+)\cdot K_b^{\ominus}(NH_3)=K_w^{\ominus}$$
$$K_a^{\ominus}(HS^-)\cdot K_b^{\ominus}(S^{2-})=K_w^{\ominus}$$

对于多元弱酸弱碱，也可以通过以上方法知道其各级解离常数之间的关系，例如对于某三元弱酸 H_3A 和三元弱碱 A^{3-}，它们各级解离常数之间的关系可以通过如上推导过程得到：

$$\begin{aligned}K_{a_1}^{\ominus}(H_3A)\cdot K_{b_3}^{\ominus}(A^{3-})&=\frac{c(H^+)\cdot c(H_2A^-)}{c(H_3A)}\cdot\frac{c(OH^-)\cdot c(H_3A)}{c(H_2A^{2-})}\\&=c(H^+)\cdot c(OH^-)=K_w^{\ominus}\end{aligned}$$

$$\begin{aligned}K_{a_2}^{\ominus}(H_3A)\cdot K_{b_2}^{\ominus}(A^{3-})&=\frac{c(H^+)\cdot c(HA^{2-})}{c(H_2A^-)}\cdot\frac{c(OH^-)\cdot c(H_2A^-)}{c(HA^{2-})}\\&=c(H^+)\cdot c(OH^-)=K_w^{\ominus}\end{aligned}$$

$$\begin{aligned}K_{a_3}^{\ominus}(H_3A)\cdot K_{b_1}^{\ominus}(A^{3-})&=\frac{c(H^+)\cdot c(A^{3-})}{c(HA^{2-})}\cdot\frac{c(OH^-)\cdot c(HA^{2-})}{c(A^{3-})}\\&=c(H^+)\cdot c(OH^-)=K_w^{\ominus}\end{aligned}$$

3.2.4 解离度和稀释定律

弱酸或弱碱在水溶液中达到解离平衡时，其解离程度的大小可以通过弱酸或弱碱的解离平衡常数 $K_a^\ominus$ 和 $K_b^\ominus$ 来确定。为了更直观地了解弱酸或弱碱在水溶液中的解离程度，化学上引入了解离度这一概念，它是指弱酸或弱碱在水溶液中达到解离平衡时，已解离的部分的浓度占其总浓度的百分数，通常用 α 来表示。与弱酸或弱碱的解离常数 $K_a^\ominus$ 和 $K_b^\ominus$ 不同，弱酸或弱碱的解离度 α 除与其本性和温度有关以外，还与弱酸或者弱碱的浓度有关。对于浓度为 c_0 的某一元弱酸 HA，在水溶液中达到解离平衡时：

$$\mathrm{HAc+H_2O \rightleftharpoons H_3O^+ + Ac^-}$$

$$K_a^\ominus(\mathrm{HA})=\frac{c(\mathrm{H^+})\cdot c(\mathrm{A^-})}{c(\mathrm{HA})}$$

若向此体系中加入水进行稀释，使体系的总体积变为原来的 n 倍，这此时的反应商为：

$$Q=\frac{\frac{c(\mathrm{H^+})}{n}\cdot\frac{c(\mathrm{A^-})}{n}}{\frac{c(\mathrm{HA})}{n}}=\frac{K_a^\ominus(\mathrm{HA})}{n}<K_a^\ominus(\mathrm{HA})$$

因此，稀释后平衡向正反应方向移动，即弱酸的解离度随着溶液浓度的减小而增大。解离度 α 与弱酸的分析浓度 c_0 之间的定量关系，可以通过弱酸解离常数与浓度之间的关系定量求得。

$$\mathrm{HA+H_2O \rightleftharpoons H_3O^+ + A^-}$$

起始浓度/($\mathrm{mol\cdot L^{-1}}$)	c_0	0	0
平衡浓度/($\mathrm{mol\cdot L^{-1}}$)	$c_0(1-\alpha)$	$c_0\alpha$	$c_0\alpha$

$$K_a^\ominus(\mathrm{HA})=\frac{c(\mathrm{H^+})\cdot c(\mathrm{A^-})}{c(\mathrm{HA})}=\frac{c_0\alpha\cdot c_0\alpha}{c_0(1-\alpha)}=\frac{c_0\alpha^2}{1-\alpha}$$

当 $\alpha<5\%$ 时，$1-\alpha\approx1$，即

$$K_a^\ominus(\mathrm{HA})\approx c_0\alpha^2$$，或者或用下式表示

$$\alpha=\sqrt{K_a^\ominus/c_0} \tag{3-2}$$

上式被称为稀释定律，它说明，在一定温度下，弱酸或者弱碱的解离度与其浓度的平方根成反比，即浓度越稀，解离度越大。与酸碱的解离常数 $K_a^\ominus$ 和 $K_b^\ominus$ 相比，弱酸或弱碱的解离度 α 能够更好地描述不同浓度下酸碱的解离程度的大小。

需要注意的是，尽管随着弱酸或弱碱浓度的降低其解离度逐渐增大，但是溶液中 H^+ 或 OH^- 的浓度并不是随着浓度的降低而增大。由如上公式可知：$c(\mathrm{H^+})=\sqrt{c_0K_a^\ominus}$，即随着溶液浓度的降低，$c(\mathrm{H^+})$ 不是增大，而是降低了，这是由于稀释时，α 增大的倍数总是小于溶液稀释的倍数。

3.2.5 同离子效应和盐效应

在试管中加入 10 mL 1.0 $mol \cdot L^{-1}$ HAc 溶液，再加入甲基橙指示剂 2 滴，试管中的溶液呈红色，这证明 HAc 溶液呈酸性。如果向该试管中加入少量固体 NaAc，震荡摇匀后会发现试管中的溶液颜色由红色变成了黄色。显然向 HAc 溶液中加入 NaAc 固体使得 HAc 溶液的酸度降低了。这种现象可以通过化学平衡移动原理给予很好的解释。在 HAc 溶液中存在如下解离平衡：

$$HAc + H_2O \rightleftharpoons H_3O^+ + Ac^-$$

由于 NaAc 是强电解质，在水溶液中完全解离为 Na^+ 和 Ac^-，从而使溶液中 Ac^- 离子的浓度增大。HAc 解离平衡向逆反应方向移动，H^+ 离子浓度减小，从而降低了 HAc 的解离度。

这种在弱酸或者弱碱中加入其共轭碱或者共轭酸，从而使平衡向着降低弱酸或者弱碱解离度方向移动的作用称为同离子效应(Common ion effect)。同样如果我们在氨水溶液中加入少量固体 NH_4Cl，氨水的解离度也会降低。

如果在 HAc 溶液中加入不含共同离子的 NaCl，KNO_3 等强电解质时，由于溶液中 H^+ 周围阴离子的浓度增大，而 Ac^- 周围的阳离子浓度增大，从而使 H^+ 和 Ac^- 结合生产 HAc 的机会减小，故表现为 HAc 的解离度增大。这种在弱电解质溶液中加入不含共同离子的强电解质，使弱电解质的解离度增大的效应称为盐效应(Salt effect)。需要注意的是在发生同离子效应的同时必然伴随着盐效应。只不过在同离子效应和盐效应同时存在的时候，同离子效应起主导作用。

例 3-1 计算下列两溶液的 pH 和 HAc 的解离度：

(1)0.10 $mol \cdot L^{-1}$ 的 HAc 溶液；

(2) 0.10 $mol \cdot L^{-1}$ 的 HAc 溶液中加入少量固体 NaAc，使 NaAc 的浓度为 0.10 $mol \cdot L^{-1}$。

解：(1)在 HAc 水溶液中存在如下解离平衡

$$HAc + H_2O \rightleftharpoons H_3O^+ + Ac^- \qquad K_a^{\ominus}(HAc) = \frac{c(H^+) \cdot c(Ac^-)}{c(HAc)} = 1.8 \times 10^{-5}$$

由于 HAc 的解离度 α 很小，可以认为 $c(HAc) = 0.1 - c(H^+) \approx 0.1\ mol \cdot L^{-1}$，则：

$$K_a^{\ominus}(HAc) = \frac{c(H^+) \cdot c(Ac^-)}{c(HAc)} = \frac{c(H^+)^2}{0.1} = 1.8 \times 10^{-5}$$

$$c(H^+) = 1.3 \times 10^{-3}(mol \cdot L^{-1})$$

$$pH = 2.89$$

$$\alpha = \frac{c(H^+)}{c_0} = \frac{1.3 \times 10^{-3}}{0.1} = 1.3 \times 10^{-2} = 1.3\%$$

(2)在 HAc 水溶液中加入 NaAc 固体后由于同离子效应，HAc 的解离度更小，则：

$c(\mathrm{HAc})\approx 0.1\ \mathrm{mol\cdot L^{-1}}, c(\mathrm{Ac^-})\approx 0.1\ \mathrm{mol\cdot L^{-1}}$

$$K_a^{\ominus}(\mathrm{HAc})=\frac{c(\mathrm{H^+})c(\mathrm{Ac^-})}{c(\mathrm{HAc})}=\frac{c(\mathrm{H^+})\times 0.1}{0.1}=1.8\times 10^{-5}$$

$c(\mathrm{H^+})=1.8\times 10^{-5}(\mathrm{mol\cdot L^{-1}})$

$\mathrm{pH}=4.74$

$$\alpha=\frac{c(\mathrm{H^+})}{c_0}=\frac{1.8\times 10^{-5}}{0.1}=1.8\times 10^{-4}=1.8\times 10^{-2}\%$$

3.3 弱酸(碱)溶液中各型体的分布

在弱酸(弱碱)的解离平衡体系中,溶液中可能存在着弱酸(弱碱)的各种组分,如 HAc 溶液中存在着 HAc 和 $\mathrm{Ac^-}$ 两种组分,称为 HAc 的两种型体。改变溶液中 $\mathrm{H^+}$($\mathrm{OH^-}$)的浓度,由于同离子效应,都会使弱酸(弱碱)的解离平衡发生移动,从而改变弱酸(弱碱)各种型体在弱酸(弱碱)总浓度中所占比例。

为了表示溶液中弱酸(弱碱)各种型体在不同酸度(碱度)条件下的分布情况,化学上常采用分布系数(distribution coefficient)这一概念来表示某弱酸(弱碱)的各种型体的平衡浓度在弱酸(弱碱)总浓度中所占的分数,通常以 δ 来表示。

3.3.1 酸(碱)的分析浓度

在讨论酸碱溶液中各种型体分布之前,对酸碱溶液中各种浓度的概念予以澄清是很有必要的。酸(碱)的浓度又称为酸(碱)的分析浓度,它是指溶液中所含某酸(碱)的总的物质的量浓度,通常以 c_0 来表示,单位 $\mathrm{mol\cdot L^{-1}}$;酸(碱)的平衡浓度是某酸(碱)各种型体的平衡浓度,通常以 $c(\mathrm{A})$ 来表示,单位同上;酸度是溶液中 $\mathrm{H^+}$ 的平衡浓度,通常以 pH 来表示,碱度则是指溶液中 $\mathrm{OH^-}$ 的平衡浓度,通常以 pOH 来表示。例如 0.10 $\mathrm{mol\cdot L^{-1}}$ 的 HAc 溶液,其分析浓度是 0.10 $\mathrm{mol\cdot L^{-1}}$;由于 HAc 是弱酸,部分解离,因而溶液中有 HAc 和 $\mathrm{Ac^-}$ 两种型体存在,其平衡浓度分别为 $c(\mathrm{HAc})$,$c(\mathrm{Ac^-})$,均小于其分析浓度 0.10 $\mathrm{mol\cdot L^{-1}}$。而酸度是指这一溶液的 pH。

3.3.2 一元弱酸溶液的型体分布

一元弱酸 HA 在水溶液中存在 HA 和 $\mathrm{A^-}$ 两种型体,设其分析浓度为 c_0,HA 和 $\mathrm{A^-}$ 的平衡浓度分别为 $c(\mathrm{HA})$ 和 $c(\mathrm{A^-})$,即 $c_0=c(\mathrm{HA})+c(\mathrm{A^-})$。分别以 $\delta(\mathrm{HA})$ 和 $\delta(\mathrm{A^-})$ 表示 HA 和 $\mathrm{A^-}$ 的分布系数,则:

$$\delta(\mathrm{HA})=\frac{c(\mathrm{HA})}{c(\mathrm{HA})+c(\mathrm{A^-})}=\frac{1}{1+\dfrac{c(\mathrm{A^-})}{c(\mathrm{HA})}}$$

$$=\frac{1}{1+\dfrac{K_a^{\ominus}}{c(\mathrm{H^+})}}=\frac{c(\mathrm{H^+})}{c(\mathrm{H^+})+K_a^{\ominus}}$$

$$\delta(A^-)=\frac{c(A^-)}{c(HA)+c(A^-)}=\frac{1}{\frac{c(HA)}{c(A^-)}+1}$$

$$=\frac{1}{\frac{c(H^+)}{K_a^\ominus}+1}=\frac{K_a^\ominus}{c(H^+)+K_a^\ominus}$$

显然各种型体的分布系数之和为1，即 $\delta(HA)+\delta(A^-)=1$

从以上两个公式中可以看出，对于一元弱酸，由于 $K_a^\ominus$ 为常数，溶液中各种型体的分布系数仅是 $c(H^+)$的函数，即各型体的分布系数只与酸度有关，而与其浓度无关。

例 3-2 计算 pH=4.00 时，分析浓度为 0.10 $mol \cdot L^{-1}$ 的 HAc 溶液中 HAc 和 Ac^- 的分布系数和平衡浓度。

解： pH=4.00 时

$$\delta(HAc)=\frac{c(H^+)}{c(H^+)+K_a^\ominus}=\frac{1.0\times10^{-4}}{1.0\times10^{-4}+1.8\times10^{-5}}=0.85$$

$$\delta(Ac^-)=\frac{K_a^\ominus}{c(H^+)+K_a^\ominus}=\frac{1.8\times10^{-5}}{1.0\times10^{-4}+1.8\times10^{-5}}=0.15$$

$$c(HAc)=c_0\times\delta(HAc)=0.10\times0.85=0.085(mol\cdot L^{-1})$$

$$c(Ac^-)=c_0\times\delta(Ac^-)=0.10\times0.15=0.015(mol\cdot L^{-1})$$

按照相同的方法可以计算出任意酸度下的 HAc 和 Ac^- 的分布系数，然后以 pH 为横坐标，以 δ 值为纵坐标，绘制 δ～pH 曲线，这就是 HAc 的型体分布曲线，如图 3-1 所示。从该图结合一元弱酸型体分布系数的计算公式可以看出在 pH<$pK_a^\ominus$ 时，HAc 为主要存在型体；pH>$pK_a^\ominus$ 时，A^- 为主要存在型体；pH=$pK_a^\ominus$ 时，两种型体各占 50%。

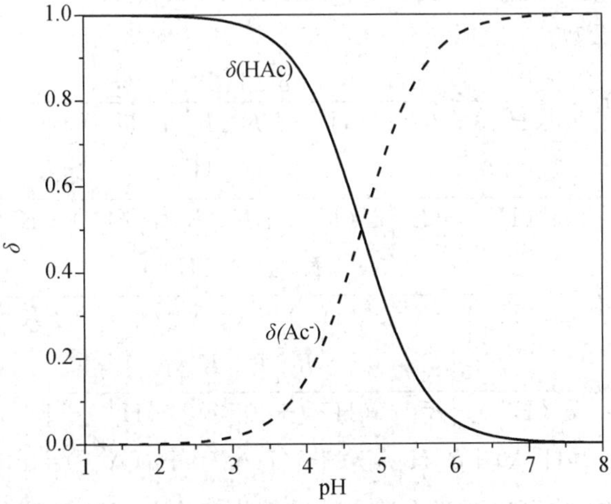

图 3-1 HAc 的 δ～pH 曲线

对于一元弱碱 A^-，可以根据其共轭酸 HA 的 $K_a^\ominus$，用完全相同的方法可以计算出其水溶液中各种型体的分布系数和各个组分的浓度。例如在 NH_3 水溶液中：

$$\delta(NH_4^+)=\frac{c(H^+)}{c(H^+)+K_a^\ominus(NH_4^+)}$$

$$\delta(NH_3)=\frac{K_a^\ominus(NH_4^+)}{c(H^+)+K_a^\ominus(NH_4^+)}$$

3.3.3 多元弱酸(碱)溶液中各种型体的分布

二元弱酸 H_2A 在水溶液中存在 H_2A，HA^- 和 A^{2-} 三种型体，设其分析浓度为 c_0，各种型体的平衡浓度分别为 $c(H_2A)$，$c(HA^-)$ 和 $c(A^{2-})$，则：$c_0=c(H_2A)+c(HA^-)+c(A^{2-})$。分别以 $\delta(H_2A)$，$\delta(HA^-)$ 和 $\delta(A^{2-})$ 表示 H_2A，HA^- 和 A^{2-} 的分布系数，则：

$$\delta(H_2A)=\frac{c(H_2A)}{c(H_2A)+c(HA^-)+c(A^{2-})}=\frac{c^2(H^+)}{c^2(H^+)+K_{a_1}^\ominus c(H^+)+K_{a_1}^\ominus K_{a_2}^\ominus}$$

$$\delta(HA^-)=\frac{c(HA^-)}{c(H_2A)+c(HA^-)+c(A^{2-})}=\frac{K_{a_1}^\ominus c(H^+)}{c^2(H^+)+K_{a_1}^\ominus c(H^+)+K_{a_1}^\ominus K_{a_2}^\ominus}$$

$$\delta(A^{2-})=\frac{c(A^{2-})}{c(H_2A)+c(HA^-)+c(A^{2-})}=\frac{K_{a_1}^\ominus K_{a_2}^\ominus}{c^2(H^+)+K_{a_1}^\ominus c(H^+)+K_{a_1}^\ominus K_{a_2}^\ominus}$$

$$\delta(H_2A)+\delta(HA^-)+\delta(A^{2-})=1$$

对于三元弱酸 H_3A，则 $c_0=c(H_3A)+c(H_2A^-)+c(HA^{2-})+c(A^{3-})$，可以推得其各种型体平衡时的分布系数：

$$\delta(H_3A)=\frac{c^3(H^+)}{c^3(H^+)+K_{a_1}^\ominus c^2(H^+)+K_{a_1}^\ominus K_{a_2}^\ominus c(H^+)+K_{a_1}^\ominus K_{a_2}^\ominus K_{a_3}^\ominus}$$

$$\delta(H_2A^-)=\frac{K_{a_1}^\ominus c^2(H^+)}{c^3(H^+)+K_{a_1}^\ominus c^2(H^+)+K_{a_1}^\ominus K_{a_2}^\ominus c(H^+)+K_{a_1}^\ominus K_{a_2}^\ominus K_{a_3}^\ominus}$$

$$\delta(HA^{2-})=\frac{K_{a_1}^\ominus K_{a_2}^\ominus c(H^+)}{c^3(H^+)+K_{a_1}^\ominus c^2(H^+)+K_{a_1}^\ominus K_{a_2}^\ominus c(H^+)+K_{a_1}^\ominus K_{a_2}^\ominus K_{a_3}^\ominus}$$

$$\delta(A^{3-})=\frac{K_{a_1}^\ominus K_{a_2}^\ominus K_{a_3}^\ominus}{c^3(H^+)+K_{a_1}^\ominus c^2(H^+)+K_{a_1}^\ominus K_{a_2}^\ominus c(H^+)+K_{a_1}^\ominus K_{a_2}^\ominus K_{a_3}^\ominus}$$

$$\delta(H_3A)+\delta(H_2A^-)+\delta(HA^{2-})+\delta(A^{3-})=1$$

对于任意多元弱酸，均可以通过上述方法计算出其在任意酸度下各型体的分布系数，从而绘制出其型体分布图。图 3-2 和图 3-3 是 $H_2C_2O_4$ 和 H_3PO_4 的型体分布图。

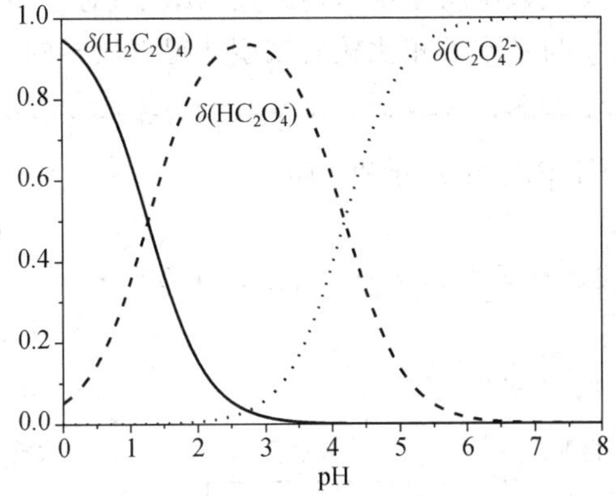

图 3-2 $H_2C_2O_4$ 的型体分布图

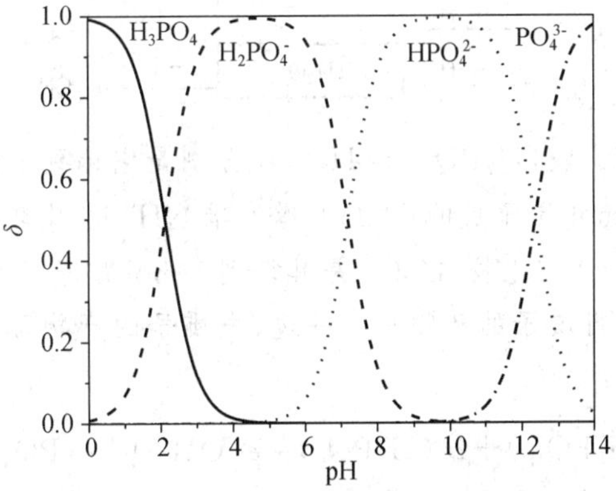

图 3-3 H_3PO_4 的型体分布图

3.4 酸(碱)度计算

3.4.1 质子平衡式

酸(碱)水溶液中不仅发生酸(碱)与水分子之间的质子转移反应,溶剂水分子之间也会发生质子自递反应。所以酸(碱)水溶液是一个复杂的多重平衡体系,各物种平衡浓度之间的数量关系非常复杂。根据酸碱质子理论,酸碱反应的实质是酸碱之间的质子转移过程,因此当酸碱反应达到平衡时,酸给出的质子的量应该等于碱所接受的质子的量,这种关系称为质子平衡式,又称质子条件式(proton balance equation),简写为 PBE。

要写出质子条件式首先必须选择一些物质作为参考,以它作为参考来考虑质子的得失,这个水准称为质子参考水平(proton reference level),又称零水准。通常选择在溶液中大量存在的参与了质子传递反应的物质作为质子参考水平,一般选择溶剂和酸碱的起始组分。其次根据酸碱反应达到平衡后各种质子参考水平得失质子的情况绘制得失质子关系示意图;最后根据得失质子的量相等的原则写出 PBE。注意在正确的 PBE 中不应该包括属于质子参考水平的物质，也不应该包括与质子传递无关的组分；对于多元酸碱组分一定要注意各浓度项前面的系数，它等于与零水准相比较时该型体得失质子的量。

例 3-3 写出 $NaNH_4HPO_4$ 水溶液的 PBE。

解：选择零水准：

参与了质子转移反应的酸碱起始组分：NH_4^+，HPO_4^{2-}

溶剂：H_2O

得失质子示意图：

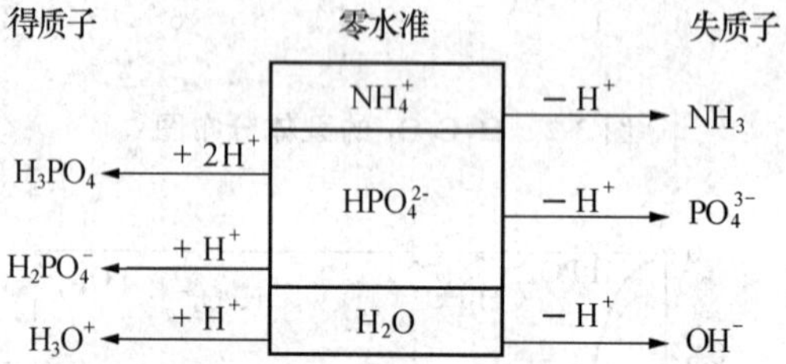

与零水准 HPO_4^{2-} 相比较，$H_2PO_4^-$ 和 H_3PO_4 分别是它得到 1 mol 和 2 mol 质子后的产物，而 PO_4^{3-} 是其失去 1 mol 质子后的产物；与零水准 NH_4^+ 相比较，NH_3 是其失去 1 mol 质子后的产物；与零水准 H_2O 相比较，H_3O^+ 是其得到 1 mol 质子后的产物，而 OH^- 是其失去 1 mol 质子后的产物。将得质子的产物写在一边，失质子的产物写在另一边，根据得失质子数量相等的原则，PBE 为：

$$c(H^+)+c(H_2PO_4^-)+2c(H_3PO_4)=c(OH^-)+c(PO_4^{3-})+c(NH_3)$$

在计算各种酸碱溶液中氢离子的浓度时，可以将 PBE 中各种物质的浓度项转换成氢离子的浓度和酸碱的分析浓度之间的方程，从而可以计算各种酸碱体系中氢离子或者氢氧根离子浓度的精确值。

3.4.2 一元弱酸(碱)溶液酸(碱)度的计算

设某一元弱酸 HA 的分析浓度为 c_0，其质子条件式为：

$$c(H^+)=c(OH^-)+c(A^-)$$

因为：

$$K_w^\ominus=c(H^+)\cdot c(OH^-),c(OH^-)=\frac{K_w^\ominus}{c(H^+)}$$

$$K_a^\ominus=\frac{c(H^+)\cdot c(A^-)}{c(HA)},c(A^-)=\frac{c(HA)\cdot K_a^\ominus}{c(H^+)}$$

所以：

$$c(H^+)=\frac{K_w^\ominus}{c(H^+)}+\frac{c(HA)\cdot K_a^\ominus}{c(H^+)}$$

整理得

$$c(H^+)=\sqrt{c(HA)K_a^\ominus+K_w^\ominus} \tag{3-3}$$

式(3-3)是计算一元弱酸 $c(H^+)$ 的精确式，其中 $c(HA)$ 为 HA 的平衡浓度。如果允许计算的误差不大于5%，在计算氢离子浓度时可以做下面几种近似处理：

1. 如果 $c_0K_a^\ominus \geqslant 20K_w^\ominus$，$c_0/K_a^\ominus < 500$，酸不是太弱，可以忽略水的解离，即 $K_w^\ominus$ 项可以忽略不计，由式(3-3)得：

$$c(H^+)=\sqrt{c(HA)\cdot K_a^\ominus} \tag{3-4}$$

将 $c(HA)=c_0-c(H^+)$，代入式(3-4)中可得：

$$c(H^+)=\sqrt{K_a^\ominus[c_0-c(H^+)]} \tag{3-5}$$

展开后解一元二次方程得：

$$c(H^+)=\frac{-K_a^\ominus+\sqrt{K_a^{\ominus 2}+4c_0\cdot K_a^\ominus}}{2} \tag{3-6}$$

这是计算一元弱酸 $c(H^+)$ 的近似式。

2. 如果 $c_0K_a^\ominus \geqslant 20K_w^\ominus$，$c_0/K_a^\ominus > 500$，不仅水的解离可以忽略不计，由于HA的解离度也很小，可以认为 $c(HA)=c_0-c(A^-)\approx c_0$，则由式(3-5)可得：

$$c(H^+)=\sqrt{c_0K_a^\ominus} \tag{3-7}$$

此式为计算一元弱酸 $c(H^+)$ 的最简式。

3. 如果 $c_0K_a^\ominus < 20K_w^\ominus$，$c_0/K_a^\ominus > 500$，水的解离不可以忽略不计，但弱酸的解离度不大，$c(HA)=c_0-c(A^-)\approx c_0$，则由式(3-3)可得：

$$c(H^+)=\sqrt{c_0K_a^\ominus+K_w^\ominus} \tag{3-8}$$

一元弱碱的 $c(OH^-)$ 的计算，方法与上述方法完全相同，只是将上述各公式中的 $c(H^+)$ 和 $K_a^\ominus$ 分别以 $c(OH^-)$ 和 $K_b^\ominus$ 代替即可。

例 3-4 计算分析浓度为 $0.10\ mol\cdot L^{-1}$ HAc 溶液的pH。

解： HAc 的 $K_a^\ominus=1.8\times10^{-5}$，则：

$$c_0K_a^\ominus=0.10\times1.8\times10^{-5}=1.8\times10^{-6}>20K_w^\ominus,$$
$$c_0/K_a^\ominus=0.10/(1.8\times10^{-5})=5.5\times10^3>500$$

用最简式计算其酸度

$$c(H^+)=\sqrt{c_0K_a^\ominus}=\sqrt{0.10\times1.8\times10^{-5}}=1.3\times10^{-3}(mol\cdot L^{-1})$$
$$pH=2.89$$

例 3-5 计算分析浓度为 $0.10\ mol\cdot L^{-1}$ 的HF溶液的pH。

解： HF 的 $K_a^\ominus=6.6\times10^{-4}$，则：

$$c_0K_a^\ominus=0.10\times6.6\times10^{-4}=6.6\times10^{-5}>20K_w^\ominus,$$
$$c_0/K_a^\ominus=0.10/(6.6\times10^{-4})=1.5\times10^{-2}<500$$

可用近似式计算

$$c(H^+)=\frac{-K_a^\ominus+\sqrt{K_a^{\ominus 2}+4c_0K_a^\ominus}}{2}$$

$$=\frac{-6.6\times10^{-4}+\sqrt{(6.6\times10^{-4})^2+4\times0.10\times6.6\times10^{-4}}}{2}=7.8\times10^{-3}(\text{mol}\cdot\text{L}^{-1})$$

pH=2.11

例 3-6 计算分析浓度为 0.10 mol·L^{-1} NaCN 溶液的 pH。

解: HCN 的 $K_a^\ominus(\text{HCN})=6.2\times10^{-10}$, $K_b^\ominus(\text{CN}^-)=\frac{1.0\times10^{-14}}{6.2\times10^{-10}}=1.6\times10^{-5}$

$$c_0K_b^\ominus=0.10\times1.6\times10^{-5}=1.6\times10^{-6}>20K_w^\ominus$$

$$c_0/K_b^\ominus=0.10/(1.6\times10^{-5})=6.3\times10^3>500$$

可用最简式计算

$$c(OH^-)=\sqrt{c_0K_b^\ominus}=\sqrt{0.10\times1.6\times10^{-5}}=1.3\times10^{-3}(\text{mol}\cdot\text{L}^{-1})$$

pOH=2.89

pH=14.00−pOH=14−2.89=11.11

3.4.3 多元弱酸(碱)溶液酸(碱)度的计算

多元弱酸(碱)在水溶液中是分步解离的,通常其第一级解离常数远大于第二级解离常数,即 $K_{a_1}^\ominus\gg K_{a_2}^\ominus$;而且第一级解离所解离出的氢离子对第二级解离的同离子效应,进一步降低了第二级解离的解离度。可以认为溶液中的氢离子主要是由第一级解离生成的,其他各级解离可以忽略不计。因此对于多元弱酸的氢离子浓度的计算可以按照一元弱酸来处理。多元弱碱的与多元弱酸相同,也可以按照一元弱碱处理。

例 3-7 计算分析浓度为 0.10 mol·L^{-1} H_2S 溶液的 pH。

解: H_2S 的 $K_{a_1}^\ominus=1.07\times10^{-7}$, $K_{a_2}^\ominus=1.3\times10^{-13}$,则:

$$c_0K_{a_1}^\ominus=0.10\times1.07\times10^{-7}=1.07\times10^{-8}>20K_w^\ominus$$

$$c_0/K_{a_1}^\ominus=0.10/(1.07\times10^{-7})=9.3\times10^5>500$$

$$c(H^+)=\sqrt{c_0K_{a_1}^\ominus}=\sqrt{0.10\times1.07\times10^{-7}}=1.0\times10^{-4}(\text{mol}\cdot\text{L}^{-1})$$

pH=4.00

例 3-8 计算分析浓度为 0.10 mol·L^{-1} 的 Na_3PO_4 溶液的 pH。

解: H_3PO_4 的 $K_{a_1}^\ominus=7.5\times10^{-3}$, $K_{a_2}^\ominus=6.3\times10^{-8}$, $K_{a_3}^\ominus=4.3\times10^{-13}$,则:

$$PO_4^{3-}\text{ 的 }K_{b_1}^\ominus=\frac{K_w^\ominus}{K_{a_3}^\ominus}=\frac{1.0\times10^{-14}}{4.3\times10^{-13}}=2.3\times10^{-2}$$

$$c_0K_{b_1}^\ominus=0.10\times2.3\times10^{-2}=2.3\times10^{-3}>20K_w^\ominus$$

$c_0/K^{\ominus}_{b_1}=0.10/(2.3\times10^{-2})=4.3<500$

$$c(OH^-)=\frac{-K^{\ominus}_{b_1}+\sqrt{K^{\ominus 2}_{b_1}+4c_0K^{\ominus}_{b_1}}}{2}$$

$$=\frac{-2.3\times10^{-2}+\sqrt{(2.3\times10^{-2})^2+4\times0.1\times2.3\times10^{-2}}}{2}$$

$$=3.8\times10^{-2}(mol\cdot L^{-1})$$

$pOH=1.42$

$pH=14.00-pOH=14-1.42=12.58$

3.4.4 两性物质溶液酸度的计算

对于那些既能给出质子，也能接受质子的物质，如酸式盐（NaHS，$NaHCO_3$，Na_2HPO_4等）、弱酸弱碱盐（NH_4Ac）以及氨基酸等，其酸碱度的计算较为复杂，应该根据溶液中的主要化学平衡关系，对PBE进行合理的近似处理。

1. 酸式盐

以二元弱酸的酸式盐NaHA为例，设NaHA的分析浓度为c_0，则其在水溶液中的PBE为：

$$c(H^+)+c(H_2A)=c(OH^-)+c(A^{2-})$$

NaHA在水溶液中存在如下化学平衡关系：

$$HA^-+H_2O\rightleftharpoons H_2A+OH^-$$

$$HA^-+H_2O\rightleftharpoons A^{2-}+H_3O^+$$

$$H_2O+H_2O\rightleftharpoons H_3O^++OH^-$$

$$c(H^+)+\frac{c(H^+)\times c(HA^-)}{K^{\ominus}_{a_1}}=\frac{K^{\ominus}_{a_2}\times c(HA^-)}{c(H^+)}+\frac{K^{\ominus}_{w}}{c(H^+)}$$

经整理后得：

$$c(H^+)=\sqrt{\frac{K^{\ominus}_{a_1}[K^{\ominus}_{a_2}\times c(HA^-)+K^{\ominus}_{w}]}{K^{\ominus}_{a_1}+c(HA^-)}} \tag{3-9}$$

对于HA^-，其做进一步的酸式解离，碱式解离的趋势都比较小，因此$c(HA^-)\approx c_0$，则式(3-9)可以简化为：

$$c(H^+)=\sqrt{\frac{K^{\ominus}_{a_1}(c_0K^{\ominus}_{a_2}+K^{\ominus}_{w})}{K^{\ominus}_{a_1}+c_0}} \tag{3-10}$$

如果$c_0K^{\ominus}_{a_2}\geq20K^{\ominus}_{w}$，$c_0<20K^{\ominus}_{a_1}$，$K^{\ominus}_{w}$可忽略，可得到多元酸酸式盐$H^+$浓度计算的近似公式：

$$c(H^+)=\sqrt{\frac{c_0K^{\ominus}_{a_1}K^{\ominus}_{a_2}}{K^{\ominus}_{a_1}+c_0}} \tag{3-11}$$

如果 $c_0K_{a_2}^{\ominus} \geqslant 20K_w^{\ominus}$，$c_0 \geqslant 20K_{a_1}^{\ominus}$，则 $K_{a_1}^{\ominus}+c_0 \approx c_0$，可得到计算多元酸酸式盐 H^+ 浓度的最简式：

$$c(H^+)=\sqrt{K_{a_1}^{\ominus} \cdot K_{a_2}^{\ominus}} \tag{3-12}$$

如果 $c_0K_{a_2}^{\ominus} < 20K_w^{\ominus}$，$c_0 \geqslant 20K_{a_1}^{\ominus}$，不可以忽略水的酸式解离，但可以不考虑水的碱式解离，于是得到如下近似式：

$$c(H^+)=\sqrt{\frac{K_{a_1}^{\ominus}(c_0K_{a_2}^{\ominus}+K_w^{\ominus})}{c_0}} \tag{3-13}$$

例 3-9　计算 0.10 mol·L^{-1} 甘氨酸(NH_2CH_2COOH)盐酸盐水溶液的 pH。

解：甘氨酸在水溶液中存在如下解离平衡：

$$^+NH_3CH_2COOH \rightleftharpoons {}^+NH_3CH_2COO^- + H^+ \qquad K_{a_1}^{\ominus}=4.5\times10^{-3}$$

$$^+NH_3CH_2COO^- \rightleftharpoons NH_2CH_2COO^- + H^+ \qquad K_{a_2}^{\ominus}=2.5\times10^{-10}$$

所以甘氨酸是一种两性物质；

$c_0K_{a_2}^{\ominus}=0.10\times2.5\times10^{-10} \geqslant 20K_w^{\ominus}$，$c_0=0.10 \geqslant 20K_{a_1}^{\ominus}$

$c(H^+)=\sqrt{K_{a_1}^{\ominus}\times K_{a_2}^{\ominus}}=\sqrt{4.5\times10^{-3}\times2.5\times10^{-10}}=1.1\times10^{-6}(\text{mol}\cdot\text{L}^{-1})$

pH=5.96

2. 弱酸弱碱盐

弱酸弱碱盐也是两性物质，可以按照酸式盐的公式进行计算。以弱碱的共轭酸的解离常数作为 $K_{a_1}^{\ominus}$，弱酸的解离常数作为 $K_{a_2}^{\ominus}$，计算公式使用的判断标准与酸式盐完全相同。

例 3-10　计算 0.10 mol·L^{-1} NH_4Ac 溶液的 pH。

解：$K_a^{\ominus}(HAc)=1.8\times10^{-5}$，$K_a^{\ominus}(NH_4^+)=\dfrac{K_w^{\ominus}}{K_b^{\ominus}}=\dfrac{1.00\times10^{-14}}{1.8\times10^{-5}}=5.6\times10^{-10}$

$c_0K_a^{\ominus}(NH_4^+)=0.10\times5.6\times10^{-10}=5.6\times10^{-11}>20K_w^{\ominus}$，$c_0=0.10>20K_w^{\ominus}$

$c(H^+)=\sqrt{K_a^{\ominus}(HAc)\times K_a^{\ominus}(NH_4^+)}$

$=\sqrt{1.8\times10^{-5}\times5.6\times10^{-10}}=1.0\times10^{-7}(\text{mol}\cdot\text{L}^{-1})$

pH=7.00

3.5　缓冲溶液

一般的水溶液在外加少量的酸，碱或者适当稀释以后，其酸度将发生明显的变化。但酸碱缓冲溶液可以在一定的程度和范围内稳定溶液的酸度，减小和消除因加入少量酸、碱

(或因化学反应产生的少量酸、碱)或适度稀释对溶液 pH 的影响,使其不致发生显著变化。

缓冲溶液在化学工业、分析化学、农业、生物化学和临床医学等许多领域中都有着十分重要的意义和应用。例如,人体血液的 pH 需保持在 7.35～7.45,pH 过高或过低都将导致疾病甚至死亡。血液中存在 H_2CO_3-HCO_3^-、$H_2PO_4^-$-HPO_4^{2-}、蛋白质、血红蛋白和含氧血红蛋白等缓冲系统可使血液的 pH 稳定在 7.40 左右。植物只有在一定 pH 的土壤中,才能正常生长、发育,土壤中一般含有 H_2CO_3-HCO_3^-、腐殖酸及其共轭碱组成的缓冲系统,使土壤保存一定的 pH,保证了微生物的正常活动和农作物的发育生长。许多化学反应需要在一定 pH 条件下进行,缓冲溶液就能提供这样的条件。

3.5.1 缓冲作用原理

缓冲溶液(buffer solution)是由一定浓度的相互共轭的弱酸和弱碱所组成的混合体系。这种混合体系之所以具有缓冲作用,即能够抵抗少量强酸、强碱或者适当稀释而 pH 不会发生大的变化,可以通过这种混合体系中的酸碱平衡移动来予以解释。假定缓冲溶液由一定浓度的 HA 和其共轭碱 A^- 组成,则在其水溶液中存在如下平衡:

$$HA + H_2O \rightleftharpoons A^- + H_3O^+$$

当向该缓冲体系中加入少量强酸时,H_3O^+ 的浓度增大,由于同离子效应,平衡将向能够减小 H_3O^+ 浓度的方向移动,从而部分抵消了外加少量强酸对体系中 H_3O^+ 的浓度的影响,维持体系 pH 基本不变。

当向该缓冲体系中加入少量强碱时,OH^- 浓度增大,H_3O^+ 的浓度减小,平衡向能够增加 H_3O^+ 浓度的方向移动,从而部分抵消了外加少量强碱对体系中 H_3O^+ 的浓度的影响,维持缓冲体系的 pH 基本不变。

当向该缓冲体系中加入一定量的水进行稀释,一方面溶液体积的增大降低了 H_3O^+ 的浓度,另一方面由于溶液浓度减小,解离度增大,同离子效应减弱,使得平衡向 H_3O^+ 浓度增大的方向移动,从而维持了缓冲体系 pH 基本不变。

常见的共轭酸碱对组成的缓冲系统有 HAc-Ac^-、$H_2PO_4^-$-HPO_4^{2-}、NH_4^+-NH_3 和 HCO_3^--CO_3^{2-} 等。

3.5.2 缓冲溶液 pH 的计算

对于控制溶液酸碱度的一般酸碱缓冲溶液,由于共轭酸碱组分的浓度不会很低,而且对计算结果的准确度往往不作很高的要求,故经常采用近似公式来计算其 pH。以一元弱酸 HA 及其共轭碱 NaA 组成的缓冲溶液为例。其中 HA 的浓度为 c_a,平衡浓度为 $c(HA)$;NaA 的浓度为 c_b,平衡浓度为 $c(A^-)$,它们在水溶液中存在如下平衡:

$$HA + H_2O \rightleftharpoons H_3O^+ + A^-$$

则:

$$K_a^{\ominus}(HA) = \frac{c(H^+) \cdot c(A^-)}{c(HA)}$$

$$pH = pK_a^{\ominus} - \lg \frac{c(HA)}{c(A^-)} \tag{3-14}$$

由于缓冲溶液一般浓度较大（0.1～1.0 mol·L^{-1}）和同离子效应的存在，可以将式(3-14)中的 $c(HA)$和 $c(A^-)$看做其初始浓度 c_a 和 c_b，这样就得到了缓冲溶液 pH 计算的一般公式：

$$pH = pK_a^{\ominus} - \lg \frac{c_a}{c_b} \tag{3-15}$$

可见，缓冲溶液 pH 的大小与弱酸或者弱碱的解离常数有关，还与共轭酸碱组分的浓度比有关。

例 3-11 计算 100 mL 0.40 mol·L^{-1} 的 HAc 和 50 mL 0.20 mol·L^{-1} 的 NaOH 混合后溶液的 pH。

解：$c_a = c(HAc) = \dfrac{0.40 \times 0.10 - 0.20 \times 0.050}{0.10 + 0.050} = 0.20\ (mol \cdot L^{-1})$

$$c_b = c(NaAc) = \frac{0.20 \times 0.050}{0.10 + 0.050} = 0.067\ (mol \cdot L^{-1})$$

$$pH = pK_a^{\ominus} - \lg \frac{c_a}{c_b} = 4.74 - \lg \frac{0.20}{0.067} = 4.26$$

3.5.3 缓冲容量与缓冲范围

任何缓冲溶液的缓冲能力都是有一定限度的。对某一缓冲溶液，只有在外加酸、碱的量不太大或者对溶液进行适当稀释时，才能保持 pH 基本不变，如果在缓冲溶液中加入的酸、碱的浓度接近缓冲溶液中的弱碱或者弱酸的浓度，或者对其进行过度稀释，都会使其缓冲能力逐渐消失。化学上通常用缓冲容量(buffer capacity)作为衡量缓冲溶液缓冲能力的尺度。缓冲容量的大小与哪些因素有关呢？我们通过下面的计算来说明这个问题。

设有五份总浓度分别为 0.20，0.40，0.60，0.80，1.00 mol·L^{-1} 的 HAc-NaAc 缓冲溶液各 1 L，其中 HAc 和 NaAc 的浓度相等，向各个缓冲溶液中分别加入 0.02 mol NaOH 后 pH 的变化情况如表 3-1 所示。结果表明，缓冲溶液的总浓度越大，其 pH 改变量越小，缓冲能力越强，缓冲容量越大。

另有五份总浓度均为 1.00 mol·L^{-1} 的 HAc-NaAc 缓冲溶液各 1 L，其中 HAc 和 NaAc 的浓度之比如表 3-2 所示，向各个缓冲溶液中分别加入 0.02 mol NaOH 后从其 pH 的改变量可以看出，缓冲溶液中各组分的浓度比越接近 1∶1，其 pH 改变量越小，缓冲能力越强，缓冲容量越大。

显然，缓冲溶液的总浓度越大，其缓冲容量越大，缓冲能力越强；另一方面缓冲溶液中共轭酸碱组分浓度的比值越接近 1∶1，溶液的缓冲容量越大，缓冲能力越强。为了获得尽可能大缓冲容量的缓冲溶液，首先可以增大缓冲溶液的总浓度，但是缓冲溶液总浓度太大，会对化学反应或者生化反应产生不良影响，通常缓冲溶液的浓度应控制在 0.1～1.0 mol·L^{-1} 之间；其次可以选择缓冲溶液中弱酸的 $pK_a^{\ominus}$，使其尽可能接近所要配制缓冲溶液的 pH，从而使共轭酸碱组分浓度比更接近 1∶1。

表 3-1 总浓度与缓冲容量的关系

项目	试管号				
	1	2	3	4	5
$c(HAc+A^-)/(mol\cdot L^{-1})$	0.2	0.4	0.6	0.8	1.0
$c(HAc)/c(A^-)$	0.1/0.1	0.20/0.20	0.30/0.30	0.40/0.40	0.50/0.50
加 NaOH 前 pH	4.75	4.75	4.75	4.75	4.75
加 NaOH 后 pH	4.93	4.84	4.81	4.79	4.78
ΔpH	0.18	0.09	0.06	0.04	0.03

表 3-2 缓冲对浓度之比与缓冲容量的关系

项目	试管号				
	1	2	3	4	5
$c(HAc+A^-)/(mol\cdot L^{-1})$	1.0	1.0	1.0	1.0	1.0
$c(HAc)/c(A^-)$	0.1/0.9	0.30/0.7	0.50/0.50	0.70/0.30	0.90/0.10
加 NaOH 前 pH	5.70	5.12	4.75	4.38	3.80
加 NaOH 后 pH	5.81	5.16	4.78	4.42	3.88
ΔpH	0.11	0.04	0.03	0.04	0.08

一般说来，当 c_a 和 c_b 的比值在 10∶1 和 1∶10 之间时，缓冲溶液的缓冲容量不会太小，超出这个范围，缓冲溶液的缓冲容量会很小甚至失去缓冲作用。所以缓冲溶液的有效缓冲范围应该为 $pH=pK_a^{\ominus}\pm1$。例如要配制 pH=5.0 的缓冲溶液，可以选择 HAc-NaAc 缓冲对（HAc 的 $pK_a^{\ominus}=4.75$）；要配制 pH=7.0 的缓冲溶液，可以选择 NaH_2PO_4-Na_2HPO_4 缓冲对（$H_2PO_4^-$ 的 $pK_a^{\ominus}=7.21$），要配制 pH=9 的缓冲溶液，可以选择 NH_4Cl-NH_3 缓冲对（NH_4^+ 的 $pK_a^{\ominus}=9.25$）。

例 3-12 欲配制 pH=5.00 的缓冲溶液 1 L，要求其中弱酸及其共轭碱的总浓度为 0.20 mol·L^{-1}，问此缓冲溶液该如何配制。

解：首先根据欲配制的缓冲溶液的 pH，选择合适的缓冲对。

因为 $pH=pK_a^{\ominus}\pm1$，所以缓冲对中弱酸的解离常数 $pK_a^{\ominus}=pH\pm1$，查附录Ⅳ中酸碱解离常数可以确定醋酸的 $pK_a^{\ominus}$(4.74)较接近 5.0，所以选择 HAc-NaAc 作为缓冲对。

然后根据缓冲溶液 pH 和缓冲对的 $pK_a^{\ominus}$ 确定缓冲对的浓度比。

$$pH=pK_a^{\ominus}-\lg\frac{c(HAc)}{c(NaAc)}$$

$$5.0=4.74-\lg\frac{c(HAc)}{c(NaAc)}$$

$$\frac{c(\mathrm{HAc})}{c(\mathrm{NaAc})}=0.55$$

最后根据缓冲溶液总浓度和以上浓度比的关系确定所需弱酸及其共轭碱的量。

$$\begin{cases}\dfrac{c(\mathrm{HAc})}{c(\mathrm{NaAc})}=0.55\\ c(\mathrm{HAc})+c(\mathrm{NaAc})=0.20\end{cases}$$

解该方程组可以得到：

$$c(\mathrm{HAc})=0.071(\mathrm{mol\cdot L^{-1}}),c(\mathrm{NaAc})=0.129(\mathrm{mol\cdot L^{-1}})$$

由于醋酸及醋酸钠的摩尔质量分别为 74.08 $g\cdot mol^{-1}$ 和 82.03 $g\cdot mol^{-1}$，则配制 1 L 该缓冲溶液所需醋酸及醋酸钠的质量为：

$$m(\mathrm{HAc})=60.05\times0.071\times1=4.26\ (\mathrm{g})$$
$$m(\mathrm{NaAc})=82.03\times0.129\times1=10.58\ (\mathrm{g})$$

即称取 4.26 g 醋酸和 10.58 g 醋酸钠可配制成 1 L pH=5.0 的缓冲溶液。

3.5.4 重要缓冲溶液

酸碱缓冲溶液在化学中的应用是多方面的，就其作用而言，可以分为两类。一类是用于控制溶液酸度的一般酸碱缓冲溶液，它们大多是由一定浓度的共轭酸碱对所组成，如 HAc-NaAc，NH_3-NH_4Cl，NaH_2PO_4-$NaHPO_4$ 等。另一类是标准酸碱缓冲溶液，它们是由规定浓度的某些逐级解离常数相差较小的两性物质（如酒石酸氢钾等）或共轭酸碱对所组成，其值是根据国际纯粹与应用化学联合（IUPAC）所规定的 pH 操作定义经实验准确测定的，在国际上规定用作测量溶液 pH 时的参照溶液。表 3-3 列出了最常用的几种标准缓冲溶液，它们的 pH 是经过准确的试验测得的。目前已经被国际上规定为测定溶液 pH 时的标准参考溶液。

表 3-3 pH 标准缓冲溶液

pH 标准溶液	pH 标准（>5℃）
饱和酒石酸氢钾（0.034 $mol\cdot kg^{-1}$）	3.56
0.05 $mol\cdot kg^{-1}$ 邻苯二甲酸氢钾	4.01
0.025 $mol\cdot kg^{-1}$ KH_2PO_4-0.025 $mol\cdot kg^{-1}$ K_2HPO_4	6.86
0.01 $mol\cdot kg^{-1}$ 硼砂	9.18

□ 相关阅读

1. 刘智成. 现代酸碱理论在有机化学中的应用. 化学教育，2010(10)：9.

2. 许家胜,等.酸碱理论的发展.化学世界,2010(6):381.
3. 徐景华,等.两性物质溶液 pH 计算.大学化学,2006(2):65.
4. 申贵隽,等.分布系数用于条件平衡体系的研究.吉林师范大学学报(自然科学版),2008(1):98.
5. 赵冉,等.关于质子条件式的书写.大学化学,2013(1):70.
6. 杨睿,等.关于缓冲溶液酸度计算公式推导原理的商榷.大学化学,2003(5):51.
7. 吴承霖.食物营养、"酸碱平衡"与健康.中国食物与营养,2006(10):49.
8. 刘永学,等.动物蛋白养中的酸碱平衡与质代谢相互关系探讨.中国饲料,2004(6):38.
9. 符明淳,等.酸碱理论的发展.电大理工,2006(3):25.
10. 张太平,等.如何运用酸碱质子理论处理酸碱平衡.高等函授学报(自然科学版),2002(3):34.
11. 陶果.酸碱电子理论在分析化学中的应用.川北教育学院学报,2000(2):56.

□ 习 题

基础题

3-1 选择题

(1)根据酸碱质子理论,下列各对物质中互为共轭酸碱的是________。

A. H_2S-S^{2-} B. $H_2PO_4^-$-PO_4^{3-} C. H_2O-H_3O^+ D. H_3BO_3-$H_2BO_3^-$

(2)根据酸碱质子理论,下列物质中是两性物质的是________。

A. H_2S B. NH_3 C. HCO_3^- D. OH^-

(3)下列溶液的浓度均为 0.010 mol·L^{-1},其中 pH 最大的是________。

A. $NaHCO_3$ B. Na_3PO_4 C. Na_2CO_3 D. Na_2HPO_4

(4)下列溶液的浓度均为 0.010 mol·L^{-1},其中 pH 最小的是________。

A. HAc B. H_2SO_4 C. $H_2C_2O_4$ D. HCl

(5) 0.10 mol·L^{-1} 的弱酸弱碱盐 NH_4A 溶液的 pH = 7.00,则 HA 的 $pK_a^\ominus$ 为________。

A. 9.26 B. 4.74 C. 7.00 D. 10.00

(6)如果把少量 NaAc 固体加入到 HAc 溶液中,则溶液的 pH 将________。

A. 增大 B. 减小 C. 先增大后减小 D. 先减小后增大

(7) 能配制 pH=10.10 的缓冲溶液一组物质是________。

A. HCOOH-HCOONa B. HAc-NaAc

C. KH_2PO_4-K_2HPO_4 D. NH_4Cl-NH_3

(8) 下列各组缓冲溶液中缓冲容量最大的一组是________。

A. 0.10 mol·L^{-1} HAc-0.10 mol·L^{-1} NaAc

B. 0.50 mol·L^{-1} HAc-0.50 mol·L^{-1} NaAc

C. 0.50 mol·L^{-1} HAc-0.10 mol·L^{-1} NaAc

D. 0.10 mol · L^{-1} HAc-0.50 mol · L^{-1} NaAc

3-2　指出下列各种酸的共轭碱：

HNO_3、HAc、H_2O、H_3O^+、$H_2PO_4^-$、HCO_3^-、H_2CO_3、NH_4^+、$[Fe(H_2O)_6]^{3+}$

3-3　指出下列各种碱的共轭酸：

OH^-、NH_3、H_2O、$HC_2O_4^-$、$(CH_2)_6N_4$、$[Al(H_2O)_4(OH)_2]^+$、HSO_4^-、HS^-、PO_4^{3-}

3-4　指出下列反应中的两组共轭酸碱对：

(a) $HF+NH_3 \rightleftharpoons NH_4F$

(b) $[Al(H_2O)_6]^{3+}+OH^- \rightleftharpoons [Al(H_2O)_5OH]^{2+}+H_2O$

(c) $HCN+H_2SO_4 \rightleftharpoons H_2CN^+ +HSO_4^-$

3-5　根据下列各种碱的共轭酸的 $K_a^{\ominus}$ 值计算它们的 $K_b^{\ominus}$ 值，并按照碱性从强到弱的顺序进行排列。

Na_3PO_4、Na_2CO_3，NaCN，NaF，NaSCN

3-6　计算 0.10 mol · L^{-1} NH_3 溶液的解离度 α，在 1 L 该溶液中加入 5.4 g NH_4Cl 固体(假设溶液体积不变)，求该溶液的解离度 α，并比较两种溶液解离度的大小。

3-7　写出下列物质的质子平衡式：

HCl、HAc、NH_3、S^{2-}、$H_2C_2O_4$、Na_3PO_4、$(NH_4)_3PO_4$、NH_4HCO_3

3-8　计算 pH＝10.00 的 0.10 mol · L^{-1} 的 Na_2S 溶液中 S^{2-} 各种型体的分布系数及平衡浓度。

3-9　计算下列水溶液的 pH。

(1) 0.10 mol · L^{-1} NH_4Cl 溶液

(2) 0.050 mol · L^{-1} $H_2C_2O_4$ 溶液

(3) 0.10 mol · L^{-1} 的 KSCN 溶液

(4) 0.20 mol · L^{-1} Na_3PO_4 溶液

(5) 0.20 mol · L^{-1} 的 NH_4CN 溶液

(6) 0.15 mol · L^{-1} NaH_2PO_4 溶液

3-10　配制 pH＝9.50 的缓冲溶液，应在 1 L 1.0 mol · L^{-1} 氨溶液中加入多少克固体 NH_4Cl？(忽略体积变化)

提高题

3-11　下列化合物中，哪些是路易斯酸，哪些是路易斯碱？

H_3BO_3，PH_3，$BeCl_2$，NO，CO，$Hg(NO_3)_2$，$SnCl_2$，NH_3

3-12　根据酸碱质子理论判断下列化学反应方向，并说明其原因

(a) $HAc+CO_3^{2-} \rightleftharpoons HCO_3^- +Ac^-$

(b) $HS^- +H_2PO_4^- \rightleftharpoons H_3PO_4+S^{2-}$

(c) $H_2O+SO_4^{2-} \rightleftharpoons HSO_4^- +OH^-$

(d) $H_2O+H_2O \rightleftharpoons H_3O^+ + OH^-$

3-13 0.20 mol·L^{-1} 的草酸溶液中加入 NaOH 调节其 pH 为 2.00，计算该混合体系中 $H_2C_2O_4$，$HC_2O_4^-$，$C_2O_4^{2-}$ 的平衡浓度。

3-14 利用 origin 或者 excel 等软件计算并绘制 H_2S 水溶液的形体分布图。

3-15 Calculate the equilibrium concentration of sulfide ion in a saturated solution of hydrogen sulfide to which enough hydrochloric acid has been added to make the hydronium ion concentration of the solution 0.1 mol·L^{-1} at equilibrium. (A saturated H_2S solution is 0.1 mol·L^{-1} in hydrogen sulfide.)

Chapter 4 第 4 章

沉淀-溶解平衡

Precipitating-Dissolved Equilibrium

学习目标

1. 掌握溶度积的概念、溶度积和溶解度的换算。
2. 掌握溶度积原理判断沉淀的生成和溶解。
3. 掌握分步沉淀与沉淀转化的原理及相关计算。
4. 了解介质酸度、氧化还原反应、配位反应对沉淀溶解平衡的影响。
5. 了解同离子效应和盐效应对沉淀-溶解平衡的影响。

沉淀的生成现象在我们的周围经常发生，例如，肾结石通常是由于生成难溶盐草酸钙 CaC_2C_4 和磷酸钙 $Ca_3(PO_4)_2$ 所致。在实际工作中，常常利用沉淀(precipitation)的生成或溶解进行物质的制备、提纯和分离等。只有理解沉淀溶解平衡的基本原理，才能更好地掌握沉淀的溶解、生成、转化和分步沉淀等变化规律。

4.1 溶度积原理

4.1.1 溶度积常数

$BaSO_4$ 是难溶强电解质，在一定温度下，将 $BaSO_4$ 晶体放入水中时，会发生溶解和沉淀两个过程。晶体中的 Ba^{2+} 和 SO_4^{2-} 在水分子的作用下，不断由晶体表面进入溶液中，成为无规则运动的水合离子，这是 $BaSO_4$ 晶体的溶解过程。与此同时，已经溶解在溶液中的 Ba^{2+} 和 SO_4^{2-} 在不断运动中相互碰撞或与未溶解的 $BaSO_4$ 表面碰撞，以固体 $BaSO_4$(沉淀)的形式析出，这是 $BaSO_4$ 的沉淀过程。任何难溶电解质的溶解和沉淀过程都是相互可逆的。开始时，溶解速率较大，沉淀速率较小。在一定条件下，当溶解和沉淀速率相等时，便建立了一种动态的多相离子平衡(polyphase ionic equilibrium)，可表示如下：

$$BaSO_4(s) \rightleftharpoons Ba^{2+}(aq) + SO_4^{2-}(aq)$$

标准平衡常数表达式为：$K^{\ominus} = \{c(Ba^{2+})/c^{\ominus}\}\{c(SO_4{}^{2-})/c^{\ominus}\}$

或简写为①：$K^{\ominus}=c(Ba^{2+})\cdot c(SO_4{}^{2-})$

对于一般的难溶电解质的沉淀溶解平衡可表示为：

$$A_nB_m(s)\rightleftharpoons nA^{m+}(aq)+mB^{n-}(aq)$$

标准平衡常数表达式为：

$$K_{sp}^{\ominus}(A_nB_m)=c^n(A^{m+})\cdot c^m(B^{n-}) \tag{4-1}$$

式(4-1)表明，在一定温度时，难溶电解质的饱和溶液中，各离子浓度以其化学计量数为指数的乘积为一常数，该常数称为溶度积常数，简称溶度积(solubility product)，用符号 $K_{sp}^{\ominus}$ 表示。上式表明：在一定温度下，难溶电解质的饱和溶液中，各组分离子浓度幂的乘积为一常数。$K_{sp}^{\ominus}$ 值的大小反映了难溶电解质的溶解程度，其值与温度有关，与浓度无关。一些常见难溶强电解质的 $K_{sp}^{\ominus}$ 值见附录Ⅵ。

4.1.2 溶度积和溶解度的相互换算

溶解度是指在一定温度下，达到溶解平衡时，一定量的溶剂中含有溶质的质量。物质的溶解度有多种表示方法，对水溶液来说，通常以饱和溶液中每 100 g 水所含溶质质量来表示。电解质的溶解度往往有很大的差异，如果在 100 g 水中能溶解 1 g 以上的溶质，这种溶质被称为可溶的；物质的溶解度小于 0.1 g/100 g H_2O 时，称为难溶的；溶解度介于可溶与难溶之间的，称为微溶。

溶度积和溶解度都可以用来表示难溶电解质的溶解性。它们之间可以相互换算，即可以从溶解度求得溶度积，也可以从溶度积求得溶解度。但在换算时，应注意浓度单位必须采用 $mol\cdot L^{-1}$。它们之间的区别在于：溶度积是未溶解的固相与溶液中相应离子达到平衡时的离子浓度的乘积，只与温度有关。溶解度不仅与温度有关，还与系统的组成、pH 的改变、配合物的生成等因素有关。

例 4-1 在 25℃时，将固体 AgCl 放入纯水中，不断搅拌并使系统中有剩余的未溶解的 AgCl。确定已达到沉淀溶解平衡时，测得 AgCl 的溶解度为 $1.92\times10^{-3}\,g\cdot L^{-1}$。试求该温度下 AgCl 的溶度积。

解：已知 $M_r(AgCl)=143.3$，将 AgCl 的溶解度单位换算为 $mol\cdot L^{-1}$

$$s=\frac{1.92\times10^{-3}}{143.3}\,mol\cdot L^{-1}=1.34\times10^{-5}\ mol\cdot L^{-1}$$

假设在 AgCl 饱和溶液中，溶解了的 AgCl 完全解离，故

$$c(Ag^+)=c(Cl^-)=1.34\times10^{-5}\ mol\cdot L^{-1}$$

$$K_{sp}^{\ominus}(AgCl)=c(Ag^+)\cdot c(Cl^-)=(1.34\times10^{-5})^2=1.8\times10^{-10}$$

例 4-2 已知 25℃时 Ag_2CrO_4 的溶度积为 1.1×10^{-12}，试求 $Ag_2CrO_4(s)$在水中的溶解度。

解：设 $Ag_2CrO_4(s)$的溶解度为 $x\ mol\cdot L^{-1}$。

① 各离子浓度应除以标准浓度 $c^{\ominus}$，在本章中均将 $c^{\ominus}$ 省略。

$$Ag_2CrO_4(s) \rightleftharpoons 2Ag^+(aq) + CrO_4^{2-}(aq)$$

平衡浓度/$(mol \cdot L^{-1})$ $\qquad 2x \qquad x$

$$K_{sp}^{\ominus}(Ag_2CrO_4) = c^2(Ag^+) \cdot c(CrO_4^{2-}) = (2x)^2 \cdot x = 4x^3 = 1.1 \times 10^{-12},$$

$$x = 6.5 \times 10^{-5}(mol \cdot L^{-1})$$

$M_r(Ag_2CrO_4) = 331.7$，Ag_2CrO_4 在水中的溶解度 s 为：

$$s = 6.5 \times 10^{-5} \times 331.7\ g \cdot L^{-1} = 2.2 \times 10^{-2}\ g \cdot L^{-1}$$

AgCl、AgBr、$BaSO_4$ 等是AB型的难溶电解质，这类化合物的化学式中阳、阴离子数之比为1∶1。Ag_2CrO_4 或 CaF_2 是 A_2B 或 AB_2 型的难溶电解质，阳、阴离子数之比为2∶1或1∶2。这两种类型物质的溶度积和溶解度比较如下：

表 4-1 AgCl，AgBr，Ag_2CrO_4 的溶度积和溶解度

类型	化学式	溶度积 $K_{sp}^{\ominus}$	溶解度 $s/(mol \cdot L^{-1})$	换算公式
AB	AgCl	1.8×10^{-10}	1.3×10^{-5}	$K_{sp}^{\ominus} = s^2$
AB	AgBr	5.0×10^{-13}	7.3×10^{-7}	$K_{sp}^{\ominus} = s^2$
A_2B	Ag_2CrO_4	1.1×10^{-12}	6.5×10^{-5}	$K_{sp}^{\ominus} = 4s^3$

从表4-1可以看出，$K_{sp}^{\ominus}(AgCl) > K_{sp}^{\ominus}(AgBr)$，AgCl在水中的溶解度 s 也大；然而，$K_{sp}^{\ominus}(AgCl) > K_{sp}^{\ominus}(Ag_2CrO_4)$，AgCl的溶解度反而比 Ag_2CrO_4 的小。这是由于 $K_{sp}^{\ominus}(AgCl)$ 的表达式与 $K_{sp}^{\ominus}(Ag_2CrO_4)$ 的表达式不同，两者的 $K_{sp}^{\ominus}$ 与 s 的换算关系不同所致。只有同一类型的难溶电解质才可以通过溶度积来比较它们的溶解度$(mol \cdot L^{-1})$的相对大小。对于不同类型的难溶电解质，则不能直接由它们的溶度积来比较其溶解度的相对大小。

应该指出溶解度与溶度积进行相互换算是有条件的。第一，难溶电解质的离子在溶液中应不发生水解、聚合、配位等反应。第二，难溶电解质要一步完全解离。只有符合这两个条件的难溶电解质，s 与 $K_{sp}^{\ominus}$ 之间才存在以上简单的数学关系。实际上，难溶电解质的饱和溶液中可能同时存在多种平衡，有多种因素影响着其溶解度，因此，实测溶解度往往大于离子溶解度。

4.1.3 溶度积原理

对于难溶电解质的多相离子平衡

$$A_nB_m(s) \rightleftharpoons nA^{m+}(aq) + mB^{n-}(aq)$$

其反应商（又称难溶电解质的离子积）Q_i 可表示为：

$$Q_i = c^n(A^{m+}) \cdot c^m(B^{n-}) \tag{4-2}$$

Q_i 和 $K_{sp}^{\ominus}$ 的表达式相同，但其意义是有区别的，$K_{sp}^{\ominus}$ 表示难溶电解质沉淀溶解平衡时饱和溶液中离子浓度的乘积，对某一难溶电解质来说，在一定温度下 $K_{sp}^{\ominus}$ 为一常数。而 Q_i 则表示任何情况下离子浓度的乘积，其值不定。$K_{sp}^{\ominus}$ 只是 Q_i 的一种特殊情况。

对于某一给定的溶液，溶度积 $K_{sp}^{\ominus}$ 与离子积之间的关系可能有以下三种情况：

$Q_i > K_{sp}^{\ominus}$ 时，溶液为过饱和溶液。平衡向生成沉淀的方向移动，生成沉淀，直到达成新的平衡为止。所以 $Q_i > K_{sp}^{\ominus}$ 是沉淀生成的条件。

$Q_i = K_{sp}^{\ominus}$ 时，溶液为饱和溶液。处于平衡状态，不生成沉淀。若有沉淀存在，其量不增也不减。

$Q_i < K_{sp}^{\ominus}$ 时，溶液为未饱和溶液。若溶液中有难溶电解质固体存在，就会继续溶解，直至饱和为止。所以 $Q_i < K_{sp}^{\ominus}$ 是沉淀溶解的条件。

这就是沉淀-溶解平衡的反应商判据，称其为溶度积原理(solubility product principle)，常用来判断沉淀的生成与溶解能否发生。

例 4-3 25℃下，在 1.00 L 0.030 mol·L^{-1} $AgNO_3$ 溶液中，加入 0.50 L 0.061 0 mol·L^{-1} $CaCl_2$ 溶液，能否生成 AgCl 沉淀？

解：由附录Ⅵ查得 $K_{sp}^{\ominus}(AgCl) = 1.8 \times 10^{-10}$。混合溶液的总体积为 1.50 L，如果沉淀生成，只可能是 AgCl 沉淀。反应前，Ag^+ 与 Cl^- 浓度分别为：

$$c_0(Ag^+) = \frac{0.030 \times 1.00}{1.50} = 0.020(mol \cdot L^{-1})$$

$$c_0(Cl^-) = \frac{0.060 \times 0.50 \times 2}{1.50} = 0.040(mol \cdot L^{-1})$$

$$Q_i = c(Ag^+) \cdot c(Cl^-) = 0.020 \times 0.040 = 8.0 \times 10^{-4}$$

$Q_i > K_{sp}^{\ominus}(AgCl)$，应有 AgCl 沉淀析出。

例 4-4 在 0.20 L 的 0.50 mol·L^{-1} $MgCl_2$ 溶液中加入等体积的 0.10 mol·L^{-1} 氨水溶液。

(1)试通过计算判断有无 $Mg(OH)_2$ 沉淀生成。

(2)为了不使 $Mg(OH)_2$ 沉淀析出，加入 $NH_4Cl(s)$ 的质量最低为多少(设加入固体 NH_4Cl 后溶液的体积不变)？

解：(1)$MgCl_2$ 溶液与氨水溶液等体积混合，在发生反应之前，$MgCl_2$ 和 NH_3 的浓度分别减半。

$$c(Mg^{2+}) = 0.25\ mol \cdot L^{-1}, c(NH_3) = 0.050\ mol \cdot L^{-1}$$

混合后，如有沉淀生成，则溶液中有两个平衡同时存在：

$$Mg(OH)_2(s) \rightleftharpoons Mg^{2+}(aq) + 2OH^-(aq) \quad ①$$

$$NH_3(aq) + H_2O(l) \rightleftharpoons NH_4{}^+(aq) + OH^-(aq) \quad ②$$

由反应②可以计算出 $c(OH^-)$。设 $c(OH^-) = x\ mol \cdot L^{-1}$

$$\frac{c(NH_4^+) \cdot c(OH^-)}{c(NH_3)} = K_b^{\ominus}(NH_3)$$

$$\frac{x^2}{0.050 - x} = 1.8 \times 10^{-5}, \quad x = 9.5 \times 10^{-4}$$

由反应①来判断能否有 $Mg(OH)_2$ 沉淀生成：

$$Q=c(Mg^{2+})\cdot c^2(OH^-)=0.25\times(9.5\times10^{-4})^2=2.3\times10^{-7}$$

查得 $K_{sp}^{\ominus}\{Mg(OH)_2\}=1.8\times10^{-11}$，$Q>K_{sp}^{\ominus}$，有 $Mg(OH)_2$ 沉淀析出。

(2)为了不使 $Mg(OH)_2$ 沉淀析出，加入 $NH_4Cl(s)$，反应②向左移动，降低了 $c(OH^-)$。

为不生成沉淀，则 $c(OH^-)<\sqrt{\dfrac{K_{SP}^{\ominus}}{c(Mg^{2+})}}=\sqrt{\dfrac{1.8\times10^{-11}}{0.25}}=8.5\times10^{-6}(mol\cdot L^{-1})$

根据 $$\frac{c(NH_4^+)\cdot c(OH^-)}{c(NH_3)}=K_b^{\ominus}(NH_3)$$

则 $$c(NH_4^+)=K_b^{\ominus}(NH_3)\times\frac{c(NH_3)}{c(OH^-)}$$

$$=1.8\times10^{-5}\times0.050/(8.49\times10^{-6})=0.11(mol\cdot L^{-1})$$

$M_r(NH_4Cl)=53.5$，为不析出 $Mg(OH)_2$ 沉淀，至少应加入的 $NH_4Cl(s)$ 质量为：

$$m(NH_4Cl)=0.11\ mol\cdot L^{-1}\times0.40\ L\times53.5\ g\cdot mol^{-1}=2.4\ g$$

4.2 影响沉淀溶解度的因素和分步沉淀

4.2.1 影响难溶电解质的溶解度的因素

影响难溶电解质的溶解度因素很多，如同离子效应、盐效应、酸效应和配位效应等。这里主要讨论同离子效应和盐效应。

1. 同离子效应

在难溶电解质的饱和溶液中，加入含有相同离子的强电解质时，难溶电解质的多相离子平衡将发生移动，难溶电解质的溶解度有所降低。这种难溶电解质在含有相同离子的强电解质溶液中溶解度降低的现象，称为难溶电解质的同离子效应。

例 4-5 计算 25℃下 $CaF_2(s)$在下列溶液中的溶解度。

(1)在水中，(2)在 0.010 $mol\cdot L^{-1}$ NaF 溶液中。

解：由附录Ⅵ查得 25℃时，$K_{sp}^{\ominus}(CaF_2)=2.7\times10^{-11}$。

(1)$CaF_2(s)$在纯水中的溶解度为 s_1，设 $s_1=x\ mol\cdot L^{-1}$

$$K_{sp}^{\ominus}(CaF_2)=c(Ca^{2+})\cdot c^2(F^-)$$

$$2.7\times10^{-11}=x\ (2\ x)^2=4\ x^3,x=1.89\times10^{-4}$$

$$s_1=c(Ca^{2+})=1.89\times10^{-4}\ mol\cdot L^{-1}$$

(2)$CaF_2(s)$在 0.010 $mol\cdot L^{-1}$ NaF 溶液中的溶解度为 s_2，设 $s_2=y\ mol\cdot L^{-1}$。此时，$s_2=c(Ca^{2+})$。

$$CaF_2(s)\rightleftharpoons Ca^{2+}(aq)+2F^-(aq)$$

平衡浓度/($mol\cdot L^{-1}$)　　　y　　$0.010+2y$

$2.7\times10^{-11}=y(0.010+2y)^2\approx y\times(0.010)^2,y=2.7\times10^{-6}$

$s_2=2.7\times10^{-6}\ \text{mol}\cdot\text{L}^{-1}$

从计算结果可知,由于同离子效应,CaF_2 在 NaF 溶液中的溶解度降低。

依据同离子效应,加入适当过量的沉淀试剂,能使沉淀反应趋于完全。一般情况下,只要溶液中被沉淀的离子浓度效应小于 10^{-5} mol·L^{-1},即认为这种离子沉淀完全了。但是,如果认为沉淀试剂过量愈多沉淀愈完全,因而大量使用沉淀试剂,这是片面的。实际上,加入沉淀试剂太多时,不仅不会产生明显的同离子效益,往往还会因其他副反应的发生,反而会使沉淀的溶解度增大。例如,AgCl 沉淀中加入过量的 HCl,可以生成配离子 $AgCl_2^-$,而使 AgCl 溶解度增大,甚至能溶解。另外,盐效应也能使沉淀的溶解度增大。

2. 盐效应

在难溶电解质的溶液中加入其他强电解质,会使难溶电解质的溶解度比在同温度时在纯水中的溶解度大。例如,AgCl 在 KNO_3 溶液中的溶解度比其在纯水中的溶解度大,并且 KNO_3 的浓度越大,AgCl 溶解度也越大。这种因加入强电解质使难溶电解质的溶解度增大的效应,称为盐效应。

为什么难溶电解质 AgCl 的溶解度有所增大呢? 这是由于加入易溶解强电解质后,溶液中的各种离子总浓度增大了,增强了离子间的静电作用,在 Ag^+ 的周围有更多的阴离子(主要是 NO_3^-);在 Cl^- 的周围有更多的阳离子(主要是 K^+),形成了"离子氛",使 Ag^+ 和 Cl^- 受到较强的牵制作用,降低了它们的有效浓度。严格地讲,溶度积应该用活度①(activity)来表示,因此有:

$$K_{sp}^{\ominus}(\text{AgCl})=\alpha(\text{Ag}^+)\cdot\alpha(\text{Cl}^-)=\gamma(\text{Ag}^+)c(\text{Ag}^+)\cdot\gamma(\text{Cl}^-)\cdot c(\text{Cl}^-)$$

加入 KNO_3 后,离子强度增大,活度系数 γ(activity coefficient)减小。而在一定温度下,$K_{sp}^{\ominus}$(AgCl)是一个常数,所以 $c(Ag^+)$ 和 $c(Cl^-)$ 增大,即 AgCl 在 KNO_3 溶液中的溶解度增大。

加入具有相同离子的电解质,在产生同离子效应的同时,也能产生盐效应。表 4-2 表明了 $PbSO_4$ 在 Na_2SO_4 溶液中溶解度的变化。当 Na_2SO_4 的浓度从 0 增加到 0.04 mol·L^{-1} 时,$PbSO_4$ 溶解度逐渐变小,同离子效应起主导作用;当 Na_2SO_4 的浓度为 0.04 mol·L^{-1} 时,$PbSO_4$ 溶解度最小;当 Na_2SO_4 的浓度大于 0.04 mol·L^{-1} 时,$PbSO_4$ 溶解度逐渐增大,盐效应起主导作用。

表 4-2 $PbSO_4$ 在 Na_2SO_4 溶液中的溶解度

$c(Na_2SO_4)/(\text{mol}\cdot\text{L}^{-1})$	0	0.001	0.01	0.02	0.04	0.100	0.200
$s(PbSO_4)/(\text{mmol}\cdot\text{L}^{-1})$	0.15	0.024	0.016	0.014	0.013	0.016	0.023

* 本表数据取自《大学化学手册》275 页,山东科技出版社,1985。

一般来说,若难溶电解质的溶度积很小时,盐效应的影响很小,可忽略不计;若难溶电解

① 离子在化学反应中起作用的有效浓度称为活度,活度与浓度的关系为:$\alpha=\gamma\cdot c$。式中:α 表示活度;γ 为活度系数;c 是物质的量浓度。

质的溶度积较大，溶液中各种离子的总浓度也较大时，就应该考虑盐效应的影响。

4.2.2 分步沉淀

如果溶液中同时含有几种离子，当加入某种沉淀试剂时，能否控制条件，使这几种离子分别沉淀，从而达到分离的目的呢？根据溶度积原理，生成沉淀所需试剂的离子浓度越小的先沉淀，所需试剂的离子浓度越大的则后沉淀。这种逐滴加入沉淀剂，使混合离子按顺序先后沉淀下来的现象称为分步沉淀(fractional precipitation)或者分级沉淀。例如，在 1.0 L 含有相同浓度（1×10^{-3} $mol\cdot L^{-1}$）的 I^- 和 Cl^- 的混合溶液中，先加 1 滴（0.05 mL）1×10^{-3} $mol\cdot L^{-1}$ 的 $AgNO_3$ 溶液，此时只有黄色的 AgI 沉淀析出；如果继续滴加 $AgNO_3$ 溶液才有白色的 AgCl 沉淀析出。

析出 AgI(s)时，最低 Ag^+ 浓度为：

$$c_1(Ag^+)=\frac{K_{sp}^{\ominus}(AgI)}{c(I^-)}=\frac{8.3\times10^{-17}}{1.0\times10^{-3}}=8.3\times10^{-14}(mol\cdot L^{-1})$$

析出 AgCl(s)时，最低 Ag^+ 浓度为：

$$c_2(Ag^+)=\frac{K_{sp}^{\ominus}(AgCl)}{c(Cl^-)}=\frac{1.8\times10^{-10}}{1.0\times10^{-3}}=1.8\times10^{-7}(mol\cdot L^{-1})$$

计算结果表明，沉淀 I^- 所需 Ag^+ 浓度比沉淀 Cl^- 所需 Ag^+ 浓度小得多，所以 AgI 先沉淀。不断滴入 $AgNO_3$ 溶液，当 Ag^+ 浓度刚超过 $1.8\times10^{-7}mol\cdot L^{-1}$时 AgCl 开始沉淀，此时溶液中存在的 I^- 浓度为

$$c(I^-)=\frac{K_{sp}^{\ominus}(AgI)}{c(Ag^+)}=\frac{8.3\times10^{-17}}{1.8\times10^{-7}}=4.6\times10^{-10}(mol\cdot L^{-1})$$

可以认为，当 AgCl 开始沉淀时，I^- 已经沉淀完全。如果我们能适当地控制反应条件，就可使 Cl^- 和 I^- 分离。

总之，当溶液中同时存在几种离子时，离子积首先达到溶度积的难溶电解质先生成沉淀，离子积后达到溶度积的，就后生成沉淀。对于同一类型的难溶电解质，溶度积差别越大，利用分步沉淀就可以分离得越完全。

在科研和生产实践中，常根据金属氢氧化物溶解度间的差别，控制溶液的 pH，使某些金属氢氧化物沉淀出来，另一些金属离子仍保留在溶液中，从而达到分离的目的。例如，由于 $K_{sp}^{\ominus}\{Fe(OH)_3\}=4.0\times10^{-38}$，比其他常见难溶金属金属氢氧化物溶度积小得很多，在含铁杂质的金属离子混合溶液中，常利用控制 pH，使 Fe^{3+} 水解生成 $Fe(OH)_3$ 而除去。

例 4-6 在 1.0 $mol\cdot L^{-1}$ Co^{2+} 溶液中，含有少量 Fe^{3+} 杂质。问应如何控制 pH，才能达到除去 Fe^{3+} 杂质的目的？$K_{sp}^{\ominus}\{Co(OH)_2\}=1.6\times10^{-15}$，$K_{sp}^{\ominus}\{Fe(OH)_3\}=4.0\times10^{-38}$。

解：(1)计算使 Fe^{3+} 定量沉淀完全时的 pH：

$$Fe(OH)_3(s)\rightleftharpoons Fe^{3+}+3OH^- \qquad K_{sp}^{\ominus}\{Fe(OH)_3\}=c(Fe^{3+})\cdot c^3(OH^-)$$

$$c(OH^-)\geqslant\sqrt[3]{\frac{K_{sp}^{\ominus}\{Fe(OH)_3\}}{c(Fe^{3+})}}=\sqrt[3]{\frac{4.0\times10^{-38}}{10^{-5}}}=1.6\times10^{-11}(mol\cdot L^{-1})$$

$$pH>14.00-(-\lg 1.6\times10^{-11})=3.20$$

(2)使 Co^{2+} 不生成 $Co(OH)_2$ 沉淀的 pH：

$$Co(OH)_2(s)\rightleftharpoons Co^{2+}+2OH^- \qquad K_{sp}^{\ominus}\{Co(OH)_2\}=c(Co^{2+})\cdot c^2(OH^-)$$

不生成 $Co(OH)_2$ 沉淀的条件是： $c(Co^{2+})c^2(OH^-)\leqslant K_{sp}^{\ominus}\{Co(OH)_2\}$

即 $$c(OH^-)\leqslant\sqrt{\frac{K_{sp}^{\ominus}\{Co(OH)_2\}}{c(Co^{2+})}}=\sqrt{\frac{1.6\times10^{-15}}{1.0}}=4.0\times10^{-8}(mol\cdot L^{-1})$$

$$pH<14-(-\lg 4.0\times10^{-8})=6.60$$

所以控制溶液的 pH 在 3.20～6.60 之间可除去 Fe^{3+} 而不会引起 $Co(OH)_2$ 沉淀。

许多金属硫化物的溶解度都很小，但它们的溶度积有一定的差别，并各有特定的颜色。因此，常利用硫化物的这些性质来分离和鉴定某些离子。金属硫化物是弱酸 H_2S 的盐，溶液中能否生成硫化物沉淀，除与金属离子浓度有关外，还与 S^{2-} 浓度有关。而溶液中 S^{2-} 浓度又取决于溶液的 pH。因此控制溶液的 pH，就可以使不同的金属硫化物在适当的条件下分步沉淀出来。

4.3 沉淀的溶解与转化

4.3.1 沉淀的溶解

根据溶度积规则，只要使溶液中难溶电解质的某一离子浓度降低，使离子积 Q_i 小于其 $K_{sp}^{\ominus}$，沉淀就会溶解。常用的溶解方法有以下几种

1. 生成弱电解质使沉淀溶解

难溶的弱酸盐、氢氧化物等都能溶于酸而生成弱电解质。例如，在含有固体 $CaCO_3$ 的饱和溶液中加入盐酸后，系统中存在着下列平衡的移动：

$$CaCO_3(s)\rightleftharpoons Ca^{2+}+CO_3^{2-}$$
$$+$$
$$HCl\rightarrow Cl^-+H^+$$
$$\downarrow$$
$$HCO_3^-+H^+\rightleftharpoons H_2CO_3\rightarrow CO_2\uparrow+H_2O$$

于 H^+ 与 $CO_3{}^{2-}$ 结合生成弱酸 H_2CO_3，后者又分解为 CO_2 和 H_2O，使 $CaCO_3$ 饱和溶液中的 $CO_3{}^{2-}$ 离子浓度大大减少，使 $c(Ca^{2+})\cdot c(CO_3{}^{2-})<K_{sp}^{\ominus}$，因而 $CaCO_3$ 溶解了。这种由于加酸生成弱电解质而使沉淀溶解的方法，称为沉淀的酸溶解。

难溶的金属氢氧化物，如 $Mg(OH)_2$、$Mn(OH)_2$、$Fe(OH)_3$、$Al(OH)_3$ 等都能溶于酸，这是由于 H^+ 与 OH^- 生成 H_2O，使得 OH^- 不断减少，金属氢氧化物不断溶解。金属氢氧化物溶于强酸的总反应式为：

$$M(OH)_n + nH^+ \rightleftharpoons M^{n+} + nH_2O$$

反应平衡常数为：

$$K^{\ominus} = \frac{c(M^{n+})}{c^n(H^+)} = \frac{c(M^{n+}) \cdot c^n(OH)}{c^n(H^+) \cdot c^n(OH)} = \frac{K_{sp}^{\ominus}}{(K_w^{\ominus})^n} \tag{4-3}$$

室温时，$K_w^{\ominus}=10^{-14}$，而一般 MOH 的 $K_{sp}^{\ominus}$ 大于 10^{-14}（即 $K_w^{\ominus}$），$M(OH)_2$ 的 $K_{sp}^{\ominus}$ 大于 10^{-28}（即 $K_w^{\ominus 2}$），$M(OH)_3$ 的 $K_{sp}^{\ominus}$ 大于 10^{-42}（即 $K_w^{\ominus 3}$），所以反应平衡常数都大于1，表明金属氢氧化物一般都能溶于强酸。

金属硫化物也是弱酸盐，在酸溶解时，H^+ 和 S^{2-} 先生成 HS^-，HS^- 又进一步和 H^+ 结合成 H_2S 分子，结果 S^{2-} 减少，使 $Q_i<K_{sp}^{\ominus}$，则金属硫化物开始溶解。例如 FeS 的酸溶解可用下列的平衡表示：

$$\begin{array}{rcl} FeS(S) \rightleftharpoons Fe^{2+} + & S^{2-} & \\ & + & \\ HCl \rightarrow Cl^- + & H^+ & \\ & \downarrow & \\ & HS^- + H^+ \rightleftharpoons & H_2S \end{array}$$

金属硫化物在酸中的溶解度有较大的差异，$K_{sp}^{\ominus}$ 较大的硫化物，如 MnS 不仅在稀 HCl 中溶解，而且在 HAc 中也能溶解。FeS 和 ZnS 等硫化物，它们在稀盐酸（$0.30\ mol \cdot L^{-1}$）中溶解；CdS 和 PbS 在稀盐酸中不溶，在浓酸盐中溶解（此时酸溶解和配位溶解同时存在）。在实际应用中，分离 Zn^{2+} 和 Cd^{2+} 时，可控制溶液中 $c(H_3O^+)=0.30\ mol \cdot L^{-1}$，使 CdS 沉淀，而 Zn^{2+} 仍保留在溶液中。

2. 通过氧化还原反应使沉淀溶解

有些金属硫化物的 $K_{sp}^{\ominus}$ 数值特别小，因而不能用盐酸溶解。如 CuS 的 $K_{sp}^{\ominus}$ 为 1.27×10^{-36}，如要使其溶解，则 $c(H^+)$ 需达到 $10^6\ mol \cdot L^{-1}$，这是根本不可能的。如果使用具有氧化性的硝酸，则发生下列氧化还原反应：

$$3S^{2-} + 2NO_3^- + 8H^+ = 3S\downarrow + 2NO\uparrow + 4H_2O$$

使金属硫化物饱和溶液中 S^{2-} 浓度大大降低，离子积小于溶度积，从而金属硫化物溶解。例如 CuS 溶于硝酸的反应如下：

$$\begin{array}{rl} CuS(s) \rightleftharpoons Cu^{2+} + & S^{2-} \\ & + \\ & HNO_3 \rightarrow S\downarrow + NO\uparrow + H_2O \end{array}$$

HgS 的溶度积更小，为 6.44×10^{-53}，则需用王水来溶解，即利用浓硝酸的氧化作用使 S^{2-} 降低，同时利用浓盐酸 Cl^- 的配位作用使 Hg^{2+} 的浓度也降低，反应如下：

$$3HgS + 2HNO_3 + 12HCl = 3H_2[HgCl_4] + 3S\downarrow + 2NO\uparrow + 4H_2O$$

3. 生成配合物使沉淀溶解

许多难溶的卤化物不溶于酸，但能生成配离子而溶解，这种以生成配离子而使沉淀溶解的过程叫沉淀的配位溶解。例如：

$$AgCl(s)+Cl^-(aq)\rightleftharpoons AgCl_2^-(aq)$$

$$HgI_2(s)+2I^-(aq)\rightleftharpoons HgI_4^{2-}(aq)$$

这类配位溶解是难溶化合物溶在具有相同阴离子的溶液中，发生了加合反应。另一类配位溶解是难溶化合物溶在含有不同阴离子(或分子)的溶液中，发生了取代反应。如 AgCl 能溶于氨水中，AgBr 能溶于 $Na_2S_2O_3$ 溶液中。取代反应为：

$$AgCl(s)+2NH_3(aq)\rightleftharpoons[Ag(NH_3)_2]^+(aq)+Cl^-(aq)$$

$$AgBr(s)+2S_2O_3^{2-}(aq)\rightleftharpoons[Ag(S_2O_3)_2]^{3-}(aq)+Br^-(aq)$$

一般情况下，当难溶化合物的溶度积不很小，并且配合物的生成常数比较大时，就有利于配位溶解反应的发生。此外，配位剂的浓度也是影响难溶化合物能否发生配位溶解的重要因素之一。

有些两性金属氢氧化物 $Al(OH)_3$，$Cr(OH)_3$，$Zn(OH)_2$ 和 $Sn(OH)_2$ 等不仅能溶于酸中，而且能溶于强碱中，生成羟基配合物 $Al(OH)_4^-$，$Cr(OH)_4^-$，$Zn(OH)_4^{2-}$ 和 $Sn(OH)_3^-$ 等。

4.3.2 沉淀的转化

借助于某一试剂的作用，把一种沉淀转化为另一种沉淀的过程称为沉淀的转化(inversion of precipitate)。例如，在红色的 Ag_2CrO_4 沉淀中加入 NaCl，搅拌后就可观察到沉淀由红色变为白色，沉淀的转化过程和反应的标准平衡常数为：

$$Ag_2CrO_4(\text{砖红色})+2Cl^-(aq)=2AgCl(\text{白})+2CrO_4^{2-}(aq)$$

$$K^\ominus=\frac{c(CrO_4^{2-})}{c(Cl^-)}=\frac{K_{sp}^\ominus(Ag_2CrO_4)}{K_{sp}^\ominus(AgCl)^2}=\frac{1.12\times10^{-12}}{(1.77\times10^{-10})^2}=3.57\times10^7$$

此反应的平衡常数很大，可见这个转化反应进行得很完全。

沉淀转化的完全程度主要由沉淀物的溶度积及类型所决定。若类型相同，则溶度积较大的沉淀易于转化为溶度积较小的沉淀。

例 4-7 将 $SrSO_4$(s) 转化 $SrCO_3$，可用 Na_2CO_3 溶液与 $SrSO_4$ 反应，如果在 1.0 L Na_2CO_3 溶液中溶解 0.010 mol 的 $SrSO_4$，Na_2CO_3 的初始浓度最低应为多少？

解：$SrSO_4$(s) 与 Na_2CO_3 之间发生的离子反应为：

$$SrSO_4(s)+CO_3^{2-}(aq)\rightleftharpoons SrCO_3(s)+SO_4^{2-}(aq)$$

$$K^\ominus=\frac{c(SO_4^{2-})}{c(CO_3^{2-})}=\frac{K_{sp}^\ominus(SrSO_4)}{K_{sp}^\ominus(SrCO_3)}=\frac{3.2\times10^{-7}}{1.1\times10^{-10}}=2.9\times10^3$$

平衡时，$c(SO_4^{2-})=0.010\ mol\cdot L^{-1}$

$$c(CO_3^{2-})=\frac{c(SO_4{}^{2-})}{K^\ominus}=\frac{0.010}{2.9\times10^3}=3.4\times10^{-6}(mol\cdot L^{-1})$$

因为溶解 1 mol $SrSO_4$ 需要消耗 1 mol Na_2CO_3。所以在 1.0 L 溶液中要溶解 0.010 mol $SrSO_4(s)$，所需 Na_2CO_3 的最浓度至少应为：

$$c_0(Na_2CO_3)=(0.010+3.4\times10^{-5})mol\cdot L^{-1}=0.010\ mol\cdot L^{-1}$$

此例说明溶解度较大的沉淀转化为溶解度较小的沉淀时，沉淀转化的平衡常数一般比较大($K^{\ominus}>1$)，因此转化比较容易实现。如果是溶解度较小的沉淀转化为溶解度较大的沉淀，标准平衡常数($K^{\ominus}<1$)，这种转化往往比较困难。

有些沉淀既不溶于水也不溶于酸，也不能用配位溶解和氧化还原的方法将它溶解。这时，可以先将难溶强酸盐转化为难溶弱酸盐，然后再用酸溶解。例如，锅炉中的锅垢不溶于酸，常用 Na_2CO_3 处理，使锅垢中的 $CaSO_4$ 转化为疏松的可溶于酸的 $CaCO_3$ 沉淀，这样就可以把锅垢清除掉了。

□ 相关阅读

1. 刘亚芬. 利用溶度积常数判断沉淀转化反应的方向. 化学教育，2006 (8)：60.

2. 江文世，等. 浅议混合难溶电解质的沉淀溶解平衡. 西昌农业高等专科学校学报，2003 (2)：81.

3. 彭庆蓉，等. 沉淀溶解平衡中分步沉淀的教学探讨. 许昌学院学报，2010(5)：141.

4. 江洪，等. 大学化学溶度积知识点教学中运用 PBL 教学方法的尝试. 科教文汇，2008 (09)：197.

5. 杜小旺，等. 分光光度法测定 PbI_2 的溶度积常数. 重庆师范大学学报(自然科学版)，2003(04)：37.

6. 郭晓青，等. 关于溶度积与溶解度相互关系的探讨. 贵州教育学院学报，2001 (2)：81.

7. 袁晓艳. 浅谈沉淀反应在冶金和医学中应用. 医药病理，2013(1)：91.

8. 刘天宝，等. 取代苯甲醛类化合物的分子结构与溶解度的定量关系. 武汉大学学报(理学版)，2012(1)：40.

9. 崔子祥，等. 粒度对纳米硫酸钡溶度积影响的研究. 太原理工大学学报，2012 (3)：314.

□ 习　题

基础题

4-1　选择题

(1)已知 Ag_2CrO_4 的 $K_{sp}^{\ominus}$，则其在水中的溶解度 s 为________。

A. $(K_{sp}^{\ominus})^{1/2}$　　B. $(K_{sp}^{\ominus}/2)^{1/2}$　　C. $(K_{sp}^{\ominus})^{1/3}$　　D. $(K_{sp}^{\ominus}/4)^{1/3}$

(2)$CaCO_3$ 在下列溶液中的溶解度较大的是________。

A. $Ca(NO_3)_2$　　B. Na_2CO_3　　C. $NaNO_3$　　D. 无法判断

(3) AgCl 在 NaCl 溶液中的溶解度比在纯水中小的原因是________。

A. 同离子效应　B. 酸效应　C. 盐效应　D. 多种效应

(4) 欲使 $Mg(OH)_2$ 溶解，可加入________。

A. $MgCl_2$　B. NH_4Cl　C. $NH_3 \cdot H_2O$　D. NaOH

(5) CaF_2 沉淀的 $K_{sp}^{\ominus}=2.7\times10^{-11}$，$CaF_2$ 在纯水中的溶解度为________。

A. 1.9×10^{-4}　B. 9.1×10^{-4}　C. 1.9×10^{-3}　D. 9.1×10^{-3}

(6) 向 5 mL NaCl 溶液中滴入一滴 $AgNO_3$ 溶液，出现白色沉淀，继续滴加一滴 KI 溶液并振荡沉淀变为黄色，再滴入一滴 Na_2S 溶液并振荡沉淀变为黑色。则三种沉淀的溶解度关系为________。

A. $AgCl=AgI=Ag_2S$　B. $AgCl>AgI>Ag_2S$

C. $AgCl<AgI<Ag_2S$　D. $AgI>AgCl>Ag_2S$

(7)在一定温度下，向 PbI_2 饱和溶液中加水，下列叙述正确的是________。

A. PbI_2 的溶解度增大　B. PbI_2 的溶解度、$K_{sp}^{\ominus}$ 均不变

C. PbI_2 的 $K_{sp}^{\ominus}$ 增大　D. PbI_2 的溶解度、$K_{sp}^{\ominus}$ 均增大

(8)以 MnO_2 为原料制得的 $MnCl_2$ 溶液中常含有 Cu^{2+}、Pb^{2+}、Cd^{2+} 等金属离子，通过添加过量难溶电解质 MnS 可使这些金属离子转化为硫化物沉淀，经过滤除去包括 MnS 在内的沉淀，再经蒸发、结晶，可得纯净的 $MnCl_2$。可推知 MnS 具有的性质是________。

A. 吸附性　B. 溶解度等于 CuS、PbS、CdS

C. 溶解度大于 CuS、PbS、CdS　D. 溶解度小于 CuS、PbS、CdS

(9) 有关分步沉淀，下列叙述正确的是________。

A. 溶解度小的沉淀先析出

B. 被沉淀的离子浓度大的先析出

C. 溶度积小的沉淀先析出

D. 沉淀时所需沉淀剂浓度最小的沉淀先析出

4-2 说明下列基本概念：

(1)溶解度、溶度积和溶度积规则；

(2)沉淀反应中同离子效应和盐效应；

(3)分步沉淀、沉淀完全与沉淀的转化。

4-3 根据化合物的溶解性或溶度积，判断下列反应的产物，并配平反应方程式。

(1) $LiCl(aq)+NaF(aq)\rightarrow$

(2) $MgCl_2(aq)+Ba(OH)_2(aq)\rightarrow$

(3) $BaCl_2(aq)+Na_2CO_3(aq)\rightarrow$

(4) $AlCl_3(aq)+NH_3(aq)\rightarrow$

(5) $PbCl_2(s)+KBr(aq)\rightarrow$

(6) $BaCl_2(aq)+K_2CrO_4(aq)\rightarrow$

4-4 下列叙述是否正确？简单说明理由。

(1)溶解度大的，溶度积一定大；

(2)为了使某种离子沉淀得很完全，所加沉淀试剂越多，则沉淀得越完全；

(3)所谓沉淀完全，就是指溶液中这种离子的浓度为零；

(4)对含有多种可被沉淀离子的溶液来说，当逐滴慢慢加入沉淀试剂时，一定是浓度大的离子首先被沉淀出来。

4-5　根据溶度积规则，说明下列事实。

(1)$CaCO_3$(s)能溶解于 HAc 溶液中；

(2)$Fe(OH)_3$(s)溶解于稀 H_2SO_4 溶液中；

(3)MnS(s)溶于 HAc，而 ZnS(s)不溶于 HAc 能溶于稀 HCl 溶液中；

(4)$SrSO_4$ 难溶于稀 HCl 中；

(5)AgCl 不溶于稀 HCl($2.0\ mol \cdot L^{-1}$)，但可适当溶解于浓盐酸中。

4-6　根据 Le Châtelier 原理，解释下列情况下 Ag_2CO_3 溶解度的变化。

(1) 加 $AgNO_3$(aq)　　(2)加 HNO_3(aq)

(3) 加 Na_2CO_3(aq)　　(4)加 NH_3(aq)

4-7　工业废水的排放标准规定 Cd^{2+} 降到 $0.10\ mg \cdot L^{-1}$ 以下即可排放。若用加消石灰中和沉淀法除 Cd^{2+}，按理论计算，废水溶液中的 pH 至少应为多少？

4-8　根据 AgI 的溶度积，计算：

(1)AgI 在纯水中的溶解度($g \cdot L^{-1}$)；

(2)在 $0.001\,0\ mol \cdot L^{-1}$ KI 溶液中 AgI 的溶解度($g \cdot L^{-1}$)；

(3)在 $0.010\ mol \cdot L^{-1}$ $AgNO_3$ 溶液中 AgI 的溶解度($g \cdot L^{-1}$)。

4-9　某古生物遗体化石的主要成分为 $Ca_3(PO_4)_2$，一般混杂于灰岩中(主要成分为 $CaCO_3$)，为了显示该古生物遗体化石的形态，一般选用 HAc 而不是 H_3PO_4 或 HCl 除去其周围的灰岩，请从沉淀溶解平衡的角度分析其原因。

提高题

4-10　放射化学技术在确定溶度积常数中是很有用的。在测定 $K_{sp}^{\ominus}(AgIO_3)$实验中，将 50.0 mL 的 $0.010\ mol \cdot L^{-1}$ $AgNO_3$ 溶液与 100.0 mL 的 $0.030\ mol \cdot L$ $NaIO_3$ 溶液混合，并稀释至 500.0 mL。然后过滤掉 $AgIO_3$ 沉淀。滤液的放射性计数为 $44.4\ s^{-1} \cdot mL^{-1}$，原 $AgNO_3$ 溶液的放射性计数 $74\,025\ s^{-1} \cdot mL^{-1}$。计算 $K_{sp}^{\ominus}(AgIO_3)$。

4-11　大约 50%的肾结石是由磷酸钙 $Ca_3(PO_4)_2$ 组成的。正常尿液中的钙含量每天约为 0.10g Ca^{2+}，正常的排尿量每天为 1.4 L。为不使尿中形成 $Ca_3(PO_4)_2$，其中最大的 PO_4^{3-} 浓度不得高于多少？对肾结石患者来说，医生总让其多饮水。你能简单对其加以说明吗？

4-12　在 10.0 mL $0.015 mol \cdot L^{-1}$ $MnSO_4$ 溶液中

(1)加入 5.0 mL $0.15\ mol \cdot L^{-1}$ NH_3(aq)，是否能生成 $Mn(OH)_2$ 沉淀？

(2)先加入 0.495 g$(NH_4)_2SO_4$ 晶体，然后再加入 5.0 mL $0.15\ mol \cdot L^{-1}$ NH_3(aq)，是否有 $Mn(OH)_2$ 沉淀生成？

4-13　在 $0.10\ mol \cdot L^{-1}$ $FeCl_2$ 溶液中，不断通入 H_2S(g)，使其成为 H_2S 饱和溶液($c(H_2S)=0.10\ mol \cdot L^{-1}$)若不生成 FeS 沉淀，溶液的 pH 最高不应超过多少？

4-14　在含有 $0.10\ mol \cdot L^{-1}$ Fe^{3+} 和 $0.10\ mol \cdot L^{-1}$ Ni^{2+} 的溶液中，调节 pH，使 $Fe(OH)_3$ 沉淀完全，而使 Ni^{2+} 仍留在溶液中。通过计算确定分离 Fe^{3+} 和 Ni^{2+} 的 pH 范围？

4-15 某溶液中含 Cl^- 和 CrO_4^{2-}，它们的浓度分别是 0.10 mol · L^{-1} 和 0.001 0 mol · L^{-1}，通过计算证明，逐滴加入 $AgNO_3$ 试剂，哪一种沉淀先析出。当第二种沉淀析出时，第一种离子是否被沉淀完全(忽略由于加入 $AgNO_3$ 所引起的体积变化)。

4-16 如果用 Na_2CO_3 溶液来处理 $CaSO_4$ 沉淀，使之转化为 $CaCO_3$ 沉淀，这一反应的标准平衡常数是多少？若在 1.0 L Na_2CO_3 溶液中使 0.010 mol 的 $CaSO_4$ 全部转化为 $CaCO_3$，求 Na_2CO_3 的最初浓度为多少？

4-17 如果用 $Ca(OH)_2$ 溶液来处理 $MgCO_3$ 沉淀，使之转化为 $Mg(OH)_2$ 沉淀，这一反应的标准平衡常数是多少？若在 1.0 L $Ca(OH)_2$ 溶液中溶解 0.004 5 mol $MgCO_3$，则 $Ca(OH)_2$ 的最初浓度至少应为多少？

Chapter 5 第5章

氧化还原平衡

The Redox Equilibrium

学习目标

1. 掌握氧化数、氧化与还原、氧化型、还原型、氧化还原电对、原电池、电极电势、标准电极电势等基本概念。
2. 掌握用电池符号表示原电池的方法、原电池电动势的计算。
3. 掌握能斯特方程的意义及浓度(或分压)、酸度对电极电势的影响的相关计算。
4. 掌握电极电势的应用,能运用电极电势判断氧化剂或还原剂的相对强弱、判断氧化还原反应的方向、确定氧化还原反应的完全程度。
5. 掌握原电池标准电动势与氧化还原反应平衡常数的关系,了解元素电势图及其应用。

根据反应过程中元素的氧化数是否发生变化、参加反应的物质之间是否有电子的转移,化学反应分为两大类:一类是反应过程中反应物之间没有电子得失、相关元素的氧化数没有发生变化,如酸碱、沉淀及配位反应等;另一类是在反应过程中反应物之间发生了电子的转移、相关元素的氧化数发生了变化,这类反应称为氧化还原反应(redox reaction),如燃烧、金属冶炼、各类电池、电解反应、土壤中部分元素存在形态的转化、生物体内的部分新陈代谢过程等均为氧化还原反应。深入研究氧化还原反应对于掌握化学反应规律、制备与合成新物质、开发新能源、研究生命起源与进化等具有重要意义。

5.1 氧化还原反应的基本概念

5.1.1 氧化值

为了便于研究氧化还原反应的定量关系及电子转移情况,引入了元素"氧化值",也叫"氧化数"(oxidation number)的概念。1970年国际纯粹与应用化学联合会(IUPAC)较严格地定义了氧化值的概念:氧化值是指化学实体中某元素一个原子的表观荷电数(apparent charge number),这个荷电数可以假设把每一个化学键中的电子对指定给电负性较大的元素的原子而得出。

确定氧化数的一般规则为：

①单质中，元素的氧化数等于零；

②多原子分子中，所有元素的氧化数之和等于零；

③单原子离子的氧化数等于其所带的电荷数，多原子离子中所有元素的氧化数之代数和等于该离子所带的电荷数；

④氢在化合物中的氧化数一般为+1，但在活泼金属氢化物如 NaH、CaH_2 中，氢的氧化数为−1；

⑤氧在化合物中的氧化数一般为−2，但在过氧化物如 H_2O_2、Na_2O_2、K_2O_2 和 BaO_2 中氧的氧化数为−1，在超氧化物如 KO_2 中氧的氧化数为$-\frac{1}{2}$，在氟氧化物，如 OF_2 中，氧的氧化数为+2；

⑥氟在化合物中的氧化数总是−1。

例 5-1 计算 Fe_3O_4 中 Fe 的氧化数。

解：已知 O 的氧化数为−2，设 Fe 的氧化数为 x，

根据多原子分子中元素氧化数之代数和等于零的规则，有

$$3x+4\times(-2)=0,x=+\frac{8}{3}$$

由此可知，元素的氧化数可以是整数，也可以是分数。

在判断共价化合物中元素的氧化数时，应注意不要与共价数（某元素原子形成的共价键的数目）相混淆。例如，在 CH_4，CH_3Cl，CH_2Cl_2，$CHCl_3$ 和 CCl_4 中，C 的共价数均为 4，但其氧化值则分别为−4，−2，0，+2 和+4。

5.1.2 氧化与还原

反应前后氧化数发生改变的反应称为氧化还原反应，例如：

$$2\overset{0}{Mg}+\overset{0}{O_2}=2\overset{+2}{Mg}\overset{-2}{O}$$

$$\overset{+2}{Cu}O+\overset{0}{H_2}=\overset{0}{Cu}+\overset{+1}{H_2}O$$

氧化还原反应中，元素的原子失去电子、氧化数升高的过程称为氧化，元素的原子得到电子、氧化数降低的过程称为还原。一个氧化还原反应必然同时包括氧化和还原两个过程。

例如：

氧化还原反应中，氧化数降低的物质为氧化剂，氧化数升高的物质为还原剂。上述反应中 CuO 是氧化剂，H_2 是还原剂。对于有多种氧化数的元素，当在某种物质中该元素处于中间氧化数时，反应条件不同，这种物质的氧化还原性质也不同。在下述两个反应中，H_2O_2 分别作氧化剂和还原剂：

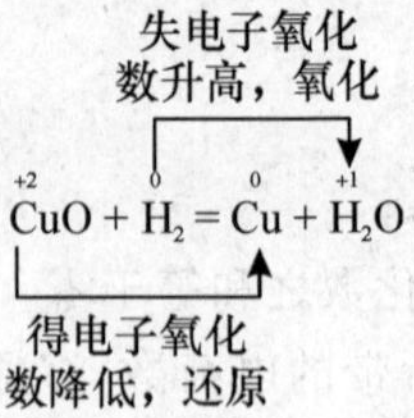

$$4H_2O_2 + PbS = PbSO_4 + 4H_2O \qquad H_2O_2 \text{ 为氧化剂}$$
$$Ag_2O + H_2O_2 = 2Ag + H_2O + O_2 \qquad H_2O_2 \text{ 为还原剂}$$

有的氧化还原反应中，氧化剂、还原剂为同种物质，这类反应称为自身氧化还原反应，例如：

$$2K\overset{+5}{Cl}\overset{-2}{O_3} = 2K\overset{-1}{Cl} + 3\overset{0}{O_2}$$

反应物 $KClO_3$ 中 Cl 的氧化数由 +5 降到 −1，O 的氧化数由 −2 升高到 0。$KClO_3$ 既是氧化剂又是还原剂。

自身氧化还原反应中，如果电子的得失发生在同一种元素上，则称为歧化反应。例如：

$$\overset{0}{Cl_2} + H_2O = H\overset{+1}{Cl}O + H\overset{-1}{Cl}$$

5.1.3 氧化还原电对

任何一个氧化还原反应都可以看成是两个半反应之和：一个是氧化剂（氧化型）在反应过程中氧化数降低，氧化型转化为还原型的半反应，另一个是还原剂（还原型）在反应过程中氧化数升高、还原型转化为氧化型的半反应。一对氧化型和还原型物质构成的共轭体系称为氧化还原电对（oxidation-reduction couples），可用"氧化型/还原型"表示。例如下面的反应由 Cu^{2+}/Cu 和 Zn^{2+}/Zn 两个电对构成：

$$Cu^{2+} + Zn = Cu + Zn^{2+}$$

电对中的氧化型和还原型的共轭关系可用氧化还原半反应来表示：

还原半反应 $\qquad Cu^{2+} + 2e^- \rightleftharpoons Cu$

氧化半反应 $\qquad Zn - 2e^- \rightleftharpoons Zn^{2+}$

每个氧化还原反应均由两个半反应组成。

5.2 氧化还原反应方程式的配平

配平氧化还原反应方程式的方法较多，常见的有两种：氧化数升降法和离子-电子法（半反应法）。氧化数升降法与中学学过的化合价升降法基本相同，此处介绍离子-电子法。

将一个氧化还原反应拆分成两个半反应，分别是氧化剂发生的还原反应和还原剂发生的氧化反应，再分别配平两个半反应，合并为总反应的方法称为离子-电子法。配平原则是氧化剂得电子数和还原剂失电子数相等，每个半反应前后各元素原子数相等。下面以高锰酸钾和氯化钾在硫酸溶液中的反应为例，说明离子-电子法配平氧化还原反应方程式的基本步骤。

$$KMnO_4 + KCl + H_2SO_4 \rightleftharpoons Cl_2 + MnSO_4 + K_2SO_4 + K_2SO_4$$

①写出基本离子反应方程式

$$MnO_4^- + Cl^- \longrightarrow Mn^{2+} + Cl_2$$

②把离子方程式拆分成氧化和还原两个半反应

还原半反应　　$MnO_4^- \longrightarrow Mn^{2+}$

氧化半反应　　$2Cl^- \longrightarrow Cl_2$

③配平两个半反应。如果半反应两边氢、氧原子数不相等，则根据反应的酸碱条件，添加适当数目的 H^+、OH^- 或 H_2O。

氧化半反应　　$2Cl^- \rightleftharpoons Cl_2 + 2e^-$　　(1)

还原半反应　　$MnO_4^- + 8H^+ + 5e^- \rightleftharpoons Mn^{2+} + 4H_2O$　　(2)

④根据得失电子总数相等的原则，将两个半反应乘以适当系数，然后将两个半反应式相加。

(1)×5　$10Cl^- \rightleftharpoons 5Cl_2 + 10e^-$

(2)×2　$2MnO_4^- + 16H^+ + 10e^- \rightleftharpoons 2Mn^{2+} + 8H_2O$

$$2MnO_4^- + 10Cl^- + 16H^+ \longrightarrow 2Mn^{2+} + 5Cl_2 + 8H_2O$$

将离子反应式改写成分子反应式，将箭头改为等号即得到配平的化学方程式。

$$2KMnO_4 + 10KCl + 8H_2SO_4 = 5Cl_2 + 2MnSO_4 + 6K_2SO_4 + 8H_2O$$

配平氧原子的基本规则见表 5-1。

表 5-1　(水溶液中)配平氧原子的基本规则

反应条件	比较方程式中两边氧原子数	配平时左边加入的物质	生成物
酸性	左边多氧	H^+	H_2O
	左边少氧	H_2O	H^+
碱性	左边多氧	H_2O	OH^-
	左边少氧	OH^-	H_2O
中性	左边多氧	H_2O	OH^-
	左边少氧	H_2O	H^+

例 5-2　配平下列离子反应式

$$CrO_2^- + Cl_2 + OH^- \longrightarrow CrO_4^{2-} + Cl^-$$

解：分别写出氧化和还原半反应，并配平：

氧化半反应　　$CrO_2^- + 4OH^- \rightleftharpoons CrO_4^{2-} + 2H_2O + 3e^-$　　(1)

还原半反应　　$Cl_2 + 2e^- \rightleftharpoons 2Cl^-$　　(2)

把两个半反应分别乘以相应的系数，再将两个反应合并，即得到配平的离子方程式

(1)×2　$2CrO_2^- + 8OH^- \rightleftharpoons 2CrO_4^{2-} + 4H_2O + 6e$

(2)×3　$3Cl_2 + 6e^- \rightleftharpoons 6Cl^-$

$2CrO_2^- + 3Cl_2 + 8OH^- = 2CrO_4^{2-} + 6Cl^- + 4H_2O$

离子-电子法不需要单独计算各元素的氧化数，揭示了氧化还原反应的电化学本质。但该方法仅适应于水溶液中氧化还原反应方程式的配平。

5.3　电极电势

5.3.1　原电池

把化学能转变成电能的装置称为原电池(primary cell)，它证明了氧化还原反应有电子转移以及电子转移的方向。如 Cu-Zn 原电池：

把锌片放入硫酸铜溶液中，发生如下反应：

$$Zn + Cu^{2+} = Zn^{2+} + Cu$$

Zn 和 Cu^{2+} 之间发生了电子转移，Zn 被氧化成 Zn^{2+}，Cu^{2+} 被还原成 Cu。这个反应伴随有热量放出，是化学能转变为热能的结果。

如果 Zn 片和 $CuSO_4$ 溶液不直接接触，而是如图 5-1 所示，将 Cu 片插入盛有 $CuSO_4$ 溶液的烧杯中，Zn 片插入另一个盛有 $ZnSO_4$ 溶液的烧杯中，两个烧杯中的溶液用盐桥(salt bridge，一倒置的玻璃 U 形管，内装饱和 KCl 溶液和琼脂制成的凝胶，起到沟通电路、维持两溶液的电中性、使反应能持续进行的作用)连接起来，将铜片、锌片用导线与检流计相连，构成外电路，这时检流计的指针立即向一方偏转，说明检流计中有电流通过。这就是 Cu-Zn 原电池，它由两部分组成：一部分是 Cu 片和 $CuSO_4$ 溶液，另一部分是 Zn 片和 $ZnSO_4$ 溶液，这两部分各称为半电池或电极，分别称为 Cu 电极和 Zn 电极，对应 Cu^{2+}/Cu 电对和 Zn^{2+}/Zn 两个电对。在电极的金属和溶液界面上发生的反应((半反应)称为电极反应或半电池反应。热力学上规定原电池中流出电子的电极(Zn 电极)为负极(negative electrod)，电子流入的电极(Cu 电极)为正极(positive electrod)。负极发生氧化反应，正极发生还原反应。电流的方向是从正极到负极，而电子流动的方向则是从负极到正极。在 Cu-Zn 原电池中

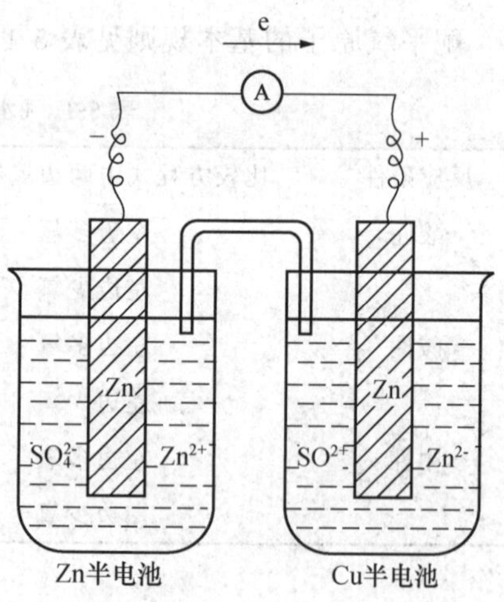

图 5-1　Cu-Zn 原电池

正极反应：　$Cu^{2+} + 2e^- \rightleftharpoons Cu$

负极反应：　　　　　　　　$Zn \rightleftharpoons Zn^{2+} + 2e^-$

将两个电极反应相加，得到原电池的总反应，即电池反应：

$$Zn + Cu^{2+} = Zn^{2+} + Cu$$

可用电池符号表示原电池。如 Cu-Zn 原电池可表示为

$$(-)\ Zn \mid ZnSO_4(c_1) \parallel CuSO_4(c_2) \mid Cu\ (+)$$

书写电池符号的规定包括如下几点：

①一般把负极写在左边，正极写在右边（左负右正）。

②用"|"表示两相的界面；不存在界面的物质用","隔开；用"‖"表示盐桥，盐桥两边为两个半电池。

③用化学式表示电池物质的组成，并要注明物质的状态，溶液需注明其浓度，气体需注明分压。若不注明，则指电极中的物质处于热力学标准态（$1\ mol \cdot L^{-1}$ 或 100 kPa）。

④某些电极的电对物质自身不能作为导体（如 Fe^{3+}/Fe^{2+} 和 O_2/H_2O 等），需插入惰性电极（如铂丝、石墨）作为电子载体，惰性电极在电池符号中也要表示出来。

例 5-3　将下列反应设计成原电池，分别写出其电池符号；

(1) $Fe + 2H^+(1.0\ mol \cdot L^{-1}) = Fe^{2+}(0.1\ mol \cdot L^{-1}) + H_2(100\ kPa)$

(2) $MnO_4^-(0.1\ mol \cdot L^{-1}) + 5Fe^{2+}(0.1\ mol \cdot L^{-1}) + 8H^+(1.0\ mol \cdot L^{-1}) = Mn^{2+}(0.1\ mol \cdot L^{-1}) + 5Fe^{3+}(0.1\ mol \cdot L^{-1}) + 4H_2O$

解：(1) $(-)Fe(s) \mid Fe^{2+}(0.1\ mol \cdot L^{-1}) \parallel H^+(1.0\ mol \cdot L^{-1}) \mid H_2(100\ kPa) \mid Pt(+)$

(2) $(-)Pt \mid Fe^{2+}(0.1\ mol \cdot L^{-1}), Fe^{3+}(0.1\ mol \cdot L^{-1}) \parallel MnO_4^-(0.1\ mol \cdot L^{-1}), Mn^{2+}(0.1\ mol \cdot L^{-1}), H^+(1.0\ mol \cdot L^{-1}) \mid Pt(+)$

5.3.2　电极电势

1. 电极电势的产生

两个合适的电极相连构成原电池，在其回路中有电流通过，说明两个电极之间有电势差（该电势差称为原电池的电动势），即两个电极的电势不同。电极电势是如何产生的呢？1889 年，德国化学家能斯特（H. W. Nernst）提出了双电层理论，可以说明金属及其盐溶液之间存在的电势差，以及原电池产生电流的机理。

金属是由金属原子、金属阳离子和自由电子构成的金属晶体，当把金属插入含金属离子的溶液中时，一方面金属表面的金属离子受到极性水分子的吸引，有失去电子形成水合金属离子进入溶液的倾向，金属越活泼、金属离子浓度越低，金属溶解形成水合金属离子的倾向就越大。另一方面，溶液中的水合金属离子受到金属表面电子的吸引，也有得到电子还原成金属沉积到金属表面的倾向，金属越不活泼、金属离子浓度越高，沉积倾向就越大。一定条件下，金属的溶解与沉积速率相等时，达到如下平衡：

$$M(s) \underset{沉积}{\overset{溶解}{\rightleftharpoons}} M^{n+}(aq) + ne^-$$

如果溶解倾向大于沉积倾向，达到平衡后，金属表面将有一部分金属离子进入溶液，使金属表面有过剩的自由电子而带负电，而金属附近的溶液带正电(图 5-2A)。反之，如果沉积倾向大于溶解倾向，达平衡后，金属表面带正电，而金属附近的溶液带负电(图 5-2B)。不论是哪种情况，达到平衡后，金属与其金属离子溶液的界面都会形成双电层，从而产生电势差，该电势差称为电极电势，用符号"φ"表示，SI 单位为"V"(伏)。电极电势的大小主要取决于电极物质的本性，同时还与溶液浓度、气体分压、温度、反应介质等因素有关。

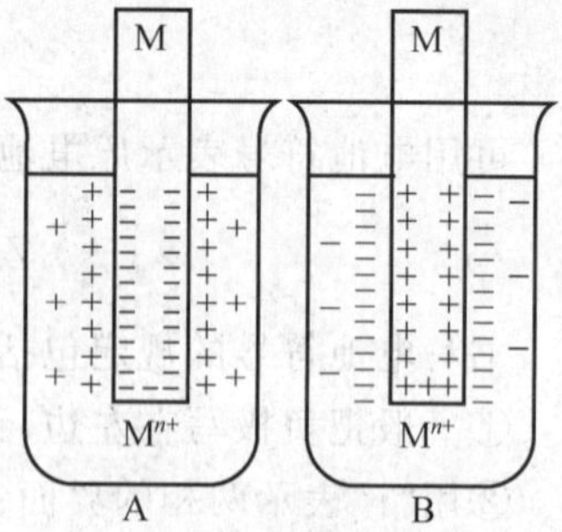

图 5-2　双电层示意图

2. 电极的种类

电极的种类很多，重要的有以下四类：

(1)金属-金属离子电极　由金属和该金属离子的溶液所构成。例如，电对 Zn^{2+}/Zn 对应的电极：

电极反应　$Zn^{2+} + 2e^- \rightleftharpoons Zn$

电极符号　$Zn \mid Zn^{2+}(c)$

(2)气体-离子电极　由惰性金属(通常用铂)浸入由气体和对应的离子组成的溶液所构成的电极。惰性金属只作为导体不参加电极反应。例如氢电极，就是将镀有铂黑的铂片浸入一定浓度的 H^+ 溶液中，并不断通入一定压力的氢气而构成。

电极反应　$2H^+ + 2e^- \rightleftharpoons H_2$

电极符号　$Pt, H_2(p) \mid H^+(c)$

(3)金属-金属难溶盐电极(又称固体电极)　将金属表面涂上该金属的难溶盐，浸入与该金属难溶盐有相同阴离子的盐溶液中所构成的电极。例如甘汞电极(calomel electrod)(图 5-3)。

电极反应　$Hg_2Cl_2 + 2e^- \rightleftharpoons 2Hg(l) + 2Cl^-$

电极符号　$Hg(l) \mid Hg_2Cl_2(s) \mid Cl^-(c)$

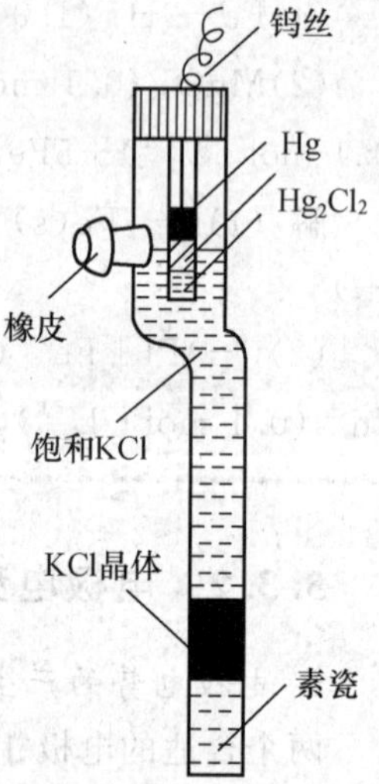

图 5-3　甘汞电极

(4)氧化还原电极　将惰性金属(铂或石墨)插入到含有同种元素的两种不同氧化数组分的混合溶液中构成的电极。

例如电对 Fe^{3+}/Fe^{2+} 电极。

电极反应　$Fe^{3+} + e^- \rightleftharpoons Fe^{2+}$

电极符号　$Pt \mid Fe^{3+}(c_1), Fe^{2+}(c_2)$

随着生物科学研究的深入，又产生了一类生物电化学传感器(生物电极)。这类电极以生物材料作为敏感元件，电极作为转化元件，电势或电流等作为特征检测信号。生物材料包括酶、抗体、抗原、激素等生物成分和细胞、细胞器、组织等生物体本身。生物材料作为敏感元件具有选择性高、分析速度快、灵敏度高、操作简便、通常不破坏试样等特点，生物传感器已经成为一种最直接的生命反应过程检测器，对生物溶液及活体组织中的组分进行连续监测。依据生物材料的不同，生物电极可分为酶电极、免疫电极、DNA 生物电极、微生物电极和动植物组织电极等。生物电极已经在临床医药、食品检测、环境监测等领域得到广泛应用。

5.3.3 标准电极电势

电极电势的高低与温度、浓度、气体分压、介质等条件有关，当外界条件一定时，只取决于电极物质的本性。例如，金属电极取决于金属的活泼性，金属越活泼，其失去电子变成金属离子的倾向越大，电极电势越低；反之，金属越不活泼，其金属离子得到电子还原成金属的倾向就越大，电极电势就越高。目前无法测得单个电极的电极电势绝对值，但可以准确测定原电池的电动势 E（SI 单位为"V"），原电池的电动势等于正负两极的电极电势之差。

$$E=\varphi(+)-\varphi(-) \tag{5-1}$$

电化学上，通常选择标准氢电极作为确定其他电极电势的标准。将电极电势未知的电极与标准氢电极构成原电池，通过测定该电池的电动势，求出待测未知电极电势的相对值。

1. 标准氢电极(standard hydrogen electrod，SHE)

一种结构的标准氢电极如图 5-4 所示。把表面镀上一层铂黑的铂片插入 H^+ 浓度为 $1\ mol\cdot L^{-1}$（严格地说，应该为活度）的水溶液中，不断通入压力为 $p^{\ominus}$（即 100 kPa）的纯氢气，使铂黑吸附氢气并达到饱和。溶液的氢离子和铂黑所吸附氢气建立如下平衡：

电极反应 $2H^+(mol\cdot L^{-1})+2e^- \rightleftharpoons H_2(100\ kPa)$

国际纯粹与应用化学联合会(IUPAC)规定，任何温度下，标准氢电极的标准电极电势为 0.000 V，即：

$$\varphi^{\ominus}(H^+/H_2)=0.000\ V$$

2. 标准电极电势($\varphi^{\ominus}$)

已知标准氢电极的电极电势，根据 $E^{\ominus}=\varphi^{\ominus}(+)-\varphi^{\ominus}(-)$，可确定其他电极的标准电极电势。

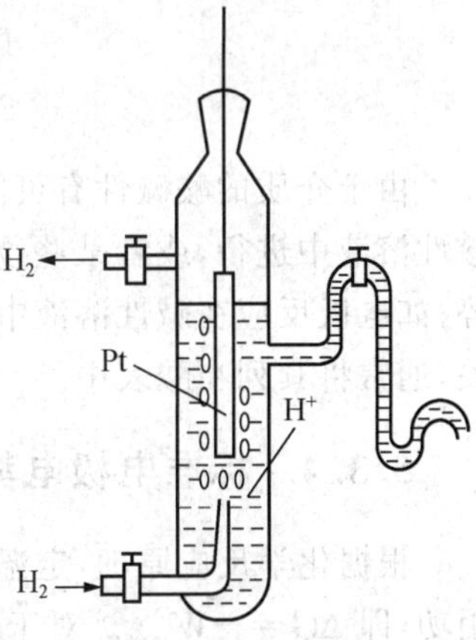

图 5-4 标准氢电极

将处于热力学标准态的某电极与标准氢电极构成原电池，用电位差计测量原电池的电动势，可得部分电极的标准电极电势($\varphi^{\ominus}$)，测定温度通常为 298.15 K。所谓标准态是指在指定温度下，参与电极反应的各种物质的浓度为 $1\ mol\cdot L^{-1}$，气体的分压为 100 kPa，液体、固体均为纯物质。例如，测量 Zn 电极的标准电极电势时，可以将标准 Zn 电极与标准氢电极组成原电池，氢电极为正极，锌电极为负极，测得电池电动势为 0.763 V，则锌电极的标准电极电势可由下式求得：

$$E^{\ominus}=\varphi^{\ominus}(H^+/H_2)-\varphi^{\ominus}(Zn^{2+}/Zn)$$

$$\varphi^{\ominus}(Zn^{2+}/Zn)=-0.763\ V$$

如果要测量 Cu^{2+}/Cu 电极的标准电极电势，同样可把标准铜电极和标准氢电极组成原电池。铜电极为正极、氢电极为负极，电动势为 0.337 V。则 Cu^{2+}/Cu 电极的标准电极电势为

$$E^{\ominus}=\varphi^{\ominus}(Cu^{2+}/Cu)-\varphi^{\ominus}(H^{+}/H_2)$$
$$\varphi^{\ominus}(Cu^{2+}/Cu)=0.337\ V$$

298.15 K 时，部分常见电极的 $\varphi^{\ominus}$ 见附录Ⅶ。使用标准电极电势表时，应注意以下的几点：

①按国际惯例，电池半反应用还原过程表示，因此电极电势是还原电势。即：

$$M^{n+}(\text{氧化型})+ne^{-}\rightleftharpoons M(\text{还原型})$$

②表中 $\varphi^{\ominus}$ 值，从上至下依次升高，标准氢电极上方的电极 $\varphi^{\ominus}$ 为负值，下方的电极 $\varphi^{\ominus}$ 为正值。$\varphi^{\ominus}$ 代数值越大，表明电对中氧化型物质得电子能力愈强，是较强的氧化剂，所对应电对中的还原型物质失电子能力也就越弱，是较弱的还原剂。反之，$\varphi^{\ominus}$ 代数值越小，电对中的氧化型物质是较弱的氧化剂，其还原型物质是较强的还原剂，故可通过比较 $\varphi^{\ominus}$ 判断氧化剂的氧化能力和还原剂的还原能力的相对强弱，当用两标准电极组成原电池时，$\varphi^{\ominus}$ 较大的为正极，较小的则为负极。

③$\varphi^{\ominus}$ 值是在标准态下的水溶液中测得的，不适用于讨论非水溶液体系中、非标准态下物质氧化还原能力的问题。

④φ 值反映了物质得失电子能力的大小，是一个具有强度性质的状态函数，没有加和性。因此，电极反应式乘任何常数时，φ 值不变。例如：

$$Fe^{3+}+e^{-}\rightleftharpoons Fe^{2+}\qquad \varphi^{\ominus}=0.771\ V$$
$$2Fe^{3+}+2e^{-}\rightleftharpoons 2Fe^{2+}\qquad \varphi^{\ominus}=0.771\ V$$

由于介质的酸碱性有可能影响 $\varphi^{\ominus}$ 值，常把电极电势表分成酸表和碱表。如电极反应在酸性溶液中进行，或者某些物质在碱性溶液中不能稳定存在，则在酸表中查其标准电极电势；如电极反应在碱性溶液中进行，则在碱表中查其标准电极电势。有些电极反应与酸度无关，通常将其列在酸表中。

5.3.4 标准电极电势的理论计算

根据化学反应原理，定温定压下，反应吉布斯自由能的下降值等于体系所能做的最大有用功，即 $\Delta G=-W_{max}$。对于一个热力学上能自发进行的氧化还原反应，可以将其设计成原电池，定温定压下，电池所能做的最大有用功即为电功，而电功等于电池的电动势 E 乘以所通过的电量 q，即：

$$W_{\text{电}}=qE=nFE \tag{5-2}$$
$$\Delta_r G=-W_{\text{电}}=-qE=-nFE \tag{5-3}$$

式中：n 为电池反应中所转移电子的物质的量，F 为法拉第(Faraday)常数，其值近似等于 96 500(单位为 $C\cdot mol^{-1}$ 或 $J\cdot mol^{-1}\cdot V^{-1}$)。

若反应在标准态下进行，且反应进度 $\xi=1$ mol 时，则有

$$\Delta_r G_m^{\ominus}=-qE^{\ominus}=-nFE^{\ominus}=-nF\left[\varphi^{\ominus}(+)-\varphi^{\ominus}(-)\right] \tag{5-4}$$

$$\varphi^{\ominus}(+)=\varphi^{\ominus}(-)-\Delta_r G_m^{\ominus}/nF \tag{5-5}$$

由式(5-4)和式(5-5)可知，对于一个氧化还原反应，如果能计算或测定该反应的 $\Delta_r G^{\ominus}$，将该反应设计成原电池，其电动势可按式(5-4)计算，相关电极的标准电极电势可按式(5-5)计算，这就为理论上确定电动势和电极电势提供了依据。

例 5-4 将下面反应设计成原电池，计算原电池的标准电动势 $E^{\ominus}$ 及反应的 $\Delta_r G^{\ominus}$。

$MnO_4^- + 5Fe^{2+} + 8H^+ = Mn^{2+} + 5Fe^{3+} + 4H_2O$

解：(＋)$MnO_4^- + 8H^+ + 5e^- \rightleftharpoons Mn^{2+} + 4H_2O$　　$\varphi^{\ominus}(+)=1.510$ V

(－)$Fe^{3+} + e^- \rightleftharpoons Fe^{2+} + 4H_2O$　　$\varphi^{\ominus}(-)=0.771$ V

$E^{\ominus}=\varphi^{\ominus}(+)-\varphi^{\ominus}(-)=1.510\ \text{V}-0.771\ \text{V}=0.739\ \text{V}$

$\Delta_r G^{\ominus}=-nFE^{\ominus}=-5\times 96\,500\ \text{J}\cdot\text{mol}^{-1}\cdot\text{V}^{-1}\times 0.739\ \text{V}$

$=-3.66\times 10^6\ \text{J}\cdot\text{mol}^{-1}$

例 5-5 利用有关热力学函数的数据，设计一个合适的原电池，计算 $\varphi^{\ominus}(Cu^{2+}/Cu)$。

解：如果能将标准铜电极与另一合适电极(该电极的 $\varphi^{\ominus}$ 已知，如标准氢电极)组成原电池，再利用各物质的标准摩尔生成吉布斯自由能计算电池反应的 $\Delta_r G^{\ominus}$，则可计算电极的 $\varphi^{\ominus}$。

设电池反应：　　$Cu^{2+} + H_2 = 2H^+ + Cu$

$\Delta_f G^{\ominus}/(\text{kJ}\cdot\text{mol}^{-1})$　　65.52　0　0　0

则反应的　$\Delta_r G^{\ominus}=-65.52\times 10^3\ \text{J}\cdot\text{mol}^{-1}$

由式　　$\Delta_r G^{\ominus}=-nF[\varphi^{\ominus}(Cu^{2+}/Cu)-\varphi^{\ominus}(H^+/H_2)]$

得　　$\varphi^{\ominus}(Cu^{2+}/Cu)=[\varphi^{\ominus}(H^+/H_2)-\Delta_r G^{\ominus}]/(nF)$

$$=0.000\ \text{V}-\frac{-65.52\times 10^3\ \text{J}\cdot\text{mol}^{-1}}{2\times 96\,500\ \text{J}\cdot\text{mol}^{-1}\cdot\text{V}^{-1}}$$

$$=0.339\ \text{V}$$

5.3.5 影响电极电势的因素——能斯特方程

1. 能斯特方程

电极电势的高低，不仅取决于电极的本性，同时还与温度、氧化还原型物质以及参与电极反应的其他物质的浓度、气体的分压等因素有关。德国科学家能斯特(H. W. Nernst)从理论上推导了电极电势与反应温度、反应物浓度等因素的定量关系式——能斯特方程。

对于一个任意给定的电极，其电极反应的通式为

$$a\,\text{Ox}(\text{氧化型})+n\text{e}^- \rightleftharpoons b\,\text{Red}(\text{还原型})$$

能斯特方程为
$$\varphi=\varphi^{\ominus}+\frac{RT}{nF}\ln\frac{c_r^a(O_x)}{c_r^b(Red)} \tag{5-6}$$
式中：φ 是任意条件下某电极的电极电势。$\varphi^{\ominus}$ 为该电极的标准电极电势；R 是摩尔气体常数（$8.314\ J\cdot mol^{-1}\cdot K^{-1}$）；$n$ 为电极反应的电子转移数；T 为热力学温度，单位为 K；F 为法拉第常数（$96\ 500\ C\cdot mol^{-1}$）；$c_r(O_X)$ 和 $c_r(Red)$ 分别为电极反应式中氧化型和还原型物质的相对浓度（如为气体，则代入相对分压）。298.15 K 时，将各常数代入上式，并将自然对数转换成常用对数，得：
$$\varphi=\varphi^{\ominus}+\frac{0.059\ 2\ V}{n}\lg\frac{c_r^a(O_X)}{c_r^b(Red)} \tag{5-7}$$

式(5-7)为能斯特方程的常用形式，使用能斯特方程时，需注意以下几点：

①若电极反应中某物质是固体或液体纯物质，视其 $c_r=1$；如果是分压为 p 的气体，则应以 p_r 代替 c_r。

②公式中 $c_r^a(Ox)$ 和 $c_r^b(Red)$ 分别表示电极反应中氧化型一侧各物质相对浓度的计量系数次方之积和还原型一侧各物质相对浓度的计量系数次方之积。如下列各电极反应，其能斯特方程分别表示为：

$$Cu^{2+}+2e^-\rightleftharpoons Cu$$
$$\varphi(Cu^{2+}/Cu)=\varphi^{\ominus}(Cu^{2+}/Cu)+\frac{0.059\ 2\ V}{2}\lg c_r(Cu^{2+})$$
$$Br_2(l)+2e^-\rightleftharpoons 2Br^-$$
$$\varphi(Br_2/Br^-)=\varphi^{\ominus}(Br_2/Br^-)+\frac{0.059\ 2\ V}{2}\lg\frac{1}{c_r^2(Br^-)}$$
$$O_2+4H^++4e^-\rightleftharpoons 2H_2O$$
$$\varphi(O_2/H_2O)=\varphi^{\ominus}(O_2/H_2O)+\frac{0.059\ 2\ V}{4}\lg p_r(O_2)c_r^4(H^+)$$
$$MnO_4^-+8H^++5e^-\rightleftharpoons Mn^{2+}+4H_2O$$
$$\varphi(MnO_4^-/Mn^{2+})=\varphi^{\ominus}(MnO_4^-/Mn^{2+})+\frac{0.059\ 2\ V}{5}\lg\frac{c_r(MnO_4^-)c_r^8(H^+)}{c_r(Mn^{2+})}$$

2. 浓度对电极电势的影响

由式(5-6)和式(5-7)可知，一个电对的氧化型物质的浓度越大，则 φ 值越大，即电对中氧化态物质的氧化性越强，而相应的还原性物质的还原性越弱；相反，还原型物质的浓度越大，则 φ 值越小，即电对中还原态物质的还原性越强，而相应的氧化性物质的是弱的氧化剂。电对中的氧化态或还原态物质的浓度常因弱电解质、难溶电解质或配合物的生成而发生改变，从而使电极电势受到影响。

例 5-6 已知 $\varphi^{\ominus}(Fe^{3+}/Fe^{2+})=0.771\ V$，计算 298.15 K 时下列情况下，电对 Fe^{3+}/Fe^{2+} 的电极电势。

(1) $c(Fe^{3+})=1.0\ mol\cdot L^{-1}$，$c(Fe^{2+})=1.0\times10^{-3}\ mol\cdot L^{-1}$

(2)$c(Fe^{3+})=0.1\ mol\cdot L^{-1}$，$c(Fe^{2+})=1\ mol\cdot L^{-1}$。

解：电极反应：$Fe^{3+}+e^{-}\rightleftharpoons Fe^{2+}$

由能斯特方程式得：

$$\varphi(Fe^{3+}/Fe^{2+})=\varphi^{\ominus}(Fe^{3+}/Fe^{2+})+0.059\,2\ V\lg\frac{c(Fe^{3+})}{c(Fe^{2+})}$$

(1)$\varphi(Fe^{3+}/Fe^{2+})=0.771\ V+0.059\,2\ V\lg\dfrac{1.0}{1.0\times10^{-3}}=0.949\ V$

(2)$\varphi(Fe^{3+}/Fe^{2+})=0.771\ V+0.059\,2\ V\lg\dfrac{0.1}{1}=0.712\ V$

计算结果表明，电对中氧化型物质与还原型物质的浓度比降低，电极电势减小，即氧化型物质的氧化性减弱而还原型物质的还原性增强。

例 5-7 $\varphi^{\ominus}(Ag^{+}/Ag)=0.799\ V$，向电极中加入 KBr，达到平衡时，如果 $c(Br^{-})=1.0\ mol\cdot L^{-1}$，求 $\varphi(Ag^{+}/Ag)$。

解：$Ag^{+}+Br^{-}=AgBr(s)$ $K_{sp}^{\ominus}(AgBr)=7.7\times10^{-13}$

$$c(Ag^{+})=K_{sp}^{\ominus}(AgBr)/c(Br^{-})=7.7\times10^{-13}\ mol\cdot L^{-1}$$

$$\begin{aligned}\varphi&=\varphi^{\ominus}(Ag^{+}/Ag)+0.059\,2\ V\lg c(Ag^{+})\\&=0.799\ V+0.059\,2\ V\lg 7.7\times10^{-13}\\&=0.081\ V\end{aligned}$$

由于 AgBr 沉淀的生成，$c(Ag^{+})$降低，电极电势下降。

在上例中，如果向银电极中加入 NaCl、KI、Na_2S，已知 AgCl、AgI、Ag_2S 的 $K_{sp}^{\ominus}$ 分别为 1.8×10^{-10}、8.3×10^{-17}、6.3×10^{-50}，当 Cl^{-}、I^{-}、S^{2-} 的平衡浓度均为 1 $mol\cdot L^{-1}$ 时，可以计算出 $\varphi(Ag^{+}/Ag)$分别为 0.222 V、−0.153 V、−2.114 V，说明在阴离子浓度相同的情况下，与银离子形成的难溶电解质溶解度越小，则 $c(Ag^{+})$)越小，$\varphi(Ag^{+}/Ag)$ 就越低，Ag^{+} 的氧化性越弱，Ag 的还原性则相应增强。

3. 酸度对电极电势的影响

如果电极反应中有 H^{+} 或 OH^{-} 参与，则溶液酸度的改变也会使电极电势发生变化。

例 5-8 已知电极反应 $NO_3^{-}+4H^{+}+3e^{-}\rightleftharpoons NO+2H_2O$，$\varphi^{\ominus}(NO_3^{-}/NO)=0.960\ V$。计算 $c(NO_3^{-})=1.0\ mol\cdot L^{-1}$，$p(NO)=100\ kPa$，$c(H^{+})=1.0\times10^{-7}\ mol\cdot L^{-1}$ 时，电对 NO_3^{-}/NO 的电极电势。

解：

$$\varphi(NO_3^{-}/NO)=\varphi^{\ominus}(NO_3^{-}/NO)+\frac{0.059\,2\ V}{3}\lg\frac{c(NO_3^{-})c^{4}(H^{+})}{p(NO)/p^{\ominus}}$$

$$=0.960\ \text{V}+\frac{0.0592\ \text{V}}{3}\lg\frac{1.0\times(1.0\times10^{-7})^4}{100/100}$$

$$=0.960\ \text{V}-0.550\ \text{V}=0.410\ \text{V}$$

可见，NO_3^- 的氧化能力随酸度的降低而减弱，介质对含氧酸(盐)的氧化性影响较大，通常酸性条件下表现出较强的氧化性，如浓 HNO_3 的氧化能力很强，而中性的硝酸盐溶液氧化能力很弱。大多数氧化物、含氧酸盐的氧化性是在强酸性溶液中表现出来的，如 MnO_2、$K_2Cr_2O_7$ 在强酸性条件下为强氧化性，而在碱性或中性条件下氧化能力减弱。

溶液酸度不仅影响电极电势的数值，有时还会影响氧化还原反应的产物。例如 MnO_4^- 作为氧化剂，反应体系的酸碱性不同，其氧化能力不同，还原产物也不相同：

$$2MnO_4^- + 5SO_3^{2-} + 6H^+ \xlongequal{\text{酸性}} 2Mn^{2+} + 5SO_4^{2-} + 3H_2O$$

$$2MnO_4^- + 3SO_3^{2-} + H_2O \xlongequal{\text{中性}} 2MnO_2 + 3SO_4^{2-} + 2OH^-$$

$$2MnO_4^- + SO_3^{2-} + 2OH^- \xlongequal{\text{强碱性}} 2MnO_4^{2-} + SO_4^{2-} + H_2O$$

5.3.6* 条件电极电势

利用能斯特方程计算电极电势时，为了简化计算，通常忽略溶液离子强度的影响，但在实际溶液体系中，离子强度对电极电势是有影响的，特别是离子强度较大、氧化型和还原型物质的价态较高时，活度系数受离子强度的影响较大，因而用浓度代替活度计算电极电势会有较大的偏差。此外，当溶液组成变化时，氧化型和还原型物质可能产生某些副反应，如酸度发生变化、形成沉淀或配合物等，均对电极电势有较大影响，使得用标准电极电势的计算结果与实际电势值有较大偏差。因此，在实际工作中，除了要考虑活度系数外，还应考虑副反应引起的浓度变化。

例如，在计算 HCl 溶液中电对 Fe^{3+}/Fe^{2+} 的电极电势时，由能斯特方程得

$$\varphi(Fe^{3+}/Fe^{2+})=\varphi^{\ominus}(Fe^{3+}/Fe^{2+})+0.0592\ \text{V}\lg\frac{\alpha(Fe^{3+})}{\alpha(Fe^{2+})}$$

引入活度系数 γ 后，上式变为

$$\varphi(Fe^{3+}/Fe^{2+})=\varphi^{\ominus}(Fe^{3+}/Fe^{2+})+0.0592\ \text{V}\lg\frac{\gamma(Fe^{3+})c(Fe^{3+})}{\gamma(Fe^{2+})c(Fe^{2+})}$$

另外，由于 Fe^{3+}、Fe^{2+} 在溶液中存在时会发生副反应，形成一系列 $FeOH^{2+}$、$FeCl^{2+}$、$FeCl_2^+$、$FeCl^+$、$FeCl_2$ 羟基配合物和氯配合物等，因此还必须考虑副反应的影响而引入副反应系数。

用 $c(Fe^{3+\prime})$、$c(Fe^{2+\prime})$ 分别代表 Fe^{3+} 和 Fe^{2+} 的分析浓度(总浓度)，$\alpha(Fe^{3+})$、$\alpha(Fe^{2+})$ 分别表示 Fe^{3+} 和 Fe^{2+} 的副反应系数，即

$$c(Fe^{3+})=\frac{c(Fe^{3+\prime})}{\alpha(Fe^{3+})}\qquad c(Fe^{2+})=\frac{c(Fe^{2+\prime})}{\alpha(Fe^{2+})}$$

所以 $\varphi(Fe^{3+}/Fe^{2+})=\varphi^{\ominus}(Fe^{3+}/Fe^{2+})+0.059\ 2V\lg\frac{\gamma(Fe^{3+})\alpha(Fe^{2+})c(Fe^{3+'})}{\gamma(Fe^{2+})\alpha(Fe^{3+})c(Fe^{2+'})}$

$$=\varphi^{\ominus}(Fe^{3+}/Fe^{2+})+0.059\ 2V\lg\frac{\gamma(Fe^{3+})\alpha(Fe^{2+})}{\gamma(Fe^{2+})\alpha(Fe^{3+})}+0.059\ 2\ V\lg\frac{c(Fe^{3+'})}{c(Fe^{2+'})}$$

如果用下面的通式表示氧化还原电对

$$Ox+ne^{-}\rightleftharpoons Red$$

考虑离子强度和副反应的影响，则 Nernst 方程写成

$$\varphi(Ox/Red)=\varphi^{\ominus}(Ox/Red)+\frac{0.059\ 2\ V}{n}\lg\frac{\gamma(Ox)\alpha(Red)c(Ox')}{\gamma(Red)\alpha(Ox)c(Red')}$$

$$=\varphi^{\ominus}(Ox/Red)+\frac{0.059\ 2\ V}{n}\lg\frac{\gamma(Ox)\alpha(Red)}{\gamma(Red)\alpha(Ox)}+\frac{0.059\ 2\ V}{n}\lg\frac{c(Ox')}{c(Red')}\tag{5-8}$$

令 $$\varphi^{\ominus\prime}(Ox/Red)=\varphi^{\ominus}(Ox/Red)+\frac{0.059\ 2\ V}{n}\lg\frac{\gamma(Ox)\alpha(Red)}{\gamma(Red)\alpha(Ox)}\tag{5-9}$$

上式中 γ 和 α 在特定的情况下是一固定值，因此 $\varphi^{\ominus\prime}(Ox/Red)$ 为一常数，称为条件电极电势 (conditional potential)。它表示在一定介质条件下，氧化态和还原态的分析浓度都为 1 mol·L^{-1} 或 $c(Ox')/c(Red')=1$ 时的实际电极电势。若电对中氧化型物质发生了副反应，则 $\alpha(O)$ 较大；反之，若电对中还原型物质发生了副反应，则 $\alpha(R)$ 较大。条件电极电势更好地反映了一定条件下物质的氧化还原能力，以及离子强度和各种副反应对电极电势影响的总结果，是一个随实验条件而变的常数。例如：

$$Cr_2O_7^{2-}+14H^{+}+6e^{-}\rightleftharpoons 2Cr^{3+}+7H_2O \qquad \varphi^{\ominus}=1.33\ V$$

$$\varphi^{\ominus\prime}=0.93\ V(0.1\ mol\cdot L^{-1}HCl)$$

$$\varphi^{\ominus\prime}=1.15\ V(4\ mol\cdot L^{-1}HCl)$$

$$\varphi^{\ominus\prime}=1.27\ V(1\ mol\cdot L^{-1}HNO_3)$$

引入条件电极电势的概念后，Nernst 方程可写成

$$\varphi(Ox/Red)=\varphi^{\ominus\prime}(Ox/Red)+\frac{0.059\ 2\ V}{n}\lg\frac{c_r(Ox')}{c_r(Red')}\tag{5-10}$$

式中 $c(Ox')$ 和 $c(Red')$ 分别表示氧化态和还原态的总浓度。

只要实验条件已知，便能计算出 $\varphi^{\ominus\prime}(Ox/Red)$ 值。但实际上，副反应种类多且往往比较复杂、有关常数不齐全，可靠性也较差；当溶液中的离子强度较大时，活度系数 γ 的计算也比较困难。实际上条件电极电势主要是由实验测得的。由于实验条件千变万化，所以目前条件电极电势的数据还不齐全，附录Ⅷ列出了部分氧化还原电对的条件电极电势。虽然提倡采用条件电极电势解决实际问题，但若查不到所需条件下的条件电极电势，可考虑采用相近条件下的条件电极电势，或用标准电极电势代替，进行近似计算。例如 1.5 mol·L^{-1} H_2SO_4溶液中 Fe^{3+}/Fe^{2+} 电对的条件电势未查到，可用 1.0 mol·L^{-1} H_2SO_4溶液中该电对的条件电势 0.680 V 代替，相对于采用标准电极电势(0.771 V)误差要小。

例 5-9 计算 0.10 mol·L^{-1} HCl 溶液中，As(Ⅴ)/As(Ⅲ)电对的条件电极电势。(忽略离子强度的影响。已知 $\varphi^{\ominus}$[As(Ⅴ)/As(Ⅲ)]=0.560 V)。

解： 在 0.10 mol·L^{-1} HCl 溶液中，As(Ⅴ)主要以 H_3AsO_4 形式存在，As(Ⅲ)主要以 H_3AsO_3 形式存在，As(Ⅴ)/As(Ⅲ)电对的电极反应为

$$H_3AsO_4 + 2H^+ + 2e^- \rightleftharpoons H_3AsO_3 + H_2O$$

忽略离子强度对电极电势的影响，则

$$\begin{aligned}\varphi[\text{As(V)/As(III)}] &= \varphi^{\ominus}[\text{As(V)/As(III)}] + \frac{0.059\ 2\ \text{V}}{2}\lg\frac{c(H_3AsO_4)c^2(H^+)}{c(H_3AsO_3)} \\ &= \varphi^{\ominus}[\text{As(V)/As(III)}] + 0.059\ 2\ \text{V}\lg c(H^+) \\ &\quad + \frac{0.059\ 2\ \text{V}}{2}\lg\frac{c(H_3AsO_4)}{c(H_3AsO_3)}\end{aligned}$$

当 $c(H_3AsO_4)=c(H_3AsO_3)$ 时

$$\begin{aligned}\varphi^{\ominus\prime}[\text{As(V)/As(III)}] &= \varphi[\text{As(V)/As(III)}] \\ &= 0.560\ \text{V} + 0.059\ 2\ \text{V}\lg c(H^+) = 0.501\ \text{V}\end{aligned}$$

5.4 电极电势的应用

利用电极电势可以定量地讨论氧化还原反应，除了可以确定氧化剂的氧化能力、还原剂的还原能力外，还有如下诸多方面的应用。

5.4.1 计算原电池的电动势

利用能斯特方程计算某原电池正负两极的电极电势，则可依下式算出原电池的电动势。

$$E = \varphi(+) - \varphi(-)$$

例 5-10 将下述反应设计成原电池，计算原电池的电动势。

$$\begin{aligned}&3Cu + ClO_3^-(2.0\ \text{mol}\cdot\text{L}^{-1}) + 6H^+(4.0\ \text{mol}\cdot\text{L}^{-1}) \\ &= Cl^-(0.5\ \text{mol}\cdot\text{L}^{-1}) + 3Cu^{2+}(0.2\ \text{mol}\cdot\text{L}^{-1}) + 3H_2O\end{aligned}$$

解：(+) $\varphi(ClO_3^-/Cl^-) = \varphi^{\ominus}(ClO_3^-/Cl^-) + \frac{0.059\ 2\ \text{V}}{6}\lg\frac{c(ClO_3^-)c^6(H^+)}{c(Cl^-)}$

$$= 1.450\ \text{V} + \frac{0.059\ 2\ \text{V}}{6}\lg\frac{2\times(4.0)^6}{0.5} = 1.490\ \text{V}$$

(−) $\varphi(Cu^{2+}/Cu) = \varphi^{\ominus}(Cu^{2+}/Cu) + \frac{0.059\ 2\text{V}}{2}\lg c(Cu^{2+})$

$$=0.337\ \text{V}+\frac{0.0592\text{V}}{2}\lg 0.2=0.317\ \text{V}$$

则：$E=\varphi(ClO_3^-/Cl^-)-\varphi(Cu^{2+}/Cu)=1.490\ \text{V}-0.317\ \text{V}=1.173\ \text{V}$

5.4.2 判断氧化还原反应进行的方向

恒温恒压下，体系吉布斯自由能的减少等于体系对外所做的最大有用功。对于电池反应，若反应在任意状态下进行，则有 $\Delta_r G_m=-nFE$；

若反应在标准状态下进行，则有 $\Delta_r G_m^{\ominus}=-nFE^{\ominus}$。

所以，可根据原电池电动势或正负极电极电势的相对大小来判断水溶液中氧化还原反应的方向。

当 $\Delta_r G_m<0$，即 $E>0$，或 $\varphi_{(+)}>\varphi_{(-)}$ 时，正反应能自发进行；

当 $\Delta_r G_m>0$，即 $E<0$，或 $\varphi_{(+)}<\varphi_{(-)}$ 时，逆反应能自发进行；

当 $\Delta_r G_m=0$，即 $E=0$，或 $\varphi_{(+)}=\varphi_{(-)}$ 时，反应达到平衡。

标准状态下，则可以用 $\varphi^{\ominus}$ 或 $E^{\ominus}$ 判断氧化还原反应的方向：$\varphi^{\ominus}$ 值大的电对中的氧化型物质（氧化剂）能够氧化 $\varphi^{\ominus}$ 值小的电对中的还原型物质（还原剂）。

例 5-11 （1）判断标准状态下，298 K 时，下面反应能否自发进行？

$$MnO_2+2Cl^-+4H^+=Mn^{2+}+Cl_2+2H_2O$$

（2）若用浓盐酸[$c(HCl)=12.0\ \text{mol}\cdot\text{L}^{-1}$]，反应能否自发进行（设其他物质均处于标准态）？

解：设上面反应在原电池中进行，则

（+） $MnO_2+4H^++2e^-\rightleftharpoons Mn^{2+}+2H_2O$ $\varphi^{\ominus}(MnO_2/Mn^{2+})=1.230\ \text{V}$

（−） $2Cl^-\rightleftharpoons Cl_2+2e^-$ $\varphi^{\ominus}(Cl_2/Cl^-)=1.358\ \text{V}$

（1）标准态下，$\varphi^{\ominus}(MnO_2/Mn^{2+})<\varphi^{\ominus}(Cl_2/Cl)$，反应不能正向自发进行。

（2）当用浓盐酸时，

$$\varphi(MnO_2/Mn^{2+})=\varphi^{\ominus}(MnO_2/Mn^{2+})+\frac{0.0592\ \text{V}}{n}\lg\frac{c^4(H^+)}{c(Mn^{2+})}$$

$$=1.230\ \text{V}+\frac{0.0592\ \text{V}}{n}\lg 12.0^4=1.360\ \text{V}$$

$$\varphi(Cl_2/Cl^-)=\varphi^{\ominus}(Cl_2/Cl^-)+\frac{0.0592\ \text{V}}{n}\lg\frac{p(Cl_2)}{c^2(Cl^-)}$$

$$=1.358\ \text{V}+\frac{0.0592\ \text{V}}{2}\lg\frac{1}{12.0^2}=1.298\ \text{V}$$

因为 $\varphi(MnO_2/Mn^{2+})>\varphi(Cl_2/Cl^-)$

所以，在此条件下反应能正向自发进行。

从例 5-6 的计算结果可知，单纯改变浓度对电极电势的影响不是很大，很难依靠改变浓度使反应方向逆转，当两电对的标准电极电势之差大于 0.2 V 时，一般可以采用标准电极电势直接来判断非标准态反应进行的方向。

从例 5-11 的计算结果可知，对于两电对标准电极电势之差小于 0.2 V 的氧化还原反应，则有可能通过改变反应物浓度或反应体系的酸度使反应方向产生逆转。

从例 5-7、5-8 的计算结果可知，如果利用沉淀反应、配位反应、改变体系酸度等方法大幅度地改变氧化型或还原型物质的浓度，对电极电势的影响则较大，则有可能使反应的方向发生逆转。在这些情况下，不能采用标准电极电势直接来判断非标准态反应进行的方向，必须按照能斯特方程分别计算出氧化剂电对和还原剂电对的电极电势，然后再根据计算出的原电池的电势，判断反应进行的方向。

例 5-12 对于 I^- 与 H_3AsO_4 的反应：

$H_3AsO_4 + 2I^- + 2H^+ \rightleftharpoons HAsO_2 + I_2 + 2H_2O$，已知 $\varphi^\ominus(H_3AsO_4/HAsO_2) = 0.560\ V$，$\varphi^\ominus(I_2/I^-) = 0.536\ V$

(1)判断该反应在标准态下的反应方向。

(2)保持其他物质处于标准态下，计算反应方向发生逆转时溶液的 pH。

解：(1)假定反应能正向自发进行，则

$(+)H_3AsO_4 + 2H^+ + 2e^- \rightleftharpoons HAsO_2 + 2H_2O \qquad \varphi^\ominus(H_3AsO_4/HAsO_2) = 0.560\ V$

$(-)I_2 + 2e^- \rightleftharpoons 2I^- \qquad \varphi^\ominus(I_2/I^-) = 0.536\ V$

$$E^\ominus = \varphi^\ominus(H_3AsO_4/HAsO_2) - \varphi^\ominus(I_2/I^-) = 0.560\ V - 0.536\ V = 0.024\ V > 0$$

标准态下，题示反应能正向自发进行，即 H_3AsO_4 能氧化 I^- 生成单质碘。

(2)要使反应方向发生逆转，要求：$\varphi(H_3AsO_4/HAsO_2) < \varphi(I_2/I^-)$

仅改变溶液体系酸度而其他条件均为标准态时，只有 $\varphi(H_3AsO_4/HAsO_2)$ 发生改变，而 $\varphi(I_2/I^-)$ 不发生变化，则：

$$\varphi(H_3AsO_4/HAsO_2) = \varphi^\ominus(H_3AsO_4/HAsO_2) + \frac{0.059\ 2\ V}{2}\lg c^2(H^+) < \varphi^\ominus(I_2/I^-)$$

即：$0.560\ V + \frac{0.059\ 2\ V}{2}\lg c^2(H^+) < 0.53\ 6V$

得：$c(H^+) < 0.155$，$pH > 0.81$ 且其他组分均处于标准态时，单质碘能够将 $HAsO_2$ 氧化成 H_3AsO_4。

As 元素具有多种价态，它在土壤中价态的转化是土壤农业化学研究的内容之一。土壤中有许多无机和有机的氧化还原性物质，使土壤具有一定的氧化还原特性，通常旱土的氧化还原电势值在 0.4～0.7 V，水田的氧化还原电势为＋0.3～－0.2 V，旱地土壤的氧化能力较强，而水田的还原能力较强，As 在旱地土壤中通常以 As(Ⅴ)形式存在，而在水田中通常以 As(Ⅲ)存在。测定土壤的氧化还原电势，研究土壤的各种氧化还原体系，可以确定土壤

中有有机物与无机物可能发生的氧化还原反应及其环境行为，对于土壤的物理化学性质的研究具有重要意义。

5.4.3 确定氧化还原反应的平衡常数

氧化还原反应进行的程度可用平衡常数来表示。

根据式(5-4)$\Delta_r G_m^\ominus = -nFE^\ominus$

结合 $\Delta_r G_m^\ominus = -RT\ln K^\ominus = -2.303\ RT\ \lg K^\ominus$，

$$\text{可得}\ \lg K^\ominus = \frac{nFE^\ominus}{2.303RT}$$

当该氧化还原反应在室温下进行，设 $T = 298.15$ K 时，

$$\text{有}\ \lg K^\ominus = \frac{nE^\ominus}{0.0592\ \text{V}} \tag{5-11}$$

可见，平衡常数的大小由参与反应的两个电极标准电极电势差决定，差值越大，平衡常数越大，反应也越完全。对于一般的化学反应，当 $K^\ominus$ 大于 10^6，通常可以认为反应进行得很完全，当某氧化还原反应得失电子数 $n=1$ 时，则 $E^\ominus \geqslant 0.36$ V，当 $n=2$ 时，则 $E^\ominus \geqslant 0.18$ V 时，可以认为反应能进行得很完全。

例 5-13 往 0.10 $mol \cdot L^{-1}$ $CuSO_4$ 溶液中投入足量 Zn 粒，计算 Cu^{2+} 的平衡浓度。

解：反应方程式 $Cu^{2+} + Zn \rightleftharpoons Zn^{2+} + Cu$

$$(+)Cu^{2+} + 2e^- \rightleftharpoons Cu \qquad \varphi^\ominus(Cu^{2+}/Cu) = 0.337\ \text{V}$$

$$(-)Zn^{2+} + 2e^- \rightleftharpoons Zn \qquad \varphi^\ominus(Zn^{2+}/Zn) = \ \ 0.763\ \text{V}$$

$$E^\ominus = \varphi^\ominus(+) - \varphi(-) = 0.337\ \text{V} - (-0.763\ \text{V}) = 1.100\ \text{V}$$

$$\lg K^\ominus = \frac{nE^\ominus}{0.0592\ \text{V}} = \frac{2\times1.100\ \text{V}}{0.0592\ \text{V}} = 37.2$$

$$K^\ominus = \frac{c(Zn^{2+})}{c(Cu^{2+})} = 2\times10^{37}$$

平衡常数很大，说明反应进行得很完全。则可认为平衡时，$c(Zn^{2+}) = 0.10\ mol \cdot L^{-1}$

$$c(Cu^{2+}) = \frac{0.10}{2\times10^{37}} = 5\times10^{-39}(mol \cdot L^{-1})$$

5.4.4 测定非氧化还原反应的平衡常数

某些物质的物理化学常数，如难溶电解质的溶度积常数、弱酸弱碱的解离常数、配合物的稳定常数等，用化学分析方法进行测定，有一定难度，如果设计合适的原电池，通过测量电极电势或电池电动势，则有可能实现对这些常数的测定。

例 5-14 已知

$$AgCl(s)+e^- \rightleftharpoons Ag+Cl^- \quad \varphi^{\ominus}(AgCl/Ag)=0.222\ V$$
$$Ag^+ +e^- \rightleftharpoons Ag \quad \varphi^{\ominus}(Ag^+/Ag)=0.799\ V$$

求 AgCl 的 $K_{sp}^{\ominus}$。

解:以电对 Ag^+/Ag 为正极,电对 AgCl/Ag 为负极,将两电极组成原电池,

$$(-)Ag \mid AgCl \mid Cl^-(1.0\ mol\cdot L^{-1}) \parallel Ag^+(1.0\ mol\cdot L^{-1}) \mid Ag(+)$$

电池反应为:$Ag^+ +Cl^- + Ag \rightleftharpoons AgCl(s)+Ag$,该反应与 $Ag^+ +Cl^- \rightleftharpoons AgCl(s)$是等价的。

$$K^{\ominus}=\frac{1}{c(Ag^+)c(Cl^-)}=\frac{1}{K_{sp}^{\ominus}(AgCl)}$$
$$\lg K^{\ominus}=\frac{nE^{\ominus}}{0.059\,2\ V}=\frac{1\times(0.799-0.222)V}{0.059\,2\ V}=9.74$$
$$\lg K_{sp}^{\ominus}(AgCl)=-9.74;K_{sp}^{\ominus}(AgCl)=1.80\times10^{-10}$$

利用这种方法,通过设计合适的原电池,测定(或计算)原电池的电动势可以测定(或计算)部分化合物的物理化学常数,也可以通过测定原电池的电动势来测得溶液的 pH,举例如下:

①测定 AgX(卤化银)的 $K_{sp}^{\ominus}$:

$$(-)Ag \mid AgX \mid X^-(1.0\ mol\cdot L^{-1}) \parallel Ag^+(1.0\ mol\cdot L^{-1}) \mid Ag(+)$$

②测定 HA(一元弱酸)的 $K_a^{\ominus}$:

$$(-)Pt \mid H_2(100\ kPa) \mid HA(1\ mol\cdot L^{-1}),$$
$$A^-(1\ mol\cdot L^{-1}) \parallel H^+(1\ mol\cdot L^{-1}) \mid H_2(100\ kPa) \mid Pt(+)$$

③测定 ML_n(配合物)的 $K_s^{\ominus}$:

$$(-)M \mid ML_n(1.0\ mol\cdot L^{-1}),L^-(1.0\ mol\cdot L^{-1}) \parallel M^{n+}(1.0\ mol\cdot L^{-1}) \mid M(+)$$

④测定一定浓度 HA 溶液的 pH:

$$(-)Pt \mid H_2(100\ kPa) \mid HA(c\ mol\cdot L^{-1}) \parallel H^+(1\ mol\cdot L^{-1}) \mid H_2(100\ kPa) \mid Pt(+)$$

值得指出的是:为了方便计算,在设计上述原电池时,可将正、负两极都控制在热力学标准态,而在实际测定过程中并非一定要将原电池的两极都控制在热力学标准态,只要各物质的浓度或分压已知即可。

5.5 元素的标准电极电势图

5.5.1 元素电势图

如果一种元素有多种氧化数，就可构成多个氧化还原电对，每个电对都有相应的电极电势。

为了研究方便，通常将某元素各种不同氧化数的物质，按氧化数降低的顺序从左到右排列，并用线连接，线上标出相应氧化还原电对的标准电极电势值，就得到该元素的标准电极电势图。它清楚地表明了同种元素的不同氧化态其氧化、还原能力的相对大小。其中 $\varphi_A^\ominus$ 表示 pH=0.0 时的标准电极电势，$\varphi_B^\ominus$ 表示在 pH=14.0 时的标准电极电势。

如铁元素和氯元素的标准电极电势图为：

$$\varphi_A^\ominus/V:\quad Fe^{3+} \xrightarrow{+0.771\ V} Fe^{2+} \xrightarrow{-0.440\ V} Fe$$
$$Fe^{3+} \xrightarrow{-0.036\,3\ V} Fe$$

$$\varphi_B^\ominus/V:\quad ClO_4^- \xrightarrow{0.36\ V} ClO_3^- \xrightarrow{0.33\ V} ClO_2^- \xrightarrow{0.66\ V} ClO^- \xrightarrow{0.40\ V} Cl_2 \xrightarrow{1.358\ V} Cl^-$$
$$ClO_3^- \xrightarrow{0.62\ V} Cl^-$$

5.5.2 元素电势图的应用

1. 判断歧化反应能否发生

同一元素任何三种氧化数组成的两个电对的电势图如下：

$$A \xrightarrow{\varphi_左^\ominus} B \xrightarrow{\varphi_右^\ominus} C$$

若 $\varphi_右^\ominus > \varphi_左^\ominus$，B 既是氧化剂又是还原剂，即 B 能自发地发生歧化反应生成 A 和 C；

若 $\varphi_右^\ominus < \varphi_左^\ominus$，当溶液中只有 A 和 C 存在时，将自发地发生歧化反应的逆反应(反歧化反应，又称为归中反应)，产物为 B。

例如，酸性溶液中，锰元素的标准电势图如下，判断哪些物质能发生歧化反应。

$$MnO_4^- \xrightarrow{+0.558\ V} MnO_4^{2-} \xrightarrow{+2.257\ V} MnO_2 \xrightarrow{+0.907\ V} Mn^{3+} \xrightarrow{+1.510\ V} Mn^{2+}$$
$$MnO_4^- \xrightarrow{+1.510\ V} Mn^{2+}$$
$$MnO_4^- \xrightarrow{+1.691\ V} MnO_2 \qquad MnO_2 \xrightarrow{+1.230\ V} Mn^{2+}$$

由上图，符合 $\varphi_右^\ominus > \varphi_左^\ominus$，能发生歧化反应的物质为 MnO_4^{2-}、Mn^{3+}。

歧化反应分别为：$3MnO_4^{2-} + 4H^+ = 2MnO_4^{2-} + MnO_2 + 2H_2O$

$$Mn^{3+} + 2H_2O = Mn^{2+} + MnO_2 + 4H^+$$

2. 计算未知电对的 $\varphi^\ominus$

利用元素电势图，根据相邻电对的已知标准电极电势，可以求出任一未知电对的标准电极电势。

例 5-15 根据电势图

$$MnO_4^- \xrightarrow{+0.558\ V} MnO_4^{2-} \xrightarrow{+2.257\ V} MnO_2$$

求 $\varphi^{\ominus}(MnO_4^-/MnO_2)$。

解:将上面三个电对分别与标准氢电极组成原电池,相应的电池反应和标准电动势如下:

$$MnO_4^- + \frac{1}{2}H_2 = MnO_4^{2-} + H^+ \qquad E_1^{\ominus} = \varphi_1^{\ominus} - \varphi^{\ominus}(H^+/H_2) = \varphi_1^{\ominus} \qquad (1)$$

$$MnO_4^{2-} + 2H^+ + H_2 = MnO_2 + 2H_2O \qquad E_2^{\ominus} = \varphi_2^{\ominus} - \varphi^{\ominus}(H^+/H_2) = \varphi_2^{\ominus} \qquad (2)$$

$$MnO_4^- + H^+ + \frac{3}{2}H_2 = MnO_2 + 2H_2O \qquad E_3^{\ominus} = \varphi_3^{\ominus} - \varphi^{\ominus}(H^+/H_2) = \varphi_3^{\ominus} \qquad (3)$$

由于(1)+(2)=(3),所以 $\Delta_r G_{m1}^{\ominus} + \Delta_r G_{m2}^{\ominus} = \Delta_r G_{m3}^{\ominus}$

由
$$\Delta_r G_{m_1}^{\ominus} = -nFE^{\ominus}, n_3 = n_1 + n_2$$

可得
$$n_3 F\varphi_3^{\ominus} = n_1 F\varphi_1^{\ominus} + n_2 F\varphi_2^{\ominus}$$

所以
$$\varphi_3^{\ominus} = \frac{n_1\varphi_1^{\ominus} + n_2\varphi_2^{\ominus}}{n_1 + n_2} = \frac{(1\times 0.558 + 2\times 2.257)\ V}{3} = 1.691\ V$$

根据上题推导原理,在一般情况下,若有 i 个相邻电对,则

$$\varphi^{\ominus} = \frac{n_1\varphi_1^{\ominus} + n_2\varphi_2^{\ominus} + n_3\varphi_3^{\ominus} + \cdots + n_i\varphi_i^{\ominus}}{n_1 + n_2 + n_3 + \cdots + n_i} \qquad (5\text{-}12)$$

式中:$n_1, n_2, \cdots, n_i$ 分别代表各电对电极反应的转移电子数。

利用式(5-12),根据电势图可以简便地计算出有关电对的电极电势。

□ 相关阅读

1. 廖代正. 氧化数及其与价的区别. 化学通报,1979(6):62.

2. 张五昌. 关于标准氢电极. 大学化学,1986,1(1):32.

3. 王爱丽. 关于条件电极电位的定义和应用. 大学化学,1994,9(4):55.

4. 吴国庆. 21 世纪的能源——太阳能电池. 化学教育,1999,3(1):1-3.

5. 孙杰,等. 可再生能和氢能的完美结合——生物质乙醇氢燃料. 合成化学,2007(1):232-234.

6. 龚兆胜,等. 生物电化学中广义的氧化还原电位缓冲体系. 云南农业大学学报,2004(5):596-599.

7. 韩冬梅,等. 生命化学领域的电化学研究进展. 化工时刊,2004(5):23-30.

8. 王翀,等.化学电源研究展望——美国电化学会第213次会议评述.电池,2008(5):297-299.

9. 姜标,等.用于生物氧化的蓝色漆酶.有机化学,2008(1):1715-1723.

10. 刘晓东.开发生物能源,缓解能源困局.中国国情国力,2008(11):14-16.

□ 习 题

基础题

5-1 单项选择题

(1)利用反应 $2Ag^+ + Fe = 2Ag + Fe^{2+}$ 组成原电池,当向 Ag^+/Ag 电极中通入少量 H_2S(g)后,电池电动势会________。

A. 升高　　B. 降低　　C. 不变　　D. 无法判断

(2)25℃,对于电极反应 $O_2 + 4H^+ + 4e^- = 2H_2O$ 来说,当 $p(O_2) = 100$ kPa 时,酸度与电极电势的关系式是________。

A. $\varphi = \varphi^\ominus(O_2/H_2O) + 0.059\,2$ VpH　　B. $\varphi = \varphi^\ominus(O_2/H_2O) - 0.059\,2$ VpH

C. $\varphi = \varphi^\ominus(O_2/H_2O) + 0.014\,8$ VpH　　D. $\varphi = \varphi^\ominus(O_2/H_2O) - 0.014\,8$ VpH

(3)已知 $\varphi^\ominus(Ag^+/Ag) = 0.80$ V,AgCN 的 $K_{sp}^\ominus = 1.0 \times 10^{-16}$,则 $\varphi^\ominus(AgCN/Ag)$ 值为________。

A. 1.75 V　　B. 0.15 V　　C. −0.15 V　　D. 0.32 V

(4)下列电对的 φ 值,不受酸度影响的为________。

A. MnO_4^-/Mn^{2+}　　B. H^+/H_2　　C. ClO_3^-/Cl^-　　D. Cl_2/Cl^-

(5)反应 $2Ag + Cu^{2+}(0.01\ mol \cdot L^{-1}) = 2Ag^+(1.0 \times 10^{-5}\ mol \cdot L^{-1}) + Cu$,$\varphi^\ominus(Ag^+/Ag) = 0.80$ V,$\varphi^\ominus(Cu^{2+}/Cu) = 0.34$ V,在 298 K 时 该反应标准平衡常数 $\lg K^\ominus$ 约为________。

A. $\lg K^\ominus = 2 \times 0.46\ V / 0.025\,7\ V$　　B. $\lg K^\ominus = 2 \times (-0.46\ V) / 0.025\,7\ V$

C. $\lg K^\ominus = 2 \times 0.46\ V / 0.059\,2\ V$　　D. $\lg K^\ominus = 2 \times (-0.46\ V) / 0.059\,2\ V$

(6)已知 $\varphi^\ominus(Fe^{3+}/Fe^{2+}) = 0.771$ V,$\varphi^\ominus(Ni^{2+}/Ni) = -0.230$ V,标准态时,能还原 Fe^{3+} 而不能还原 Ni^{2+} 的还原剂,与其对应的氧化态组成的电对的标准电极电势所在的范围为________。

A. >0.771 V　　B. <−0.230 V

C. >0.771 V 或<−0.230 V　　D. −0.230~0.771 V

(7)碱性介质中,碘元素的部分标准电极电势图如下:

$$IO_3^- \xrightarrow{0.14\ V} IO^- \xrightarrow{0.45\ V} I_2 \xrightarrow{0.54\ V} I^- \quad (IO^- \xrightarrow{0.495\ V} I^-)$$

则 I_2 在碱性溶液中歧化,最终产物为________。

A. I^-　　B. I^-, IO^-　　C. IO_3^-, IO^-　　D. IO_3^-, I^-

(8)当下列电极反应中有关离子浓度减小一半时,电极电势升高的是________。

A. $Cu^{2+} + 2e^- = Cu$　　B. $I_2 + 2e^- = 2I^-$

C. $2H^+ + 2e^- = H_2$　　D. $Fe^{3+} + e^- = Fe^{2+}$

(9)某氧化还原反应的标准吉布斯自由能变为 $\Delta_r G_m^{\ominus}$，平衡常数为 $K^{\ominus}$，标准电动势为 $E^{\ominus}$，则下列对 $\Delta_r G_m^{\ominus}$，$K^{\ominus}$，$E^{\ominus}$ 的值判断，合理的一组是________。

A. $\Delta_r G_m^{\ominus}>0, E^{\ominus}<0, K^{\ominus}<1$　　B. $\Delta_r G_m^{\ominus}>0, E^{\ominus}<0, K^{\ominus}>1$

C. $\Delta_r G_m^{\ominus}<0, E^{\ominus}<0, K^{\ominus}>1$　　D. $\Delta_r G_m^{\ominus}<0, E^{\ominus}>0, K^{\ominus}<1$

(10)下列三个反应：

a. $A+B^{+} \rightleftharpoons A^{+}+B$；b. $A+B^{2+} \rightleftharpoons A^{2+}+B$；c. $A+B^{3+} \rightleftharpoons A^{3+}+B$ 的标准平衡常数值相同，下述说法，正确的是________。

A. 反应 a 的 $E^{\ominus}$ 最大，而反应 c 的 $E^{\ominus}$ 最小

B. 反应 c 的 $E^{\ominus}$ 最大

C. 在 A 和 B 的性质不明确的情况下，无法比较反应 $E^{\ominus}$ 的大小

D. 三个反应的 $E^{\ominus}$ 均相同

5-2　用离子一电子法配平下列方程式

(1) $Cu+HNO_3$(稀) $\rightarrow Cu(NO_3)_2+NO+H_2O$

(2) $K_2Cr_2O_7+KI+H_2SO_4 \rightarrow K_3SO_4+Cr_2(SO_4)_3+I_2+H_2O$

(3) $Na_2C_2O_4+KMnO_4+H_2SO_4 \rightarrow CO_2+MnSO_4+K_2SO_4+Na_2SO_4+H_2O$

(4) $KIO_3+KI+H_2SO_4 \rightarrow I_2+K_2SO_4+H_2O$

(5) $KNO_2+H_2SO_4 \rightarrow KNO_3+K_2SO_4+NO+H_2O$

5-3　当溶液中 $c(H^+)$ 浓度增加时，下列氧化剂的氧化能力如何变化？

(1)Cl_2　　(2)$Cr_2O_7^{2-}$　　(3)Fe^{3+}　　(4)MnO_4^-

5-4　Calculate the potential of the cell made with a standard bromine electrode as the anode and a standard chlorine electrode as the cathode。

5-5　Diagram the reactions and Calculate the potential of the follwing cells。

(1) $(-)Zn|Zn^{2+}(0.1\ mol\cdot L^{-1})\|I^-(0.1\ mol\cdot L^{-1}),I_2|Pt(+)$

(2) $(-)Pt|Fe^{2+}(1\ mol\cdot L^{-1}),Fe^{3+}(1\ mol\cdot L^{-1})\|Ag^+(1\ mol\cdot L^{-1})|Ag(+)$

(3) $(-)Pt|H_2(100\ kPa)|H^+(0.001\ mol\cdot L^{-1})\|H^+(1\ mol\cdot L^{-1})|H_2(100\ kPa)|Pt(+)$

(4) $(-)Pt|MnO_4^-(1\ mol\cdot L^{-1}),Mn^{2+}(1\ mol\cdot L^{-1}),H^+(1\ mol\cdot L^{-1})\|H_2O_2(1\ mol\cdot L^{-1}),H^+(1\ mol\cdot L^{-1})|O_2(100\ kPa)|Pt(+)$

5-6　根据标准电极电势解释下列现象：

(1)金属铁能置换铜离子，而三氯化铁溶液却能“腐蚀”铜板。

(2)配制好的氯化亚锡溶液，储存时间长会失去还原性。

(3)硫酸亚铁溶液存放过程中会变黄。

5-7　将 Cu 片插入盛有 $0.5\ mol\cdot L^{-1}$ 的 $CuSO_4$ 溶液的烧杯中，Ag 片插入盛有 $0.5\ mol\cdot L^{-1}$ 的 $AgNO_3$ 溶液的烧杯中：

(1) 写出该原电池的电池符号。

(2) 写出电极反应式和原电池的电池反应。

(3) 求该原电池的电动势。

(4) 若加氨水于 $CuSO_4$ 溶液中，电池电动势如何变化？若加氨水于 $AgNO_3$ 溶液中，情

况又如何？

5-8 下列几种说法是否正确？

(1) 因为 ClO_3^- 被还原为 Cl^- 得到 $6e^-$，而 ClO^- 被还原为 Cl^- 得到 e^-，则 $\varphi^{\ominus}(ClO_3^-/Cl^-) > \varphi^{\ominus}(ClO^-/Cl^-)$。

(2) $Fe^{3+} + e^- \rightarrow Fe^{2+}$ $\varphi^{\ominus} = 0.771\ V$；则 $3Fe^{3+} + 3e^- \rightarrow Fe^{2+}$ 的 $\varphi^{\ominus} = 0.771\ V \times 3 = 2.313\ V$。

(3) 锂(Li)的电负性为 0.97，钾(K)的电负性为 0.91，则 $\varphi^{\ominus}(Li^+/Li) > \varphi^{\ominus}(K^+/K)$。

提高题

5-9 已知 $\varphi^{\ominus}(MnO_4^-/Mn^{2+}) = 1.510\ V$，$\varphi^{\ominus}(Cl_2/Cl^-) = 1.358\ V$，$\varphi^{\ominus}(Br_2/Br^-) = 1.065\ V$，欲使 Cl^- 和 Br^- 混合液中的 Br^- 被 MnO_4^- 氧化而 Cl^- 不被氧化，溶液的 pH 应控制在什么范围(假定溶液中除 H^+ 外，其他各离子、气体均处于标准态)？

5-10 若将下列反应

(1) $H_2(g) + \frac{1}{2}O_2(g) = H_2O(l)$ $\Delta_r G_m^{\ominus}(298\ K) = -237\ kJ \cdot mol^{-1}$

(2) $C(s) + O_2(g) = CO_2(g)$ $\Delta_r G_m^{\ominus}(298\ K) = -394\ kJ \cdot mol^{-1}$

设计成原电池，计算原电池的电动势 $E^{\ominus}$。

5-11 过量铁屑置于 $0.050\ mol \cdot L^{-1}$ 的 Cd^{2+} 溶液中，平衡时 Cd^{2+} 的浓度是多少？

5-12 298.15 K 下，下列原电池的电动势为 0.500 V 时，

$$Pt, H_2(100\ kPa) \mid H^+(?\ mol \cdot L^{-1}) \parallel Cu^{2+}(1.0\ mol \cdot L^{-1}) \mid Cu$$

则溶液的 H^+ 浓度是多少？

5-13 已知电极反应成

$PbSO_4(s) + 2e^- \rightleftharpoons Pb(s) + SO_4^{2-}(aq)$ $\varphi^{\ominus}(PbSO_4/Pb) = -0.355\ V$

$Pb^{2+}(aq) + 2e^- \rightleftharpoons Pb(s)$ $\varphi^{\ominus}(Pb^{2+}/Pb) = -0.126\ V$

请设计一个合适的原电池，写出原电池符号并计算 $PbSO_4$ 的 $K_{sp}^{\ominus}$。

5-14 已知下列电极反应的标准电极电势

$Cu^{2+} + e^- \rightleftharpoons Cu^+$ $\varphi^{\ominus}(Cu^{2+}/Cu^+) = 0.153\ V$

$Cu^{2+} + 2e^- \rightleftharpoons Cu$ $\varphi^{\ominus}(Cu^{2+}/Cu) = 0.337\ V$

(1)计算反应 $Cu^{2+} + Cu \rightleftharpoons 2Cu^+$ 的平衡常数。

(2)已知 $K_{sp}^{\ominus}(CuCl) = 1.2 \times 10^{-6}$，试计算下面反应的平衡常数。

$$Cu + Cu^{2+} + 2Cl^- \rightleftharpoons 2CuCl(s)$$

5-15 将铁棒置于 $0.010\ 0\ mol \cdot L^{-1}$ 的 $FeSO_4$ 溶液中作为一个半电池，锰棒置于 $0.100\ mol \cdot L^{-1}$ 的 $MnSO_4$ 溶液中作为另一个半电池构成原电池，试求：(1) 原电池的电动势；(2) 反应的标准平衡常数。已知 $\varphi^{\ominus}(Fe^{2+}/Fe) = -0.440\ V$，$\varphi^{\ominus}(Mn^{2+}/Mn) = -1.180\ V$。

5-16 The solubility-product constant for $Ni_2P_2O_7$ is 1.7×10^{-13}, Calculate the standard potential for the process:

$$Ni_2P_2O_7(s)+2e^- \rightleftharpoons 2Ni(s)+P_2O_7^{4}$$。

5-17 Calculate the $\Delta_r G_m^\ominus$, $K^\ominus$ at 298.15 K for the reaction: $Cd(s)+Pb^{2+}(aq) \rightleftharpoons Cd^{2+}(aq)+Pb(s)$。

5-18 有下列电势图

$$Cu^{2+} \xrightarrow{+0.153\ V} Cu^{+} \xrightarrow{+0.521\ V} Cu$$

$$Ag^{2+} \xrightarrow{+1.98\ V} Ag^{+} \xrightarrow{+0.799\ V} Ag$$

$$Au^{3+} \xrightarrow{+1.40\ V} Au^{+} \xrightarrow{+1.69\ V} Au$$

$$Fe^{3+} \xrightarrow{+0.771\ V} Fe^{2+} \xrightarrow{-0.440\ V} Fe$$

(1)哪些离子能发生歧化反应？

(2)计算 Cu^{2+}/Cu、Ag^{2+}/Ag、Au^{3+}/Au、Fe^{3+}/Fe 的标准电极电势。

Chapter 6 第6章

配位化合物和配位平衡

Coordination Compound and Coordination Equilibrium

学习目标

1. 掌握配位化合物的组成及命名;了解影响配位数的因素。
2. 了解螯合物结构特点及其稳定性。
3. 理解稳定常数、不稳定常数、逐级稳定常数、累积稳定常数的概念。
4. 掌握酸度、沉淀反应、氧化还原反应、配位反应对配位平衡的影响及相关计算。

6.1 配位化合物

配位化合物(coordination compound)简称配合物,是组成复杂、应用广泛的一类化合物。大约75%以上的无机化合物,特别是过渡元素的化合物,大多以配合物的形式存在。1798年,法国化学家塔索尔特(Tassert)制备出化学组成 $CoCl_3 \cdot 6NH_3$ 的化合物,它是由两个简单化合物($CoCl_3$ 和 NH_3)形成的一种新类型的化合物。由于人们不了解成键作用的本质,故将其称为复杂化合物(complex compound)。1893年,瑞士青年化学家维尔纳(A. Werner)教授提出了配合物的正确化学式和它们的成键本质,从而奠定了配位化学的基础。1913年,维尔纳因提出配位理论而获得诺贝尔化学奖。20世纪以后,随着人们对原子结构和化学键理论研究的不断深入,逐渐形成了一门极具活力的新兴学科—配位化学。配位化学在化学分析、生物科学、医学、染料、催化合成、电镀、金属防腐、湿法冶金等方面都有着重要的应用。配合物由于其独特的性质在科学研究和生产实践中的应用日益广泛并起着越来越重要的作用。

6.1.1 配位化合物的组成

配合物可定义为:一类由一个简单的中心离子(或原子)和一定数目的负离子或中性分子以配位键结合的化合物。也可以定义为:由形成体和一定数目的配体以配位键相结合而形成的结构单元,称为配位单元。

配合物通常是由内界(inner)和外界(outer)两部分组成。内界是具有复杂结构单元的配离子,一般用方括号括起来,其他部分称为配合物的外界。如$[Co(NH_3)_6]Cl_3$中,$[Co(NH_3)_6]^{3+}$为内界,Cl^-是外界。

$[Co$　　$(NH_3)_6]$　　Cl_3^-

↑　　↗ ↑ ↖　　↑

中心离子　配位原子　配位体　配位数　外界离子

配合物的内界和外界常以离子键结合,因此在水中外界离子可全部解离,而内界离子基本保持其复杂的稳定结构单元。内界主要由以下几部分组成:

(1)形成体　又叫中心离子(或中心原子)。配合物中复杂结构中心部位的离子或原子通过配位键与配体结合,这些离子或原子称为配合物的形成体。它一般是金属离子(常为过渡金属元素),如$[Cu(NH_3)_4]^{2+}$中的Cu^{2+},$[Ag(NH_3)_2]^+$中的Ag^+,也可以是中性原子和高氧化态非金属元素,如$[Fe(CO)_5]$中的Fe原子,$[SiF_6{}^{2-}]$中的Si^{4+}离子。

(2)配体和配位原子　与中心离子(或原子)结合的中性分子或阴离子叫做配位体,简称配体(ligand)。如$[Cu(NH_3)_4]^{2+}$、$[Ni(CO)_4]$中的NH_3、CO就是配体。配体和中心离子通过配位键相结合。在配体中,能提供孤对电子直接与中心离子(或原子)结合的原子称为配位原子。如配体NH_3中的N原子是配位原子(coordination atom;ligating atom),配体CO中的C原子是配位原子。配位原子带孤电子对,主要是电负性较强的非金属原子如N、O、S、C和卤素原子等,一些常见的配体和配位原子见表6-1。

表6-1　一些常见的配体和配位原子

配体实例	配位原子	配体实例	配位原子
NH_3,RNH_2,NCS^-,NO_2^-	N	H_2S,SCN^-,$S_2O_3^{2-}$ 等	S
H_2O,OH^-,$RCOO^-$,ROH,ONO^-	O	F^-,Cl^-,Br^-,I^-	X
CN^-,CO等	C		

只含有一个配位原子的配体称为单齿配体(monodentate ligand),如CO、F^-、NH_3、H_2O等。一个配体中含有两个或两个以上配位原子的配体称为多齿配体(polydentate ligand)。多齿配体一般是一些有机分子或离子。如乙二胺(ethylenediamine,en)$H_2\dot{N}—CH_2—CH_2—\dot{N}H_2$和氨基乙酸$H_2\dot{N}—CH_2—CO\ddot{O}H$都有两个配位原子。

(3)配位数　配位数(coordination number)是直接与中心离子(原子)以配位键结合的配位原子的总数。若配合物的配体都是单齿配体,则配位数就是配体的总数。如配合物$[Co(NH_3)_5H_2O]Cl_3$中的配体NH_3、H_2O均为单齿配体,故其配位数等于配体的总数目,等于6。若配体为同类型的多齿配体,则配位数为配体个数乘以每个配体中提供的配位原子个数。如配合物$[Cu(NH_2CH_2CH_2NH_2)_2]SO_4$中,每个乙二胺$NH_2CH_2CH_2NH_2$能提供两个配位原子N,故$Cu^{2+}$的配位数为4。若配体中既有单齿配体又有多齿配体,则配位数等于各配体中参加配位的配位原子数之和。

影响配位数的因素有:

①中心离子电荷越多，半径越大，则配位数越大。因为中心离子电荷越高，吸引配体的能力越强，因此配位数就越大。例如$[PtCl_4]^{2-}$中Pt^{2+}的配位数为4，而$[PtCl_6]^{2-}$中Pt^{4+}的配位数为6。中心离子半径越大，它周围容纳配体的空间就越大，配位数也就越多。例如$[AlF_6]^{3-}$中Al^{3+}的半径为50 pm，配位数为6，而$[BF_4]$中B^{3+}的半径为20 pm，配位数为4。

②配体电荷越少，半径越小，则配位数就越大。由于配体的电荷越小，配体之间的相互静电斥力就越小，共存于中心离子（原子）周围的可能性就越大。例如$[Zn(H_2O)_6]^{2+}$中Zn^{2+}的配位数为6，而$[Zn(OH)_4]^{2-}$中Zn^{2+}的配位数为4。配体的半径越小，在半径相同或相近的中心原子周围就能容纳更多的配体，其配位数就越大。如F^-的半径为136 pm，Cl^-的半径为181 pm，它们和Al^{3+}配位时分别形成$[AlF_6]^{3-}$和$[Al\ Cl_4^-]^-$。

③影响配位数的因素还有浓度、温度等。一般情况下配体的浓度大、反应的温度低，有利于形成高配位数的配合物。配合物的配位数为2、4、6的较多，而3、5的较少。

(4)配离子的电荷数。配离子的电荷数等于中心离子和各配体电荷的代数和。例如：

$$[Co(NH_3)_5Cl]^{2+}\text{的电荷数}=(+3)+(0\times5)+(-1)=+2$$

由于配合物是电中性的，因此也可根据外界离子的总电荷来确定配离子的电荷，例如：$K_3[Fe(CN)_6]$和$K_4[Fe(CN)_6]$中配离子的电荷分别为−3和−4。中性配合物如$[PtCl_2(NH_3)_2]$和$[Fe(CO)_5]$，形成体和配体电荷的代数和为零。

6.1.2 配位化合物的命名

配位化合物的命名遵循一般无机物命名的原则。阴离子为简单离子（如Cl^-、S^{2-}、OH^-等），称为“某化某”，阴离子为复杂离子（如SO_4^{2-}、CO_3^{2-}等），则称为“某酸某”；外界离子为H^+离子，则在配离子后加“酸”。

配位化合物的命名重点在于对配位物内界的命名。内界的命名顺序为：

配体数（汉字表示）—配位体名称—“合”字—中心离子名称及其氧化数（在括号内以罗马字说明）

当有多种配体同时存在时，应按以下顺序命名配体。

①先列负离子配体，后列中性分子配体，不同配体名称之间以“·”分开。

②先列无机配体，后列有机配体。如全是无机或有机配体，其顺序仍按先负离子后中性分子列出。

③同类配体按配位原子元素符号的英文字母顺序排列；同类配体的配位原子相同，则将含原子个数少的配体排在前面；若配位原子相同，配体中原子数目也相同，则按与配位原子相连原子的元素符号的英文字母顺序排列。

配合物命名举例如下：

$H_2[SiF_6]$	六氟合硅(Ⅳ)酸
$K_4[Fe(CN)_6]$	六氰合铁(Ⅱ)酸钾
$[Cu(NH_3)_4]SO_4$	硫酸四氨合铜(Ⅱ)
$[Co(H_2NCH_2CH_2NH_2)_3]Cl_3$	三氯化三乙二胺合钴(Ⅲ)

$[Ag(NH_3)_2]OH$	氢氧化二氨合银(Ⅰ)
$[CoCl(NH_3)_5]Cl_2$	二氯化一氯·五氨合钴(Ⅲ)
$[PtCl(NO_2)(NH_3)_4]CO_3$	碳酸一氯·一硝基·四氨合铂(Ⅳ)
$[Cr(NH_3)_6][Co(CN)_6]$	六氰合钴(Ⅲ)酸六氨合铬(Ⅲ)
$[Ni(CO)_4]$	四羰基合镍
$[Co(ONO)(NH_3)_5]SO_4$	硫酸亚硝酸根·五氨合钴(Ⅲ)

除系统命名外,常见的配离子或配合物也有一些俗名。如$[Cu(NH_3)_4]^{2+}$称为铜氨配离子,$K_3[Fe(CN)_6]$称为铁氰酸钾(俗称赤血盐),$K_4[Fe(CN)_6]$称亚铁氰化钾(俗称黄血盐),$K_2[PtCl_6]$称氯铂酸钾,$H_2[SiF_6]$称氟硅酸等。

6.1.3 螯合物

螯合物是由含有两个或两个以上配位原子的配体(多齿配体)与中心离子配位形成具有环状结构的配合物。"螯合"即成环的意思,犹如螃蟹的两个螯把形成体(中心离子)钳住似的,故叫螯合物。

能和中心离子形成螯合物的、具有多齿配体的配位剂,称为螯合剂(chelating agent)。一般常见的螯合剂是含有N、O、S、P等配位原子的有机化合物。由于常见的螯合物具有五元环或六元环,所以要求螯合剂必须有两个或两个以上都能给出电子对的配位原子。同时,每两个配位原子,必须隔着两个或三个其他原子,因为只有这样,才可以形成稳定的五原子环或六原子环。例如,在氨基乙酸根离子($H_2N—CH_2—COO—$)中,给出电子的羧基氧和氨基氮之间,隔着两个碳原子,因此它可以形成稳定的具有五原子环的化合物。

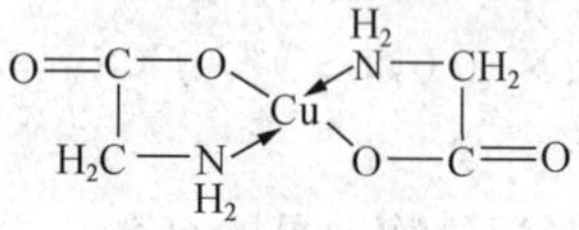

二氨基乙酸合铜 (II)

常见的螯合剂是氨羧配位剂,其中最主要和应用最广泛的是乙二胺四乙酸及其二钠盐(通常都简写为EDTA)。

螯合物与具有相同配位数的简单配合物相比,具有特殊的稳定性。这种特殊稳定性是由于环状结构的形成而产生的,我们把由于螯合环的形成而使配合物具有的特殊稳定性称为螯合效应。例如在下列的反应中:

$$[Ni(H_2O)_6]^{2+}+6NH_3 \rightleftharpoons [Ni(NH_3)_6]^{2+}+6H_2O$$

$$[Ni(H_2O)_6]^{2+}+3en \rightleftharpoons [Ni(en)_3]^{2+}+6H_2O$$

Ni^{2+}分别与氨和乙二胺形成简单配合物与螯合物,配位原子都是N原子,其稳定常数$K_f^{\ominus}$分别为9.1×10^7和3.9×10^{18}。显然形成三个螯合环的$[Ni(en)_3]^{2+}$稳定性大得多。螯合物的稳定性,随着螯合物中螯环数目的增多而增强。同时,螯环的大小也影响螯合物的稳定性,一般具有五元环或六元环的螯合物最稳定。大多数螯合物呈现特征颜色,常利用形成有特征颜色的螯合物来鉴定金属离子。

6.1.4 配位化合物的应用

随着科学技术的发展，配位化合物在科学研究的各个领域以及工农业生产的各个部门都有着许多重要的用途。

1. 在分析化学中的应用

(1)离子的鉴定　在定性分析中，某种配位剂若能和金属离子形成特征的有色配合物或沉淀，便可用于对该离子的特效鉴定。例如水溶液中 Cu^{2+} 能和氨形成深蓝色的$[Cu(NH_3)_4]^{2+}$，$[Cu(NH_3)_4]^{2+}$ 的颜色比$[Cu(H_2O_4)]^{2+}$ 的浅蓝色深得多，即使在 Cu^{2+} 浓度为 10^{-4} mol·L^{-1} 时还能被检出。

又如利用水溶液中的 Fe^{3+} 与 KSCN 溶液易形成特征血红色的$[Fe(NCS)_n]^{3-n}$ 来鉴定 Fe^{3+}。利用丁二酮肟可与 Ni^{2+} 在弱碱介质中形成鲜红色难溶的螯合物的反应来鉴定 Ni^{2+}。利用 $K_4[Fe(CN)_6]$可与 Fe^{3+} 和 Cu^{2+} 分别形成 $Fe_4[Fe(CN)_6]_3$ 蓝色沉淀和 $Cu_2[Fe(CN)_6]$红棕色沉淀的反应，鉴定 Fe^{3+} 和 Cu^{2+} 等。

(2)离子的分离　两种离子若有一种离子能和某种配位剂形成配合物，这种配位剂即可用于这两种离子的分离。例如在含有 Zn^{2+} 和 Al^{3+} 的混合溶液中，加入氨水，此时 Zn^{2+} 与 Al^{3+} 皆与氨水形成氢氧化物沉淀。但当加入更多的氨水时，$Zn(OH)_2$ 可与 NH_3 形成$[Zn(NH_3)_4]^{2+}$ 进入溶液，$Al(OH)_3$ 则不与 NH_3 形成配合物，从而达到了 Zn^{2+} 与 Al^3 分离的目的。

(3)掩蔽作用　在含多种金属离子溶液中，要测定其中某种金属离子，其他离子往往会发生类似的反应而干扰测定。例如，在含有 Co^{2+} 和 Fe^{3+} 的混合溶液中，加入配位剂 KSCN 检出 Co^{2+} 时，Co^{2+} 与配位剂将发生下列的反应：

$$\underset{\text{(粉红色)}}{[Co(H_2O)_6]^{2+}} + 4SCN^- = \underset{\text{(宝石蓝)}}{[Co(NCS)_4]^{2-}} + 6H_2O$$

但 Fe^{3+} 也可与 SCN^- 离子反应形成血红色的$[Fe(NCS)]^{2+}$，妨碍了对 Co^{2+} 的鉴定。如果事先在溶液中加入足够量的 NaF(或 NH_4F)，使 Fe^{3+} 生成稳定的无色$[FeF_6]^{3-}$，这样就可以排除 Fe^{3+} 对 Co^{2+} 鉴定的干扰作用。这种防止干扰的作用称为掩蔽效应，所用的配位剂(如 NaF)称为掩蔽剂。

掩蔽剂可用来掩蔽某些离子的干扰，以免产生沉淀、氧化、显色或其他不利的变化。在医疗上采用能在人体内掩蔽某些有毒金属离子的掩蔽剂，以治疗金属中毒。例如注射 $Na_2[CaY]$溶液能治疗铅中毒，因为 Pb^{2+} 可生成比$[CaY]^{2-}$ 更稳定的$[PbY]^{2-}$ 螯合离子(EDTA 掩蔽了 Pb^{2+})，$[PbY]^{2-}$ 无毒、可溶、能经肾脏排出体外。

2. 在冶金工业中的应用

用水溶液直接从矿石中将金属以化合物的形式浸取出来，然后再进一步还原为金属的过程称为湿法冶金。湿法冶金比火法冶金经济、简单，广泛用于从矿石中提取稀有金属和有色金属。在湿法冶金中金属配位化合物的形成在其中起着重要的作用。

(1)提炼金属　例如金的提取，首先矿石中的金在 NaCN 存在时可被空气中的氧气氧化为$[Au(CN)_2]^-$：

$$4Au + 8CN^- + 2H_2O + O_2 = 4[Au(CN)_2]^- + 4OH^-$$

Au^+/Au 电对的电极电势(+1.68 V)比 O_2/OH^- 电对的电极电势(+0.401 V)高,在一般情况下,金不能被氧气氧化。但当有 NaCN 存在时,由于形成 $[Au(CN)_2]^-$, $Au(CN)_2^-/Au$ 电对的电极电势(−0.56 V)比 O_2/OH^- 电对的电极电势低得多,因而氧气可氧化矿石中的金。然后将含有 $[Au(CN)_2]^-$ 的溶液用锌还原,即可得到金的单质:

$$Zn + 2[Au(CN)_2]^- = 2Au + [Zn(CN)_4]^{2-}$$

(2)分离金属　例如由天然铝矾土(主要成分是水合氧化铝)制取 Al_2O_3。首先要使铝与杂质铁分离,分离的原理是 Al^{3+} 可与过量 NaOH 溶液形成可溶性的 $[Al(OH)_4]^-$ 并进入溶液:

$$Al_2O_3 + 2OH^- + 3H_2O = 2[Al(OH)_4]^-$$

而 Fe^{3+} 与 NaOH 反应形成 $Fe(OH)_3$ 沉淀。通过澄清过滤,即可除去杂质铁。

在过渡元素中,第五、六周期同一副族元素的化学性质很相似,但它们形成的配合物的性质却有较大差别,可以利用这种差异,将它们进行分离提纯。例如元素锆(Zr)铪(Hf)在矿物中共生,且性质极为相似,我们利用有机配位剂磷酸三丁酯 $PO(C_4H_9O_3)_3$(简称 TBP)与 Zr 和 Hf 所形成的配合物性质不同,可使 Zr 和 Hf 分离。

3. 在生命科学中的应用

配合物在生命过程中起着重要作用,如植物中的叶绿素和哺乳动物体内的血红素分别是动植物体内的有机分子与金属元素镁、铁形成的配合物,含铜的天然有机分子蛋白质的配合物在无脊椎动物的血液中执行着输氧的功能。生物体中有很多酶和蛋白质与金属离子形成配合物在体内扮演着重要的角色,目前已鉴定出的金属酶有几百种,以含有 Zn,Fe,Cu 的酶最多。例如含锌酶就有 DNA 聚合酶、RNA 合成酶、碱性磷酸酶、碳酸酐酶、超氧化物歧化酶等 200 多种。

配合物小分子与 DNA 的作用也成为化学和生物学热门的研究领域,了解金属配合物与 DNA 的作用机制,是揭示其抗癌机理、合成新的抗癌药物的关键,将有助于人们从分子水平上了解生命现象的本质,并从基因水平上理解遗传病、癌症、艾滋病等疾病的发病机理,从而使通过分子设计寻找有效的治疗药物成为可能。目前插入 DNA 的某些配合物已被应用为人工核酸酶、DNA 结构探针、DNA 分子荧光试剂、DNA 断裂试剂和抗癌药等。

6.2 配位平衡

6.2.1 配位平衡常数

1. 稳定常数

在 Cu^{2+} 的溶液中滴加 $NH_3 \cdot H_2O$,先生成 $Cu(OH)_2$ 沉淀,继续滴加 $NH_3 \cdot H_2O$,沉淀溶解生成深蓝色 $[Cu(NH_3)_4]^{2+}$。在 $[Cu(NH_3)_4]^{2+}$ 配离子的水溶液中,加入 Na_2S 可得到黑色的 CuS 沉淀,说明 $[Cu(NH_3)_4]^{2+}$ 配离子可在一定程度上解离为 Cu^{2+} 和 NH_3。总之,溶液中配离子的形成与解离是同时存在的,即溶液中存在如下配位平衡:

$$Cu^{2+} + 4NH_3 \rightleftharpoons [Cu(NH_3)_4]^{2+}$$

对应的平衡常数称为配离子的稳定常数，又称形成常数，用 $K_f^{\ominus}$ 表示，其表达式可简写为

$$K_f^{\ominus} = \frac{c([Cu(NH_3)_4]^{2+})}{c(Cu^{2+}) \cdot c^4(NH_3)} \tag{6-1}$$

$K_f^{\ominus}$ 的大小反映了配位反应完成的程度，在一定温度下是一个常数。同类型的配离子可用 $K_f^{\ominus}$ 来比较它们的稳定性，$K_f^{\ominus}$ 越大，配离子越稳定。

2. 不稳定常数

$[Cu(NH_3)_4]^{2+}$ 在水溶液中的解离平衡为：

$$[Cu(NH_3)_4]^{2+} \rightleftharpoons Cu^{2+} + 4NH_3$$

对应的平衡常数称为配离子的不稳定常数(instability constant)，又称解离常数，用 $K_d^{\ominus}$ 表示，其表达式可简写为

$$K_d^{\ominus} = \frac{c(Cu^{2+}) \cdot c^4(NH_3)}{c([Cu(NH_3)_4]^{2+})} \tag{6-2}$$

$K_d^{\ominus}$ 值越大表示配离子越容易解离，即越不稳定。很明显 $K_f^{\ominus} = 1/K_d^{\ominus}$

3. 逐级稳定常数

中心离子与配体形成配离子时，是逐级(分步)进行的，每一步都有配位平衡和相应的稳定常数，这类常数称为逐级稳定常数(stepwise stability constant)，用 $K_{f,n}^{\ominus}$ 表示。例如$[Cu(NH_3)_4]^{2+}$形成时，其逐级配位平衡和逐级稳定常数为：

$$Cu^{2+} + NH_3 \rightleftharpoons [Cu(NH_3)]^{2+} \qquad K_{f,1}^{\ominus} = \frac{c([Cu(NH_3)]^{2+})}{c(Cu^{2+}) \cdot c(NH_3)} = 2.04 \times 10^4$$

$$[Cu(NH_3)]^{2+} \rightleftharpoons [Cu(NH_3)_2]^{2+} \qquad K_{f,2}^{\ominus} = \frac{c([Cu(NH_3)_2]^{2+})}{c([Cu(NH_3)]^{2+}) \cdot c(NH_3)} = 4.68 \times 10^3$$

$$[Cu(NH_3)_2]^{2+} \rightleftharpoons [Cu(NH_3)_3]^{2+} \qquad K_{f,3}^{\ominus} = \frac{c([Cu(NH_3)_3]^{2+})}{c([Cu(NH_3)_2]^{2+}) \cdot c(NH_3)} = 1.10 \times 10^3$$

$$[Cu(NH_3)_3]^{2+} + NH_3 \rightleftharpoons [Cu(NH_3)_4]^{2+} \quad K_{f,4}^{\ominus} = \frac{c([Cu(NH_3)_4]^{2+})}{c([Cu(NH_3)_3]^{2+}) \cdot c(NH_3)} = 1.99 \times 10^2$$

$K_{f,1}^{\ominus} > K_{f,2}^{\ominus} > K_{f,3}^{\ominus} > K_{f,4}^{\ominus}$，表明逐级稳定常数随着配位数的增加而减小。因为配位数增加时，配体之间的斥力增大，同时中心离子对每个配体的吸引力减小，因而其稳定性减弱。

$K_{f,1}^{\ominus}$、$K_{f,2}^{\ominus}$、$K_{f,3}^{\ominus}$、$K_{f,4}^{\ominus}$ 相差不大，说明在 $Cu\text{-}NH_3$ 配合物的水溶液中总是同时存在$[Cu(NH_3)]^{2+}$、$[Cu(NH_3)_2]^{2+}$、$[Cu(NH_3)_3]^{2}$ 这些低配离子，在进行配位平衡有关计算时，必须考虑各级配离子的存在。在配体过量较多时，配离子通常以最高配位数形式存在。但在精确计算时，一定要考虑逐级配位所产生的其他配位离子。

4. 累积稳定常数

将多配体配合物 ML_n 的逐级稳定常数依次相乘，可得到各级累积稳定常数(cumulative stability constant)，用 $\beta_n^{\ominus}$ 表示。如：配合物 ML_n 在水溶液中的各级累积稳定常数为：

$$\beta_1^\ominus = K_{f,1}^\ominus = \frac{c(ML)}{c(M)c(L)}$$

$$\beta_2^\ominus = K_{f,1}^\ominus \cdot K_{f,2}^\ominus = \frac{c(ML)}{c(M)c(L)} \times \frac{c(ML_2)}{c(ML)c(L)} = \frac{c(ML_2)}{c(M)c^2(L)}$$

……

$$\beta_n^\ominus = K_{f,1}^\ominus \cdot K_{f,2}^\ominus \cdots K_{f,n}^\ominus = \frac{c(ML)}{c(M)c(L)} \times \frac{c(ML_2)}{c(ML)c(L)} \times \cdots \times \frac{c(ML_n)}{c(ML_{n-1})c(L)}$$

$$= \frac{c(ML_n)}{c(M)c^n(L)} \tag{6-3}$$

式中：M 为中心离子；L 为配体（配位平衡中常将各组分的电荷略去）。最后一级累积稳定常数就是配合物的总的稳定常数。一些常见配离子的累积稳定常数见附录Ⅴ。

6.2.2 配位平衡的移动

在溶液中，配离子与组成它的中心离子及配体之间存在配位平衡，可用以下通式表示：

$$M + nL \rightleftharpoons MLn$$

若向溶液中加入酸、碱、沉淀剂、氧化剂、还原剂或其他配位剂等，配位平衡将发生移动。

1. 酸度对配位平衡的影响

一些配位体在广义上都属于质子碱，在一个配位平衡体系中，始终存在着酸碱反应和配位反应的竞争，即金属离子(M)与 H^+ 争夺配位体(L)。常见的配位体 NH_3 和 CN^-、F^- 等，可与 H^+ 结合生成相应的共轭酸。反应的程度取决于配体碱性的强弱，配体碱性越强就越易与 H^+ 结合。当溶液中 H^+ 浓度增加时，配体的浓度会下降，使配位平衡向解离方向移动，这种现象称为配位体的酸效应。

例 6-1 在 $Ag(NH_3)_2^+$ 溶液中加入 HNO_3 溶液，会发生什么变化？

解：溶液混合后，HNO_3 离解的 H^+ 与 $Ag(NH_3)_2^+$ 离解产生的 NH_3 结合生成 NH_4^+，溶液中同时存在酸碱平衡和配位平衡：

$$[Ag(NH_3)_2]^+ \rightleftharpoons Ag^+ + 2NH_3$$

$$NH_3 + H^+ \rightleftharpoons NH_4^+$$

总反应为：
$$[Ag(NH_3)_2]^+ + 2H^+ \rightleftharpoons Ag^+ + 2NH_4^+$$

$$K^\ominus = \frac{c(Ag^+) \cdot c^2(NH_4^+)}{c([Ag(NH_3)_2]^+) \cdot c^2(H^+)}$$

$$= \frac{c(Ag^+) \cdot c^2(NH_3) \cdot c^2(NH_4^+) \cdot c^2(OH^-)}{c([Ag(NH_3)_2]^+) \cdot c^2(NH_3) \cdot c^2(H^+) \cdot c^2(OH^-)}$$

$$= \frac{(K_b^\ominus)^2}{K_f^\ominus (K_w^\ominus)^2} = \frac{(1.8 \times 10^{-5})^2}{1.12 \times 10^7 \times (10^{-14})^2} = 2.89 \times 10^{11}$$

$K^\ominus$ 值很大，说明反应进行的程度很大，$Ag(NH_3)_2{}^+$ 完全离解。

过渡元素的金属离子，尤其在高氧化态时，都有显著的水解作用。例如在$[FeF_6]^{3-}$的配位平衡中，在pH较大时，由于Fe^3的水解反应，溶液中游离金属离子浓度降低，使配位平衡朝着解离的方向移动，导致配合物的稳定性降低，这种现象通常称为金属离子的水解效应或羟基络合效应：

$$[FeF_6]^{3-} \rightleftharpoons Fe^{3+} + 6F^-$$
$$+$$
$$3OH^- \rightleftharpoons Fe(OH)_3\downarrow$$

从防止金属离子水解的角度来看，增大溶液的酸度可抑制水解，防止游离金属离子浓度的降低，从而有利于配离子的形成。因此酸度对配位平衡影响是多方面的，既要考虑配体的酸效应，又要考虑金属离子的水解效应，但通常以酸效应为主。

2. 沉淀反应对配位平衡的影响

溶液中沉淀溶解平衡与配位平衡共存时，其竞争反应的实质是配位剂和沉淀剂争夺金属离子的过程。例如，在含有$[Ag(NH_3)_2]^+$的溶液中加入NaCl，则NH_3和Cl^-争夺Ag^+，溶液中同时存在配位平衡和沉淀平衡：

$$[Ag(NH_3)_2]^+ \rightleftharpoons Ag^+ + 2NH_3$$
$$Ag^+ + Cl^- \rightleftharpoons AgCl\downarrow$$

总反应为：

$$[Ag(NH_3)_2]^+ + Cl^- \rightleftharpoons AgCl\downarrow + 2NH_3$$

$$K^\ominus = \frac{c^2(NH_3)}{c([Ag(NH_3)_2]^+)\cdot c(Cl^-)} = \frac{c^2(NH_3)\cdot c(Ag^+)}{c([Ag(NH_3)_2]^+)\cdot c(Cl^-)\cdot c(Ag^+)}$$
$$= \frac{1}{K_f^\ominus K_{sp}^\ominus}$$

$K_{sp}^\ominus$越小，$K_f^\ominus$越小，沉淀反应进行的程度越大，配离子越易离解；$K_{sp}^\ominus$越大，$K_f^\ominus$越大，沉淀反应进行的程度越小，沉淀越易溶解。

例6-2 要使0.10 mol AgCl完全溶解在1.0 L氨水中，问氨水的初始浓度至少需多大？若是要溶解0.100 mol AgI呢？

解 0.1 mol AgCl完全溶解后，Ag^+几乎完全转化为$Ag(NH_3)_2^+$，则：

$$AgCl(s) + 2NH_3 \rightleftharpoons [Ag(NH_3)_2]^+ + Cl^-$$

平衡浓度/$(mol\cdot L^{-1})$　　x　　0.1　　0.1

$$K^\ominus = \frac{c([Ag(NH_3)_2]^+)\cdot c(Cl^-)}{c^2(NH_3)} = K_f^\ominus K_{sp}^\ominus$$

$$c(NH_3) = x = \sqrt{\frac{c([Ag(NH_3])_2^+)\cdot c(Cl^-)}{K_f^\ominus K_{sp}^\ominus}} = \sqrt{\frac{0.1\times 0.1}{1.12\times 10^7\times 1.8\times 10^{-10}}}$$
$$= 2.23(mol\cdot L^{-1})$$

0.10 mol AgCl 溶解需要 0.20 mol 的氨水，因此氨水的初始浓度至少应为：2.23 + 0.20 = 2.43 $mol \cdot L^{-1}$。

同样可计算出完全溶解 0.10 mol AgI 所需氨水的最低浓度为 3.3×10^{3} $mol \cdot L^{-1}$。实际上氨水不可能达到如此高的浓度，所以 AgI 沉淀不可能溶解在氨水中。

例 6-3 将 0.2 $mol \cdot L^{-1}$ $AgNO_3$ 溶液与 1.0 $mol \cdot L^{-1}$ $Na_2S_2O_3$ 溶液等体积混合，再向此溶液中加入 KBr 固体，使 Br^- 浓度为 0.01 $mol \cdot L^{-1}$，问有无 AgBr 沉淀产生？

解 $Ag^+ + 2S_2O_3^{2-} \rightleftharpoons [Ag(S_2O_3)_2]^{3-}$

初始浓度/$(mol \cdot L^{-1})$	0.1	0.5	0
平衡浓度/$(mol \cdot L^{-1})$	x	$0.5-2(0.1-x) \approx 0.3$	$0.1-x \approx 0.1$

$$c(Ag^+) = x = \frac{c([Ag(S_2O_3)_2]^{3-})}{K_f^{\ominus} \cdot c^2(S_2O_3^{2-})} = \frac{0.1}{2.88\times10^{13}\times(0.3)^2}$$

$$= 3.85\times10^{-14}\ (mol \cdot L^{-1})$$

$$Q_B = c(Ag^+) \cdot c(Br^-) = 3.85\times10^{-14}\times0.01 = 3.85\times10^{-16}$$

查表可知 $K_{sp}^{\ominus}(AgBr) = 5.0\times10^{-13}$

$Q_B < K_{sp}^{\ominus}$，故没有 AgBr 沉淀生成。

3. 氧化还原反应对配位平衡的影响

在配位平衡系统中若加入能与中心离子发生氧化还原反应的氧化剂或还原剂，改变了原有金属离子的存在形态，降低了原金属离子的浓度，从而影响了配离子的稳定性。

例如，在 $Fe(NCS)_3$ 溶液中加入还原剂 $SnCl_2$，由于 Sn^{2+} 能将 Fe^{3+} 还原为 Fe^{2+}，因而降低了 Fe^{3+} 的浓度，促进 $Fe(NCS)_3$ 的离解：

$$Fe(NCS)_3 \rightleftharpoons Fe^{3+} + 3SCN^-$$

$$2Fe^{3+} + Sn^{2+} \rightleftharpoons 2Fe^{2+} + Sn^{4+}$$

总反应为：$$2Fe(NCS)_3 + Sn^{2+} \rightleftharpoons 2Fe^{2+} + Sn^{4+} + 6SCN^-$$

另外，如果金属离子在溶液中形成了配离子，金属离子的氧化还原性往往会发生变化。如果电对中氧化型金属离子形成较稳定的配离子，由于氧化型金属离子的浓度下降，则电极电势会减小。

例如溶液中有下列反应：

$$2Fe^{3+} + 2I^- \rightleftharpoons 2Fe^{2+} + I_2$$

若在此溶液中加入 NaF，F^- 与 Fe^{3+} 生成稳定的$[FeF_6]^{3-}$配离子，从而降低了 Fe^{3+} 的浓度，因而 Fe^{3+}/Fe^{2+} 电对的电极电势减小，使上述氧化还原平衡向左移动，I_2 又被还原成 I^-，反应逆向进行：

$$2Fe^{2+} + I_2 + 12F^- \rightleftharpoons 2[FeF_6]^{3-} + 2I^-$$

4. 配离子的转化

在含有配离子的溶液中加入另一种配体后，可以生成另一种更稳定的配离子，即由 $K_f^{\ominus}$

小的配离子转化为 $K_f^\ominus$ 大的配离子，这种现象称为配离子的转化。

例如，在血红色 $Fe(NCS)_3$ 溶液中加入 NaF，F^- 和 SCN^- 争夺 Fe^{3+}，溶液中同时存在两个配位平衡：

$$Fe(NCS)_3 \rightleftharpoons Fe^{3+} + 3SCN^-$$

$$Fe^{3+} + 6F^- \rightleftharpoons [FeF_6]^{3-}$$

总反应为：

$$Fe(NCS)_3 + 6F^- \rightleftharpoons [FeF_6]^{3-} + 3SCN^-$$

$$K_f^\ominus = \frac{c([FeF_6]^{3-}) \cdot c^3(SCN^-)}{c(Fe(NCS)_3) \cdot c^6(F^-)} = \frac{c([FeF_6]^{3-}) \cdot c(Fe^{3+}) \cdot c^3(SCN^-)}{c(Fe^{3+}) \cdot c^6(F^-) \cdot c(Fe(NCS)_3)}$$

$$= \frac{K_f^\ominus([FeF_6]^{3-})}{K_f^\ominus(Fe(NCS)_3)} = \frac{5.88 \times 10^{15}}{1.0 \times 10^5} = 5.88 \times 10^{10}$$

$K^\ominus$ 很大，说明反应进行很完全，$Fe(NCS)_3$ 可完全转化为更稳定的 $[FeF_6]^{3-}$。在 $Fe(NCS)_3$ 溶液中加入足量 NaF 后，溶液即从血红色变为无色。

通过以上讨论可知，在溶液中，配位解离平衡常与沉淀溶解平衡、酸碱平衡、氧化还原平衡等发生相互竞争，利用这些关系，使各平衡相互转化，可以实现配合物的生成或解离，以达到科学实验或生产实践的需要。

□ 相关阅读

1. 邱江华，等. 单核配合物的合成、表征及多酚氧化酶活性研究. 云南大学学报，2008(1)：75.

2. 张天蓝，等. 氢离子浓度影响配位平衡的定量处理方法. 大学化学，2004(2)：51.

3. 胡喜兰，等. 锌配合物的合成、晶体结构与抗微生物活性. 无机化学学报，2008(2)：1.

4. 简椿林. 黄金冶炼技术综述. 湿法冶金，2008(1)：1.

5. 汪玉秀，等. 竞争反应与配离子稳定性. 西北林学院学报，1999(2)：98.

6. 杨建梅，等. 氨基酸螯合微量元素的研究及其在水产动物中的应用. 海洋科学，2008(1)：81.

7. 李英华，等. 中药配位化学研究进展 . 中国中药杂志，2006(16)：1309.

8. 刘红梅，等. 稀土金属配合物发光性能研究进展及应用. 中国稀土学报，2006(增刊)：10.

9. 朱桂琴. 沉淀效应对配位平衡的影响. 张家口师专学报，1999(3)：102.

10. 石莉萍，等. 硫酸四氨合铜的制备及组成测定的实验研究. 沈阳教育学院学报，2002(4)：113.

11. 张去，等. 生成函数法用于中性氨基酸-铜配合物稳定常数的测定. 理化检验-化学分册，2011(47)：648.

习　题

基础题

6-1　选择题

(1)在 $K[Co(C_2O_4)_2(en)]$中,中心离子的配位数为________。

A. 3　　B. 4　　C. 5　　D. 6

(2)当分子式为 $CoCl_3 \cdot 4NH_3$ 的化合物与 $AgNO_3$(aq)反应,沉淀出 1 moLAgCl,直接与钴离子成键的氯原子数为________。

A. 0　　B. 1　　C. 2　　D. 3

(3)下列物质中,能作为螯合剂的是________。

A. HO—OH　　B. $H_2N—NH_2$

C. $(CH_3)_2N—NH_2$　　D. $H_2N—CH_2—CH_2—NH_2$

(4)用 $AgNO_3$ 处理$[Fe(H_2O)_5Cl]Br$ 溶液,产生的沉淀主要是________。

A. AgBr　　B. AgCl

C. AgBr 和 AgCl　　D. $Fe(OH)_3$

6-2　举例说明下列术语的含义。

(1)配位体与配位原子　　(2)配位数与配位比

(3)单基配体与多基配体　　(4)螯合物与螯合剂

6-3　什么叫配离子的稳定常数和不稳定常数？二者关系如何？

6-4　什么是配合物的逐级稳定常数和配合物的累积稳定常数？二者关系如何？

6-5　命名下列配合物和配离子

(1)$(NH_4)_3[SbCl_6]$　　(2)$K_2[HgI_4]$　　(3)$K[Co(NO_2)_4(NH_3)_2]$

6-6　根据下列配合物和配离子的名称写出其化学式

(1)四氯合铂(Ⅱ)酸四氨合铜(Ⅱ)

(2)氯化二氯・四水合钴(Ⅲ)

(3)三溴化六氨合钴(Ⅲ)

6-7　指出下列配合物中的中心离子、配位体、配位数

(1)$K_2[Cu(CN)_4]$　　(2)$K_2[Pt Cl_2(OH)_2(NH_3)_2]$

(3)$[Co Cl (NH_3)(en)_2]Cl_2$

6-8　Specify the oxidation number of the central metal atom in each of the following compounds:

(a)$[Ru(NH_3)_5(H_2O)]Cl_2$　　(b)$[Cr(NH_3)_6](NO_3)_3$

(c)$[Fe(CO)_5]$　　(d)$K_4[Fe(CN)_6]$

提高题

6-9　有两种钴(Ⅲ)配合物,组成均为 $Co(NH_3)_5Cl(SO_4)$,但分别只与 $AgNO_3$ 和 $BaCl_2$ 发生沉淀反应,写出两个配合物的化学结构式。

6-10　无水 $CrCl_3$ 和氨作用能形成两种配合物 A 和 B,组成分别为 $CrCl_3 \cdot 6NH_3$ 和

$CrCl_3 \cdot 5NH_3$。加入 $AgNO_3$ 溶液，A 溶液中几乎全部的氯沉淀为 AgCl，而 B 溶液中只有 2/3 的氯沉淀出来，加入 NaOH 溶液并加热，两种溶液均无氨味，试写出这两种配合物的化学式并命名。

6-11 在 0.10 moL·L^{-1}K$[Ag(CN)_2]$溶液中加入 KCl 固体，使 Cl^- 的浓度为 0.10 moL·L^{-1}，会有什么现象发生，已知：$K_{sp}^{\ominus}(AgCl)=1.8\times10^{-10}$，$K_f^{\ominus}[Ag(CN)_2^-]=1.25\times10^{21}$。

6-12 在 100 mL 0.05 moL·$L^{-1}$$Ag(NH_3)_2{}^+$溶液中加入 1 mL 1 moL·$L^{-1}$NaCl 溶液，溶液中 NH_3 的浓度至少需要多大才能阻止 AgCl 沉淀生成？已知：$K_{sp}^{\ominus}(AgCl)=1.8\times10^{-10}$，$K_f^{\ominus}[Ag(NH_3)_2^+]=1.12\times10^7$。

6-13 0.08 moL $AgNO_3$ 溶解在 1L$Na_2S_2O_3$ 溶液中形成 $Ag(S_2O_3)_2^{3-}$，过量的 $S_2O_3^{2-}$ 浓度为 0.2 moL·L^{-1}，欲得到卤化银沉淀，所需 I^- 和 Cl^- 的浓度各为多少？能否得到 AgI、AgCl 沉淀？已知：$K_{sp}^{\ominus}(AgCl)=1.8\times10^{-10}$，$K_{sp}^{\ominus}(AgI)=8.3\times10^{-17}$，$K_f^{\ominus}[Ag(S_2O_3)_2^{3-}]=2.88\times10^{13}$。

6-14 50 mL 0.1 moL·$L^{-1}$$AgNO_3$ 溶液与等量的 6 moL·L^{-1} 氨水混合后，向此溶液中加入 0.119 gKBr 固体，有无 AgBr 沉淀析出？如欲阻止 AgBr 析出，原混合液中氨的初始浓度至少应为多少？已知：$K_{sp}^{\ominus}(AgBr)=5.0\times10^{-13}$。

6-15 Complete the following statements for the complexion $[Co(en)_2H_2OCN]^{2+}$ (a) en is the abbreviation for ________. (b) The oxidation number of Co is ________. (c) The coordination mumber Co is ________. (d) ________ is a bidentate ligand.

6-16 Complete the following statements for the complexion $[Cr(C_2O_4)_2(H_2O)_2]^-$. (a) The oxidation number of Cr is ________. (b) The coordination mumber of Cr is ________.

Chapter 7 第7章
分析化学概论
The Introduction of Analytical Chemistry

学习目标

1. 了解分析化学的任务和作用。
2. 了解定量分析方法的分类及定量分析的一般步骤。
3. 掌握定量分析误差产生的原因;理解准确度和精密度的概念及二者的相互关系。
4. 了解提高分析结果准确度的方法。
5. 掌握分析结果实验数据的处理方法。
6. 理解有效数字的意义,掌握它的运算规则。

7.1 分析化学的任务和分类

分析化学(analytical chemistry)是研究获取物质化学组成和结构信息的分析方法及相关理论的科学,是化学学科的一个重要分支。

分析化学在国民经济的发展,国防力量的加强,自然资源的开发及科学技术的进步等各方面都发挥着重要的作用。如从工业原料的选择、工业流程的控制到成品质量的检验;从土壤成分、化肥、农药到作物生长过程的研究;从武器装备的生产和研制到刑事犯罪活动的侦破;从资源勘探、矿山开发到三废的处理和综合利用;从反恐、防盗到食品安全、环境保护、卫生防疫等无不依赖分析化学的应用和发展。

现代分析化学已经远远超出化学学科领域,它正把化学与数学、物理学、生命科学、计算机科学结合起来,发展成为一门多学科性的综合科学。分析化学已从单纯的提供数据,上升到从分析数据中获得各种有用的信息和知识,而这些信息对生命科学、环境科学、食品科学、能源科学及医学科学的科学研究都是必不可少的,因此,分析化学被称为科学技术的眼睛,是进行科学研究的基础。

分析化学根据其承担的任务可分为定性分析、定量分析和结构分析。定性分析(qualitative analysis)的任务是鉴定物质的化学组成(元素、离子、官能团和化合物)。定量分析(quantitative analysis)的任务是测定物质中有关组分的含量。结构分析(structure analysis)的任务是研究物质的分子结构、晶体结构。在对物质进行分析时，通常要先确定物质的组成，然后再选择合适的分析方法，进行各成分含量的测定。如果成分已知或仅对体系中已知的某一成分进行测定，则只需进行定量、结构或形态分析。

分析化学根据其分析原理的不同，可分为化学分析法和仪器分析法。

化学分析法(chemical analysis)是以物质所发生的化学反应及其计量关系为基础的分析方法。化学分析法是分析化学的基础，又称经典分析法，主要有重量分析法和滴定分析法。

重量分析法是通过化学反应及一系列操作使待测组分分离出来或转化为另一种纯的、化学组成固定的化合物，然后称其质量，根据称得的物质的质量计算出被测组分在试样中含量的方法。该法准确度高，适用于含量为1%以上的常量分析，常被用于仲裁分析，但操作繁琐，分析速度较慢。

滴定分析法是将被测试样转化成溶液后，将一种已知准确浓度的试剂溶液，通过滴定管滴加到待测物质溶液中，利用适当的化学反应，通过指示剂的变色测出化学计量点时所消耗已知浓度的试剂溶液的体积，然后根据化学计量关系求得被测组分的含量，也称为容量分析(volumetric analysis)。该法所用仪器设备简单，操作简便，分析速度快，准确度高，适用于常量分析，被广泛应用于科学研究和工农业生产之中。

仪器分析法(instrumental analysis)是以物质的物理性质和物理化学性质为基础的分析方法，这类方法通过测量物质的物理或物理化学参数完成，需要较特殊的仪器。根据采集的特征信号和分析信号的不同，仪器分析法可以分为光学分析法、电化学分析法、色谱分析法和其他分析法等。我们将在第九章和第十章中介绍部分最常用的仪器分析方法。

仪器分析法具有操作简单、快速、灵敏度高、准确度较高等优点。适用于微量和痕量组分的测定。但由于仪器价格较贵，因此有时难以普及。化学分析法和仪器分析法有各自的优缺点和局限性，两者相辅相成。通常要根据被测物质的性质和对分析结果的要求，选择适当的分析方法进行测定。

按被测组分的含量不同，分析化学可分为常量组分分析(含量＞1%)、微量组分分析(含量0.01%～1%)和痕量组分分析(含量＜0.01%)。

按照分析时所取的试样量不同，可分为常量分析、半微量分析、微量分析及超微量分析。各种分析方法的试样用量见表7-1。

表7-1　各种分析方法的试样用量

分析方法	试样重量/mg	试液体积/mL
常量分析	100～1 000	10～100
半微量分析	10～100	1～10
微量分析	0.1～10	0.01～1
超微量分析	0.001～0.1	0.001～0.01

另外，按照分析的目的，分析工作又可分为例行分析、快速分析、仲裁分析等。

7.2 试样分析的一般步骤*

试样的分析过程一般包括下列步骤：试样的采集和制备、试样的分解、干扰组分的掩蔽和分离、测定方法的选择、分析结果的计算和评价。

7.2.1 试样的采集

从大量的物料中抽取出可代表整体平均组成状况的少量物料作为分析材料的过程称为取样(sample drawing)。所取的分析材料叫试样(sample)。在实际分析中，要求分析试样能反映整体物料的真实情况，即试样应具有高度的代表性，否则，无论使用的仪器多么先进，分析工作做得多么认真、分析方法多么准确都毫无意义，甚至可能导致错误的结论，造成很大的损失。因此，在进行分析时，需要根据试样的不同特征选用合适的取样方法。

1. 组成分布比较均匀的试样的采集

气体和液体大都是均匀的，对于气体样品，一般采用减压法、真空法、流入换气法等，将气体试样直接导入容器；也可以用适当的液体溶剂吸收或固体吸附剂吸附富集气体等。对于液体试样，例如管道中、河流中、湖泊中的液体试样，采用不同出水点、不同深度、不同位置，多点取样，以便得到具有充分代表性的试样。对于组成较均匀的固体试样，如化工产品、面粉、盐类等，可在试样的堆垛中，用"多点取样法"。随意从上、中、下层和堆垛的四边、四角各取一定量试样，混匀即可。

2. 组成分布不均匀的试样的采集

对于矿石、煤炭、土壤等一些颗粒大小不均、成分复杂、组成不均匀的试样，取样较为麻烦。首先，根据堆放情况，从不同部位和深度选取多个取样点，取样越多越具有代表性，但过多的采样点和采样量不仅没有必要，还会增加操作手续。一般来说，取样量的多少与试样的种类及其均匀程度有关，通常用下式计算取样量：

$$m = K \cdot d^a$$

上式称为采样公式，其中 m 为采取原始试样的质量(kg)，d 为试样的最大粒度(mm)，K 和 a 均为经验常数，与试样的均匀程度和易破碎程度有关，可由实验求得。K 值通常在 0.05～1.0 之间，a 值在 1.8～2.5 之间。地质部门规定 a 值为 2。

在实际分析工作中，遇到的样品情况是多种多样的，就其存在过程有无生命力分为生物和非生物；就其存在状态分为静态和动态；就其形态可分为固态、液态和气态；就其组分分布状况可分为均态和非均态。因此，采样应根据待分析物料的性质、待测组分的分布状况、均匀程度、粒块大小、代表数量、分析项目及对误差的要求等具体情况而定。各行业对有关组分的分析其采样方法大多都有规定的标准，希望同学们在今后的工作中注意参照执行。

7.2.2 试样的制备

从大量的物料中采集的试样叫原始试样。原始试样一般不能直接用于分析，还需经过破碎、过筛、混匀和缩分等步骤，制成供分析的试样。在粉碎的过程中，应避免由于设备的磨损等原因而引入杂质和试样的飞溅损失。破碎、研磨的试样必须过筛，通不过筛孔的颗粒，继续研磨,直至所有的颗粒都通过筛孔。各种筛号的筛孔规格如表 7-2 所示。

表 7-2 标准筛的筛号与孔径

筛号(网目)	6	10	20	40	60	80	100	120	140	200
筛孔直径/mm	3.36	2.00	0.83	0.42	0.25	0.177	0.149	0.125	0.105	0.074

缩分的任务是将原始试样的量减少并保证缩分后试样中组分含量与原始试样一致。常用的缩分法为“四分法”即将试样破碎后混合均匀,堆成锥形,然后略为压平,通过锥中心分为四等份,把任意对角的两份弃去,收集剩下的两份,混匀,这样试样便缩减了一半,称为缩分一次。见图 7-1。

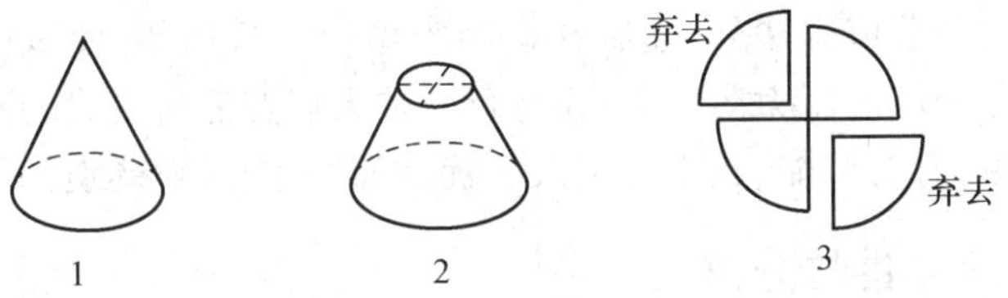

图 7-1 四分法

缩分的次数不是随意的,每次缩分的最低质量应符合采样公式的要求,否则应再次缩分直至所需的量为止。

7.2.3 试样的前处理

在实际分析工作中,除干法分析外,通常要先把试样分解,将试样中的待测成分定量转入溶液后再进行测定,此项工作叫试样的前处理(sample pretreatment)。在分解试样的过程中,应遵循以下原则:试样的分解必须完全;待测组分不能有损失;不能引入待测组分和干扰物质。根据试样的性质和测定的方法不同,常用的分解方法有溶解法、熔融法和干式灰化法。

1. *溶解法*(dissolution)

采用适当的溶剂,将试样溶解后制成溶液的方法,称为溶解法。常用的溶剂有水、酸和碱等。溶于水的试样一般称为可溶性盐类,如硝酸盐、乙酸盐、铵盐、绝大部分的碱金属化合物和大部分的氯化物、硫酸盐等。而对于不溶于水的试样,可采用酸或碱进行溶解,又称为酸溶法和碱溶法。酸溶法是利用酸的酸性、氧化还原性和配位作用使试样溶解,常用的酸溶剂有盐酸、硝酸、硫酸、高氯酸、磷酸、氢氟酸和一些混合酸等。常用的碱溶剂主要为氢氧化钠和氢氧化钾溶液。

2. *熔融法*(fusion)

熔融法是将固体熔剂与试样混合均匀后在高温下进行分解反应,使待测成分转变为可溶于酸或水的化合物,是一种高效的分解方法。但要注意,熔融时,由于需要加入大量的熔剂(一般为试样的 6 ~12 倍)而会引入干扰。另外,熔融时,由于坩埚材料的腐蚀,也会引入其他成分。根据所用熔剂的性质和操作条件,熔融法可分为酸熔、碱熔和半熔法。对于碱性试样,采用酸性熔剂如 $K_2S_2O_7$ 和 $KHSO_4$ 进行熔融。对于酸性试样,采用碱性熔剂如

Na_2CO_3、K_2CO_3、NaOH、KOH、Na_2O_2或它们的混合物等进行熔融。半熔法又称烧结法，该法是在低于试样熔点的温度下，将试样与熔剂混合加热至熔结。由于温度较低，不易损坏坩埚而引入杂质，通常可在瓷坩埚中进行，但加热时间较长。

3. *干式灰化法* (dry incineration)

干式灰化法常用分解有机试样和生物试样。在一定温度下，于马弗炉内加热，使试样分解、灰化，然后用适当的溶剂将剩余的残渣溶解。根据待测组分挥发性的差异，选择合适的温度，以免造成分析误差。也可以用氧气瓶燃烧法，该法是将试样包裹在定量滤纸内，用铂片夹牢，放入充满氧气并盛有少量吸收液的锥形瓶中进行燃烧，试样中的硫、磷、卤素及金属元素，将分别形成硫酸根、磷酸根、卤素离子及金属氧化物等溶解在吸收液中。对于有机物中碳、氢元素的测定，通常用燃烧法，将其定量转变为 CO_2 和 H_2O。

除上述几种常用的分解方法外，还有在密闭容器中进行加热，使试样和溶剂在高温、高压条件下快速反应而分解的压力溶样法；还有目前被人们普遍接受、特点较为明显的微波溶样法。该法操作简单，省时节能，且不易引入干扰，同时减少了对环境的污染。

7.2.4 试样的富集与分离

在定量分析中，常遇到比较复杂的试样，在测定其中某一组分时，共存的组分便会产生干扰。可通过控制分析条件或采用掩蔽法来消除干扰，若仍无法解决问题，就需要将待测定组分与干扰组分分离。在某些试样中待测组分的含量较低，无法进行测定，这时必须对待测组分进行富集，即在将待测组分与干扰组分加以分离的同时，设法将待测组分的浓度提高以便于测定。目前，虽然有许多灵敏度高、选择性好的仪器分析法，但在实际工作中，由于基体效应和其他各种干扰而难以得到准确度高的测定结果。因此，分析中的富集与分离方法(separation and enrichment in analytical chemistry)是各种分析方法中必不可少的重要步骤。

对于常量组分的分离和痕量组分的富集，总的要求是分离、富集要完全。分离富集效果的好坏通常用回收率(recovery percent)来衡量。

$$回收率=\frac{分离后测得的待测组分质量}{原来所含待测组分质量}\times 100\%$$

回收率表示被分离组分在分离后回收的完全程度。分离富集的回收率越接近100%，分离效果越好，待测组分的损失越小，干扰组分分离越完全。但实际分离时，总会造成被分离组分的某些损失。通常，对于相对含量较大的常量组分的分离，回收率应在99%以上；对于相对含量较低的微量组分，回收率能够达到95%，甚至到90%就可以满足要求。

下面介绍几种分析化学中常用的试样的分离富集方法。

1. *沉淀分离法*(precipition separation)

沉淀分离法是一种经典的分离方法。它是根据溶度积原理利用沉淀反应进行分离的方法。在待测试液中，加入适量的沉淀剂，并控制反应条件，使待测组分离子沉淀出来，而其他离子则留于溶液中，从而达到分离的目的。在定量分析中，由于任何沉淀在一定条件下的溶解度是一定的，故沉淀分离法仅适合常量组分而不适合微量组分的分离。该法要求沉淀完全且沉淀物不被干扰组分玷污。

常量组分的沉淀分离可以采用沉淀为氢氧化物(控制 pH 的常用方法如 NaOH 法、氨水法和有机碱法),沉淀为硫化物、硫酸盐、磷酸盐以及利用有机沉淀剂的沉淀分离。采用无机沉淀剂所得的沉淀大多数都是无定形或凝乳状沉淀,仅少数如 $BaSO_4$ 等为颗粒较大的晶体沉淀。沉淀分离中常见的氢氧化物、硫化物沉淀的颗粒小,总面积大,结构疏松,共沉淀严重,选择性差,分离效果不理想。有机沉淀剂以其突出的优点:沉淀完全、选择性高、吸附无机杂质少等而在沉淀分离中得到广泛应用。常用的有机沉淀剂有:铜铁试剂(N-亚硝基苯胲铵盐)、铜试剂(二乙基胺二硫代甲酸钠,简称 DDTC)、8-羟基喹啉、丁二酮肟、四苯硼酸钠等。

在重量分析中,共沉淀(coprecipitator)现象是一种消极因素,在分离方法中,却能利用共沉淀现象来分离和富集痕量组分。即加入某种离子同沉淀剂生成沉淀作为载体,将痕量组分定量地沉淀下来,然后将沉淀分离,溶解在少量溶剂中,以达到分离和富集的目的。

2. *液-液萃取分离法*(liquid-liquid extraction, LLE)

液-液萃取分离法又称溶剂萃取分离法。这种方法是利用与水不相溶的有机溶剂同待测试样一起振荡,使被测组分进入有机相,其他组分仍留在水相,从而达到分离富集的目的。萃取分离法主要用于无机元素的分离和富集。该法操作快速,仪器简单,分离效果好,故应用广泛。

无机盐类在水中解离会形成水和离子,它们易溶于水而难溶于有机溶剂,这种性质成为亲水性(hydrophilicity)。许多有机化合物难溶于水而易溶于有机溶剂,这种性质称为疏水性(hydrophobicity)。萃取分离的本质就是从水相中将无机离子萃取到有机相中。例如,Ni^{2+} 在水中以水和离子$[Ni(H_2O)_6]^{2+}$形式存在,是亲水的。要将它转化为疏水的,并溶于有机溶剂中,需要在 pH=8~9 的氨性溶液中,加入丁二铜肟,使其与 Ni^+ 形成具有疏水性的螯合物,然后加入 $CHCl_3$ 振荡,Ni^{2+}-丁二铜肟螯合物就被萃取到 $CHCl_3$ 中。萃取效率用萃取率(被萃取物质在有机相中的量占它在两相中总量的百分数)表示。

萃取分离法是基于各种不同物质在两种不混溶的溶剂中溶解度或分配比(partation ratio)的不同来达到分离、富集或纯化的目的。

分配比是指存在于有机相和水相中的溶质的总浓度之比。它可以衡量在一定条件下的萃取能力。在萃取工作中,不仅要了解对某种物质的萃取程度如何,而且还要考虑共存组分间的分离效果如何,一般用分离系数(separation coefficient)来表示分离效果。分离系数是指被分离的物质在同一萃取体系中,在相同条件下分配比的比值。如果被分离的两种物质的分配比相差很大,分离系数就很大,则两种物质可以定量分离;反之,两种物质就很难完全分离。

常用的萃取体系有:螯合物萃取体系、离子缔合物萃取体系和三元配合物萃取体系。

3. *离子交换分离法*(ion exchange separation)

离子交换分离法是利用离子交换剂与溶液中的离子发生交换反应使离子分离的方法。

离子交换剂的种类很多,主要分为无机离子交换剂和有机离子交换剂。有机离子交换剂是一种高分子化合物,又称离子交换树脂(ion exchange resin)。离子交换树脂具有多孔网状结构,在其网状结构的骨架上,有许多可以和溶液中的离子发生交换的活性基团。

活性基团为酸性,其中的阳离子可被溶液中的阳离子交换。这种树脂为阳离子交换树脂(cation exchange resin)。如强酸性阳离子交换树脂——国产 732#树脂,结构中含有磺酸基($-SO_3H$),常用 $R—SO_3H$ 表示,弱酸性阳离子交换树脂如 R—COOH 和 R—OH 等。当这种树脂浸泡在水中时,发生交换反应为:

$$R—SO_3H+Na^+=R—SO_3Na+H^+$$

活性基团为碱性,其中的阴离子可被溶液中的阴离子交换。这种树脂为阴离子交换树脂(anion exchange resin),含季胺基的树脂称为强碱性阴离子交换树脂,如国产 717#树脂——$R—N(CH_3)_3Cl$,含伯氨基、仲氨基和叔氨基的树脂为弱碱性阴离子交换树脂。这些树脂水化后分别形成氢氧型阴离子交换树脂。所连的$-OH$ 能被阴离子交换。

在离子交换树脂中引入某些能与金属离子螯合的活性集团,就成为螯合树脂(chelating resin),它能在交换过程中选择性地交换某种金属离子,所以对化学分离有重要意义。

离子在树脂上交换能力的大小称为离子交换亲和力。这种亲和力(affinity)与水和离子的半径、电荷及离子的极化程度有关,水和离子的半径越小,电荷越高,离子极化的程度越大,其亲和力也越大。根据树脂对各种离子亲和力的差别,就可使离子得到分离。

离子交换分离法是基于物质在固相和液相之间的分配,这种方法分离效率高,既能用于带相反电荷的离子之间的分离,还可用于带有相同电荷或性质相近的离子之间的分离,同时还广泛应用于微量组分的富集和高纯物质的制备。

4. 色谱分离法(chromatographic separation)

色谱分离法是利用物质在两相(一种是固定相,另一种是流动相)中的分配系数的微小差异进行分离的方法。色谱分离法在生物学、医药卫生、环境保护等方面应用广泛。这里只简单介绍属于经典的纸上色谱分离法和薄层色谱分离法,气相色谱法和液相色谱法将在第九章仪器分析选介中介绍。

(1)纸上色谱分离法(paper chromatography) 该分离方法是用滤纸作载体(suppor),将待分离的试液用毛细管滴在滤纸的原点位置上,利用纸上吸收的水分(一般的纸吸有约等于自身质量 20%的水分)作固定相(station phase),另取一有机溶剂作流动相(moving phase),也叫展开剂,由于毛细管作用,当流动相与滤纸上的固定相相遇时,被分离的组分就在两相间一次又一次的分配(相当于一次又一次的萃取),分配比大的组分移动得快,分配比小的组分移动得慢,从而将它们逐个分开。

纸上色谱分离法在有机物的分析中应用广泛,如氨基酸、糖类、磺胺类药物的分离和检出等。

(2)薄层色谱分离法(thin layer chromatography) 薄层色谱分离法是将固定相吸附剂(例如硅胶、活性氧化铝、纤维素等)均匀涂在玻璃板上制成薄层板,把试液点在薄层板的一端距边缘一定距离处;然后将薄层板放入盛展开剂的容器中,使点有试样的一端浸入展开剂。由于薄层的毛细管作用,展开剂沿着薄层板上升,遇到试样时,试样就溶解在展开剂中并随展开剂上升。在此过程中,试样中的各组分在固定相和流动相之间不断地发生溶解、吸附、再溶解、再吸附的分配过程。易被吸附的物质移动得慢些,较难吸附的物质移动得快些。经过一段时间后,不同物质上升的距离不同而形成相互分离的斑点从而达到分离。

薄层色谱分离法广泛应用于有机物的分析,近年来在环境监测分析中应用最多。例如,用硅胶 G 薄层和适当展开剂分离各种有机农药。用硅胶 G 薄层,以丙酮-氯仿(6∶9.4)为展开剂,分离和测定食品中黄霉素 B_1 等致癌物质。

5. 气浮分离法(flotation separation)

采用某种方式，向水中通入大量微小气泡，在一定条件下使呈表面活性的待分离物质吸附或粘附于上升的气泡表面而浮升到液面，从而使某组分得以分离的方法，称气浮分离法或气泡吸附分离法。该方法的基本原理为，表面活性剂在水溶液中易被吸附到气泡的气-液界面上。表面活性剂极性的一端向着水相，非极性的一端向着气相，含有待分离的离子、分子的水溶液中的表面活性剂的极性端与水相中的离子或其极性分子通过物理(如静电引力)或化学(如配位反应)作用连接在一起。当通入气泡时，表面活性剂就将这些物质连在一起定向排列在气-液界面，被气泡带到液面，形成泡沫层，从而达到分离的目的。它包括离子气浮分离法、沉淀气浮分离法和溶剂气浮分离法。

气浮分离法是分离和富集痕量物质的一种有效方法。应用于环境治理、痕量组分的富集等。沉淀气浮分离法已成功地用于水的净化和工业废水处理等。离子气浮分离法和溶剂气浮分离法，目前在分析化学上应用较多。如用于环境监测中痕量组分、贵金属的分离富集。

6. 超临界流体萃取分离法(supercritical fluid exetraction，SFE)

超临界流体萃取分离法是利用超临界流体萃取剂在两相之间进行的一种萃取方法。超临界流体是介于气液之间的一种既非气态又非液态的物态。它只能在物质的温度和压力超过临界点时才能存在。超临界流体的密度较大，与液体相仿，所以它与溶质分子的作用力很强，像大多数液体一样，很容易溶解其他物质。另一方面，它的黏度较小，接近于气体，所以传质速率很高；加上表面张力小，容易渗透固体颗粒，并保持较大的流速，可使萃取过程在高效、快速又经济的条件下完成。通常情况下用二氧化碳作超临界流体萃取剂分离萃取低极性和非极性的化合物，用氨或氧化亚氮作超临界流体萃取剂分离萃取极性较大的化合物。

超临界流体萃取分离法特别适合于处理烃类以及非极性脂溶化合物，如醚、酯、酮等。既有从原料中提取和纯化少量有效成分的功能，又能从粗制品中除去少量杂质，达到深度纯化的效果。

超临界流体萃取分离法被广泛地用于从各种香料、草本植物、中草药提取有效成分，如啤酒中常用的酒花中的苦味素的提取，椰子、花生、大豆及葵花子中植物油的提取等。它也用于除去少量杂质或有害成分，如从咖啡豆中除去对人体有害的兴奋剂-咖啡因。它还用于活化或再生各种吸附剂及环境污染物的分离富集等。

20 世纪 90 年代后，又发展了许多新的分离富集技术，如固相萃取(solid phase extraction，SPE)、凝胶渗透色谱法(gel permeation chromatography，GPC)、基质固相分散(matrix solid phase dispersion，MSPD)、加速溶剂萃取(accelerated solvent extraction， ASE)、微波辅助萃取(microwave asisted extraction，MAE)、固相微萃取(solid-phase micro-extraction，MSPD)、搅拌棒吸附萃取(SBSE)、毛细管电泳分离法等。

7.3 定量分析的误差

定量分析的任务是准确测定试样中有关各组分的含量，不准确的分析结果会导致产品报废，资源浪费，甚至在科学上得出错误的结论。但是，在分析过程中，即使是技术很熟练的人，用同一方法对同一试样仔细地进行多次分析，也不可能得到完全一致的分析结果。这就是说分析过程中的误差是客观存在的。因此，在进行定量测定时，必须对分析结果进行评价，判断其准确性，检查误差产生的原因，采取减少误差的有效措施，使测定结果尽量接近真实值。

7.3.1 准确度和精密度

分析结果误差的表征是通过准确度和精密度来显示的。

1. 准确度和误差

准确度(accuracy)表示测定值与真实值的接近程度，它们之间差别越小，则分析结果越准确。一般来说，真实值是不知道的。通常，可将元素的相对原子质量、化合物的理论组成等看做真值；在实际工作中，将精度高一个数量级的测定值作为低一级的测定值的真值，如厂矿实验室中标准试样及管理试样中各组分的含量等也可作为真值。

准确度是以误差(error)的大小来衡量的。测定结果(X)与真实值(T)之间的差值称为绝对误差(E_a)，即

$$E_a = X - T \tag{7-1}$$

误差除用绝对误差表示外，也可用相对误差(relative error)来表示。相对误差(E_r)是指绝对误差在真实值中所占的百分率。

$$E_r = \frac{E_a}{T} \times 100\% \tag{7-2}$$

误差越小，表示测定结果与真实值越接近，准确度越高。当测定值大于真实值时，误差为正值，表示测定结果偏高；反之，误差为负值，表示测定结果偏低。

例 7-1 已知两份试样的真实质量分别为：0.512 6 g 和 5.125 1 g。用分析天平称量两份试样，结果分别为 0.512 5 g 和 5.125 0 g。求两者称量的绝对误差和相对误差。

解：

$$E_{a_1} = 0.512\ 5\ \text{g} - 0.512\ 6\ \text{g} = -0.000\ 1\ \text{g}$$

$$E_{a_2} = 5.125\ 0\ \text{g} - 5.125\ 1\ \text{g} = -0.000\ 1\ \text{g}$$

$$E_{r_1} = \frac{E_{a_1}}{T_1} \times 100\% = \frac{-0.000\ 1\ \text{g}}{0.512\ 6\ \text{g}} \times 100\% = -0.02\%$$

$$E_{r_2} = \frac{E_{a_2}}{T_2} \times 100\% = \frac{-0.000\ 1\ \text{g}}{5.125\ 1\ \text{g}} \times 100\% = -0.002\%$$

从计算结果可知，两试样称量的绝对误差相等，但相对误差却相差 10 倍。由此可知，在允许的范围内，称量物越重，相对误差越小，称量的准确度越高。因此，用相对误差来衡量测定结果的准确度更为确切。

2. 精密度与偏差

精密度(precision)是指在相同的条件下，对同一试样进行多次重复测定时，各平行测定结果之间的相互接近程度。如果各测定结果的数值比较接近，表示分析结果的精密度高。

在分析化学中，有时用重复性（repeatability）和再现性（reproducibility）表示不同情况下分析结果的精密度。前者表示同一分析人员在同一条件下所得分析结果的精密度，后者表示不同分析人员或不同实验室之间在各自条件下所得分析结果的精密度。

精密度的高低可用偏差（deviation）来衡量。偏差（d_i）是指个别测定值（X_i）与多次测定的平均值（$\overline{X}$）之间的差值。偏差也分为绝对偏差（absolute deviation）和相对偏差（relative deviation）。若某一试样平行测定 n 次，测定值为 $X_1, X_2, \cdots, X_n$，其算术平均值（average）为：

$$\text{平均值}\overline{X}=\frac{X_1+X_2+\cdots+X_n}{n} \tag{7-3}$$

$$\text{绝对偏差}\quad d=X_i-\overline{X} \tag{7-4}$$

$$\text{相对偏差}\quad d_r=\frac{d}{\overline{X}}\times 100\% \tag{7-5}$$

偏差小，表示各平行测定结果之间相差小，精密度高；反之，精密度低。

3. 准确度和精密度的关系

从前面的讨论中可知，准确度表示测定结果的准确性，它以真值为标准。精密度则表示测定结果的重现性，它以平均值为标准，因此，二者的概念不同，但他们之间有一定的联系。

图 7-2 显示对同一试样的四组测定结果，甲的分析结果准确度和精密度都好，结果可靠；乙的分析结果精密度尽管高，但准确度低；丙的分析结果准确度和精密度都很差；丁的分析结果精密度很差，平均值虽然接近真值，但它是由于正负误差凑巧相互抵消的结果，可靠性差。

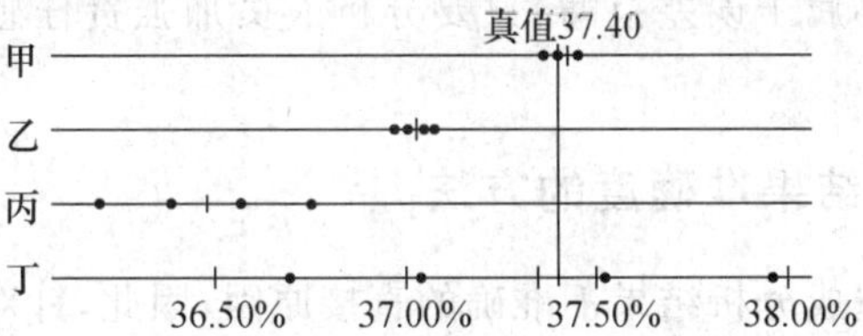

图 7-2 准确度和精密度的关系

由此可知，可靠的分析结果，必然是精密度、准确度均高。精密度高是保证准确度高的先决条件。精密度差，表示所得结果不可靠，也就失去了衡量准确度的前提，但精密度高，不一定能保证准确度高，即仅凭高的精密度不能断定分析结果的准确度就一定高。

7.3.2 定量分析误差产生的原因

在定量分析中，对于各种原因导致的误差，根据其性质和产生的原因不同，可分为系统误差和随机误差。

1. 系统误差

系统误差（systematic error）是由于分析过程中某些经常出现的、固定的原因造成的，对分析结果的影响比较固定，即误差的正负具有单向性，大小具有规律性，重复测量时重复出现，其大小、正负可以测定，所以系统误差也叫可测误差。按照系统误差产生的原因，可将其分为以下几种：

(1)方法误差　这种误差是由于分析方法本身所造成的。例如，在滴定分析中，反应不完全、干扰离子的影响，滴定终点与化学计量点不一致以及发生副反应等，都会导致测定结果偏高或偏低。

(2)仪器、试剂误差　仪器误差是由于仪器本身不够准确而引起的误差。例如，天平两臂不等长引起称量误差；砝码在使用过程中被腐蚀或磨损、滴定管刻度不准确等。试剂误差是由于试剂不纯而引起的误差。例如，试剂中含有被测组分或干扰杂质、蒸馏水不纯等，均能带来误差。

(3)操作误差　一般是指在正常操作条件下，由于分析人员所掌握的操作方法与正确的操作规程稍有出入而造成的误差。例如，试样分解不完全；滴定时读数有的人偏高，有的人偏低；对终点颜色的观察总是偏深或偏浅等。

2. 偶然误差

偶然误差又称随机误差(random error)。它是由一些随机的偶然的原因造成的。例如，测量时环境温度、湿度和气压的微小波动；仪器性能的微小变化等。这类误差对分析结果的影响不固定，时正时负，难以预测和控制，所以又叫不可测误差。表面看来，随机误差似乎无什么规律可循，但如果在消除系统误差之后，对同一试样进行多次重复测定，便会发现随机误差符合正态分布规律，即小误差出现的机会多，大误差出现的机会少，特大的误差出现的机会极少。大小相等的正、负误差出现的机会相等。

系统误差和随机误差都是指在正常操作的情况下所产生的误差，至于因为工作粗枝大叶，操作不细心而读错刻度、记录或计算错误、加错试剂及溶液溅失等违反操作规程所造成的错误称为过失。过失不属于误差范畴，只要分析人员加强责任感，严格遵守操作规程，过失是完全可以避免的。

7.3.3　提高分析结果准确度的方法

各类误差的存在是造成分析结果不准确的直接原因，因此，针对分析测试中的具体情况和要求，需要采取多种措施和途径，减少各种误差的影响，提高分析结果的准确度。

1. 选择适当的分析方法

不同的分析方法有不同的准确度和灵敏度，实际分析工作中对测定结果要求的准确度与试样的组成、性质和待测组分的含量有关，应根据具体情况和要求来选择适当的分析方法。对于常量组分的测定，可用重量分析和滴定分析，虽然灵敏度不高，但能获得比较准确的结果。例如，用高锰酸钾滴定法测得铁的质量分数为 40.20%，若方法的相对误差为 ±0.2%，则铁的质量分数范围为 40.12%～40.28%。同一试样若用直接比色法进行测定，则方法的相对误差可达±2%，测定结果将在 41.0%～39.4%范围内波动，误差显然大得多。对于微量组分和痕量组分的测定，重量法和滴定法因灵敏度低而无能为力或者虽然能测定，但准确度低，此时选用吸光光度法等灵敏度较高的仪器分析法则比较合适。

2. 减少测量误差

为了保证分析结果的准确度，必须尽量减少各测量步骤的误差。例如，用分析天平称量，称量误差为±0.000 1 g，每称量一个样品必需进行两次称量，可能造成的最大误差为±0.000 2 g，为使称量的相对误差在0.1%以下，试样的质量必须在0.2 g以上。又如，在滴定分析中，滴定管的读数常有±0.01 mL的误差，在一次滴定中，需要读数两次，因此，可能造成±0.02 mL的误差。所以，为了使相对误差小于0.1%，消耗滴定剂的体积必须在20 mL以上，最好在25 mL左右，以减少相对误差。

3. 减少系统误差

由于系统误差是由某些固定原因造成的，因而找出这一原因，就可以减少或消除系统误差。通常根据具体情况，采用下述几种方法来检验和消除系统误差。

(1)对照试验　对照试验(contrast test)是检验系统误差的有效方法，可以与标准试样的标准结果进行对照；也可以与其他成熟的方法进行对照；或者由不同分析人员，不同实验室来进行对照试验。

标准试样对照试验是用已知准确含量的标准样品(或纯物质配成的合成试样)与待测样品按同样的方法进行平行测定，如果所得结果符合要求，说明系统误差较小，该分析方法是可靠的。若发现有一定误差(误差不是很大)可用校正系数校正分析结果。

$$校正系数=\frac{标准试样的真实值}{标准试样的测量值}$$

$$待测组分含量=校正系数\times 待测试样测定值$$

进行对照实验时，如果对试样的组成不完全清楚，则可以采用“加入回收法”进行试验。这种方法是向试样中加入已知量的被测组分，然后进行对照试验，看看加入的被测组分能否被定量回收，以判断分析过程中是否存在系统误差。

用其他可靠的分析方法进行对照试验也是经常采用的一种办法，作为对照用的分析方法必须可靠，一般选用国家颁布的标准分析方法或公认的经典分析方法。

在许多生产部门，为了检查分析人员之间是否存在系统误差或其他问题，常在安排试样分析任务时，将一部分试样重复安排在不同分析人员之间，互相进行对照试验，这种方法称为“内检”。有时又将部分试样送交其他单位进行对照分析，这种方法称为“外检”。

(2)空白试验　空白试验(blank test)是在不加待测组分的情况下，按照待测组分分析同样的操作手续和条件进行试验，实验所得结果成为空白值。从试样分析结果中扣除空白值，这样可以消除或减少由蒸馏水及实验器皿带入的杂质引起的误差，得到更接近真实值的分析结果。

(3)校准仪器　仪器不准确引起的系统误差，可以通过校准仪器来减少其影响。例如砝码、移液管和滴定管、容量瓶等，在精确的分析中，必须进行校准，并在计算结果时采用校正值。

(4)方法校正　例如在重量分析中要达到沉淀绝对完全是不可能的，但可以将溶解于滤液中的少量被测组分用其他方法，如比色法进行测定，在将该分析结果加到重量分析的结果中去，以达到提高分析结果的准确度。

4. 减少随机误差

随机误差符合正态分布规律。在消除系统误差的前提下，平行测定次数越多，平均值越接近真实值。因此,常用增加平行测定次数取平均值的方法来减少随机误差。在实际工作中,对同一试样,一般要求平行测定 3~4 次即可。当分析结果准确度要求较高时,可增加到 10 次。

7.4 分析结果的数据处理

在分析工作中,分析结果的数据处理是很重要的,在实验和科学研究中,必须对一个试样进行多次的重复实验以获得足够的数据,然后进行统计处理并写出报告。

7.4.1 平均偏差和标准偏差

为了衡量一组分析结果的精密度,常用平均偏差和标准偏差来表示分析结果之间的离散程度。

1. 平均偏差($\overline{d}$)

平均偏差(average deviation)是指各次偏差的绝对值的平均值

$$\overline{d}=\frac{|d_1|+|d_2|+\cdots+|d_n|}{n}=\frac{\sum_{i=1}^{n}|d_i|}{n} \tag{7-6}$$

式中:n 为测定次数,偏差取绝对值是为了避免正、负偏差相互抵消。

平均偏差在平均值里所占的百分率称为相对平均偏差

$$d_{\bar{r}}=\frac{\overline{d}}{\overline{X}}\times 100\% \tag{7-7}$$

2. 标准偏差

用统计方法处理分析数据时常用标准偏差(standard deviation)来衡量数据的精密度。标准偏差简称标准差,又叫均方根差,用(σ)表示。其数学表达式为:

$$\sigma=\sqrt{\frac{\sum_{i=1}^{n}(X_i-\mu)^2}{n}} \tag{7-8}$$

式中的 X_i 为任何一次的测定值,n 是测定次数,μ 是当 $n\to\infty$ 时测定结果的平均值,称为总体平均值。显然,在校正了系统误差的情况下,μ 即为真值。

当测定次数较少($n<20$)时,标准偏差用 s 表示:

$$s=\sqrt{\frac{\sum_{i=1}^{n}(X_i-\overline{X})^2}{n-1}}=\sqrt{\frac{\sum_{i=1}^{n}d_i^{\,2}}{n-1}} \tag{7-9}$$

式中,$n-1$ 为自由度,用 f 表示,它是指独立偏差的个数。引入它的目的主要是为了校正以 $\overline{X}$ 代替 μ 所引起的误差。很明显,当测定次数非常多时,测定次数 n 与 $n-1$ 区别就很小，此时，$\overline{X}\to\mu$，$s\to\sigma$。

计算 s 时，把偏差平方起来，这样避免了偏差相加时正负的抵消，同时由于平方后更突出了大偏差的作用，所以，用标准偏差表示精密度较好，它能更明显地反映出一组数据的离散程度。例如，甲、乙两人各自测得一组数据，绝对偏差 d_i 分别为：

甲：+0.1，+0.4，0.0，−0.3，+0.2，−0.3，+0.2，−0.2，−0.4，+0.3

乙：−0.1，−0.2，+0.9，0.0，+0.1，+0.1，0.0，+0.1，−0.7，−0.2

两者的平均偏差相等，均为 0.24，但乙的测量数据中有两个较大的偏差（+0.9 和 −0.7），用平均偏差表示精密度反映不出这两组数据离散程度的差异，如用标准偏差来表示就很明显。

$$s_{甲}=\sqrt{\frac{(+0.1)^2+(+0.4)^2+\cdots+(+0.3)^2}{10-1}}=0.28$$

$$s_{乙}=\sqrt{\frac{(-0.1)^2+(-0.2)^2+\cdots+(-0.2)^2}{10-1}}=0.40$$

可见甲的数据比乙的数据精密度好。

标准偏差在平均值里所占的百分率称为相对标准偏差（亦称变异系数，CV），用 s_r 表示：

$$s_r=\frac{s}{\overline{X}}\times 100\% \tag{7-10}$$

3. 平均值的标准偏差（standard deviation of average）

通常用一组测定值的平均值来估计总体平均值，但一系列测定值的平均值的波动情况也符合正态分布。这时应当用平均值的标准偏差（$s_{\overline{X}}$）来表示平均值的分散程度。统计学已证明：

对于有限次的测定值而言，平均值的标准偏差与测定次数的平方根成反比。

$$s_{\overline{X}}=\frac{s}{\sqrt{n}} \tag{7-11}$$

可见，增加测定次数，可使平均值的标准偏差减少，但过多增加测定次数是很不合算的。如图 7-3，当 $n>5$ 变化就很慢，当 $n>10$ 变化已很小。所以在实际分析工作中，一般测定 3～4 次就够了；对较高要求的分析，可测定 5～10 次。

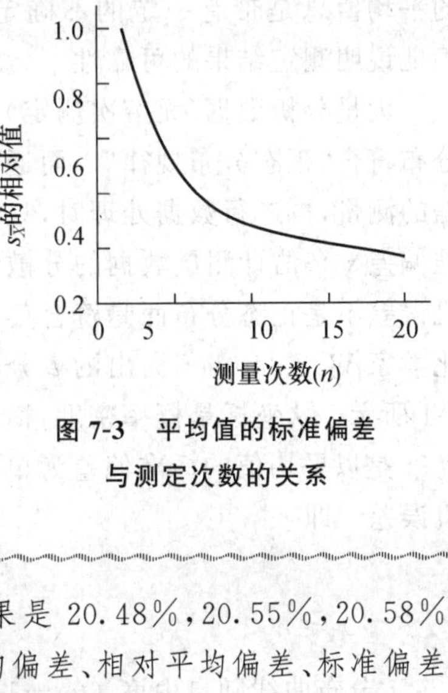

图 7-3 平均值的标准偏差与测定次数的关系

例 7-2 测定某样品的含氮量，六次平行测定的结果是 20.48%，20.55%，20.58%，20.60%，20.53%，20.50%。计算这组数据的平均值、平均偏差、相对平均偏差、标准偏差、变异系数和平均值的标准偏差。

解

$$\overline{X}=\frac{\sum_{i=1}^{n}X_i}{n}=\frac{20.48\%+20.55\%+20.58\%+20.60\%+20.53\%+20.50\%}{6}=20.54\%$$

$$\overline{d}=\frac{|d_1|+|d_2|+|d_3|+|d_4|+|d_5|+|d_6|}{6}$$

$$=\frac{0.06+0.01+0.04+0.06+0.01+0.04}{6}=0.037(\%)$$

$$\overline{d_r}=\frac{\overline{d}}{\overline{X}}\times 100\%=\frac{0.037\%}{20.54\%}\times 100\%=0.18\%$$

$$s=\sqrt{\frac{\sum_{i=1}^{n}d_i^2}{n-1}}=\sqrt{\frac{(-0.06)^2+(0.01)^2+(0.04)^2+(0.06)^2+(-0.01)^2+(-0.04)^2}{6-1}}$$

$$=0.046(\%)$$

$$CV=\frac{s}{\overline{X}}\times 100\%=\frac{0.046\%}{20.54\%}\times 100\%=0.22\%$$

$$s_{\overline{X}}=\frac{s}{\sqrt{n}}=\frac{0.046\%}{\sqrt{6}}=0.019\%$$

7.4.2 平均值的置信区间

在实际工作中，通常总是把测定数据的平均值作为分析结果报出，从测得少量数据所得的平均值总是带有一定的不确定性，它不能明确地说明测定结果的可靠性。

大量分析数据(无穷次测定)中随机误差的分布符合“正态分布规律”。而通常只做少量数据的测量，再进行数据处理时，只好用样本的标准偏差 s 来估计测量数据的分散情况，此时，随机误差不是正态分布而是符合英国统计学家兼化学家 W. S. Gosset 提出的 t 分布曲线。如图 7-4 所示，纵坐标是概率密度，横坐标是统计量 t。t 是以平均值的标准偏差为单位平均值的随机误差。即

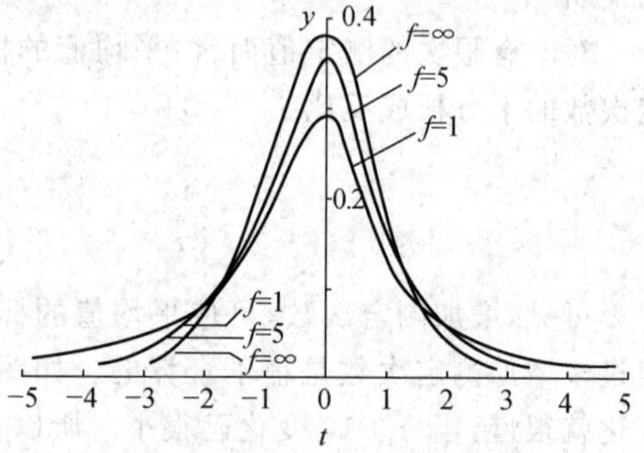

图 7-4 t 分布曲线($f=1,5,\infty$)

$$\pm t=\frac{\overline{X}-\mu}{s_{\overline{X}}}=\frac{\overline{X}-\mu}{s}\sqrt{n} \tag{7-12}$$

t 分布曲线随自由度 $f(n-1)$ 的大小而变化，当 $f\to\infty$ 时，t 分布趋近于正态分布。t 分布曲线下 $\pm t$ 范围内的积分面积就是随机误差在该范围内出现的概率，或者说平均值落在 $\mu\pm t\cdot s_{\overline{X}}$ 区间内概率，称为置信度(confidence probability)或置信水平(confidence level)，用 P 表示。

t 值不仅随置信度而且还随 f 变化而不同。不同的自由度和置信度的 t 值列于表 7-3 中。

将式(7-12)改写为

$$\mu=\overline{X}\pm ts_{\overline{X}}=\overline{X}\pm\frac{t\cdot s}{\sqrt{n}} \tag{7-13}$$

它表示在一定置信度下,以平均值 $\overline{X}$ 为中心,包括总体平均值 μ(无系统误差时为真值)的范围,称为平均值的置信区间。当我们由一组少量实验数据求得 $\overline{X}$,s 和 n 值后,再根据选定的置信度和自由度,由 t 值表查得相应的 t 值,就可以计算出平均值的置信区间。在分析化学中通常把置信度选在 95%或 90%。

表 7-3 不同自由度及不同置信度的 t 值

自由度	置信度(P)		
	90%	95%	99%
1	6.31	12.71	63.66
2	2.92	4.30	9.92
3	2.35	3.18	5.84
4	2.13	2.78	4.60
5	2.02	2.57	4.03
6	1.94	2.45	3.71
7	1.90	2.36	3.50
8	1.86	2.31	3.36
9	1.83	2.26	3.25
10	1.81	2.23	3.17
20	1.73	2.09	2.84
∞	1.64	1.96	2.58

例 7-3 分析铁矿石中铁的含量,平行测定五次的结果分别为:39.10%,39.12%,39.19%,39.17%,39.22%,试计算置信度为 95%时平均值的置信区间。

解: $$\overline{X}=\frac{39.10\%+39.12\%+39.19\%+39.17\%+39.22\%}{5}=39.16\%$$

$$s=\sqrt{\frac{\sum(X-\overline{X})^2}{n-1}}=0.05\%$$

置信度为 95%,$f=4$,查表 7-2 $t=2.78$

$$\mu=\overline{X}\pm\frac{ts}{\sqrt{n}}=39.16\pm\frac{2.78\times0.05\%}{\sqrt{5}}=(39.16\pm0.06)\%$$

就是说,在没有系统误差的情况下,有 95%的把握认为,铁矿石中铁的真实含量在 39.10%~39.22%之间。

7.4.3 可疑值的取舍

在实验中得到一组数据，若某一个数据与其他数值相差较大，这一数据称为可疑值(cutlier)或离群值。如果这是由于过失造成的，则这一数据必须舍去。若并非这种情况，则对可疑值不能随意取舍，特别是当测量数据较少时，可疑值的取舍对分析结果将产生很大影响，必须慎重对待。对于不是由于过失而造成的异常值，应按统计方法进行处理。统计学处理可疑值的方法很多，下面介绍较简单的 $4\overline{d}$ 法和 Q 检验法。

1. $4\overline{d}$ 法

此法是在一组数据中，除去可疑值后，求出其余数值的平均值($\overline{X}$)和平均偏差($\overline{d}$)，若可疑值与平均值的差值的绝对值大于或等于 4 倍的平均偏差，就应舍去，否则应保留。该方法适用与 4～8 次测定时可疑值的取舍。

例 7-4 某学生标定 HCl 溶液的浓度，4 次结果分别为 0.101 1，0.101 0，0.101 2，0.101 6 $mol \cdot L^{-1}$。根据 $4\overline{d}$ 法，问 0.101 6 这个数据是否应保留？

解：首先不计异常值 0.101 6，求得其余数值的平均值 $\overline{X}$ 和平均偏差 $\overline{d}$ 为：

$$\overline{X}=0.101\,1,\ \overline{d}=0.000\,067,\ 4\overline{d}=0.000\,27$$

异常值与平均值的差的绝对值为：

$$|0.101\,6-0.101\,1|=0.000\,5>4\overline{d}$$

故 0.101 6 这个数据应舍去。

2. Q 检验法

该法适用 3～10 次测定时可疑值的取舍。具体步骤如下。

①将一组测定数据，由小到大排列为：X_1，X_2，…，X_{n-1}，X_n，求出极差：X_n-X_1

②求出可疑值和邻近值之差(X_2-X_1)或(X_n-X_{n-1})。

③求出可疑值与其邻近值之差，然后除以极差，所得舍弃商称为 Q 值(表 7-4)，即

$$Q=\frac{X_2-X_1}{X_n-X_1} \quad \text{或} \quad Q=\frac{X_n-X_{n-1}}{X_n-X_1}$$

④根据所要求的置信度查 Q 表值，若 $Q_{计算}>Q_{表}$，则将可疑值舍去，否则应保留。

表 7-4 Q 值表(置信度 0.90 和 0.95)

Q 值	测定次数 n							
	3	4	5	6	7	8	9	10
$Q_{0.90}$	0.94	0.76	0.64	0.56	0.51	0.47	0.44	0.41
$Q_{0.95}$	0.97	0.84	0.73	0.64	0.59	0.54	0.51	0.49

例 7-5 例 7-4 中的实验数据，用 Q 检验法判断 0.101 6 这个数据能否舍去？（置信度为 95%）

解：

$$Q=\frac{0.1016-0.1012}{0.1016-0.1010}=0.67$$

已知 $n=4$，查表 7-4，$Q_{0.95}=0.84$，$Q_{计算}<Q_{表}$。因此，0.106 0 这个数据应予保留。

当以上两种方法发生矛盾时（如例 7-4 和例 7-5），通常以 Q 检验法为准。当计算的 Q 值与表中 Q 值接近时，为慎重起见，最好补充测定 1～2 次，再进行处理。

7.4.4 分析结果的数据处理与报告

在实际分析工作中，同一样品的平行测定是有限的，分析结果往往是用有限次测定所得的算术平均值来表示。显然，平均值不一定是真值。如果系统误差已经消除，那么偶然误差出现的机会符合 t 分布。因此对于少量实验数据，在给出平均值的同时，必须根据 t 分布进行数据处理，计算实验结果的相对平均偏差或标准偏差及平均值的置信区间并写出分析报告。

例如，某试样中钙的五次测定结果如下，39.10%，39.21%，39.17%，38.83%，39.14%。数据的统计处理如下：

①用 Q 检验法检验有无可疑值。将实验数据由小到大排列：38.83%，39.10%，39.14%，39.17%，39.21%。从实验数据看，38.83%和 39.21%是可疑值，做 Q 值检验：

$$Q_1=\frac{39.10\%-38.83\%}{39.21\%-38.83\%}=0.71>Q_{0.90}=0.64$$

$$Q_2=\frac{39.21\%-39.17\%}{39.21\%-38.83\%}=0.11<Q_{0.90}=0.64$$

所以，38.83%应舍去，39.21%应予保留。

②根据所有保留值（38.83%除外），求出平均值：

$$\overline{X}=\frac{39.10\%+39.14\%+39.17\%+39.21\%}{4}=39.16\%$$

③求出平均偏差：

$$\overline{d}=\frac{|-0.06|+|-0.02+|0.01|+0.05|}{4}=0.04(\%)$$

④求出标准偏差

$$s=\sqrt{\frac{0.06^2+0.02^2+0.01^2+0.05^2}{4-1}}=0.05(\%)$$

⑤求出置信度为 90%的平均值的置信区间（查表 7-3 置信度为 90%，$f=3$，$t=2.35$）

$$\mu=\overline{X}\pm\frac{ts}{\sqrt{n}}=39.16\%\pm\frac{2.35\times0.05\%}{\sqrt{4}}=(39.16\pm0.06)\%$$

从计算结果看，在没有系统误差的情况下，有 90％的把握认为，试样中钙的真实含量在 39.10％～39.22％之间。

7.5 有效数字及运算规则

在定量分析中，分析结果所表达的不仅仅是试样中待测组分的含量，还反映了测定的准确程度。在实验数据记录和结果的计算中，保留几位数字不是任意的，要根据测量仪器、分析方法的准确度来决定。因此，需要了解有效数字及其运算规则。

7.5.1 有效数字

有效数字(significant figure)是指实际工作中所能测量到的有实际意义的数字。它不仅表示测量值的大小，还能表达测量所用仪器及方法的精度。例如，用万分之一的分析天平称得坩埚的质量为 21.421 8 g，则表示该坩埚的质量为 21.421 8±0.000 1 g 。因为，分析天平有±0.000 1 g 的误差。21.421 8 为六位有效数字，前五位是确定的，最后一位是不确定的可疑数字，但最后一位“8”并不是随意编造的，而是根据仪器估计出来的，含有一定的可信性，所以，它也是有效数字。如将此坩埚放在百分之一台秤上称量，其质量为 21.42±0.01 g。因为百分之一台秤的称量精度为±0.01 g。21.42 为四位有效数字。再如，读取滴定管上的刻度为 23.15 mL，前三位是准确的，第四位是估计出来的为可疑数字。但它也不是臆造的，所以纪录时应该保留它。这四位数字都是有效数字，又如 50 mL 容量瓶的体积表示为 50.00 mL 为四位有效数字。由此可知，有效数字一般是由“准确数字”和“一位估计数字”两部分组成的。

有效数字位数的确定可用下面的数据来说明：

1.0025	五位
2.040	四位
0.040 6	三位
2.3×10^5	两位
3 600	位数较模糊

在以上数据中，“0”起的作用是不同的，它可以是有效数字，也可以不是有效数字。例如在 1.002 5 中，“0”是有效数字。在 0.040 6 中，前面两个“0”只起定位作用，不是有效数字，如果将单位缩小 100 倍，0.040 6 就变成了 4.06，而数字 4 和 6 之间的“0”是有效数字。像 3 600 这样的数字，应当根据实际的有效数字位数，分别写成 3.6×10^3，3.60×10^3，3.600×10^3 较好。

在分析化学计算中，常遇到倍数、分数关系，这些数据不是测量得到的，可视为无限多位有效数字。而对 pH，pM，lgc，lg*K* 等对数值，其有效数字的位数仅取决于小数点后的位数，其整数部分只说明真数的指数，不是有效数字。如 HAc 的 $pK_a=4.75$ 为两位有效数字，因此可得 $K_a=1.8\times10^{-5}$，同样保留两位有效数字，而不是三位。在变化单位时，有效数字的位数不能变。例如，2.3 g=2.3×10^3 mg=2.3×10^6 μg，不能记成 2.3 g=2 300 mg=2 300 000 μg。

7.5.2 有效数字的运算规则

在计算过程中，有效数字的适当保留也很重要。此时若按一定规则计算，一方面可节省时间，同时又避免计算过繁引起的错误。下列规则是一些常用的基本法则。

• 记录测量数据时，只保留一位可疑数字。

• 当有效数字位数确定之后，需将多余的数字(尾数)舍弃而进行修约。其修约规则是"四舍六入五成双"，即：当尾数小于等于 4 时舍弃；尾数大于等于 6 时进位；当尾数等于 5 且其后面没有除零以外的任何数字时，如果前一位是奇数，则进位，如前一位为偶数，则舍去。若 5 后面还有不是零的任何数字时，无论 5 前面是偶数还是奇数皆进位。例如，将下列各数据修约为四位有效数字：

修约前	修约后
6.267 45	6.267
20.326	20.33
1.133 50	1.134
52.985 0	52.98
2.003 5	2.004
12.065 2	12.07

修约数字时，只要求对原测量值一次修约到所需要的位数，不能分次修约。例如，将 2.145 7 修约为两位有效数字，应直接修约为 2.1，而不能修约为 2.146，再修约为 2.15，最后修约为 2.2。

• 根据误差的传递规律，在加减运算中，结果的绝对误差等于各数据绝对误差的代数和。可见，各数据中绝对误差最大者起绝对作用，因此，几个数据相加或相减时，它们的和或差的有效数字的保留应以小数点后位数最少(即绝对误差最大)的数字为准。先修约，再运算。例如

0.012 1+25.64+1.157 82=0.01+25.64+1.16=26.81(其中 25.64 绝对误差最大)

• 在乘除法运算中，结果的相对误差等于各数据相对误差的代数和，可见，各数据中相对误差最大者起绝对作用。所以，在乘除运算中，结果的有效数字的保留应该以有效数字位数最少(即相对误差最大)的为准，先修约，再计算。例如

$$0.012\,1 \times 25.64 \times 1.157\,82 = 0.012\,1 \times 25.6 \times 1.16 = 0.359$$(其中 0.012 1 的相对误差最大)

在乘除运算中，如果遇到第一位为大于或等于 8 的数据，可以多算一位有效数字。如 9.14，可算作四位有效数字，因其相对误差约为 0.1%，与 10.14、10.21 等具有四位有效数字的数据的相对误差相近。

• 正确表达分析结果。分析结果是由实验数据计算得来的，所以其有效数字位数应由实验数据的有效数字位数决定。一般情况下，对于高含量的组分的测定(>10%)，要求分析

结果为四位有效数字；对于中含量组分的测定（1% ～10%），要求三位有效数字；对于微量组分的测定（<1%），只要求两位有效数字。误差和偏差一般只保留一位有效数字，最多保留两位有效数字。

• 使用计算器作连续运算的过程中，不必对每一步的计算结果都进行修约，但应当注意根据运算法则的要求，正确保留最后结果的有效数字位数。

□ 相关阅读

1. 金钦汉.试论我国分析化学学科发展战略.大学化学，2003(1)：12.
2. 李敏.绿色分析化学原理与技术综述.科技创新与应用，2012(6)：24.
3. 但德忠，等.环境样品分析.分析实验室，2008(4)：100.
4. 郑建国，等.化学检测样品前处理技术研究进展.检验检疫学刊，2011，21(6)：1.
5. 齐文启，等.土壤污染分析中样品采集与前处理方法探讨.现代科学仪器，2007(4)：55.
6. 陈冬梅，等.兽药残留分析中样品前处理技术研究进展.化学通报，2009(8)：713.
7. 马勤，等.原子吸收光谱的样品前处理方法进展.化学世界，2007(7)：431.
8. 李珺，等.近五十年来分析化学新进展.药学教育，2008，24(4)：13.
9. 王萌，等.液相微萃取技术在毒品分析领域的研究进展.化学工程师，2012(7)：38.
10. 李冰，等.动物性食品中兽药残留分析检测技术研究进展.畜牧与兽医，2012，44(5)：82.

□ 习　题

基础题

7-1　选择题

(1)减少随机误差常用的方法为________。

A. 空白试验　　B. 对照试验　　C. 多次平行试验　　D. 校准仪器

(2)测定结果的精密度很高，说明________。

A. 系统误差大　　B. 系统误差小　　C. 偶然误差大　　D. 偶然误差小

(3)下列说法正确的是________。

A. 准确度越高则精密度越好

B. 精密度越好则准确度越高

C. 消除了系统误差后，精密度越好准确度越高

D. 只有消除系统误差后，精密度才越好

(4)甲乙两人同时分析一试样中的含硫量，每次采用试样 3.5 g，分析结果的报告甲为 0.042%，乙为 0.041 99%，则下面叙述正确的是________。

A. 甲的报告精确度高　　B. 乙的报告精确度高

C. 甲的报告比较合理　　D. 乙的报告较合理

(5)下列数据中,有效数字是三位的是________。

A. 0.134　　B. 6.023　　C. 0.016 00　　D. 2.0×10^4

(6)下列情况引起偶然误差的是________。

A. 砝码被腐蚀　　B. 试剂中含有被测成分

C. 容量瓶和吸管不配套　　D. 天平零点稍有变动

(7)下列有关置信区间的定义中,正确的是________。

A. 以真值为中心的某一区间包括测定结果的平均值的概率

B. 在一定置信度下,以测量值的平均值为中心包括真值的范围

C. 真值落在某一可靠区间的概率

D. 在一定置信度下,以真值为中心的可靠范围

(8)下列有关 n 次测定结果的平均值的标准偏差 $s_{\overline{X}}$ 与单次测量结果的标准偏差 s_X 之间关系的表达式中,正确的是________。

A. $s_{\overline{X}}=\frac{s_X}{\sqrt{n}}$　　B. $s_{\overline{X}}=\frac{s_X}{n}$　　C. $s_X=\frac{s_{\overline{X}}}{\sqrt{n}}$　　D. $s_{\overline{X}}>s_X$

7-2　在进行农业科研时,需要了解微量元素对农作物的影响。某人从试验田中挖一小铲泥土试样,送化验室测定。试问由此试样所得的分析结果有无意义。如何采样才正确?

7-3　为了探讨某江河地段底泥中工业污染物的聚集情况,某单位从不同地段采集足够量的原始试样,混匀后取部分试样送分析室。分析人员用不同方法测定其中有害化学物质的含量。这样做对不对?为什么?

7-4　熔融法分解试样有何优缺点?

7-5　用王水、浓 NaOH、HF 和 Na_2CO_3,这四种常用的溶剂,哪一种可以在玻璃容器中溶解试样?

7-6　下列情况将对分析结果产生何种影响:A. 正误差,B. 负误差,C. 无影响,D. 结果混乱。

(1)标定 HCl 溶液浓度时,使用的基准物 Na_2CO_3 中含有少量 $NaHCO_3$;

(2)用递减法称量试样时,第一次读数时使用了磨损的砝码;

(3)加热使基准物溶解后,溶液未经冷却即转移至容量瓶中并稀释至刻度,摇匀,马上进行标定;

(4)配制标准溶液时未将容量瓶内溶液摇匀;

(5)用移液管移取试样溶液时事先未用待移取溶液润洗移液管;

(6)称量时,承接试样的锥形瓶潮湿。

7-7　液-液萃取分离的实质是什么?何为分配比、萃取率和分离系数?

7-8　纸上色谱和薄层色谱的固定相及分离机理有何不同?

7-9　What is recovery percent in quantitative analysis? What is requirement of recovery percent?

7-10　How to improve the accuracy of determination result in quantitative analysis?

7-11　How many significant figures in each of the following figures?

0.067　1.012 6　0.100 0　0.002 9　2.64×10^5　50.28%　96 500

7-12　按有效数字计算法则，计算下列各式：

(1) $\frac{3.30\times4.62\times10.84}{5.68\times10^4}$　　(2) $\frac{4.30\times20.52\times3.90}{0.001\ 050}$

(3) $321.46+5.5-0.586\ 8$　　(4) $pH=0.03, c(H^+)=?$

7-13　将 0.008 9 g $BaSO_4$ 换算为 Ba，问计算时下列换算因数取何数较为恰当：0.588 4，0.588，0.59？计算结果应以几位有效数字报出？

7-14　分析天平的称量误差为± 0.1 mg，称样量分别为 0.05 g，0.2 g，1.0 g 时，可能引起的相对误差是多少？这些结果说明什么问题？

7-15　测定某样品的含氮量，5 次平行测定结果为：20.48%，20.55%，20.58%，20.53%，20.50%。计算测定结果的平均值、平均偏差、标准偏差和相对标准偏差。

7-16　某学生标定 HCl 溶液的浓度，5 次的测定结果分别为：0.100 5，0.100 8，0.100 2，0.101 5，0.100 3 $mol\cdot L^{-1}$，试用 $4\bar{d}$ 检验法判断 0.101 5 这个数据是否需要保留？

7-17　用电化学分析法测定某患者血糖含量，6 次的测定结果分别为 7.5，7.4，7.7，7.6，7.4，7.8 $mmol\cdot L^{-1}$ 用 Q 检验法判断 7.8 这个数据是否需要保留？（置信度为 90%）

提高题

7-18　已知某矿石样的 $K=0.1$，$a=2$。问矿石的最大颗粒直径为 20 mm，应取多少克试样才具有代表性？若将试样粉碎并通过 10 号的筛子，再用四分法缩分，最多应缩分几次？若要求最后获得的分析试样不超过 6.25 g，应使试样通过几号筛？

7-19　对某一样品进行分析，A 测定结果的平均值为 6.96%，标准偏差为 0.03%；B 测定结果的平均值为 7.10%，标准偏差为 0.05%。其真值为 7.02%。试比较 A、B 测定结果的好坏。

7-20　滴定管的读数误差约为±0.02 mL，如果要求分析结果达到 0.2%的准确度，滴定时所用溶液的体积至少要多少毫升？如果滴定时消耗溶液为 5.00 mL 和 25.00 mL，相对误差各是多少？

7-21　某试样中含 MgO 约 30%，用重量法测定时，Fe^{3+} 产生共沉淀，设试样中的 Fe^{3+} 有 1%进入沉淀。若要求测定结果的相对误差小于 0.1%，求试样中 Fe_2O_3 允许的最高质量分数是多少？

7-22　某药厂生产铁剂，要求每克药剂中含铁为 48.00 mg，对一批药品分析五次，结果分别为 47.44，48.15，47.90，47.93，48.03 $mg\cdot g^{-1}$。问这批产品中铁的含量是否合格（置信度 95%）。

7-23　某学生测定矿石中铜的质量分数时，得到下列结果 11.53%，11.51%，11.55%。试用 Q 检验法确定作第四次测定时，不被舍弃的最高及最低值分别是多少？（置信度 90%）

7-24　矿石中钨的百分含量的测定结果为：20.39，20.41，20.43 计算平均值的标准偏差及置信度为 95%的平均值的置信区间。

7-25　How many times should samples be measured in parallel if confidence probability is 95% and the confidence interval of average is not more than ±5?

Chapter 8 第 8 章

滴定分析法

Titrimetric Analysis

学习目标

1. 掌握滴定分析的基本原理和常用的滴定方式，掌握基准物质的条件、标准溶液的配制及滴定分析法的结果计算。
2. 掌握酸碱指示剂的变色原理及常用指示剂的选择。掌握一元弱酸(碱)准确滴定、多元弱酸(碱)分步准确滴定的条件。
3. 了解沉淀滴定法的原理，掌握几种主要的沉淀滴定法。
4. 了解氧化还原滴定法的特点、氧化还原指示剂的分类。掌握几种重要的氧化还原滴定方法。
5. 了解配位滴定法的特点、EDTA 的性质、金属指示剂的变色原理及常用金属指示剂。
6. 掌握单一金属离子准确滴定的条件，配位滴定所允许的最低 pH。
7. 掌握配位滴定的方式和提高滴定选择性的方法。

8.1 滴定分析法概述

滴定分析(titrimetric analysis)又称容量分析(volumetric analysis)，是定量分析常用的化学分析方法之一。这种方法是将一种已知准确浓度的试剂溶液，滴加到一定体积的被测物质的溶液中，直到所加的试剂与被测物质按化学计量关系定量完全反应为止，然后根据标准溶液的浓度和体积，计算出被测物质的含量。

滴加到被测物质溶液中的已知准确浓度的试剂溶液称为标准溶液(standard solution)又称为滴定剂(titrant)。被分析的物质称为试样(sample)。将滴定剂通过滴定管滴加到被测物质溶液中的过程称为滴定(titration)。滴加的滴定剂与被测物质按照化学反应的定量关系恰好完全反应时，称反应达到化学计量点(stoichiometric point)。在化学计量点时，反应往往没有易为人察觉的外部特征，因此可以在待测溶液中加入指示剂(indicator)，利用指示剂的颜色突变来加以判断。所谓指示剂就是在溶液中加入的一种辅助试剂，由它的颜色转变而显示化学计量点的到达。在滴定过程中，指示剂发生颜色突变而停止滴定的这一点称为滴定终点(end point of titration)。实际分析操作中滴定终点和化学计量点往往不能恰好符合,由此而造成的分析误差称为滴定误差(titration error),也称为终点误差。终点误差是滴定分析误差的最主要的来源之一,一般可控制在±0.1%~±0.2%以内,其大小不仅受指示剂选择的影响,更与滴定反应的完全程度密切相关。故滴定分析时,首先要根据反应完全程度判断终点误差能否达到要求,然后再选择适当的指示剂。

滴定分析法的特点是加入标准溶液的物质的量与被测物质的量恰好符合化学计量关系;操作简便、迅速,便于进行多次平行测定,有利于提高测定的精密度;测量的准确度较高,一般情况下,滴定的相对误差在±0.1%左右。由于滴定分析法可以用来测定许多物质,因此在生产实践和科学研究上具有很高的实用价值。但滴定分析法灵敏度较低,主要用来测定组分含量在1%以上的物质,不适用于微量组分的测定。

8.1.1 滴定分析法的分类

根据滴定反应的类型,滴定分析法可分为四类:

1. 酸碱滴定法(又称中和法)

滴定反应为中和反应的叫酸碱滴定法。其滴定反应实质可表示如下:

$$H_3O^+ + OH^- = 2H_2O$$

$$HA(酸) + OH^- = A^- + H_2O$$

$$A^-(碱) + H_3O^+ = HA + H_2O$$

酸碱滴定法可以用酸或碱作标准溶液,测定碱或酸性物质。

在农业分析中用以直接测定各类农业试样的酸度或碱度,以及间接测定氮、磷、碳酸盐、硫酸盐等的含量。酸碱滴定法是滴定分析法中应用最广泛的方法之一。

2. 沉淀滴定法(又称容量沉淀法)

滴定反应为沉淀反应的叫沉淀滴定法。这类方法在滴定过程中有沉淀产生。如银量法:

$$Ag^+(aq) + X^-(aq) = AgX(s) \quad (X^- 为 Cl^-、Br^-、I^-、SCN^- 等)$$

在农业分析中常用以测定试样中的氯。

3. 配位滴定法

滴定反应为配位反应的叫配位滴定法。这类滴定反应的产物是配合物(或配离子),如:

$$Ag^+ + 2CN^- = [Ag(CN)_2]^-$$

$$Mg^{2+} + H_2Y^{2-} = [MgY]^{2-} + 2H^+$$

在农业分析中用以测定钙、镁、磷、硫酸盐和土壤的钾、钠等。

4. 氧化还原滴定法

滴定反应为氧化还原反应的叫氧化还原滴定法。也是滴定分析法中应用最广泛的方法之一。可以测定各种氧化剂和还原剂,以及一些能与氧化剂或还原剂发生定量反应的物质。在农业分析中用以测定土壤肥料中的钾、钙、铁和有机质,以及农药中的砷和铜等。

以上四类滴定分析法均是以水作溶剂的分析方法。此外,还有在非水溶剂中进行的滴定分析法，称为非水滴定法。主要用来测定那些在水中很难进行滴定的酸、碱等物质。

通常的滴定分析都是用指示剂来指示滴定终点，操作简便，不需特殊设备，因此广泛应用于常量分析。但指示剂法也有不足之处，如不能应用于有色溶液的滴定，各人对颜色的辨别能力有差异等。因此目前还有一些借助于其他方法指示终点的滴定分析方法。例如，利用催化反应指示滴定终点的催化滴定法，它兼具催化动力学分析法的高灵敏度和经典滴定分析法高准确度的特点，既适用于常量分析又适用于微量分析。在滴定过程中用分光光度计记录吸光度的变化，从而求出滴定终点的光度滴定法，适用于滴定有色的或混浊的溶液，或滴定微量物质，并可提高灵敏度和准确度。利用滴定过程中电势的突跃变化来指示终点的电势分析法，适用于酸碱滴定、沉淀滴定、氧化还原滴定和配位滴定等。这些方法拓展了滴定分析的应用范围、提高了分析的灵敏度。

8.1.2 滴定分析法对化学反应的要求和滴定方式

滴定分析虽能应用多种类型的反应，但并非所有化学反应都能用于滴定分析。滴定分析中应用的反应必须具备以下条件：

①反应要按一定的化学计量关系进行，否则滴定分析将失去定量测定的依据。

②滴定反应的完全程度要高，反应的完全程度应达 99.9%以上。

③滴定反应速度要快，否则滴定终点将无法判断。对于一些速度慢的反应，可利用加热、加入催化剂等方法使之满足滴定分析的要求。

④必须有适当方法确定终点。

在进行滴定分析时，常用的滴定方式有以下几种：

1. 直接滴定法

凡符合上述要求的反应，都可以用标准溶液直接滴定被测定的物质，此种滴定方式称为直接滴定法(direct titration)。它是滴定分析最常用、最基本的滴定方式。例如用 HCl 标准溶液滴定 NaOH，用 $K_2Cr_2O_7$ 标准溶液滴定 Fe^{2+} 等。

当标准溶液与测定物质的反应不能完全符合上述要求时，就不能用直接滴定法，可采用以下的滴定方式。

2. 返滴定法

当被测物质与标准溶液反应速度很慢或者被测物质为固体试样时，反应不能立即完成，故不能用直接滴定法测定。此时可先准确地加入过量的标准溶液，使反应加速，待反应完成后，再用另一标准溶液滴定剩余的第一种标准溶液，根据两标准溶液的浓度和消耗的体积，可求出被测物质的含量。这种滴定方式为返滴定法(back titration)，亦称回滴法或剩余量滴定法。例如，对于固体 $CaCO_3$ 的滴定，可先加入一定量过量的 HCl 标准溶液，待反应完全后，剩余的 HCl 可用 NaOH 标准溶液返滴定。

有时采用返滴定是由于没有合适的指示剂。如在酸性溶液中用 $AgNO_3$ 标准溶液滴定 Cl^- 时，缺乏合适的指示剂。此时可加入一定量过量的 $AgNO_3$ 标准溶液使 Cl^- 沉淀完全，再以三价铁盐为指示剂，用 NH_4SCN 标准溶液返滴定剩余的 Ag^+，出现 $[Fe(SCN)]^{2+}$ 的淡红色即为终点。

3. 置换滴定法

当滴定反应不能按一定化学反应式进行而伴随有副反应时，也不能用直接滴定法滴定。可先用适当的试剂与被测物质反应，定量地置换出能被滴定的物质，再用标准溶液滴定此生成物，由消耗标准溶液的体积、产物和被测物质的计量关系可计算被测物质的含量。这种滴定方式称为置换滴定法(displaced titration)。例如，用 $Na_2S_2O_3$ 不能直接滴定 $K_2Cr_2O_7$ 及其他强氧化剂。因为在酸性溶液中，这些强氧化剂不仅将 $S_2O_3^{2-}$ 氧化成 $S_4O_6^{2-}$，而且还会有一部分 $S_2O_3^{2-}$ 被氧化成 SO_4^{2-}，即有副反应发生，使反应无一定的计量关系。但是，如在酸性 $K_2Cr_2O_7$ 溶液中加入过量 KI，产生一定量 I_2，就可以用 $Na_2S_2O_3$ 标准溶液进行滴定。此法也常用于以 $K_2Cr_2O_7$ 为基准物质，标定 $Na_2S_2O_3$ 溶液的浓度。

4. 间接滴定法

当被测物质不能与标准溶液直接起反应时，常常用另一种可以与标准溶液起定量反应的试剂与被测物质作用，再用标准溶液滴定与被测物质定量作用的试剂。这种滴定方式叫间接滴定法(indirect titration)。例如，Ca^{2+} 不能直接用酸或碱滴定，也不能直接用氧化剂或还原剂滴定。可先用 $C_2O_4^{2-}$ 使 Ca^{2+} 沉淀为 CaC_2O_4，过滤洗净，然后再用稀硫酸溶解，得到与 Ca^{2+} 等物质的量的 $H_2C_2O_4$，最后用 $KMnO_4$ 标准溶液滴定 $H_2C_2O_4$，从而间接测定 Ca^{2+} 的含量。

由于返滴定法、置换滴定法和间接滴定法的应用，大大扩展了滴定分析法的应用范围。

8.1.3 基准物质和标准溶液

滴定分析中，标准溶液的浓度和用量是计算待测组分含量的主要依据，因此正确配制标准溶液，准确地确定标准溶液的浓度以及对标准溶液进行妥善保存，对于提高滴定分析的准确度是十分重要的。

1. 基准物质

可用于直接配制标准溶液或标定溶液浓度的物质称为基准物质(primary standard substance)。作为基准物质必须具备以下条件：

①组成恒定并与化学式相符。若含结晶水，例如 $H_2C_2O_4 \cdot 2H_2O$、$Na_2B_4O_7 \cdot 10H_2O$ 等，其结晶水的实际含量也应与化学式严格相符。

②纯度足够高(达 99.9%以上)，杂质含量应低于分析方法允许的误差限。

③性质稳定，不易吸收空气中的水分和 CO_2，不分解，不易被空气所氧化。

④有较大的摩尔质量，以减少称量时相对误差。

⑤试剂参加滴定反应时，应严格按反应式定量进行，没有副反应。

常用的基准物有 $KHC_8H_4O_4$(邻苯二甲酸氢钾)、$H_2C_2O_4 \cdot 2H_2O$、Na_2CO_3、$K_2Cr_2O_7$、NaCl、$CaCO_3$、金属锌等。基准物在使用前必须以适宜方法进行干燥处理并妥善保存。

2. 标准溶液的配制

在定量分析中，标准溶液的浓度常控制在 0.05～0.2 $mol \cdot L^{-1}$。标准溶液的配制方法可分为直接配制法和间接配制法。

(1)直接配制法　准确称量一定量的基准物质，溶解后转入容量瓶中，加水稀释至标线，然后根据所称物质的质量和定容的体积，计算出标准溶液的准确浓度。硝酸银及重铬酸钾标准溶液就可用直接法配制。

例如：准确称取 $m(K_2Cr_2O_7)=0.490\ 3$ g，在 100.0 mL 容量瓶中定容，该溶液的浓度为：

$$c\left(\frac{1}{6}K_2Cr_2O_7\right)=\frac{m(K_2Cr_2O_7)}{M\left(\frac{1}{6}K_2Cr_2O_7\right)V}=\frac{0.490\ 3\times10^3}{49.03\times100.0}=0.100\ 0(\text{mol}\cdot\text{L}^{-1})$$

用直接法配制的标准溶液，可以直接用来滴定。

(2)间接配制法　用来配制标准滴定溶液的物质大多数是不能满足基准物质条件的，如：NaOH 很容易吸收空气中的 CO_2 和水分，因此称得的质量不能代表纯净 NaOH 的质量；盐酸(除恒沸溶液外)，也很难知道其中 HCl 的准确含量；$KMnO_4$、$Na_2S_2O_3$ 等均不易提纯，且见光易分解，不适合用直接法配制成标准溶液，则可用间接配制法：先配制近似于所需浓度的溶液，再用基准物质或已知准确浓度的溶液来确定该标准溶液的准确浓度。例如，欲配制 0.100 0 mol·L^{-1} 的 NaOH 标准溶液，可先配成近似浓度的 0.1 mol·L^{-1} NaOH 溶液，然后称取一定量的基准物质如 $H_2C_2O_4\cdot2H_2O$ 进行标定，或用已知准确浓度的 HCl 标准溶液进行标定，便可求得 NaOH 标准溶液的准确浓度。

用基准物质或已知准确浓度的溶液来确定标准溶液准确浓度的操作过程称为标定(standardization)。取一定体积待标定的标准溶液(一般用量控制在 20～30 mL)，先估算出用于标定的基准物质的用量，再准确称量，溶解后用待标定的标准溶液滴定，然后根据所消耗的体积计算出标准溶液的浓度。

8.1.4 滴定分析结果的计算

要得到准确的分析结果，除了选择合适的分析方法，认真细致的操作外，掌握正确的计算方法也是很重要的。滴定分析法由于测定的目的不同，具体的计算方法亦有所不同，但只要掌握计算的基本原则，无论何种计算问题，都不难加以解决。

1. 标准溶液浓度的表示方法

标准溶液是已知准确浓度的溶液。其浓度表示方法通常有以下两种：

(1)物质的量浓度　B 的物质的量浓度(又称物质 B 的浓度)c_B，定义为 B 的物质的量 n_B 除以溶液的体积 V，即

$$c_B=\frac{n_B}{V}$$

c_B 和 n_B 中的 B 是溶质的基本单元。

在国际单位制中，n_B 的 SI 单位是 mol，V 的 SI 单位是 m^3，所以物质的量浓度 c_B 的 SI 单位是 mol·m^{-3}。常用的是它的倍数单位 mol·dm^{-3} 或 mol·L^{-1}。使用物质的量浓度 c_B 时，必须注明基本单元。

例 8-1　已知浓硫酸的密度 ρ 为 1.83 g·mL^{-1}，其中 $\omega(H_2SO_4)=0.956$。问每升浓硫酸中含有的 $n(H_2SO_4)$、$n(1/2H_2SO_4)$ 以及 $c(H_2SO_4)$ 和 $c(1/2H_2SO_4)$ 各为多少？

解:

$$n(H_2SO_4)=\frac{m(H_2SO_4)}{M(H_2SO_4)}=\frac{\rho V\omega}{M(H_2SO_4)}$$

$$=\frac{1.84\times 1\,000\times 0.956}{98.08}=17.9(mol)$$

$$c(H_2SO_4)=\frac{n(H_2SO_4)}{V}=17.9(mol\cdot L^{-1})$$

同理

$$n\left(\frac{1}{2}H_2SO_4\right)=\frac{m(H_2SO_4)}{M\left(\frac{1}{2}H_2SO_4\right)}=\frac{\rho V\omega}{M\left(\frac{1}{2}H_2SO_4\right)}$$

$$=\frac{1.84\times 1\,000\times 0.956}{49.04}=35.9(mol)$$

$$c\left(\frac{1}{2}H_2SO_4\right)=\frac{n\left(\frac{1}{2}H_2SO_4\right)}{V}=35.9(mol\cdot L^{-1})$$

(2)滴定度　通常是以"质量/体积"为单位的浓度表示方法。滴定度是指每毫升标准溶液相当于被测物质的质量。"质量"是被测物质的质量,单位是 g 或 mg。"体积"为标准溶液的体积,单位一般是 mL。以符号 T(X/S)表示(X 是被测物质的化学式)。例如,用 $KMnO_4$ 标准溶液测定铁的含量时,标准溶液相当于被测物质的质量,可用 $T(Fe/KMnO_4)$ 或 $T(Fe_2O_3/KMnO_4)$ 表示。$T(Fe/KMnO_4)=0.005\,682\ g\cdot mL^{-1}$,它表示 1 mL 的 $KMnO_4$ 标准溶液相当于 0.005 682 g 的 Fe。也就是说,1 mL 的 $KMnO_4$ 标准溶液能把 0.005 682 g 的 Fe^{2+} 氧化成 Fe^{3+}。

此种滴定度的表示方法适用于测定大批试样中同一组分的含量。其优点是:只要将滴定中所用去的标准溶液的体积乘以滴定度,就可以直接算出被测物质的质量。如上例若已知滴定用去的标准溶液的体积为 20.50 mL,则铁的质量为:

$$m(Fe)=T(Fe/KMnO_4)V(KMnO_4)=0.005\,682\times 20.50=0.116\,5(g)$$

例 8-2　求 $c(HCl)=0.101\,5\ mol\cdot L^{-1}$ 的 HCl 溶液对 NH_3 的滴定度。

解:$T(NH_3/HCl)=c(HCl)\cdot M(NH_3)\cdot 10^{-3}=0.101\,5\times 17.03\times 10^{-3}$

$=1.728\times 10^{-3}(g\cdot mL^{-1})$

滴定度除上述表示方法外,当分析试样的质量固定,滴定度还可以直接表示每毫升标准溶液相当于被测物质的质量分数,以符号 $T_{X/S}\%$ 表示。

例如,$T(NaOH/H_2SO_4)\%=2.69\%$,表示当试样的质量固定时,每毫升 H_2SO_4 标准溶液相当于试样中 NaOH 的质量分数为 2.69%。测定时,如用去 H_2SO_4 标准溶液 10.50 mL,则该试样中 NaOH 的含量为:

$$V(H_2SO_4)\cdot T(NaOH/H_2SO_4)\%=10.50\times 2.69\%=28.24\%$$

滴定度的表示方法,在经常大量分析同一样品时,由于能很快就可以得出分析结果,使用起来非常方便。

2. 滴定分析计算基本原理

滴定分析的结果计算十分重要，它关系到所报分析结果是否正确。计算的主要依据是“等物质的量规则”，即在计量点时，所消耗的标准溶液和被测物质的量相等。应注意，在使用这个规则时，一定要按照反应中的化学计量关系，正确地选择基本单元，现分类说明：

(1)酸碱反应　酸碱反应是质子转移的反应，因此酸或碱的化学计量基本单元，可以根据反应中转移的质子数来确定。即以酸给出1个H^+或碱得到1个H^+的粒子或粒子的特定组合作为反应物的计量基本单元。如在下列反应中：

$$NaOH + H_2SO_4 = NaHSO_4 + H_2O$$

$$NaOH + \frac{1}{2}H_2SO_4 = \frac{1}{2}Na_2SO_4 + H_2O$$

$$NaOH + \frac{1}{3}H_3PO_4 = \frac{1}{3}Na_3PO_4 + H_2O$$

$$\frac{1}{2}Ca(OH)_2 + HCl = \frac{1}{2}CaCl_2 + H_2O$$

选择H_2SO_4、$1/2H_2SO_4$、$1/3H_3PO_4$、HCl作为酸的化学计量基本单元，NaOH、$1/2Ca(OH)_2$作为碱的化学计量基本单元。

(2)氧化还原反应　氧化还原反应是电子转移的反应，因此氧化剂或还原剂的化学计量基本单元，可以根据反应中转移的电子数来确定。即以氧化剂得到1个电子或还原剂失去1个电子的粒子或粒子的特定组合作为反应物的化学计量基本单元。如在下列反应中：

$$\frac{1}{5}MnO_4^- + \frac{1}{2}C_2O_4^{2-} + \frac{8}{5}H^+ = \frac{1}{5}Mn^{2+} + CO_2 + \frac{4}{5}H_2O$$

$$\frac{1}{6}Cr_2O_7^{2-} + Fe^{2+} + \frac{7}{3}H^+ = \frac{1}{3}Cr^{3+} + Fe^{3+} + \frac{7}{6}H_2O$$

$$\frac{1}{2}I_2 + S_2O_3^{2-} = I^- + \frac{1}{2}S_4O_6^{2-}$$

选择$1/5MnO_4^-$、$1/6Cr_2O_7^{2-}$、$1/2I_2$作为氧化剂的化学计量基本单元，$1/2C_2O_4^{2-}$、Fe^{2+}、$S_2O_3^{2-}$作为还原剂的化学计量基本单元。

同理，沉淀反应是把带单位电荷的粒子作为反应物的化学计量基本单元；配位反应是把与1个分子的EDTA进行配位的粒子作为反应物的化学计量基本单元。

如下列反应：

$$AgNO_3(aq) + NaCl(aq) = AgCl(s) + NaNO_3(aq)$$

$$Mg^{2+} + H_2Y^{2-} = [MgY]^{2-} + 2H^+$$

选择$AgNO_3$、NaCl、Mg^{2+}、H_2Y^{2-}作为反应物的化学计量基本单元。

3. 结果计算的基本原则

(1)等物质的量反应规则　在滴定分析中，当标准溶液与被测物质B反应完全时，消耗

被测物质的物质的量与标准溶液的物质的量相等,即

$$n_S = n_B \tag{8-1}$$

例 8-3 将 30.0 mL 0.150 mol·L^{-1} HCl 溶液和 20.0 mL 0.150 mol·L^{-1} $Ba(OH)_2$ 溶液相混合,试判断混合后所得溶液是酸性,中性,还是碱性?并且计算出过量反应物的浓度。

解:溶液混合时发生的反应是

$$Ba(OH)_2 + 2HCl = BaCl_2 + 2H_2O$$

所以

$$n(Ba(OH)_2) = \frac{1}{2}n(HCl)$$

混合前各物质的量分别为

$$n(HCl) = 30.0\ mL \times 0.150\ mol \cdot L^{-1} = 4.50\ mmoL$$

$$n(Ba(OH)_2) = 20.0\ mL \times 0.150\ mol \cdot L^{-1} = 3.00\ mmoL$$

所以,混合后 $Ba(OH)_2$ 过量,溶液呈碱性。

根据过量的 $Ba(OH)_2$ 量和溶液体积,可计算其浓度

$$c(Ba(OH)_2) = \frac{3.00\ mmoL - \frac{1}{2} \times 4.50\ mmoL}{30.0\ mL + 20.0\ mL} = 0.0150\ moL \cdot L^{-1}$$

因此,过量反应物的浓度为 0.0150 moL·L^{-1}。

(2)被测物质的质量分数的计算　被测物质的质量分数是指被测组分的质量 m_B 占样品质量 m 的分数。

$$\omega_B = \frac{m_B}{m} \times 100\% \tag{8-2}$$

4. 结果计算

(1)溶液配制

把密度为 ρ_1、溶质质量分数为 ω_1 的浓溶液稀释成浓度为 c_2 的稀溶液(体积为 V_2)时,可用式(8-3)计算所需浓溶液的体积 V_1。

$$V_1 = \frac{c_2 V_2}{\rho_1 \omega_1 \times 10^3 / M_B} \tag{8-3}$$

在配制一定浓度和体积的溶液时,可用式(8-4)计算所需称取物质的质量。

$$m_B = c_S V_S M_B \times 10^{-3} \tag{8-4}$$

(2)溶液浓度的计算

直接法配制标准溶液时,用式(8-5)计算标准溶液的浓度。

$$c_{\mathrm{B}} = \frac{m_{\mathrm{B}} \times 10^{3}}{V_{\mathrm{B}} M_{\mathrm{B}}} \tag{8-5}$$

用基准物质(s)直接标定或测定时，用式(8-6)计算被标定溶液或未知溶液的浓度。

$$c_{\mathrm{B}} = \frac{m_{\mathrm{S}} \times 10^{3}}{V_{\mathrm{B}} M_{\mathrm{S}}} \tag{8-6}$$

在比较标定或测定时，用式(8-7)计算被标定溶液或未知溶液的浓度。

$$c_{\mathrm{B}} V_{\mathrm{B}} = c_{\mathrm{S}} V_{\mathrm{S}} \tag{8-7}$$

(3)被测物质质量分数的计算

直接滴定法、置换滴定法、间接滴定法用式(8-8)计算分析结果。

$$\omega_{\mathrm{B}} = \frac{c_{\mathrm{S}} V_{\mathrm{S}} M_{\mathrm{B}} \times 10^{-3}}{m} \times 100\% \tag{8-8}$$

返滴定法用公式(8-9)计算分析结果。

$$\omega_{\mathrm{B}} = \frac{(c_{\mathrm{S1}} V_{\mathrm{S1}} - c_{\mathrm{S2}} V_{\mathrm{S2}}) M_{\mathrm{B}} \times 10^{-3}}{m} \times 100\% \tag{8-9}$$

例 8-4 选用邻苯二甲酸氢钾($KHC_8H_4O_4$，简写为 KHP)作基准物质，标定 $c(NaOH) \approx 0.2\ mol \cdot L^{-1}$ 的氢氧化钠溶液的准确浓度，欲使消耗该氢氧化钠溶液的体积控制在 25 mL 左右，应称取邻苯二甲酸氢钾的质量为多少？如改用草酸($H_2C_2O_4 \cdot 2H_2O$)作基准物质，则应称取的质量为多少？

解：邻苯二甲酸氢钾与氢氧化钠的反应为：

$$KHP + NaOH = KNaP + H_2O$$

根据反应，邻苯二甲酸氢钾的基本单元为 KHP。则：

$$\begin{aligned} m(KHP) &= c(NaOH)V(NaOH)M(KHP) \\ &= 0.2 \times 25 \times 204.22 \times 10^{-3} = 1(g) \end{aligned}$$

草酸与氢氧化钠的反应为：

$$H_2C_2O_4 + 2NaOH = Na_2C_2O_4 + 2H_2O$$

根据反应，草酸的基本单元为$\frac{1}{2}H_2C_2O_4 \cdot 2H_2O$。则：

$$\begin{aligned} m(H_2C_2O_4 \cdot 2H_2O) &= c(NaOH)V(NaOH)M\left(\frac{1}{2}H_2C_2O_4 \cdot 2H_2O\right) \\ &= 0.2 \times 25 \times 63.04 \times 10^{-3} = 0.3(g) \end{aligned}$$

可见，对于摩尔质量大的基准物质，标定时称取质量较大，称量误差则较小，所以基准物质应具有较大的摩尔质量。

例 8-5 称取铁矿样 0.600 0 g，溶解还原成 Fe^{2+} 后，用 $T(FeO/K_2Cr_2O_7)=0.007\ 185\ g\cdot mL^{-1}$ 的重铬酸钾标准溶液滴定，消耗 24.56 mL，求 Fe_2O_3 的质量分数。

解：

$$Cr_2O_7^{2-}+6Fe^{2+}+14H^+=2Cr^{3+}+6Fe^{3+}+7H_2O$$

根据反应，Fe^{2+}、FeO、Fe_2O_3、$K_2Cr_2O_7$ 的基本单元分别为 Fe^{2+}、FeO、$1/2Fe_2O_3$、$1/6K_2Cr_2O_7$。

$$\omega(Fe_2O_3)=\frac{c\left(\frac{1}{6}K_2Cr_2O_7\right)V(K_2Cr_2O_7)M\left(\frac{1}{2}Fe_2O_3\right)\times10^{-3}}{m_{样}}\times100\%$$

由于

$$c\left(\frac{1}{6}K_2Cr_2O_7\right)=\frac{T(FeO/K_2Cr_2O_7)}{M(FeO)}\times1\ 000$$

所以

$$\omega(Fe_2O_3)=\frac{(0.007\ 185\times1\ 000\div71.85)\times24.56\times79.85\times10^{-3}}{0.600\ 0}\times100\%$$

$$=32.69\%$$

例 8-6 在 1.000 0 g 碳酸钙试样中，加入 $c(HCl)=0.510\ 0\ mol\cdot L^{-1}$ 的盐酸溶液 50.00 mL 溶解试样，过量的盐酸用 $c(NaOH)=0.490\ 0\ mol\cdot L^{-1}$ 的氢氧化钠溶液回滴，消耗 25.00 mL，求试样中 $CaCO_3$ 的质量分数。

解：

$$CaCO_3(s)+2HCl(aq)=CaCl_2(aq)+H_2CO_3(aq)$$

根据反应，$CaCO_3$ 的基本单元为 $1/2CaCO_3$。它们之间物质的量的关系为：

$$n\left(\frac{1}{2}CaCO_3\right)=n(HCl)-n(NaOH)=c(HCl)V(HCl)-c(NaOH)V(NaOH)$$

$$\omega(CaCO_3)=\frac{[c(HCl)V(HCl)-c(NaOH)V(NaOH)]M\left(\frac{1}{2}CaCO_3\right)\times10^{-3}}{m_{样}}\times100\%$$

$$=\frac{(0.510\ 0\times50.00-0.490\ 0\times25.00)\times50.05\times10^{-3}}{1.000\ 0}\times100\%$$

$$=66.33\%$$

例 8-7 测定铜矿中铜的含量，称取 0.521 8 g 试样，用硝酸溶解，除去过量的硝酸及氮的氧化物后，加入 1.5 g 碘化钾，析出的碘用 $c(Na_2S_2O_3)=0.104\ 6\ mol\cdot L^{-1}$ 的硫代硫酸钠标准溶液滴定至淀粉褪色，消耗 21.32 mL，计算矿样中铜的质量分数。

解：测定铜的反应如下：

$$2Cu^{2+}(aq)+4I^-(aq)=2CuI(s)+I_2(aq)$$

$$I_2+2S_2O_3^{2-}=2I^-+S_4O_6^{2-}$$

根据反应，Cu^{2+} 的基本单元为 Cu^{2+}，I_2 的基本单元为 $\frac{1}{2}I_2$，$Na_2S_2O_3$ 的基本单元为 $Na_2S_2O_3$，该滴定为置换滴定法。反应中各物质之间的物质的量的关系为：

$$n(Cu)=n(Cu^{2+})=n\left(\frac{1}{2}I_2\right)=n(Na_2S_2O_3)$$

$$\omega(\text{Cu}) = \frac{c(\text{Na}_2\text{S}_2\text{O}_3)V(\text{Na}_2\text{S}_2\text{O}_3)M(\text{Cu}) \times 10^{-3}}{m_{样}} \times 100\%$$

$$= \frac{0.1046 \times 21.32 \times 63.546 \times 10^{-3}}{0.5218} \times 100\% = 27.16\%$$

8.2 酸碱滴定法

酸碱滴定法以强酸或强碱作标准溶液来测定酸、碱以及能与酸、碱直接或间接起反应的物质，在实际工作中应用广泛，是一种最基本的滴定分析方法。

8.2.1 酸碱指示剂

1. 酸碱指示剂的变色原理

在酸碱滴定中外加的、能随着溶液 pH 的变化而改变颜色，用于指示滴定终点的试剂称为酸碱指示剂(acid-base indicator)。常用的酸碱指示剂都是一些弱的有机酸(如酚酞、石蕊等)或弱的有机碱(如甲基橙、甲基红等)。它们在溶液中都存在酸式(即弱酸结构)和碱式(即弱酸的共轭碱结构)两种形式，而且这两种形式具有不同的颜色。例如，酚酞是一种有机弱酸，在溶液中存在下列解离平衡。

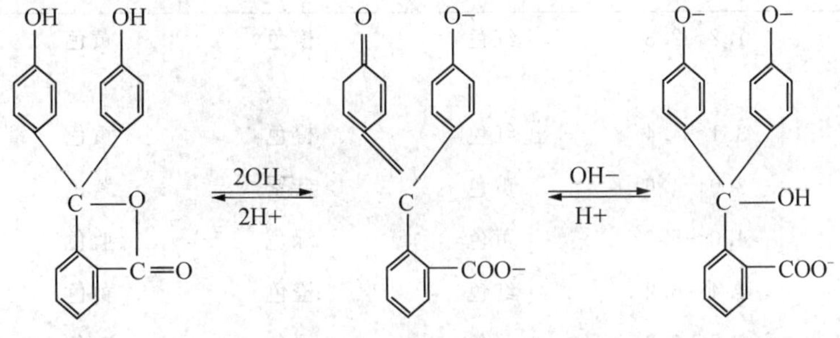

无色(内酯式)　　红色(醌式)　　无色(羧酸盐式)

甲基橙是一种有机弱碱，在溶液中存在下列解离平衡

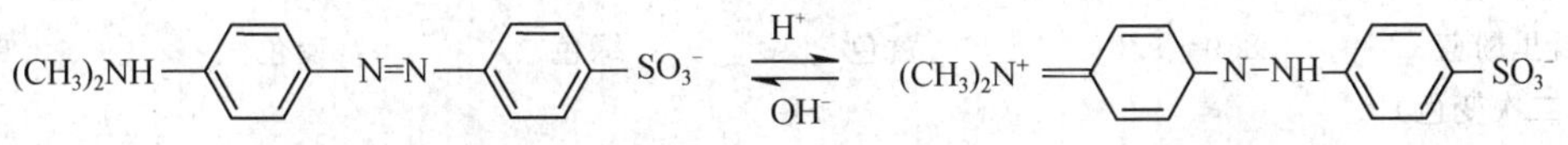

(碱式色，偶氮式)黄色　　(酸式色，醌式) 红色

用 HIn 表示指示剂的酸式，其产生的颜色为酸式色；In^- 表示指示剂的碱式，其产生的颜色为碱式色。它们在溶液中存在以下电离平衡，

$$\text{HIn} \rightleftharpoons \text{In}^- + \text{H}^+$$

$$K^{\ominus}_{\text{HIn}} = \frac{c(\text{H}^+)c(\text{In}^-)}{c(\text{HIn})}$$

$K^{\ominus}_{\text{HIn}}$ 称为指示剂的离解常数，简称指示剂常数(indicator constant)，其数值取决于指示

剂的性质和温度。两边各取负对数，则

$$pH = pK_{HIn}^{\ominus} + \lg \frac{c(In^-)}{c(HIn)} \tag{8-10}$$

当溶液 pH 改变时，$[In^-]/[HIn]$随之改变，则溶液的颜色也随之改变。

2. 指示剂的变色范围和变色点

由于人的眼睛对颜色分辨能力的限制，一般情况下，当 $c(In^-)/c(HIn) \leqslant 1/10$ 时，溶液的 $pH \leqslant pK_{HIn}^{\ominus} - 1$，看到的是 HIn 的颜色（酸式色）；当 $c(In^-)/c(HIn) \geqslant 10$ 时，溶液的 $pH \geqslant pK_{HIn}^{\ominus} + 1$，看到的是 In^- 的颜色（碱式色）；当 $1/10 < c(In^-)/c(HIn) < 10$ 时，看到的是酸式和碱式的混合色。因此，当溶液的 pH 在 $pK_{HIn}^{\ominus} \pm 1$ 的范围内，才能明显观察出指示剂颜色的变化，该范围称为指示剂的理论变色范围(color change interval)。当 $c(In^-) = c(HIn)$ 时，显现的颜色是酸式和碱式等量成分的混合色，因此，溶液的 $pH = pK_{HIn}^{\ominus}$ 称为指示剂的理论变色点(color change point)。例如，甲基橙的 $pK_{HIn}^{\ominus} = 3.7$，理论变色点为 3.7，理论变色范围为 2.7～4.7。由于人眼对各种颜色的敏感程度不同，实际观察到的变色范围与理论变色范围不完全一致，如甲基橙的实际变色范围为 3.1～4.4。一些常用酸碱指示剂的变色范围及其变色情况列于表 8-1。

表 8-1　常用酸碱指示剂

指示剂	变色范围(pH)	酸色	过渡色	碱色	$pK_{HIn}^{\ominus}$
百里酚蓝（第一次变色）	1.2～2.8	红色	橙色	黄色	1.7
甲基橙	3.1～4.4	红色	橙色	黄色	3.7
溴酚蓝	3.0～4.6	黄色	蓝紫	紫色	4.1
溴甲酚绿	4.0～5.6	黄色	绿色	蓝色	4.9
甲基红	4.4～6.2	红色	橙色	黄色	5.0
溴百里酚蓝	6.2～7.6	黄色	绿色	蓝色	7.3
中性红	6.8～8.0	红色	橙色	黄色	7.4
酚酞	8.0～10.0	无色	粉红	红色	9.1
百里酚蓝（第二次变色）	8.0～9.6	黄色	绿色	蓝色	8.9
百里酚酞	9.4～10.6	无色	淡蓝	蓝色	10.0

3. 影响指示剂变色范围的因素

(1)温度　指示剂的变色范围和指示剂的离解常数 $K_{HIn}^{\ominus}$ 有关，而 $K_{HIn}^{\ominus}$ 与温度有关，因此当温度改变时，指示剂的变色范围也随之改变。表 8-2 列出了几种常见指示剂在 18℃与 100℃时的变色范围。

温度上升对各种指示剂的影响是不一样的。因此，为了确保滴定结果的准确性，滴定分析宜在室温下进行，如果必须在加热时进行，也应当将标准溶液在同样条件下进行标定。

表 8-2 温度对指示剂变色范围的影响

指示剂	变色范围(pH)		指示剂	变色范围(pH)	
	18℃	100℃		18℃	100℃
百里酚蓝	1.2～2.8	1.2～2.6	甲基红	4.4～6.2	4.0～6.0
甲基橙	3.1～4.4	2.5～3.7	酚红	6.4～8.0	6.6～8.2
溴酚蓝	3.0～4.6	3.0～4.5	酚酞	8.0～10.0	8.0～9.2

(2)指示剂用量　指示剂在溶液中有如下离解平衡：

$$\mathrm{HIn} \rightleftharpoons \mathrm{H^+} + \mathrm{In^-}$$

如果溶液中指示剂的浓度较小，加入少量标准溶液即可使之完全变为 In^-，因此指示剂颜色变化灵敏；反之，若指示剂浓度较大时，则发生同样的颜色变化所需标准溶液的量也较多，从而导致滴定终点时颜色变化不敏锐。所以，指示剂的用量以少为宜。

但如用单色指示剂滴定至一定 pH，则必须严格控制指示剂的浓度。因为单色指示剂的颜色深度仅取决于有色离子的浓度(对酚酞来说就是碱式 $c(\mathrm{In^-})$)，即

$$c(\mathrm{In^-}) = \frac{K^{\ominus}_{\mathrm{HIn}}}{c(\mathrm{H^+})} c(\mathrm{HIn})$$

如果 $c(\mathrm{H^+})$ 维持不变，在指示剂变色范围内，溶液颜色的深浅便随指示剂 HIn 浓度的增加而加深。因此，使用单色指示剂时必须严格控制指示剂的用量，使其在终点时的浓度等于对照溶液中的浓度。

此外，指示剂本身是弱酸或弱碱，也要消耗一定量的标准溶液。因此，指示剂用量以少为宜，但却不能太少，否则，由于人眼辨色能力的限制，无法观察到溶液颜色的变化。实际滴定过程中，通常都是使用指示剂浓度为 $1\ \mathrm{g \cdot L^{-1}}$ 的溶液，用量比例为每 10 mL 试液滴加 1 滴左右的指示剂溶液。

(3)离子强度　指示剂的颜色的变化，严格的讲是决定于溶液中 H^+ 活度，H^+ 活度随溶液离子强度的不同而有少许变化，因而指示剂的变色范围也随之有稍许偏移。由于在离子强度较低(<0.5)时，酸碱指示剂的变色范围随溶液离子强度的不同而变化不大，因而实际滴定过程中一般可以忽略不计。

(4)滴定顺序　由于深色较浅色明显，所以当溶液由浅色变为深色时，人眼容易辨别。比如，以甲基橙作指示剂，用碱标液滴定酸时，终点颜色的变化是由橙红变黄，它就不及用酸标液滴定碱时终点颜色由黄变橙红来得明显。所以用酸标准溶液滴定碱时可用甲基橙作指示剂；而用碱标准溶液滴定酸时，一般采用酚酞作指示剂，因为终点从无色变为红色比较敏锐。

4. 混合指示剂

在某些酸碱滴定中，由于化学计量点附近 pH 突跃小，使用单一指示剂确定终点无法达到所需要的准确度，这时可考虑采用混合指示剂。

混合指示剂是利用颜色之间的互补作用，使变色范围变窄，从而使终点时颜色变化敏锐。它的配制方法一般有两种：一种是由两种或多种指示剂混合而成。比如溴甲酚绿

($pK_{HIn}^{\ominus}=4.9$)与甲基红($pK_{HIn}^{\ominus}=5.0$)指示剂，前者当 pH＜4.0 时呈黄色(酸式色)，pH＞5.6 时呈蓝色(碱式色)；后者当 pH＜4.4 时呈红色(酸式色)，pH＞6.2 时呈浅黄色(碱式色)。当它们按一定比例混合后，两种颜色混合在一起，酸式色便成为酒红色(即红稍带黄)，碱式色便成为绿色。当 pH＝5.1，也就是溶液中酸式与碱式的浓度大致相同时，溴甲酚绿呈绿色而甲基红呈橙色，两种颜色互为互补色，从而使得溶液呈现浅灰色，因此变色十分敏锐。

另一种混合指示剂是在某种指示剂中加入一种惰性染料(其颜色不随溶液 pH 的变化而变化)，由于颜色互补使变色敏锐，但变色范围不变。

常用的混合指示剂见表 8-3。

表 8-3　几种常见的混合指示剂

指示剂溶液的组成	变色时 pH	颜色		备注
		酸式色	碱式色	
一份 0.1%甲基黄乙醇溶液 一份 0.1%次甲基蓝乙醇溶液	3.25	蓝紫	绿	pH＝3.2，蓝紫色； pH＝3.4，绿色
一份 0.1%甲基橙水溶液 一份 0.25%靛蓝二磺酸水溶液	4.1	紫	黄绿	
一份 0.1%溴甲酚绿钠盐水溶液 一份 0.2%甲基橙水溶液	4.3	橙	蓝绿	pH＝3.5，黄色； pH＝4.05，绿色； pH＝4.3，浅绿
三份 0.1%溴甲酚绿乙醇溶液 一份 0.2%甲基红乙醇溶液	5.1	酒红	绿	
一份 0.1%溴甲酚绿钠盐水溶液 一份 0.1%氯酚红钠盐水溶液	6.1	黄绿	蓝绿	pH＝5.4，蓝绿色； pH＝5.8，蓝色； pH＝6.0，蓝带紫； pH＝6.2，蓝紫
一份 0.1%中性红乙醇溶液 一份 0.1%次甲基蓝乙醇溶液	7.0	紫蓝	绿	pH＝7.0，紫蓝
一份 0.1%甲酚红钠盐水溶液 三份 0.1%百里酚蓝钠盐水溶液	8.3	黄	紫	pH＝8.2，玫瑰红； pH＝8.4，清晰的紫色
一份 0.1%百里酚蓝 50%乙醇溶液 三份 0.1%酚酞 50%乙醇溶液	9.0	黄	紫	从黄到绿，再到紫
一份 0.1%酚酞乙醇溶液 一份 0.1%百里酚酞乙醇溶液	9.9	无色	紫	pH＝9.6，玫瑰红； pH＝10，紫色
二份 0.1%百里酚酞乙醇溶液 一份 0.1%茜素黄 R 乙醇溶液	10.2	黄	紫	

8.2.2 酸碱滴定曲线

在酸碱滴定中，必须选择适宜的指示剂，使滴定终点与化学计量点尽量吻合，以减少滴定误差。为此，应当了解滴定过程中溶液 pH 的变化情况，尤其是在计量点前后滴加少量酸或碱标准溶液所引起溶液 pH 的变化情况。以滴定过程中所加入的酸或碱标准溶液的量为横坐标，以所得混合溶液的 pH 为纵坐标，所绘制的关系曲线称为酸碱滴定曲线(acid-base titration curve)。利用此曲线就可正确地选择指示剂来确定滴定终点。下面分别讨论各种类型酸碱滴定的曲线和指示剂的选择。

1. 强酸与强碱的滴定

现以 $0.1000\ mol \cdot L^{-1}$ NaOH 滴定 20.00 mL $0.1000\ mol \cdot L^{-1}$ HCl 为例讨论滴定过程中溶液 pH 的变化情况。

(1)滴定前　溶液的 $c(H^+)$等于 HCl 的原始浓度

$$c(H^+)=1.00\times10^{-1}\ mol\cdot L^{-1}$$
$$pH=1.00$$

(2)滴定开始至计量点前　溶液的酸度取决于剩余 HCl 的浓度。例如，当滴入 NaOH 溶液 18.00 mL 时，溶液的 $c(H^+)$为

$$c(H^+)=\frac{0.1000\ mol\cdot L^{-1}\times2.00\ mL}{20.00\ mL+18.00\ mL}=5.26\times10^{-3}\ mol\cdot L^{-1}$$
$$pH=2.28$$

当滴入 NaOH 溶液 19.98 mL 时，溶液的 $c(H^+)$为

$$c(H^+)=\frac{0.1000\ mol\cdot L^{-1}\times0.02\ mL}{20.00\ mL+19.98\ mL}=5.0\times10^{-5}\ mol\cdot L^{-1}$$
$$pH=4.30$$

(3)计量点时　溶液的组成为 NaCl，溶液的 $c(H^+)$由水的解离决定

$$c(H^+)=c(OH^-)=1.00\times10^{-7}\ mol\cdot L^{-1}$$
$$pH=7.00$$

(4)计量点后　溶液的组成为 NaCl+NaOH，溶液的 $c(H^+)$取决于过量的 NaOH 的浓度。如当滴入 NaOH 溶液 20.02 mL 时，溶液的 $c(OH^-)$为

$$c(OH^-)=\frac{0.1000\ mol\cdot L^{-1}\times0.02\ mL}{20.00\ mL+20.02\ mL}=5.0\times10^{-5}\ mol\cdot L^{-1}$$
$$pOH=4.30$$
$$pH=9.70$$

按上述方法计算出的溶液 pH，均列于表 8-4 中。

以 NaOH 加入量为横坐标，所得混合溶液的 pH 为纵坐标作图，即得强碱滴定强酸的滴定曲线，如图 8-1(a)所示。

表 8-4　0.100 0 mol·L^{-1} NaOH 滴定 0.100 0 mol·L^{-1} HCl pH 的变化

加入 NaOH/mL	滴定百分数/%	剩余 HCl/mL	过量 NaOH/mL	pH	
0.00	0.00	20.00		1.00	
18.00	90.00	2.00		2.28	
19.80	99.00	0.20		3.30	
19.98	99.90	0.02		4.30	滴定突跃
20.00	100.0	0.00		7.00	
20.02	100.1		0.02	9.70	
20.20	101.0		0.20	10.70	
22.00	110.0		2.00	11.70	
40.00	200.0		20.00	12.50	

由表 8-4 和图 8-1(a)可看出：

①从滴定开始到加入 NaOH 溶液 19.98 mL 时为止，溶液 pH 从 1.00 增大到 4.30，仅改变了 3.30 个 pH 单位，所以曲线前段较平坦。

②计量点的 pH＝7.00，在其附近仅仅从剩余的 0.02 mL HCl 溶液到过量的 0.02 mL NaOH 溶液，溶液的 pH 则从 4.30 猛增到 9.70，突然改变了 5.4 个 pH 单位。这种 pH 的急剧改变，称为滴定突跃(titration jump)，简称突跃。突跃所在的 pH 范围，称为滴定突跃范围，简称突跃范围。曲线中段近于垂直部分即是滴定突跃(pH＝4.30～9.70)，其中间点为 pH＝7.00，即此类滴定的计量点与中性点是一致的。

③突跃后继续加入 NaOH 溶液，溶液 pH 的变化比较缓慢，所以曲线后段又转为平坦。

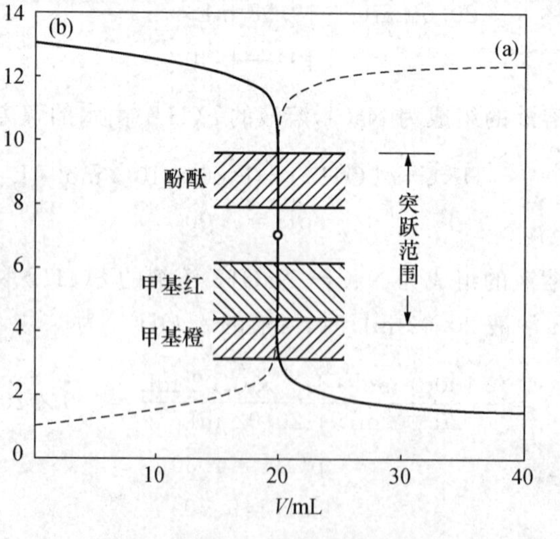

图 8-1　强酸和强碱的滴定曲线

(a)0.100 0 mol·L^{-1} NaOH 滴定 20 mL 0.100 0 mol·L^{-1} HCl

(b)0.100 0 mol·L^{-1} HCl 滴定 20 mL 0.100 0 mol·L^{-1} NaOH

如果用 0.100 0 $mol \cdot L^{-1}$ HCl 滴定 20.00 mL 0.100 0 $mol \cdot L^{-1}$ NaOH 时，则可得一条与上述滴定曲线的形状相同但位置对称的滴定曲线，如图 8-1(b)所示。

选择指示剂的原则是：指示剂的变色范围在突跃范围内或至少占据突跃范围的一部分。根据这一原则，由于强酸强碱滴定的 pH 突跃范围为 4.3～9.7，所以，甲基橙(3.1～4.4)、酚酞(8.0～9.6)、甲基红(4.4～6.2)等都可选作这一类滴定的指示剂。

突跃范围的宽窄，与酸碱的浓度有关。例如，用 1.000 $mol \cdot L^{-1}$、0.100 0 $mol \cdot L^{-1}$、0.010 00 $mol \cdot L^{-1}$ NaOH，分别滴定相同浓度的 HCl，它们的 pH 突跃范围分别为 3.3～10.7、4.3～9.7 和 5.3～8.7，如图 8-2 所示。

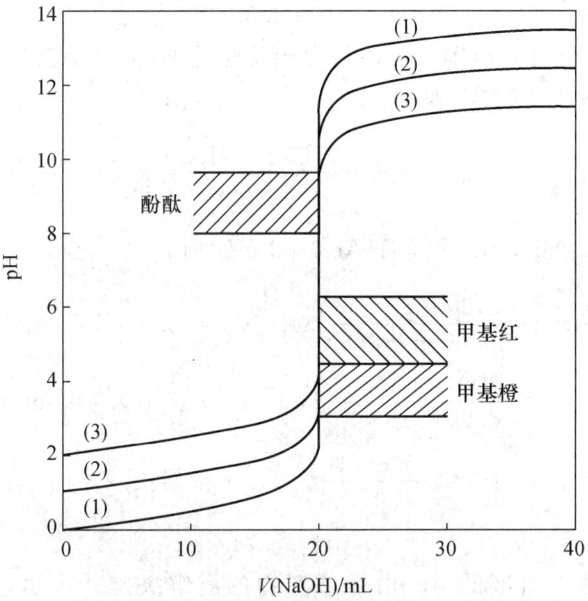

图 8-2 突跃范围与酸碱浓度的关系

(1)1.000 $mol \cdot L^{-1}$ (2)0.100 0 $mol \cdot L^{-1}$ (3)0.010 0 $mol \cdot L^{-1}$ NaOH 溶液滴定相应浓度的 HCl 溶液

可见，酸、碱的浓度降低 10 倍时，突跃范围将减少 2 个 pH 单位，因而在选择指示剂时也应考虑酸、碱浓度对突跃范围的影响。如上述酸碱的三种不同浓度的滴定，前两种浓度的滴定均可选用甲基橙作指示剂，而第三种浓度的滴定甲基橙却不能选用。

由实验和计算可知，如果酸、碱的浓度小于 10^{-4} $mol \cdot L^{-1}$ 时，其滴定突跃已不明显，无法用一般指示剂指示滴定终点，故不能准确进行滴定。酸、碱溶液愈浓，滴定突跃范围愈宽，愈有利于指示剂的选择，但每滴溶液中所含酸、碱的量却增多，而在计量点附近因多加或少加半滴标准溶液都可引起较大的误差。因此，在分析工作中，通常采用 0.1～0.01 $mol \cdot L^{-1}$ 的酸、碱标准溶液。

2. 强碱(酸)滴定一元弱酸(碱)

强碱(酸)滴定一元弱酸(碱)的滴定反应相当于

$$HA + OH^- = H_2O + A^-$$

或 $$BOH + H^+ = H_2O + B^+$$

(1)滴定曲线　下面以 0.100 0 mol·L^{-1} NaOH 标准溶液滴定 20.00 mL 0.100 0 mol·L^{-1} HAc 为例，讨论这一类滴定过程中 pH 变化与滴定曲线。

①滴定前　溶液的 pH 由 0.100 0 mol·L^{-1}的 HAc 溶液的酸度决定。根据弱酸 pH 计算的最简式

$$c(H^+) = \sqrt{cK_a^\ominus}$$

因此 $$c(H^+) = \sqrt{0.100\,0 \times 1.8 \times 10^{-5}}\ \text{mol}\cdot\text{L}^{-1} = 1.34 \times 10^{-3}\ \text{mol}\cdot\text{L}^{-1}$$

$$pH = 2.87$$

②滴定开始至化学计量点前　溶液是由未反应的 HAc 与反应产物 NaAc 组成，其 pH 由 HAc-NaAc 缓冲体系来决定，即

$$c(H^+) = K_a^\ominus \frac{c(HAc)}{c(Ac^-)}$$

比如，当滴入 NaOH 19.98 mL(剩余 HAc 0.02 mL)时，

$$c(HAc) = \frac{0.100\,0 \times 0.02}{20.00 + 19.98}\ \text{mol}\cdot\text{L}^{-1} = 5.0 \times 10^{-5}\ \text{mol}\cdot\text{L}^{-1}$$

$$c(Ac^-) = \frac{0.100\,0 \times 19.98}{20.00 + 19.98}\ \text{mol}\cdot\text{L}^{-1} = 5.0 \times 10^{-2}\ \text{mol}\cdot\text{L}^{-1}$$

因此 $$c(H^+) = 1.8 \times 10^{-5} \times \frac{5.0 \times 10^{-5}}{5.0 \times 10^{-2}}\ \text{mol}\cdot\text{L}^{-1} = 1.8 \times 10^{-8}\ \text{mol}\cdot\text{L}^{-1}$$

$$pH = 7.74$$

③化学计量点时　溶液的 pH 由体系产物的离解决定。化学计量点时体系产物是 NaAc 与 H_2O，Ac^-是一种弱碱。因此

$$c(OH^-) = \sqrt{cK_b^\ominus}$$

由于 $$K_b^\ominus(Ac^-) = \frac{K_w^\ominus}{K_a^\ominus(HAc)} = \frac{1.0 \times 10^{-14}}{1.8 \times 10^{-5}} = 5.56 \times 10^{-10}$$

$$c(Ac^-) = \frac{20.00}{20.00 + 20.00} \times 0.100\,0\ \text{mol}\cdot\text{L}^{-1} = 5.0 \times 10^{-2}\ \text{mol}\cdot\text{L}^{-1}$$

所以 $$c(OH^-) = \sqrt{5.0 \times 10^{-2} \times 5.56 \times 10^{-10}}\ \text{mol}\cdot\text{L}^{-1} = 5.27 \times 10^{-6}\ \text{mol}\cdot\text{L}^{-1}$$

$$pOH = 5.28;\quad pH = 8.72$$

④化学计量点后　此时溶液的组成是过量 NaOH 和滴定产物 NaAc。由于过量 NaOH 的存在，抑制了 Ac^-的水解。因此，溶液的 pH 仅由过量 NaOH 的浓度来决定。比如，滴入 20.02 mL NaOH 溶液(过量的 NaOH 为 0.02 mL)，则

$$c(OH^-) = \frac{0.02 \times 0.100\,0}{20.00 + 20.02}\ \text{mol}\cdot\text{L}^{-1} = 5.0 \times 10^{-5}\ \text{mol}\cdot\text{L}^{-1}$$

$$pOH = 4.30;\quad pH = 9.70$$

按上述方法，依次计算出滴定过程中溶液的 pH，其计算结果如表 8-5 所示。

表 8-5 用 0.100 0 mol·L^{-1} NaOH 滴定 20.00 mL 0.100 0 mol·L^{-1} HAc 的 pH 变化

加入 NaOH/mL	HAc 被滴定百分数	计算式	pH	
0.00	0.00		2.87	
10.00	50.0		4.74	
18.00	90.0	$c(H^+)=\sqrt{c(HAc)K^{\ominus}_{a(HAc)}}$	5.70	
19.80	99.0		6.74	
19.96	99.8	$c(H^+)=K^{\ominus}_a\dfrac{[HAc]}{[Ac^-]}$	7.44	
19.98	99.9		7.74	滴定突跃
20.00	100.0	$c(OH^-)=\sqrt{\dfrac{K^{\ominus}_w}{K^{\ominus}_{a(HAc)}}c(Ac^-)}$	8.72	
20.02	100.1		9.70	
20.04	100.2	$c(OH^-)=c(NaOH)_{过量}$	10.00	
20.20	101.0		10.70	
22.00	110.0		11.70	

用同样的方法我们可以计算出强酸滴定弱碱时溶液 pH 的变化情况。表 8-6 列出了用 0.100 0 mol·L^{-1} HCl 滴定 20.00 mL 0.100 0 mol·L^{-1} NH_3 时溶液 pH 的变化情况，同时也列出了在不同滴定阶段溶液 pH 的计算式。

表 8-6 用 0.100 0 mol·L^{-1} HCl 滴定 20.00 mL 0.100 0 mol·L^{-1} NH_3 的 pH 变化

加入 NaOH/mL	HAc 被滴定百分数	计算式	pH	
0.00	0.00		11.13	
10.00	50.0	$c(OH^-)=\sqrt{c(NH_3)K^{\ominus}_{b(NH_3)}}$	9.26	
18.00	90.0		8.30	
19.80	99.0	$c(OH^-)=K^{\ominus}_b\dfrac{c(NH_3)}{c(NH_4^+)}$	7.26	
19.98	99.9		6.26	滴定突跃
20.00	100.0	$c(H^+)=\sqrt{\dfrac{K^{\ominus}_w}{K^{\ominus}_{b(NH_3)}}c(NH_4^+)}$	5.28	
20.02	100.1		4.30	
20.20	101.0	$c(H^+)=c(HCl)_{过量}$	3.30	
22.00	110.0		2.32	

(2)滴定曲线和滴定突跃　根据滴定过程各点的 pH 同样可以绘出强碱(酸)滴定一元弱酸(碱)的滴定曲线(如图 8-3 与图 8-4)。

比较图 8-3 与表 8-5 可以看出，在相同浓度的前提下，强碱滴定弱酸的突跃范围比强碱滴定强酸的突跃范围要小得多，且主要集中在弱碱性区域，其化学计量点时，溶液也不是呈中性而呈弱碱性(pH>7)。

由图 8-4 与表 8-6 也可以看出，在相同浓度的前提下，强酸滴定弱碱的突跃范围比强酸滴定强碱的突跃范围也要小得多，且主要集中在弱酸性区域，其化学计量点时，溶液呈弱酸性。

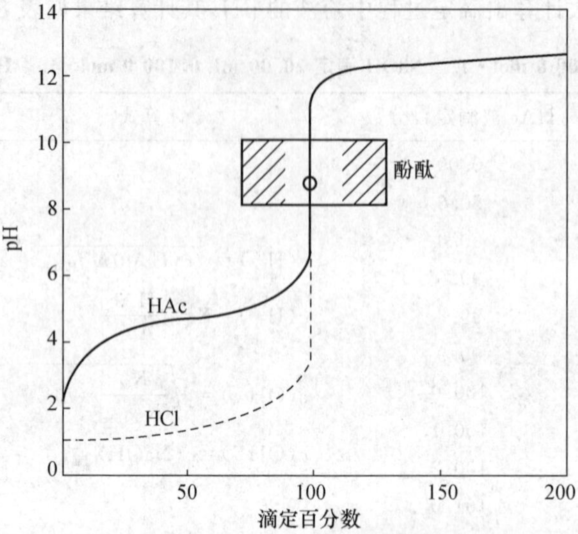

图 8-3　0.100 0 mol · L^{-1} NaOH 滴定 0.100 0 mol · L^{-1} HAc 的滴定曲线

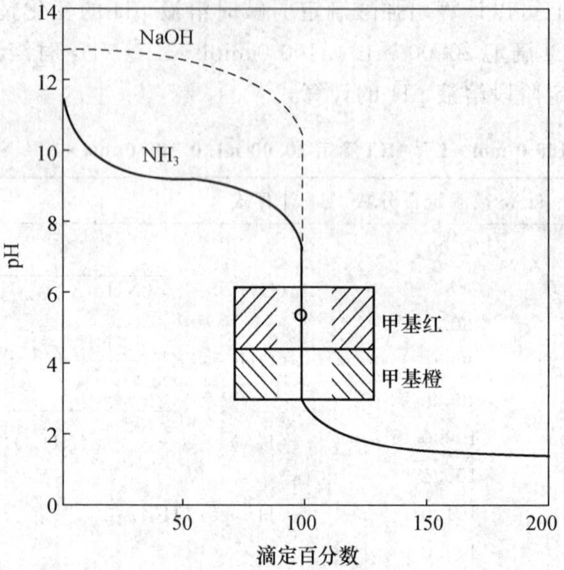

图 8-4　0.100 0 mol · L^{-1} HCl 滴定 0.100 0 mol · L^{-1} NH_3 的滴定曲线

(3)指示剂的选择　在强碱(酸)滴定一元弱酸(碱)中，由于滴定突跃范围变小，因此指示剂的选择便受到一定的限制。用 0.100 0 mol · L^{-1} NaOH 滴定 0.100 0 mol · L^{-1} HAc 时，突跃范围为 7.74～9.70(化学计量点时 pH=8.72)。因此，在酸性区域变色的指示剂如甲基红、甲基橙等均不能使用，而只能选择酚酞、百里酚蓝等在碱性区域变色的指示剂。由于酚酞指示剂的理论变色点(pH=9.0)正好落在滴定突跃范围之内，所以选择酚酞作为指示剂将获得比较准确的结果。

若用 0.100 0 mol · L^{-1} HCl 标准溶液滴定 0.100 0 mol · L^{-1} NH_3 溶液，由于其突跃范围在 6.26～4.30(化学计量点时 pH=5.28)，因此必须选择在酸性区域变色的指示剂，如甲基红或溴甲酚绿等。若选择甲基橙作指示剂，当滴定到溶液由黄色变至橙色(pH＝4.0)时，滴定误差达＋0.20％。

(4)滴定可行性判断　由上例的计算过程可知强碱(酸)滴定一元弱酸(碱)突跃范围与弱酸(碱)的浓度及其离解常数有关。酸的离解常数越小，酸的浓度越低，则滴定突跃范围也就越小。考虑到借助指示剂观察终点有 0.3pH 单位的不确定性，如果要求滴定误差 ≤±0.2％，那么滴定突跃就必须保证在 0.6pH 单位以上。根据终点误差理论，只有当酸的浓度 c 与其离解常数 $K_a^\ominus$ 的乘积 $cK_a^\ominus \geqslant 10^{-8}$ 时，该酸溶液才可被强碱直接准确滴定。比如若弱酸 HA 的浓度为 0.1 mol·L^{-1}，则其被强碱(如 NaOH)准确滴定的条件是它的离解常数 $K_a^\ominus \geqslant (10^{-8}/0.1) = 10^{-7}$。

同理，能够用指示剂法直接准确滴定一元弱碱的条件是：

$$cK_b^\ominus \geqslant 10^{-8}$$

式中的 c 表示一元弱碱的浓度。在这样的条件下，同样可保证滴定误差≤±0.2％，滴定突跃约＞0.6pH 单位。

显然，如果允许的误差较大，或检测终点的方法改进了(如使用仪器法)，那么上述滴定条件还可适当放宽。

3. 多元酸、多元碱的滴定

多元酸(碱)或混合酸的滴定比一元酸碱的滴定复杂，这是因为如果考虑能否直接准确滴定的问题，就意味着必须考虑两种情况：一是能否滴定酸或碱的总量，二是能否分级滴定(对多元酸碱而言)、分别滴定(对混合酸碱而言)。下面结合实例对上述问题作简要的讨论。

(1)强碱滴定多元酸　多元酸的滴定可按下述原则判断：

①当 $cK_a^\ominus \geqslant 10^{-8}$ 时，这一级离解的 H^+ 可以被直接滴定；

②当相邻的两个 $K_a^\ominus$ 的比值，等于或大于 10^4 时，较强的那一级离解的 H^+ 先被滴定，出现第一个滴定突跃，较弱的那一级离解的 H^+ 后被滴定。但能否出现第二个滴定突跃，则取决于酸的第二级离解常数值是否满足

$$cK_{a_2}^\ominus \geqslant 10^{-8}$$

③如果相邻的两个 $K_a^\ominus$ 的比值小于 10^4 时，滴定时两个滴定突跃将混在一起，这时只出现一个滴定突跃。

如 H_3PO_4 的滴定：H_3PO_4 是弱酸，在水溶液中分步离解：

$$H_3PO_4 \rightleftharpoons H^+ + H_2PO_4^- \qquad pK_{a_1}^\ominus = 2.12$$
$$H_2PO_4^- \rightleftharpoons H^+ + HPO_4^{2-} \qquad pK_{a_2}^\ominus = 7.20$$
$$HPO_4^{2-} \rightleftharpoons H^+ + PO_4^{3-} \qquad pK_{a_3}^\ominus = 12.36$$

如果用 NaOH 滴定 H_3PO_4，那么 H_3PO_4 首先被滴定成 $H_2PO_4^-$，即

$$H_3PO_4 + NaOH = NaH_2PO_4 + H_2O$$

但当反应进行到大约 99.4％的 H_3PO_4 被中和之时(pH＝4.7)，已经有大约 0.3％的 $H_2PO_4^-$ 被进一步中和成 HPO_4^{2-} 了(可参阅图 3-3 H_3PO_4 型体图)，即

$$NaH_2PO_4 + NaOH = Na_2HPO_4 + H_2O$$

这表明前面两步中和反应并不是分步进行的，而是稍有交叉地进行的，所以严格说来，对 H_3PO_4 而言，实际上并不真正存在两个化学计量点。由于对多元酸的滴定准确度要求不太高（通常分步滴定允许误差为±0.5%），因此，在满足一般分析的要求下，我们认为 H_3PO_4 还是能够进行分步滴定的，其第一化学计量点时溶液的 pH=4.66；第二化学计量点时溶液的 pH = 9.78。其第三化学计量点因，$pK^{\ominus}_{a_3}=12.36$ 说明 HPO_4^{2-} 已太弱，故无法用 NaOH 直接滴定。

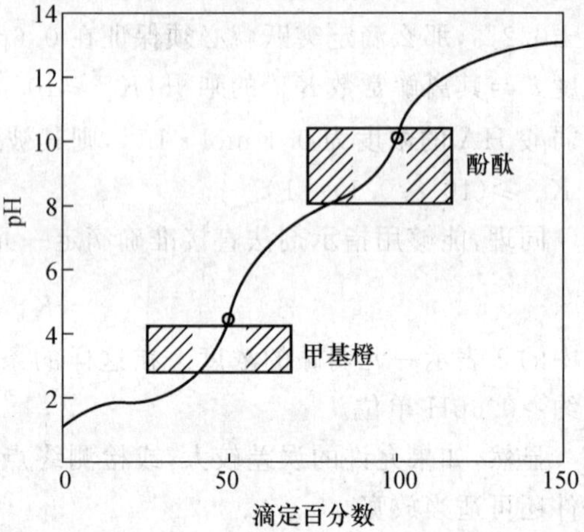

图 8-5　0.100 0 mol·L^{-1} NaOH 滴定 0.100 0 mol·L^{-1} H_3PO_4 的滴定曲线

图 8-5 是 0.100 0 mol·L^{-1}NaOH 标准溶液滴定 20.00 mL 0.100 0 mol·L^{-1} H_3PO_4 溶液的滴定曲线。从图 8-5 可以看出，由于中和反应交叉进行，使化学计量点附近曲线倾斜，滴定突跃较短，且第二化学计量点附近突跃较第一化学计量点附近的突跃还短。正因为突跃短小，使得终点变色不够明显，因而导致终点准确度也欠佳。

第一化学计量点时，NaH_2PO_4 的浓度为 0.050 mol·L^{-1}，根据 H^+ 浓度计算的最简式

$$c(H^+)=\sqrt{K^{\ominus}_{a_1}K^{\ominus}_{a_2}}=\sqrt{10^{-2.12}\times 10^{-7.20}}=10^{-4.66}(mol\cdot L^{-1})$$

$$pH=4.66$$

此时若选用甲基橙（pH=4.0）为指示剂，采用同浓度 Na_2HPO_4 溶液为参比时，其终点误差不大于 0.5%。

第二化学计量点时，Na_2HPO_4 的浓度为 3.33×10^{-2} mol·L^{-1}，根据 H^+ 浓度计算的最简式

$$c(H^+)=\sqrt{K^{\ominus}_{a_2}K^{\ominus}_{a_3}}=\sqrt{10^{-7.20}\times 10^{-12.36}}=10^{-9.78}(mol\cdot L^{-1})$$

$$pH=9.78$$

此时若选择酚酞（pH=9.0）为指示剂，则终点将出现过早；若选用百里酚酞（pH=10.0）作指示剂，当溶液由无色变为浅蓝色时，其终点误差为+0.5%。

(2)强酸滴定多元碱　多元碱的滴定与多元酸的滴定类似，只需将 $K^{\ominus}_a$ 换成 $K^{\ominus}_b$。

例如 Na_2CO_3 是二元碱，在水溶液中存在如下离解平衡：

$$CO_3^{2-} + H_2O \rightleftharpoons HCO_3^- + OH^- \qquad pK^{\ominus}_{b_1}=3.75$$

$$HCO_3^- + H_2O \rightleftharpoons H_2CO_3 + OH^- \qquad pK^{\ominus}_{b_2}=7.62$$

图 8-6 是 0.100 0 mol·L^{-1} HCl 标准溶液滴定 20.00 mL 0.100 0 mol·L^{-1} Na_2CO_3 溶液的滴定曲线。第一化学计量点时，HCl 与 Na_2CO_3 反应生成 $NaHCO_3$。$NaHCO_3$ 为两

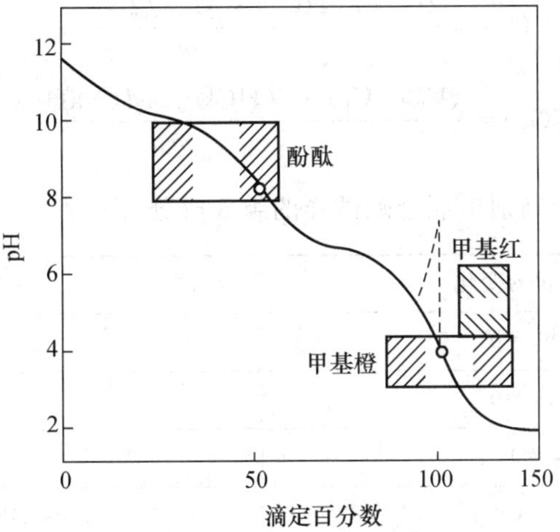

图 8-6　0.100 0 mol·L^{-1} HCl 滴定 0.050 mol·L^{-1} Na_2CO_3 的滴定曲线

性物质，其浓度为 0.050 mol·L^{-1}，根据 H^+ 浓度计算的最简式

$$c(H^+)=\sqrt{K_{a_1}^{\ominus}K_{a_2}^{\ominus}}=\sqrt{10^{-6.38}\times10^{-10.25}}\ \text{mol}\cdot\text{L}^{-1}=10^{-8.32}(\text{mol}\cdot\text{L}^{-1})$$

$$pH=8.32$$

此时选用酚酞($pK_a^{\ominus}=9.0$)为指示剂，终点误差较大，滴定准确度不高。若采用酚红与百里酚蓝混合指示剂，并用同浓度 $NaHCO_3$ 溶液作参比时，终点误差约为 0.5%。

第二化学计量点时，HCl 进一步与 $NaHCO_3$ 反应，生成 H_2CO_3(H_2O+CO_2)，其在水溶液中的饱和浓度约为 0.040 mol·L^{-1}，因此，按计算二元弱酸 pH 的最简公式计算，则

$$c(H^+)=\sqrt{cK_{a_1}^{\ominus}}=\sqrt{0.040\times10^{-6.38}}=1.3\times10^{-4}(\text{mol}\cdot\text{L}^{-1})$$

$$pH=3.89$$

若选择甲基橙($pK_a^{\ominus}=4.0$)为指示剂，在室温下滴定时，终点变化不敏锐。为提高滴定准确度，可采用为 CO_2 所饱和并含有相同浓度 NaCl 和指示剂的溶液作对比。也有选择甲基红($pK_a^{\ominus}=5.0$)为指示剂的，不过滴定时需加热除去 CO_2。实际操作是：当滴到溶液变红($pH<4.4$)，暂时中断滴定，加热除去 CO_2，则溶液又变回黄色($pH>6.2$)，继续滴定到红色(溶液 pH 变化如图 8-6 虚线所示)。重复此操作 2～3 次，至加热趋赶 CO_2 并将溶液冷至室温后，溶液颜色不发生变化为止。此种方式滴定终点敏锐，准确度高。

4. 混合碱的滴定

混合碱通常是指 NaOH 与 Na_2CO_3 或 Na_2CO_3 和 $NaHCO_3$ 的混合物，其各成分含量的测定可采用双指示剂法。

首先在待测混合液中加酚酞指示剂，用 HCl 标准溶液滴定。HCl 先与碳酸钠反应，当全部碳酸钠转变为碳酸氢钠时，酚酞红色刚好褪去，设消耗为 V_1，再加入甲基橙指示剂，继续滴定至黄色变为橙色，这时溶液中原有的碳酸氢钠和第一步生成的碳酸氢钠全部被滴定，设消耗 HCl 为 V_2，根据体积关系，可求得各成分的含量。

$$\omega(Na_2CO_3)=\frac{2V_1\cdot c(HCl)\times M(1/2Na_2CO_3)\times 10^{-3}}{m_{样}}$$

$$\omega(NaHCO_3)=\frac{(V_2-V_1)\cdot c(HCl)\times M(NaHCO_3)\times 10^{-3}}{m_{样}}$$

根据 V_1 和 V_2 的大小，能判别出混合碱试样的组成成分。

V_1 和 V_2 体积的变化	试样的成分
$V_1\neq 0 \quad V_2=0$	NaOH
$V_1=0 \quad V_2\neq 0$	$NaHCO_3$
$V_1=V_2\neq 0$	Na_2CO_3
$V_1>V_2>0$	$NaOH+Na_2CO_3$
$V_2>V_1>0$	$Na_2CO_3+NaHCO_3$

8.2.3 酸碱滴定的应用

酸碱滴定法广泛用于工业、农业、医药、食品等领域。如水果、蔬菜、食醋中的总酸度、天然水的总碱度、土壤、肥料中氮、磷含量的测定等都可用酸碱滴定法进行测定，下面是几个应用的实例。

1. 食醋中总酸度的测定

鉴定食醋的质量时，必须测定食醋的总酸度(total acidity)。食醋中含有醋酸、乳酸等有机酸，其中以醋酸含量(约为 30～50 $g\cdot L^{-1}$)最多，所以对食醋总酸度的测定结果以 HAc 来表示。

市售食醋经适当稀释后，用 NaOH 标准溶液滴定，其反应式如下

$$HAc+NaOH=NaAc+H_2O$$

计量点时的 pH 为 8.73，可用酚酞作指示剂滴至溶液显现淡红色且在半分钟内不消失为止。

由滴定反应式可知，食醋中 HAc 的含量可按下式计算

$$\rho(HAc)=\frac{c(NaOH)\times V(NaOH)\times M(HAc)}{V}$$

式中：$\rho(HAc)$为 HAc 的质量浓度(g/L)，V 为每次滴定所用食醋的量。

2. 小苏打片中碳酸氢钠含量的测定

小苏打片为碳酸氢钠加淀粉等辅料压制而成。测定其 $NaHCO_3$ 的含量时，用 HCl 标准溶液滴定，反应式为

$$NaHCO_3+HCl=NaCl+H_2O+CO_2$$

计量点时，溶液的 pH 为 3.87，可用甲基橙作指示剂，溶液的颜色由黄变橙即达终点。

由滴定反应式知，小苏打片中 $NaHCO_3$ 的含量可按下式计算

$$\omega(\text{NaHCO}_3)=\frac{c(\text{HCl})\times V(\text{HCl})\times M(\text{NaHCO}_3)}{m}$$

式中：m 表示每次滴定所用小苏打片的质量(g)。

3. 含氮量的测定

硫酸铵和氯化铵等溶液中，均有弱的阳离子酸 NH_4^+ 存在，但由于其酸性太弱，用碱直接滴定有困难，可采用蒸馏法测定这些物质中氨态氮的含量．即先在试样中加入过量的浓 NaOH 溶液，加热将 NH_3 蒸馏出来，吸收入硼酸(H_3BO_3)溶液中，然后用 HCl 标准溶液滴定，其反应过程如下：

$$NH_4^+ + OH^- \xrightarrow{\triangle} NH_3\uparrow + H_2O$$

$$NH_3 + H_3BO_3 = NH_4BO_2 + H_2O$$

$$NH_4BO_2 + HCl + H_2O = NH_4Cl + H_3BO_3$$

H_3BO_3 的酸性极弱，过量也不影响滴定，所用 H_3BO_3 溶液不需定量，它只起吸收 NH_3 的作用，反应达计量点时，溶液的 pH 约为 5，宜用甲基红或溴甲酚绿与甲基红混合指示剂指示滴定终点。反应过程中 1 mol 的 HCl 相当于 1 mol 的 N，故试样中 N 的质量分数为

$$\omega(\text{N})=\frac{c(\text{HCl})\times V(\text{HCl})\times M(\text{N})}{m}$$

此法准确可靠，但较为费时。

如果测血浆蛋白质等有机含氮化合物的总含氮量，则应先加浓 H_2SO_4 和催化剂 $CuSO_4$ 于试样中，并加热消化分解，使含氮有机化合物的氮转化成 NH_4^+，然后加入浓 NaOH 溶液将 NH_3 蒸馏出来，以测定含氮量。这一测定方法称为 Kjeldahl(凯氏)定氮法，在生物化学和食品分析中常用。

例 8-8 某试样的质量为 0.475 0 g，用浓 H_2SO_4 和催化剂消化后，加过量 NaOH，将馏出的 NH_3 吸收于 25.00 mL HCl 溶液中，剩余的 HCl 用 0.078 93 mol·L^{-1} NaOH 溶液滴定，计耗用 13.12 mL，若 HCl 溶液 25.00 mL 恰好与 NaOH 溶液 15.83 mL 反应完全，试计算试样中氮的含量。

解：测定过程中的主要反应式如下：

$$\text{试样}\xrightarrow{\text{浓 } H_2SO_4\text{，催化剂}}(NH_4)_2SO_4$$

$$(NH_4)_2SO_4 + 2NaOH = 2NH_3 + Na_2SO_4 + 2H_2O$$

$$NH_3 + HCl = NH_4Cl$$

$$HCl(\text{剩余}) + NaOH = NaCl + H_2O$$

则试样中 N 的质量分数为

$$\omega(\text{N})=\frac{0.078\ 93\times(15.83-13.12)\times10^{-3}\times14.01}{0.475\ 0}=0.63\%$$

---

4. 乙酰水杨酸(阿司匹林)的测定

乙酰水杨酸是一种解热镇痛药,其分子中含有羧基,可用 NaOH 标准溶液直接滴定,其反应为:

称取一定质量的乙酰水杨酸试样,用蒸馏水溶解后,加入 2 滴酚酞指示剂,用 NaOH 标准溶液进行滴定。当滴定至溶液由无色变成粉红色,并且 30 秒不退色,即为终点。

因乙酰水杨酸分子中有酯键(—$OCOH_3$),易发生水解,为防止乙酰水杨酸在滴定时发生水解而使测定结果偏高,滴定时要在乙醇溶液中进行,并且控制滴定温度在 10℃以下。

8.3 沉淀滴定法

沉淀滴定法(precipitation titration)是以沉淀反应为基础的滴定分析方法。能生成沉淀的反应虽很多,但并非所有的沉淀反应都能用于滴定分析,用于沉淀滴定法的反应必须具备以下几个条件:

①沉淀反应必须迅速、定量地进行,没有副反应发生;

②沉淀的溶解度必须很小,小于 $10^{-6}\ g\cdot mL^{-1}$;

③有适当的方法指示反应的化学计量点;

④沉淀的吸附现象不影响滴定终点的确定。

由于上述条件的限制,能应用于沉淀滴定法的反应并不多。像 $K_4[Fe(CN)_6]$与 Zn^{2+}、Ba^{2+}与 SO_4^{2-}、四苯硼钠$[NaB(C_6H_5)_4]$与 K^+ 或 R_4N^+、Ag^+ 与 X^-(X^- 代表 Cl^-、Br^-、I^-、CN^- 及 SCN^- 等离子)等形成的沉淀反应,可用于沉淀滴定分析法。目前应用最多者为生成难溶性银盐的反应,如:

$$Ag^+(aq) + Cl^-(aq) = AgCl(s)$$

$$Ag^+(aq) + SCN^-(aq) = AgSCN(s)$$

利用生成难溶性银盐的沉淀滴定法,通常称为银量法,该法可用于测定 Cl^-、Br^-、I^-、CN^-、SCN^- 及 Ag^+ 等离子,还可以测定经过处理而能定量地产生这些离子的有机物。农业上常用此法测定土壤、饲料中的水溶性氯化物和有机氯农药等。

根据确定化学计量点所用的指示剂不同,银量法主要有莫尔法、佛尔哈德法和法扬司法。本章主要讨论这几种方法确定化学计量点的原理、滴定条件和应用范围。

8.3.1 莫尔法

1. 原理

莫尔(Mohr)法是采用 K_2CrO_4 作指示剂,用 $AgNO_3$ 标准溶液滴定氯化物、溴化物的滴定方法。滴定反应为:

滴定终点前：$Ag^+(aq)+Cl^-(aq)=AgCl(s)$（白色） $K_{sp}^{\ominus}(AgCl)=1.8\times10^{-10}$

滴定终点时：$2Ag^+(aq)+CrO_4^{2-}(aq)=Ag_2CrO_4(s)$（砖红色） $K_{sp}^{\ominus}(Ag_2CrO_4)=1.1\times10^{-12}$

由于 AgCl 的溶解度小于 Ag_2CrO_4 的溶解度，当 Ag^+ 进入浓度较大的 Cl^- 的中性或弱碱性溶液中时，根据分步沉淀原理，AgCl 将首先生成沉淀，而 Ag_2CrO_4 不能形成沉淀。随着滴定的进行，Cl^- 浓度不断降低，Ag^+ 浓度不断增大，在接近化学计量点时，溶液中 Cl^- 浓度已很小，这时加入很少量的 Ag^+ 溶液，就可引起 Cl^- 浓度发生很大的变化，形成一个突跃。此时 $c^2(Ag^+)c(CrO_4^{2-})>K_{sp}^{\ominus}(Ag_2CrO_4)$，于是出现砖红色沉淀，指示滴定终点到达。如何能恰好在化学计量点时生成 Ag_2CrO_4 沉淀，其关键在于控制 K_2CrO_4（指示剂）的浓度。在化学计量点时，理论上所需要的 CrO_4^{2-} 浓度计算如下：

化学计量点时，Ag^+ 与 Cl^- 的量恰好相等，在 AgCl 的饱和溶液中：

$$c(Ag^+)c(Cl^-)=K_{sp}^{\ominus}(AgCl)$$

由于
$$c(Ag^+)=c(Cl^-)$$
所以
$$c^2(Ag^+)=K_{sp}^{\ominus}(AgCl)$$

此时要求 $c^2(Ag^+)c(CrO_4^{2-})=K_{sp}^{\ominus}(Ag_2CrO_4)$，方可生成 Ag_2CrO_4 沉淀，将 $c^2(Ag^+)=K_{sp}^{\ominus}(AgCl)$代入上式，即可算出 CrO_4^{2-} 的浓度：

$$c(CrO_4^{2-})=\frac{K_{sp}^{\ominus}(Ag_2CrO_4)}{K_{sp}^{\ominus}(AgCl)}=\frac{1.1\times10^{-12}}{1.8\times10^{-10}}=6.1\times10^{-3}(mol\cdot L^{-1})$$

计算可知，被测溶液中 CrO_4^{2-} 浓度控制为 $6.1\times10^{-3}\,mol\cdot L^{-1}$ 时，恰好在化学计量点时出现砖红色的 Ag_2CrO_4 沉淀。但由于此浓度时 K_2CrO_4 黄色较深，妨碍对终点的观察，所以实际用量比理论量要少。一般 $c(CrO_4^{2-})$为 $2.6\times10^{-3}\sim5.2\times10^{-3}\ mol\cdot L^{-1}$，即每 50～100 mL 滴定液中加入 1 mL 5%(W/V)K_2CrO_4 溶液。显然 $c(CrO_4^{2-})$小了，终点将在化学计量点后出现，但稍过量的 Ag^+ 所引起的滴定误差一般仍小于＋0.1%，说明这样少的 K_2CrO_4 用量是允许的。如有必要，还可以通过空白试验加以校正。

2. 滴定条件

莫尔法测定 Cl^-（或 Br^-）要在中性或弱碱性（pH＝6.5～10.5）溶液中进行。如果在酸性溶液中进行，CrO_4^{2-} 将因下列反应而使浓度降低，影响 Ag_2CrO_4 沉淀的生成。

$$2H^++2CrO_4^{2-}=2HCrO_4^-=Cr_2O_7^{2-}+H_2O$$

如果在碱性溶液中进行，$AgNO_3$ 标准溶液将因下列反应而额外消耗。

$$2Ag^+(aq)+2OH^-(aq)=Ag_2O(s)+H_2O(l)$$

若试液的碱性太强，则用稀 HNO_3 中和；酸性太强，则用 $NaHCO_3$ 或 $Na_2B_4O_7$ 中和。此外，滴定不能在氨性溶液中进行，因为 NH_3 与 Ag^+ 能生成稳定的$[Ag(NH_3)]^+$ 及$[Ag(NH_3)_2]^+$配离子，而使 AgCl 和 Ag_2CrO_4 沉淀溶解。当溶液中有铵盐存在时，要求试液的酸度范围更窄，pH＝6.5～7.2，以免生成$[Ag(NH_3)_2]^+$离子而影响准确滴定。

溶液中含有能与 Ag^+ 生成沉淀的阴离子如 PO_4^{3-}、AsO_4^{3-}、S^{2-}、CO_3^{2-} 等，或含有能与 CrO_4^{2-} 生成沉淀的阳离子如 Ba^{2+}、Pb^{2+} 等，或含有大量有色离子如 Cu^{2+}、Co^{2+}、Ni^{2+} 等及在

中性或弱碱性溶液中易发生水解的离子如 Fe^{3+}、Al^{3+}、Sn^{4+} 等都干扰测定，应预先分离除去。

为了避免由于先生成的 AgCl 沉淀对溶液中 Cl^- 离子的吸附作用的影响，滴定时必须剧烈摇动，以防终点提前。测定 Br^- 时，AgBr 沉淀吸附 Br^- 更为严重，所以滴定时更应剧烈摇动，否则会引入更大的误差。

3. 适用范围

莫尔法只适于测定氯化物和溴化物，不适宜于测定 I^- 及 SCN^- 的化合物。因为 AgI 和 AgSCN 沉淀吸附溶液中的 I^- 及 SCN^- 更为强烈，造成化学计量点前溶液中被测离子浓度降低，影响测定结果的准确性。

若要用莫尔法测 Ag^+ 的浓度，只能采用返滴定方式，即先向试液中加入准确过量的 NaCl 标准溶液将待测 Ag^+ 沉淀完全后，再以 $AgNO_3$ 标准溶液回滴剩余的 Cl^-。不能用含 Cl^- 的标准溶液直接滴定 Ag^+，因为在加入指示剂后，溶液中的 CrO_4^{2-} 与 Ag^+ 首先生成 Ag_2CrO_4 沉淀，当滴入 Cl^- 标准溶液时，虽然 Ag_2CrO_4 沉淀的溶解度较 AgCl 大，在滴定终点时 Ag_2CrO_4 沉淀可以转化为 AgCl，但这个转化过程很慢，不适于滴定，因而不能直接滴定 Ag^+。

莫尔法应用范围较窄，但此法操作简便，准确度较高。

8.3.2 佛尔哈德法

1. 原理

佛尔哈德(Volhard)法是以含有 Fe^{3+} 的铁铵矾[$NH_4Fe(SO_4)_2 \cdot 12H_2O$]为指示剂，在酸性溶液中，用 NH_4SCN(或 KSCN)为标准溶液滴定 Ag^+ 的滴定方法。滴定反应为：

滴定终点前　　$Ag^+(aq)+SCN^-(aq)=AgSCN(s)$ (白色)

滴定终点时　　$Fe^{3+}+SCN^-=[Fe(SCN)]^{2+}$ (红色)

当滴定到化学计量点附近时，Ag^+ 浓度迅速降低，而 SCN^- 浓度迅速增加，于是微过量的 SCN^- 与 Fe^{3+} 反应生成红色$[Fe(SCN)]^{2+}$，从而指示化学计量点到达。但是由于 AgSCN 沉淀易吸附溶液中的 Ag^+ 离子，使化学计量点前溶液中的 $c(Ag^+)$ 大为降低，以致终点提前出现。所以在滴定时，必须剧烈摇动，将被吸附的 Ag^+ 离子释放出来。

卤化物的测定可用返滴定法，即先向试液中加入准确过量的 $AgNO_3$ 标准溶液，使卤化物生成银盐沉淀，然后再以铁铵矾作指示剂，用 NH_4SCN(或 KSCN)标准溶液回滴剩余的 $AgNO_3$，待溶液出现红色表示滴定终点到达，滴定反应为：

滴定终点前　　$Ag^+(aq)+X^-(aq)=AgX(s)$
准确过量
$Ag^+(aq)+SCN^-(aq)=AgSCN(s)$
剩余量

滴定终点时　　$Fe^{3+}+SCN^-=[Fe(SCN)]^{2+}$ (红色)

这里需指出，当滴定 Cl^- 到达化学计量点时，溶液中同时有 AgCl 和 AgSCN 两种难溶性银盐存在，因 $K_{sp}^{\ominus}(AgSCN)=1.0\times10^{-12}<K_{sp}^{\ominus}(AgCl)=1.8\times10^{-10}$，若用力振摇，AgCl 则将不断转化为 AgSCN，即

$$AgCl(s) + SCN^-(aq) = AgSCN(s) + Cl^-(aq)$$

由于 AgSCN 沉淀的析出，溶液中的 $c(SCN^-)$降低，$[Fe(SCN)]^{2+}$ 分解，因而红色消失，终点很难确定。

为了避免上述转化反应的进行，可以采取下列措施：

①在接近化学计量点时，必须防止用力摇动。

②在用 NH_4SCN 标准溶液回滴之前，向待测的 Cl^- 溶液中加入 1～3 mL 硝基苯并强力振摇，使硝基苯包在 AgCl 沉淀的表面上，减少 AgCl 与 SCN^- 的接触，防止转化。也可将 AgCl 沉淀过滤、洗涤，再用 NH_4SCN 标准溶液滴定滤液。

③实验结果证明利用高浓度的 Fe^{3+} 指示剂（在滴定终点时使 Fe^{3+} 的浓度达到 $0.2\ mol \cdot L^{-1}$）可使终点误差减小到 0.1%。

在测定溴化物和碘化物时，由于生成的 AgBr 和 AgI 沉淀的溶度积均小于 AgSCN 的溶度积，不致发生上述转化反应，滴定终点也十分明显，不必滤去沉淀或加入硝基苯。但须指出，在测定碘化物时，指示剂必须在加入过量的 $AgNO_3$ 标准溶液后才能加入，否则将发生下列反应，产生误差。

$$2Fe^{3+} + 2I^- = 2Fe^{2+} + I_2$$

2. 滴定条件

佛尔哈德法必须在 HNO_3 的强酸性溶液中进行，一方面可防止 Fe^{3+} 水解，以便终点观察，另一方面，溶液中若共存有 Zn^{2+}、Ba^{2+} 及 CO_3^{2-} 等离子，也不会干扰测定。与莫尔法相比，这是此法的最大优点。

试样中若含有强氧化剂、氮的低价氧化物、汞盐等能与 SCN^- 起反应，将干扰测定，必须预先除去。

3. 应用范围

佛尔哈德法的直接滴定法可以测定 Ag^+，返滴定法可测 Cl^-、Br^-、I^-、PO_4^{3-}、AsO_4^{3-} 等。生产上常用来测定有机氯化物以及一些有机试剂（如氯仿、碘仿），所以该法比莫尔法应用较广。

8.3.3 法扬司法

1. 原理

法扬司(Fajans)法是用 $AgNO_3$ 为标准溶液，以吸附指示剂指示终点，测定卤化物的滴定方法。

吸附指示剂(adsorption indicators)是一些有机染料，它们的阴离子在溶液中很容易被带正电荷的胶态沉淀所吸附，并且在吸附后其结构发生变化而引起颜色改变。如用 $AgNO_3$ 滴定 Cl^- 时，常用荧光黄作指示剂，荧光黄是一种有机弱酸，可用 HFIn 表示，它在溶液中的离解如下：

$$HFIn = FIn^- + H^+ \qquad K_a^{\ominus} \approx 10^{-8}$$

荧光黄阴离子 FIn^- 呈黄绿色，在化学计量点以前，溶液中存在过量的 Cl^-，AgCl 沉淀吸附 Cl^- 使 AgCl 胶粒带负电荷，荧光黄阴离子不被胶粒所吸附，溶液呈黄绿色。当滴定到达化学计量点时，一滴过量的 $AgNO_3$，使溶液出现过量的 Ag^+，则 AgCl 沉淀吸附 Ag^+，而使 AgCl 胶粒带正电荷，它强烈地吸附 FIn^-，荧光黄阴离子被吸附后结构发生了变化而呈粉红色，以示滴定终点到达，其过程可如下：

滴定终点前　　Cl^- 过量　　$AgCl \cdot Cl^- + FIn^-$（黄绿色）

滴定终点时　　Ag^+ 过量　　$AgCl \cdot Ag^+ + FIn^- \xrightarrow{\text{吸附}} AgCl \cdot Ag^+FIn^-$（粉红色）

2. 滴定条件

为了使终点颜色变化明显，应用吸附指示剂时需要注意以下几个问题：

①由于吸附指示剂不是使溶液颜色变化，而是吸附在沉淀表面上而变色，因此应尽可能使卤化银沉淀呈胶体状态，并具有较大的表面。为此，在滴定前应将溶液稀释并加入糊精、淀粉等亲水性高分子化合物以保护胶体。同时，应避免大量中性盐存在，因为它能使胶体凝聚。

②溶液的 pH 应适当，常用的吸附指示剂多是有机弱酸，而起指示剂作用的是它们的阴离子，因此，溶液的 pH 应有利于吸附指示剂阴离子的存在。所以，法扬司法必须在中性、弱碱性或很弱的酸性（如 HAc）溶液中进行，否则，吸附指示剂就会以不带电荷的分子态存在而不被沉淀胶粒所吸附。溶液的 pH 高低视所用吸附指示剂的离解常数而定，离解常数小的，溶液的 pH 就要偏高些。表 8-7 列出了几种常用吸附指示剂的 pH 适用范围。

③因带有吸附指示剂的卤化银胶体对光线极敏感，遇光易分解析出银，故滴定过程中应避免强光照射。

④选用吸附指示剂时应考虑到胶粒对指示剂的吸附力要略小于对被测离子的吸附力，否则指示剂将在化学计量点前变色。但对指示剂离子的吸附力也不能太小，否则化学计量点后也不能立即变色。滴定卤化物时，卤化银对卤化物和几种常用的吸附指示剂的吸附力的大小次序如下：

I^- ＞二甲基二碘荧光黄＞ Br^- ＞曙红＞ Cl^- ＞荧光黄

因此，测定 Cl^- 时不能选用曙红，而应选用荧光黄为指示剂。

表 8-7　常用的吸附指示剂的使用条件

指示剂名称	待测离子	滴定剂	适用的 pH 范围
荧光黄	Cl^-	Ag^+	7～10（一般为 7～8）
二氯荧光黄	Cl^-	Ag^+	4～10（一般为 5～8）
曙红	Br^-、I^-、SCN^-	Ag^+	2～10（一般为 3～9）
二甲基二碘荧光黄	I^-	Ag^+	中性
橙黄素			
氨基苯磺酸	Cl^-、I^- 混合液及生物碱	Ag^+	微酸性
溴酚蓝	盐类		
甲基紫	SO_4^{2-}、Ag^+	Ba^{2+}、Cl^-	1.5～3.5 酸性溶液

3. 应用范围

法扬司法是银量法中的一种滴定方法，它可以测定 Cl^-、Br^-、I^-、SCN^-，但操作手续较莫尔法和佛尔哈德法要繁锁且溶液的 pH 范围必须严格控制，因此，日常用的较少。

8.4 氧化还原滴定法

氧化还原滴定法(oxidation-reduction titration)是以氧化还原反应为基础的分析方法。如以 Ox 代表氧化剂，Red 代表还原剂，其基本反应式为：

$$Ox_1 + Red_2 = Ox_2 + Red_1$$

通常根据所用氧化剂或还原剂的不同，主要的氧化还原滴定法有高锰酸钾法、重铬酸钾法、碘量法，除此之外，还有溴酸钾法和铈量法等。

氧化还原反应的实质是电子转移的过程，反应机理比较复杂，必须根据氧化还原反应的特点，严格控制反应条件，才能得到较准确的分析结果。某些氧化还原反应速率缓慢，用于滴定时往往通过升高温度、加催化剂或改变酸度等办法来加快反应的速率。氧化还原反应过程中，常伴随着许多副反应，且反应条件不同，反应产物也不同。滴定中必须严格控制反应条件。

氧化还原滴定法是应用最广泛的滴定分析法之一，可以直接测定许多具有还原性和氧化性的物质，也可以间接测定某些不具有氧化还原性的物质。如土壤有机质、水中耗氧量、水中溶解氧等都可以用氧化还原滴定法分析测定。

8.4.1 氧化还原指示剂

在氧化还原滴定中，可借用某些物质颜色的变化来确定滴定的终点，这类物质就是氧化还原滴定法的指示剂。常用的指示剂有以下几类。

1. 自身指示剂

在氧化还原滴定中，有些标准溶液或被滴定的物质本身有颜色，反应的生成物为无色或颜色很浅，反应物颜色的变化可用来指示滴定终点的到达，这类物质称为自身指示剂(self indicator)。例如，在高锰酸钾法中，$KMnO_4$ 溶液本身显紫红色，在酸性溶液中，滴定无色或浅色的还原剂，MnO_4^- 被还原为无色的 Mn^{2+}。因而滴定到化学计量点后，稍过量的 $KMnO_4$(浓度仅为 2×10^{-6} mol·L^{-1})就可使溶液呈粉红色，指示到达滴定终点。

2. 特殊指示剂

有些物质本身不具有氧化还原性，但它能与氧化剂或还原剂作用产生特殊的颜色，从而达到指示滴定终点的目的，这类指示剂称为显色指示剂或专属指示剂。例如，I_2 可以与直链淀粉形成深蓝色的包结化合物，在碘量法中，当淀粉加到浓度为 2×10^{-6} mol·L^{-1} 的 I_2 溶液中时，即可看到蓝色，反应特效且灵敏。当 I_2 被还原为 I^- 时蓝色消失。碘量法中常用可溶性淀粉溶液作指示剂。

3. 氧化还原指示剂

氧化还原指示剂是一些本身具有氧化还原性的有机化合物，其氧化型和还原型具有明显不同的颜色，随着溶液电势的变化而发生颜色变化。

如果用 In_{Ox} 和 In_{Red} 分别表示指示剂的氧化型和还原型，则这一电对的半反应为：

$$In_{Ox} + ne^- = In_{Red}$$

其电极电势为：

$$\varphi_{In} = \varphi'_{In} + \frac{0.059}{n}\lg\frac{c(In_{Ox})}{c(In_{Red})}$$

式中 φ'_{In} 为指示剂的条件电极电势。在滴定过程中，随溶液电势的变化，指示剂氧化型与还原型的浓度比也逐渐改变，溶液的颜色也在变化，当 $c(In_{Ox}) = c(In_{Red})$ 时溶液的电势称为指示剂的理论变色点，当指示剂从氧化型颜色变为还原型颜色（或相反），溶液电极电势的变化范围就称为氧化还原指示剂的变色范围，在理论上为：

$$\varphi'_{In} \pm \frac{0.059}{n}$$

当指示剂半反应的电子转移数 $n=1$ 时，指示剂变色范围为 $\varphi'_{In} \pm 0.059$；$n=2$ 时，为 $\varphi'_{In} \pm 0.030$。指示剂的变色范围较窄，而氧化还原滴定的突跃范围又较宽（一般要求 $\Delta\varphi >$ 0.20 V），所以一般可以用指示剂的 φ'_{In} 和滴定的突跃范围来选用氧化还原指示剂，只要指示剂的 φ'_{In} 落在滴定的突跃范围内就可选用。

例如在 1 $mol \cdot L^{-1}$ H_2SO_4 溶液中，用 Ce^{4+} 离子滴定 Fe^{2+} 离子，滴定的电势突跃范围是 0.86～1.26 V，化学计量点电势为 1.06 V，显然可供选择的指示剂有邻苯氨基苯甲酸（$\varphi' =$ 0.89V）及邻二氮菲亚铁（$\varphi' = 1.06$ V）。

表 8-8 列出了一些重要的氧化还原指示剂。

表 8-8　常用氧化还原指示剂

指示剂	φ'_{In} $c(H^+) = 1\ mol \cdot L^{-1}$	颜色变化		配制方法
		氧化型	还原型	
次甲基蓝	0.36	蓝	无色	0.05%水溶液
二苯胺	0.76	紫	无色	1 g 溶于 100 mL 2%的 H_2SO_4 中
二苯胺磺酸钠	0.85	紫红	无色	0.8 g 溶于 100 mL 的 Na_2CO_3 中
邻苯胺基苯甲酸	0.89	紫红	无色	0.107 g 溶于 20 mL 5% Na_2CO_3，用水稀释至 100 mL
邻二氮菲亚铁	1.06	浅蓝	红	1.485 g 邻二氮菲及 0.965 g $FeSO_4$ 溶于 100 mL 水中

8.4.2　氧化还原滴定曲线

在氧化还原滴定过程中，随着滴定剂的加入，参与反应的各物质的氧化态和还原态的浓度逐渐改变，被滴定溶液的电极电势也随之改变，这种因滴定剂不断地加入而使被滴定溶液的电势变化情况也可用滴定曲线来描述。滴定过程中各滴定点的电势可以用实验仪器测量，也可根据 Nernst 方程式计算，以滴定剂滴入的百分数为横坐标，溶液的电势为纵坐标作图可得氧化还原滴定曲线。

现以 0.100 0 mol·$L^{-1}$$Ce(SO_4)_2$ 为标准溶液，滴定 20.00 mL 0.100 0 mol·L^{-1} Fe^{2+} 溶液为例，计算说明氧化还原滴定曲线。假设在 1 mol·L^{-1} H_2SO_4 介质中

滴定反应为：

$$Ce^{4+} + Fe^{2+} = Ce^{3+} + Fe^{3+}$$

其中各半反应和条件电极电势为

$$Fe^{3+} + e^- = Fe^{2+} \qquad \varphi'(Fe^{3+}/Fe^{2+}) = 0.68V$$

$$Ce^{4+} + e^- = Ce^{3+} \qquad \varphi'(Ce^{4+}/Ce^{3+}) = 1.44V$$

(1)滴定前　对于 Fe^{2+} 溶液，由于空气中氧的作用会有痕量 Fe^{3+} 存在，组成 Fe^{3+}/Fe^{2+} 电对，但由于 Fe^{3+} 的浓度不知道，所以溶液的电势无从求得。

(2)滴定开始至化学计量点前　溶液中存在 Fe^{3+}/Fe^{2+} 和 Ce^{4+}/Ce^{3+} 两个电对，滴定过程中化学反应达到平衡时，这两个电对的电极电势相等，溶液的电势等于其中任一电对的电极电势，即

$$\varphi = \varphi(Fe^{3+}/Fe^{2+}) = \varphi(Ce^{4+}/Ce^{3+})$$

在化学计量点前，溶液中 Ce^{4+} 浓度很小，且不容易直接计算，而溶液中 Fe^{3+} 和 Fe^{2+} 的浓度容易求出，故在化学计量点前用 Fe^{3+}/Fe^{2+} 电对计算溶液中各平衡点的电势。即

$$\varphi = \varphi'(Fe^{3+}/Fe^{2+}) + 0.059\lg\frac{c(Fe^{3+})}{c(Fe^{2+})}$$

为计算方便，可用滴定过程的百分比代替。例如，当加入 2.00 mL Ce^{4+} 溶液时，有 10% 的 Fe^{2+} 被滴定，未被滴定的 Fe^{2+} 为 90%，其电极电势为：

$$\varphi = \varphi'(Fe^{3+}/Fe^{2+}) + 0.059\lg\frac{c(Fe^{3+})}{c(Fe^{2+})}$$

$$= 0.68 + 0.059\lg\frac{10}{90} = 0.62V$$

当加入 19.98 mL Ce^{4+} 标准溶液时即滴定到化学计量点前半滴时，有 99.9% 的 Fe^{2+} 被滴定，未滴定的 Fe^{2+} 为 0.1%，此时：

$$\varphi = 0.68 + 0.059\lg\frac{99.9}{0.1}$$

$$= 0.68 + 0.059 \times 3 = 0.86V$$

(3)化学计量点时　两电对的电极电势相等，故可用两电对的 Nernst 方程式联立起来计算。

$$\varphi(Fe^{3+}/Fe^{2+}) = \varphi'(Fe^{3+}/Fe^{2+}) + 0.059\lg\frac{c(Fe^{3+})}{c(Fe^{2+})} = \varphi_{sp}$$

$$\varphi(Ce^{4+}/Ce^{3+}) = \varphi'(Ce^{4+}/Ce^{3+}) + 0.059\lg\frac{c(Ce^{4+})}{c(Ce^{3+})} = \varphi_{sp}$$

两式相加，整理：

$$2\varphi_{sp}=\varphi'(Fe^{3+}/Fe^{2+})+\varphi'(Ce^{4+}/Ce^{3+})+0.059\lg\frac{c(Fe^{3+})c(Ce^{4+})}{c(Fe^{2+})c(Ce^{3+})}$$

不难想象，化学计量点时，$c(Fe^{3+})=c(Ce^{3+})$；$c(Fe^{2+})=c(Ce^{4+})$

所以 $$2\varphi_{sp}=\varphi'(Fe^{3+}/Fe^{2+})+\varphi'(Ce^{4+}/Ce^{3+})=0.68+1.44$$

$$\varphi_{sp}=1.06V$$

在这种反应类型中，两电对电子转移数均为 1，化学计量点时的电势恰好是两电对条件电极电势的算术平均值。对于电子转移数不等，但参与反应的同一物质反应前后反应系数相等的氧化还原反应，化学计量点电极电势的计算公式为：

$$\varphi_{sp}=\frac{n_1\varphi_1'+n_2\varphi_2'}{n_1+n_2} \tag{8-11}$$

例如以 Fe^{3+} 滴定 Sn^{2+}（在 $1mol\cdot L^{-1}$ HCl 中），按下式进行：

$$2Fe^{3+}+Sn^{2+}=Sn^{4+}+2Fe^{2+}$$

半反应： $Fe^{3+}+e^-=Fe^{2+}$ $\varphi'(Fe^{3+}/Fe^{2+})=0.70V$

$Sn^{4+}+2e^-=Sn^{2+}$ $\varphi'(Sn^{4+}/Sn^{2+})=0.15V$

化学计量点时： $$\varphi_{sp}=\frac{1\times0.70+2\times0.15}{1+2}=0.33(V)$$

那些参加反应的氧化态与其对应的还原态的系数不等，如 $Cr_2O_7^{2-}/Cr^{3+}$ 等，它们的化学计量点电极电势值不能用此公式计算。一些不可逆电对（如 MnO_4^-/Mn^{2+}、$Cr_2O_7^{2-}/Cr^{3+}$ 等）的电势值用 Nernst 公式计算与实测相差较大。此类反应的电极电势应由实验测得。

（4）化学计量点后　滴定剂 Ce^{4+} 过量，溶液中 Ce^{4+} 和 Ce^{3+} 的浓度均易求得，而 Fe^{2+} 是痕量，故此时用 Ce^{4+}/Ce^{3+} 电对计算溶液的电势。当 Ce^{4+} 加入到 20.02 mL 时，即过量 0.1%，则有：

$$\varphi(Ce^{4+}/Ce^{3+})=\varphi'(Ce^{4+}/Ce^{3+})+0.059\lg\frac{c(Ce^{4+})}{c(Ce^{3+})}$$
$$=1.44+0.059\lg\frac{0.1}{100}=1.26(V)$$

当加入 20.20 mL 时，即有 1%过量

$$\varphi=1.44+0.059\lg\frac{1}{100}=1.32(V)$$

按照上述方法，可以计算出不同滴定剂加入量时，依此绘成氧化还原滴定曲线，如图 8-7 所示。

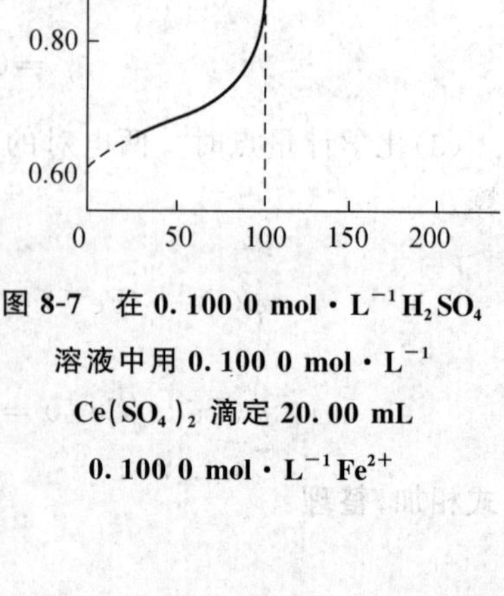

图 8-7　在 0.100 0 mol · L^{-1} H_2SO_4 溶液中用 0.100 0 mol · L^{-1} $Ce(SO_4)_2$ 滴定 20.00 mL 0.100 0 mol · L^{-1} Fe^{2+}

从化学计量点前 Fe^{2+} 剩余 0.1%（0.02 mL，半滴）到化学计量点后 Ce^{4+} 过量 0.1%，溶液的电势值由 0.86 V 突增到 1.26 V，改变了 0.40 V，这个变化称为氧化还原滴定的电势突跃。了解电势突跃范围是选择氧化还原指示剂的依据。

化学计量点附近电势突跃范围与两个电对的条件电极电势有关。条件电极电势差值越大,突跃越大;差值越小,突跃越小。突跃越大,滴定时准确度越高。只有其差值大于0.2 V才有较明显的突跃范围。借助指示剂目测化学计量点时,通常要求在0.4 V以上。应该注意:由化学计量点电极电势的计算公式可以看出,只有当$n_1=n_2$时,化学计量点的电极电势等于两电对电极电势的平均值,即化学计量点的位置在滴定突跃的中间。$n_1\neq n_2$时,化学计量点的电极电势偏向n值较大的电对一方。

8.4.3 重铬酸钾法

1. 概述

$K_2Cr_2O_7$在酸性条件下是一种强氧化剂,其半反应为:

$$Cr_2O_7^{2-}+14H^++6e^-=2Cr^{3+}+7H_2O \qquad \varphi^{\ominus}=1.33V$$

$K_2Cr_2O_7$法具有以下特点;

①$K_2Cr_2O_7$容易提纯,在140～150℃时干燥后,可以直接配制成标准溶液。

②$K_2Cr_2O_7$溶液相当稳定,只要存放在密闭的容器中,其浓度可长期保持不变。

③$K_2Cr_2O_7$氧化性较弱,选择性较高,在HCl浓度不太高时,$K_2Cr_2O_7$不氧化Cl^-,因此可在盐酸介质中滴定。

④$K_2Cr_2O_7$滴定反应速度快,通常在常温下进行滴定。

缺点主要为:

氧化能力较$KMnO_4$弱,测定范围窄;还原产物Cr^{3+}呈深绿色,滴定终点要借助氧化还原指示剂来判断;$K_2Cr_2O_7$和Cr^{3+}离子都是污染物,使用时应注意废液的处理,以免污染环境。

2. 应用实例

(1)含铁试样中Fe的测定　滴定反应为:

$$Cr_2O_7^{2-}+6Fe^{2+}+14H^+=2Cr^{3+}+6Fe^{3+}+7H_2O$$

Fe^{2+}为测定形式,故不论何种含铁试样,均应制备成Fe^{2+}后才可进行测定。反应常以二苯胺磺酸钠为指示剂,在H_2SO_4-H_3PO_4混合酸介质中,用$K_2Cr_2O_7$标准溶液滴定至溶液由浅绿(Cr^{3+}色)变为紫红色。

故

$$\omega(Fe)=\frac{c\left(\frac{1}{6}K_2Cr_2O_7\right)V(K_2Cr_2O_7)M(Fe)\times10^{-3}}{m_{样}}\times100\%$$

加入H_3PO_4的作用主要为:生成$Fe(HPO_4)_2^-$,降低Fe^{3+}/Fe^{2+}电对的电极电势,使滴定突跃增大,二苯胺磺磷酸钠变色点的电势落在滴定的电势突跃范围之内;生成无色的$Fe(HPO_4)_2^-$,消除Fe^{3+}的黄色,有利于观察滴定终点的颜色变化。

(2)土壤有机质含量的测定　土壤有机质含量是衡量土壤肥力的重要指标之一。由于有机质组成复杂,为简便起见,通常以碳含量折算为有机质含量。测定时主要反应如下:

$$2K_2Cr_2O_7(aq)+8H_2SO_4(aq)+3C(s)=2Cr_2(SO_4)_3(aq)+2K_2SO_4(aq)+3CO_2(g)+8H_2O(l)$$

$$K_2Cr_2O_7 + 6FeSO_4 + 7H_2SO_4 = Cr_2(SO_4)_3 + K_2SO_4 + 3Fe_2(SO_4)_3 + 7H_2O$$

测定采用返滴定法，即在试样中加入一定过量的 $K_2Cr_2O_7$ 标准溶液，在浓 H_2SO_4 存在下，加热至 170～180℃，使有机质中 C 被氧化为 CO_2，剩余的 $K_2Cr_2O_7$ 用 $FeSO_4$ 标准溶液回滴定。二苯胺磺酸钠为指示剂，滴定终点时指示剂的蓝紫色刚好褪去，溶液呈 Cr^{3+} 的深绿色。

为加速有机质的氧化，可加入 Ag_2SO_4 为催化剂。Ag_2SO_4 还可使土壤中 Cl^- 生成 AgCl 沉淀，以排除 Cl^- 的干扰。滴定时加入 H_3PO_4，作用如前。

土壤有机质平均含碳量为 58%，若换算为有机质含量时，应乘以换算系数 100/58＝1.724。在 Ag_2SO_4 存在下，有机质平均氧化率可达 92.6%，所以，有机质氧化校正系数为 100/92.6＝1.08。与此同时，尚须作空白测定。土壤有机质含量可按下式计算。

$$\omega(\text{有机质}) = \frac{[V(FeSO_4) - V_0(FeSO_4)]c(FeSO_4)M(FeSO_4) \times 1.724 \times 1.08 \times 10^{-3}}{4m_{\text{样}}}$$

式中：$V_0(FeSO_4)$、$V(FeSO_4)$ 分别为空白测定和试样测定时所消耗 $FeSO_4$ 标准溶液的体积。

(3)水中化学耗氧量(COD)的测定　在环境监测中，常用 $K_2Cr_2O_7$ 法测定水体被还原性物质如有机物、亚硝酸盐、亚铁盐等的污染程度，作为评价水质的重要指标。水体中能被酸性 $K_2Cr_2O_7$ 标准溶液氧化的还原性物质的总量，称为水的化学耗氧量(COD)。其测定方法是：水样在 H_2SO_4 介质中，以 Ag_2SO_4 为催化剂，加入一定过量的 $K_2Cr_2O_7$ 标准溶液，加热消解。反应后，以邻菲罗啉为指示剂，用 $FeSO_4$ 标准溶液回滴剩余的 $K_2Cr_2O_7$。

根据被消解水样的体积及滴定所用 $FeSO_4$ 标准溶液的量，加入 $K_2Cr_2O_7$ 的量，即可计算出水样中的化学耗氧量(COD_{Cr})。分析结果以 $\rho(COD)=/(mg \cdot L^{-1})$，即 $\rho(O_2)=/(mg \cdot L^{-1})$ 表示。除 $K_2Cr_2O_7$ 法外，还可采用 $KMnO_4$ 法测定(COD)。由于 $K_2Cr_2O_7$ 氧化分解有机物的种类多、氧化率高、测定误差小、再现性好，因此，近年来被广泛应用。

8.4.4　高锰酸钾法

1. 概述

高锰酸钾是一种强氧化剂。在不同酸度的溶液中，它的氧化能力和还原产物不同。

在强酸性溶液中：

$$MnO_4^- + 8H^+ + 5e^- = Mn^{2+} + 4H_2O \qquad \varphi^{\ominus} = 1.51\ V$$

在中性或弱碱性溶液中：

$$MnO_4^- + 2H_2O + 3e^- = MnO_2 + 4OH^- \qquad \varphi^{\ominus} = 0.59\ V$$

在强碱性溶液中：

$$MnO_4^- + e^- = MnO_4^{2-} \qquad \varphi^{\ominus} = 0.56\ V$$

在强酸性溶液中 $KMnO_4$ 的氧化能力强，一般都在强酸性条件下使用。但在测定某些有机物时，如甘油、甲酸、甲醇、酒石酸、葡萄糖等，在强碱性条件下反应速率更快，更适于滴定。例如，$KMnO_4$ 与甲酸的反应：

$$2MnO_4^- + HCOO^- + 3OH^- = CO_3^{2-} + 2MnO_4^{2-} + 2H_2O$$

高锰酸钾法的优点是氧化能力强，可以采用直接、间接、返滴定等多种滴定方式，对多种有机物和无机物进行测定，应用非常广泛。另外，$KMnO_4$ 本身为紫红色，在滴定无色或浅色溶液时无需另加指示剂，其本身即可作为自身指示剂。其缺点是试剂中常含有少量的杂质，配制的标准溶液不太稳定，易与空气和水中的多种还原性物质发生反应，干扰严重，滴定的选择性差。

2. 标准溶液的配制与标定

市售的 $KMnO_4$ 试剂纯度约为 99%～99.5%，其中常含有少量硫酸盐、氮化物、硝酸盐及二氧化锰等多种杂质，易还原析出 MnO_2 和 $MnO(OH)_2$ 沉淀。$KMnO_4$ 还能自行分解：

$$KMnO_4(aq) + 2H_2O(l) = 4MnO_2(s) + 4KOH(aq) + 3O_2(g)$$

Mn^{2+} 和 MnO_2 又能促进 $KMnO_4$ 的分解，上述反应见光时速率更快。所以 $KMnO_4$ 标准溶液只能间接配制。

标定 $KMnO_4$ 溶液的基准物质很多，如 As_2O_3、$Na_2C_2O_4$、$H_2C_2O_4 \cdot 2H_2O$ 及纯铁丝等。其中以 $Na_2C_2O_4$ 最常用，因它易提纯、稳定及不含结晶水。在 105～110℃烘干 2 小时，置于干燥器中冷却后即可使用。

用 $Na_2C_2O_4$ 标定 $KMnO_4$ 的反应在 H_2SO_4 溶液中进行：

$$2MnO_4^- + 5C_2O_4^{2-} + 16H^+ = 2Mn^{2+} + 10CO_2 + 8H_2O$$

为了使滴定反应定量且迅速，应注意以下条件：

(1)温度　在室温下此反应缓慢，为了提高反应速率，需加热到 75～85℃进行滴定。但温度也不宜过高，温度超过 90℃，$H_2C_2O_4$ 会发生分解：

$$H_2C_2O_4(aq) = H_2O(l) + CO(g) + CO_2(g)$$

(2)酸度　为了保证滴定反应能正常进行，溶液必须保持一定的酸度。酸度过高会促使 $H_2C_2O_4$ 分解，酸度过低会使 $KMnO_4$ 部分还原为 MnO_2。开始滴定时，溶液酸度约为 0.5～1 $mg \cdot L^{-1}$，滴定终点时溶液酸度约为 0.2～0.5 $mg \cdot L^{-1}$。

(3)滴定速度　即便加热，MnO_4^- 与 $C_2O_4^{2-}$ 在无催化剂存在时反应速率也很慢。滴定开始时，第一滴高锰酸钾溶液滴入后，红色很难褪去，这时需待红色消失后再滴加第二滴。由于反应中产生的 Mn^{2+} 对反应具有催化作用。几滴 $KMnO_4$ 加入后，反应明显加速，这时可适当加快滴定速度。否则加入的 $KMnO_4$ 在热溶液中来不及与 $C_2O_4^{2-}$ 反应，而发生分解：

$$4MnO_4^-(aq) + 12H^+(aq) = 4Mn^{2+}(aq) + 5O_2(g) + 6H_2O(l)$$

若在滴定前加入几滴 $MnSO_4$ 溶液，滴定一开始反应速率就较快。

(4)终点判断　$KMnO_4$ 可作为自身指示剂，滴定至化学计量点时，稍过量的 $KMnO_4$ 溶液就可使溶液呈粉红色，若在 30 秒内不褪色，即可认为已到滴定终点。

用高锰酸钾法间接测定钙或直接滴定 Fe^{2+} 时，若滴定反应中用 HCl 调节酸度，测定结果会偏高。这主要是因为部分 $KMnO_4$ 被 Cl^- 还原所致，发生诱导反应。

$$2MnO_4^-(aq) + 10HCl(aq) + 6H^+(aq) = 2Mn^{2+}(aq) + 5Cl_2(g) + 8H_2O(l)$$

3. 应用实例

(1)H_2O_2 的测定　在酸性溶液中，$KMnO_4$ 能与 H_2O_2 直接定量地进行反应。

$$2MnO_4^-(aq) + 5H_2O_2(aq) + 6H^+(aq) = 2Mn^{2+}(aq) + 5O_2(g) + 8H_2O(l)$$

滴定开始时反应速度较慢，随着 Mn^{2+} 的生成，在自动催化作用下，速度会加快。必要时，也可以加入 Mn^{2+} 促进反应速度加快。

H_2O_2 中若含有机物质及作为稳定剂而加入的乙酰苯胺、尿素、丙乙酰胺等，也会消耗标准溶液，使测定结果偏高，此时应改用碘量法测定。市售 H_2O_2 的浓度过高(30%)，应稀释约 150 倍后才能进行测定。

(2)钙含量的测定　有些不具有氧化还原性的物质，也可用高锰酸钾法间接测定，如钙、铅、钡等含量的测定。钙是构成植物细胞壁的重要元素，植物样品经灰化处理，然后制成含 Ca^{2+} 试液，在适当的酸度条件下，再将含 Ca^{2+} 试液与 $C_2O_4^{2-}$ 反应生成草酸钙沉淀，沉淀经过滤、洗涤后，溶于热的稀 H_2SO_4 中，释放出与 Ca^{2+} 等量的 $C_2O_4^{2-}$，然后用 $KMnO_4$ 标准溶液滴定。有关反应为：

$$Ca^{2+}(aq) + C_2O_4^{2-}(aq) = CaC_2O_4(s)$$
$$CaC_2O_4(s) + 2H^+(aq) = Ca^{2+}(aq) + H_2C_2O_4(aq)$$
$$2MnO_4^- + 5C_2O_4^{2-} + 16H^+ = 2Mn^{2+} + 10CO_2 + 8H_2O$$

样品中钙的质量分数：

$$\omega(Ca) = \frac{c\left(\frac{1}{5}KMnO_4\right)V(KMnO_4)M\left(\frac{1}{2}Ca\right) \times 10^{-3}}{m_{样}} \times 100\%$$

8.4.5　碘量法

1. 概述

碘量法是常用的氧化还原滴定方法之一。它是利用 I_2 的氧化性和 I^- 的还原性来进行滴定的。I_2/I^- 电对的半反应为：

$$I_3^- + 2e^- = 3I^- \qquad \varphi^{\ominus} = 0.536\ V$$

由电极电势值可看出，I_2 是较弱的氧化剂，只能与一些较强的还原剂发生反应；而 I^- 是一种中等强度的还原剂，能与许多氧化剂发生反应。因此，可将碘量法分为直接碘量法和间接碘量法。

碘量法采用淀粉作为指示剂，其灵敏度很高，I_2 浓度为 $1.0 \times 10^{-5}\ mol \cdot L^{-1}$ 时即显蓝色。

2. 直接碘量法

直接碘量法是以 I_2 标准溶液作滴定剂，故又称为碘滴定法。该法只能用于直接滴定还原性较强的物质，如 S^{2-}、SO_3^{2-}、Sn^{2+}、$S_2O_3^{2-}$、AsO_3^{3-} 和抗坏血酸等。其反应条件为酸性或中性。在碱性条件下 I_2 会发生歧化反应：

$$3I_2 + 6OH^- = IO_3^- + 5I^- + 3H_2O$$

由于 I_2 所能氧化的物质不多，所以直接碘量法在应用上受到限制。

用升华的方法制得的纯碘，可以直接配制成 I_2 的标准溶液。但通常是用市售的碘先配成近似浓度的碘溶液，然后用已知浓度的 $Na_2S_2O_3$ 标准溶液标定碘溶液的准确浓度。由于碘几乎不溶于水，但能溶于 KI 溶液，故配制碘溶液时，应加入过量的 KI。碘溶液应避免与橡皮等有机物接触，也要防止见光、受热，否则浓度将发生变化。

3. 间接碘量法

间接碘量法是利用 I^- 的还原性，测定具有氧化性的物质。测定中，首先使被测氧化性物质与过量的 KI 发生反应，定量地析出 I_2，然后用 $Na_2S_2O_3$ 标准溶液滴定析出的 I_2，从而间接测定。间接碘量法又称为滴定碘法，其滴定反应为：

$$I_2 + 2S_2O_3^{2-} = 2I^- + S_4O_6^{2-}$$

在间接碘量法中，为了获得准确的分析结果，必须严格控制反应条件。

(1)控制溶液的酸度　反应一般在弱酸性或中性条件下进行。因在强酸性溶液中，$Na_2S_2O_3$ 会分解，I^- 易被空气中氧所氧化：

$$S_2O_3^{2-}(aq) + 2H^+(aq) = SO_2(g) + S(s) + H_2O(l)$$
$$4I^-(aq) + 4H^+(aq) + O_2(g) = 2I_2(aq) + 2H_2O(l)$$

而在碱性条件下，$Na_2S_2O_3$ 与 I_2 会发生如下的副反应：

$$S_2O_3^{2-} + 4I_2 + 10OH^- = 2SO_4^{2-} + 8I^- + 5H_2O$$

这种副反应影响滴定反应的定量关系。另外，在碱性溶液中 I_2 也会发生歧化反应。

(2)防止 I_2 的挥发和 I^- 的氧化　为防止 I_2 的挥发可加入过量 KI(比理论量多 2～3 倍)以形成 I_3^-，并在室温下进行滴定。由于光照以及 Cu^{2+}、NO_2^- 等催化空气氧化 I^-，为防止 I^- 被空气氧化，故滴定时最好使用加盖碘量瓶，同时还需将碘量瓶放置于暗处；Cu^{2+}、NO_2^- 等干扰离子应事先除去；若被测物对空气氧化 I^- 有催化作用，如间接碘量法测 Cu^{2+} 时的情况，则介质酸度不宜过高，否则 O_2 氧化性增高，且反应 $4I^- + 4H^+ + O_2 = 2I_2 + 2H_2O$ 加快。

此外，析出 I_2 反应完成后应立即滴定，滴定速度不应过慢且不能剧烈摇动，这对防止 I_2 的挥发及 I^- 氧化都有利。

碘量法中用 β 直链淀粉溶液作指示剂，十分灵敏。使用时要注意现配现用，以防变质失效；间接碘量法中，要待滴定至近终点时再加入淀粉，以防吸附 I_2 生成不易解吸的蓝色加合物，造成滴定误差。

间接碘量法可以测定许多无机物和有机物，应用十分广泛。

4. 硫代硫酸钠标准溶液的配制与标定

(1)配制　硫代硫酸钠($Na_2S_2O_3 \cdot 5H_2O$)常含有 S、Na_2SO_3、Na_2SO_4 等少量杂质，易风化、潮解，所以不能直接配制成标准溶液。

溶液中若溶解有氧、二氧化碳或有微生物时，$Na_2S_2O_3$ 会析出单质硫。因此在配制

$Na_2S_2O_3$ 溶液时，需用新煮沸并冷却了的蒸馏水，以除去氧、二氧化碳和杀死细菌，并加入少量 Na_2CO_3 使溶液呈弱碱性，以防止 $Na_2S_2O_3$ 的分解。光照会促进 $Na_2S_2O_3$ 分解，因此应将溶液贮存于棕色瓶中，放置暗处 7～10 天，待其浓度稳定后，再进行标定，但不宜长期保存。

(2)标定　常用来标定 $Na_2S_2O_3$ 溶液的基准物质有 KIO_3、$KBrO_3$ 和 $K_2Cr_2O_7$ 等。用 $K_2Cr_2O_7$ 标定 $Na_2S_2O_3$ 的反应式为：

$$Cr_2O_7^{2-} + 6I^- + 14H^+ = 2Cr^{3+} + 3I_2 + 7H_2O$$

$$I_2 + 2S_2O_3^{2-} = 2I^- + S_4O_6^{2-}$$

为防止 I^- 的氧化，基准物质与 KI 反应时，酸度应控制在 0.2～0.4 $mol \cdot L^{-1}$ 之间，且加入 KI 的量应超过理论用量的 5 倍，以保证反应完全进行。

滴定过程中，应先用 $Na_2S_2O_3$ 溶液将生成的碘大部分滴定后，溶液呈淡黄色时，再加入淀粉指示剂，用 $Na_2S_2O_3$ 溶液继续滴定至蓝色刚好消失即为终点。

5. 应用实例

(1)胆矾中铜含量的测定　胆矾($CuSO_4 \cdot 5H_2O$)是一些农药的重要原料。间接碘量法测 Cu^{2+} 是基于 Cu^{2+} 与过量的 KI 反应定量地析 I_2，然后用标准溶液滴定，其反应式为：

$$2Cu^{2+}(aq) + 4I^-(aq) = 2CuI(s) + I_2(aq)$$

$$I_2 + 2S_2O_3^{2-} = 2I^- + S_4O_6^{2-}$$

前一反应中 I^- 不仅是还原剂、配位剂，更重要的还是沉淀剂。正是由于 CuI 难溶于水，方使 Cu^{2+}/Cu^+ 的电极电势升高至大于 I_2/I^- 的电极电势，使反应得以定量完成。

由于 CuI 沉淀表面强烈地吸附 I_2，将使滴定终点提前，会导致测定结果偏低，为此测定时常加入 KSCN，使 CuI 沉淀转化为溶解度更小，且不吸附 I_2 的 CuSCN 沉淀：

$$CuI(s) + SCN^- = I^- + CuSCN(s)$$

这样就可将 CuI 吸附的 I_2 释放出来，提高测定的准确度。

还应注意，KSCN 应当在滴定接近终点时加入，否则 SCN^- 会还原 I_2 使结果偏低。另外，为了防止 Cu^{2+} 水解，反应在 pH＝3～4 溶液中进行，通常用 HAc 或 H_2SO_4 调节。酸度过低，反应速度慢，酸度不可过高，以避免在 Cu^{2+} 催化下加快 I^- 被空气的氧化。使结果偏高。

若胆矾样品中含有杂质 Fe^{3+}，测定时会发生干扰：

$$2Fe^{3+} + 2I^- = 2Fe^{2+} + I_2$$

而使测定结果偏高，需加入 F^- 掩蔽之。

(2)维生素 C 含量的测定　维生素 C 是生物体中不可缺少的维生素之一，它具有抗坏血病的功能，所以又称抗坏血酸。它也是衡量蔬菜、水果食用部分品质的常用指标之一。抗坏血酸分子中的烯醇基具有较强的还原性，能被定量氧化成二酮基。

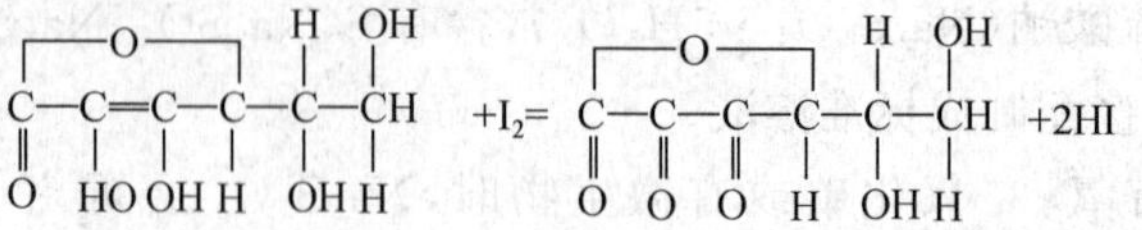

用直接碘量法可直接滴定抗坏血酸。从反应式看，在碱性溶液中有利于反应向右进行，但碱性条件会使抗坏血酸被空气中氧所氧化，也造成 I_2 的歧化反应，所以一般在 HAc 介质中、避免光照等条件下滴定。

(3)葡萄糖含量的测定　I_2 与 NaOH 作用可生成 NaIO，NaIO 能将葡萄糖定量地氧化生成葡萄糖酸。剩余的 NaIO 在碱性条件下发生歧化反应，生成 $NaIO_3$ 和 NaI，酸化后相互作用析出 I_2，以 $Na_2S_2O_3$ 标准溶液回滴至终点。其反应如下：

$$I_2 + 2NaOH = NaIO + NaI + H_2O$$

$$C_6H_{12}O_6 + NaIO = C_6H_{12}O_7 + NaI$$

$$3NaIO = NaIO_3 + 2NaI$$

$$NaIO_3 + 5NaI + 6HCl = I_2 + 6NaCl + 3H_2O$$

$$I_2 + 2Na_2S_2O_3 = Na_2S_4O_6 + 2NaI$$

测定结果可按下式计算：

$$\omega(C_6H_{12}O_6) = \frac{\left[c\left(\frac{1}{2}I_2\right)V(I_2) - c(Na_2S_2O_3)V(Na_2S_2O_3)\right]M\left(\frac{1}{2}C_6H_{12}O_6\right)\times 10^{-3}}{m_{样}} \times 100\%$$

本法可用于测定医用葡萄糖注射液的浓度，测定前应将试液适量冲稀。

(4)漂白粉有效氯的测定　漂白粉在农业上用作消毒、杀菌剂。漂白粉实际上是 $Ca(ClO)_2$ 和 $CaCl_2$ 的混合物，通常用化学式 Ca(OCl)Cl 表示，在酸的作用下可放出氯：

$$Ca(OCl)Cl + 2H^+ = Ca^{2+} + Cl_2 + H_2O$$

加酸后能够放出的氯称为有效氯，并以此表示漂白粉的纯度。普通漂白粉中含有效氯30%左右。

漂白粉的有效氯可以用间接碘量法测定，即在一定量的漂白粉中加入过量的 KI，有效氯与 I^- 反应定量生成等物质量的 I_2。反应如下：

$$OCl^- + 2I^- + 2H^+ = I_2 + Cl^- + H_2O$$

析出的 I_2 用 $Na_2S_2O_3$ 标准溶液滴定，测定结果依下式计算：

$$\omega(Cl_2) = \frac{c(Na_2S_2O_3)V(Na_2S_2O_3)M\left(\frac{1}{2}Cl_2\right)\times 10^{-3}}{m_{样}} \times 100\%$$

8.5 配位滴定法

配位滴定法(coordinate titrition)是一种极重要的滴定分析方法，测定对象广，在农业样品分析中被广泛应用。配位滴定反应所涉及的平衡关系复杂，为了定量处理各种因素对配位平衡的影响，人们引入了副反应系数(特别是酸效应系数和配位效应系数)和条件稳定常数的概念。这种简便的处理方法也广泛应用于涉及复杂平衡的其他体系。

8.5.1 配位滴定法的特点

配位滴定法是以配位反应为基础的滴定分析方法，用配位剂作为标准溶液，直接或间接滴定被测金属离子，并选用适当指示剂指示滴定终点。

1. 对滴定反应的要求

大多数金属离子都能与多种配位剂形成稳定性不同的配合物，但不是所有的配位反应都能用于配位滴定。按照滴定分析对滴定反应的要求，只有满足以下条件的配位反应才能用于配位滴定：

①配位反应必须进行完全，即生成的配合物要相当稳定；

②在一定条件下配位比要恒定，这是化学计量的依据；

③反应速度要快，并有适当的办法确定滴定终点。

大多数金属离子与单基配体形成的配合物稳定性较差，且各级稳定常数相差不大（如$[Cu(NH_3)_4]^{2+}$配离子），体系中存在配位数不同的几种配合物。这种配位反应不能用于滴定分析。现在广泛采用螯合剂（多基配体）作为滴定剂，它与金属离子生成的螯合物稳定性高，螯合比恒定，能满足配位滴定的要求。

2. 常用配位剂

目前最常用的一类螯合剂是氨羧配位剂，它是以氨基二乙酸基-$N(CH_2COOH)_2$为基体的有机螯合剂，以N,O为配位原子，能与大多数金属离子形成稳定的可溶性螯合物。

常用的氨羧配位剂有下列几种：亚氨基二乙酸（IMDA）、氨三乙酸（ATA或NTA）、环己二胺四乙酸（CyDTA或DCTA）、乙二胺四乙酸（EDTA）、乙二胺四丙酸（EDTP）、乙二醇二乙醚二胺四乙酸（EGTA），等等。这些螯合剂中，EDTA应用最为广泛。用EDTA标准溶液滴定金属离子的方法称为EDTA滴定法。本章主要介绍EDTA配位滴定法。

8.5.2 乙二胺四乙酸在溶液中的解离平衡

乙二胺四乙酸（ethylenediamine tetraacetic acid）简称EDTA，以H_4Y表示。由于它在水中溶解度小（295 K时每100 mL水溶解0.02 g），通常用它的二钠盐$Na_2H_2Y \cdot 2H_2O$，也简称EDTA，或EDTA二钠盐。EDTA二钠盐在水中溶解度较大，295 K时每100 mL水可溶解11.2 g，此时溶液浓度约为0.3 mol·L^{-1}，pH约为4.4。

在水溶液中，乙二胺四乙酸两个羧基上的质子转移到氮原子上，形成双偶极离子：

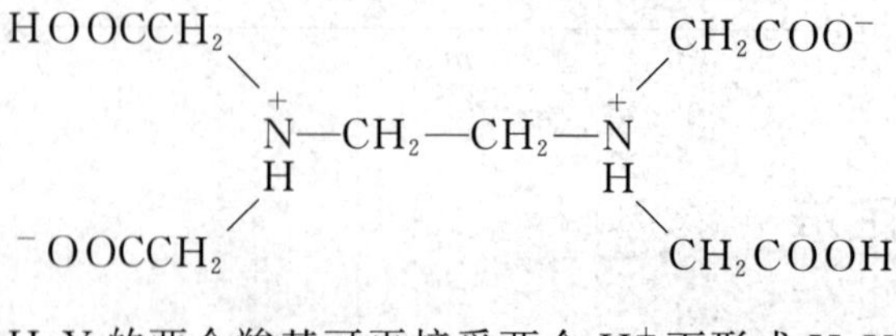

在酸度较高的溶液中，H_4Y的两个羧基可再接受两个H^+而形成H_6Y^{2+}，这样它就相当于一个六元酸，有六级离解平衡。

在水溶液中，EDTA可以H_6Y^{2+}、H_5Y^+、H_4Y、H_3Y^-、H_2Y^{2-}、HY^{3-}、Y^{4-}七种型体存在，但是在不同的酸度下，各种型体的浓度是不同的，它们的分布系数δ与溶液pH的关系如图 8-8 所示。由图可见，在 pH<1 的强酸性溶液中，EDTA 主要以 H_6Y^{2+} 型体存在；在 pH 为 2.67～6.16 的溶液中，主要以 H_2Y^{2-} 型体存在；在 pH>10.26 的碱性溶液中，主要以 Y^{4-} 型体存在。这种关系也可从平衡移动的原理定性说明：

$$H_6Y^{2+} \underset{H^+}{\overset{OH^-}{\rightleftharpoons}} H_5Y^+ \underset{H^+}{\overset{OH^-}{\rightleftharpoons}} H_4Y \underset{H^+}{\overset{OH^-}{\rightleftharpoons}} H_3Y^- \underset{H^+}{\overset{OH^-}{\rightleftharpoons}} H_2Y^{2-} \underset{H^+}{\overset{OH^-}{\rightleftharpoons}} HY^{3-} \underset{H^+}{\overset{OH^-}{\rightleftharpoons}} Y^{4-}$$

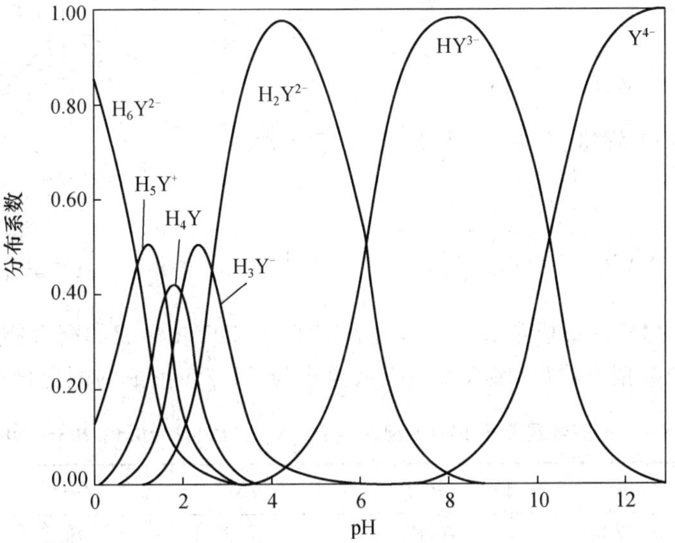

图 8-8　EDTA 各种型体的分布曲线

pH 增大，平衡向右移动；反之左移。在这 7 种存在形式中，只有 Y^{4-} 离子能与金属离子直接配位。溶液的酸度越低，Y^{4-} 离子浓度就越大，EDTA 的配位能力就越强，因此酸度是影响配位能力的主要因素。

8.5.3　乙二胺四乙酸与金属离子的配位平衡

1. EDTA 金属配合物的特点

由于 EDTA 的阴离子 Y^{4-} 含有两个氨基和四个羧基，属于多基配体，它的酸根离子 Y^{4-} 与金属离子形成的配合物具有以下特性：

(1)广谱性　EDTA 共有 6 个配位能力很强的配位原子，它既可以作四基配位体，也可以作六基配位体。因此，周期表中绝大多数的金属离子均能与 EDTA 形成多个五元环结构的螯合物。具有广泛的配位性能，属于广谱型配位剂。

(2)螯合比恒定　每个 EDTA 分子中含有六个配位原子，能与金属离子形成六个配位键，而且 EDTA 分子体积很大，EDTA 与金属离子形成的配合物的螯合比一般为 1∶1。如：

$$M^{2+} + H_2Y^{2-} = [MY]^{2-} + 2H^+$$

$$M^{3+} + H_2Y^{2-} = [MY]^- + 2H^+$$

$$M^{4+} + H_2Y^{2-} = MY + 2H^+$$

(3)稳定性高　EDTA 与大多数金属离子形成多个五元环的螯合物(chelate),具有较高的稳定性。图 8-9 为 Ca^{2+} 与 EDTA 所形成螯合物的立体结构示意图。由图可见,配离子中具有五个五元环,因而稳定性较高。

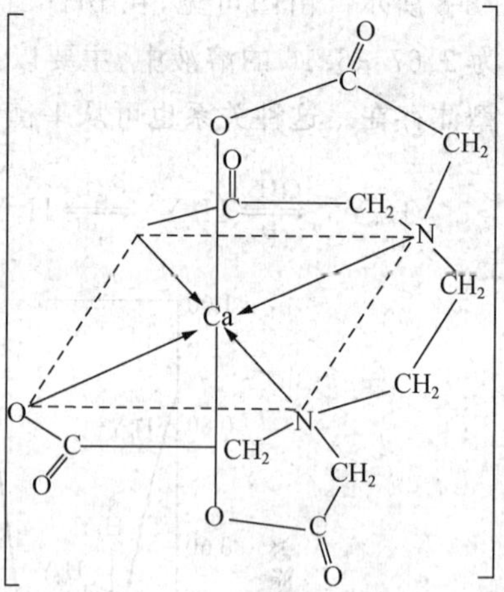

图 8-9　CaY^{2-} 配合物的立体结构

为方便起见,金属离子与 EDTA 之间的配位反应简写为:

$$M + Y = MY$$

将各组分的电荷略去,配合物 MY 的稳定常数为:

$$K_f^{\ominus}(MY) = \frac{c(MY)}{c(M)c(Y)} \qquad (8\text{-}12)$$

$K_f^{\ominus}(MY)$也称为 MY 的形成常数。一些金属离子与 EDTA 形成的配合物 MY 的稳定常数见表 8-9。由表中数据可看出,绝大多数金属离子与 EDTA 形成的配合物都相当稳定。

表 8-9　一些金属离子 EDTA 配合物的 $\lg K_f^{\ominus}(MY)$(I=0.1,293～298K)

离子	$\lg K_f^{\ominus}$	离子	$\lg K_f^{\ominus}$	离子	$\lg K_f^{\ominus}$
Ag^{+}	7.32	Gd^{3+}	17.37	Sc^{3+}	23.1
Al^{3+}	16.3	HfO^{2+}	19.1	Sm^{3+}	17.14
Ba^{2+}	7.86	Hg^{2+}	21.7	Sn^{2+}	22.11
Be^{2+}	9.3	Ho^{3+}	18.74	Sr^{2+}	8.73
Bi^{3+}	27.94	In^{3+}	25.0	Tb^{3+}	17.67
Ca^{2+}	10.69	La^{3+}	15.50	Th^{4+}	23.2
Cd^{2+}	16.46	Li^{+}	2.79	Ti^{3+}	21.3
Ce^{2+}	15.98	Lu^{3+}	19.83	TiO^{2+}	17.3
Co^{2+}	16.31	Mg^{2+}	8.7	Tl^{3+}	37.8
Co^{3+}	36	Mn^{2+}	13.87	Tm^{3+}	19.07
Cr^{3+}	23.4	Mo^{2+}	28	U(Ⅳ)	25.8
Cu^{2+}	18.80	Na^{+}	1.66	VO^{2+}	18.8
Py^{3+}	18.30	Nd^{3+}	16.6	VO_2^{+}	18.1
Er^{3+}	18.85	Ni^{2+}	18.62	Y^{3+}	18.09
Eu^{3+}	17.35	Pb^{2+}	18.04	Yb^{3+}	19.57
Fe^{2+}	14.32	Pd^{2+}	18.5	Zn^{2+}	16.50
Fe^{3+}	25.1	Pm^{3+}	16.75	ZrP^{2+}	29.5
Ga^{3+}	20.3	Pr^{3+}	16.40		

EDTA 与无色金属离子形成无色配合物,与有色金属离子形成颜色更深的配合物

如:　$[CaY]^{2-}$ 无色　　$[CoY]^{-}$ 紫红色

　　$[MgY]^{2-}$ 无色　　$[MnY]^{2-}$ 紫红色

$[NiY]^{2-}$ 蓝绿色　　　　$[CrY]^{-}$ 深紫色
$[CuY]^{2-}$ 深蓝色　　　　$[FeY]^{-}$ 黄色

溶液的酸度或碱度较高时，H^+ 或 OH^- 也参与配位，形成酸式或碱式配合物。如 Al^{3+} 形成酸式配合物 AlHY 或碱式配合物$[Al(OH)Y]^{2-}$。有时还有混合配合物形成，如在氨性溶液中，Hg^{2+} 与 EDTA 可生成$[Hg(NH_3)Y]^{2-}$。这些配合物都不太稳定，它们的生成不影响金属离子与 EDTA 之间的 1∶1 定量关系。

2. 主反应和副反应

在配位滴定中，往往涉及多个化学平衡。除 EDTA 与被测金属离子 M 之间的配位反应外，溶液中还存在着 EDTA 与 H^+ 和其他共存金属离子 N 的反应，被测金属离子 M 与溶液中其他共存配位剂或 OH^- 的反应，反应产物 MY 与 H^+ 或 OH^- 的作用等。一般将 EDTA 与被测金属离子 M 的反应称为主反应，而溶液中存在的其他反应都称为副反应，它们之间的平衡关系如下所示：

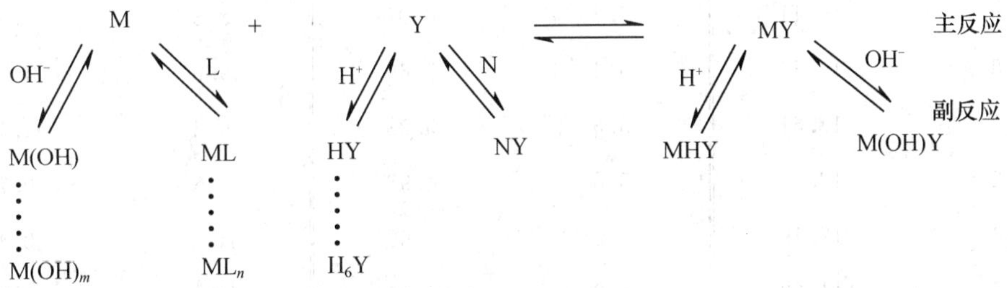

由于副反应的存在，使主反应的化学平衡发生移动，主反应产物 MY 的稳定性发生变化，因而对配位滴定的准确度可能有较大影响，其中以介质酸度的影响最为重要。

3. 酸效应和酸效应系数

当滴定体系中有 H^+ 存在时，H^+ 离子与 EDTA 之间发生反应，使参与主反应的 EDTA 浓度减小，主反应化学平衡向左移动，配位反应完全的程度降低，这种现象称为 EDTA 的酸效应(acidic effective)。酸效应的大小用酸效应系数(acidic effective coefficients)来衡量，它是指未参与配位反应的 EDTA 各种存在型体的总浓度 $c(Y')$ 与能直接参与主反应的 $c(Y)$ 的平衡浓度之比，用符号 $\alpha_{Y(H)}$ 表示，即

$$\alpha_{Y(H)} = \frac{c(Y')}{c(Y)} \tag{8-13}$$

式中：

$$c(Y') = c(Y^{4-}) + c(HY^{3-}) + c(H_2Y^{2-}) + c(H_3Y^{-}) + c(H_4Y) + c(H_5Y^{+}) + c(H_6Y^{2+})$$

表 8-10 给出了不同 pH 下的 $\lg\alpha_{Y(H)}$ 值，由表 8-10 可知，随介质酸度增大，$\lg\alpha_{Y(H)}$ 增大，即酸效应显著，EDTA 参与配位反应的能力显著降低。而在 pH＝12 时，$\lg\alpha_{Y(H)}$ 接近于 0，所以，pH≥12 时，可忽略 EDTA 酸效应的影响。

以 pH 对 $\lg\alpha_{Y(H)}$ 作图，即得 EDTA 的酸效应曲线(图 8-10)，从酸效应曲线上也可查得不同 pH 下的 $\lg\alpha_{Y(H)}$ 值。

表 8-10　不同 pH 的 $\lg\alpha_{Y(H)}$

pH	$\lg\alpha_{Y(H)}$	pH	$\lg\alpha_{Y(H)}$	pH	$\lg\alpha_{Y(H)}$
0.0	23.64	3.6	9.27	7.2	3.10
0.2	22.47	3.8	8.85	7.4	2.88
0.4	21.32	4.0	8.44	7.6	2.68
0.6	20.18	4.2	8.04	7.8	2.47
0.8	19.08	4.4	7.64	8.0	2.27
1.0	18.01	4.6	7.24	8.2	2.07
1.2	16.98	4.8	6.84	8.4	1.87
1.4	16.02	5.0	6.45	8.6	1.67
1.6	15.11	5.2	6.07	8.8	1.48
1.8	14.27	5.4	5.69	9.0	1.28
2.0	13.51	5.6	5.33	9.2	1.10
2.2	12.82	5.8	4.98	9.6	0.75
2.4	12.19	6.0	4.65	10.0	0.45
2.6	11.62	6.2	4.34	10.5	0.20
2.8	11.09	6.4	4.06	11.0	0.07
3.0	10.60	6.6	3.79	11.5	0.02
3.2	10.14	6.8	3.55	12.0	0.01
3.4	9.70	7.0	3.32	13.0	0.00

4. *配位效应和配位效应系数*

如果滴定体系中存在其他配位剂，并能与被测金属离子形成配合物，则参与主反应的被测金属离子浓度减小，主反应平衡向左移动，EDTA 与金属离子形成的配合物的稳定性下降。这种由于共存配位剂的作用而使被测金属离子参与主反应的能力下降的现象称为配位效应。溶液中的 OH^- 能与金属离子形成氢氧化物或羟基配合物，从而降低其参与主反应的能力，这称为金属离子的水解效应，属于配位效应的一种。

配位效应的大小可由配位效应系数来衡量，它是指未与 EDTA 配位的金属离子的各种存在型体的总浓度 $c(M')$ 与游离金属离子的浓度 $c(M)$ 之比，用 $\alpha_{M(L)}$ 表示，即

$$\alpha_{M(L)} = \frac{c(M')}{c(M)} \tag{8-14}$$

显然，配位效应系数 $\alpha_{M(L)}$ 的大小仅与共存配位剂 L 的种类和浓度有关。共存配位剂的浓度越大，与被测金属离子形成的配合物越稳定，则配位效应越显著，对主反应的影响越大。

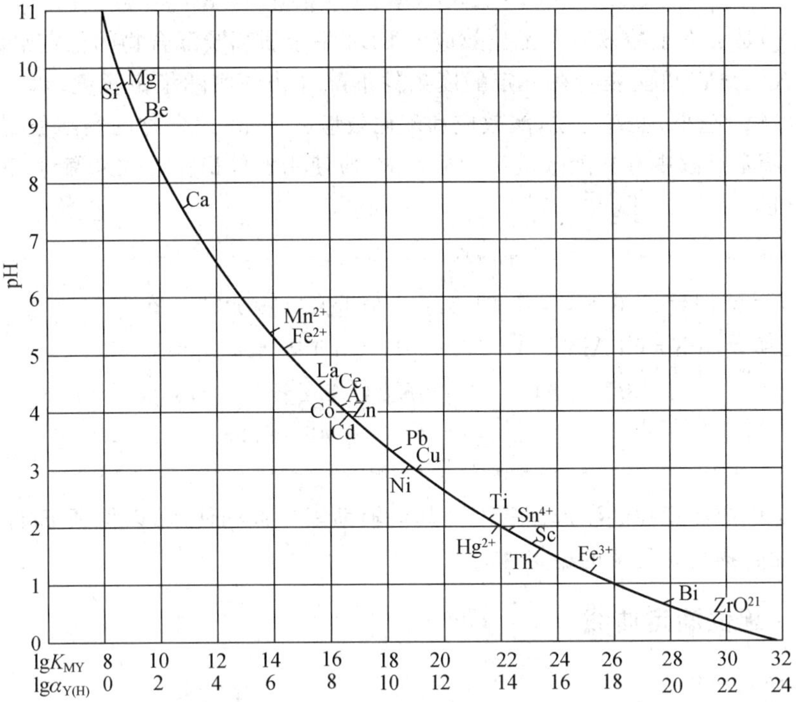

图 8-10 EDTA 的酸效应曲线

5. EDTA 配合物的条件稳定常数

EDTA 与金属离子所形成配合物的稳定常数 $K_f^\ominus(MY)$ 越大，表示配位反应进行完全的趋势越大，生成的配合物 MY 越稳定。由于 $K_f^\ominus(MY)$ 是在一定温度和离子强度理想条件下的平衡常数，不受溶液其他条件的影响，故也称为 EDTA 配合物的绝对稳定常数。但是，在实际滴定中，如果有副反应存在，则溶液中未与 EDTA 配位的金属离子的总浓度和未与金属离子配位的 EDTA 的总浓度都会发生变化，主反应的平衡会发生移动，配合物的实际稳定性下降。这时就不能再采用 $K_f^\ominus(MY)$ 来衡量配合物的实际稳定性了，而应该采用配合物的条件稳定常数 $K_f'(MY)$，它可表示为：

$$K_f'(MY)=\frac{c(MY)}{c(M')c(Y')} \tag{8-15}$$

由

$$\alpha_{Y(H)}=\frac{c(Y')}{c(Y)},\alpha_{M(L)}=\frac{c(M')}{c(M)}$$

可得：

$$c(Y')=c(Y)\alpha_{Y(H)}$$
$$c(M')=c(M)\alpha_{M(L)}$$

所以

$$K_f'(MY)=\frac{c(MY)}{c(M')c(Y')}=\frac{c(MY)}{c(M)c(Y)\alpha_{Y(H)}\alpha_{M(L)}}$$
$$=\frac{K_f^\ominus(MY)}{\alpha_{Y(H)}\alpha_{M(L)}} \tag{8-15a}$$

即 $$\lg K'_f(MY)=\lg K_f^{\ominus}(MY)-\lg\alpha_{Y(H)}-\lg\alpha_{M(L)} \tag{8-15b}$$

式中 $K'_f(MY)$是考虑了酸效应和配位效应的 EDTA-金属离子配合物的稳定常数，称为条件稳定常数。$K'_f(MY)$更能表明在一定酸度条件下配合物的实际稳定程度。显然，副反应系数越大，$K'_f(MY)$越小，也就是说，酸效应和配位效应越严重，配合物的实际稳定性越低。由于在 EDTA 滴定过程中存在酸效应和配位效应，应使用条件稳定常数来衡量 EDTA 配合物的实际稳定性。

例 8-9 计算 pH=5.0 时，溶液中$[AlY]^-$的 $\lg K'_f([AlY]^-)$值。

解：查表可知，$\lg K_f^{\ominus}([AlY]^-)=16.3$，pH=5.0 时，$\lg\alpha_{Y(H)}=6.45$；

故
$$\lg K'_f([AlY]^-)=\lg K_f^{\ominus}([AlY]^-)-\lg\alpha_{Y(H)}=16.3-6.45=9.85$$

配位滴定中应注意控制溶液的酸度及其他辅助配位剂的使用，以保证 EDTA 与金属离子所形成的配合物具有足够的稳定性。

8.5.4 配位滴定曲线

1. 配位滴定曲线

利用滴定过程中 pM 的变化和加入 EDTA 的百分数作图可得到滴定曲线。现以 pH=12.00 时用 $c(EDTA)=0.010\,00\ mol\cdot L^{-1}$ 的 EDTA 标准溶液滴定 20.00 mL $c(Ca^{2+})=0.010\,00\ mol\cdot L^{-1}$ 的 Ca^{2+} 离子溶液为例，说明不同滴定阶段金属离子浓度的计算。

假设滴定体系中不存在其他辅助配位剂，只考虑 EDTA 的酸效应。已知：$K_f^{\ominus}([CaY]^{2-})=10^{10.69}$，pH=12.0 时 $\alpha_{Y(H)}=10^{0.01}\approx 1$，所以

$$K'_f([CaY]^{2-})=\frac{K_f([CaY]^{2-})}{\alpha_{Y(H)}}=10^{10.69}$$

(1)滴定前 $$c(Ca^{2+})=0.010\,00\ mol\cdot L^{-1}$$
$$pCa=2.0$$

(2)化学计量点前　由于 $K'_f([CaY]^{2-})=10^{10.69}$，即$[CaY]^{2-}$很稳定，化学计量点前其离解作用可忽略。设加入 EDTA 溶液 19.98 mL，此时还剩余 0.1%的 Ca^{2+} 没被配位，所以

$$c(Ca^{2+})=\frac{20.00-19.98}{20.00+19.98}\times 0.010\,00=5.0\times 10^{-6}(mol\cdot L^{-1})$$
$$pCa=5.3$$

(3)化学计量点时　Ca^{2+} 与 EDTA 几乎全部配位产生$[CaY]^{2-}$，所以

$$c([CaY]^{2-})=\frac{20.00}{20.00+20.00}\times 0.010\,00=5.0\times 10^{-3}(mol\cdot L^{-1})$$

因为此时 $c(Ca^{2+})=c(Y^{4-})$，所以

$$K'_f([CaY]^{2-})=\frac{c([CaY]^{2-})}{c(Ca^{2+})c(Y^{4-})}=\frac{c([CaY]^{2-})}{c^2(Ca^{2+})}$$

$$c(Ca^{2+})=\sqrt{\frac{c([CaY]^2)}{K'_f([CaY]^2)}}=\sqrt{\frac{5.0\times10^{-3}}{10^{10.69}}}$$

$$=3.2\times10^{-7}(mol\cdot L^{-1})$$

$$pCa=6.5$$

(4)化学计量点后 设加入 EDTA 溶液 20.02 mL,此时 EDTA 溶液过量 0.1%,所以

$$c(Y^{4-})=\frac{20.02-20.00}{20.02+20.00}\times0.010\ 00$$

$$=5.0\times10^{-6}(mol\cdot L^{-1})$$

而此时

$$c([CaY]^{2-})=\frac{20.00}{20.02+20.00}\times0.010\ 00$$

$$=5.0\times10^{-3}(mol\cdot L^{-1})$$

所以

$$c(Ca^{2+})=\frac{c([CaY]^{2-})}{K'_f([CaY]^{2-})c(Y^{4-})}$$

$$=\frac{5.0\times10^{-3}}{10^{-10.69}\times5.0\times10^{-6}}=10^{-7.69}(mol\cdot L^{-1})$$

$$pCa=7.7$$

按照上述计算方法,所得结果以 pCa 对加入 EDTA 溶液的百分数作图,即得到用 EDTA 溶液滴定 Ca^{2+} 的滴定曲线,如图 8-11 所示。

用同样方法计算 pH=10,9,7,6 时滴定过程中的 pCa,其结果绘成图 8-11。

如果滴定过程中使用了辅助配位剂,与被滴定金属离子发生了其他配位反应,这时要同时考虑酸效应和配位效应对滴定过程的影响,滴定曲线中应该用 pM′代替 pM。

当用 0.01 $mol\cdot L^{-1}$ EDTA 溶液滴定 0.01 $mol\cdot L^{-1}$ 金属离子 M^{n+} 时,若配合物 MY 的 $\lg K'_f(MY)$分别为 2、4、6、8、10、12、14,同样可计算并绘制出相应的滴定曲线,如图 8-12 所示。

若 $\lg K'_f(MY)=10$,用相同浓度的 EDTA 溶液分别滴定不同浓度的金属离子,如 $c(M)$ 分别为 $10^{-1}\sim10^{-4}$ $mol\cdot L^{-1}$,滴定过程中的 pM 也可计算出来,其滴定曲线如图 8-13。

从图 8-11~图 8-13 可看出,在配位滴定中,化学计量点前后存在着滴定突跃,而其突跃的大小与配合物的条件稳定常数和被滴定金属离子的浓度直接相关。

$K'_f(MY)$越大,滴定突跃也越大(图 8-12)。而配合物条件稳定常数的大小,除了决定于配合物的绝对稳定常数外,主要还有溶液的酸度和其他辅助配位剂的影响。溶液 pH 越小,$\alpha_{Y(H)}$越大,$K'_f(MY)$就越小,突跃减小(图 8-11)。辅助配位剂与被测金属离子发生配位反应,使 $\alpha_{M(L)}$增大,$K'_f(MY)$减小,导致突跃减小。这里特别要指出的是 OH^- 作为辅助配位剂的影响,当 pH 增大时,$\alpha_{Y(H)}$减小,酸效应减弱。但同时 $c(OH^-)$增大,$\alpha_{M(OH^-)}$也增大,$K'_f(MY)$可能减小,因此配位滴定中并不是 pH 越高越好,选择和控制溶液的 pH 对滴定非常重要。

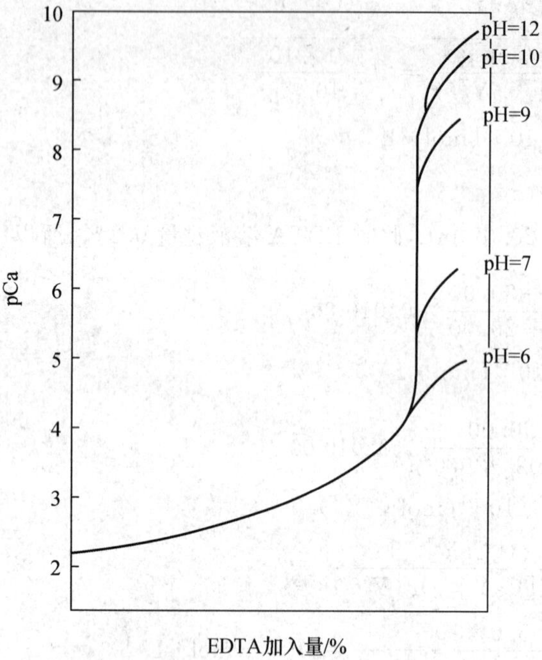

图 8-11　不同 pH 时用
0.010 00 mol/L EDTA 标准溶液滴定
0.010 00 mol/LCa^{2+} 的滴定曲线

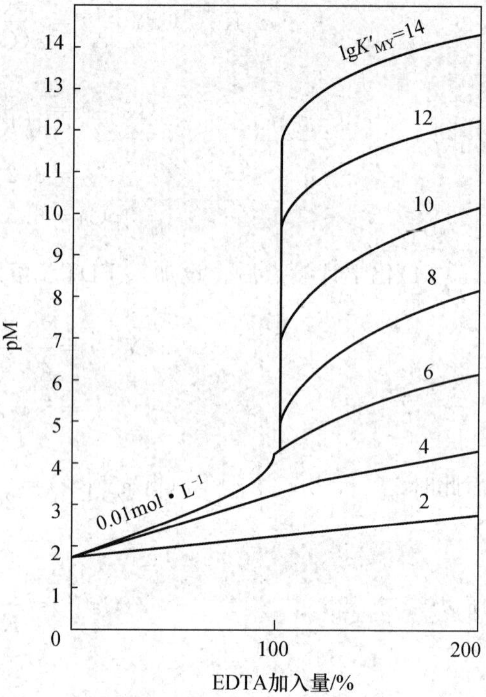

图 8-12　不同 $\lg K'_f$(MY)时用
0.010 00 mol/L EDTA 标准溶液滴定
0.010 00 mol/L M^{n+} 的滴定曲线

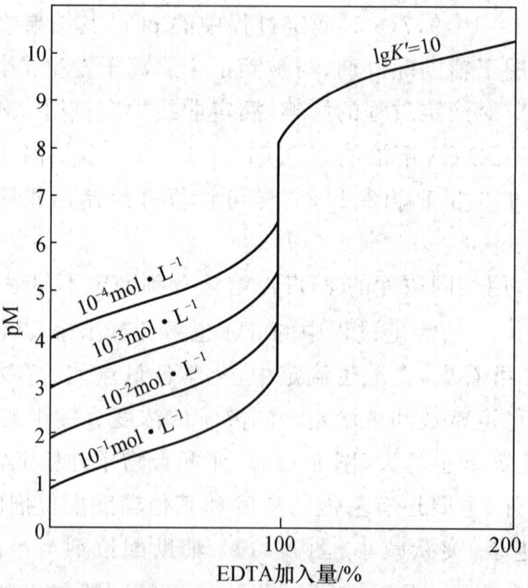

图 8-13　EDTA 滴定不同浓度 M^{n+} 离子的滴定曲线

金属离子的浓度越低，滴定曲线的起点就越高，滴定突跃越小(图 8-13)。

2. 配位滴定所允许的最低 pH

在配位滴定中，通常采用指示剂来指示滴定终点。在理想的情况下，指示剂的变色点与化学计量点一致，但由于肉眼判断颜色的局限性，仍可能造成滴定终点与化学计量点之间有差距($\Delta pM'=\pm0.2pM$ 单位)，因为配位滴定一般要求滴定的相对误差不超过 0.1%，根据终点误差理论可知，此时要求被滴定金属离子的初始浓度 $c(M)$ 与其配合物的条件稳定常数 $K'_f(MY)$ 乘积大于或等于 10^6，即

$$\lg c(M)\cdot K'_f(M)\geqslant 6 \quad (8\text{-}16)$$

式(8-16)即为配位滴定中准确测定单一金属离子的条件。

例 8-10 在 pH=5.0 时，能否用 0.010 00 $mol\cdot L^{-1}$ EDTA 标准溶液直接准确滴定 0.01 $mol\cdot L^{-1}$ Mg^{2+} 离子？在 pH=10.0 的氨性缓冲溶液中呢？

解：pH=5.0 时，查表知：$\lg K_f^{\ominus}([MgY]^{2-})=8.7$，$\lg\alpha_{Y(H)}=6.45$

则
$$\lg K'_f([MgY]^{2-})=\lg K_f^{\ominus}([MgY]^{2-})-\lg\alpha_{Y(H)}$$
$$=8.7-6.45=2.25$$
$$\lg c(Mg^{2+})K'_f([MgY]^{2-})=-2+2.25=0.25<6$$

故 pH=5.0 时不能直接准确滴定 Mg^{2+}。

pH=10.00 时，查表知：$\lg\alpha_{Y(H)}=0.45$

则
$$\lg K'_f([MgY]^{2-})=8.7-0.45=8.25$$
$$\lg c(Mg^{2+})K'_f([MgY]^{2-})=-2+8.25=6.25>6$$

在 pH=10.0 时 Mg^{2+} 可被准确滴定。

用 $\lg c(M)K'_f(MY)\geqslant6$ 作为判断能否准确滴定的界限是有条件的，如果允许误差较大，则 $\lg c(M)K'_f(MY)$ 可以允许小一点。又如果采用灵敏准确的仪器分析方法来检测滴定终点，则终点与化学计量点间的差距会减小，$\lg c(M)K'_f(MY)$ 也可允许小一点。

$\lg K'_f(MY)$ 是与滴定条件直接相关的，假设在配位滴定中除 EDTA 的酸效应之外没有其他副反应，则 $\lg K'_f(MY)$ 主要受溶液酸度的影响。在 $c(M)$ 一定时，随着酸度的增强，$\lg\alpha_{Y(H)}$ 增大，$\lg K'_f(MY)$ 减小，最后可能导致 $\lg c(M)K'_f(MY)<6$，这时便不能准确滴定。因此，溶液的酸度应有一上限，超过它便不能保证 $\lg K'_f(MY)$ 具有一定大的数值，会引起较大误差(>0.1%)，这一最高允许的酸度称为最高酸度，与之相应的溶液 pH 称为最低 pH。

在配位滴定中，被滴定金属离子的浓度 $c(M)$ 一般为 0.01 $mol\cdot L^{-1}$ 根据式(8-16)有

$$\lg[0.01\times K'_f(MY)]\geqslant 6$$

即
$$\lg K'_f(MY)\geqslant 8$$

若只考虑 EDTA 的酸效应，则：

$$\lg K'_f(MY)=\lg K_f^{\ominus}(MY)-\lg\alpha_{Y(H)}\geqslant 8$$

即
$$\lg\alpha_{Y(H)}\leqslant\lg K_f^{\ominus}(MY)-8 \quad (8\text{-}17)$$

在 $c(M)=0.01mol\cdot L^{-1}$ 时，且仅考虑酸效应影响时，可由式(8-17)求出某一金属离子

配位滴定的最大 $\lg\alpha_{Y(H)}$ 然后从表 8-11 或图 8-10 酸效应曲线便可求得相应的 pH，即最低 pH。

例 8-11 计算用 0.01 mol·L^{-1} EDTA 滴定 0.01 mol·L^{-1} Mg^{2+} 离子时的最高酸度（最低 pH）。

解：

$$\lg K'_f([MgY]^{2-})=8.7$$

$$\lg\alpha_{Y(H)}\leqslant\lg K_f^{\ominus}([MgY]^{2-})-8=0.7$$

查表或酸效应曲线可知，此时 pH≥9.7，所以滴定 0.01 mol·L^{-1} Mg^{2+} 离子时的最低 pH 约为 10。

在 $c(M')=0.01$ mol·L^{-1}，相对误差为 0.1%时，可以计算出用 EDTA 滴定各种金属离子时的最低 pH，并将其标注在 EDTA 的酸效应曲线上（图 8-10），可供实际工作时参考。这曲线通常又称为 Ringbom（林邦）曲线。

从滴定曲线的讨论中可知，pH 越大，由于酸效应减弱，$\lg K'_f(MY)$ 增大，配合物越稳定，被滴定金属离子与 EDTA 的反应也越完全，滴定突跃也越大。但是，随着 pH 增大，金属离子可能会发生水解，生成多羟基配合物，降低 EDTA 配合物的稳定性，甚至会因生成氢氧化物沉淀而影响 EDTA 配合物的形成，故对滴定不利。因此，对不同的金属离子，因其性质不同而在滴定时有不同的最高允许 pH 或最低酸度。在没有辅助配位剂存在时，准确滴定某一金属离子的最低允许酸度通常可粗略地由一定浓度的金属离子形成氢氧化物沉淀时的 pH 估算。

例 8-12 试计算用 0.01 mol·L^{-1} EDTA 滴定 0.01 mol·L^{-1} Fe^{3+} 离子的溶液时的最高酸度和最低酸度。

解： $\lg\alpha_{Y(H)}\leqslant\lg K_f^{\ominus}([FeY]^{-})-8=25.1-8=17.1$

查表或酸效应曲线，得到 $\text{pH}\geqslant 1.2$

故滴定时的最低 pH 为 1.2。

最低酸度由 $Fe(OH)_3$ 的 $K_{sp}^{\ominus}$ 求得：

$$c(OH^-)=\sqrt[3]{\frac{K_{sp}^{\ominus}[Fe(OH)_3]}{c(Fe^{3+})}}=\sqrt[3]{\frac{2.64\times10^{-39}}{0.01}}=6.41\times10^{-13}\,\text{mol}\cdot\text{L}^{-1}$$

$$\text{pOH}=12.2\quad \text{pH}=1.8$$

即滴定时的最高 pH 为 1.8。

显然，此处计算出的最高 pH，是刚开始析出 $Fe(OH)_3$ 沉淀时的 pH。这样按 $K_{sp}^{\ominus}$ 计算所得的最低酸度，可能与实际情况略有出入，因为在计算过程中忽略了羟基配合物、离子强度及沉淀是否易于再溶解等因素的影响。对于个别氢氧化物沉淀溶解度较大的金属离子，如 Mg^{2+} 就明显地存在这种情况。尽管如此，按这种方式计算而得到的最低酸度仍可供实际滴定时参考。

配位滴定应控制在最高酸度和最低酸度之间进行，将此酸度范围称为配位滴定的适宜酸度范围。在配位滴定中，通常要加入缓冲溶液来控制 pH。

8.5.5 金属指示剂

1. 金属指示剂的变色原理

在配位滴定中，通常利用一种能与金属离子生成有色配合物的显色剂来指示滴定终点，这种显色剂称为金属离子指示剂，简称金属指示剂(metallochromic indicator)。金属指示剂是一类有机染料，一定条件下能与某些金属离子形成与染料本身颜色不同的有色配合物。在滴定开始时，金属指示剂(In)与少量被滴定金属离子反应，形成配合物(MIn)，显 B 色：

$$\underset{}{M} + \underset{\text{颜色A}}{In} = \underset{\text{颜色B}}{MIn}$$

随着 EDTA 的加入，游离金属离子逐渐被配位，形成 MY。当达到反应的化学计量点时，EDTA 从 MIn 中夺取金属离子 M，使指示剂 In 游离出来，这样溶液的颜色就从 MIn 的颜色(B 色)变为 In 的颜色(A 色)，指示终点到达：

$$\underset{\text{颜色B}}{MIn} + Y = MY + \underset{\text{颜色A}}{In}$$

金属离子指示剂应具备下列条件：

①指示剂与金属离子形成的配合物 MIn 的颜色与指示剂 In 自身的颜色有显著差别，终点颜色变化才明显。金属指示剂多是有机弱酸，具有酸碱指示剂的性质，颜色随 pH 变化而变化，因此，使用时，必须控制合适的 pH 范围。

②显色反应灵敏、迅速，且有良好的变色可逆性。

③指示剂与金属离子形成的配合物的稳定性要适当，即：既要有足够的稳定性，但又要比该金属离子的 EDTA 配合物的稳定性小。一般要求 $\lg K'_f(MIn) > 4$，且 $\lg K'_f(MY) > \lg K'_f(MIn)$。如果 MIn 的稳定性太低，就会提前出现终点，且变色不敏锐；如果 MIn 稳定性太高，就会使终点拖后，甚至使 EDTA 不能夺取其中的金属离子，得不到滴定终点。

④金属离子指示剂应比较稳定，便于贮藏和使用。

⑤指示剂与金属离子形成的配合物应易溶于水，如果生成胶体溶液或沉淀，会使变色不明显。

如果滴定体系中存在干扰离子，并能与金属指示剂形成稳定的配合物，虽然加入过量的 EDTA，在化学计量点附近仍没有颜色变化。这种现象称为指示剂的封闭现象(blocking of indicator)，可加入适当的掩蔽剂来消除。

有些指示剂或指示剂与金属离子形成的配合物在水中溶解度较小，以致在化学计量点时 EDTA 与指示剂置换缓慢，使终点拖长，这种现象称为指示剂的僵化现象(ossification of indicator)。可以通过放慢滴定速度，加入适当的有机溶剂或加热，以增加有关物质的溶解度来消除这一影响。

2. 常用的金属指示剂

(1)铬黑 T　简称 EBT，使用最适宜酸度是 pH＝9～10.5，因为在此酸度范围内其自身为蓝色，与 Mg^{2+}、Zn^{2+}、Ca^{2+}、Pb^{2+}、Hg^{2+}、Mn^{2+} 等离子形成红色配合物颜色明显不同。铬黑T固体性质稳定，但其水溶液只能保存几天，因此常将EBT与干燥的纯NaCl按1:100混合均匀，研细，密封保存。也可以用乳化剂OP(聚乙二醇辛基苯基醚)和EBT配成水溶液，其中OP为1%，EBT为0.001%，这样的溶液可使用两个月。

(2)钙指示剂　简称NN，适用酸度为pH=8～13，在pH=12～13时与Ca^{2+}形成红色配合物，自身为蓝色。Fe^{3+}、Al^{3+}等对NN有封闭。

(3)二甲酚橙　简称XO，适用酸度为pH<6，在pH=5～6时，与Pb^{2+}、Zn^{2+}、Cd^{2+}、Hg^{2+}等生成红色配合物，自身显亮黄色。Fe^{3+}、Al^{3+}等对XO有封闭。

(4)PAN　适用酸度为pH=2～12，在适宜酸度下与Cu^{2+}、Ni^{2+}、Pb^{2+}、Cd^{2+}、Zn^{2+}、Mn^{2+}、Fe^{2+}形成紫红色配合物，自身显黄色。红色配合物水溶性较差、易僵化。

(5)磺基水杨酸　简称SSal，适用酸度范围为pH=1.5～2.5，在此范围内与Fe^{3+}生成紫红色配合物，自身为无色。

3. 金属指示剂的选择

配位滴定在化学计量点前后，pM值发生突跃，要求指示剂能在此突跃范围内发生颜色变化，并要求指示剂的变色点尽量与化学计量点接近。

被滴定的金属离子M与指示剂In形成有色配合物MIn，在溶液中存在下列平衡：

$$\mathrm{M + In = MIn}$$

考虑到指示剂的酸效应，则MIn的条件稳定常数为：

$$K_f'(\mathrm{MIn}) = \frac{c(\mathrm{MIn})}{c(\mathrm{M})c(\mathrm{In'})}$$

$$\lg K_f'(\mathrm{MIn}) = \mathrm{pM} + \lg\frac{c(\mathrm{MIn})}{c(\mathrm{In'})}$$

当$c(\mathrm{MIn})=c(\mathrm{In'})$时，溶液呈现$c(\mathrm{MIn})$和$c(\mathrm{In'})$各50%的混合色，为金属指示剂变色点，此时

$$\mathrm{pM}(变) = \lg K_f'(\mathrm{MIn})$$

可见，金属指示剂的变色点pM(变)值等于有色配合物的条件稳定常数的对数值$\lg K_f'(\mathrm{MIn})$。

配位滴定中，应选用$\lg K_f'(\mathrm{MIn})$与滴定计量点时pM尽量接近的金属指示剂，即选用使$\lg K_f'(\mathrm{MIn})$落在滴定pM突跃范围内的金属指示剂指示滴定终点。

8.5.6 配位滴定的应用

1. 配位滴定的方式和应用

由于EDTA-金属配合物一般均很稳定，大多数的金属元素都能用配位滴定法测定。采用不同的滴定方式，不但能提高配位滴定的选择性，还能扩大配位滴定的应用范围。常用的滴定方式有以下几种：

(1)直接滴定　直接滴定方式是配位滴定中的基本滴定方式，这种方式是将样品处理成溶液后，调至所需的酸度，加入必要的其他试剂，直接用EDTA滴定。直接滴定法一般情况

下引入误差较小，所以只要条件允许，应尽量采用直接滴定方式。

例如水的总硬度测定，即测定水中 Ca^{2+}、Mg^{2+} 的总量。

取适量体积水样，加 NH_3-NH_4Cl 缓冲溶液调节溶液的 pH=10，以铬黑 T 为指示剂，用 EDTA 标准溶液滴定至溶液由酒红色变为蓝色即为终点。根据所用 EDTA 标准溶液的体积，可计算水中 Ca^{2+}、Mg^{2+} 的总量，然后再换算为相应的总硬度。

水中 Fe^{3+}、Al^{3+}、Cu^{2+}、Pb^{2+}、Mn^{2+} 等离子量较大时，会封闭铬黑 T，使终点无法确定。这时就必须将它们分离或加入少量三乙醇胺（掩蔽 Al^{3+}、Fe^{3+}）和 KCN（掩蔽 Cu^{2+}、Co^{2+}、Ni^{2+}）以消除干扰。通常水中所含的上述离子极微，一般可不加掩蔽剂而直接滴定。植物中钙、镁、土壤交换性钙等也可用此法进行测定。

（2）返滴定　在配位滴定中，有些待测离子与 EDTA 反应缓慢，有些被测离子在选定滴定条件下发生水解等副反应，有些被测离子对指示剂有封闭作用或无适宜指示剂，上述情况下不能直接进行 EDTA 滴定，可采用返滴定法。即加入一定量过量的 EDTA 标准溶液到被测离子溶液中，待反应完全后，再用另一金属离子的标准溶液返滴定过量的 EDTA，根据两种标准溶液的浓度和用量，即可求得被测离子的含量。

例如测定 Al^{3+} 时，由于 Al^{3+} 易水解形成一系列多羟基配合物，且与 EDTA 反应较慢，同时 Al^{3+} 对二甲酚橙等指示剂有封闭作用，因此不能用 EDTA 直接滴定。可采用返滴定法测定 Al^{3+}，先在酸性条件加入过量的 EDTA 标准溶液，煮沸几分钟，待配位反应完成后，调节 pH≈5.5，加入二甲酚橙，用 Zn^{2+} 或 Cu^{2+} 标准溶液滴定剩余的 EDTA。

例 8-13　用 0.010 60 mol·L^{-1} EDTA 标准溶液滴定水中钙和镁的含量，取 100.0 mL 水样，以铬黑 T 为指示剂，在 pH=10 时滴定，消耗 EDTA 31.30 mL。另取一份 100.0 mL 水样，加 NaOH 使呈强碱性，使 Mg^{2+} 成 $Mg(OH)_2$ 沉淀，用钙指示剂指示终点，继续用 EDTA 滴定，消耗 19.20 mL。计算：

（1）水的总硬度（以 $CaCO_3$ mg·L^{-1} 表示）

（2）水中钙和镁的含量（以 $CaCO_3$ mg·L^{-1} 和 $MgCO_3$ mg·L^{-1} 表示）

解：（1）以 $CaCO_3$ 表示水的总硬度为：

$$\text{水的总硬度}=\frac{cV(\mathrm{EDTA})M(\mathrm{CaCO_3})}{V_{\text{水样}}\times 10^{-3}}=\frac{0.010\,60\times 31.30\times 100.1}{100.0\times 10^{-3}}=332.1(\mathrm{mg\cdot L^{-1}})$$

（2）水中钙和镁的含量分别为：

$$\text{钙含量}=\frac{cV(\mathrm{EDTA})M(\mathrm{CaCO_3})}{V_{\text{水样}}\times 10^{-3}}=\frac{0.010\,60\times 19.20\times 100.1}{100.0\times 10^{-3}}=203.7(\mathrm{mg\cdot L^{-1}})$$

$$\text{镁含量}=\frac{cV(\mathrm{EDTA})M(\mathrm{MgCO_3})}{V_{\text{水样}}\times 10^{-3}}=\frac{0.010\,60\times(31.30-19.20)\times 84.32}{100.0\times 10^{-3}}=108.1(\mathrm{mg\cdot L^{-1}})$$

（3）置换滴定　测定 Ag^{+} 时，由于 Ag^{+} 的 EDTA 配合物不够稳定，因而不能用 EDTA 直接滴定。若在 Ag^{+} 试液中加入过量的 $[Ni(CN)_4]^{2-}$ 则发生反应：

$$2Ag^{+}+[Ni(CN)_4]^{2-}=2[Ag(CN)_2]^{-}+Ni^{2+}$$

置换出来的 Ni^{2+} 可在 pH＝10.0 的氨性缓冲溶液中用 EDTA 滴定，可计算出 Ag^{+} 的含量。

(4)间接滴定　对于不能与 EDTA 形成稳定配合物的物质，可以采用间接滴定法测定。例如测定钠时，Na^{+} 与 EDTA 不能生成稳定配合物，可用乙酸铀酰锌将 Na^{+} 沉淀为乙酸铀酰锌钠 $[NaZn(UO_2)_3(Ac)_3 \cdot xH_2O]$，分离后将沉淀溶解，用 EDTA 滴定 Zn^{2+}，由此计算出 Na^{+} 量。

2. 分别滴定或连续滴定的方法

实际的分析对象中往往有多种金属离子共存，而 EDTA 又能与很多金属离子形成稳定的配合物，所以在滴定某一金属离子时常常受到共存离子的干扰。根据理论推导，要想在 M、N 两种离子共存时通过控制溶液酸度来准确滴定 M 离子，必须满足：

$$\frac{c(M)K'_f(MY)}{c(N)K'_f(NY)} \geqslant 10^5 \tag{8-18}$$

即必须同时满足式(8-16)和式(8-18)两个条件。因此，提高配位滴定的选择性就成为一个重要问题，常用的方法有：

(1)控制酸度　假设溶液中含有两种金属离子 M、N，它们均可与 EDTA 形成配合物，且 $K'_f(MY) > K'_f(NY)$。当用 EDTA 滴定时，若 $c(M)=c(N)$，M 首先被滴定。若 $K'_f(MY)$ 与 $K'_f(NY)$ 相差足够大，则 M 被定量滴定后，EDTA 才与 N 作用，这样，N 的存在并不干扰 M 的准确滴定。两种金属离子的 EDTA 配合物的条件稳定常数相差越大，被测金属离子浓度 $c(M)$ 越大，共存离子浓度 $c(N)$ 越小，则在 N 离子存在下准确滴定 M 离子的可能性就越大。对于有干扰离子存在的配位滴定，一般允许有不超过 0.5％的相对误差，而如前述，肉眼判断终点颜色变化时，滴定突跃至少应有 0.2 个 pM 单位。

例 8-14　一溶液中 Fe^{3+}、Al^{3+} 浓度均为 $0.01\ mol \cdot L^{-1}$，能否控制酸度，用 EDTA 选择滴定 Fe^{3+}？若能，如何控制溶液的酸度？

解：已知　　$K_f^{\ominus}([FeY]^-)=10^{25.1}$，$K_f^{\ominus}([AlY]^-)=10^{16.3}$

同一溶液中 EDTA 的酸效应一定，在无其他副反应时：

$$\frac{c(Fe^{3+})K'_f([FeY]^-)}{c(Al^{3+})K'_f([AlY]^-)}=\frac{K_f^{\ominus}([FeY]^-)}{K_f^{\ominus}([AlY]^-)}=10^{8.8}>10^5$$

所以，可通过控制溶液酸度来选择滴定 Fe^{3+}，而 Al^{3+} 不干扰。

根据 $\lg c(Fe^{3+})K'_f([FeY]^-) \geqslant 6$，可计算得滴定 Fe^{3+} 的最低 pH 约为 1.2，而在 pH≈1.8 时，Fe^{3+} 发生水解生成 $Fe(OH)_3$ 沉淀，所以，可控制 pH＝1.2～1.8 滴定 Fe^{3+}，从酸效应曲线可看出，这时 Al^{3+} 不被滴定。

如果溶液中存在两种以上金属离子、要判断能否用控制溶液酸度的方法进行分别滴定，应首先考虑配合物稳定常数最大和与之最接近的那两种离子，然后依次两两考虑。

在考虑滴定的适宜 pH 范围时还应注意所选用指示剂的适宜 pH 范围。如例 8-14 中滴

定 Fe^{3+} 时，用磺基水杨酸作指示剂，在 pH=1.5～1.8 时，它与 Fe^{3+} 形成红色配合物。若在此 pH 范围内用 EDTA 直接滴定 Fe^{3+}，终点颜色变化明显，Al^{3+} 不干扰。滴定 Fe^{3+} 后，调节溶液 pH=3，加入过量 EDTA，煮沸，使 Al^{3+} 与 EDTA 完全配位，再调 pH 至 5～6，用 PAN 作指示剂，用 Cu^{2+} 标准溶液滴定过量的 EDTA，即可测出 Al^{3+} 的含量。

(2)掩藏和解蔽　当被测金属离子和干扰离子的配合物的稳定性相差不大，即不能满足式(8-18)时，就不能用控制酸度的方法进行选择滴定。可以加入某种试剂，使之仅与干扰离子 N 反应，这样溶液中游离 N 的浓度大大降低，N 对被测离子 M 的干扰也会减弱以至消除，这种方法称为掩蔽法。常用的掩蔽法有配位掩蔽法、沉淀掩蔽法和氧化还原掩蔽法等，其中以配位掩蔽法最常用。

利用配位剂(掩蔽剂)与干扰离子形成稳定的配合物，从而消除干扰的方法称为配位掩蔽法。例如，pH=10 时用 EDTA 滴定 Mg^{2+}，Zn^{2+} 的存在会干扰滴定，若加入 KCN，与 Zn^{2+} 形成稳定配离子，Zn^{2+} 即被掩蔽而消除干扰。

采用配位掩蔽法时，所用掩蔽剂必须具备下列条件：

①干扰离子与掩蔽剂形成的配合物应远比它与 EDTA 形成的配合物稳定，且配合物应为无色或浅色，不影响终点判断。

②掩蔽剂不与被测离子反应，即使反应形成配合物，其稳定性也应远低于被测离子与 EDTA 形成的配合物，这样在滴定时掩蔽剂可被 EDTA 置换。

③掩蔽剂适用的 pH 范围应与滴定的 pH 范围一致。EDTA 滴定法中常用的掩蔽剂见表 8-11。

表 8-11　EDTA 滴定中常用的掩蔽剂

掩蔽剂	掩蔽离子	测定离子	pH	指示剂	备 注
二硫基丙醇(BAL)	Ag^{+}，As^{3+}，Bi^{3+} Cd^{2+}，Hg^{2+}，Pd^{2+} Sb^{3+}，Sn^{4+}，Co^{2+}， Cu^{2+}，Ni^{2+}	Ca^{2+}，Mg^{2+} Mn^{2+}	10	铬黑 T	Co^{2+}，Cu^{2+}，Ni^{2+} 与 BAL 的配合物有色
三乙醇胺(TEA)	Al^{3+}	Mg^{2+}，Zn^{2+}	10	铬黑 T	
	Al^{3+}，Fe^{3+}，Mn^{2+}	Ca^{2+}	碱性	Cu-PAN	
	Al^{3+}，Fe^{3+}，Tl^{3+}， Mn^{2+}	Ca^{2+}	>12	紫脲酸铵或钙指示剂	
		Ni^{2+}	10	紫脲酸铵	
		Cd^{2+}，Mn^{2+} Mg^{2+}	10	铬黑 T	
	Al^{3+}，Fe^{2+}，Sn^{4+}，Ti^{2+}	Pb^{2+}，Zn^{2+}			
酒石酸盐	Al^{3+}，	Zn^{2+}	5.2	二甲酚橙	
	Al^{3+}，Fe^{3+}	Ca^{2+}，Mn^{2+}	10	Cu-PAN	
	Al^{3+}，Fe^{3+}，少量 Ti^{4+}	Ca^{2+}	>12	钙黄绿素或钙指示剂	

续表 8-11

掩蔽剂	掩蔽离子	测定离子	pH	指示剂	备 注
柠檬酸	少量 Al^{3+}	Zn^{2+}	8.5～9.5	铬黑 T	30℃
	Fe^{3+}	Cd^{2+}，Cu^{2+}	8.5	萘基偶氮羟啉 S	丙酮(黄→粉红)
		Pb^{2+}			测定 Cu^{2+} 和 Pd^{2+} 时加入 Cu-EDTA
氰化物	Ag^{+}，Cd^{2+}，Co^{2+} Cu^{2+}，Fe^{2+}，Hg^{2+}	Ba^{2+}，Sr^{2+}	10.5～11	金属酞	50%甲醇溶液
	Ni^{2+}，Zn^{2+}和铂系金属	Ca^{2+} Mg^{2+} $Mg^{2+}+Ca^{2+}$	>12 10	钙指示剂 铬黑 T	
	Cu^{2+}，Zn^{2+}	Mn^{2+}，Pb^{2+}	10	铬红 B	
氟化物	Al^{3+}	Cu^{2+}	3～3.5	萘基偶氮羟啉 S	氟化物又是沉淀掩蔽剂
	Al^{3+}，Fe^{3+}	Zn^{2+}	5～6	二甲酚橙	
		Cu^{2+}	6～6.5	铬天菁 S	
碘化钾	Hg^{2+}	Cu^{2+}	7	PAN	70℃
		Zn^{2+}	6.4	萘基偶氮羟啉 S	

利用沉淀反应降低干扰离子浓度，以消除干扰的方法称为沉淀掩蔽法。例如，在 pH＝10 时用 EDTA 滴定 Ca^{2+}，这时 Mg^{2+} 也被滴定，若加入 NaOH，使溶液 pH>12，则 Mg^{2+} 形成 $Mg(OH)_2$ 沉淀而不干扰 Ca^{2+} 的滴定。

沉淀掩蔽法不是一种理想的掩蔽方法，在实际应用中有一定局限性。沉淀反应要进行完全，沉淀溶解度要小，否则掩蔽效果不好。另外，生成的沉淀应是无色或浅色致密的，最好是晶形沉淀，否则由于颜色深、体积大，吸附被测离子或指示剂而影响终点观察。

利用氧化还原反应，改变干扰离子的价态，以消除干扰的方法称为氧化还原掩蔽法。例如，用 EDTA 滴定 Hg^{2+}、Sn^{4+} 等离子时，Fe^{3+} 有干扰［$\lg K_f^{\ominus}([FeY]^-)=25.1$］，若用盐酸羟胺或抗坏血酸将 Fe^{3+} 还原为 Fe^{2+}，由于 Fe^{2+} 的 EDTA 配合物稳定性较差［$\lg K_f^{\ominus}([FeY]^{2-})=14.33$］，因而可消除 Fe^{3+} 的干扰。

有些离子(如 Cr^{3+})对滴定有干扰，而其高价态与 EDTA 形成的配合物稳定性较差，不干扰 EDTA 滴定，可先将其氧化为高价态离子(如 $Cr_2O_7^{2-}$)，就可消除干扰。

将干扰离子掩蔽以滴定被测离子后，再加入一种试剂，使已被掩蔽剂配位的干扰离子重新释放出来，这种作用称为解蔽，所用试剂称为解蔽剂。利用某些选择性的解蔽剂，也可提高配位滴定的选择性。

例如，测定铜合金中的 Zn^{2+}、Pb^{2+} 时，可在氨性溶液中用 KCN 掩蔽 Cu^{2+}、Zn^{2+}，在 pH

=10 时以铬黑 T 作指示剂，用 EDTA 滴定 Pb^{2+}。在滴定 Pb^{2+} 后的溶液中加入甲醛或三氯乙醛，则 $[Zn(CN)_4]^{2-}$ 被破坏而释放出 Zn^{2+}，然后用 EDTA 滴定释放出的 Zn^{2+}。

$$[Zn(CN)_4]^{2-} + 4HCHO + H_2O = Zn^{2+} + 4HOCH_2CN + 4OH^-$$

$[Cu(CN)_4]^{2-}$ 很稳定，不易被解蔽，但要注意甲醛应分次滴加，不宜过多，且温度不能高，否则 $[Cu(CN)_4]^{2-}$ 会部分被解蔽而使 Zn^{2+} 的测定结果偏高。

□ 相关阅读

1. 王园朝，等. 副反应和副反应系数在酸碱滴定误差公式推导中的应用. 大学化学，2013(3)：28.

2. 赵鑫，等. pH 精算及酸碱滴定曲线绘制通用软件的开发. 计算机与应用化学，2010(2)：27.

3. 杨理勤，等. EDTA 滴定法连续测定铅精矿中铅和锌. 中国无机分析化学，2013(2)：3.

4. 张云. 氨基酸存在形式的分布及滴定法测定的可行性. 大学化学，2010(3)：25.

5. 陈鲜丽. 关于滴定方式的讨论. 大学化学，2011(6)：26.

6. 邵利民. 滴定分析终点误差的通用高效计算策略. 化学通报，2012(10)：75.

7. 张根平，等. 过硫酸铵氧化滴定法测定高铬铸铁中铬含量. 理化检验，2013(49)：236.

8. 龚兆胜，等. 广义氧化还原滴定. 大学化学，2004(2)：53.

9. 郑小敏，等. 草酸氧钒中草酸根的络合滴定. 分析化学，2013(12)：41.

10. 宋飞，等. 碘量法测定铜锍中铜含量. 中国无机分析化学，2013(3)：3.

□ 习　题

基础题

8-1　选择题

(1)可以用直接法配制标准溶液的物质是

A. H_2SO_4　　B. NaOH　　C. $KMnO_4$　　D. $K_2Cr_2O_7$

(2)用部分失水的 $H_2C_2O_4 \cdot 2H_2O$ 标定 NaOH 溶液浓度时，所得 $c(NaOH)$ 将

A. 偏高　　B. 无影响　　C. 偏低　　D. 前三种都有可能

(3)用 NaOH 标准溶液滴定 H_3PO_4 溶液时，选酚酞作指示剂，则 H_3PO_4 的基本计量单元是

A. H_3PO_4　　B. $1/2H_3PO_4$　　C. $1/3H_3PO_4$　　D. $2H_3PO_4$

(4)用同一 NaOH 标准溶液滴定相同浓度的不同的一元弱酸，则 $K_a^\ominus$ 较大的一元弱酸：

A. 消耗 NaOH 多　　B. 突跃范围大

C. 化学计量点 pH 较低　　D. 指示剂变色不敏锐

(5)用 $K_2Cr_2O_7$ 法测定 Fe^{2+} 时，在 H_2SO_4-H_3PO_4 混合酸介质中，加入 H_3PO_4 的目的是

A. 控制酸度　　B. 提高 Fe^{3+}/Fe^{2+} 电对的电极电势

C. 使指示剂变色敏锐　　D. 降低 Fe^{3+}/Fe^{2+} 电对的电极电势

(6)Volhard 法中所用的标准溶液是：

A. $AgNO_3$　　B. K_2CrO_4　　C. Fe^{3+}　　D. KSCN

(7)当 M 与 Y 反应时，溶液中若 $\alpha_{Y(H)}=1$，则：

A. 没有酸效应　　B. 酸效应严重

C. Y 与 H 副反应较弱　　D. $c(Y)=c(H^+)$

(8)在 $KMnO_4$ 法滴定 H_2O_2 时，化学计量点的电势值在滴定突跃范围中的位置：

A. 滴定突跃范围中间　　B. 滴定突跃范围中间偏上

C. 滴定突跃范围中间偏下　　D. 不能确定

8-2　指出下列反应中主要反应物的基本单元

(1)$H_2SO_4+NaOH = NaHSO_4+H_2O$

(2)$H_2SO_4+2NaOH = Na_2SO_4+2H_2O$

(3)$K_2Cr_2O_7+6KI+7H_2SO_4 = 4K_2SO_4+Cr_2(SO_4)_3+3I_2+7H_2O$

(4)$2KMnO_4+16HCl = 2KCl+2MnCl_2+5Cl_2+8H_2O$

8-3　基准试剂 $H_2C_2O_4 \cdot 2H_2O$ 因保存不当而部分分化；基准试剂 Na_2CO_3 因吸潮带有少量湿存水。

(1)用此 $H_2C_2O_4 \cdot 2H_2O$ 标定 NaOH(或用此 Na_2CO_3 标定 HCl)溶液的浓度时，结果是偏高还是偏低？

(2)用此 NaOH(HCl)溶液测定某有机酸(有机碱)的摩尔质量时结果偏高还是偏低？

8-4　pH=6.0 时，Mg^{2+} 和 EDTA 配合物的条件稳定常数是多少？假设 Mg^{2+} 和 EDTA 的浓度皆为 0.01 mol·L(不考虑羟基配位等副反应)。pH=6.0 时，能否用 EDTA 标准溶液滴定 Mg^{2+}？如不能滴定，求其允许的最小 pH。

8-5　法扬司法测定某试样中碘化钾含量时，称样 1.652 0 g，溶于水后，用 $c(AgNO_3)=0.050\ 00\ mol \cdot L^{-1}$ $AgNO_3$ 标准溶液滴定，消耗 20.00 mL。试计算试样中 KI 的质量分数。$M(KI)=166.01\ g \cdot mol^{-1}$。

8-6　将 0.249 7 gCaO 试样溶于 25.00 mL $c(HCl)=0.280\ 3\ mol \cdot L^{-1}$ 的 HCl 溶液中，剩余酸用 $c(NaOH)=0.278\ 6\ mol \cdot L^{-1}$ NaOH 标准滴定溶液返滴定，消耗 11.64 mL。求试样中 CaO 的质量分数。已知 $M(CaO)=54.08\ g \cdot mol^{-1}$。

8-7　称取铁矿石试样 0.314 3 g 溶于酸并将 Fe^{3+} 还原为 Fe^{2+}。用 $c(1/6K_2Cr_2O_7)=0.120\ 0\ mol \cdot L^{-1}$ 的 $K_2Cr_2O_7$ 标准滴定溶液滴定，消耗 $K_2Cr_2O_7$ 溶液 21.30 mL。计算试样中 Fe_2O_3 的质量分数。已知 $M(Fe_2O_3)=159.7\ g \cdot mol^{-1}$。

提高题

8-8　用 0.101 8 mol·L^{-1} NaOH 标准溶液测定草酸试样的纯度，为了避免计算，欲直接用所消耗 NaOH 溶液的体积(单位 mL)来表示试样中 $H_2C_2O_4$ 的质量分数(%)，问应称取试样多少克？

8-9　用标记为 0.100 0 mol·L^{-1} HCl 标准溶液标定 NaOH 溶液，求得其浓度为 0.101 8 mol·L^{-1} 已知 HCl 溶液的真实浓度为 0.099 9 mol·L^{-1}，如标定过程中其他误差均可忽略，求 NaOH 溶液的真实浓度。

8-10 用 0.200 0 mol·L^{-1}HCl 标准溶液滴定含有 20%CaO、75% $CaCO_3$ 和 5%酸不容物质的混合物，欲使 HCl 溶液的用量控制在 25 mL 左右，应称取混合物试样多少克？

8-11 化学耗氧量(COD)是指每升水中的还原性物质(有机物和无机物)，在一定条件下被强氧化剂氧化时所消耗的氧的质量。今取废水样 100 mL，用 H_2SO_4 酸化后，加 25.00 mL $c(K_2Cr_2O_7)=0.016\ 67$ mol·L^{-1} 的 $K_2Cr_2O_7$ 标准溶液，以 Ag_2SO_4 为催化剂煮沸，待水样中还原性物质完全被氧化后，以邻二氮菲亚铁为指示剂，用 $c(FeSO_4)=0.100\ 0$ mol·$L^{-1}$$FeSO_4$ 标准溶液滴定剩余的 $Cr_2O_7^{2-}$，用去 15.00 mL。计算水样中化学耗氧量。以(ρg/L)表示。

8-12 用 $KBrO_3$ 法测定苯酚。取苯酚试液 10.00 mL 于 250 mL 容量瓶中，加水稀释至标线。摇匀后准确移取 25.00 mL 试液，加入 $c(1/6KBrO_3)=0.110\ 2$ mol·$L^{-1}$$KBrO_3$-KBr 标准溶液 35.00 mL，再加 HCl 酸化，放置片刻后再加 KI 溶液，使未反应的 Br_2 还原并析出 I_2，然后用 $c(Na_2S_2O_3)=0.087\ 30$ mol·$L^{-1}$$Na_2S_2O_3$ 标准溶液滴定，用去 28.55 mL。计算每升苯酚试液中含有苯酚多少克？

已知：$M(C_6H_5OH)=94.68$ g·mol^{-1}。

8-13 称取基准物质 $Na_2C_2O_4$ 0.804 0 g，在一定温度下灼烧成 Na_2CO_3 后，用水溶解并稀释至 100.0 mL 准确移取 25.00 mL 溶液，用甲基橙为指示剂，用 HCl 溶液滴定至终点，消耗 30.00 mL，计算 HCl 溶液的浓度。已知 $M(Na_2C_2O_4)=134.0$ g·mol^{-1}。

8-14 检验某病人血液中的钙含量，取 2.00 mL 血液稀释后，用$(NH_4)_2C_2O_4$ 溶液处理，使 Ca^{2+} 生成 CaC_2O_4 沉淀，沉淀经过滤、洗涤后，溶解于强酸中，然后用 $c(1/5KMnO_4)=0.050\ 0$ mol·L^{-1} 的 $KMnO_4$ 溶液滴定，用去 1.20 mL，试计算此血液中钙的含量。已知 $M(Ca)=40.08$ g·mol^{-1}。

8-15 A 1.538 0 g sample of iron ore is dissolved in acid, the iron is reduced to the +2 oxidation state quantitatively and titrated with 43.50 mL of $KMnO_4$ solution ($Fe^{2+} \rightarrow Fe^{3+}$), 1.000 mL of which is equivalent to 11.17 mg of iron. Express the results of the analysis as (1)$w(Fe)$; (2)$w(Fe_2O_3)$; (3)$w(Fe_3O_4)$.

8-16 A 25.00 mL sample of unknown containing Fe^{3+} and Cu^{2+} required 16.06 mL of 0.050 83 mol·L^{-1} EDTA for complete titration. A 50.00 mL sample of the unknown was treated with NH_4F to protect the Fe^{3+}. Then the Cu^{2+} was reduced and masked by addition of thiourea. Upon addition of 25.00 mL of 0.050 83 mol·L^{-1} EDTA, the Fe^{3+} was liberated from its fluoride complex and formed an EDTA complex. The excess EDTA required 19.77 mL of 0.018 83 mol·L^{-1} Pb^{2+} to reach an endpoint using xylenol orange. Find the concentration of Cu^{2+} in the unknown.

Chapter 9 第 9 章

紫外-可见分光光度法

Ultraviolet and Visible Spectrophotometry

学习目标

1. 了解物质颜色与光吸收的关系。
2. 了解吸光光度法的基本概念和特点，掌握吸收曲线的特点，了解其应用。
3. 掌握 Lambert-Beer 定律的原理和应用，掌握吸光系数 a 和摩尔吸光系数 ε，了解 Lambert-Beer 定律的偏离情况。
4. 掌握显色反应的特点、显色条件和测量条件的选择。
5. 掌握吸光光度法的应用，了解吸光光度法的仪器构造和工作原理。

基于物质对 200～800 nm 波长区间光的选择性吸收而建立起来的分析方法称为紫外-可见分光光度法(Ultraviolet and Visible Spectrophotometry)。该方法具有以下特点：

①灵敏度高，可以用于 $10^{-7}\sim10^{-4}$ g · mL^{-1} 微量组分的测定。

②准确度高，其相对误差一般在 2%～5%。

③仪器设备价格低，具有操作方便、快速的特点。

④应用广泛，既能进行定量分析，又可进行定性分析和结构分析；可用于无机物、有机物分析；也可以测定配合物的组成、酸碱离解常数的测定等。

9.1 概述

9.1.1 电磁波谱

电磁辐射具有广泛的波长(或频率、能量)分布，将电磁辐射按其波长顺序排列即为电磁波谱，如表 9-1 所示。电磁辐射具有波粒二象性，即波动性和粒子性。

电磁辐射的波动性可由波长 λ、频率 ν 和光速 c(在真空中约为 3×10^{10} cm · s^{-1})，来定量描述，其关系式为

$$c = \lambda\nu \tag{9-1}$$

电磁辐射同时具有粒子性，辐射粒子的能量与波长的关系为

$$E = h\nu = h\frac{c}{\lambda} \tag{9-2}$$

可以看出，辐射粒子的波长不同其能量不同，波长短的能量大，波长长的能量小。

波长在一定范围($10 \sim 10^5$ nm)内的电磁波称为光。其中波长范围在400～760 nm的光能被人眼感觉，称为可见光。200～400 nm的光称为近紫外光。不同波长的光具有不同的颜色，理论上常将单一波长的光称为单色光，包含不同波长的光称为复合光。

实验证明，白光(如日光、白炽灯光等)是一种复合光，它是由各种不同波长的光按一定的强度比例混合而成的。白光经过色散作用可分解为红、橙、黄、绿、青、蓝、紫七种颜色的光。由于人的视觉分辨能力有限，每种颜色光都具有一定的波长范围，均为复合光。如表9-2所示。

表 9-1 电磁波谱

波谱区名称	波长范围
X射线	10^{-3}～10 nm
远紫外光	10～200 nm
近紫外光	200～400 nm
可见光	400～760 nm
近红外光	0.76～2.5 μm
中红外光	2.5～25 μm
远红外光	25～1 000 μm
微波	0.1～100 cm
无线电波	1～100 m

表 9-2 不同波长光的颜色

波长/nm	颜色
620～760	红色
590～620	橙色
560～590	黄色
500～560	绿色
480～500	青色
430～480	蓝色
400～430	紫色

不仅七种颜色光可以混合为白光，两种适当颜色的光按照一定的比例混合也可成为白光，这两种颜色的光称为互补色光。

9.1.2 物质对光的选择性吸收

物质的颜色是因为物质对不同波长的光具有选择性吸收而产生的。当白光照射到物质上时，由于物质对不同波长的光吸收、透过、反射、折射的程度不同，因而使其呈现出不同颜色。溶液呈现不同的颜色是由于溶液中的质点(分子或离子)对不同波长的光选择性吸收而产生的。当白光透过溶液时，如果各种颜色光的透过程度相同，则这种溶液就是无色透明的；若溶液选择地吸收某一部分波长的光，而让其他波长的光透过，则溶液呈现透过光的颜色，即溶液呈现的颜色是它吸收光的互补色。如硫酸铜溶液因吸收了白光中的黄色光而呈现蓝色；高锰酸钾溶液因吸收了白光中的绿色光而呈现紫色等。物质吸收光的波长与呈现的颜色关系见表9-3。

表 9-3　物质吸收光的波长与呈现的颜色关系

λ/nm	颜色	互补光	λ/nm	颜色	互补光
400～450	紫	黄绿	560～580	黄绿	紫
450～480	蓝	黄	580～610	黄	蓝
480～490	绿蓝	橙	610～650	橙	绿蓝
490～500	蓝绿	红	650～760	红	蓝绿
500～560	绿	红紫			

不同的物质由于结构不同,对光的选择性吸收就不同,因而不同物质的溶液就呈现不同的颜色。

由分子的电子能级跃迁产生了对光的吸收,由于分子的电子能级是固定的,所以分子对光的吸收具有选择性。只有当入射光能量与物质分子的电子能级间的能量差 ΔE 相等时,才会被吸收,

$$\Delta E = E_2 - E_1 = h\nu = \frac{hc}{\lambda} \tag{9-3}$$

式中:ΔE 为吸光分子两个能级间的能量差;λ 或 ν 为所吸收光的波长或频率;h 为普朗克常数。

这种分子中电子能级的跃迁所对应的波长范围在紫外-可见光区。紫外-可见光光谱法属于分子光谱。图 9-1 是双原子分子的能级示意图。从图中可以看出,在分子的一个电子能级中包含有若干振动能级(能量差为 0.05～1 eV)而在同一个振动能级中又有若干转动能级(能量差小于 0.05 eV)。所以在电子能级变化时,不可避免地引起振动和转动能级的变化,因此分子光谱与原子的线状光谱不同,是带状光谱。分子光谱比较复杂,这是由于分子

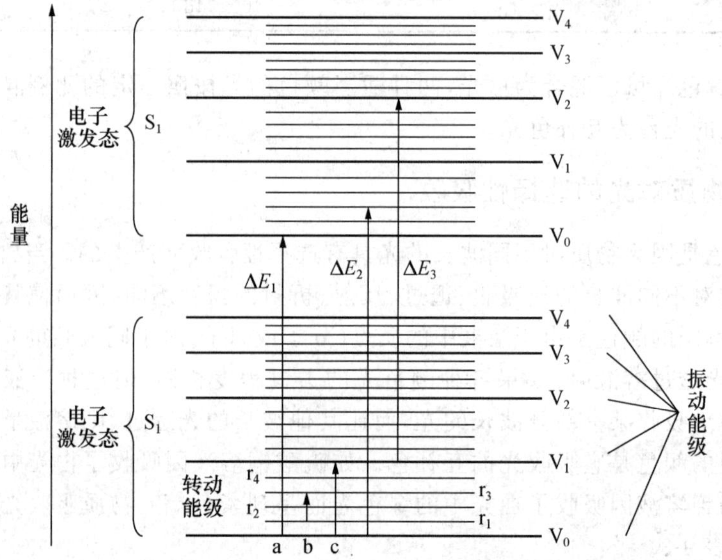

图 9-1　双原子分子中电子振动和转动示意图

结构的复杂性所引起的。分子对紫外-可见光的不同吸收特性在一定程度上反映了分子内部的结构特征，因此紫外-可见吸收光谱法在定性分析及结构分析中无疑是一个十分有用的辅助方法。

9.2 光吸收的基本定律

9.2.1 朗伯-比尔定律

朗伯(Lambert J H)和比尔(Beer A)分别于1760年和1852年研究了光的吸收程度与有色溶液液层厚度及溶液浓度的定量关系。

如图9-2所示，当一束强度为 I_0 的平行单色光通过液层厚度为 b 的有色溶液时，由于溶液中吸光质点对光的吸收作用，使透过溶液后的光强度减弱为 I，设想把液层分为厚度为 db 的无限小的相等的薄层，薄层中吸光质点数为 dn，照射在薄层上的光强度为 I_b，光透过该薄层后，其强度减弱为 dI，则 dI 与 dn 和 I_b 成正比，即

$$-dI = kI_b dn$$

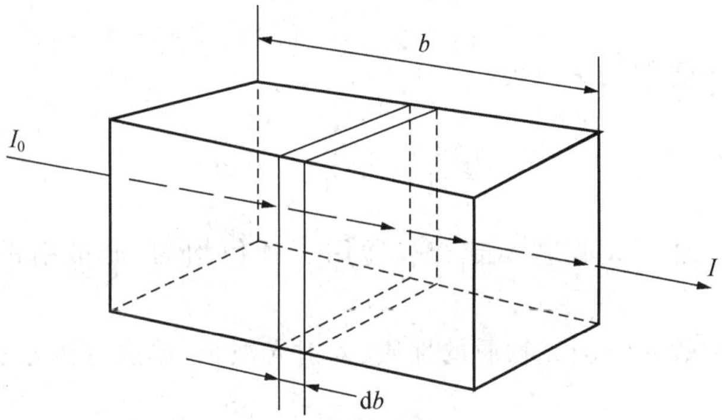

图9-2 光通过溶液示意图

或
$$-\frac{dI}{I_b} = k\,dn \tag{9-4}$$

负号表示光强度减弱，k 为比例常数。

设有色溶液浓度为 c，薄层中吸光质点数 dn 与 c 和 db 成正比，即

$$dn = k'c\,db \tag{9-5}$$

k' 为比例常数，将式(9-5)代入式(9-4)中，合并常数项，得

$$-\frac{dI}{I_b} = k''c\,db \tag{9-6}$$

对式(9-6)积分可得

$$-\int_{I_0}^{I} \frac{dI}{I_b} = \int_0^b k''c\,db$$

$$\ln \frac{I_0}{I} = k''bc$$

$$\lg \frac{I_0}{I} = \frac{k''}{2.303}bc = kbc \qquad (9\text{-}7)$$

如果有色溶液对光全无吸收，即 $I=I_0$，则 $\lg \frac{I_0}{I}=0$；如果吸收程度越大，则 I 越小，$\lg \frac{I_0}{I}$ 就越大。因此 $\lg \frac{I_0}{I}$ 就表示着溶液对光的吸收强度，称为吸光度，用符号 A 表示。这样式(9-7)变为

$$A = kbc \qquad (9\text{-}8)$$

式(9-8)是朗伯-比尔定律的数学表达式。它表明：当一束单色光通过有色溶液后，溶液的吸光度与有色溶液浓度及液层厚度成正比。

此外，常把$\frac{I}{I_0}$称为透光度或透光率，用 T 表示，即

$$T = \frac{I}{I_0}$$

吸光度 A 与透光度 T 的关系为

$$A = \lg \frac{I_0}{I} = \lg \frac{1}{T} = -\lg T \qquad (9\text{-}9)$$

朗伯-比尔定律，是光吸收基本定律。适用于任何均匀、非散射的固体、溶液或气体介质。

式(9-8)中比例常数 k 与吸光物质的性质、入射光波长、温度等因素有关，并随着 c、b 所取的单位不同而不同。

当 c 的单位为 $g \cdot L^{-1}$、液层厚度 b 的单位为 cm 时，常数 k 以 a 表示称为吸光系数，单位为 $L \cdot g^{-1} \cdot cm^{-1}$。其物理意义是：浓度为 1 $g \cdot L^{-1}$，液层厚度为 1 cm，在一定波长下测得的吸光度。此时式(9-8)变为

$$A = abc \qquad (9\text{-}10)$$

如果浓度 c 的单位为 $mol \cdot L^{-1}$，液层厚度 b 的单位为 cm 时，k 用 ε 来表示。ε 称为摩尔吸光系数，单位为 $L \cdot mol^{-1} \cdot cm^{-1}$。它表示吸光质点的浓度为 1 $mol \cdot L^{-1}$，液层厚度为 1 cm 时溶液的吸光度。此时式(9-10)变为

$$A = \varepsilon bc \qquad (9\text{-}11)$$

ε 反映了吸光物质对光的吸收能力，ε 值越大，表明有色溶液对光的吸收能力越强，溶液颜色越深，用光度法测定该吸光物质时的灵敏度越高。因此 ε 是衡量光度分析法灵敏度的重要指标。通常所说的摩尔吸光系数是指最大吸收波长处的摩尔吸光系数，以 ε_{max} 表示。一般认为

$\varepsilon<10^4$	显色反应的灵敏度低
$10^4<\varepsilon<5\times10^4$	属中等灵敏度
$5\times10^4<\varepsilon<10^5$	属高等灵敏度
$\varepsilon>10^5$	属超高灵敏度

对于微量组分的分析，一般选 ε 较大的显色反应，以提高测定的灵敏度。

例 9-1 用 1,10-邻二氮菲比色测定铁，已知试液中 Fe^{2+} 的浓度为 500 μg·L^{-1}，比色皿厚度为 2 cm，在波长 508 nm 处测得吸光度 $A=0.19$。计算 Fe—1,10-邻二氮菲有色配合物的摩尔吸光系数。

解：Fe 的摩尔质量为 55.85 g·mol^{-1}

$c(Fe^{2+})=\dfrac{500\times10^{-6}}{55.85}=8.9\times10^{-6}(mol\cdot L^{-1})$，Fe—1,10-邻二氮菲有色配合物的浓度为 $8.9\times10^{-6}(mol\cdot L^{-1})$，则

$$\varepsilon=\frac{A}{bc}=\frac{0.19}{2\times8.9\times10^{-6}}=1.1\times10^4(L\cdot mol^{-1}\cdot cm^{-1})$$

9.2.2 偏离朗伯-比尔定律的原因

当液层厚度 b 固定后，朗伯-比尔定律的数学表达式就可写为

$$A=k'c$$

浓度与吸光度之间的关系应该是一条通过直角坐标原点的直线。但在实际测定时，往往会偏离线性而发生弯曲的情况，见图 9-3 中的虚线。特别是当被测物质的浓度较高时，这种情况就更加明显。这种现象就称为偏离朗伯-比尔定律。

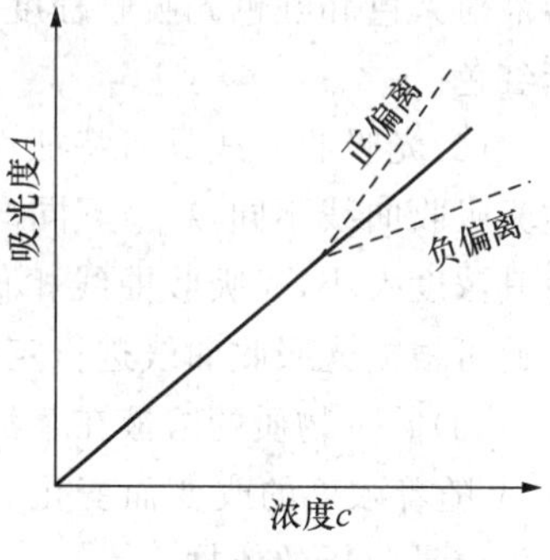

图 9-3 标准曲线及朗伯-比尔定律的偏离

偏离朗伯-比尔定律的原因很多，主要有下列两个方面。

(1)单色光不纯引起的偏离　严格地讲朗伯-比尔定律只适用单色光。但在实际测定中，由于仪器本身条件的限制，所使用的入射光并非纯的单色光，而是具有一定波长范围的近似单色光。由于物质对不同波长光的吸收能力不同，即 ε 不同，得到的吸光度的数值就不同，因此测出的总吸光度与浓度不成正比，数值偏小，产生负误差，导致工作曲线上端向下弯曲。浓度越大，测定结果负误差越大，因此测定时应选择适当的浓度范围，浓度不应过高。单色光的纯度越差，即波长范围越宽，这种负误差越大，因此测定时应选用质量较好的分光光度计进行测定，并选择物质的最大吸收波长为入射光，这样不仅可以保证测定有较高的灵敏度，也可使偏离朗伯-比尔定律的程度减轻。

(2)溶液本身的原因引起的偏离　朗伯-比尔定律只适用于均匀、非散射性溶液。如果

溶液不均匀，被测物以胶体、乳浊、悬浮状态存在时，测定时入射光除了被吸收之外，还会有因反射、散射作用而造成的损失。因而测出的吸光度数值要比实际数值要大，导致偏离朗伯-比尔定律，产生正误差。

另外，溶液中的吸光物质常因离解、缔合及互变异构等化学变化而使其浓度发生改变，因而导致偏离朗伯-比尔定律。如测定一定浓度的$[Fe(NCS)]^{2+}$溶液的吸光度，$[Fe(NCS)]^{2+}$在溶液中存在下述电离平衡。

$$[Fe(NCS)]^{2+} \rightleftharpoons Fe^{3+} + SCN^-$$

其离解常数$K=5\times10^{-3}$。由于$[Fe(NCS)]^{2+}$的浓度减小，测出的吸光度偏低，因而偏离朗伯-比尔定律。

9.2.3 吸收曲线

物质对光的选择性吸收可通过实验来表征。将不同波长的光依次通过某一有色溶液，测量每一波长下有色溶液对该波长的吸收程度，然后以波长为横坐标，吸光度 A 为纵坐标，所得曲线称为光吸收曲线或吸收光谱(absorption spectrum)。在光吸收曲线上，我们可以直观地看到物质对不同波长光吸收的选择性。

图 9-4 是四种不同浓度的 $KMnO_4$ 溶液的光吸收曲线。从图中我们可以看到：

(1)在可见光范围内，$KMnO_4$ 溶液对波长 525 nm 附近的绿光有最大吸收，此波长称为最大吸收波长，用 λ_{max} 表示。$KMnO_4$ 溶液的 $\lambda_{max}=525$ nm。由于 $KMnO_4$ 溶液对紫色和红色光吸收程度很小，因此呈紫红色。

(2)光吸收曲线具有特征性。不同的物质光吸收曲线不同，λ_{max} 不同。同一物质无论其浓度大小，光吸收曲线相似，λ_{max} 不变。由此可根据光吸收曲线进行定性分析。

(3)同一物质的溶液在某波长处的吸光度 A 随着浓度的改变而变化。这个特征可作为定量分析的依据。

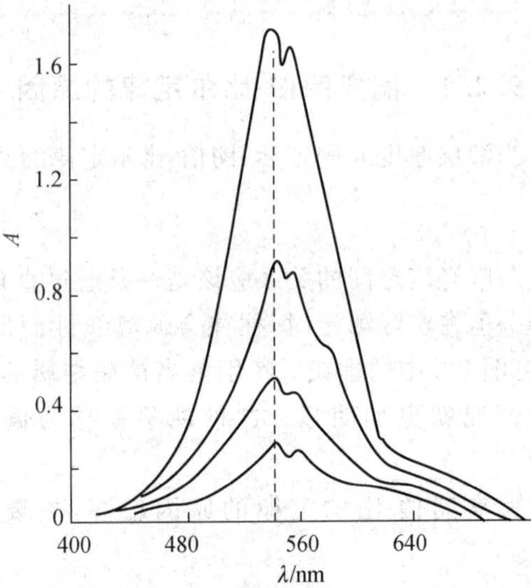

图 9-4　不同浓度的 $KMnO_4$ 溶液的吸收曲线

9.3 紫外-可见分光光度计

9.3.1 分光光度计的结构

图 9-5 是常见的分光光度计构造框图。各种形式的紫外可见分光光度计(spectrophotometer)的基本结构都是相同的，都是由光源、单色器、吸收池、检测器及信号处理系统五部分组成。

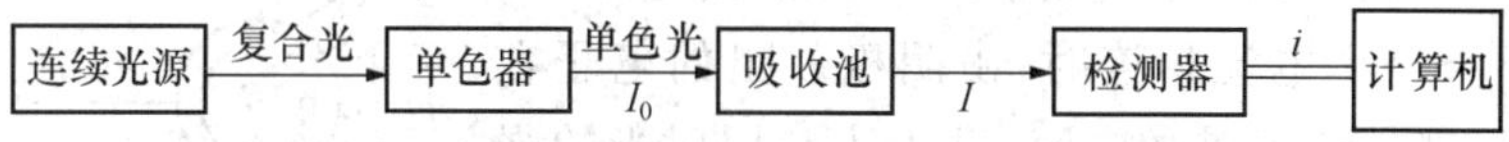

图 9-5 紫外-可见分光光度计结构示意图

1. 光源

光源(light source)在仪器操作所需的光谱区域内能发射连续的具有足够强度和稳定的光。光源的发射强度随波长的变化小,即各种波长的光强度差别不大。分光光度计中常用的光源有热辐射光源和气体放电光源两大类。热辐射光源用于可见光区。如钨丝灯和卤钨灯。气体放电光源用于紫外光区,如氢灯和氘灯。

钨灯的发射波长为 340～2 500 nm,在可见光区和红外光区。钨灯的发光强度和波长分布与灯丝的温度密切相关,灯丝的温度受电压控制。当外加电压改变时,灯丝温度随之迅速改变。因此,必须保持电源电压稳定,常采用晶体管稳压电源供电。在钨灯中加入一定量的卤素单质或化合物,可以减少高温下钨丝的蒸发损失,延长使用寿命,这就是卤钨灯,其发光特性与钨灯相似。

氢灯和氘灯可以产生 160～375 nm 范围内的连续光谱辐射,属于近紫外光区。氘灯的发光强度为同功率氢灯的 3～5 倍。两者的光谱分布相似。

2. 单色器

单色器(monochromator)由分光器、狭缝和透镜组成。分光器的作用是将光源发出的连续光谱分解成单色光。分光器有棱镜和光栅两种类型。棱镜根据光的折射原理将复合光色散为不同波长的单色光,由玻璃或石英制成。玻璃棱镜用于可见光部分,石英棱镜则在紫外和可见光范围都可使用。光栅根据光的衍射和干涉原理将复合光色散为不同波长的单色光。光栅的色散和分辨能力强,适用波长范围宽。

狭缝和透镜的作用是选择所需要的单色光让其通过、控制光的方向、调节光的强度。狭缝的宽度在一定范围内对单色光的纯度起着调节作用。

3. 吸收池

吸收池(absorption cell)又叫比色皿,是在测定时用来盛放被测溶液和参比溶液的容器。由透明无色、耐腐蚀、化学性质相同、厚度相等的光学玻璃或石英制成。一般为长方体。其底及两侧为磨毛玻璃,另两面为透光面,两透光面之间的距离即为“透光厚度”或称“光程”。在可见光区测量时使用玻璃吸收池,紫外区则用石英吸收池。一般的分光光度计都配有各种厚度(0.5 cm、1 cm、2 cm、3 cm 和 5 cm)的一套比色皿,供测定时选用。在使用比色皿时应注意保护其透光面,不能直接用手指接触,不得将透光面与硬物或脏物接触,否则将影响透光度。

4. 检测器

分光光度计的检测器(detector)是用光电转换器件和信号显示装置构成。检测器将通过吸收池的光转变成电流信号。常用的检测器有光电管和光电倍增管。

光电管是利用光电效应测量光强度的部件。其基本结构与工作原理如图 9-6 所示。光电管由两个极组成,阳极(A)通常是一个镍环或镍片,阴极(P)为一金属片上涂一层光敏物质,如氧化铯,光敏物质在光线照射下可以放出电子,当光电管的两极与一个电池相连时,由阴极放出的电子在电场作用下流向阳极,形成光电流,其大小与照射光的强度成正比。当一束单色光经过吸收池中的有色溶液吸收后,光的强度减弱,透过光照射到光电管上。吸收程度越大,照射到光电管上的光越弱,产生的光电流越小;反之越大。产生的光电流经放大器放大后,用微安表测定。近年来,光电二极管阵列检测器也开始应用。

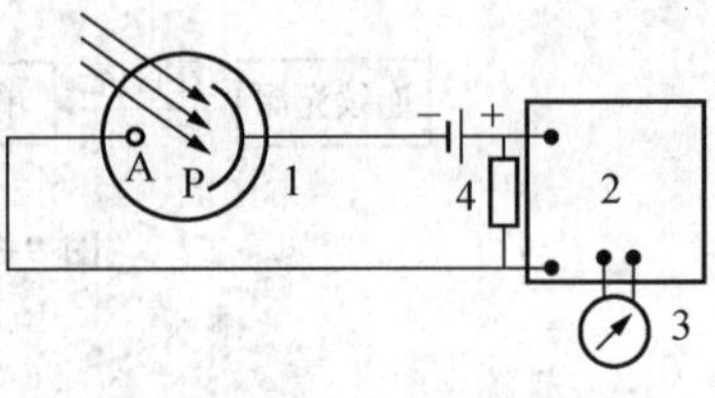

图 9-6 光电管作用原理示意图

1. 光电管(A 阳极 P 阴极) 2. 放大器 3. 检流计 4. 负载电阻

5. 信号处理系统

用于显示检测器将光转变为电流的大小,其方式可以用检流计、记录仪、数字显示或计算机显示和记录测量结果。

9.3.2 分光光度计的类型

紫外-可见分光光度计主要有以下几个类型:单光束分光光度计、双光束分光光度计、双波长分光光度计等。

1. 单光束分光光度计

单光束分光光度计(single beam spectrophotometer)的结构示意图如图 9-5 所示。经单色器分光后的一束平行光,轮流通过参比溶液和试样溶液,以进行吸光度的测定。

2. 双光束分光光度计

双光束分光光度计(double beam spectrophotometer)的光路设计基本上与单光束的相似,不同的是在单色器与吸收池之间加了一个斩光器。斩光器把均匀的单色光变成一定频率、强度相同的交替光,一束通过参比溶液,另一束通过试样溶液,然后由检测系统测量即可得到试样溶液的吸光度,其测量示意图见图 9-7,由于采用双光路方式,两光束同时分别通过参比池和试样池,使操作简单,同时也消除了因光源强度变化所引起的误差。

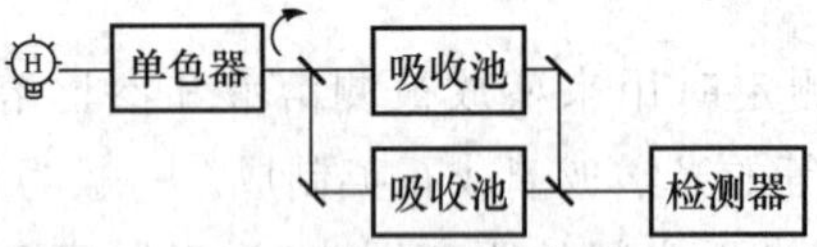

图 9-7 双光束分光光度计的结构示意图

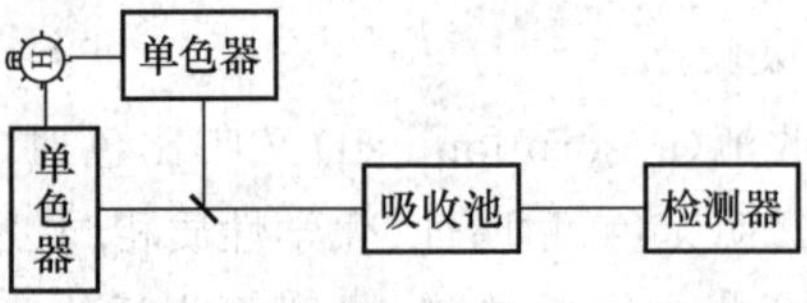

图 9-8 双波长分光光度计的结构示意图

3. 双波长分光光度计

在经典的单波长吸光光度法中,通常是采用双光束光路,用溶剂或空白溶液作参比调零位。在这样的测定中,参比和试样的液池位置、液池常数、溶液浊度及溶液组成等任何差异都会直接导致误差。双波长分光光度计(double light spectrophotometer)只有一个样品池,其原理如图 9-8 所示,从光源发射出来的光源分为两束,分别经过两个单色器,得到两束波长不同的单色光。借助切光器,使这两道光束以一定的频率交替地通过样品池,最后由检测器显示出试液对波长为 λ_1 和 λ_2 的光的吸光度差值 ΔA。设波长为 λ_1 和 λ_2 的两束单色光的强度相等,则有

$$A_{\lambda_1} = \varepsilon_{\lambda_1} bc + A_{b_1}$$
$$A_{\lambda_2} = \varepsilon_{\lambda_2} bc + A_{b_2}$$

式中:A_{b_1} 和 A_{b_2} 分别为背景对 λ_1 和 λ_2 波的散射或吸收。如果波长 λ_1 和 λ_2 相距较近,则可认为 $A_{b1} \approx A_{b2}$。于是,通过吸光池的两道光束光强度的信号差为

$$\Delta A = A_{\lambda_1} - A_{\lambda_2} = (\varepsilon_{\lambda_1} - \varepsilon_{\lambda_2}) bc$$

可见 ΔA 与吸光物质浓度成正比,且基本上消除了样品背景的影响。这是用双波长吸光光度法进行定量分析的理论依据。

9.4 分光光度法分析条件的选择

9.4.1 显色反应的要求

在光度法测定中,很多物质本身没有颜色,它们对可见光不产生吸收;很多物质本身颜色较浅,其 ε 较小,测定的灵敏度较低,因此常常需要加入合适的试剂使之生成颜色较深的物质,然后进行测定。这种将被测组分转变成有色化合物的反应称为显色反应,使被测组分转变成有色化合物的试剂叫显色剂。显色反应的类型主要有配合反应和氧化还原反应两大类, 应用最多的是配合反应。作为显色反应,一般应满足下列要求:

①选择性好　所用的显色剂最好只与被测组分起显色反应。如果溶液中共存的其他组分也与显色剂反应,则干扰应容易消除。

②灵敏度高　光度分析主要应用于测量微量组分,因此显色反应所生成的有色化合物的摩尔吸光系数要大。但是高灵敏的显色反应其选择性往往较差。因此选择显色反应既要考虑到测定的灵敏度又要考虑到选择性。此外,对于高含量组分的测定,不一定要选用最灵敏的显色反应。

③有色化合物的组成恒定　一个显色反应如果生成几种组成不同的物质,而它们颜色又往往不同,即 ε 不同,势必给测定带来误差。

④有色配合物稳定性好　生成的有色配合物不易受环境条件及溶液中其他化学因素的影响,其颜色在较长时间内保持稳定,不分解,不褪色。

⑤色差大　生成的有色配合物与显色剂之间的颜色的差别要大,这样显色时颜色的变化才明显。一般要求有色配合物和显色剂两者最大吸收波长之差的绝对值大于 60 nm 以上。

9.4.2 影响显色反应的因素

吸光光度法是测定显色反应达到平衡时溶液的吸光度,因此应严格控制反应条件,使显色反应趋于完全和稳定,以提高测定的准确度。

影响显色反应的因素主要有:

(1)显色剂的用量　显色反应一般都为配合反应,可用下式来表示:

$$\underset{\text{被测组分}}{\mathrm{M}} + \underset{\text{显色剂}}{\mathrm{R}} \rightleftharpoons \underset{\text{有色配合物}}{\mathrm{MR}}$$

该反应在一定程度上是可逆的。为了使显色反应尽可能进行完全，一般应加入过量的显色剂，但并非过量越多越好，对某些显色反应，当显色剂浓度太大时，将会引起副反应，如生成一系列配位数不同的配合物。对于这种情况，只有严格控制显色剂的用量，才能获得准确的结果。

显色剂的用量可通过实验来确定。其方法是：固定被测组分的浓度和其他条件，依次分别加入不同量的显色剂，分别测定其吸光度，然后以显色剂的浓度为横坐标，以对应吸光度为纵坐标作图，得出吸光度 A～显色剂浓度 c(R)曲线。曲线一般有三种情况，如图 9-9 所示。

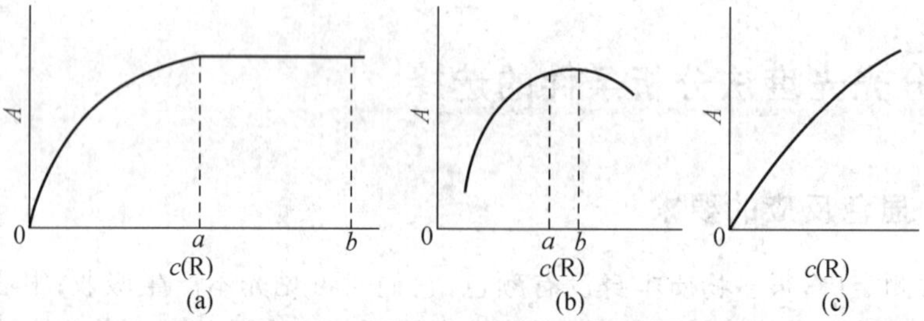

图 9-9　吸光度与显色剂浓度关系

曲线 a 在显色反应中较为常见，显色时，随着显色剂用量的增加，溶液的吸光度也不断增加，当显色剂浓度增加到某一数值时吸光度不再变化，出现 ab 平坦部分，意味着显色剂浓度已经足够。因此，可在 ab 间选择显色剂的浓度，一般稍大于 a 即可。曲线 b 表明，当吸光度达到最大时，平坦部分较窄，继续增大显色剂的浓度，吸光度反而降低。如以硫氰酸盐为显色剂测定钼就属于此种情况。Mo(V)与 SCN^- 可生成一系列配位数不同的配合物，且颜色深浅不同：

$$\underset{\text{浅红色}}{Mo(SCN)_3^{2+}} \rightleftharpoons \underset{\text{橙红}}{Mo(SCN)_5} \rightleftharpoons \underset{\text{浅红色}}{Mo(SCN)_6^-}$$

通常测定的是 $Mo(SCN)_5$ 的吸光度，如果 SCN^- 浓度太高，由于生成 $Mo(SCN)_6^-$ 而使体系颜色变浅，因此溶液吸光度降低。遇到此种情况，必须严格控制显色剂的用量，即使用吸光度最大时所对应的显色剂浓度，才能得到准确的结果。曲线 c 表明，随着显色剂的增加，吸光度一直在增加，不出现平台。对于这种情况只有十分严格的控制显色剂的用量，才能进行测定，否则测定结果毫无意义。

(2)溶液的酸度　溶液的酸度对显色反应的影响主要表现在以下几个方面。

①影响显色剂的浓度与颜色，显色反应所用的显色剂大多是有机弱酸，用 HR 来表示。在溶液中存在下述电离平衡：

$$HR \rightleftharpoons H^+ + R^-$$

显色反应中，R^- 与金属离子作用生成有色配合物：

$$M^{n+} + nR^- \rightleftharpoons MR_n$$

当酸度增大时 HR 的电离度变小，R^- 的浓度降低，因而不利于 MR_n 的生成，显色反应进行不完全。如磺基水杨酸与 Fe^{3+} 的显色反应，在 pH＝1 时，显色反应只完成约 50%，而在 pH＝2 时，显色反应几乎达到完全。

有机显色剂往往又是一种酸碱指示剂，它本身的颜色随着溶液的 pH 变化而变化，因此需要在适宜的酸度下使用。

②影响被测金属离子的存在状态，被测金属离子以离子状态存在时才有利于显色反应进行完全。但是，许多离子如 Al^{3+}、Fe^{3+}、Ti^{4+} 及稀土元素离子等，易发生水解，当溶液 pH 增大时，这些离子将生成氢氧化物沉淀而降低其有效浓度，使显色反应不完全，甚至完全不显色。所以从这种情况考虑，显色时溶液酸度不能太低。

③影响有色配合物的组成，当被测金属离子与显色剂可以形成几种配位数不同的配合物时，溶液 pH 不同，生成的配合物也不同，其颜色也不同。如 Fe^{3+} 与磺基水杨酸在不同的 pH 条件下可生成不同颜色的配合物。

pH	配合物	颜色
1.8～2.5	$Fe(Ssal)^{+}$	紫红
4～8	$Fe(Ssal)_2^{-}$	红色
8～11.5	$Fe(Ssal)_3^{3-}$	黄色

通常通过实验来确定适宜的酸度条件，并采用缓冲溶液来保持其稳定。

(3)显色时间　有些显色反应的速度很快，并且颜色在较长的时间内保持不变。有些显色反应虽能迅速完成，其稳定时间较短，颜色很快褪去。还有一些显色反应进行得比较缓慢，需要经过一定时间后，溶液颜色才能达到稳定状态。因此，应根据具体情况，掌握适当的显色时间，在颜色稳定的时间范围内进行测定。

(4)显色温度　大多数显色反应可在室温下进行，但有些显色反应需要加热至一定温度才能完成。例如，用抗坏血酸作还原剂，以钼蓝法测定磷时，在室温下显色需要 1 h，而在沸水浴中显色，10 min 即可完成。但是有些有色化合物在较高的温度下容易分解，因此，在显色时应根据具体情况选择适宜的温度。

(5)共存离子的影响　如果共存离子本身有颜色或与显色剂生成有色化合物，使吸光度增加，造成正误差；如果共存离子与被测金属离子或显色剂反应生成无色化合物，使吸光度降低，造成负误差。

消除共存离子的干扰可采用如下方法：

①控制溶液酸度是消除干扰的常用方法。不同金属离子与显色剂生成的有色配合物的稳定性不同，因此在一定的酸度下，就可使某种金属离子显色而其余金属离子不能显色。如用水杨酸为显色剂测定 Fe^{3+}，Cu^{2+} 有干扰，当溶液的 pH 为 2.5 时，Cu^{2+} 不与水杨酸反应，Fe^{3+} 可与水杨酸反应。

②加入某种试剂与干扰离子生成一种无色的、稳定的化合物，然后进行显色，可消除共存离子的影响，如用二苯硫腙为显色剂测定 Hg^{2+} 时，如溶液中共存有大量的 Bi^{3+}，可加入 EDTA 掩蔽 Bi^{3+}，消除其干扰。

③在溶液中加入氧化剂或还原剂来改变干扰离子的价态以消除干扰，如用二甲基乙二醛肟为显色剂测定 Ni^{2+} 时，Fe^{2+} 有干扰，但 Fe^{3+} 不干扰，这时可加入氧化剂将 Fe^{2+} 氧化为 Fe^{3+}，即可消除干扰。

④如用上述方法仍不能消除干扰，这时可采用萃取、沉淀或离子交换法将干扰离子与被

测离子分离，然后进行显色。

9.4.3 测定的误差

光度分析误差主要来源于两个方面。一方面是由于各种化学因素使溶液偏离朗伯-比尔定律；另一方面来源于测量仪器本身。任何光度计都有一定的测量误差，它是由多方面的因素引起的，如光源不稳定，单色光不纯，光电管不灵敏，比色皿厚度不一致等。这种测量误差表现在透光度 $T\%$ 的读数上，设透光度的读数误差为 ΔT。对同一台仪器来说，ΔT 为一常数，一般为 0.01～0.02。由于透光度与吸光度之间是负对数关系，所以同样大小的 ΔT 在不同的吸光度读数时所引起的吸光度的误差 ΔA 是不同的。A 越大，ΔA 也随之增大。由于吸光度 A 与被测组分浓度成正比，因此 ΔA 也与浓度测量的误差成正比。所以测定时在不同的吸光度范围内读数可带来不同程度的浓度测量误差，可作理论推导如下：

根据朗伯-比尔定律：

$$A = -\lg T = \varepsilon bc$$

将上式微分得：

$$-\mathrm{d}\lg T = -0.434\mathrm{d}\ln T = \varepsilon b\mathrm{d}c \quad 即 \quad -0.434\frac{\mathrm{d}T}{T} = \varepsilon b\mathrm{d}c$$

将上式左边除以 $-\lg T$，右边除以 εbc 得：

$$\frac{0.434\mathrm{d}T}{T\lg T} = \frac{\mathrm{d}c}{c} \quad 即 \quad \frac{\mathrm{d}c}{c} = \frac{\mathrm{d}T}{T\ln T}$$

如以有限值表示则上式可写成：

$$\frac{\Delta c}{c} = \frac{\Delta T}{T\ln T} \tag{9-12}$$

$\frac{\Delta c}{c}$ 为浓度测量的相对误差，对给定的仪器来说，ΔT 为常数，因此浓度测量的相对误差是透光率 T 的函数（也是吸光度 A 的函数）。表 9-4 列出了 ΔT 为 0.5%时，不同透光率（或吸光度）时浓度测量的相对误差。以 $\frac{\Delta c}{c}$（%）为纵坐标，以 $T\%$ 为横坐标作图可得图 9-12 所示曲线。

由表 9-4 和图 9-10 可以看出，当透光率很大或很小时，浓度测定的相对误差都较大。当透光率为 15%～65%（即 $A=0.2$～0.8）时，则浓度的测量相对误差都较小。因此，在测定时应尽可能使吸光度范围在 0.2～0.8，以得到较准确的结果。要使浓度测量的相对误差为最小，式 9-12 中 $T\ln T$ 应为最大。因此，当 $T\ln T$ 对 T 进行微分时，其值应为零。

表 9-4 不同 $T\%$ 时的浓度测量的相对误差($\Delta T=0.5\%$)

透光率 ($T\%$)	吸光度 (A)	浓度相对误差 $\Delta c/c\times100$	透光率 ($T\%$)	吸光度 (A)	浓度相对误差 $\Delta c/c\times100$
95	0.022	±10.2	40	0.399	±1.36
90	0.046	±5.3	30	0.523	±1.38
80	0.097	±2.8	20	0.699	±1.55
70	0.155	±2.0	10	1.00	±2.17
60	0.222	±1.63	3	1.52	±4.75
50	0.301	±1.44	2	1.70	±6.38

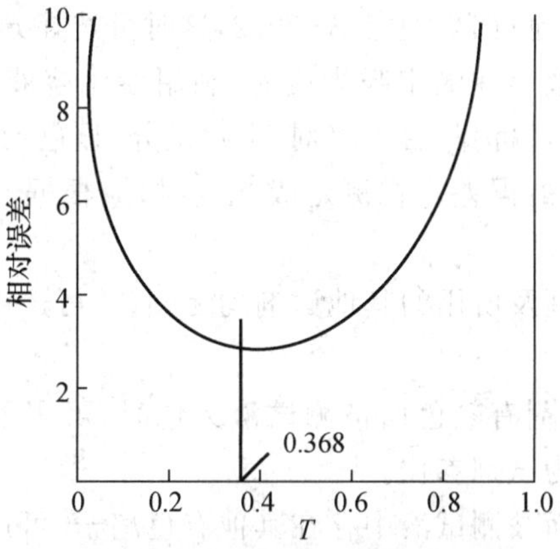

图 9-10 浓度测量的相对误差与透光度的关系

即

$$\frac{\mathrm{d}}{\mathrm{d}T}(T\ln T)=0$$
$$\ln T+1=0$$
$$\ln T=-1$$
$$\lg T=-0.434$$
$$T=0.368=36.8\%$$
$$A=-\lg T=-\lg 0.368=0.434$$

由此可知,当透光率为 36.8%或吸光度为 0.434 时,浓度测定的相对误差最小。

9.4.4 分析条件的选择

为了使吸光光度分析有较高的灵敏度和测定结果有较高的准确度,在进行测定时,应注意选择合适的测定条件。测定条件的选择,可从以下几个方面考虑。

(1)入射光波长　为使测定有较高的灵敏度,应选择合适波长的光作为入射光。根据"最大吸收原则",所选入射光的波长应等于有色物质的最大吸收波长 λ_{max}。这样不仅测定的灵敏度高，即吸光度最大，而且测定的准确度也高，因这时偏离朗伯-比尔定律的程度小。如果最大吸收波长不在仪器的可测波长范围之内，或干扰组分在最大吸收波长处也有较大的吸收，这时应根据“吸收最大、干扰最小”的原则来选择入射光。这时应放弃最大吸收波长，而选择不被干扰组分吸收的、灵敏度较低的波长作为入射光。虽然此时测定的灵敏度有所下降，但保证了测定的准确度。

(2)要使浓度测定的相对误差较小，应控制溶液的吸光度在0.2～0.8范围内。控制溶液吸光度可从如下两个方面入手：

①通过控制试样的称取量或进行萃取、富集、稀释等手段，来控制被测溶液的浓度，以达到控制吸光度的目的。如所测 $A>0.8$，这时可将试液稀释一定倍数后重测；如所测 $A<0.2$，这时可扩大试样称取量或将试液浓缩后重测。

②选择不同厚度的吸收池，来控制液层厚度，以达到控制吸光度的目的。如测 $A>0.8$，这时可选择光程较短的吸收池；如果测定 $A<0.2$，这时可选择光程较长的吸收池。

(3)选择合适的参比溶液　在测定吸光度时，利用参比溶液来调节仪器的零点，即人为将参比溶液的吸光度调为零，以消除由于溶剂、干扰组分、显色剂、吸收池器壁及其他试剂等对入射光的反射和吸收带来的误差。在测定吸光度时，应根据不同的情况选择不同的参比溶液。

①如果被测试液、显色剂及所用的其他试剂均无颜色，可选用纯溶剂(或蒸馏水)做参比溶液，称为纯溶剂参比。

②如果显色剂或其他试剂有颜色而被测试液无色时，可用不加被测试液的显色剂溶液或其他试剂作参比溶液，称为试剂参比。

③如果显色剂无颜色，而被测试液中存在其他有色离子，可用不加显色剂的被测试液作参比溶液，称为试液参比。

④如果显色剂和被测试液均有颜色，可将一份试液加入适当的掩蔽剂，将被测组分掩蔽起来，使之不再与显色剂作用，而显色剂和其他试剂均按照操作手续加入，以此作为参比溶液，这样可以消除显色剂和一些共存组分的干扰。

总之，所使用的参比溶液能尽量使测得试液的吸光度真正反映待测物质的浓度。

9.5　紫外-可见分光光度测定的方法

紫外-可见分光光度法测定未知溶液浓度的方法通常采用标准曲线法和比较法。

9.5.1　标准曲线法

标准曲线法又称工作曲线法。测定时，首先配制一系列浓度不同的标准溶液，然后使用相同厚度的吸收池，在一定波长下分别测其吸光度。以标准溶液的浓度为横坐标，相应的吸光度为纵坐标作图，所得曲线称为标准曲线或工作曲线。然后用同样的方法，在相同的条件下测定试液的吸光度，从工作曲线上查得其浓度或含量。该方法适用于大批试样的分析。

例 9-2 根据下列数据绘制硫氰酸铵分光光度法测定微量铁的工作曲线：

标样浓度/($mg\cdot L^{-1}$)	0.05	0.10	0.15	0.20	0.25	0.30
A	0.007	0.015	0.022	0.029	0.037	0.046

测定 1 g 试样制成的 100 mL 试液时，若试液与标准溶液在相同条件下显色后，测得 $A=0.041$，求试样中铁的质量分数。

解：根据表中数据绘制工作曲线，如图 9-11 所示。由试液的吸光度 0.041 在工作曲线上查得 $c_{试}=0.28$ mg/L。

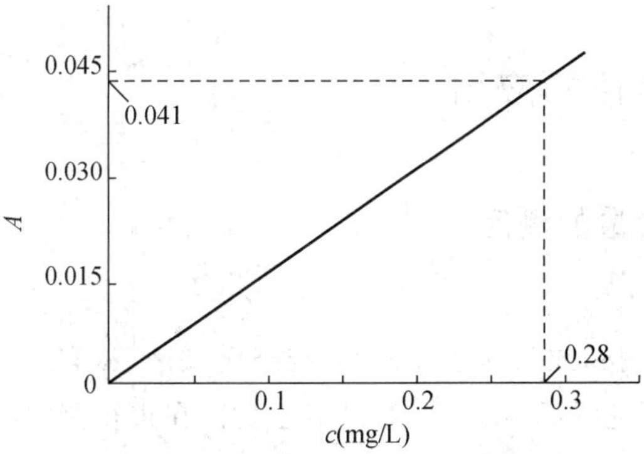

图 9-11 NH4SCN 测铁的标准曲线

所以
$$\mathrm{Fe}=\frac{0.28\times\frac{100}{1\ 000}}{1\times 1\ 000}\times 100\%=0.002\ 8\%$$

9.5.2 标准对照法

标准对照法又称为比较法。用相同的方法对一定量的标准样品和未知样品进行处理、显色制得测定使用的标准溶液和未知溶液。然后在相同的条件下分别测其吸光度。设标准溶液和被测试液的浓度分别为 c_s 和 c_x；吸光度分别为 A_s 和 A_x。根据朗伯-比尔定律：

$$A_s=\varepsilon_s b_s c_s \quad A_x=\varepsilon_x b_x c_x$$

两式相比得：
$$\frac{A_s}{A_x}=\frac{\varepsilon_s b_s c_s}{\varepsilon_x b_x c_x}$$

由于标准溶液与被测试液性质一致、温度一致、入射光波长一致，所以：$\varepsilon_s=\varepsilon_x$

另外，测定时使用相同的吸收池，所以：$b_s=b_x$

因此
$$\frac{A_s}{A_x}=\frac{c_s}{c_x}$$

即
$$c_x=\frac{A_x}{A_s}c_s$$

该方法适用于个别试样的测定。测定时，应使标准溶液与被测试液的浓度相近，否则会引起较大的测定误差。

例 9-3 有一标准 Fe^{3+} 离子溶液的浓度为 6 μg·mL^{-1}，其吸光度为 0.304。有一液体试样，在同一条件下测得的吸光度为 0.510，求试样溶液中铁的含量(mg·L^{-1})。

解：已知 $A_s=0.304$，$A_x=0.510$，$c_s=6$ μg·mL^{-1}，

所以

$$c_x=\frac{A_x}{A_s}c_s=6\times\frac{0.510}{0.304}=10.10(\text{mg}\cdot\text{L}^{-1})$$

9.6 分光光度法的应用

9.6.1 单组分含量的测定

1. 铵的测定

微量铵的测定常采用标准系列法。NH_4^+ 与奈氏试剂(K_2HgI_4 的强碱性溶液)作用，生成棕黄色胶体溶液，其颜色深浅与 NH_4^+ 浓度成正比。在进行测定时，所用的蒸馏水应加入碱和 $KMnO_4$ 进行重蒸馏，以除去蒸馏水中的微量铵。如果 Ca^{2+}、Mg^{2+} 等离子存在时，对测定有干扰，可加入酒石酸盐掩蔽。另外，应加入阿拉伯胶保护胶体，使胶体溶液稳定。

2. 磷的测定

微量磷的测定通常用磷钼蓝法。在酸性溶液中，磷酸盐与钼酸铵作用生成黄色的磷钼酸。其反应式为：

$$PO_4^{3-}+12MoO_4^{2-}+27H^+\longrightarrow H_7[P(Mo_2O_7)_6]+10H_2O$$

由于黄色的磷钼酸的 ε 小，灵敏度低，因此在一定条件下，加入还原剂将其还原为磷钼蓝，然后在 690 nm 处测其吸光度，通过标准曲线法或比较法求出磷的含量。

磷钼蓝法常用的还原剂有氯化亚锡和抗坏血酸。用氯化亚锡做还原剂，反应的灵敏度较高，显色快，但蓝色稳定性较差，对酸度和钼酸铵的浓度要求比较严格。用抗坏血酸做还原剂，蓝色比较稳定，反应要求的酸度范围较宽，Fe^{3+}、As^{5+} 的干扰较小，但显色反应速度慢，需要沸水浴加热。现在一般都采用两种还原剂联合使用的方法，这样可扬长避短，更适用于大批试样的分析。

3. 谷物蛋白的测定

谷物的粉碎样品与碱性 $CuSO_4$ 溶液作用，恒温振荡后，分出上清液进行测定。在碱性条件下蛋白质中的肽键能与 Cu^{2+} 离子发生双缩脲反应，生成可溶性的紫红色化合物。在 550 nm 处，以酪蛋白标准样品作标准进行吸光测定，求出谷物蛋白质的含量。

4. 糖的测定

植物样品中含有三类糖：单糖、二糖和多糖。其中单糖和二糖可以溶于水。各类糖的测

定方法不尽相同。可溶性糖类采用蒽酮法进行比色测定：用 80%的乙醇提取样品中的可溶性糖类，然后在浓硫酸作用下脱水，生成糖醛类物质，糖醛与蒽酮显色剂作用生成蓝绿色物质，在 620 nm 处进行测定。

例 9-4 小麦植株中可溶性糖的测定：准确称取粉碎过筛的干样品 0.200 0 g，置于 10 mL 离心管中，加入 80%的乙醇 8.00 mL，充分搅拌。在 80℃水浴中浸提 30 min。离心分出上清液转移到 25.0 mL 的容量瓶中，再用 80%乙醇浸润，离心，将清液转入容量瓶，最后用 80%乙醇定容。取 2.00 mL 提取液置于试管中，在 80℃水浴中蒸干(蒸去乙醇)，再准确加入 10.00 mL 水，振荡使糖完全溶解水中。取此液 2.00 mL 于另一试管中，加入 5.00 mL 蒽酮的浓硫酸溶液，摇匀后置于沸水浴中显色 10 min。冷却后用 1.00 cm 的吸收池在 620 nm 处测得吸光度为 0.347。若标准样品的吸收系数为 20.8 $L \cdot g^{-1} \cdot cm^{-1}$，求可溶性糖含量。

解：已知 $a = 20.8\ L \cdot g^{-1}cm^{-1}$，$b = 1.00$ cm，$A = 0.347$

根据朗伯-比尔定律：
$$A = abc$$

则
$$c = \frac{A}{ab} = \frac{0.347}{20.8 \times 1.00} = 1.67 \times 10^{-2} g \cdot mL^{-1}$$

可溶性糖的含量为：

$$\frac{(2.00 + 5.00)\ mL \times 1.67 \times 10^{-5} g \cdot mL^{-1} \times \frac{10.00\ mL}{2.00\ mL} \times \frac{25.00\ mL}{2.00\ mL}}{0.200\ 0\ g} \times 100\% = 3.65\%$$

5. *酶活性测定*

酶是高效的生物催化剂，含量低效率高，直接测定其活性较为困难。可以通过测定其作用产物的生成多少，间接确定其活性的强弱。如淀粉酶能将淀粉溶解成麦芽糖，生成的麦芽糖可以用 3,5-二硝基水杨酸显色进行比色测定。测出麦芽糖的含量越高，则淀粉酶的活性越强。同理许多生物活性物质如激素等，都可以用类似的方法进行测定。这种方法的共同特点是测定大量物质的浓度，间接确定微量物质的浓度。灵敏度高，相对误差小。

6. *示差法*

当被测组分含量高时，应用吸光光度法进行测定时常常偏离朗伯-比尔定律；即使不偏离，也由于吸光度太大而超出了准确读数的范围，使测定误差增大，采用示差分光光度法能够克服这一缺点。

示差分光光度法与一般的分光光度法的不同之处在于参比溶液。一般的分光光度法以空白溶液作参比溶液，而示差法则是采用比待测试液浓度稍低的标准溶液做参比溶液。

设用做参比的标准溶液的浓度为 c_s，待测试液浓度为 c_x，且 $c_x > c_s$，根据朗伯-比尔定律

$$A_s = \varepsilon b c_s \qquad A_x = \varepsilon b c_x$$

两式相减：
$$A_x - A_s = \varepsilon b (c_x - c_s)$$

即
$$\Delta A = \varepsilon b \Delta c \tag{9-13}$$

由式可知，当液层厚度 b 一定时，被测溶液与参比溶液吸光度的示差值与两溶液的浓度差成正比。这就是示差法的基本原理。

在测定时，可采用工作曲线法。在系列标准溶液中以浓度最低的标准溶液为参比，调节其吸光度为零（透光度 100%）然后测定其他标准溶液的吸光度（ΔA）。以浓度差（Δc）为横坐标，吸光度差（ΔA）为纵坐标作图即得示差法的工作曲线。

在相同的条件下测定待测试液的吸光度（ΔA），根据测得的（ΔA）在工作曲线上找出相应的 Δc 值，从 $c_x = c_s + \Delta c$，便可求出待测试液的浓度。

示差法的准确度比一般的分光光度法高，这可从图 9-12 看出。设有一浓度较高的试样，按一般分光光度法测得的透光度为 7%，显然，此时的吸光度读数误差很大。当采用示差法时，若用按一般分光光度法测得的 $T_s = 10\%$ 的标准溶液做参比溶液，即使其透光度从标尺上的 $T_s = 10\%$ 处调到 $T_s = 100\%$，这相当于把检流计上的标尺扩展了 10 倍。这时待测试液的透光度为 70%，吸光度读数由原来标尺刻度很密的区域（读数误差很大）改变到标尺刻度稀疏的区域（读数误差较小），从而提高了测定的准确度。

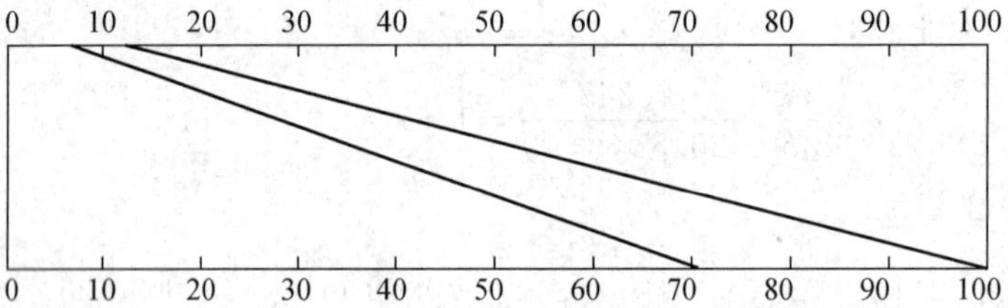

图 9-12　示差法的标尺放大原理

*9.6.2　多组分含量的测定

由于吸光度具有加和性，应用吸光光度法有可能在同一溶液中不经分离而同时测定两个或两个以上组分。假定溶液中同时存在两种组分 A 和 B，根据吸收峰相互干扰的情况，可按下列两种情况进行定量测定。

1. 吸收曲线不重叠

在 A 的吸收峰 λ_{max}^{A} 处 B 没有吸收，而在 B 的吸收峰 λ_{max}^{B} 处 A 没有吸收，见图 9-13(a)，则可分别在 λ_{max}^{A}，λ_{max}^{B} 处用单一物质的定量分析方法测定组分 A 和 B。

2. 吸收曲线相重叠

如图 9-13(b)所示，溶液中的 A，B 两组分相互干扰。这时，可在波长 λ_{max}^{A} 和 λ_{max}^{B} 处分别测出 A，B 两组分的总吸光度 A_1 和 A_2，然后再根据吸光度的加和性列联立方程

$$A_1 = \varepsilon_1^{A} bc(\mathrm{A}) + \varepsilon_1^{B} bc(\mathrm{B})$$
$$A_2 = \varepsilon_2^{A} bc(\mathrm{A}) + \varepsilon_2^{B} bc(\mathrm{B})$$

式中：$c(\mathrm{A})$，$c(\mathrm{B})$分别为 A 和 B 的浓度；

ε_1^{A}，ε_1^{B} 分别为 A 和 B 在波长 λ_{max}^{A} 处的摩尔吸光系数；

ε_2^{A}，ε_2^{B} 分别为 A 和 B 在波长 λ_{max}^{B} 处的摩尔吸光系数。

ε_1^{A}，ε_1^{B}，ε_2^{A}，ε_2^{B} 可由已知准确浓度的纯组分 A 和纯组分 B 在 λ_{max}^{A}，λ_{max}^{B} 处测得，代入上式

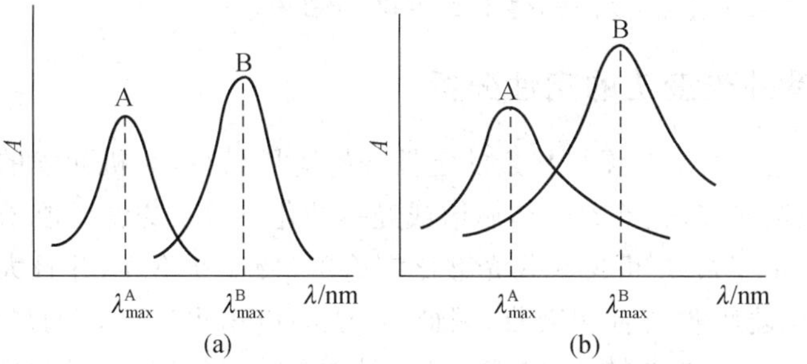

图 9-13　多组分的吸收曲线图

解联立方程，即可求出 A，B 两组分的含量。

在实际应用中，常限于 2～3 个组分体系，对于更复杂的多组分体系，可由计算机处理测定结果。

*9.6.3　配合物组成的测定

用吸光光度法测定有色配合物的组成，常用的方法有物质的量比法，连续变化法等。

1. 物质的量比法

此法是固定一种组分（通常是金属离子 M）的浓度，改变配位试剂 R 的浓度，得到一系列 c_R/c_M 比值不同的溶液，分别测定其吸光度。以吸光度 A 为纵坐标，c_R/c_M 为横坐标作图。当配体试剂量较小时，金属离子没有完全被配位。随着配体试剂量逐渐增大，生成的配合物便不断增多。当配体试剂增加到一定浓度时，吸光度不再增大，如图 9-14 所示。图中曲线转折点不敏锐，是由配合物解离造成的。运用外推法得一交点，从交点向横坐标做垂线，

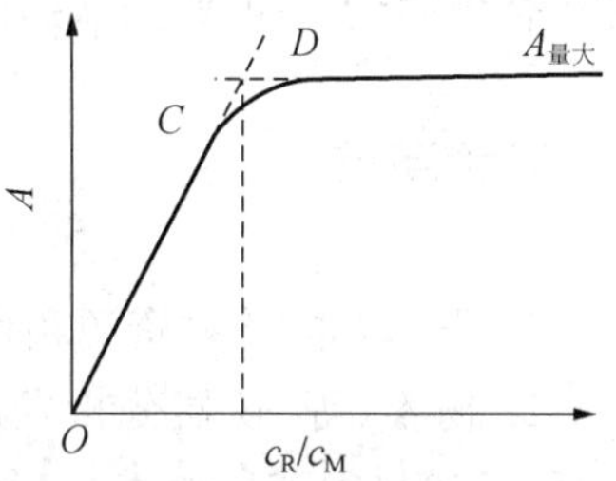

图 9-14　物质的量比法

对应的 c_R/c_M 比值就是配合物的配合比。这种方法简便，快速，对于解离度小的配合物，可以得到满意的结果。

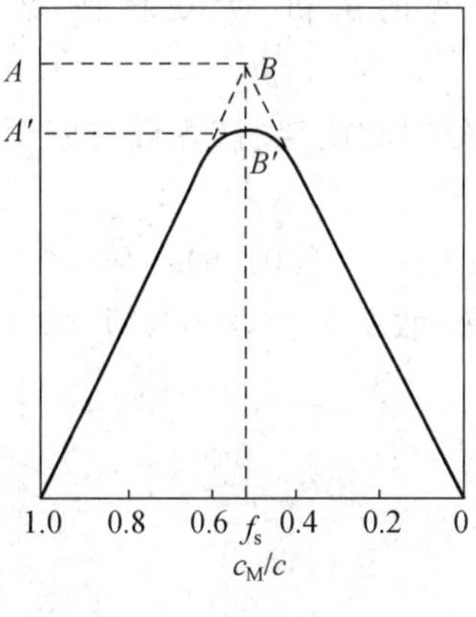

图 9-15　连续变化法

2. 连续变化法

设 M 为金属离子，R 为显色剂，c_M 和 c_R 分别为溶液中 M 和 R 的浓度，在保持溶液中 $c_M+c_R=c$（定值）的前提下，改变 c_M 和 c_R 的相对量，配制一系列溶液，在有色配合物的最大吸收波长处测量这一系列溶液的吸光度。当溶液中配合物 MR_n 浓度最大时，c_M/c_R 的比值为 n。

若以吸光度 A 为纵坐标，c_M/c 比值为横坐标作图，即绘出连续变化法曲线如图 9-15 所示。由两曲线外推得交点所对应的 c_M/c 值，即可得到配合物的组成 M 与 R 之比 n 值。当 c_M/c 为 0.5 时，配比为 1∶1；当 c_M/c 为 0.33，配比为 1∶2；当 c_M/c 为 0.25 时，配比为 1∶3。连续变化法测定配比适用于只形成一种组成且解离度较小的稳定配合物，若用于研

究配比高且解离度较大的配合物就得不到准确的结果。

*9.6.4 紫外光度法的定性分析

紫外-可见吸收光谱法对无机元素的定性分析应用较少,无机元素的定性分析可用原子发射光谱、X射线荧光光谱、等离子体质谱或经典的化学分析方法。在有机化合物的定性鉴定和结构分析中,由于紫外-可见吸收光谱比较简单,特征性不强,并且大多数简单官能团在近紫外光区只有微弱吸收或者无吸收,因此,该法的应用也有一定的局限性。紫外-可见吸收光谱法主要适用于不饱和有机化合物,尤其是共轭体系的鉴定,以此推断未知物的骨架结构。在配合红外光谱、核磁共振谱、质谱等进行定性鉴定和结构分析中,它无疑是一个十分有用的辅助方法。

吸收光谱曲线的形状、吸收峰的数目以及最大吸收波长的位置和相应的摩尔吸光系数,是进行定性鉴定的依据。其中,最大吸收波长 λ_{max} 及相应的 ε_{max} 是定性鉴定的主要参数。所谓比较法,就是在不同的测定条件(仪器、溶剂、pH 等)下,比较未知纯试样与已知标准物的吸收光谱曲线,如果它们的吸收光谱曲线完全相同,则可以认为待测试样与已知化合物有相同的生色团。进行这种对比法时,也可以借助于前人汇编的以实验结果为基础的各种有机化合物的紫外-可见光谱标准谱图,或有关电子光谱数据表。

□ 相关阅读

1. 张霁,等.植物资源利用研究与仪器分析.河北农业科学,2008(9):93.

2. 杨容,等.仪器分析发展现状及其在农林科学中的应用.河北农业大学学报(农林教育版),2004(3):51.

3. 何建波,等.紫外-可见光谱技术在化学研究中的应用.实验室研究与探索,2012(11):28.

4. 朱金花,等.用紫外分光光度法和电位滴定法测定几咱植物激素的电离常数.化学研究,2013(5):293.

5. 陆志发.紫外可见分光光度计使用中几个常见问题的解析.大众科技,2012(154):123.

6. 张明锦,等.共识独立成分回归结合紫外光谱用于多组分同时测定.计算机与应用化学,2013(7):793.

7. 刘峥,等.光谱法在分子之间相互作用研究中的应用.激光杂志,2001(6):9.

8. 李巧玲,等.紫外可见分光光度在食品分析中的应用进展.食品分析,2006(1):49.

□ 习 题

基础题

9-1 选择题

(1)可见光的波长范围为________。

A. 400 mn　　B. 760 mn　　C. 400～760 mn　　D. 1 000 mn

(2)某试液用 2 cm 的比色皿测量时，$T=60\%$，若改用 1 cm 的比色皿或 3 cm 的比色皿 T 及 A 等于________。

A. 60%　0.22　　B. 78%　0.11　　C. 47%　0.33　　D. 50%　0.43

(3)用分光光度法分析测定时，要使浓度测量的相对误差较小，应尽可能使吸光度范围在________。

A. 小于 0.2　　B. 大于 0.8　　C. 0.2～0.8　　D. 0.5

(4)分光光度法中不影响摩尔吸光系数的是________。

A. 溶液温度　　B. 入射光波长　　C. 液层厚度　　D. 物质特性

(5)硫酸铜溶液显蓝色是由于它吸收了白光中的________。

A. 绿光　　B. 蓝光　　C. 黄光　　D. 紫光

(6)在比色法中，显色反应不需选择的条件有________。

A. 显色时间　　B. 显色温度　　C. 入射光波长　　D. 显色剂的用量

(7)某溶液的最大吸收波长为 λ_{max}，如果增加溶液的浓度，那么该溶液的 λ_{max} 将会________。

A. 增大　　B. 减小　　C. 不变　　D. 不能确定

(8)某物质的吸光系数与下列哪个因素有关________。

A. 溶液浓度　　B. 测定波长　　C. 仪器型号　　D. 吸收池厚度

9-2　朗伯-比尔定律的物理意义是什么？

9-3　何谓吸光度？何谓透光度？二者之间有何关系？

9-4　什么是吸收曲线？有何实际意义？

9-5　摩尔吸光系数 ε 的物理意义是什么？它和哪些因素有关？

9-6　偏离朗伯-比尔定律的原因有哪些？

9-7　用可见分光光度法测定时，测定的方法有哪些？

9-8　测量吸光度时，应如何选择参比溶液？

9-9　吸光光度分析对显色反应的要求有哪些？影响显色反应的因素有哪些？酸度对显色反应的影响主要表现在哪些方面？

9-10　示差分光度法的原理是什么？

提高题

9-11　5.0×10^{-5} mol·L^{-1} $KMnO_4$ 溶液，在 $\lambda_{max}=525$ nm 用 3.0 cm 吸收皿测得吸光度 A=0.336

(1)计算吸光系数 α 和摩尔吸光系数 ε；

(2)若仪器的透光度的绝对误差 $\Delta T=0.4\%$，计算浓度的相对误差。

9-12　某钢样含镍约 0.12%，用丁二酮肟比色法（$\varepsilon=1.3\times10^4$）进行测定。试样溶解后，显色、定容至 100 mL。取部分试液于波长 470 nm 处用 1 cm 比色皿进行测量，如希望此时测量误差最小，应称取试样多少克？

9-13　5.00×10^{-5} mol·L^{-1} $KMnO_4$ 溶液，在 520 nm 处用 2.0 cm 比色皿测得吸光度 A=0.224。称取钢样 1.00 g，溶于酸后，将其中的 Mn 氧化为 MnO_4^-，定容 100.00 mL 后在

上述相同条件下测得吸光度为0.314。求钢样中锰的含量。

9-14　普通光度法分别测得 0.5×10^{-4}，1.0×10^{-4} $mol \cdot L^{-1}$ Zn^{2+} 标液和试液的吸光度 A 分别为0.600，1.200，0.800。

(1)若以 0.5×10^{-4} $mol \cdot L^{-1}$ Zn^{2+} 标准溶液作参比溶液，调节 $T=100\%$，用示差法测定第二种标液和试液的吸光度各为多少？

(2)两种方法中标液和试液的透光度各为多少？

(3)示差法与普通光度法比较，标尺扩展了多少倍？

(4)根据(1)中所得的有关数据，用示差法计算试液中 Zn 的含量($mg \cdot L^{-1}$)。

9-15　用分光光度法测定含有两种配合物 x 和 y 的溶液的吸光度($b=1.0$ cm)，可获得如下数据：

溶液	浓度 $c/(mol \cdot L^{-1})$	吸光度 A_1 $\lambda=285$ nm	吸光度 A_2 $\lambda=365$ nm
x	5.0×10^{-4}	0.053 0	0.430
y	1.0×10^{-3}	0.950	0.050
$x+y$	未知	0.640	0.370

计算未知液中 x 和 y 的浓度。

9-16　A solution containing iron (as the thiocyanate complex) was observed to transmit 74.2% of the incident light with $\lambda=510$ nm compared with an appropriate blank. (1) What is the absorbance of this solution ? (2) What is the transmittance of a solution of iron with four times as concentrated?

9-17　Zinc(Ⅱ) and the ligand L from a product cation that absorbs strongly at 600 nm. As long as the concentration of L excess that of zinc(Ⅱ) by a factor of 5, the absorbance of the solution is only lined on the cation concentration. Neither zinc(Ⅱ) nor L absorbs at 600 nm. A solution that is 1.60×10^{4} mol/L in zinc(Ⅱ) 1.00 mol/L in L has an absorbance of 0.614 in a 1.00 cm cell at 600 nm. Calculate

(1) the transmittance of this solution.

(2) the transmittance of this solution in a 3 cm cell.

(3) the molar absorbance of the complex at 600 nm.

Chapter 10 第10章

电势分析法

Potentiometry

学习目标

1. 掌握电势分析法的基本原理。
2. 了解离子选择电极的基本结构、各类电极的响应机理及应用。
3. 掌握测定溶液 pH 的方法。掌握直接电势法测定离子浓度及确定电势滴定法终点的方法。
4. 了解用电势法测定某些物理化学常数。

10.1 概述

将化学变化与电的现象紧密联系起来的学科叫电化学(electrochemistry)。应用电化学的基本原理和实验技术，根据物质的电化学性质来测定物质组成及含量的分析方法称之为电分析化学法(electroanalytical method)。它通常是与待分析的试样溶液组成一化学电池，根据所组成电池的某些物理量(如两电极间的电动势，通过电解池的电流或电荷量，电解质溶液的电阻等)与其化学量之间的内在联系进行测定。根据所测电池的电参数，电化学分析法可以分为电导分析法、电解分析法、)电势分析法、库仑分析法、极谱分析法和伏安分析法。本章将着重讨论电势分析法。

10.1.1 基本原理

电势分析法(简称电势法，Potentiometry)是在零电流条件下以测定被测液中两电极间的电动势或电动势变化来进行定量分析的一种电化学分析方法。在此方法中，把待测试液作为化学电池的电解质溶液，在其中插入两个电极，其中一个电极的电极电势与待测组分的浓度(严格地讲应该为活度)有定量的函数关系，能指示待测离子的浓度，称为指示电极；另一个电极的电极电势不随测定溶液的浓度变化而变化，具有较恒定的数值，称为参比电极。

电极电势与溶液中对应离子活度之间的定量关系可用能斯特(Nernst)方程式表示。例如对于下述氧化还原体系：

$$Ox + ne \rightleftharpoons Red$$

$$\varphi_{Ox/Red} = \varphi^{\ominus}_{Ox/Red} + \frac{RT}{nF}\ln\frac{a_{Ox}}{a_{Red}} \tag{10-1}$$

式中：$\varphi^{\ominus}_{Ox/Red}$ 是标准电极电势；R 是摩尔气体常数 8.314 J · K^{-1} · mol^{-1}；T 是热力学温度；n 是电极反应中转移的电子数；F 是法拉第常数(96 487 c/mol)；a_{Ox} 与 a_{Red} 分别为电极反应中氧化态物种和还原态物种的活度。将这些常数代入上式，并将自然对数换算成常用对数，25℃时：

$$\varphi_{Ox/Red} = \varphi^{\ominus}_{Ox/Red} + \frac{0.059\,2}{n}\lg\frac{a_{Ox}}{a_{Red}} \tag{10-2}$$

对于金属离子，还原态是固态，其浓度为一常数，定为 1，则上式可写为：

$$\varphi_{M^{n+}/M} = \varphi^{\ominus}_{M^{n+}/M} + \frac{0.059\,2}{n}\lg a_{M^{n+}} \tag{10-3}$$

式中：$a_{M^{n+}}$ 为 M^{n+} 的活度，当浓度较低时，可以用浓度代替活度，所以上式变为：

$$\varphi_{M^{n+}/M} = \varphi^{\ominus}_{M^{n+}/M} + \frac{0.059\,2}{n}\lg c(M^{n+}) \tag{10-4}$$

由上式可知，测得该电极的电极电势，就可以确定该离子的浓度。这就是电势法的依据和基本公式。

根据测量方式，电势分析法可分为直接电势法和电势滴定法。直接电势法是通过测定指示电极的电势数值，利用能斯特方程式求出待测离子的活度(或浓度)；电势滴定法是利用指示电极在滴定过程中的电势变化来确定滴定终点，再根据标准溶液的浓度和消耗的体积来计算待测离子的含量。

10.1.2 指示电极

指示电极(indicating electrode)是电极电势随被测电活性物质活度(浓度)变化的电极。指示电极应符合下列要求：电极电势与被测离子的浓度(活度)符合能斯特方程式；电极响应快，重现性好；电极结构简单，便于使用。常见的指示电极可分为金属基电极和离子选择性电极。

金属基电极是以金属为基体，共同特点是电极上有电子交换发生的氧化还原反应。主要可分为四种电极(已在 5.3.2 小节中介绍)。

离子选择性电极又称膜电极，它是以固体膜或液体膜为传感器，能选择性地对溶液中某特定离子产生能斯特响应。响应机理不同于金属基电极，电极上没有电子的转移，电极电势的产生主要是基于离子交换和扩散。有关离子选择性电极的构造和原理，将在 10.2 节中介绍。

10.1.3 参比电极

要测定一电极的电极电势需与另一电势稳定且电极电势数值精确已知的电极构成电

池，测定该电池的电动势数值，可计算出被测定电极的电极电势相对值。这种电势稳定且已知电势值用作比较标准的电极就称为参比电极（reference electrode）。对参比电极的要求是：电极电势已知且稳定，不受试液组成变化的影响，电极反应为单一的可逆反应；电流密度小；温度系数小；重现性好；容易制备，使用寿命长等。实际工作中最常用的参比电极是甘汞电极和银-氯化银电极。

甘汞电极是由金属汞和它的饱和难溶汞盐-甘汞（Hg_2Cl_2）以及饱和氯化钾溶液所组成的电极，其构造如图 10-1 所示。由玻璃管封接一根铂丝，铂丝插入纯汞中（厚度为 0.5～1 cm），下置一层甘汞（Hg_2Cl_2）和汞的糊状物，外玻璃管中装入饱和 KCl 溶液，即构成甘汞电极。电极下端与待测溶液接触部分是熔结陶瓷芯或玻璃砂芯等多孔物质，构成与溶液互相连接的通道。

电极反应：$$Hg_2Cl_2 + 2e^- = 2Hg + 2Cl^-$$

电极电势（25℃）：$$\varphi_{Hg_2Cl_2/Hg} = \varphi^{\ominus}_{Hg_2Cl_2/Hg} - \frac{0.059\,2}{2}\lg(a_{Cl^-})^2$$

$$= \varphi^{\ominus}_{Hg_2Cl_2/Hg} - 0.059\,2\lg a_{Cl^-} \tag{10-5}$$

由式（10-5）可知，甘汞电极是对 Cl^- 响应的电极，当温度一定时甘汞电极的电极电势主要决定于 Cl^- 浓度。当溶液中 Cl^- 浓度固定时，甘汞电极电势固定，因此可作为参比电极。常用的甘汞电极内充的 KCl 溶液浓度有 0.1 mol·L^{-1}、1 mol·L^{-1} 和饱和溶液三种，其中最常用的是内充 KCl 饱和溶液的饱和甘汞电极（saturated calomel electrode，SCE），它在 25℃时的电极电势为 0.242 1 V。

银-氯化银电极是银丝镀上一层 AgCl 沉淀，浸在一定浓度的 KCl 溶液中即构成了银-氯化银电极。如图 10-2 所示。

电极反应：$$AgCl + e^- = Ag + Cl^-$$

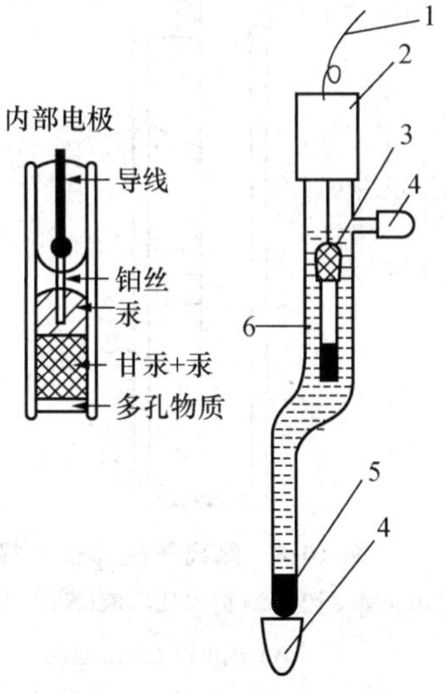

图 10-1　甘汞电极的结构

1. 导线　2. 绝缘体　3. 内部电极
4. 橡皮帽　5. 多孔物质　6. KCl 溶液

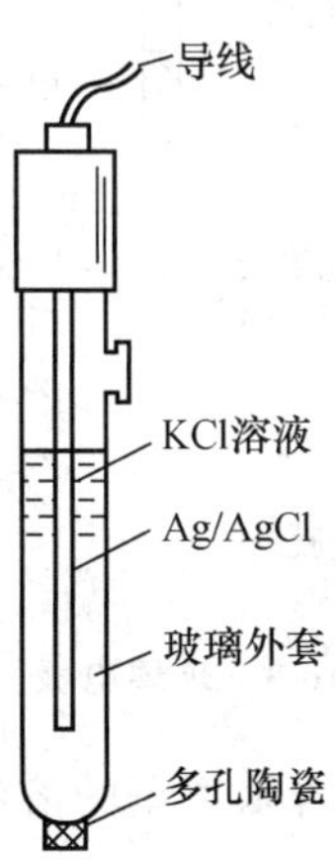

图 10-2　银-氯化银电极

电极电势(25℃)： $\varphi_{AgCl/Ag}=\varphi^{\ominus}_{AgCl/Ag}-0.059\ 2\lg a_{Cl^-}$ (10-6)

由式(10-6)可知，银-氯化银电极是对 Cl^- 响应的电极，当温度一定时，银-氯化银电极的电极电势主要决定于 Cl^- 浓度。当溶液中 Cl^- 浓度固定时，银-氯化银电极电势固定，因此可作为参比电极。

10.2 离子选择性电极

离子选择性电极(ion selective electrode, ISE)又称膜电极。它是一种利用选择性薄膜对溶液中特定离子产生选择性的能斯特响应，以测量或指示溶液中离子活度(或浓度)的电极。

10.2.1 离子选择性电极的分类

1. 玻璃电极

玻璃电极(基本结构如图 10-3 所示)对离子的选择性响应与玻璃的成分有关。除了 pH 玻璃电极外，还有 pNa 电极、pK 电极等。

2. 晶体膜电极

晶体膜电极分为均相、非均相膜电极。均相晶体膜由一种化合物的单晶或几种化合物混合均匀的多晶压片而成。非均相膜由多晶中掺惰性物质经热压制成，对相应的金属离子和阴离子有选择性响应。此类电极中最典型的是氟离子选择性电极，其敏感膜由 LaF_3 单晶切片制成。其结构如 10-4 所示。

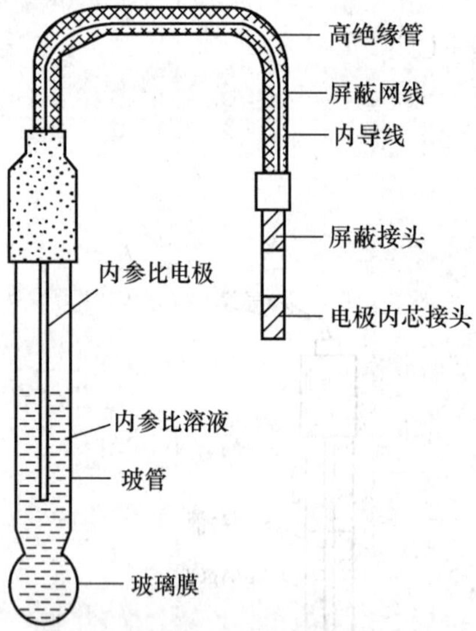

图 10-3 玻璃电极

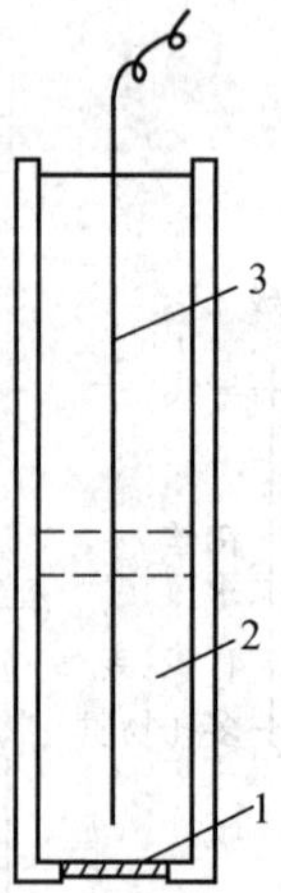

图 10-4 氟离子选择性电极

1. LaF_3 单晶膜 2. 内参比溶液(NaF-NaCl 溶液) 3. Ag-AgCl 内参比电极

当氟电极插入含氟离子的溶液中时，产生的膜电势与溶液中氟离子的活度的关系遵守能斯特方程，在 25℃时，有

$$\varphi_{膜} = K - 0.0592\lg a_{F^-} = K + 0.0592\text{pF} \tag{10-7}$$

式中：$\varphi_{膜}$ 为氟电极的电极电势；a_{F^-} 为氟离子活度，K 为常数。

3. 液态膜电极

液态膜电极（活动载体电极）是利用液态膜作敏感膜，它是用活性物质溶于适当的有机溶剂，置于惰性微孔膜（如陶瓷、PVC）支持体中。此种液态膜与前面的玻璃电极、晶体膜电极不同，交换离子可自由流动，则称为中性载体电极，中性载体分子与待测离子形成带电荷的配离子，能在膜相中迁移。有机相的电活性物质如果是带正电或负电的离子交换剂，则称为荷电载体电极。

4. 敏化电极

此类电极包括气敏电极、酶电极等。气敏电极是基于界面化学反应的敏化电极。它是一种化学电池，由一对电极即离子选择性电极（指示电极）与参比电极组成。这一对电极组装在一个套管内，管中盛电解质溶液，管的底部紧靠选择性电极敏感膜装有透气膜使电解液与外部试液隔开。试液中待测组分气体扩散通过透气膜，进入离子电极的敏感膜与透气膜之间的极薄液层内，使液层内某一能由离子电极测出的离子活度发生变化。从而使电池电动势发生变化而反映出试液中待测组分的量。

与气敏电极相似，酶电极也是一种基于界面反应的敏化离子电极。此处的界面反应是酶催化的反应。酶是具有特殊生物活性的催化剂，它的催化反应选择性强，催化效率高。而且大多数催化反应可在常温下进行。而催化反应的产物如 CO_2，NH_3，NH_4^+，CN^-，F^-，I^- 等大多数离子可被现有的离子选择性电极所响应。

10.2.2 离子选择性电极的选择性

离子选择性电极的电极电势随被测离子活度的变化而变化。离子选择性电极的选择性是相对的，它对给定离子有敏感的响应，而对其他某种离子或某些离子也有不同程度的响应。给定离子称为响应离子，用符号“i”表示，而后者称为干扰离子，用符号“j”表示。

用选择性系数 $K_{i,j}$ 作为衡量电极选择性能的量度。在实验条件相同时，引起离子选择性电极的电势有相同变化时，所需的被测离子活度与所需的干扰离子的活度的比值称为选择性系数（$K_{i,j}$）即

$$K_{i,j} = \frac{a_i}{a_j^{n/m}} \tag{10-8}$$

式中：n，m 分别为 i，j 离子的电荷数。$K_{i,j}$ 越小越好，表示干扰离子 j 对响应离子 i 的干扰越小，电极对被测离子选择性越高。利用 $K_{i,j}$ 可以判断电极对各种离子的选择性能，并可粗略地估算某种干扰离子 j 共存下测定 i 离子所造成的误差。

10.3 直接电势法

直接电势法（direct potentiometry）就是选择适当的指示电极浸入被测试液，通过测量指示电极的电极电势，并根据电势与待测离子间的能斯特关系，求得待测离子的活（浓）度

的方法。经仪器适当的电路转换，直接电势法可直接求出样品溶液的 pH 及相关离子的浓度。

10.3.1 溶液 pH 的测定

溶液 pH 的测定是应用最早的、最广泛的直接电势法。它是以 pH 玻璃电极为指示电极，以饱和甘汞电极作为参比电极，与待测溶液一起组成一个测量电池：

pH 玻璃电极 ‖ 试样溶液 | 饱和甘汞电极

该电池的电动势为：$E = \varphi_{甘汞} - \varphi_{玻璃}$

pH 玻璃电极电势与试液中 H^+ 活度的关系符合能斯特公式(25℃)：

$$\varphi_{玻璃} = 常数 + 0.0592\lg\alpha_{H^+,试液}$$

$$\begin{aligned} E &= \varphi_{甘汞} - \varphi_{玻璃} = \varphi_{甘汞} - (常数 + 0.0592\lg\alpha_{H^+,试液}) \\ &= K - 0.0592\lg\alpha_{H^+,试液} \\ &= K + 0.0592\,pH_{试液} \end{aligned} \quad (10\text{-}9)$$

因此，上述原电池的电动势与溶液 pH 间有线性关系。即溶液 pH 变化一个单位时，电池电动势将改变 59.2 mV(25℃)。这是直接电势法测定溶液 pH 的依据。

实际测定时一般采用与标准缓冲溶液对比的方法来确定待测溶液的 pH：即首先测定一标准缓冲溶液(pH_s)的电池电动势 E_s，然后再测定试液(pH_x)的电池电动势 E_x，25℃时，

$$E_s = K + 0.0592\,pH_s$$

$$E_x = K + 0.0592\,pH_x$$

两式相减得 pH 的操作定义：

$$pH_x = pH_s + \frac{E_x - E_s}{0.0592} \quad (10\text{-}10)$$

通过测定标准缓冲溶液和待测试液各自组成的工作电池的电动势就可求出试液的 pH。

为了使 pH 测定更为方便，目前有一种复合 pH 玻璃电极，它实际上是将 pH 玻璃电极和一支 Ag/AgCl 外参比电极组合在一起所形成的，如图 10-5 所示。电极的中间是一支 pH 玻璃电极，包在其外部夹层中的是 Ag/AgCl 外参比电极及所需要的参比溶液，该参比溶液通过电极底部的一片多孔材料与待测溶液形成导电通路。

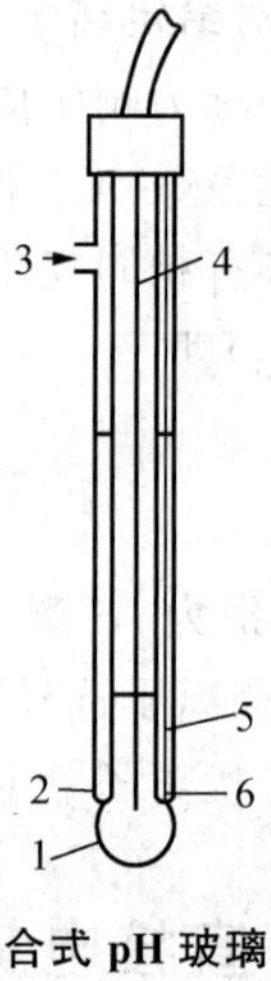

图 10-5 复合式 pH 玻璃电极示意图

1. 玻璃膜 2. 多孔陶瓷 3. 加液口
4. 内参比电极 5. 外参比电极
6. 外参比电极的参比溶液

10.3.2 离子浓度的测定

以适当的离子选择性电极为指示电极，以饱和甘汞电极为参比电极，浸入到被测溶液中组成一电池，

通过精密酸度计或数字显示毫伏计测定该电池的电动势。在一定的实验条件下电动势与待测离子的活度的对数值呈线性关系：

$$E = K + \frac{2.303RT}{nF}\lg a_{阳离子} \tag{10-11}$$

$$E = K - \frac{2.303RT}{nF}\lg a_{阴离子} \tag{10-12}$$

因此根据测得的电动势可确定待测离子的活度。

测定时，在被测试液和标准溶液中加入一种浓度较高的"离子强度调节剂"，使它们的离子强度由于都是由调节剂所决定而达到一致。这样就使得待测离子的活度系数在两溶液中保持相同，维持常数，因此就可以用浓度代替活度进行计算。例如，测定茶叶或牙膏中的氟离子含量时，在氟离子标准溶液和试样溶液中加入 0.1 mol·L^{-1} 的 NaCl 作为离子强度调节剂以控制待测溶液的离子强度。

离子浓度测定的方法通常包括标准曲线法、标准加入法和格氏作图法等。

1. *标准曲线法*

标准曲线法是一种较常用的分析方法，适用于大批量且组成较为简单试样的分析。测定时，首先配制一系列(5 个以上)已知浓度的与试样溶液组成相似的标准溶液，加入适当的离子强度调节剂，然后以离子选择性电极为指示电极，以饱和甘汞电极为参比电极，依次测出电池电动势。然后以测得的电动势 E 为纵坐标，以相应的浓度 c 的对数值为横坐标，作出标准曲线。另取待测液，加入离子强度调节剂，在与上述条件完全相同的情况下测定电动势。由所测得的电动势在标准曲线上查得 $\lg c_x$ 值，计算出试液中被测离子的浓度。

制作标准曲线时，一般测量顺序为从稀溶液到浓溶液，以减少电极吸附浓溶液对稀溶液测定带来的影响。

2. *一次标准加入法*

当被测溶液的基体比较复杂、离子强度变化比较大和组成很难固定的情况下，则采用该方法比较合适。

本法是以被测物质的标准溶液作为加入物质，只加一次。设某一试液被测体积为 V_x，其待测离子的浓度为 c_x，测定的工作电池电动势为 E_x，则：

$$E_x = K + \frac{0.0592}{n}\lg f_1 c_x$$

往试液中准确加入一小体积 V_s($V_s \ll V_x$)的用待测离子的纯物质配制的标准溶液，浓度为 c_s($c_s \gg c_x$)，则浓度增量为：$\Delta c = \dfrac{c_s \cdot V_s}{V_s + V_x}$

再次测定工作电池的电动势为 E_s：

$$E_s = K + \frac{0.0592}{n}\lg f_2(c_x + \Delta c)$$

f_1、f_2 为活度系数，由于 $V_x \gg V_s$，所以 $f_1 \approx f_2$。上述两式相减，得

$$\Delta E = \frac{0.0592}{n}\lg\frac{c_x + \Delta c}{c_x}$$

令 $S=\frac{0.0592}{n}$,则:

$$c_x = \frac{\Delta c}{10^{\Delta E/S}-1} \tag{10-13}$$

此外还有多次标准加入法,即格氏作图法,它与一次标准加入法不同的是在测定时要多次加入标准溶液,然后在格氏坐标纸上作图,间接求出待测离子的浓度。

10.4 电势滴定法

电势滴定法(potentiometric titration)是借助指示电极电势的变化,以确定滴定终点的容量分析方法。电势滴定的基本装置如图 10-6 所示。

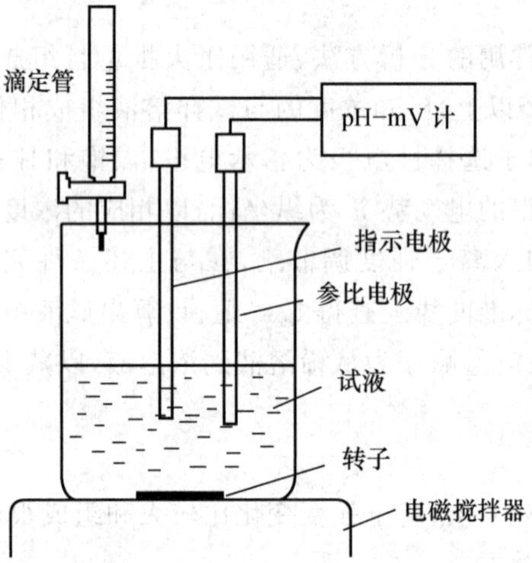

图 10-6 电势滴定基本仪器装置

在被测溶液中插入对待测离子有能斯特响应的指示电极和参比电极构成一原电池,用滴定剂进行滴定,在滴定的同时测定电池电动势的变化。随着滴定的进行,电池电动势将相应地随着标准溶液的加入而变化。在计量点附近,被测离子的浓度发生突跃变化,从而引起电动势的突跃变化。

表 10-1 是用 0.100 0 mol · L^{-1} $AgNO_3$ 溶液电势滴定 Cl^- 时所得到的数据,指示电极是银电极,参比电极是双盐桥饱和甘汞电极。

在电势滴定法中,滴定终点的确定方法通常有下列三种。

10.4.1 $E \sim V$ 曲线法

利用表 10-1 的数据绘制 $E \sim V$ 曲线,如图 10-7 所示,纵轴表示电池电动势 E(V 或 mV),横轴表示所加滴定剂的体积 V(mL)。在 S 形滴定曲线上,作两条与滴定曲线相切的平行线，两平行线与滴定曲线的突跃延长线相交于两点，等分两点间的距离，其中点对应的体积即为滴定终点。

表 10-1 用 0.100 0 mol·L^{-1} $AgNO_3$ 溶液滴定 NaCl 溶液

加入 Ag NO_3 溶液体积 V/mL	电势 E/V	ΔE/V	ΔV/mL	$\frac{\Delta E/\Delta V}{V}$	$\overline{V}$/mL	$\Delta^2 E/\Delta V^2$
20.00	0.107					
		0.016	2.00	0.008		
22.00	0.123					
		0.015	1.00	0.015		
23.00	0.138					
		0.008	0.50	0.016		
23.50	0.146					
		0.015	0.30	0.050	23.65	
23.80	0.161					0.060
		0.013	0.20	0.065	23.90	
24.00	0.174					0.167
		0.009	0.10	0.090	24.05	
24.10	0.183					0.200
		0.011	0.10	0.110	24.15	
24.20	0.194					2.800
		0.039	0.10	0.390	24.25	
24.30	0.233					4.400
		0.083	0.10	0.830	24.35	
24.40	0.316					−5.900
		0.024	0.10	0.240	24.45	
24.50	0.340					−1.300
		0.011	0.10	0.110	24.55	
24.60	0.351					−0.400
		0.007	0.10	0.070	24.65	
24.70	0.358					−0.100
		0.015	0.30	0.050	24.85	
25.00	0.373					
		0.012	0.50	0.024		
25.50	0.385					

10.4.2 $\Delta E/\Delta V \sim \overline{V}$ 曲线法（一级微商法）

对于平衡常数较小的滴定反应，终点时电势突跃不明显，利用 $E \sim V$ 曲线确定终点较为困难，这时可绘制 $\Delta E/\Delta V \sim \overline{V}$ 曲线，$\Delta E/\Delta V$ 近似为电势对滴定剂体积的一级微商。ΔE 为相邻两次电势改变量；ΔV 为相邻两次加入的滴定剂体积增量；$\overline{V}$ 为相邻两次加入滴定剂的算术平均值。例如从 24.30 mL 到 24.40 mL 所引起的电势变化为：

$$\frac{\Delta E}{\Delta V}=\frac{0.316-0.233}{24.40-24.30}=0.830$$

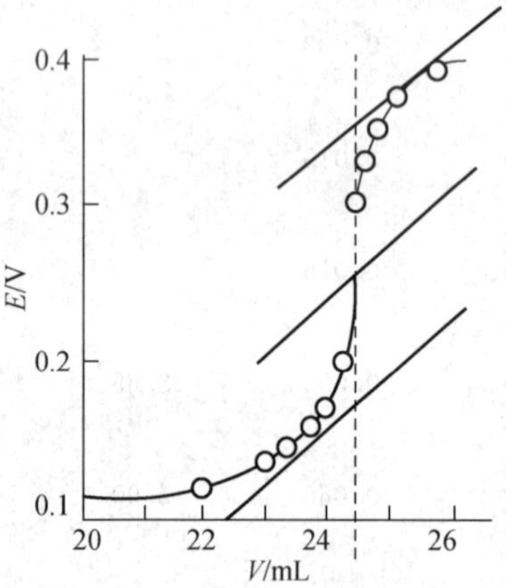

图 10-7　$E \sim V$ 曲线

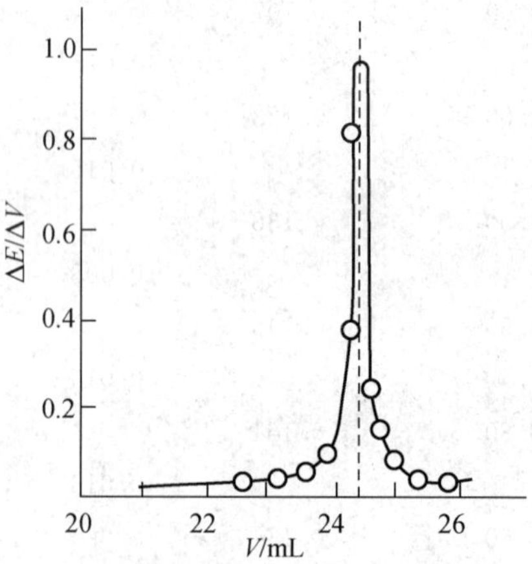

图 10-8　$\Delta E/\Delta V \sim \overline{V}$ 曲线

用表 10-1 中 $\Delta E/\Delta V$ 值与相应的 $\overline{V}$ 值绘成 $\Delta E/\Delta V \sim \overline{V}$ 曲线，如图 10-8 所示。与曲线上最高点相对应的体积即为终点时所消耗的 $AgNO_3$ 溶液的体积。曲线的最高点一般是通过外延法得到的。

10.4.3　$\Delta^2 E/\Delta V^2 \sim V$ 曲线法（二级微商法）

一级微商的极大点是终点，那么二级微商 $\Delta^2 E/\Delta V^2=0$ 时就是终点。$\Delta^2 E/\Delta V^2$ 为相邻两次 $\Delta E/\Delta V$ 值之差除以相应两次加入滴定剂的体积之差；V 为相邻两 $\Delta E/\Delta V$ 值所对应的滴定剂的算术平均值。即

$$\frac{\Delta^2 E}{\Delta V^2}=\frac{\Delta E_2-\Delta E_1}{V_2-V_1}$$

$$V=\frac{V_1+V_2}{2}$$

例如：当 $V=24.30$ mL 时，$\frac{\Delta^2 E}{\Delta V^2}=\frac{\left(\frac{\Delta E}{\Delta V}\right)_{24.35}-\left(\frac{\Delta E}{\Delta V}\right)_{24.25}}{V_{24.35}-V_{24.25}}=\frac{0.83-0.39}{24.35-24.25}=4.40$

当 $V=24.40$ mL 时，$\frac{\Delta^2 E}{\Delta V^2}=\frac{\left(\frac{\Delta E}{\Delta V}\right)_{24.45}-\left(\frac{\Delta E}{\Delta V}\right)_{24.35}}{V_{24.45}-V_{24.35}}=\frac{0.24-0.83}{24.45-24.35}=-5.90$

根据表 10-1 中数据绘制二级微商曲线如图 10-9 所示，曲线与横坐标的交点即为滴定终点。应用二级微商曲线法，也可不必作图，用计算法直接确定终点时所消耗标准溶液的体

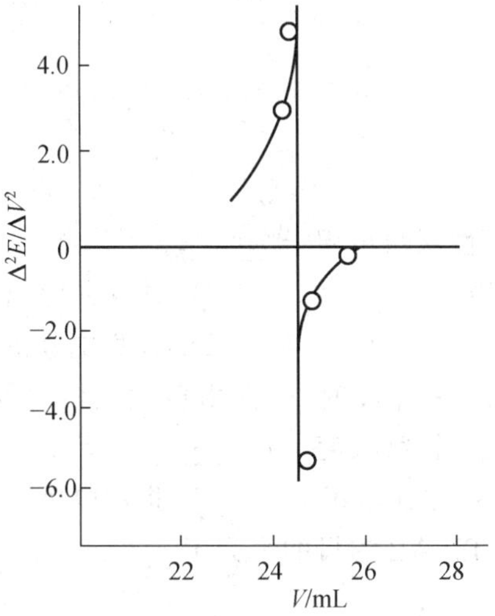

图 10-9 $\Delta^2E/\Delta V^2 \sim V$ 曲线

积。由于计量点附近微小体积的变化能引起很大的 $\Delta^2E/\Delta V^2$ 的变化值，并由正极大值变至负极大值，中间必有一点为零，即 $\Delta^2E/\Delta V^2=0$ 处，所对应的体积即为终点。因此，根据内插法，可由 $\Delta^2E/\Delta V^2=0$ 附近的正值和负值和数据计算出 $\Delta^2E/\Delta V^2=0$ 时所对应标准溶液的体积。由表 10-1 可知，滴定终点应在 24.30～24.40 mL，则：

$$\frac{24.40-24.30}{-5.900-4.400}=\frac{V_{终}-24.30}{0-4.400}$$

$$V_{终}=24.30+\frac{0-4.400}{-5.900-4.400}\times 0.1=24.34(\text{mL})$$

相关阅读

1. 杨容，等．仪器分析发展现状及其在农林科学中的应用．河北农业大学学报(农林教育版)，2004(3)：51.

2. 俞继梅. 电化学分析法在食品安全中的应用. 江西化工，2012(4)：116.

3. 黄淑英，等．直接电位分析法的定位校准和斜率校准. 大学化学，2001(16)：3.

4. 徐苗青. 电化学分析实验研究综述报告. 化工管理，2013(6)：147.

5. 朱金花，等. 用紫外分光光度法和电位滴定法测定几种植物激素的电离常数. 化学研究，2013(5)：293.

6. 李一峻，等. 电化学分析的进展及应用. 分析试验室，2007(10)：107.

7. 李茜. Ca^{2+} 选择性电极制作及在分析测定中应用. 佳木斯大学学报(自然科学版)，2013(4)：551.

8. 赵发琼，等. 银电极在电化学分析研究中的应用. 分析科学学报，2001(5)：418.

□ 习　题

基础题

10-1　选择题

(1)离子选择电极的选择性系数可用于________。

A. 估计电极的检测限　　B. 估计共存离子的干扰程度

C. 校正方法误差　　D. 计算电极的响应斜率

(2)用直接电势法测定溶液的 pH 时，电池由玻璃电极与饱和甘汞电极组成，其中玻璃电极是作为测量溶液中氢离子活度(浓度)的________。

A. 金属电极　　B. 参比电极　　C. 指示电极　　D. 电解电极

(3)直接电位法中，加入 TISAB 的目的是为了________。

A. 提高溶液酸度

B. 恒定指示电极电位

C. 固定溶液中离子强度和消除共存离子干扰

D. 与待测离子形成配合物

(4)在电势分析法中，作为指示电极，其电势应与待测离子的浓度________。

A. 成正比　　B. 符合扩散电流公式的关系

C. 的对数成正比　　D. 符合能斯特公式的关系

(5)用玻璃电极测量溶液的 pH 时，采用的定量分析方法为________。

A. 校正曲线法　　B. 直接指示法(直读法)

C. 加入标准法　　D. 增量法

(6)在电势滴定中，以 $E \sim V$(E 为电动势，V 为滴定剂体积)作图绘制滴定曲线，滴定终点为________。

A. 曲线的最大斜率点　　B. 曲线的最小斜率点

C. E 为最正值的点　　D. E 为最负值的点

10-2　直接电势法的依据是什么？简述测定 pH 的基本原理，为什么用此法测定溶液 pH 时，必须使用标准 pH 缓冲溶液？

10-3　电势滴定法的基本原理是什么？有哪些确定终点的方法？

10-4　什么是指示电极？什么是参比电极？对它们各有哪些要求？

10-5　电势分析法的理论基础是什么？它可以分成哪两类分析方法？它们各有何特点？

10-6　离子选择性电极的定量分析方法有哪几种？哪些因素影响测定准确度？

10-7　下列电池：

(－)玻璃电极|标准溶液或试液||饱和甘汞电极(＋)

在 pH＝4.00 的标准缓冲溶液中，测得电动势为 0.209 V。用两种试液代替缓冲溶液时，测得电动势分别为(1) 0.088 V；(2)0.312 V。求两种未知试液的 pH。

10-8　将氯离子选择性电极与饱和甘汞电极插入 10^{-4} mol·L^{-1} 的 Cl^- 离子溶液中，测

得 E_s=130 mV,测未知 Cl^- 离子溶液,得 E_x=238 mV,求试液中 Cl^- 的浓度?(25℃)

提高题

10-9 氟离子选择电极测定水中氟含量。根据下列数据计算水样中氟离子浓度。

(1)取 20.00 mL 水样于 100 mL 容量瓶中,再加入 10 mL TISAB,用去离子水定容,倒入 200 mL 干燥的塑料烧杯中,测定电动势 E_1=0.550 V。

(2)向上述溶液中加入 1.00 mL 浓度为 100 $\mu g \cdot mL^{-1}$ 的氟标准溶液,摇匀,测定 E_2=0.530 V。

(3)取 10 mL TISAB 于 100 mL 容量瓶中,用去离子水定容。然后倒入第二步测定过的溶液中,摇匀。测定 E_3=0.547 V。

10-10 未知浓度的弱酸 HA 溶液 10 mL,稀释至 100 mL,以 0.1 $mol \cdot L^{-1}$ NaOH 溶液进行电势滴定,用的是饱和甘汞电极-氢电极对。当一半酸被中和时,电动势读数为 0.524 V,滴定终点时是 0.749 V,已知饱和甘汞电极的电势为 0.243 8 V,求:

(1)该酸的离解常数;

(2)终点时溶液的 pH;

(3)终点时消耗 NaOH 溶液的体积;

(4)弱酸 HA 的原始浓度。

Chapter 11 第11章

物质结构基础

The Basis of Substance Structure

学习目标

1. 了解原子核外电子运动的特性；了解四个量子数的物理意义，掌握其取值规律；了解原子轨道角度分布图、电子云的角度分布图和径向分布图。
2. 掌握核外电子排布原则及方法；理解核外电子排布和元素周期系之间的关系；掌握原子半径、电离能、电子亲合能、电负性的周期性变化规律。
3. 了解离子键与共价键理论的基本要点；掌握共价键的特点、类型和键参数等概念。
4. 掌握杂化轨道理论要点，能正确判断简单分子的空间构型。
5. 掌握分子间力和氢键的特征及对物性的影响；了解离子极化对物性的影响；了解常见晶体类型及物性。

自然界存在的物质种类繁多，性质各异，组成了五彩缤纷的物质世界。不同的物质是由不同种类的原子(即原子结构不同)以不同的数目和不同结合方式(即分子结构不同)组成的，物质的微观结构决定了物质的性质。为了深入了解物质性质的变化规律、化学反应的本质及机理，预测新物质的合成等，需要掌握物质结构的基本知识。

对原子、分子等的认识要比对宏观物体的认识困难得多。因为原子和分子过于微小，只能通过观察宏观实验现象，经过推理去间接认识它们。人们根据实验事实提出原子和分子结构的理论模型，如果设想的模型和新的实验事实不相符合，就必须再创建新的理论模型。因此，人们对分子、原子结构的认识过程是一个根据科学实验不断创立理论模型的过程，是一个不断探索、不断完善的过程。

本章将主要讨论原子核外电子的运动状态、核外电子的排布、元素基本性质的周期性变化、化学键和分子间力的形成和性质以及晶体的基本知识。

11.1 原子核外电子的运动状态

经过许多科学家的探索，人类对原子的组成在20世纪初已经有了一个基本的了解。人们已经认识到原子是由原子核和电子组成。电子的质量为 9.1×10^{-31}kg，所带电荷为 -1.602×10^{-9}C。原子核由质子和中子组成，原子序数等于原子核的正电荷数，也等于原子核外电子数。

在通常情况下，化学变化中原子核并不发生变化，而只是核外电子运动状态发生了改变。因此，在化学中讨论原子结构时，主要研究核外电子运动状态。1911 年，英国物理学家卢瑟福(E. Rutherford)提出了“行星式”原子模型，认为电子像行星绕着太阳运转一样，沿着不同的轨道绕原子核运转。但卢瑟福的原子模型和原子光谱试验结果存在着尖锐的矛盾。根据经典的电磁学理论，电子高速运转必将以电磁波的形式放射能量，速度就会变慢，并不断向原子核靠近，结果电子势必落到核上。又因这种速度变慢是连续的，放射出来的电磁波应该形成连续的光谱，即原子光谱应该包含一切可能的波长相应的谱线。但是事实上电子既没有落到原子核上，原子光谱也不是连续光谱，而是由若干条与某些固定波长相应的谱线组成。如何来解决这些矛盾呢？这就需要从氢原子光谱与波尔理论谈起。

11.1.1 氢原子光谱与波尔理论

1. 氢原子光谱

人们对原子核外电子的排布和运动状态的认识，是从研究氢原子光谱开始的。

太阳或白炽灯发出的白光，通过三角棱镜的分光作用，可形成红、橙、黄、绿、青、蓝、紫等连续波长的光谱，这种光谱叫连续光谱(continuous spectrum)。气态原子(离子)受到高温或电弧的激发，也会产生不同种类的光，这些光经过三角棱镜分光后，得到分立的、彼此间隔的线状光谱(line spectrum)。不同种类的原子所发射的光谱是不同的，而相同种类的原子所发射的线状光谱都一样，说明线状光谱与原子结构有密切的关系。因此原子的线状光谱又叫原子光谱(atomic spectrum)。氢原子光谱是最简单的原子光谱。图 11-1 是氢原子光谱示意图，在抽真空的放电管中充入少量 H_2，通高压电使 H_2 放电发光。此光通过狭缝后经三角棱镜分光，可见光区在投影屏幕上呈现出四条谱线，如图 11-2 所示。

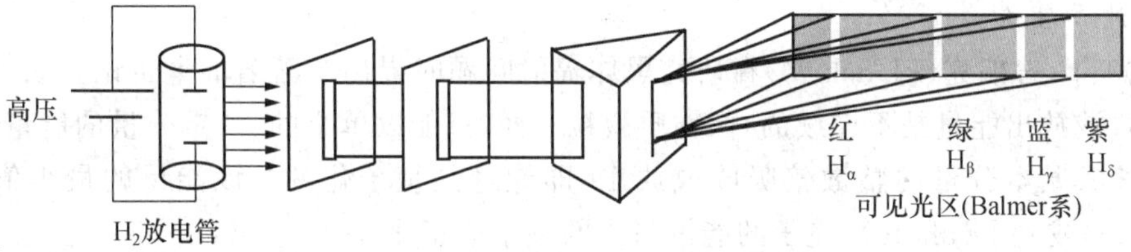

图 11-1 氢原子光谱示意图

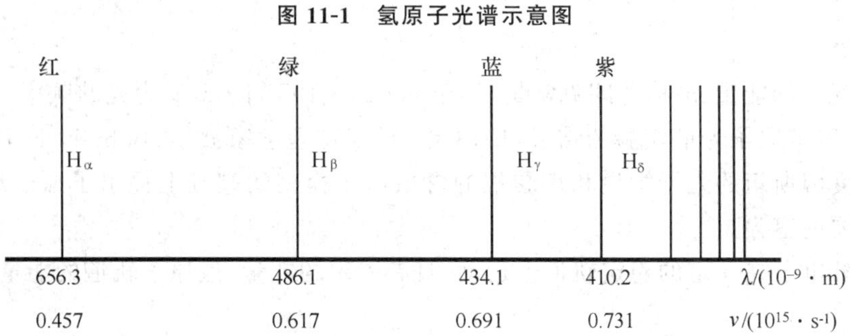

图 11-2 氢原子光谱(巴尔末系)

1885 年瑞士物理学家巴尔末(Balmer J J)发现氢原子光谱可见区 4 条谱线的频率遵循下面的数学关系(巴尔末公式)：

$$\nu = 3.289 \times 10^{15}\left(\frac{1}{2^2} - \frac{1}{n^2}\right)\,\mathrm{s}^{-1} \tag{11-1}$$

式中：n 为大于 2 的正整数，当 n 分别为 3,4,5,6 时，ν 分别为氢原子光谱在可见光区的四条谱线的频率。

1913 年，瑞典物理学家里德堡(Rydberg J R)提出了应用于氢原子光谱各光区谱线之间普遍关系的通式(里德堡公式)：

$$\nu = R_{\mathrm{H}}\left(\frac{1}{n_1^2} - \frac{1}{n_2^2}\right) \tag{11-2}$$

式中：n_1、n_2 为正整数，且 $n_2 > n_1$，$R_{\mathrm{H}} = 3.289 \times 10^{15}\,\mathrm{s}^{-1}$，称里德堡常量。

当把 $n_1 = 2$，$n_2 = 3$、4、5、6，分别代入式(11-2)，可算出可见光区 4 条谱线的频率。如 $n_2 = 3$ 时：

$$\nu = 3.289 \times 10^{15}\left(\frac{1}{2^2} - \frac{1}{3^2}\right)\,\mathrm{s}^{-1} = 0.456\,8 \times 10^{15}\ \mathrm{s}^{-1}$$

$$\lambda = \frac{c}{\nu} = \frac{2.998 \times 10^{8}\,\mathrm{m \cdot s^{-1}}}{0.456\,8 \times 10^{15}\,\mathrm{s}^{-1}} = 656.3 \times 10^{-9}\,\mathrm{m} = 656.3\ \mathrm{nm}(\mathrm{H}_\alpha\ 线)$$

当 $n_1 = 1$，$n_2 > 1$ 或 $n_1 = 3$，$n_2 > 3$ 时，可分别求得氢原子在紫外区和红外区的谱线的频率。

巴尔末公式与里德堡公式是经验公式，但其计算结果与氢原子光谱实验颇为一致，这说明这些经验公式在一定程度上反映了原子光谱的规律性。那么公式中的 n 代表什么？又如何从理论上解释氢原子光谱呢？

2. 波尔理论

1900 年，普朗克(Planck M)在研究黑体辐射问题时提出了著名的量子论。该理论认为物质吸收或放出能量是不连续的，像物质微粒一样，只能以单个的、一定分量的能量，一份一份地或按其基本分量的整数倍吸收或放出，即能量是量子化的。该能量的最小值称量子(quantum)或光子(photo)，光子的能量与光的频率成正比，即

$$E = h\nu \tag{11-3}$$

式中：E 是光子的能量，h 称普朗克常量，等于 $6.626 \times 10^{-34}\,\mathrm{J \cdot s}$，$\nu$ 为光的频率。

为了解释氢原子光谱实验的结果，1913 年，丹麦物理学家波尔(Bohr N H D)在普朗克的量子论、爱因斯坦的光子学说和卢瑟福的含核原子模型的基础上提出了原子结构理论的假设，其主要内容为：

(1)核外电子在一定的稳定轨道上运动，具有一定的能量，氢原子轨道的能量为：

$$E_n = -2.179 \times 10^{-18}\,\frac{1}{n^2}\ \mathrm{J} \tag{11-4}$$

式中负号表示核对电子的吸引，n 为大于 0 的正整数 1，2，3，…，称为量子数。$n=1$ 即氢原子处于能量最低的状态（称基态），其余为激发态。

（2）n 值越大，表示电子离核越远，能量就越高。$n=\infty$ 时，意即电子不再受原子核产生的势场的吸引，离核而去，这一过程叫电离。n 值的大小表示氢原子的能级高低。

（3）电子由一种能级跃迁到另一种能级时以电磁波的形式放出或吸收辐射能（$h\nu$），辐射能的频率取决于两定态能级之间的能量之差：

$$\Delta E = E_2 - E_1 = h\nu$$

或
$$\nu = \frac{E_2 - E_1}{h} \tag{11-5}$$

波尔还求得氢原子基态时电子离核距离 $r=52.9$ pm，通常称为波尔半径，以 a_0 表示。

波尔理论成功地解释了氢原子光谱的产生及光谱的不连续性。氢原子在正常状态时，电子处于基态，因此氢原子不会发光。当氢原子受高压放电激发时，电子由基态跃迁到激发态。处于激发态的电子不稳定，会自发地跃迁回低能量轨道，并以光子的形式释放出能量。因为氢原子轨道的能量是确定的，所以两轨道的能量差 $\Delta E(E_2-E_1)$ 也是定值，因而释放出的光有确定的频率。如氢原子可见光谱就是电子从 $n=3,4,5,6$ 能级跃迁回 $n=2$ 的能级时放出的辐射，见图 11-3。总之，由于原子能级的不连续，即量子化，造成了原子光谱为不连续的线状光谱，各谱线具有特定的频率。

但波尔理论无法解释多电子原子的光谱，也不能解释氢原子光谱的精细结构。例如氢原子光谱的每一条谱线实际是波长相差很小的双线组成的。波尔理论的这一局限性源于其虽然引入了普朗克的量子化概念，却没跳出经典力学的范畴，电子在固定轨道上绕核运动的模型不符合微观粒子的运动特性——波粒二象性，微观粒子的这一运动特性是当时波尔还没认识到的。

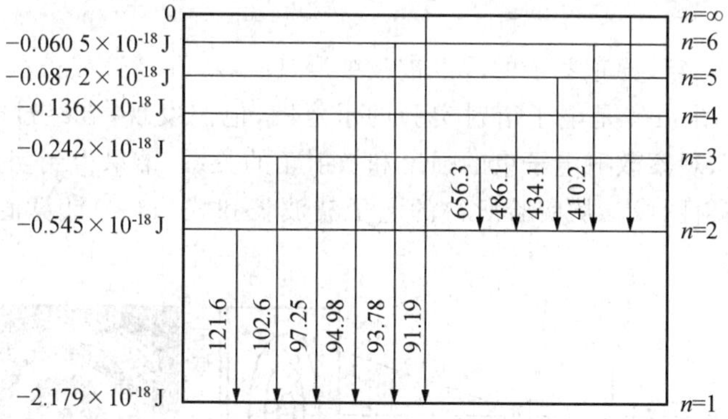

图 11-3 氢原子光谱与能级的关系

11.1.2 微观粒子的运动特征

1. 微观粒子的波粒二象性

1924 年法国物理学家德布罗依（de Broglia L）在光的波粒二象性启发下，大胆地提出微观粒子也具有波粒二象性的假设。他认为不仅光具有波粒二象性，所有微观粒子，如电子、原子等实物粒子也具有波粒二象性，并预言微观粒子的波长 λ 与其质量 m 和运动速度 v 可通过普朗克常数 h 联系起来，提出了德布罗依关系式：

$$\lambda=\frac{h}{p}=\frac{h}{mv} \tag{11-6}$$

式中：p 是微观粒子的动量。

该假设将波粒二象性的概念从光子应用于微观粒子，这种实物微粒所具有的波称为德布罗依波(也叫物质波)。区别微观粒子和宏观粒子并无绝对的界线，二象性是个普遍现象。若物质波的波长 λ 大大地大于粒子的直径，则波动性显著，反之则粒子性显著。

例 11-1 分别计算质量为 9.1091×10^{-31} kg，速度为 5.90×10^{6} m·s^{-1} 的电子和质量为 2.5×10^{-2} kg，速度为 300 m·s^{-1} 的子弹的波长，并加以比较。

解：根据式(11-6)

电子的波长为

$$\lambda=\frac{h}{m\cdot v}=\frac{6.626\times10^{-34}\ \text{kg}\cdot\text{m}^2\cdot\text{s}^{-1}}{9.1091\times10^{-31}\ \text{kg}\times5.90\times10^{6}\ \text{m}\cdot\text{s}^{-1}}=1.23\times10^{-10}\text{m}=0.123\ \text{nm}$$

子弹的波长为

$$\lambda=\frac{h}{m\cdot v}=\frac{6.626\times10^{-34}\ \text{kg}\cdot\text{m}^2\cdot\text{s}^{-1}}{2.5\times10^{-2}\ \text{kg}\times300\ \text{m}\cdot\text{s}^{-1}}=8.8^{-35}\ \text{m}=8.8\times10^{-26}\ \text{nm}$$

计算结果表明电子的波长接近 X 射线的波长，显示波动性。而子弹的波长很短，大大地小于子弹的直径，其波动性不明显，粒子性明显。

三年后，即 1927 年，德布罗依的假设被戴维逊(Davisson C J)和盖革(Geiger H)的电子衍射实验所证实。图 11-4 是电子衍射实验的示意图，他们发现，当经过电势差加速的电子束入射到镍单晶上，观察散射电子束的强度和散射角的关系，结果得到完全类似于单色光通过小圆孔那样的衍射图像。从实验所得的电子波波长和式(11-6)计算值相符，说明德布罗依关系式是正确的。

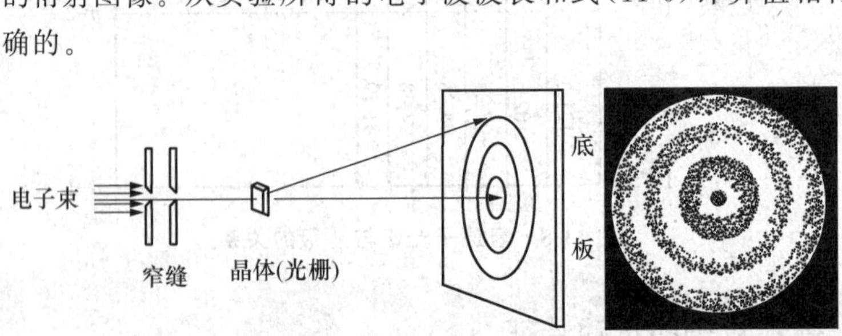

图 11-4 电子衍射实验示意图

电子衍射实验表明电子运动确实具有波动性，并具有一定的波长和频率，因此，电子具有波粒二象性。

实验进一步证明，不仅电子，质子、中子、原子等一切微观粒子均具有波动性，都符合式(11-6)的关系。由此可见，波粒二象性是微观粒子运动的特征。

由玻尔理论及图 11-3 可知，原子中电子的能量状态不是任意的，而是有一定条件的，它具有微小而分立的能量单位——量子(quantum)($h\nu$)。也就是说，物质吸收或放出能量就像物质微粒一样，只能以单个的、一定分量的能量，一份一份地按照这一基本分量($h\nu$)的整倍数吸收或放出能量，即能量是量子化的。微观粒子的能量及其他物理量具有量子化的特征是一切微观粒子的共性，是区别于宏观物体的重要特性之一。

2. 微观粒子运动的统计性规律

(1)不确定原理　在经典力学中，宏观物体在任一瞬间的位置和动量都可以用牛顿定律正确测定。如太空中的卫星，人们在任何时刻都能同时准确测知其运动速度(或动量)和空间位置。即它的运动轨道是可测知的。

而对具有波粒二象性的微观粒子，它们的运动并不服从牛顿定律，不能同时准确确定它们的速度和位置。1927 年，德国物理学家海森堡(Heisenberg W)经严格推导提出了不确定原理(uncertainty principle)，(也称测不准原理)：电子在核外空间所处的位置与电子运动的动量两者不能同时准确地测定，Δx(位置误差)与 Δp(动量误差)的乘积为一定值 h，即

$$\Delta x \cdot \Delta p \geqslant h \tag{11-7}$$

式(11-7)表明，对于微观粒子，动量测定得越准确，则相应的位置则越不准确。

原子核外运动的电子质量 m 为 9.1×10^{-28}g，速度 v 为 $10^6\ \mathrm{m\cdot s^{-1}}$，原子中电子的位置至少被测定到误差 $\Delta x<10^{-6}$ m 时才有意义，此时，电子速度的不确定程度 $\Delta v\approx\dfrac{h}{m\Delta x}\approx 10^7$ m，甚至超过了电子的一般运动速度，显然是不可忽略的。因此，原子核外的电子不可能有确定的坐标和动量，即核外电子的运动不可能存在一条如波尔理论所指的固定轨道。

(2)统计性　测不准原理并不意味着微观粒子的运动无规则可循或不可认识的，只是说明微观粒子的运动不能用经典力学来处理。物质波的波动性不同于由于介质的质点振动而引起的机械波(如水波)的波动性。那么物质波的本质是什么呢？玻恩(M. Born)在研究了电子衍射现象后指出。微粒的波动性是与微粒行为的统计性规律相联系的，衍射强度大，波的强度大，粒子出现的机会(几率密度)就大；衍射强度小，粒子出现的几率密度就小。

在电子衍射实验中，如果电子流的强度很弱，设想射出的电子是一个一个依次射到底板上，则每个电子在底板上只留下一个黑点，显示出其微粒性。但我们无法预测黑点的位置，每个电子在底板上留下的位置都是无法预测的。但在经历了无数个电子后在底板上留下的衍射环与较强电子流在短时间内的衍射图是一致的。表明无论是“单射”还是“连射”，电子在底板上的概率分布是一样的，也反映出电子的运动规律具有统计性。底板上衍射强度大的地方，就是电子出现概率大的地方，也是波的强度大的地方，反之亦然。电子虽然没有确定的运动轨道，但其在空间出现的概率可由衍射波的强度反映出来，所以电子波又称概率波。

微观粒子的运动规律可以用量子力学中的统计方法来描述。如以原子核为坐标原点，电子在核外定态轨道上运动，虽然我们无法确定电子在某一时刻会在哪一处出现，但是电子在核外某处出现的概率大小却不随时间改变而变化，电子云就是形象地用来描述概率的一

种图示方法。图 11-5 为氢原子处于能量最低的状态时的电子云，图中黑点的疏密程度表示概率密度的相对大小。由图可知：离核愈近，概率密度愈大；反之，离核愈远，概率密度愈小。在离核距离 (r) 相等的球面上概率密度相等，与电子所处的方位无关，因此基态氢原子的电子云是球形对称的。

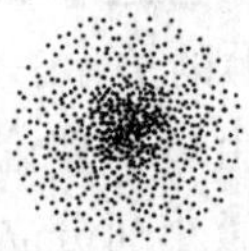

图 11-5　基态氢原子电子云

综上所述，微观粒子运动的主要特征是具有波粒二象性，具体体现在量子化和统计性上。

11.1.3　核外电子运动状态描述

宏观物体的运动状态可以用轨道、速度等物理量来描述。电子等微观粒子与宏观物体则不同，具有波粒二象性，运动没有确定的轨道，不符合经典力学运动的规律。所以核外电子的运动状态不能用经典的牛顿力学来描述，而需用量子力学来描述，以电子在核外出现的概率密度、概率分布来描述电子运动的规律。

1. 薛定谔方程

微观粒子的运动具有波性，所以可以用波函数 ψ 来描述它的运动状态。1926 年，奥地利物理学家薛定谔(Schrodinger E)根据电子具有波粒二象性的特征，结合德布罗依关系式和光的波动方程提出了描述核外电子运动状态的波动方程，称为薛定谔方程，这是量子力学的基本方程，是一个二阶偏微分方程，其具体形式为：

$$\frac{\partial^2\psi}{\partial x^2}+\frac{\partial^2\psi}{\partial y^2}+\frac{\partial^2\psi}{\partial z^2}+\frac{8\pi^2 m}{h^2}(E-V)\psi=0 \tag{11-8}$$

式中：ψ 叫波函数，E 是微观粒子的总能量即势能和动能之和，V 是势能，m 是微粒的质量，h 是普朗克常量，x、y、z 为空间坐标。

在薛定谔方程中 m，E，V 体现了电子的粒子性，ψ 体现了粒子的波动性，所以能正确地反映电子的运动状态。求解薛定谔方程的过程很复杂。无机及分析化学中只要求了解量子力学处理原子结构问题的大致思路和求解薛定谔方程得到的一些重要结论。

2. 波函数(ψ)与电子云($|\psi|^2$)

为了有利于薛定谔方程的求解和原子轨道的表示，需要把直角坐标(x，y，z)变换成球极坐标(r，θ，ϕ)，其变换关系见图 11-6。

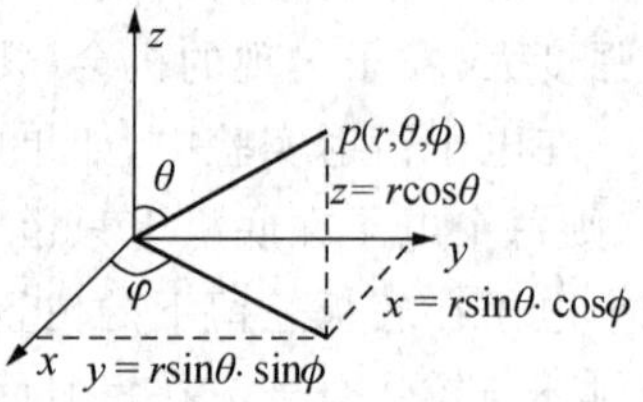

图 11-6　直角坐标与球极坐标的关系

通常认为原子核是不动的，位于坐标的原点 O 上，电子位于空间的 P 点上。解薛定谔方程可以得到一系列描述波的数学函数式 $\psi(r,\theta,\phi)$（简称波函数）和相应的一系列能量 E。处于每一定态（即能量状态一定）的电子就有一个相应的波函数式。例如，氢原子处于基态($E_1=-2.179\times10^{-18}$ J)时的波函数为：

$$\psi=\sqrt{\frac{1}{\pi a_0^3}}\,e^{-r/a_0}$$

那么波函数 $\psi(r,\theta,\phi)$ 代表核外空间 $p(r,\theta,\phi)$ 点的什么性质呢？其意义是不明确的，

因此 ψ 本身没有明确的物理意义。只能说 ψ 是描述核外电子运动状态的数学表达式，电子运动的规律受它控制。在量子力学中常借用经典力学中描述物体运动的轨道的概念，把描写电子运动的波函数称为原子轨道。必须注意，这里原子轨道的含意不同于宏观物体的运动轨道，也不同于波尔理论中的固定轨道，指的是电子的一种空间运动状态。

具有波动性的电子，虽然没有确定的运动轨道，但在空间某处出现的几率密度与该处波的强度的大小成正比。物理学告诉我们，波的强度与波的振幅的平方 $|\psi|^2$ 成正比。因此常用波函数 ψ 绝对值的平方 $|\psi|^2$。表示核外空间某点电子出现的概率密度(probability density)。量子力学原理指出：在核外空间某点 $p(r,\theta,\phi)$ 附近微体积 $d\tau$ 内电子出现的概率 dp 为

$$dp = |\psi|^2 \cdot d\tau \tag{11-9}$$

即

$$|\psi|^2 = \frac{dp}{d\tau}$$

所以 $|\psi|^2$ 表示电子在核外空间某点 $p(r,\theta,\phi)$ 附近单位微体积 $d\tau$ 内出现的概率，即概率密度。

如果用点子的疏密来表示 $|\psi|^2$ 值的大小，可得到图 11-5 的基态氢原子的电子云图。因此电子云是 $|\psi|^2$(概率密度)的形象化描述。因而，人们也把 $|\psi|^2$ 称为电子云，而把描述电子运动状态的 ψ 称为原子轨道。

3. 量子数

在求解薛定谔方程时，数学上可解得许多个 $\psi(r,\theta,\phi)$ 及能量 E，但物理意义上并非都是合理的。为了得到描述电子运动状态的合理解，在求解过程中必须引进三个称为量子数的整数，它们分别是主量子数 n、角量子数 l 和磁量子数 m。这三个量子数的取值有一定的规则，而且相互制约，否则得到的解是不合理的、无意义的。通过一组特定的 n、l、m 就可以得到一个相应的波函数 $\psi_{n,l,m}(r,\theta,\phi)$，用于表示原子核外电子的一种运动状态。因此，人们常把 n、l、m 三个量子数称为轨道量子数。此外，电子还有自旋运动，为了描写这种自旋运动，引入了第四个量子数，自旋量子数 s_i。四个量子数确定了，电子在原子核外的运动状态也就确定了。现将四个量子数的物理意义和取值规则介绍如下：

(1)主量子数 n(principal quantum number) 主量子数 n 可取的值为 1,2,3,4,… 等正整数。n 是决定电子能量的主要量子数，在单电子原子的氢原子和类氢原子中，电子的能量完全由 n 决定。n 值愈大，原子轨道离核愈远，能量愈高。氢原子其原子轨道的能量可用式(11-4)表示：

$$E_n = -2.179 \times 10^{-18} \frac{1}{n^2}\text{J}$$

在同一原子内，具有相同主量子数的电子几乎在离核距离相同的空间内运动，可看作构成一个核外电子“层”。根据 $n=1,2,3,4,\cdots$，相应称为 K、L、M、N、O、P、Q 层。

(2)角量子数 l(azimuthal quantum number) 角量子数的全称叫轨道角动量，角量子数 l 的取值受制于 n，l 可取的值为 $0,1,2,\cdots,(n-1)$，共可取 n 个，在光谱学中分别用符号 s,p,d,f,…表示，即 $l=0$ 用 s 表示，$l=1$ 用 p 表示等。对于给定的 n 来说，可能含有一个或几个不同状态的亚层相应为 s 亚层、p 亚层、d 亚层和 f 亚层，而处于这些亚层的电子即为 s

电子、p 电子、d 电子和 f 电子。

角量子数 l 确定原子轨道或电子云的形状，当 $l=0$ 时，表示成球形对称的 s 轨道，$l=1$ 时，表示成哑铃形分布的 p 轨道，$l=2$ 时表示成花瓣形的 d 轨道。

在单电子原子中，原子轨道的能量由主量子数 n 决定，n 相同的同一电子层内，各亚层的能量是相等的。如 $E_{2s}=E_{2p}$，$E_{3s}=E_{3p}=E_{3d}$，等等。

在多电子原子中角量子数 l 和 n 一起决定电子的能量。一般 n 相同，l 大的能量较高，如 $E_{ns}<E_{np}<E_{nd}<E_{nf}<\cdots$。

(3)磁量子数 m(magnetic quantum number)　在外磁场的作用下，激发态原子原来的一条谱线会分裂成若干条，说明在同一亚层中往往还包含着若干个空间伸展方向不同的原子轨道。因此用磁量子数 m 来表示原子轨道的空间取向。m 的量子化条件受 l 值的限制，m 可取的数值为 $0,\pm1,\pm2,\pm3,\cdots,\pm l$，共可取 $2l+1$ 个值。例如，当 $l=0$ 时，m 只能取 0，即 s 电子云在空间只有球状对称的一种取向，表明 s 亚层只有一个轨道；当 $l=1$ 时，m 依次可取 $-1,0,+1$ 三个值，表示 p 电子云在空间有互成直角的三个伸展方向，分别以 p_x、p_y、p_z 表示，即 p 亚层有三个轨道；类似的，d、f 电子云分别有 5、7 个取向，有 5、7 个轨道。同一亚层内的原子轨道其能量是相同的，称等价轨道或简并轨道。

(4)自旋量子数 s_i(spin quantum number)　用高分辨率的光谱仪在无外磁场的情况下观察氢原子光谱时发现原先的一条谱线又分裂为两条靠得很近的谱线，反映出电子运动的两种不同的状态。为了解释这一现象，又提出了第四个量子数，叫自旋量子数，用符号 s_i 表示。电子除绕核运动外，其自身还做自旋运动。量子力学用自旋量子数 $s_i=+1/2$ 或 $s_i=-1/2$ 分别表示电子的两种不同的自旋运动状态。通常图示用箭头↑、↓符号表示。两个电子的自旋状态为“↑↑”时，称为自旋平行；而“↑↓”的自旋状态称为自旋相反。

综上所述，主量子数 n 和角量子数 l 决定核外电子的能量；角量子数 l 决定电子云的形状；磁量子数 m 决定电子云的空间取向；自旋量子数 s_i 决定电子运动的自旋状态。根据四个量子数可以确定核外电子的运动状态，可以确定各电子层中电子可能的状态数，见表 11-1。

表 11-1　核外电子可能的状态

主量子数 n	1	2		3			4			
电子层符号	K	L		M			N			
角量子数 l	0	0	1	0	1	2	0	1	2	3
电子亚层符号	1s	2s	2p	3s	3p	3d	4s	4p	4d	4f
磁量子数 m	0	0	0	0	0	0	0	0	0	0
			±1		±1	±1		±1	±1	±1
						±2			±2	±2
										±3
亚层轨道数($2l+1$)	1	1	3	1	3	5	1	3	5	7
电子层轨道数	1	4		9			16			
自旋量子数 s_i	±1/2									
各层可容纳的电子数	2	8		18			32			

11.1.4 原子轨道和电子云的图像

在实际应用中，用一个很复杂的函数式来表示原子轨道是非常不方便的。因此，人们希望把原子轨道的图形画出来，由图形直观地解决化学问题。为了得到原子轨道和电子云的图像，可将波函数 $\psi_{n,l,m}(r,\theta,\phi)$ 通过变量分离表示为

$$\psi_{n,l,m}=R_{n,l}(r)\cdot Y_{l,m}(\theta,\phi) \tag{11-10}$$

式中：波函数 $\psi_{n,l,m}$ 即所谓的原子轨道，$R_{n,l}(r)$ 只与离核半径有关，称为原子轨道的径向部分；$Y_{l,m}(\theta,\phi)$ 只与角度有关，称为原子轨道的角度部分。氢原子若干原子轨道的径向分布与角度分布如表 11-2 所示。现介绍原子轨道几种主要的图形表示法。

表 11-2 氢原子若干原子轨道的径向分布与角度分布（a_0 为玻尔半径）

轨道	原子轨道 $\psi(r,\theta,\phi)$	径向分布 $R(r)$	角度分布 $Y(\theta,\phi)$
1s	$\sqrt{\frac{1}{\pi^3 a_0}}e^{-r/a_0}$	$2\sqrt{\frac{1}{a_0^3}}e^{-r/a_0}$	$\sqrt{\frac{1}{4\pi}}$
2s	$\frac{1}{4}\sqrt{\frac{1}{2\pi a_0^3}}\left(2-\frac{r}{a_0}\right)e^{-r/2a_0}$	$\sqrt{\frac{1}{8a_0^3}}\left(2-\frac{r}{a_0}\right)e^{-r/2a_0}$	$\sqrt{\frac{1}{4\pi}}$
$2p_z$	$\frac{1}{4}\sqrt{\frac{1}{2\pi a_0^3}}\left(\frac{r}{a_0}\right)e^{-r/2a_0}\cos\theta$	$\sqrt{\frac{1}{24a_0^3}}\left(\frac{r}{a_0}\right)e^{-r/2a_0}$（$2p_z$、$2p_x$、$2p_y$ 共用）	$\sqrt{\frac{3}{4\pi}}\cos\theta$
$2p_x$	$\frac{1}{4}\sqrt{\frac{1}{2\pi a_0^3}}\left(\frac{r}{a_0}\right)e^{-r/2a_0}\sin\theta\cos\phi$		$\sqrt{\frac{3}{4\pi}}\sin\theta\cos\phi$
$2p_y$	$\frac{1}{4}\sqrt{\frac{1}{2\pi a_0^3}}\left(\frac{r}{a_0}\right)e^{-r/2a_0}\sin\theta\sin\phi$		$\sqrt{\frac{3}{4\pi}}\sin\theta\sin\phi$

1. *原子轨道的角度分布图*

原子轨道角度分布图表示波函数的角度部分 $Y_{l,m}(\theta,\phi)$ 随 θ 和 ϕ 变化的图像。这种图形对理解原子间成键形成分子的过程很有用。这种图的作法是：从坐标原点（原子核）出发，引出不同 θ，ϕ 角度的直线，按照有关波函数角度分布的函数式 $Y(\theta,\phi)$ 算出 θ 和 ϕ 变化时的 $Y(\theta,\phi)$ 值，使直线的长度为 $|Y|$，将所有直线的端点连接起来，在空间则形成一个封闭的曲面，并给曲面标上 Y 值的正、负号，这样的图形称为原子轨道的角度分布图。

由于波函数的角度部分 $Y_{l,m}(\theta,\phi)$ 只与角量子数 l 和磁量子数 m 有关，因此，只要量子数 l、m 相同，其 $Y_{l,m}(\theta,\phi)$ 函数式就相同，就有相同的原子轨道角度分布图。

例如，所有 $l=0$、$m=0$ 的波函数的角度部分 $Y_{0,0}(\theta,\phi)$ 都和 1s 轨道的相同，为 $Y_s=\sqrt{\frac{1}{4\pi}}$，是一个与角度 θ、ϕ 无关的常数，所以它的角度分布图是一个以 $\sqrt{\frac{1}{4\pi}}$ 为半径的球面。球面上任意一点的 Y_s 值均为 $\sqrt{\frac{1}{4\pi}}$，如图 11-7 所示。

又如所有 p_z 轨道波函数的角度部分为

$$Y_{p_z}=\sqrt{\frac{3}{4\pi}}\cos\theta=C\cdot\cos\theta$$

Y_{p_z} 只与 θ 有关，表 11-3 列出不同 θ 角的 Y_{p_z} 值，由此作 $Y_{p_z} \sim \cos\theta$ 图，就可得到两个相切于原点的圆，如图 11-8 所示。将图 11-8 绕 z 轴旋转 360°，就可得到两个外切于原点的球面所构成的 p_z 原子轨道角度分布的立体图。球面上任意一点至原点的距离代表在该角度 (θ, ϕ) 上 Y_{p_z} 数值的大小；$x\ y$ 平面上下的正负号表示 Y_{p_z} 的值为正值或负值，并不代表电荷，这些正负号和 Y_{p_z} 的极大值空间取向将在原子形成分子的成键过程中起重要作用。整个球面表示 Y_{p_z} 随 θ 和 ϕ 角度变化的规律。

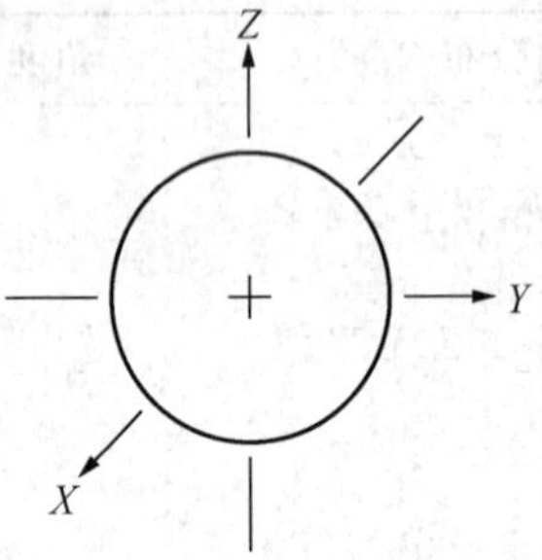

图 11-7 s 轨道的角度分布图

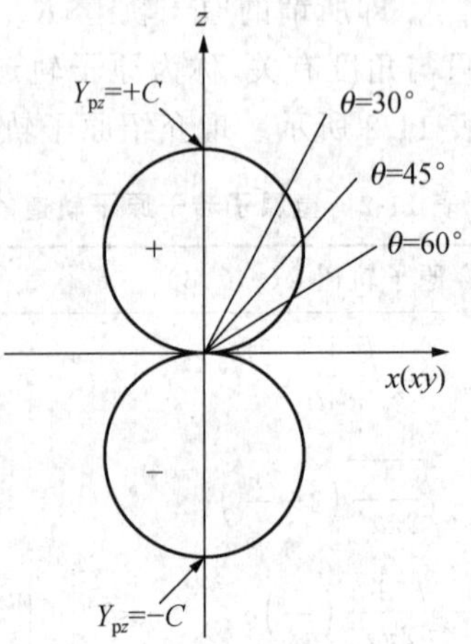

图 11-8 p_z 轨道的角度分布图

表 11-3 不同 θ 角的 Y_{p_z} 值

θ	0°	30°	60°	90°	120°	150°	180°
$\cos\theta$	1.00	0.87	0.50	0	−0.50	−0.87	−1.00
Y_{p_z}	1.00C	0.87C	0.50C	0	−0.50C	−0.87C	−1.00C

采用同样方法，根据各原子轨道的 $Y(\theta, \phi)$ 函数式，可作出 p_x、p_y 及五种 d 轨道的角度分布图。

图 11-9 是 s、p、d 原子轨道的角度分布图。从图中看到，三个 p 轨道角度分布的形状相同，只是空间取向不同。它们的 Y_p 极大值分别沿 x、y、z 三个轴取向，所以三种 p 轨道分别称为 p_x、p_y、p_z 轨道。五种 d 轨道中 d_{z^2} 和 $d_{x^2-y^2}$ 两种轨道其 Y 的极大值分别在 z 轴、x 轴和 y 轴的方向上，称为轴向 d 轨道；d_{xy}、d_{xz}、d_{yz} 三种轨道 Y 的极大值都在两个轴间（x 和 y、x 和 z、y 和 z 轴）45°夹角的方向上，称为轴间轨道。除 d_{z^2} 轨道外，其余四种 d 轨道角度分布的形状相同，只是空间取向不同。

2. 电子云的角度分布图

电子云角度分布图是波函数角度部分函数 $Y(\theta, \phi)$ 的平方 $|Y|^2$ 随 θ、ϕ 角度变化的图形（图 11-10），反映出电子在核外空间不同角度的概率密度大小。电子云的角度分布图与相应的原子轨道的角度分布图是相似的，它们之间的主要区别在于：

①原子轨道角度分布图中 Y 有正、负之分，而电子云角度分布图中 $|Y|^2$ 则无正、负号，这是由于 $|Y|$ 平方后总是正值；

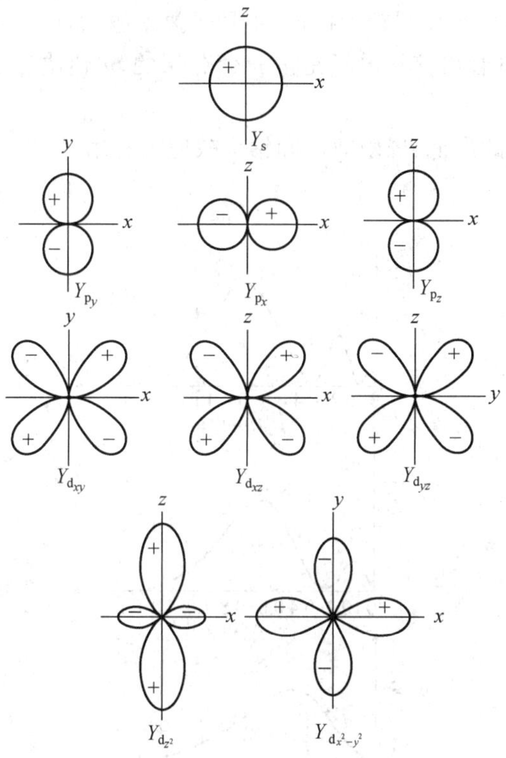

图 11-9 s、p、d 原子轨道的角度分布图

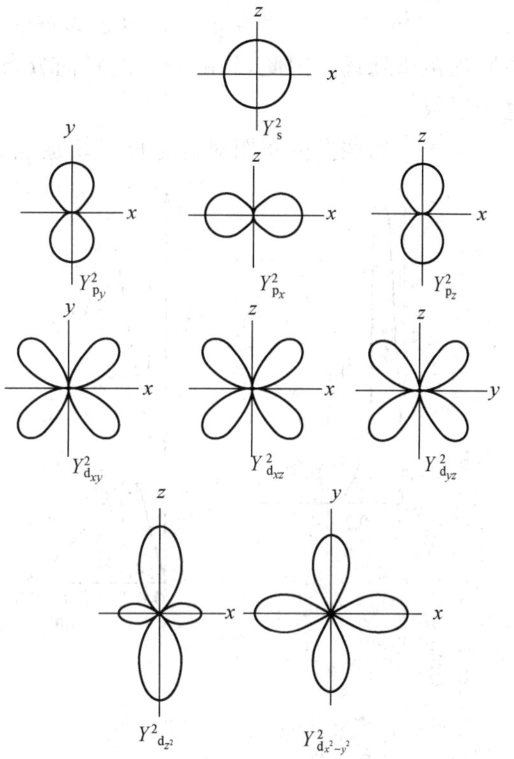

图 11-10 s、p、d 电子云的角度分布图

②由于 $Y<1$ 时，$|Y|^2$ 一定小于 Y，因而电子云角度分布图要比原子轨道角度分布图稍“瘦”些。

原子轨道、电子云的角度分布图在化学键的形成、分子空间构型的讨论中有重要意义。

3. 电子云的径向分布图

电子云的角度分布图只能反映出电子在核外空间不同角度的概率密度大小，并不反映电子出现的概率密度大小与离核远近的关系，通常用电子云的径向分布图来反映电子在核外空间出现的概率离核远近的变化。

假设一个离核半径为 r，厚度为 $\mathrm{d}r$ 的薄球壳。以 r 为半径的球面面积为 $4\pi r^2$，球壳的体积为 $4\pi r^2\cdot\mathrm{d}r$，电子在球壳内出现的概率为

$$\mathrm{d}p=|\psi|^2\cdot\mathrm{d}\tau=|\psi|^2\cdot 4\pi r^2\cdot\mathrm{d}r=R^2(r)\cdot 4\pi r^2\cdot\mathrm{d}r$$

式中：R 为波函数的径向部分。令 $D(r)=R^2(r)\cdot 4\pi r^2$，$D(r)$称径向分布函数。$D(r)$表示电子在半径为 r 的球面上单位厚度的球壳夹层内出现的概率，以 $D(r)$为纵坐标，以 r 为横坐标作图即可得电子云径向分布图。

氢原子电子云的几种径向分布示意图见图 11-11，从图中可以看出，电子云径向分布曲线上有 $n-l$ 个峰值。例如，3d 电子，$n=3$、$l=2$，$n-l=1$，只出现一个峰值；3s 电子，$n=3$、$l=0$，$n-l=3$，有三个峰值。在角量子数 l 相同、主量子数 n 增大时，如 1s、2s、3s，电子云沿 r

扩展得越远，或者说电子离核的平均距离越来越远；当主量子数 n 相同而角量子数 l 不同时，如 3s、3p、3d，这三个轨道上的电子离核的平均距离则较为接近；主量子数 n 越大，电子离核平均距离越远。因此，从电子云的径向分布可看出核外电子是按 n 值分层的，n 值决定了电子层数。

电子云的径向分布图对讨论原子轨道能级的高低、屏蔽效应和钻穿效应很有用。

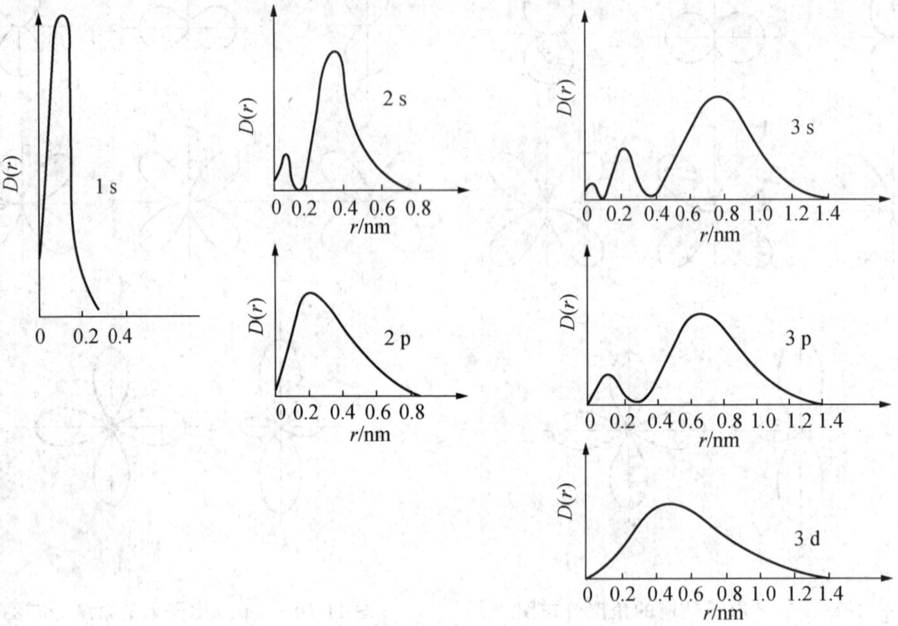

图 11-11　氢原子电子云径向分布示意图

11.2　多电子原子结构与元素周期律

了解核外电子的排布，有助于对元素性质周期性变化规律的理解，以及对元素周期表结构和元素分类本质的认识。要了解原子核外电子的排布，首先要认识各原子轨道能量的高低。氢原子和类氢原子核外只有一个电子，它只受到核的吸引作用，其薛定谔方程可精确求解，相应的原子轨道的能量只取决于主量子数 n。而在多电子原子中，电子不仅受核的吸引，电子与电子之间还存在相互排斥作用，相应的波薛定谔方程就不能精确求解。为了使问题简单化，一般采用中心力场模型来近似处理。对某一指定电子来说，中心力场模型把所有其他电子对该电子的排斥作用看作是减弱(屏蔽)了原子核的正电场对该电子的作用力。这样指定电子可看作只受到来自原子中心的正电荷的作用。用这种近似方法处理，多电子原子中某指定电子的受力情况十分类似单电子原子中的电子，因此可以近似计算波函数和轨道能级。结果表明，多电子原子的原子轨道和氢原子的原子轨道相似，描写氢原子轨道的四个量子数同样适用于多电子原子体系，但多电子原子轨道的能级则复杂得多。

11.2.1 原子核外电子排布

1. 近似能级图

美国化学家鲍林(Pauling L)根据光谱实验数据及理论计算结果，把原子轨道能级按从低到高分为7个能级组，如图11-12所示(第七组未画出)，称为鲍林近似能级图。图中能级次序即为电子在核外的排布顺序。

能级图中每一小圈代表一个原子轨道，如s亚层只有一个原子轨道，p亚层有三个能量相等的原子轨道，d亚层则有5个。量子力学中把能量相同的状态叫简并状态，相应的轨道叫简并轨道。所以，p亚层有三个简并轨道，d亚层有5个简并轨道，而f亚层则有七个简并轨道。

相邻两个能级组之间的能量差较大，而同一能级组中各轨道能级间的能量差较小或很接近。从图11-12可以得出：

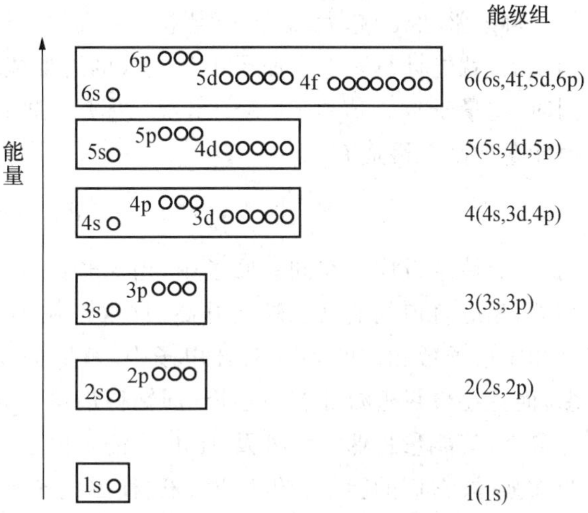

图11-12 鲍林近似能级图

①当角量子数l相同时，随着主量子数n值的增大，原子轨道的能量依次升高。如

$$E_{1s} < E_{2s} < E_{3s} \cdots ; E_{2p} < E_{3p} < E_{4p} \cdots ; E_{3d} < E_{4d} < E_{5d} \cdots \text{等}$$

②当主量子数n相同时，随着角量子数l值的增大，轨道能量升高。如$E_{ns}<E_{np}<E_{nd}<E_{nf}$

③当主量子数n和角量子数l都不同时，有能级交错现象。如

$$E_{4s} < E_{3d} < E_{4p} ; E_{5s} < E_{4d} < E_{5p} ; E_{6s} < E_{4f} < E_{5d} < E_{6p}$$

有了鲍林近似能级图，各元素基态原子的核外电子可按该能级图从低到高顺序填入。

必须指出，鲍林近似能级图仅仅反映了多电子原子中原子轨道能量的近似高低，不能认为所有元素原子的能级高低都是一成不变的。

2. 屏蔽效应和钻穿效应

多电子原子中轨道能级交错现象可用屏蔽效应和钻穿效应来说明。

(1)屏蔽效应 在多电子原子中，电子除受到原子核的吸引外，还受到其他电子的排斥，其余电子对指定电子的排斥作用可看成是抵消部分核电荷的作用，从而削弱了核电荷对某电子的吸引力，使作用在某电子上的有效核电荷下降。这种由于其他电子排斥作用而减弱核对指定电子吸引力的现象叫屏蔽效应(shielding effect)。对指定电子产生有效作用的核电荷数称为有效核电荷(Z^*)。

$$Z^* = Z - \sigma \tag{11-11}$$

式中：σ为屏蔽常数，代表了被抵消的电荷数。

考虑了屏蔽效应后，某个电子的轨道能量可按式(11-12)估算：

$$E_i = -2.179 \times 10^{-18} \left(\frac{Z^*}{n}\right)^2 \text{J} \tag{11-12}$$

式中：Z^* 为作用在某一电子上的有效核电荷数；n 为该电子的主量子数。

屏蔽常数(σ)越大，表明指定电子受其他电子的屏蔽效应作用越大，轨道能量越大。Z^* 确定后，就能计算多电子原子中各能级的近似能量。在同一原子中，当原子的角量子数 l 相同时，主量子数 n 值愈大，电子出现几率最大的区域离核越远，所受屏蔽作用越强，相应的轨道能量愈高。因而有

$$E_{1s} < E_{2s} < E_{3s} \cdots; E_{2p} < E_{3p} < E_{4p} \cdots; E_{3d} < E_{4d} < E_{5d} \cdots;\ E_{4f} < E_{5f}\ \text{等。}$$

(2)钻穿效应　在同一原子中，当原子的主量子数 n 相同时，随着原子的角量子数 l 的增大，相应轨道的能量也随之升高，这也可从图 11-13 氢原子电子云径向分布示意图理解。例如主量子数相同的 4s、4d、4f 电子中，角量子数 l 最小的 4s 电子不仅径向分布峰的个数最多，而且在最靠近核处有一小峰(即钻得最深)，4s 电子受内层电子屏蔽最小，平均受核吸引力最大，其能量最低；而 4d 及 4f 电子钻入内层的程度依次减小，内层电子对其屏蔽作用逐渐增强，故它们的能量相继增大。这种因电子穿过内层钻穿到核附近而使其能量下降的作用称为钻穿效应。因而有

$$E_{ns} < E_{np} < E_{nd} < E_{nf}$$

当 n 和 l 均不相同时，则有可能存在能级交错现象，例如 4s 和 3d，由于 4s 有 4 个峰，而 3d 只有 1 个峰，所以 4s 电子钻穿效应大于 3d，使 4s 的能量反而比 3d 低，导致能级交错现象产生。即

$$E_{4s} < E_{3d} < E_{4p}$$

屏蔽效应和钻穿效应是两个有密切关联的概念。钻穿效应大的电子，受到其他电子的屏蔽效应小。反之，钻穿效应小的电子，本身受到的屏蔽效应就越大。

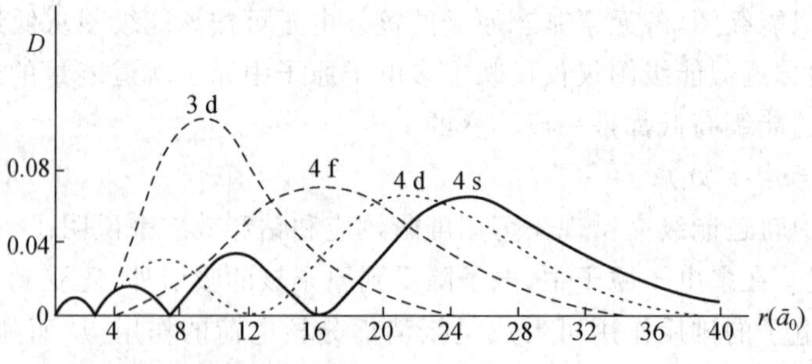

图 11-13　氢原子 3d,4s,4d,4f 电子云的径向分布图

3. 核外电子排布的一般原则

光谱实验和元素周期律表明，多电子原子核外电子的排布一般遵循以下三条原则。

(1)泡利不相容原理　奥地利物理学家泡利(Pauli W)在 1925 年根据光谱实验和元素周期表中每一周期元素的数目，提出了一个假定——泡利不相容原理(Pauli exclusion priciple)。该原理认为:在同一原子中不可能有四个量子数完全相同的两个电子存在,或者说在轨道量子数 n、l、m 确定的一个原子轨道上最多可容纳两个电子,而这两个电子的自旋方向必须相反,即自旋量子数 s_i 分别为+1/2 和-1/2。按照这个原理,s 轨道可容纳 2 个电子,p、d、f 轨道依次最多可容纳 6、10、14 个电子,并可推知每一电子层可容纳的最多电子数为 $2n^2$。

(2)能量最低原理　自然界的一个普遍规律,就是系统的能量越低,系统越稳定。原子核外电子的排布也服从这一规律。多电子原子在基态时核外电子的排布在不违背泡利原理的前提下将尽可能优先占据能量较低的轨道,以使原子能量处于最低,这就是能量最低原理。因此核外电子按近似能级图由低到高排布到各个原子轨道中。

(3)洪特规则　洪特(Hund F)在 1925 年根据大量光谱实验得出:电子在能量相同的轨道(即简并轨道)上排布时,总是尽可能以自旋相同的方式分占不同的轨道,因为这样的排布方式原子的能量最低。这就是洪特规则(Hund's rule)。如图 11-14 氮原子的电子排布,N 原子的三个 2p 电子分别占据 p_x、p_y、p_z 三个简并轨道,且自旋量子数相同(自旋平行)。此外,作为洪特规则的补充,当简并轨道被电子半充满(p^3、d^5、f^7)、全充满(p^6、d^{10}、f^{14})或全充空(p^0、d^0、f^0)时最为稳定。

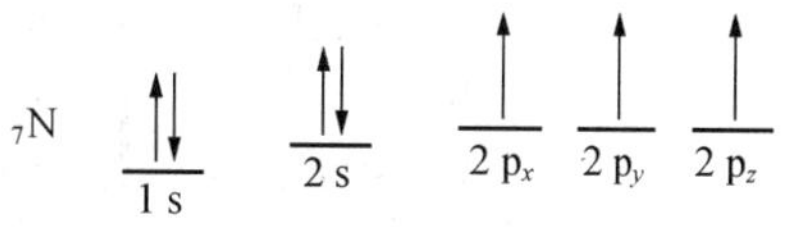

图 11-14　氮原子电子排布

泡利不相容原理和洪特规则实际也是能量最低原理的具体体现。

4. 原子的核外电子排布

电子在核外的排布常称为电子构型(electron configuration)或电子结构(atomic electron structre)。通常原子的核外排布有三种表示方法:

(1)轨道排布式　电子的排布图 11-14 的图示形式表示,常称轨道排布式。用一短横、□或○表示 n、l、m 确定的一个轨道,用↓、↑表示电子的两种自旋状态。

(2)电子排布式　用主量子数 n 的数值和角量子数 l 的符号表示的式子称原子的核外电子排布式或电子构型(也称电子结构式),轨道右上角的数字是相应轨道中的电子数目。例如 $_7N$ 的核外电子排布式可写成:$1s^2 2s^2 2p^3$。

为了避免电子排布式书写过繁,常把电子排布已达到稀有气体结构的内层,以相应稀有气体元素符号外加方括号(称原子实)表示。如钠原子 $_{11}Na$ 的电子构型 $1s^2 2s^2 2p^6 3s^1$ 也可表示为 $[Ne]3s^1$。原子实以外的电子排布称外层电子构型。必须注意,虽然原子中电子是按近似能级图由低到高的顺序填充的,但在书写原子的电子构型时,外层电子构型应按 $(n-2)f$、$(n-1)d$、ns、np 的顺序(即按主量子数 n 由小到大的顺序)书写。如

$_{22}Ti$ 电子构型为　$[Ar]3d^2 4s^2$;　　$_{24}Cr$ 电子构型为　$[Ar]3d^5 4s^1$;

$_{29}Cu$ 电子构型为　$[Ar]3d^{10} 4s^1$;　　$_{64}Gd$ 电子构型为　$[Xe]4f^7 5d^1 6s^2$;

对绝大多数元素的原子来说,按电子排布规则得出的电子排布式与光谱实验的结论是一致的。然而有些副族元素如 $_{74}W$($[Xe]5d^4 6s^2$)等,不能用上述规则予以完满解释,这种情况在第六、七周期元素中较多,说明电子排布规则还有待发展完善,使它更加符合实际。元素基态原子的电子构型见表 11-4。

表 11-4　元素基态原子的电子构型

原子序数	元素	电子构型	原子序数	元素	电子构型	原子序数	元素	电子构型
1	H	$1s^{1}$	39	Y	[Kr]$4d^{1}5s^{2}$	77	Ir	[Xe]$4f^{14}5d^{7}6s^{2}$
2	He	$1s^{2}$	40	Zr	[Kr]$4d^{2}5s^{2}$	78	Pt	[Xe]$4f^{14}5d^{9}6s^{1}$
3	Li	[He]$2s^{1}$	41	Nb	[Kr]$4d^{4}5s^{1}$	79	Au	[Xe]$4f^{14}5d^{10}6s^{1}$
4	Be	[He]$2s^{2}$	42	Mo	[Kr]$4d^{5}5s^{1}$	80	Hg	[Xe]$4f^{14}5d^{10}6s^{2}$
5	B	[He]$2s^{2}2p^{1}$	43	Tc	[Kr]$4d^{5}5s^{2}$	81	Tl	[Xe]$4f^{14}5d^{10}6s^{2}6p^{1}$
6	C	[He]$2s^{2}2p^{2}$	44	Ru	[Kr]$4d^{7}5s^{1}$	82	Pb	[Xe]$4f^{14}5d^{10}6s^{2}6p^{2}$
7	N	[He]$2s^{2}2p^{3}$	45	Rh	[Kr]$4d^{8}5s^{1}$	83	Bi	[Xe]$4f^{14}5d^{10}6s^{2}6p^{3}$
8	O	[He]$2s^{2}2p^{4}$	46	Pd	[Kr]$4d^{10}$	84	Po	[Xe]$4f^{14}5d^{10}6s^{2}6p^{4}$
9	F	[He]$2s^{2}2p^{5}$	47	Ag	[Kr]$4d^{10}5s^{1}$	85	At	[Xe]$4f^{14}5d^{10}6s^{2}6p^{5}$
10	Ne	[He]$2s^{2}2p^{6}$	48	Cd	[Kr]$4d^{10}5s^{2}$	86	Rn	[Xe]$4f^{14}5d^{10}6s^{2}6p^{6}$
11	Na	[Ne]$3s^{1}$	49	In	[Kr]$4d^{10}5s^{2}5p^{1}$	87	Fr	[Rn]$7s^{1}$
12	Mg	[Ne]$3s^{2}$	50	Sn	[Kr]$4d^{10}5s^{2}5p^{2}$	88	Ra	[Rn]$7s^{2}$
13	Al	[Ne]$3s^{2}3p^{1}$	51	Sb	[Kr]$4d^{10}5s^{2}5p^{3}$	89	Ac	[Rn]$6d^{1}7s^{2}$
14	Si	[Ne]$3s^{2}3p^{2}$	52	Te	[Kr]$4d^{10}5s^{2}5p^{4}$	90	Th	[Rn]$6d^{2}7s^{2}$
15	P	[Ne]$3s^{2}3p^{3}$	53	I	[Kr]$4d^{10}5s^{2}5p^{5}$	91	Pa	[Rn]$5f^{2}6d^{1}7s^{2}$
16	S	[Ne]$3s^{2}3p^{4}$	54	Xe	[Kr]$4d^{10}5s^{2}5p^{6}$	92	U	[Rn]$5f^{3}6d^{1}7s^{2}$
17	Cl	[Ne]$3s^{2}3p^{5}$	55	Cs	[Xe]$6s^{1}$	93	Np	[Rn]$5f^{4}6d^{1}7s^{2}$
18	Ar	[Ne]$3s^{2}3p^{6}$	56	Ba	[Xe]$6s^{2}$	94	Pu	[Rn]$5f^{6}7s^{2}$
19	K	[Ar]$4s^{1}$	57	La	[Xe]$5d^{1}6s^{2}$	95	Am	[Rn]$5f^{7}7s^{2}$
20	Ca	[Ar]$4s^{2}$	58	Ce	[Xe]$4f^{1}5d^{1}6s^{2}$	96	Cm	[Rn]$5f^{7}6d^{1}7s^{2}$
21	Sc	[Ar]$3d^{1}4s^{2}$	59	*Pr*	[Xe]$4f^{3}6s^{2}$	97	Bk	[Rn]$5f^{9}7s^{2}$
22	Ti	[Ar]$3d^{2}4s^{2}$	60	Nd	[Xe]$4f^{4}6s^{2}$	98	Cf	[Rn]$5f^{10}7s^{2}$
23	V	[Ar]$3d^{3}4s^{2}$	61	Pm	[Xe]$4f^{5}6s^{2}$	99	Es	[Rn]$5f^{11}7s^{2}$
24	Cr	[Ar]$3d^{5}4s^{1}$	62	Sm	[Xe]$4f^{6}6s^{2}$	100	Fm	[Rn]$5f^{12}7s^{2}$
25	Mn	[Ar]$3d^{5}4s^{2}$	63	Eu	[Xe]$4f^{7}6s^{2}$	101	Md	[Rn]$5f^{13}7s^{2}$
26	Fe	[Ar]$3d^{6}4s^{2}$	64	Gd	[Xe]$4f^{7}5d^{1}6s^{2}$	102	No	[Rn]$5f^{14}7s^{2}$
27	Co	[Ar]$3d^{7}4s^{2}$	65	Tb	[Xe]$4f^{9}6s^{2}$	103	Lr	[Rn]$5f^{14}6d^{1}7s^{2}$
28	Ni	[Ar]$3d^{8}4s^{2}$	66	Dy	[Xe]$4f^{10}6s^{2}$	104	Rf	[Rn]$5f^{14}6d^{2}7s^{2}$
29	Cu	[Ar]$3d^{10}4s^{1}$	67	Ho	[Xe]$4f^{11}6s^{2}$	105	Db	[Rn]$5f^{14}6d^{3}7s^{2}$
30	Zn	[Ar]$3d^{10}4s^{2}$	68	Er	[Xe]$4f^{12}6s^{2}$	106	Sg	[Rn]$5f^{14}6d^{4}7s^{2}$
31	Ga	[Ar]$3d^{10}4s^{2}4p^{1}$	69	Tm	[Xe]$4f^{13}6s^{2}$	107	Bh	[Rn]$5f^{14}6d^{5}7s^{2}$
32	Ge	[Ar]$3d^{10}4s^{2}4p^{2}$	70	Yb	[Xe]$4f^{14}6s^{2}$	108	Hs	[Rn]$5f^{14}6d^{6}7s^{2}$
33	As	[Ar]$3d^{10}4s^{2}4p^{3}$	71	Lu	[Xe]$4f^{14}5d^{1}6s^{2}$	109	Mt	
34	Se	[Ar]$3d^{10}4s^{2}4p^{4}$	72	Hf	[Xe]$4f^{14}5d^{2}6s^{2}$	110	Uun	
35	Br	[Ar]$3d^{10}4s^{2}4p^{5}$	73	Ta	[Xe]$4f^{14}5d^{3}6s^{2}$	111	Uuu	
36	Kr	[Ar]$3d^{10}4s^{2}4p^{6}$	74	W	[Xe]$4f^{14}5d^{4}6s^{2}$	112	Uub	
37	Rb	[Kr]$5s^{1}$	75	Re	[Xe]$4f^{14}5d^{5}6s^{2}$			
38	Sr	[Kr]$5s^{2}$	76	Os	[Xe]$4f^{14}5d^{6}6s^{2}$			

□框内为过渡金属元素；⬚框内为内过渡金属元素，即镧系与锕系元素。

当原子失去电子成为阳离子时，其电子是按 np→ns→($n-1$)d→($n-2$)f 的顺序失去电子的。如 Fe^{2+} 的电子构型为[Ar]$3d^6 4s^0$，而不是[Ar]$3d^4 4s^2$。原因是同一元素的阳离子比原子的有效核电荷多，造成基态阳离子的轨道能级与基态原子的轨道能级有所不同。

(3)量子数表示　按电子所处的状态用 4 个量子数表示。例如 W：[Xe]$4f^{14} 5d^4 6s^2$ 中的 6s 电子可用 4 个量子数表示为：(6，0，0，+1/2)和(6，0，0，−1/2)。

11.2.2　原子电子层结构与元素周期律

元素周期律是指元素的性质随着核电荷的递增而呈现周期性变化的规律。1869 年，俄国化学家门捷列夫通过分析数十种化学元素和上万种化合物的有关数据，发现了元素周期律，为发现新元素指明了方向。元素周期律使人们认识到元素之间彼此不是相互孤立的，而是存在着内在的联系，由此对化学元素的认识形成了一个完整的自然体系，使化学成为一门系统的科学。自 20 世纪 30 年代量子力学发展并弄清了各元素原子核外电子分布之后，人们才认识到元素周期律的内在原因是随着核电荷的递增，原子最外层外电子排布呈现周期性的变化。现在从几个方面讨论周期表和核外电子排布的关系。

1. 能级组与元素周期

元素周期表是元素周期律的具体表现形式，周期表有多种形式，现在常用的是长式周期表(见书后插页)。它将元素分为 7 个周期(periods)，横向排列。观察比较周期表与能级组，不难发现，基态原子填有电子的最高能级组的主量子数与原子所处周期数相同，各能级组能容纳的电子数等于相应周期的元素数目，表 11-5 列出了能级组与周期的相应关系。

表 11-5　能级组与周期的关系

周期	周期名称	能级组	能级组内各亚层电子填充次序	起止元素	所含元素个数
1	特短周期	1	$1s^{1\sim2}$	$_1H\sim{}_2He$	2
2	短周期	2	$2s^{1\sim2}\rightarrow2p^{1\sim6}$	$_3Li\sim{}_{10}Ne$	8
3	短周期	3	$3s^{1\sim2}\rightarrow3p^{1\sim6}$	$_{11}Na\sim{}_{18}Ar$	8
4	长周期	4	$4s^{1\sim2}\rightarrow3d^{1\sim10}\rightarrow4p^{1\sim6}$	$_{19}K\sim{}_{36}Kr$	18
5	长周期	5	$5s^{1\sim2}\rightarrow4d^{1\sim10}\rightarrow5p^{1\sim6}$	$_{37}Rb\sim{}_{54}Xe$	18
6	特长周期	6	$6s^{1\sim2}\rightarrow4f^{1\sim14}\rightarrow5d^{1\sim10}\rightarrow6p^{1\sim6}$	$_{55}Cs\sim{}_{86}Rn$	32
7	未完全周期	7	$7s^{1\sim2}\rightarrow5f^{1\sim14}\rightarrow6d^{1\sim10}\rightarrow$未完	$_{87}Fr\sim$未完	

第 1～3 周期为短周期，其中第一周期仅两个元素称特短周期。第 4～7 周期为长周期，其中第六周期为特长周期，共有 32 个元素，而第七周期称未完全周期，因为至今发现的元素只有 112 种。每一周期最后一个元素是稀有气体元素，相应各轨道上的电子都已充满，是一种最稳定的原子结构。从第二周期起，每一周期元素的原子内层都具有上一周期稀有气体元素原子实的结构。

2. 价电子构型与周期表中族的划分

(1)价电子构型　价电子是原子发生化学反应时易参与形成化学键的电子，价电子层的电子排布称价电子构型。对主族元素而言，价电子构型就是其最外层电子构型(nsnp)；对副族元素而言，其价电子构型不仅包括最外层的 s 电子，还包括 $(n-1)$d 亚层甚至 $(n-2)$f 亚层的电子。

(2)主族　在长式元素周期表中元素纵向分为 18 列，叫作族(group 或 family)，其中 1～2 列和 13～18 列共 8 列为主族元素(main group elements)，以符号 IA～VIA 表示(最后一族稀有气体习惯上用 0 表示，称零族)。主族元素的最后一个电子填入 ns 或 np 亚层上，价电子总数等于族数。如元素 $_7$N，电子结构式为 $1s^22s^22p^3$，最后一个电子填入 2p 亚层，价电子总数为 5，因而是 VA 元素。其中 0 族元素为稀有气体，最外电子层均已填满，达到 8 电子稳定结构。

同一主族中，尽管电子层数目不同，但元素的最外层电子数相等，由于最外层电子决定元素的化学性质，因此，同主族元素的化学性质相似。

(3)副族　周期表中第 3～12 列称副族元素，即ⅢB～ⅡB，其中Ⅷ族元素有 3 列共 9 个元素，副族元素也称过渡元素。IB、ⅡB 元素的族数等于最外层的 s 电子数，ⅢB～ⅦB 族元素的族数等于最外层 s 电子和次外层 $(n-1)$d 电子数之和，即价电子数。如元素 $_{22}$Ti，其价电子构型为 $3d^24s^2$，价电子数为 4，是ⅣB 元素。Ⅷ族的情况特殊，其 $(n-1)$d 电子与 ns 电子之和分别为 8、9 或 10。第六周期ⅢB 位置有 $_{57}$La(镧)到 $_{71}$Lu(镥)共 15 个元素称镧系元素，并用符号 Ln 表示；Y 和镧系元素统称稀土元素。第七周期ⅢB 位置有 $_{89}$Ac(锕)～$_{103}$Lr(铹)15 个元素称锕系元素，用符号 An 表示。镧系元素、锕系元素又称内过渡元素，前者为 4f 内过渡元素，后者为 5f 内过渡元素。

3. 价电子构型与元素分区

根据元素的价电子构型不同，可以把周期表中元素所在的位置分为 s，p，d，ds，f 五个区，如表 11-6 所示。

表 11-6　元素的价电子构型与元素的分区、族

周期	IA															0
1		ⅡA									ⅢA	IVA	VA	VIA	ⅦA	
2																
3			ⅢB	ⅣB	VB	ⅥB	VIIB	Ⅷ	IB	ⅡB						
4	s 区												p 区			
5	$ns^{1\sim2}$						d 区		ds 区				$ns^2np^{1\sim6}$			
6							$(n-1)d^{1\sim9}ns^{1\sim2}$		$(n-1)d^{10}ns^{1\sim2}$							
7																

镧系元素	f 区
锕系元素	$(n-2)f^{0\sim14}(n-1)d^{0\sim2}ns^2$

(1)s 区　s 区元素最后一个电子填充在 s 轨道，价电子构型为 ns^1 或 ns^2，位于周期表的左侧，包括 IA 和ⅡA 族，它们在化学反应中易失去电子形成+1 或+2 价离子，为活泼金属。

(2)p 区　p 区元素最后一个电子填充在 p 轨道，价电子构型为 $ns^2np^{1\sim6}$，位于长周期表的右侧，共有ⅢA～0A 六族元素。

s 区和 p 区元素为主族元素，其共同特点是最后一个电子都填入最外电子层，最外层电子总数等于族数。

(3)d 区　d 区元素最后一个电子基本填充在次外层 $(n-1)$d 轨道(个别例外)，它们具有可变氧化态，包括ⅢB～Ⅷ族共六族。d 区元素其价电子构型除 $(n-1)d^xns^2$ 外，还有 $(n-1)d^{x+1}ns^1$，或 $(n-1)d^{x+2}ns^0$，其中 $x=1\sim8$ 的族数可由最外层 ns 轨道上的电子数(设为 y)与次外层 $(n-1)$d 轨道上的电子数(设为 x)之和来推断。当 $x+y=8\sim10$ 时为Ⅷ族，其余 $(x+y)$ 的数值即为相应副族元素所在的族数。

(4)ds 区　ds 区元素的价电子构型为 $(n-1)d^{10}ns^{1\sim2}$，与 d 区元素的区别在于它们的 $(n-1)$d 轨道是全满的；与 s 区元素的区别在于它们有 $(n-1)d^{10}$ 电子层，即它们的次外层 d 轨道已全充满；所以 ds 区元素的性质既不同于 d 区元素也不同于 s 区元素，在周期表中的位置介于 d 区和 p 区之间。ds 区元素的族数等于最外层 ns 轨道上的电子数。

(5)f 区　f 区元素最后一个电子填充在 f 亚层，价电子构型为 $(n-2)f^{0-14}(n-1)d^{0-2}ns^2$，包括镧系和锕系元素，位于周期表ⅢB 族位置，整个过渡系列于周期表下方。

11.2.3　元素性质的周期性

原子核外电子构型和有效核电荷呈现的周期性变化，也使得元素的许多基本性质如原子半径、电离能、电子亲和能、电负性等呈现周期性的变化。

1. 原子半径(r)

根据量子力学的观点，原子中的电子在核外运动并无固定轨迹，电子云也无明确的边界，因此原子并不存在固定的半径。但是，现实物质中的原子总是与其他原子为邻的，如果将原子视为球体，那么两原子的核间距离即为两原子球体的半径之和。常将此球体的半径称为原子半径(r)。根据原子与原子间作用力的不同，原子半径的数据一般有三种：共价半径、金属半径和范德华(Van der Waalls)半径。

(1)共价半径　同种元素的两个原子以共价键结合时，它们核间距的一半称为该原子的共价半径(covalent radius)。例如 Cl_2 分子，测得两 Cl 原子核间距离为 198 pm，则 Cl 原子的共价半径为 $r_{Cl}=99$ pm。必须注意，同种元素的两个原子以共价单键、双键或叁键结合时，其共价半径也不同。

(2)金属半径　金属晶体中相邻两个金属原子的核间距的一半称为金属半径(metallic radius)。例如在锌晶体中，测得两原子的核间距为 266 pm，则锌原子的金属半径 $r_{Zn}=$ 133 pm。

(3)范德华半径　当两个原子只靠范德华力(分子间作用力)互相吸引时，它们核间距的一半称为范德华半径(van der Waals radius)。如稀有气体均为单原子分子，形成分子晶体时，分子间以范德华力相结合，同种稀有气体的原子核间距的一半即为其范德华半径。

各元素的原子半径见表 11-7。原子半径的大小主要取决于原子的有效核电荷和核外电子层结构。

表 11-7 元素的原子半径[*] (r/pm)

H																	He
37.1																	122
Li	Be											B	C	N	O	F	Ne
152	111.3											88	77	70	66	64	160
Na	Mg											Al	Si	P	S	Cl	Ar
186	160											143.1	117	110	104	99	191
K	Ca	Sc	Ti	V	Cr	Mn	Fe	Co	Ni	Cu	Zn	Ga	Ge	As	Se	Br	Kr
227.2	197.3	160.6	144.8	132.1	124.9	124	124.1	125.3	124.6	127.8	133.2	122.1	122.5	121	117	114.2	198
Rb	Sr	Y	Zr	Nb	Mo	Tc	Ru	Rh	Pd	Ag	Cd	In	Sn	Sb	Te	I	Xe
247.5	215.1	181	160	142.9	136.2	135.8	132.5	134.5	137.6	144.4	148.9	162.6	140.5	141	137	133.3	217
Cs	Ba	Ln	Hf	Ta	W	Re	Os	Ir	Pt	Au	Hg	Tl	Pb	Bi	Po	At	Rn
265.4	217.3		156.4	143	137.0	137.0	134	135.7	138	144.2	160	170.4	175.0	154.7	167	145	
Fr	Ra	An															
270	220																

镧系	La	Ce	Pr	Nd	Pm	Sm	Eu	Gd	Tb	Dy	Ho	Er	Tm	Yb	Lu
	187.7	182.5	182.8	182.1	181.0	180.2	204.2	180.2	178.2	177.3	176.6	175.7	174.6	194.0	173.4
锕系	Ac	Th	Pa	U	Np	Pu	Am	Cm	Bk	Cf	Es	Fm	Md	No	Lr
	187.8	179.8	160.6	138.5	131	151	184								

[*] 金属原子为金属半径，非金属原子为共价半径(单键)，稀有气体为范德华半径。

同一主族元素原子半径从上到下逐渐增大。因为从上到下，原子的电子层数增多起主要作用，所以半径增大。副族元素的原子半径从上到下递变不是很明显；第一过渡系到第二过渡系的递变较明显；而第二过渡系到第三过渡系基本没变，这是由于镧系收缩的结果。

同一周期中原子半径的递变按短周期和长周期有所不同。在同一短周期中，由于有效核电荷的逐渐递增，核对电子的吸引作用逐渐增大，原子半径逐渐减小。在长周期中，过渡元素由于有效核电荷的递增不明显，因而原子半径减小缓慢。

镧系元素从 La 到 Lu 整个系列的原子半径逐渐收缩的现象称为镧系收缩 (lanthanide contraction)。由于镧系收缩，镧系以后的各元素如 Hf、Ta、W 等原子半径也相应缩小，致使它们的半径与上一个周期的同族元素 Zr、Nb、Mo 非常接近，相应的性质也非常相似，在自然界中常共生在一起，很难分离。

2. 电离能(I)

使基态的气态原子失去一个电子形成+1 氧化态气态离子所需要的能量，称为第一电离能(ionization energy)，用符号 I_1 表示：

$$M(g) \longrightarrow M^+(g) + e^- \qquad I_1 = \Delta E_1 = E_{M^+(g)} - E_{M(g)}$$

从+1 氧化态气态离子再失去一个电子变为+2 氧化态离子所需要的能量叫做第二电离能，符号 I_2，余类推。

电离能为正值，常用单位为 $kJ \cdot mol^{-1}$。例如铝的电离能数据见表 11-8。

表 11-8 铝的电离能数据

电离能	I_1	I_2	I_3	I_4	I_5	I_6
$I_n/(kJ \cdot mol^{-1})$	578	1 817	2 745	11 578	14 831	18 378

由此可以看出：

①$I_1<I_2<I_3<I_4\cdots$ 这是由于原子失电子后，其余电子受核的吸引力增大的缘故；

②$I_3 \ll I_4<I_5<I_6\cdots$ 这是因为 I_1、I_2、I_3 失去的是铝原子最外层的价电子，即 3s、3p 电子，而从 I_4 起失去的是铝原子的内层电子，要把这些电子电离需要更高的能量，这正是铝常形成 Al^{3+} 离子的原因，也是核外电子分层排布的有力证据。

电离能可由实验测得，表 11-9 为各元素原子的第一电离能。通常所说的电离能，如果没有特别说明，指的就是第一电离能。

表 11-9 各元素原子的第一电离能 I_1 $kJ \cdot mol^{-1}$

H 1312																	He 2372
Li 519	Be 900											B 799	C 1096	N 1401	O 1310	F 1680	Ne 2080
Na 494	Mg 736											Al 577	Si 786	P 1060	S 1000	Cl 1260	Ar 1520
K 418	Ca 590	Sc 632	Ti 661	V 648	Cr 653	Mn 716	Fe 762	Co 757	Ni 736	Cu 745	Zn 908	Ga 577	Ge 762	As 966	Se 941	Br 1140	Kr 1350
Rb 402	Sr 548	Y 636	Zr 669	Nb 653	Mo 694	Tc 699	Ru 724	Rh 745	Pd 803	Ag 732	Cd 866	In 556	Sn 707	Sb 833	Te 870	I 1010	Xe 1170
Cs 376	Ba 502		Hf 531	Ta 760	W 779	Re 762	Os 841	Ir 887	Pt 866	Au 891	Hg 1010	Tl 590	Pb 716	Bi 703	Po 812	At 920	Rn 1040

镧系	La 540	Ce 528	Pr 523	Nd 530	Pm 536	Sm 543	Eu 547	Gd 592	Tb 564	Dy 572	Ho 581	Er 589	Tm 597	Yb 603	Lu 524
锕系	Ac	Th 590	Pa 570	U 590	Np 600	Pu 585	Am 578	Cm 581	Bk 601	Cf 608	Es 619	Fm 627	Md 635	No 642	Lr

电离能的大小反映了原子失去电子的难易程度，即元素的金属性的强弱。电离能愈小，原子愈易失去电子，元素的金属性愈强。电离能的大小主要取决于原子的有效核电荷、原子半径和原子的核外电子层结构。

元素的电离能随原子序数的递增呈现周期性的变化，参见图 11-15。

同一周期：从左到右元素的有效核电荷逐渐增大，原子半径逐渐减小，电离能逐渐增大。稀有气体由于具有 8 电子稳定结构，在同一周期中电离能最大。在长周期中的过渡元素，由于电子加在次外层，有效核电荷增加不多，原子半径减小缓慢，电离能增加不明显。

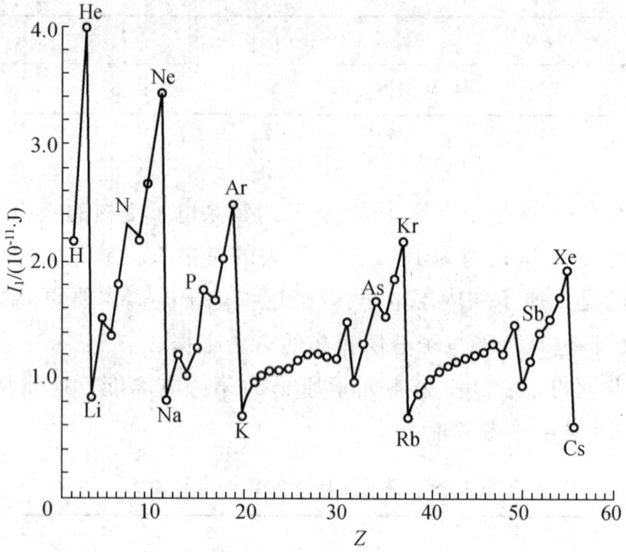

图 11-15 元素第一电离能的周期性变化

同一主族：从上到下，有效核电荷增加不多，而原子半径则明显增大，电离能逐渐减小。

3. 电子亲合能(A)

元素的气态原子在基态时获得一个电子成为一价气态阴离子所放出的能量称为该元素的第一电子亲和能(electron affinity)，用符号 A_1 表示。A_1 为负值表示放出能量(稀有气体元素原子等少数例外)，其单位与电离能相同。

表示式	$X(g)+e^- \rightarrow X^-$	第一电子亲和能 A_1
例如：	$O(g)+e^- \rightarrow O^-$	$A_1=-141\ kJ\cdot mol^{-1}$
	$O^-(g)+e^- \rightarrow O^{-2}$	$A_2=844\ kJ\cdot mol^{-1}$

第二电子亲和能是指－1 氧化态的气态阴离子再得到一个电子，因为阴离子本身是个负电场，对外加电子有静电斥力，在结合过程中系统需吸收能量，所以 A_2 是正值。一般不加注明，电子亲和能均指第一电子亲和能。

电子亲和能的大小反映了原子得到电子的难易程度，即元素的非金属性的强弱。非金属元素(除稀有气体)的第一电子亲和能总是负值，而金属元素的电子亲和能一般为较小负值或正值。常用 A_1 值(习惯上用 $-A_1$ 值)来比较不同元素原子获得电子的难易程度，$-A_1$ 值愈大表示该原子愈容易获得电子，其非金属性愈强。由于电子亲和能的测定比较困难，所以目前测得的数据较少，准确性也较差。有些数据还只是计算值。表 11-10 是一些元素的第一电子亲和能数据。

同一周期，从左到右，元素的电子亲和能逐渐增大，以卤素的电子亲和能为最大。氮族元素由于其价电子构型为 ns^2np^3，p 亚层半满，根据洪德规则较稳定，所以电子亲和能较小。又如稀有气体，其价电子构型为 ns^2np^6 的稳定结构，所以其电子亲和能为正值。

表 11-10 主族元素的电子亲和能 A_1 kJ·mol^{-1}

H							He
−72.7							+48.2
Li	Be	B	C	N	O	F	Ne
−59.6	+48.2	−26.7	−121.9	+6.75	−141.0	−328.0	+115.8
Na	Mg	Al	Si	P	S	Cl	Ar
−52.9	+38.6	−42.5	−133.6	−72.1	−200.4	−349.0	+96.5
K	Ca	Ga	Ge	As	Se	Br	Kr
−48.4	+28.9	−28.9	−115.8	−78.2	−195.0	−324.7	+96.5
Rb	Sr	In	Sn	Sb	Te	I	Xe
−46.9	+28.9	−28.9	−115.8	−103.2	−190.2	−295.1	+77.2

* 数据依据 Hotop H and Linederger W C，*J. Phys. chem. Ref. Data*，14，731(1985)

4. 电负性(x)

元素的电离能能说明元素失去电子的能力，而电子亲和能说明元素得电子能力的大小；但有些元素(如氢、碳等)其电离能大，但电子亲和能小，既难于失去电子，又难于得到电子。若只是从电离能或亲和能的大小来衡量元素的金属性、非金属性强弱，必然有一定的局限性。鲍林把两者统一起来考虑，提出了电负性的概念。

元素的电负性 (electronegativity)是指元素的原子在分子中吸引电子能力的相对大小，即不同元素的原子在分子中对成键电子吸引力的相对大小，它较全面地反映了元素金属性和非金属性的强弱。电负性的概念最早是由鲍林提出来的，他根据热化学数据和分子的键能提出了以下的经验关系式：

$$E(\text{A—B}) = [E(\text{A—A}) \times E(\text{B—B})]^{1/2} + 96.5(x_A - x_B)^2 \tag{11-13}$$

式中 E(A—B)、E(A—A)和 E(B—B)分别为分子 A—B、A—A 和 B—B 的键能，单位为 kJ·mol^{-1}；x_A、x_B 分别表示键合原子 A 和 B 的电负性；96.5 为换算因子，并指定氟的电负性 x_F=3.98，这样可依次求出其他元素的电负性。

例 11-2 已知 H_2、Br_2 和 HBr 分子的键能分别为 436 kJ·mol^{-1}、193 kJ·mol^{-1} 和 366 kJ·mol^{-1}，H 的电负性 x_H=2.18，求 Br 的电负性 x_{Br}？

解：根据式(11-13) $E(\text{H—Br}) = [E(\text{Br—Br}) \times E(\text{H—H})]^{1/2} + 96.5(x_{Br} - x_H)^2$

$$366 = (193 \times 436)^{1/2} + 96.5(x_{Br} - 2.18)^2 \quad x_{Br} = 3.07$$

表 11-11 是鲍林电负性标度的元素电负性(x_p)。通常用电负性作为划分金属元素和非金属元素的界线，电负性<2.0 的元素为金属元素，电负性>2.0 的元素为非金属元素。因此元素电负性的大小可以衡量元素金属性与非金属性的强弱。

元素的电负性也呈现周期性的变化：同一周期中，从左到右随着核电荷数依次增加，原子半径依次减小，原子吸引成键电子的能力依次增强，因此，从左到右元素的电负性逐渐增大。但副族元素的规律性稍差。

同一主族中，从上到下电负性逐渐减小，这是因为同族元素电子层数增加的影响超过有效核电荷增加的影响之故。副族元素的电负性没有明显的变化规律。

表 11-11　元素电负性 x_p

H																
2.18																
Li	Be											B	C	N	O	F
0.98	1.57											2.04	2.55	3.04	3.44	3.98
Na	Mg											Al	Si	P	S	Cl
0.93	1.31											1.61	1.90	2.19	2.58	3.16
K	Ca	Sc	Ti	V	Cr	Mn	Fe	Co	Ni	Cu	Zn	Ga	Ge	As	Se	Br
0.82	1.00	1.36	1.54	1.63	1.66	1.55	1.8	1.88	1.91	1.90	1.65	1.81	2.01	2.18	2.55	2.96
Rb	Sr	Y	Zr	Nb	Mo	Tc	Ru	Rh	Pd	Ag	Cd	In	Sn	Sb	Te	I
0.82	0.95	1.22	1.33	1.60	2.16	1.9	2.28	2.2	2.20	1.93	1.69	1.73	1.96	2.05	2.1	2.66
Cs	Ba	La	Hf	Ta	W	Re	Os	Ir	Pt	Au	Hg	Tl	Pb	Bi	Po	At
0.79	0.89	1.10	1.3	1.5	2.36	1.9	2.2	2.2	2.28	2.54	2.00	2.04	2.33	2.02	2.0	2.2
Fr	Ra	Ac														
0.7	0.9	1.1														

* 引自 Millian M, *Chemical and Physical Data* (1992)

11.3　离子键

物质的性质主要决定于分子的性质，而分子的性质又是由分子内部的结构所决定的，因此学习分子结构的一些基本理论，对于了解物质的性质和化学反应的规律是有益的。20 世纪 30 年代，美国化学家鲍林利用上百万种化合物的数据，结合量子化学，提出了共价、电价和氧化值的定义以及杂化轨道等新概念，形成了化学键理论，对分子结构理论的发展起了非常重要的作用。

分子结构主要研究的问题为：分子中直接相邻的原子间的强相互作用力，即化学键；分子（或晶体）的空间构型；分子间的相互作用力；分子的结构与物质的物理、化学性质的关系。

根据原子间作用力性质的不同，化学键可分为离子键、共价键和金属键三种基本类型。本节主要介绍离子键。

11.3.1　离子键的形成和特点

活泼金属原子与活泼非金属原子所形成的化合物，通常是离子化合物。在一般情况下，离子化合物主要以晶体的形式存在，他们具有较高的溶点和沸点，在熔融状态或溶于水后其水溶液均能导电。为了说明这类化合物键合情况，1916 年德国化学家柯塞尔（Kossel W）提出了离子键（ionic bond）理论。他认为原子在反应中失去或得到电子以达到稀有气体的稳定结构，由此形成的正离子（positive ion）和负离子（negative ion）以静电引力相互吸引在一起。离子键的本质就是正、负离子间的静电吸引作用，例如：

$$Cs\cdot \quad + \quad \cdot\ddot{\underset{..}{F}}: \longrightarrow Cs^{+} \quad + \quad :\ddot{\underset{..}{F}}:^{-}$$

带正电的 Cs^+ 和带负电的 F^- 靠静电引力相互吸引而形成离子晶体。

由于离子键是靠正负离子通过静电吸引形成的，因此离子键的特点是没有方向性和饱和性。正负离子可近似看作点电荷，所以其作用力不存在方向问题。在空间条件许可的情况下，每个离子可吸引尽可能多的异号离子，因此没有饱和性。由于离子键的这两个特点，所以在离子晶体中不存在独立的“分子”，整个离子晶体就是一个大分子，即无限分子。例如 NaCl 晶体，其化学式仅表示 Na^+ 离子与 Cl^- 离子的离子数目之比为 1∶1，并不是其分子式，整个 NaCl 晶体就是一个大分子。

11.3.2 晶格能

由离子键形成的的化合物叫离子型化合物（ionic compound），相应的晶体为离子晶体。离子晶体用晶格能（lattice energy）量度离子键的强弱。离子晶体的晶格能是指在标准状态下，由气态正离子和气态负离子形成 1 mol 离子晶体时所放出的能量，用符号 U 表示。例如，对 NaBr 晶体而言，晶格能就是下列反应的焓变：

$$Na^{+}(g) + Br^{-}(g) = NaBr(g)$$

上述反应的焓变不能直接测定，德国化学家波恩（Bor n）和哈伯（Haber）设计了一个热化学循环，利用化学热力学数据，可以间接地求算晶格能，这种方法称为据波恩-哈伯循环。例如，如 NaBr 晶体的热力学循环如下：

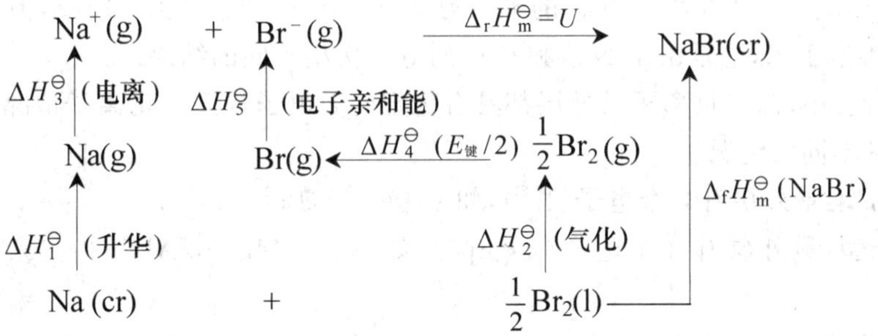

$\Delta H_1^{\ominus}=108.8\ \mathrm{kJ\cdot mol^{-1}}$；$\Delta H_2^{\ominus}=15.0\ \mathrm{kJ\cdot mol^{-1}}$；$\Delta H_3^{\ominus}=493.3\ \mathrm{kJ\cdot mol^{-1}}$；
$\Delta H_4^{\ominus}=96.0\ \mathrm{kJ\cdot mol^{-1}}$；$\Delta H_5^{\ominus}=-324.6\ \mathrm{kJ\cdot mol^{-1}}$；$\Delta_f H_m^{\ominus}=-361.1\ \mathrm{kJ.\ mol^{-1}}$；
根据盖斯定律：

$$\Delta_f H_m^{\ominus}=\Delta H_1^{\ominus}+\Delta H_2^{\ominus}+\Delta H_3^{\ominus}+\Delta H_4^{\ominus}+\Delta H_5^{\ominus}+\Delta_r H_m^{\ominus}$$

$$U=\Delta_f H_m^{\ominus}-\Delta H_1^{\ominus}-\Delta H_2^{\ominus}-\Delta H_3^{\ominus}-\Delta H_4^{\ominus}-\Delta H_5^{\ominus}$$

$$=(-361.1-108.8-15.0-493.3-96.0+324.6)\mathrm{kJ\cdot mol^{-1}}$$

$$=-749.6\ \mathrm{kJ\cdot mol^{-1}}$$

晶格能也可以从理论计算得到，理论计算的模型是把正负离子看作点电荷，然后计算这些点电荷之间的库仑作用能，其总和即为晶格能。NaBr 晶体理论计算的晶格能是 $-738.4\ kJ \cdot mol^{-1}$。与实验值基本一致，说明离子晶体中作用力的本质是静电力。

晶格能的大小与正负离子的电荷成正比，电荷愈高晶格能愈大；与正负离子的距离成反比，离子半径愈大，晶格能愈小。晶格能的大小常用来比较离子键的强弱和离子晶体的稳定程度。晶格能愈大，离子键愈强，离子晶体愈稳定，反映在物理性质上则离子晶体的硬度、熔点愈高（表 11-12）。

表 11-12　晶格能与离子晶体的物理性质(298.15K)

晶体	Z_+, Z_-	$(r_+ + r_-)/pm$	$U/(kJ \cdot mol^{-1})$	m. p. /K	硬度*
NaF	+1，−1	231	902	1 261	
NaCl	+1，−1	276	771	1 074	
NaBr	+1，−1	291	733	1 013	
NaI	+1，−1	311	684	933	
MgO	+2，−2	205	3 889	3 916	6.5
CaO	+2，−2	239	3 513	3 476	4.5
SrO	+2，−2	253	3 310	3 205	3.5
BaO	+2，−2	275	3 152	2 196	3.3

注：* 莫氏硬度：金刚石为 10。

11.3.3　离子的电子构型

离子的电子构型对离子化合物的性质有本质的影响。如碱金属（IA 族）和铜分族中的钠和铜，都能形成+1 价的离子，Na^+ 的半径为 98 pm，Cu^+ 的半径为 96 pm，但 NaCl 易溶于水，而 CuCl 难溶于水，这是由于 Na^+ 和 Cu^+ 的电子构型不同的结果。

离子化合物中，简单负离子其外层都具有稳定的 8 电子构型。正离子情况比较复杂，可以有以下几种不同的情况。

2 电子构型：最外层有 2 个电子（$1s^2$），如 Li^+（$1s^2$），Be^{2+}（$1s^2$）；

8 电子构型：最外层有 8 个电子（ns^2np^6），如 Na^+，Mg^{2+}，Al^{3+}（$2s^22p^6$），K^+，Ca^{2+}（$3s^23p^6$）；

18 电子构型：最外层有 18 个电子（$ns^2np^6nd^{10}$），如 Cu^+，Zn^{2+}，Ga^{3+}（$3s^23p^63d^{10}$），Ag^+，Cd^{2+}，In^{3+}（$4s^24p^64d^{10}$），Au^+，Hg^{2+}，Tl^{3+}（$5s^25p^65d^{10}$）；

（18+2）电子构型：次外层有 18 个电子，外层有 2 个电子（$(n-1)s^2(n-1)p^6(n-1)d^{10}ns^2$），如 In^+，Sn^{2+}，Sb^{3+}（$4s^24p^64d^{10}5s^2$），Tl^+，Pb^{2+}，Bi^{3+}（$5s^25p^65d^{10}6s^2$）；

（9～17）电子构型：最外层为不饱和结构的离子（$ns^2np^6nd^{1\sim9}$），如 Fe^{3+}（$3s^23p^63d^5$），Cr^{3+}（$3s^23p^63d^3$）。

凡电子数相等的离子称等电子离子，如 Li^+ 和 Be^{2+} 是等电子离子，Na^+ 和 Mg^{2+} 是等电子离子。

11.4 共价键

11.4.1 价键理论

离子键理论很好地说明了如 CsF、NaBr、NaCl 等电负性差值较大的离子型化合物的成键与性质，但无法解释同种元素间形成的单质分子如 H_2、N_2 等，以及电负性接近的非金属元素间形成的大量化合物如 HCl、CO_2、NH_3 和大量的有机化合物。

在德国化学家柯塞尔提出离子键理论的同时，美国化学家路易斯(Lewis G N)提出了共价键(covalent bond)的电子理论。他认为原子结合成分子时，原子间可共用一对或几对电子而使每个原子具有稀有气体的电子构型，形成稳定的分子。通过共用电子对而形成的化学键叫共价键，由共价键形成的化合物称为共价化合物，这是早期的共价键理论。

路易斯的共价键理论说明了共价键的形成，初步揭示了共价键与离子键的区别，但也遇到许多不能解决的问题。如同性电荷应该相斥，为什么电子能相互配对？许多化合物(如 PCl_5 等)中心原子最外层电子数已经超过 8 个，为什么还相当稳定？为什么共价键有方向性和饱和性？

为了解决这些矛盾，1927 年英国物理学家海特勒(Heitler W)和德国物理学家伦敦(London F)用量子力学处理了 H_2 分子的结构，揭示了共价键的本质。

1. 氢分子的形成

氢分子是由两个氢原子构成的。每个氢原子在基态时各有一个 1 s 电子，根据泡利不相容原理一个 1 s 轨道上最多可以容纳两个自旋相反的电子，那么每个氢原子的 1 s 轨道上都还可以接受一个自旋与之相反的电子。当具有自旋状态相反的未成对电子的两个氢原子相互靠近时，它们之间产生了强烈的吸引作用，自旋相反的未成对电子相互配对，形成了共价键，从而形成了稳定的氢分子。

量子力学处理氢分子的结果从理论上解释了为什么电子配对可以形成共价键。用薛定谔方程处理氢分子的系统时，得到了两个氢原子相互作用能(E)与它们核间距(R)之间的关系，如图 11-16 所示。结果表明，若两个氢原子的电子自旋相反，两个氢原子靠近时两核间的电子云密度大，系统的能量 E_{I} 逐渐降低，并低于两个孤立氢原子的能量之和，称为吸引态(图 10-17Ⅰ)。当两个氢原子的核间距 $R=74$ pm 时，其能量达到最低点，$E_{\text{I}}=-436$ kJ·mol^{-1}，两个氢原子之间形成了稳定的共价键，氢分子便形成了。此时的能量 $E_{\text{I}}=-436$ kJ·mol^{-1} 实际就是 H_2 分子共价键的键能。若两个氢原子的核外电子自旋平行，两原子靠近时两核间电子云密度小，系统能量 E_{II} 始终高于两个孤立氢原子的能量之和，称为推斥态(图 11-7Ⅱ)，显然此状态不能形成 H_2 分子。

氢分子的吸引态所以能成键是由于两个氢原子的 1 s 原子轨道互相叠加(叫做原子轨道的重叠)后使核间的电子云密度增大，在两个原子核间出现了一个电子云密度较大的区域，这样一方面降低了两核间的正电排斥，另一方面又增强了两核对电子云密度大的区域的吸引，这都有利于系统势能的降低，有利于形成稳定的化学键。量子力学对氢分子的处理阐明了共价键的本质仍然是电性作用，由于原子轨道的重叠，原子核间电子云概率密度增大，受到两个原子核的共同吸引而形成共价键。

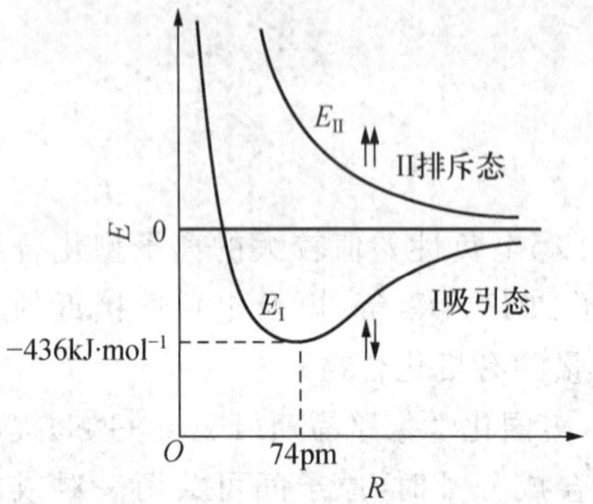

图 11-16　氢分子形成过程的能量变化

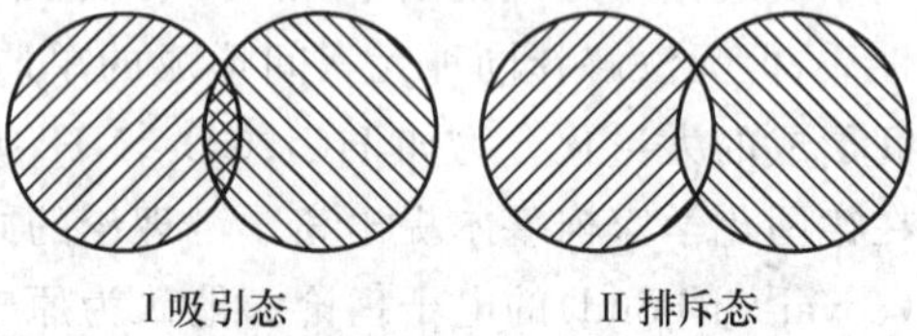

图 11-17　氢分子的两种状态

2. 价键理论基本要点

1931 年美国化学家鲍林和斯莱特将其处理 H_2 分子的方法推广应用于其他分子系统而发展成为价键理论（valence bond theory），简称 VB 法，俗称电子配对法。其要点如下。

①两原子接近时，自旋相反的未成对价电子可以配对，形成共价键。

②原子轨道叠加时，轨道重叠程度愈大，电子在两核间出现的概率密度愈大，形成的共价键也愈稳定。因此，共价键应尽可能沿着原子轨道最大重叠的方向形成，这就是原子轨道的最大重叠原理。

若 A、B 两原子各有一个自旋相反的未成对电子，可以互相配对形成稳定的共价单键（A—B）。如 HCl 分子，H 原子有一个 1 s 未成对电子，Cl 原子有一个未成对的 3p 电子，可以配对形成 H—Cl 单键。又如 He 原子则因为没有未成对电子而不能形成双原子分子。

若 A、B 两原子各有两个或三个自旋相反的未成对电子，则可以形成共价双键（A ═ B）或共价三键（A≡B）。如 N 原子有 3 个未成对的 2p 电子，可与另一 N 原子的三个自旋相反的未成对电子配对，形成 N≡N 三键分子。共用电子对数目大于一对的共价键称为多重键（multiple bond）。

若 A 原子有两个未成对电子，B 原子只有一个未成对电子，则 A 原子可同时与两个 B 原子结合形成 AB_2 分子，如 H_2O 分子。

3. 共价键的特征

共价键的特征是具有饱和性与方向性。

(1)饱和性　共价键的饱和性是指每个原子的成键总数或以单键相连的原子数目是一定的。因为每个原子的未成对电子数是一定的，所以形成共用电子对的数目也就一定。例如两个 H 原子的未成对电子配对形成 H_2 分子后，如有第三个 H 原子接近该 H_2 分子，则不能形成 H_3 分子。又如 N 原子有三个未成对电子，可与三个 H 原子结合，生成三个共价键，形成 NH_3 分子。

(2)方向性　根据原子轨道最大重叠原理，在形成共价键时，原子间总是尽可能的沿着原子轨道最大重叠的方向成键。成键电子的原子轨道重叠程度愈高，电子在两核间出现的概率密度也愈大，形成的共价键就越牢固。除了 s 轨道呈球形对称外，其他的原子轨道(p、 d、f)在空间都有一定的伸展方向。因此，在形成共价键的时候，除了 s 轨道和 s 轨道之间在任何方向上都能达到最大程度的重叠外，p、d、f 原子轨道只有沿着一定的方向才能发生最大程度的重叠。这就是共价键的方向性，此特征也决定了分子的几何构型。

图 11-18 表示的是 H 原子的 1 s 轨道与 Cl 原子的 $3p_x$ 轨道的三种重叠情形：

a 图中，H 原子 1 s 轨道沿着 x 轴方向接近 Cl 原子 $3p_x$，达到最大重叠，形成稳定的共价键；

b 图中，H 原子向 Cl 原子接近时偏离了 x 轴方向，轨道间的重叠较小，结合不稳定，H 原子有向 x 轴方向移动以达到最大重叠的倾向；

c 图中，H 原子 1 s 轨道沿着 z 轴方向接近 Cl 原子，两个原子轨道间不发生有效重叠。

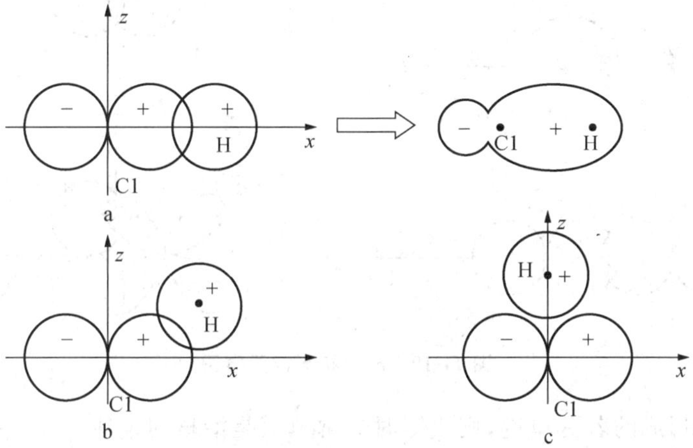

图 11-18 s 轨道和 p_x 轨道的三种重叠情况

4. 共价键的类型

共价键按其共用的电子对数不同，可分为单键(H—Cl)，双键($H_2C=CH_2$)和叁键($N\equiv N$)；按原子轨道重叠方式不同，可分 σ 键和 π 键；按原子提供 π 电子的方式不同，可分共价键和配位键。

(1)σ 键　如果原子轨道沿核间连线方向进行重叠形成共价键，具有以核间连线(键轴)为对称轴的 σ 对称性(即旋转 180°，原子轨道正、负号不变)，则称为 σ 键，如图 11-19 中的 a (s—s 轨道成键)、b($p_x - x$ 轨道成键)、c($p_x - p_x$ 轨道成键)。它们的共同特点是以"头碰头"方式达到原子轨道的最大重叠。重叠部分集中在两核之间，对键轴呈圆柱型对称。在形成 σ 键时原子轨道发生最大程度的重叠，所以 σ 键的键能大、稳定性高。

(2)π 键　如果原子轨道沿核间连线方向进行重叠形成共价键，具有以核间连线(键轴)为对称轴的 π 对称性(即旋转 180°，原子轨道正、负号改变)，则称为 π 键，如图 11-19 中的 d ($p_z - p_z$ 轨道成键)、e($d_{xz} - p_z$ 轨道成键)。它们的共同的特点是两个原子轨道"肩并肩"地达到最大重叠，重叠部分集中在键轴的上方和下方，对通过键轴的平面呈镜面反对称(轨道改变正、负号)，在此平面上电子的概率密度为零(称为节面)。π 键轨道重叠程度要比 σ 键轨道重叠程度低，π 键的键能要小于 σ 键的键能、所以 π 键的稳定性要比 σ 键的稳定性低，π 键的电子活动性较高，是化学反应的积极参加者。

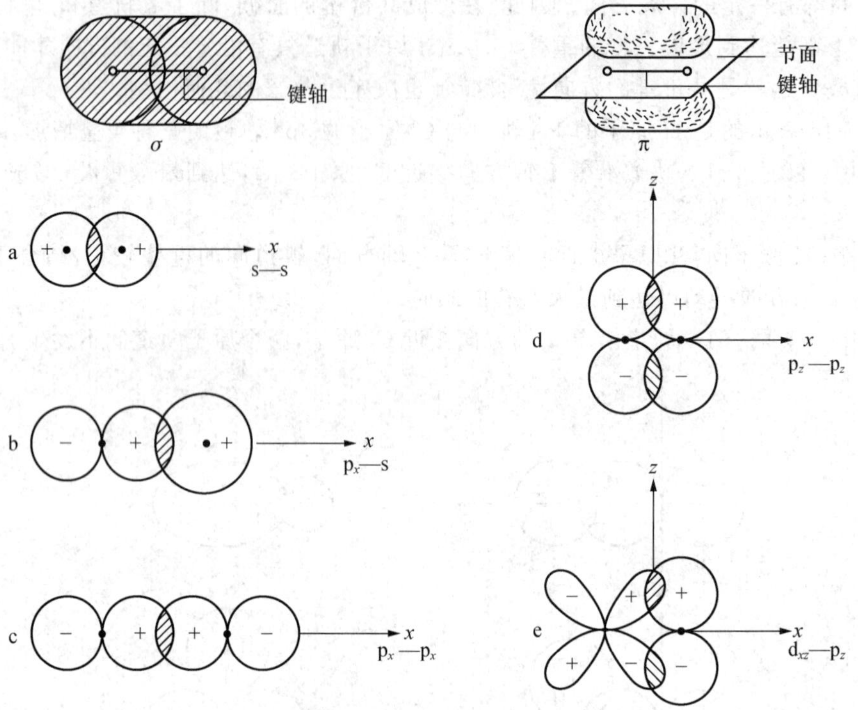

图 11-19　σ 键和 π 键示意图

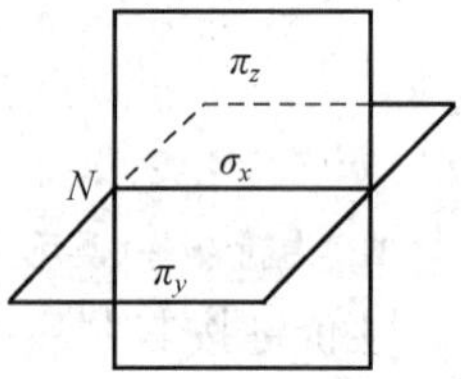

图 11-20　N_2 分子中化学键示意图

两个原子间形成的若是单键，则成键时通常轨道是沿核间连线方向达到最大重叠，所以一般形成的都是 σ 键；若形成双键，两键中有一个是 σ 键，另一个必定是 π 键；若是叁键，则其中一个是 σ 键，其余两个都是 π 键，例如 N_2 分子(图 11-20)。

(3)配位键　共价键中共用的两个电子通常由两个电子分别提供，但也可以由一个原子单独提供一对孤对电子，由另一原子提供一空轨道，由两个原子共用一对电子。凡是共用的一对电子由一个原子轨道单独提供的共价键叫做配位键，用←表示。如 CO 分子中碳原子的最外层电子排布为 $2p_x^1 2p_y^1 2p_z^0$，氧原子的最外层电子排布为 $2p_x^1 2p_y^1 2p_z^2$，碳氧之间除形成一个 σ 键($2p_x^1-2p_x^1$)和一个 π 键($2p_y^1-2p_y^1$)外，碳原子有一个空轨道($2p_z^0$)，氧原子则有一对孤对电子($2p_z^2$)，它们之间可以形成一个配位键。

配位键与一般的共价键的区别仅表现在形成过程中，而键的性质与共价键没有差别。

5. 键参数

共价键的性质可以用一些物理量来描述，如键级、键能、键长、键角等，这些物理量统称为键参数(parameter of bond)。

(1)键级　键级(bond order)是描述键的稳定性的物理量。

在价键理论中，用成键原子间共价单键的数目(即共用电子对的数目)表示键级。如

Cl—Cl 分子中的键级＝1；　　N≡N 分子中的键级＝3；

分子的键级越大，表明共价键越牢固，分子也越稳定。稀有气体双原子分子的键级为0，说明不能稳定存在，所以稀有气体是单原子分子。

(2)键能　键能(bond energy)是从能量因素衡量化学键强弱的物理量。其定义为：在标准状态下，将气态分子AB(g)解离为气态原子A(g)、B(g)所需要的能量，用符号E表示，单位为$kJ \cdot mol^{-1}$。键能的数值通常用一定温度下该反应的标准摩尔反应焓变表示，如不指明温度，应为298.15K。即

$$A-B(g) \rightarrow A(g)+B(g) \qquad \Delta_r H_m^{\ominus}=E(A—B)$$

对于双原子分子，键能E(A—B)等于键的解离能D(A—B)，可直接从热化学测量中得到。例如，

$$Cl_2(g) \rightarrow 2Cl(g) \qquad \Delta_r H_{m,298.15}^{\ominus}(Cl_2)=E(Cl_2)=D(Cl_2)=247\ kJ \cdot mol^{-1}$$

对于多原子分子，键能主要取决于成键原子的本性，但分子中的其他原子对其也有影响。把一个气态多原子分子分解为组成它的全部气态原子时所需要的能量叫原子化能，应该恰好等于这个分子中全部化学键键能的总和。如果分子中只含有一种键，且都是单键，键能可用键解离能的平均值表示。如NH_3含有三个N—H键：

$$NH_3(g)=H(g)+NH_2(g) \qquad D_1=433.1\ kJ \cdot mol^{-1}$$
$$NH_2(g)=NH(g)+H(g) \qquad D_2=397.5\ kJ \cdot mol^{-1}$$
$$NH(g)=N(g)+H(g) \qquad D_3=338.9\ kJ \cdot mol^{-1}$$

所以$NH_3(g)$中

$$\begin{aligned} E(N—H) &= \overline{D}(N—H)=(D_1+D_2+D_3)/3 \\ &=(433.1+397.5+338.9)\ kJ \cdot mol^{-1}/3 \\ &=389.8\ kJ \cdot mol^{-1} \end{aligned}$$

一般说来键能越大，化学键越牢固。双键的键能比单键的键能大得多，但不等于单键键能的两倍；同样叁键键能也不是单键键能的3倍。表11-12中列出了一些共价键的键能值。

(2)键长　分子中成键原子间的平衡距离叫键长(bond length)，用符号l表示，单位为m或pm。键长数据可由实验(主要是分子光谱与热化学)测定。由实验结果得知，相同原子在不同分子中形成相同类型的化学键时，键长相近，即共价键的键长有一定的守恒性。通过实验测定各种共价化合物中同类型共价键键长，求出它们的平均值，即为共价键键长数据。一些共价键的键长也列在表11-13中。键长数据越大，表明两原子间的平衡距离越远，原子间相互结合的能力越弱。如H—F，H—Cl，H—Br，H—I的键长依次增大，键的强度依次减弱，热稳定性也依次下降。

(3)键角　分子中相邻的共价键之间的夹角称为键角(bond angle)，通常用符号θ表示，单位为“°”、“′”。键角的数据可以用分子光谱和X射线衍射法测得。

键角和键长是反映分子空间构型的重要参数。如果知道了某分子内全部化学键的键长和键角的数据，那么这些分子的几何构型便可确定。一些例子列在表11-14中。

表 11-13　某些键能和键长的数据(298.15K)

共价键	键能/(kJ·mol^{-1})	键长/pm	共价键	键能/(kJ·mol^{-1})	键长/pm
H—H	436.00	74.1	F—F	156.9±9.6	141.2
H—F	568.6±1.3	91.7	Cl—Cl	242.95	198.8
H—Cl	431.4	127.5	Br—Br	193.87	228.1
H—Br	366±2	141.4	I—I	152.55	266.6
H—I	299±1	160.9	C—C	346	154
O—H	462.8	96	C=C	610.0	134
S—H	347	134	C≡C	835.1	120
N—H	391	101.2	O=O	497.31±0.17	120.7
C—H	413	109	S=S	424.6±6	188.9
Si—H	318	148	N≡N	948.9±6.3	109.8
Na—H	201±21	188.7	C≡N	889.5	116

表 11-14　一些分子的键长、键角和几何构型

分子	键长 l/pm	键角 θ	分子构型
NO_2	120	134°	V 型(或角型)
CO_2	116.2	180°	直线型
NH_3	100.8	107.3°	三角锥型
CCl_4	177	109.5°	正四面体型

11.4.2　杂化轨道理论

价键理论较好地阐明了共价键的本质,并解释了共价键的方向性和饱和性,但不能很好地解释分子的空间构型,例如基态碳原子的电子构型为 $1s^2 2s^2 2p^2$,碳原子有二个未成对的价电子,依照价键理论只能和两个氢原子形成两个共价键,而且这两个键应该是互相垂直的,但事实上,碳原子能和四个氢原子结合成 CH_4 分子。CH_4 分子中四个键角相等,为 109°28',分子为正四面体。为了解释多原子分子的空间构型,鲍林和斯莱特于 1931 年提出了杂化轨道理论。

1. 杂化轨道理论要点

杂化轨道理论认为:在原子间相互作用形成分子的过程中,同一个原子中能量相近的不同类型的原子轨道可以相互叠加,混合起来重新组成轨道数目不变、能量完全相同而成键能力更强的新的原子轨道,这些新的原子轨道称为杂化轨道(hybrid orbital)。杂化轨道的形成过程称为杂化(hybridization)。

杂化轨道在某些方向上的角度分布更集中,因而杂化轨道比未杂化的原子轨道成键能力增强,使形成的共价键更加稳定。

不同类型的杂化轨道有不同的空间取向，从而决定了共价型多原子分子或离子有不同的空间构型。

2. 杂化轨道的类型

根据参加杂化的原子轨道的种类和数目不同，可以组成不同类型的杂化轨道。在这里我们仅讨论由 s 轨道和 p 轨道组成的杂化轨道，d 轨道参与杂化轨道的情况将在配位化合物的结构一节中讨论。

(1)sp 杂化　由同一原子的一个 ns 轨道和一个 np 轨道组合的杂化称为 sp 杂化，得到两个 sp 杂化轨道。每个 sp 杂化轨道都包含着 1/2 的 s 成分和 1/2 的 p 成分，两个 sp 杂化轨道的夹角为 180°，呈直线形(其剖面图如图 11-21 所示)。

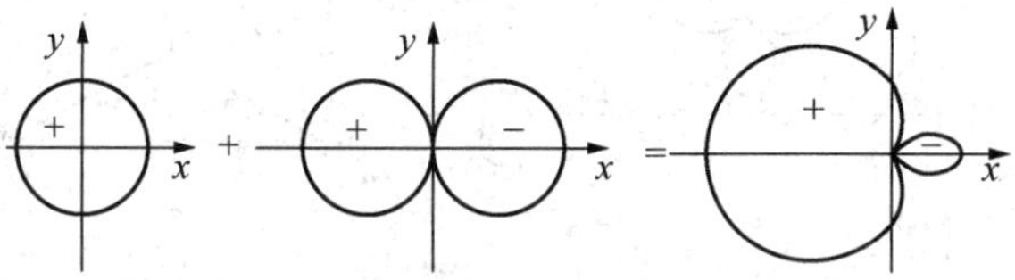

图 11-21　s-p 杂化轨道的形成示意图

例如，气态 $BeCl_2$ 分子中，Be 原子位于分子的中心位置，Be 与 Cl 成键时采用 sp 杂化。从基态 Be 原子的电子层结构看($1s^22s^2$)，Be 原子没有未成对电子，所以，Be 原子首先必需将一个 2 s 电子激发到空的 2p 轨道上去，再以一个 2 s 原子轨道和一个 2p 原子轨道形成两个 sp 杂化轨道。

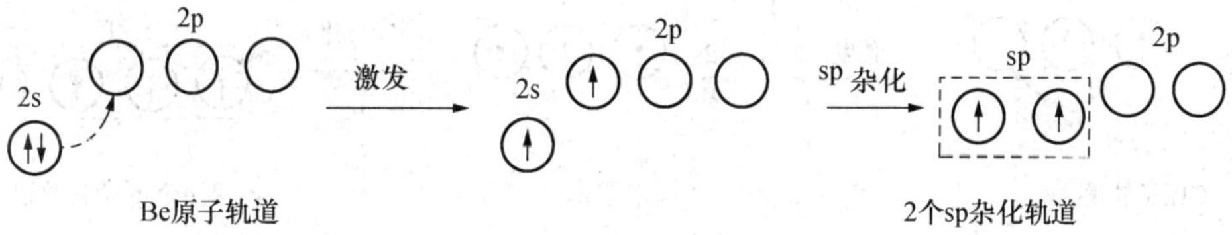

每个 sp 杂化轨道与 Cl 原子($1s^22s^22p^63s^23p_x^{\ 1}3p_y^{\ 2}3p_z^{\ 2}$)中未成对电子轨道 $3p_x^{\ 1}$ 进行"头碰头"重叠形成两个 σ 键。由于杂化轨道的夹角是 180°，所以 $BeCl_2$ 分子的空间构型为呈直线形，如图 11-22 所示。

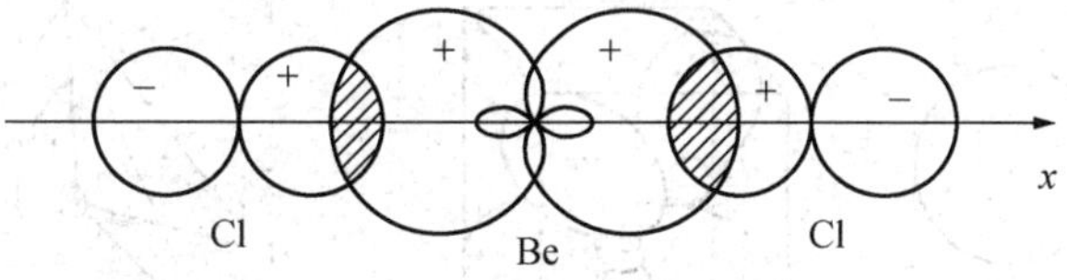

图 11-22　BeCl 分子形成示意图

(2)sp^2 杂化　sp^2 杂化是一个 ns 原子轨道与两个 np 原子轨道的杂化，每个杂化轨道都含 1/3 的 s 成分和 2/3 的 p 成分，轨道夹角为 120°，轨道的伸展方向指向平面三角形的三个顶点(见图 11-23a)。BF_3 分子结构就是这种杂化类型的例子。硼原子的电子层结构为 $1s^22s^22p^1$，为了形成 3 个 σ 键，硼的 1 个 2 s 电子先激发到 2p 的空轨道上去，然后经 sp^2 杂化形成三个 sp^2 杂化轨道：

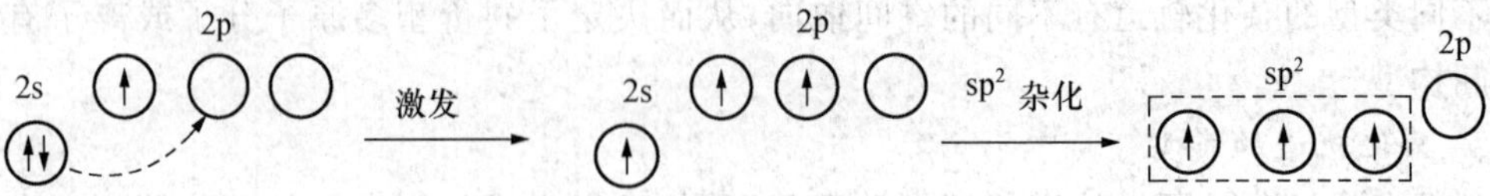

硼以三个 sp^2 杂化轨道与氟的 2p 轨道重叠，形成 3 个等价的 σ 键，所以 BF_3 分子的空间构型是平面三角形（图 11-23b）。

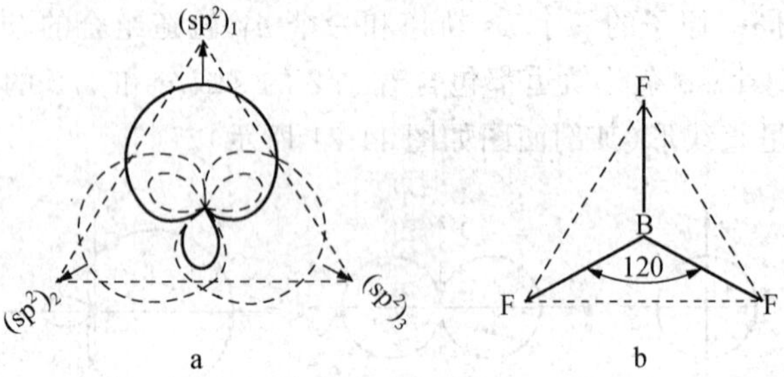

图 11-23　sp^2 杂化轨道与 BF_3 分子结构

a. 3 个 sp^2 杂化轨道　b. BF_3 分子结构

（3）sp^3 杂化　sp^3 杂化是由一个 *n*s 原子轨道和三个 *n*p 原子轨道参与杂化的过程。CH_4 中碳原子的杂化就属此种杂化。碳原子的价电子层构型是 $2s^2 2p^2$，和前面的分析一样，碳原子也经历激发、杂化过程，形成了 4 个 sp^3 杂化轨道：

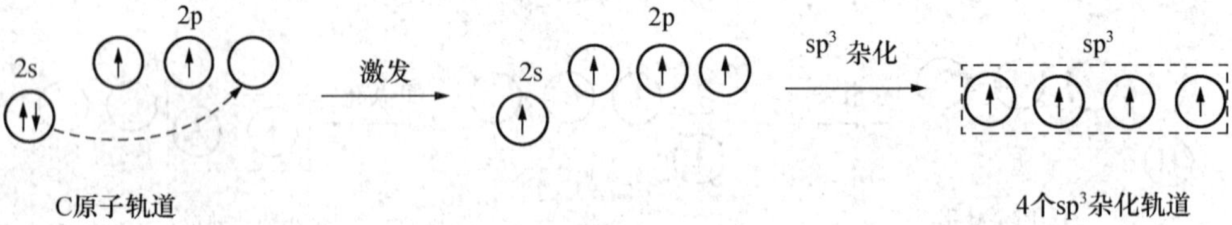

每个 sp^3 杂化轨道都含有 1/4 的 s 成分和 3/4 的 p 成分，这 4 个杂化轨道在空间的分布如图 11-24a、b 所示，轨道之间的夹角为 109.5°。4 个氢原子的 s 轨道分别与碳原子的 4 个 sp^3 杂化轨道形成 4 个等价的 σ(C—H) 键，键角为 109.5°，见图 11-24c。

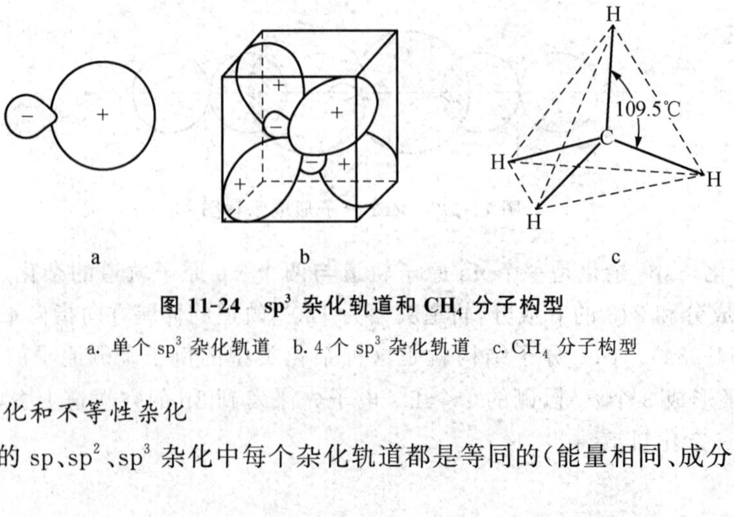

图 11-24　sp^3 杂化轨道和 CH_4 分子构型

a. 单个 sp^3 杂化轨道　b. 4 个 sp^3 杂化轨道　c. CH_4 分子构型

3. 等性杂化和不等性杂化

前面提到的 sp、sp^2、sp^3 杂化中每个杂化轨道都是等同的（能量相同、成分相同），这样的杂化称为等性杂化。如果参与杂化的原子轨道含有不参加成键的孤电子对时，形成的杂化轨道不完全等同，这样的杂化称为不等性杂化。

如 N,O 等原子，在形成分子时通常以不等性杂化轨道参与成键。氮原子的价电子构型为 $2s^2 2p^3$，在形成 NH_3 分子时，氮的 2 s 和 2p 轨道首先进行 sp^3 杂化。在形成的杂化轨道中，有一个轨道被孤电子对占据，剩下三个含有一个电子的轨道和氢原子的 1 s 轨道重叠，形成的过程为

含有孤对电子的杂化轨道对成键轨道的斥力较大，使成键轨道受到挤压，成键后键角小于 109.5°，所以 NH_3 分子呈三角锥形（见图 11-25）。H_3O^+、PCl_3 等分子也都具有类似的结构。

氧原子的价电子构型为 $2s^2 2p^4$，在形成 H_2O 分子时，氧的 2s 和 2p 轨道首先进行 sp^3 杂化。在形成的杂化轨道中，有两个轨道被孤电子对占据，因此成为不等性杂化轨道。氧原子是由不等性 sp^3 杂化轨道与两个 H 的 1 s 轨道重叠成键，组成 H_2O 分子。由于杂化轨道中有两对孤电子，占有了较大的空间，对成键轨道的斥力更大，使 H_2O 分子的键角减小到 104.5°，形成 V 形结构（图 11-26）。H_2S、OF_2、SCl_2 等分子也都具有类似的结构。

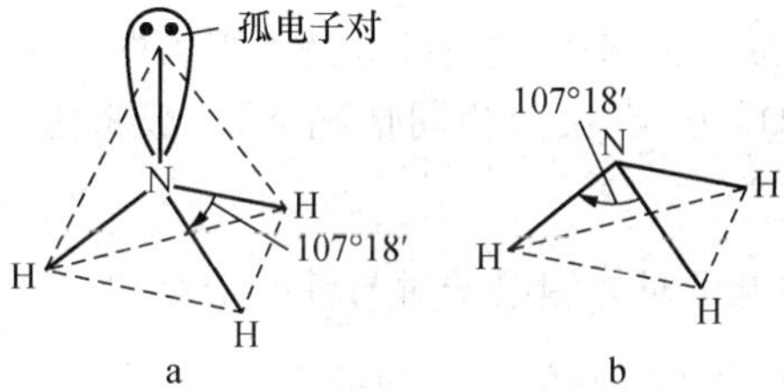

图 11-25 氨分子的空间结构

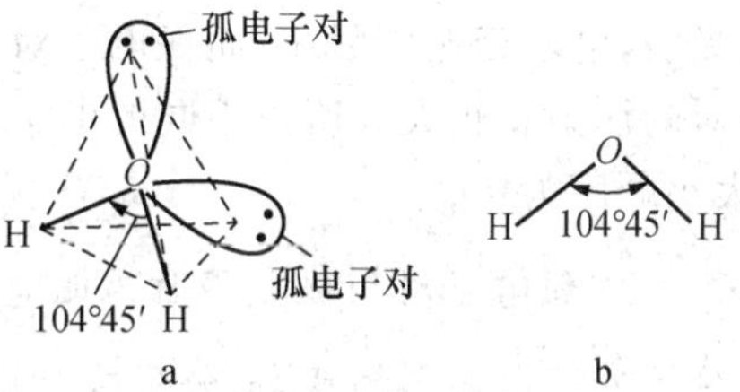

图 11-26 水分子的空间结构

此外，中心原子虽然没有孤电子对，但是与其键合的原子的电负性大小不同时，也会使中心原子采取不等性杂化，而使键角与等性杂化间的夹角不同。例如，甲烷中的一个 H 原子被 Cl 取代变成氯代甲烷 CH_3Cl，由于 H 和 Cl 的电负性不同，则键角会发生一些变化。三个 C—H 键之间的夹角相等，而与 C—Cl 键的夹角不同，这样 CH_3Cl 的空间构型不再是正四面体，而是一个普通的四面体，这是因为 C 原子采取 sp^3 不等性杂化。

11.4.3* 价层电子对互斥理论

杂化轨道理论很好地说明了共价分子中形成的化学键以及共价分子的空间构型。但是，对于一个新的或人们不熟悉的简单分子，其中心原子的原子轨道的杂化形式往往是未知的，因而就无法判断其分子空间构型。有人对简单无机小分子的空间构型提出了预测的方法，这就是价层电子对互斥理论（valence-shell electron-pair repulsion），简称 VSEPR 理论。该理论最初在 1940 年由西奇维克（Sidgwick N V）和鲍威尔（Powell H M）提出，后经吉利斯

皮(Gillespie R J)和尼霍姆(Nyholm R S)的发展而形成，是一种较为简单又能比较正确地判断无机小分子几何构型的理论。

1. VSEPR 理论基本要点

在共价分子(或离子)中，中心原子价电子层(简称价层)中的电子对称价层电子对，价层电子对包括中心原子的成键电子对(σ 键电子对)及中心原子未成键的孤电子对。

价层电子对互斥理论认为：

①分子或离子的空间构型取决于中心原子周围的价层电子对数(VP)。

②价层电子对间尽可能远离以使斥力最小。

③把分子中中心原子的价电子层视为一个球面，价电子对按能量最低原理排布在球面，从而决定分子的空间构型。价电子对的排布方式见表 11-15。

表 11-15　中心原子价电子对排布方式

价电子对数 VP	2	3	4	5	6
价电子对排布方式	直线形 AX_2 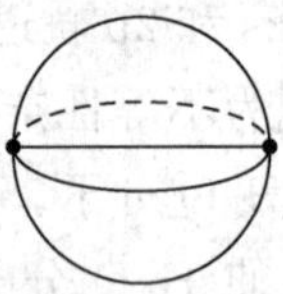	平面三角形 AX_3 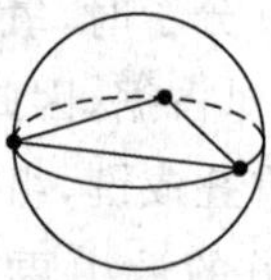	正四面体形 AX_4 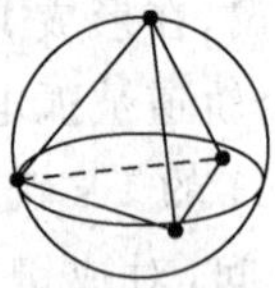	三角双锥形 AX_5 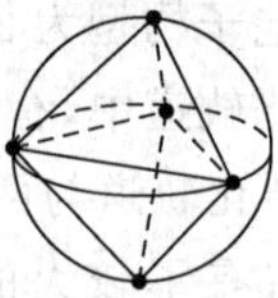	正八面体形 AX_6 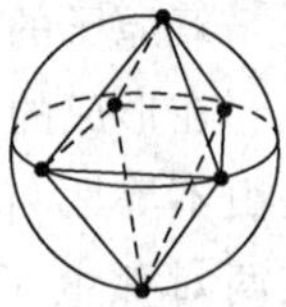

④在考虑价电子对排布时，还应考虑键电子对与孤电子对的区别。键电子对受两个原子核吸引，电子云比较紧缩；而孤电子对只受中心原子的吸引，电子云比较“肥大”，对邻近的电子对的斥力就较大。所以不同的电子对之间的斥力(在夹角相同情况下，一般考虑 90°夹角)大小顺序为：

孤电子对与孤电子对＞孤电子对与键电子对＞键电子对与键电子对

为使分子处于最稳定的状态，分子构型总是保持价电子对间的斥力为最小。

此外，分子若含有双键、三键，由于重键电子较多，斥力也较大，对分子构型也有影响。

2. 推测 AX_m 分子空间构型的步骤

通常共价分子(或离子)可以通式 AX_m 表示，其中 A 为中心原子，X 为配位原子或含有一个配位原子的基团(同一分子中可有不同的 X)，m 为配位原子的个数(即中心原子的键电子对数)。

推测分子或离子的空间构型的具体步骤如下：

①确定中心原子的价电子对数，判断价电子对的空间排布。

如以 VP 表示中心原子 A 的价电子对数，则

$$VP = m + n$$

其中 m 可由分子式直接得到，n 为中心原子 A 的孤电子对数，可由下式得出

$$n = \frac{\text{中心原子 A 的价电子总数} \pm_{\text{正}}^{\text{负}} \text{离子电荷数} - m\ \text{个基态配位原子的未成对电子数}}{2} \tag{11-14}$$

如果是离子，则要加减离子的电荷数，例如 H_3O^+ 离子

$$n=(6-1-3\times1)/2=1$$

若计算结果不为整数，则进为整数。例如 NO_2 分子

$$n=(5-2\times2)/2=1/2 \quad 应取 n=1。$$

确定 m 和 n 值后，就有了确定的 VP 值，再从表 11-15 确定价电子对的空间排布。

②根据孤电子对数 n 确定分子的空间构型。

如果中心原子 A 没有孤电子对（$n=0$），价电子对的空间排布就是分子的空间构型。若中心原子有孤电子对，则须考虑孤电子对的位置，孤电子对可能会有几种可能的排布方式，对比这些排布方式中电子对排斥作用的大小，选择斥力最小的排布方式，即为分子具有的稳定构型。

必须注意，在考虑分子空间构型时，孤电子对不考虑在内。

现将根据 VSEPR 理论推测的 AX_m 型分子的若干种空间构型列于表 11-16。

例 11-3 求 H_3O^+ 和 SO_4^{2-} 的孤电子对数 n 和价电子对数 VP，并推测其空间构型。

解：H_3O^+　　$n=(6-1-3\times1)/2=1$　　$VP=m+n=3+1=4$

价电子对的排布为正四面体形，其中一对为孤电子对，所以分子空间构型为三角锥形。

SO_4^{2-}　　$n=(6+2-4\times2)/2=0$　　$VP=m+n=4+0=4$

价电子对 VP 的排布为正四面体形，无孤电子对，所以分子空间构型也是正四面体形。

例 11-4 根据 VSEPR 理论判断 SF_4 的空间构型。

解：SF_4　　$n=(6-4\times1)/2=1$　　$VP=m+n=4+1=5$

价电子对排布为三角双锥形，其中有 1 对孤电子对，这对孤电子对有如图所示两种排布方式（a 与 b）。键角愈小电子对间斥力愈大，两种排布方式中最小夹角为 90°，所以考虑 90° 夹角。

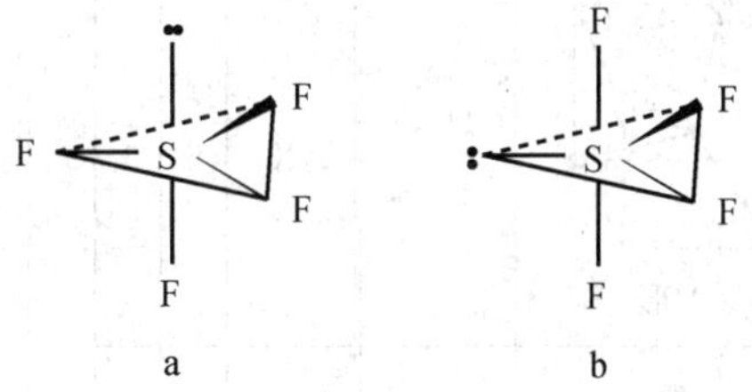

a. 孤电子对与键电子对成 90°有三对

b. 孤电子对与键电子对成 90°有两对

因为孤电子对斥力大于键电子对，所以结构 b 能量更低更稳定，SF_4 应为结构 b，为变形四面体。

表 11-16　根据 VSEPR 推测的 AX_m 型分子的空间构型

AX_m	m	n	VP	VP 排布	分子构型	实例	AX_m	m	n	VP	VP 排布	分子构型	实例
AX_2	2	0	2	直线形	 直线形	$BeCl_2$ HCN							
AX_3	3	0	3	平面三角形	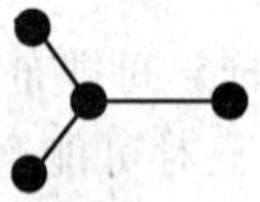 平面三角形	NO_3^- SO_3	AX_4	4	1	5	三角双锥形	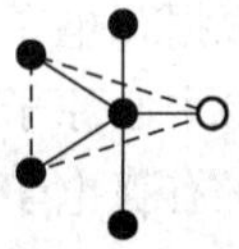 变形四面体	SF_4
AX_2	2	1			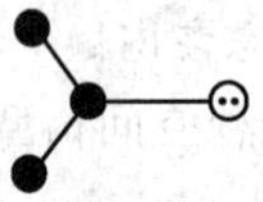 V形	NO_2	AX_3	3	2			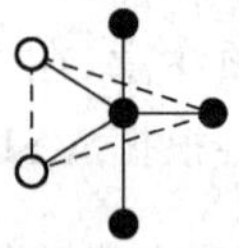 T 形	ClF_3 BrF_3
AX_4	4	0	4	正四面体形	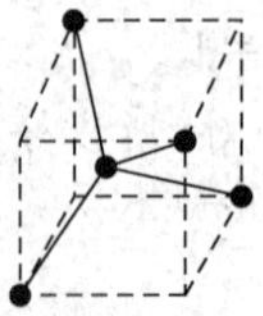 四面体形	CH_4 SO_4^{2-}	AX_2	2	3			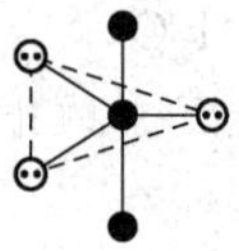 直线形	ICl_2^- I_3^- XeF_2
AX_3	3	1			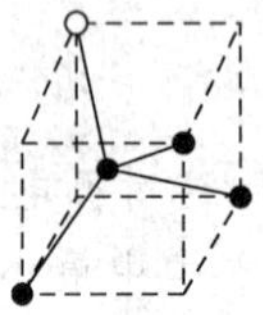 三角锥形	NH_3 SO_3^{2-}	AX_6	6	0	6	正八面体形	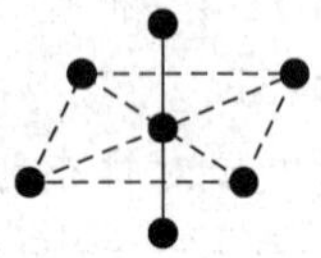 八面体形	SF_6 AlF_6^{3-}
AX_2	2	2			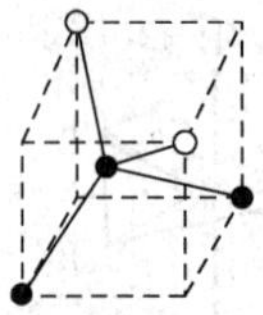 V形	H_2O H_2S	AX_5	5	1			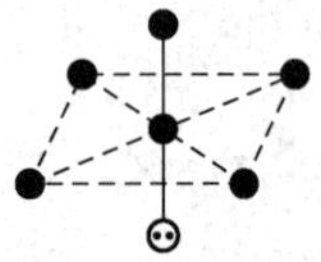 四方锥形	IF_5
AX_5	5	0	5	三角双锥形	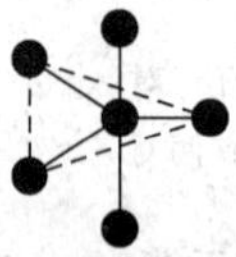 三角双锥形	PF_5 SF_4O	AX_4	4	2			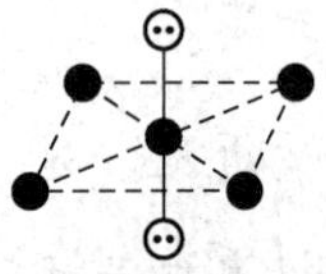 平面四方形	ICl_4^- XeF_4

11.5 配位化合物的结构

11.5.1 价键理论的基本要点

在配位化合物中，中心离子和配位体间靠什么力量结合在一起？它们的空间结构怎样？为什么有的配位化合物稳定，而有的则不稳定？这类问题促使人们对配位化合物的结构进行研究，从而发展了配位化合物的结构理论。

配位化合物的价健理论是美国化学家鲍林把杂化轨道理论应用到配合物结构而形成的。配合物的价键理论的主要内容如下：

①配合物的形成体 M 同配位体 L 之间以配位键结合。配位体提供孤对电子，是电子给体(donor)。形成体提供空轨道，接受配位体提供的孤对电子，是电子对的接受体(accepter)。两者之间形成配位键，一般表示为 M←L。例如配离子$[Co(NH_3)_6]^{3+}$中，就是六个 NH_3 中的 N 原子各提供一对孤对电子与 Co^{3+} 形成六个配位键。

②为了增强成键能力，中心离子用能量相近的轨道(如第一过渡系金属元素的 3d、4s、4p、4d 轨道)杂化，以杂化的空轨道来接受配位体提供的孤对电子形成配位键。配离子的空间结构、配位数、稳定性等主要取决于杂化轨道的数目和类型。

一些配合物的杂化轨道和空间构型见表 11-17。

表 11-17 配合物的杂化轨道和空间构型

配位数	杂化轨道类型	空间构形		实例
2	sp	直线形		$Ag(CN)_2^-$，$Cu(NH_3)_2^+$
3	sp^2	平面三角形	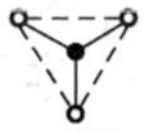	HgI_3^-，$CuCl_3^-$
4	sp^3	正四面体形		$Zn(NH_3)_4^{2-}$，$Co(SCN)_4^{2-}$
	dsp^2	平面正方形		$PtCl_4^{2-}$，$Cu(NH_3)_4^{2+}$
5	dsp^3	三角双锥形		$[Fe(CO)_5]$，$Co(CN)_5]^{3-}$
6	sp^3d^2 d^2sp^3	正八面体形		$Fe(H_2O)_6{}^{2+}$，$FeF_6{}^{3-}$ $Fe(CN)_6{}^{3-}$，$Cr(NH_3)_6{}^{3+}$

11.5.2 外轨型和内轨型配合物

有些配合物，其形成体是以$(n-1)$d，ns，np 轨道组成杂化轨道的，由于$(n-1)$d 是内层轨道，故这种配合物称为内轨型配合物(inner orbital coordination compounds)；另一些配合物，其形成体是以 ns，np，nd 轨道组成杂化轨道的，由于 nd 与 ns，np 属于同一外电子层，这类配合物称为外轨型配合物(outer orbital coordination compounds)。

配位原子电负性较小，如 C(在 CN^-，CO 中)，N (在 NO_2^- 中)等，较易给出孤电子对，对形成体的影响较大，使其结构发生变化，$(n-1)$d 轨道上的成单电子被强行配对，空出内层能量较低的空轨道来接受配位体的孤电子对，形成所谓的内轨型配合物。

例如 Fe^{3+} 的价层电子结构为

Fe^{3+} 与 CN^- 生成$[Fe(CN)_6]^{3-}$时，由于 CN^- 是一种强的配位剂，给出电子的能力强，当 CN^- 接近 Fe^{3+} 时，迫使 Fe^{3+} 的 3 d 轨道中 5 个电子互相成对重排，腾出两个空的 3 d 轨道，连同外层的 4 s，4p 空轨道形成 d^2sp^3 杂化轨道与 6 个 CN^- 成键，形成内轨型配合物，呈八面体构型。

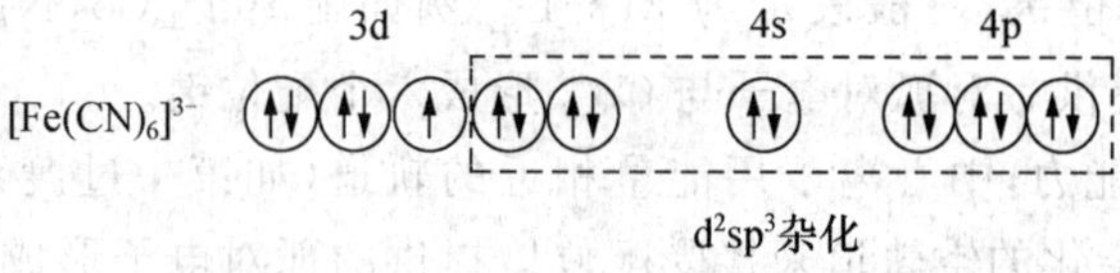

如果配位原子的电负性很大，如 F^-，H_2O 等配体，不易给出孤电子对，形成体的结构不发生变化，仅用其外层的空轨道 ns，np，nd 与配位体结合，形成外轨型配合物。例如，Fe^{3+} 与 F^- 形成$[FeF_6]^{3-}$时，由于 F^- 不是强给电子体，所以 Fe^{3+} 的电子排布没有发生变化，只是其最外层能级相近的 4s，4p 和 4d 空轨道形成了 6 个简并的 sp^3d^2 杂化轨道。当 F^- 沿着正八面体 6 个顶点的方向接近 Fe^{3+} 时，F^- 的孤对电子所在的轨道与杂化轨道重叠形成配位键，生成外轨型配合物，呈八面体构型。

形成内轨型配离子时，配位体提供的孤对电子进入到中心离子的内层轨道成键，结合得牢固，因此内轨型配合物的键能大，较稳定，在水中不易离解。而外轨型配合物的健能小，不稳定，在水中易离解。

对于配位数为 4 的配离子，中心配离子可以形成 sp^3 杂化和 dsp^2 杂化两种不同的杂化类型。例如 Ni^{2+} 的价层电子结构为

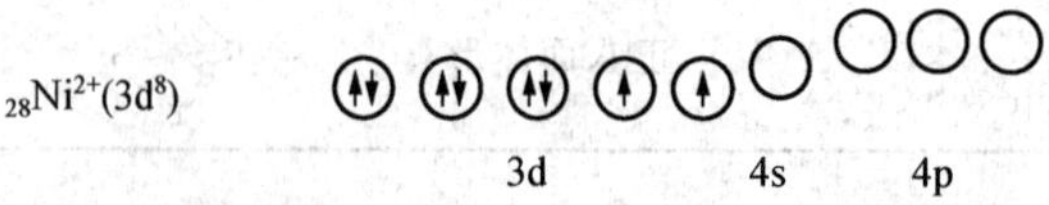

Ni^{2+} 与 CN^- 生成$[Ni(CN)_4]^{2-}$时，由于 CN^- 是一种强的配位剂，给出电子的能力强，当 CN^- 接近 Ni^{2+} 时，迫使 Ni^{2+} 的 3d 轨道中 8 个电子互相成对重排，腾出一个空的 3d 轨道，连同外层的 4s，4p 空轨道形成 dsp^2 杂化轨道与 4 个 CN^- 成键，形成内轨型配合物。4 个 dsp^2 杂化轨道位于同一平面上，相互间夹角为 90°。故$[Ni(CN)_4]^{2-}$呈平面正方形构型，Ni^{2+} 位于平面正方形的中心，4 个配位 C 原子位于 4 个顶点。

Ni^{2+}与NH_3生成$[Ni(NH_3)_4]^{2+}$时，Ni^{2+}的3 d轨道中8个电子没有重排，仅用其外层的空轨道ns，np杂化，形成4个简并的sp^3杂化轨道，与配位体结合，形成外轨型配合物。当NH_3沿着正四面体4个顶点的方向接近Ni^{2+}时，N的孤对电子所在的轨道与杂化轨道重叠形成配位键。所以$[Ni(NH_3)_4]^{2+}$呈正四面体构型。

中心离子利用哪些空轨道进行杂化，还与中心离子的电荷，中心离子的价电子层结构有关。一般来说，中心离子的电荷增多，配位原子孤对电子所受的吸引力就越强，越容易进入到中心离子的内层空轨道成键，形成内轨型配合物。例如，Co^{2+}和Co^{3+}在与NH_3形成配离子时，前者形成的是外轨型的$[Co(NH_3)_6]^{2+}$，而后者则形成内轨型的$[Co(NH_3)_6]^{3+}$。

具有d^{10}电子构型的中心离子，如Zn^{2+}、Cd^{2+}、Hg^{2+}等由于其内层已为电子充满，其$(n-1)d$轨道不能参与杂化成键，故这些构型的离子与配位体只能形成外轨型配合物。

具有d^8电子构型的中心离子，如Ni^{2+}、Pt^{2+}、Pd^{2+}等，大多数情况下形成内轨型配合物。

具有其他电子构型的离子，如Fe^{2+}、Fe^{3+}、Co^{3+}等，d电子数为4～9个，F既可能形成内轨型也可能形成外轨型配合物。

11.5.3 配合物磁性与键型的关系

物质的磁性是指它在磁场中表现出来的性质。如果物质内部的电子全部自旋相反而且成对，电子自旋产生的磁效应相互抵消，该物质在外磁场中表现为反磁性。如果物质的正、反自旋电子不相等，即有未成对电子，电子自旋产生的磁效应不能相互抵消，该物质在外磁场中表现为顺磁性。物质的磁性的强弱可通过磁矩来表示。原子或离子的磁矩μ与其未成对电子数n有关，两者之间具有下列近似关系式：

$$\mu=\sqrt{n(n+2)} \tag{11-15}$$

μ的单位为波尔磁子(B. M)，$1B.M=9.274\ 078\times10^{-24}\ A\cdot m^2$。

配合物的磁性对配合物的结构研究提供了重要的依据，可通过对配合物磁矩的测定来确定配合物的未成对电子数。在形成外轨型配合物时，中心离子的电子层结构在生成配合物前后未发生电子的重新配对，未成对单电子数较多，磁矩较大(成单电子多，顺磁性大)；而形成内轨型配合物时，中心离子的电子层结构大多发生变化，使未成对单电子数减少，相应的磁矩也变小。如果配合物分子中配位体没有未成对电子，则其磁矩为零。将测得磁矩的实验值与理论值比较，就可知道过渡金属离子形成的配离子的末成对电子数，见表11-18。

表11-18 磁矩的理论值与未成对电子数的关系

未成对电子数	μ/B. M	未成对电子数	μ/B. M
0	0	3	3.87
1	1.73	4	4.90
2	2.83	5	5.92

例如，测得$[FeF_6]^{3-}$的磁矩为$5.45\times10^{-23}\ A\cdot m^2$，则

$$\mu=\frac{5.45\times10^{-23}\ A\cdot m^2}{9.27\times10^{-24}\ A\cdot m^2\cdot B.M^{-1}}=5.88\ B.M$$

查表 11-18 可知其中心离子有 5 个未配对电子。

又如测得$[Fe(CN)_6]^{3-}$的磁矩为 2.13×10^{-23} A·m^2，则

$$\mu=\frac{2\cdot13\times10^{-23}\ \text{A}\cdot\text{m}^2}{9.27\times10^{-24}\ \text{A}\cdot\text{m}^2\cdot\text{B.M}^{-1}}=2.3\ \text{B.M}$$

与相当于 1 个未成对电子的理论值基本相符。Fe^{3+} 在 3 d 轨道上有 5 个未配对电子，比较后可确定$[FeF_6]^{3-}$配离子是外轨型的，而$[Fe(CN)_6]^{3-}$中 Fe^{3+} 的 3 d 电子进行了重排，只有一个未配对电子，因而是内轨型的。

价键理论解释中心离子和配位体之间的化学键问题是比较明确的，容易接受，尤其是对中心离子和配位体结合力的本质，中心离子的配位数以及配合物的几何构型等问题的阐述都比较成功。但该理论仍存在不少缺点，如不能很好地解释配合物的光学性质和稳定性规律等，这些问题在晶体场理论中得到了较好的解释。

11.6 分子间力、氢键和离子极化

11.6.1 分子间力

化学键是分子内部原子间的作用力，化学键的键能一般在 100～600 kJ·mol^{-1}，但没有包括微粒之间的其他可能的作用力。许多气体在一定条件下都可以液化成液体或凝固成固体，这说明分子与分子之间还存在着一种力，这种力叫分子间力。范德华(Van der Waals J. D)首先注意到这种力的存在，所以也叫范德华力。这种力比较弱，约为几十 kJ·mol^{-1}，比化学键小一个数量级。分子间力虽然比较弱，却决定着物质的沸点、熔点和汽化热等物理性质。分子间力不同于共价键，没有方向性和饱和性。分子间力与分子的极性有关，在讨论分子间力的来源之前，首先介绍有关分子极性的概念。

1. 分子的极性

任何一个分子中都存在一个正电荷中心和一个负电荷中心，根据两个电荷中心是否重合，可以把分子分为极性分子和非极性分子。正、负电荷中心不重合的分子叫极性分子(polar molecule)，正、负电荷中心重合的分子叫非极性分子(nonpolar molecule)。

对同核双原子分子，由于两个原子的电负性相同，两个原子之间的化学键是非极性键，分子为非极性分子；如果是异核双原子分子，由于电负性不同，两个原子之间的化学键为极性键，即分子的正电荷中心和负电荷中心不会重合，分子为极性分子，如 HCl、CO 等。

对于复杂的多原子分子来说，如果是相同原子组成的分子，分子中只有非极性键，那么分子通常是非极性分子，单质分子大都属此类，如 P_4、S_8 等。如果组成原子不相同，那么分子的极性不仅与元素的电负性有关，还与分子的空间构型有关。例如，SO_2 和 CO_2 都是三原子分子，都是由极性键组成，但 CO_2 的空间构型是直线形，键的极性相互抵消，分子的正、负电荷中心重合，分子为非极性分子。而 SO_2 的空间构型是角型，正、负电荷重心不重合，分子为极性分子。

分子极性的大小常用偶极矩(dipole moment)μ 来量度。偶极矩的概念是德拜(Debye

P J W)在1912年提出的。在极性分子中，正、负电荷中心的距离称偶极长，用符号 d 表示，单位为米(m)；正、负电荷所带电量为 $+q$ 和 $-q$，单位库仑(C)；系统偶极矩 μ 的大小等于 q 和 d 的乘积(图 11-27)：

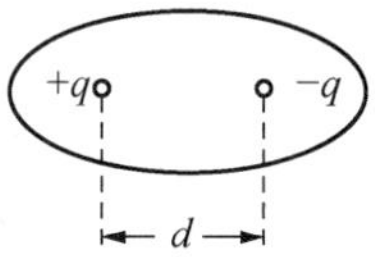

图 11-27 分子的偶极矩

$$\mu = q \cdot d$$

偶极矩的 SI 单位是库仑·米(C·m)。

偶极矩可通过实验测得。根据偶极矩大小可以判断分子有无极性，比较分子极性的大小。$\mu=0$，为非极性分子；μ 值愈大，分子的极性愈大。表 11-19 列出了一些分子的偶极矩实验数据。

表 11-19 一些物质分子的偶极矩和分子的几何构型

分子	$\mu/(10^{-30}$ C·m)	几何构型	分子	$\mu/(10^{-30}$ C·m)	几何构型
H_2	0.0	直线形	HF	6.4	直线形
N_2	0.0	直线形	HCl	3.4	直线形
CO_2	0.0	直线形	HBr	2.6	直线形
CS_2	0.0	直线形	HI	1.3	直线形
CH_4	0.0	正四面体形	H_2O	6.1	角形
CCl_4	0.0	正四面体形	H_2S	3.1	角形
CO	0.37	直线形	SO_2	5.4	角形
NO	0.50	直线形	NH_3	4.9	三角锥形

偶极矩可帮助判断分子可能的空间构型。例如 NH_3 和 BCl_3 都是由四个原子组成的分子，可能的空间构型有三角锥形和平面三角形两种。实验测得它们的偶极矩 μ 分别为 5.00×10^{-30} C·m 和 0 C·m。所以 NH_3 应为三角锥形，而 BCl_3 应为平面三角形。

2. 分子的变形性

在外电场作用下，分子内部的电荷分布将发生相应的变化，非极性分子在外电场作用下会产生偶极，成为极性分子；而极性分子在外电场作用下本来就具有的偶极(称固有偶极)会增大，分子极性进一步增大(图 11-28)。这种在外电场作用下，正、负电荷中心不重合程度增大的现象，称为变形极化。变形极化所致的偶极称为诱导偶极(induced dipole)。电场愈强分子变形性愈大，诱导出来的偶极矩也愈大。若取消外电场，诱导偶极即消失。所以诱导偶极与外电场强度 E 成正比：

$$\mu_{诱导} = \alpha \cdot E$$

式中：α 为比例常数，称为极化率(polarizability)。外电场强度一定时，极化率愈大，$\mu_{诱导}$ 愈大，分子的变形性也愈大，所以极化率可表征分子的变形性。

当受到外电场作用时，极性分子要顺着电场方向取向，这一现象称为取向极化。同时电场也使分子正、负电荷中心距离增大，发生变形，产生诱导偶极。所以此时分子的偶极为固有偶极和诱导偶极之和。

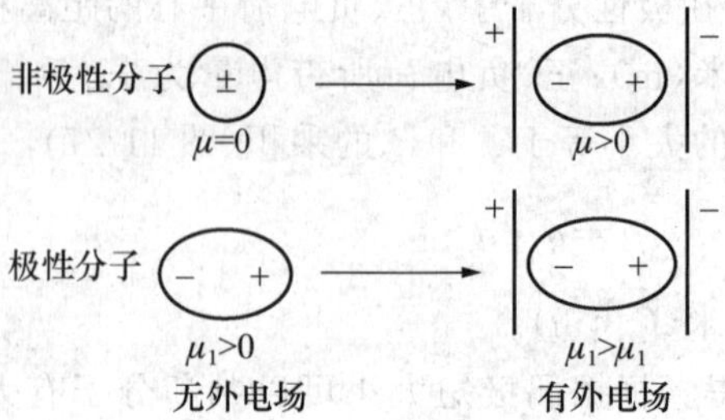

图 11-28 分子在外电场中的变形

3. 分子间力

分子的变形不仅在电场中发生，在相邻分子间也会发生。分子的极性和变形性，是产生分子间力的根本原因。分子间力一般包括三种力：色散力、诱导力和取向力。

(1)色散力　任何分子由于其电子和原子核的不断运动，常发生电子云和原子核之间的瞬间相对位移，从而产生瞬间偶极。瞬间偶极之间的作用力称为色散力(dispersion force)。

色散力与分子的变形性有关。分子的变形性愈大，色散力愈大。分子中原子或电子数越多，分子愈容易变形，所产生的瞬间偶极矩就愈大，相互间的色散力愈大。不仅在非极性分子中会产生瞬间偶极，极性分子中也会产生瞬间偶极。因此色散力不仅存在于非极性分子间，同时也存在于非极性分子与极性分子之间和极性分子与极性分子之间。所以色散力是分子间普遍存在的作用力。

(2)诱导力　当极性分子与非极性分子相邻时，极性分子就如同一个外电场，使非极性分子发生变形极化，产生诱导偶极。极性分子的固有偶极与诱导偶极之间的这种作用力称为诱导力 (induced force)。诱导力的本质是静电引力，极性分子的偶极矩愈大，非极性分子的变形性愈大，产生的诱导力也愈大；而分子间的距离愈大，则诱导力愈小。

由于极性分子间也会相互诱导产生诱导偶极，所以极性分子间也存在诱导力(图 11-29c)。

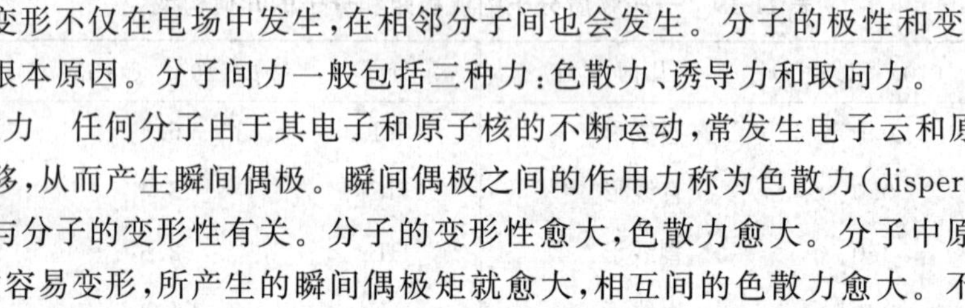

图 11-29 极性分子间的相互作用

a. 分子离得较远　b. 取向　c. 诱导

(3)取向力　极性分子与极性分子之间，由于同性相斥、异性相吸的作用，使极性分子间按一定方向排列而产生的静电作用力称为取向力(orientation force)(图 10-29b)。取向力的本质是静电作用，可根据静电理论求出取向力的大小。分子的极性越大，取向力越大；分子间距离越小，取向力越大。

总之，不同类型分子间力具有如下特点：

①极性分子与极性分子之间的作用力由取向力、诱导力和色散力三部分组成；

②极性分子与非极性分子间只存在诱导力和色散力；

③非极性分子之间仅存在色散力。

在多数情况下，色散力占分子间力的绝大部分，表11-20中的数据证明了这一点。从表中可看到，即使HCl这样的强极性分子之间的作用力中，色散力仍占83%，一般情况下，分子的体积或分子量愈大，则分子的极化率(变形性)愈大，分子间的色散力也愈大，分子间力愈大(H_2O、NH_3和HF等强极性分子除外)。

表11-20 分子间力的组成(T=298 K,d=500 pm)

分子式	μ/(10^{-30} C·m)	α/10^{-30} m^3	取向力/10^{-22} J	诱导力/10^{-22} J	色散力/10^{-22} J	总作用力/10^{-22} J	色散力占总作用力百数/%
He	0.00	0.203	0.00	0.00	0.05	0.05	100
Ar	0.00	1.63	0.00	0.00	2.9	2.9	100
Xe	0.00	4.01	0.00	0.00	18	18	100
CCl_4	0.00	—	0.00	0.00	116	116	100
HI	1.40	5.20	0.021	0.10	33	33	100
HBr	2.67	3.49	0.39	0.28	15	16	94
HCl	3.50	2.56	1.2	0.36	7.8	9.4	83
NH_3	4.94	2.34	5.2	0.63	5.6	11.4	49
H_2O	6.14	1.59	11.9	0.65	2.6	15.2	17

分子间力的本质基本上属静电作用，因而它既无方向性，也无饱和性。分子间力是一种永远存在于分子间的作用力，随着分子间距离的增加，分子间力迅速减小，其作用能的大小约比化学键小1～2个数量级，在几到几百焦耳每摩尔之间。

化学键力主要影响物质的化学性质，而分子间力主要影响物质的物理性质，如物质的熔点、沸点、溶解度等。

例如，HX的分子量依HCl→HBr→HI顺序增加，则分子间力(主要是色散力)也依次增加，故其熔沸点依次增高。然而它们化学键的键能依次减小，所以其热稳定性依次减小。

例如，稀有气体从He到Xe在水中的溶解度依次增大，其原因是从He到Xe，原子半径依次增大，分子变形性也依次增大，水分子对它们的诱导力就依次增强，因此溶解度依次增大。溶质和溶剂的分子间力愈大，则溶质在溶剂中的溶解度就愈大。

此外分子间力越大，它的气体分子越容易被吸附。例如防毒面具中利用活性炭的吸附作用，将比空气中氧气重的毒气(如$COCl_2$、Cl_2气等)吸附除去，就是因为毒气与活性炭的分子间作用力较O_2与活性炭间的作用力大。近年来广泛使用的分析仪器气相色谱，也是利用各种气体的极性与变形性不同而被吸附的情况不同，从而分离、鉴定气体混合物中的各种组分。

11.6.2 氢键

分子间力一般随相对分子质量的增大而增大，所以p区同族元素氢化物的熔、沸点从上到下升高，而NH_3、H_2O和HF却例外。如H_2O的熔、沸点比H_2S、H_2Se和H_2Te都要高。

H_2O 还有许多反常的性质，如特别大的比热容、密度等。1920 年，M. L. Hvggins 首次提出氢键(hydrogen bond)的概念。之后 M. Latiwer 和 H. Rodebush 用氢键成功地解释了水沸点的反常现象，1935 年 X 射线晶体结构分析证明了氢键的存在。从此，氢键作为有别于共价键、离子键和范德华作用力的又一种化学作用力出现在人们的视野中。

有些物质的分子不仅在液相，甚至于在气相都处于紧密的缔合状态中。例如 HF 分子气相为二聚体$(HF)_2$，HCOOH 分子气相也为二聚体$(HCOOH)_2$。根据甲酸二聚体在不同温度的解离度，可求得它的解离能为 59.0 kJ·mol^{-1}，这个数据显然远远大于一般的分子间力。对$(HF)_2$和甲酸二聚体的结构测定表明分子间存在氢键，它们具有如图 11-30 结构。

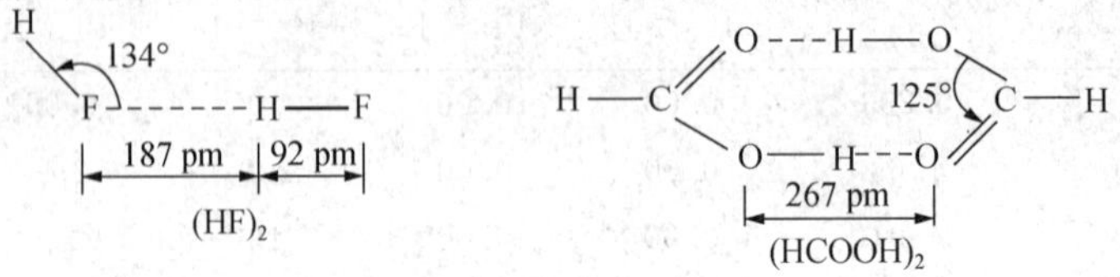

图 11-30　$(HF)_2$与$(HCOOH)_2$中的氢键

当氢与电负性很大、半径很小的原子 X(X 可以是 F、O、N 等高电负性元素)形成共价键时，共用电子对强烈偏向于 X 原子，因而氢原子几乎成为半径很小、只带正电荷的裸露的质子。这个几乎裸露的质子能与电负性很大的其他原子(Y)相互吸引，也可以和另一个 X 原子相互吸引，形成氢键。形成氢键的条件是：

①氢原子与电负性很大的原子 X 形成共价键；

②有另一个电负性很大且具有孤对电子的原子 X(或 Y)；

一般在 X—H⋯X(Y)中，把 H⋯X(Y)之间的键称作氢键。在化合物中，容易形成氢键的元素有 F、O、N，有时还有 Cl、S。氢键的强弱与这些元素的电负性大小、原子半径大小有关，元素的电负性愈大，氢键愈强；元素的原子半径愈小，氢键也愈强。氢键的强弱顺序为：

F—H⋯F>O—H⋯O>N—H⋯N>O—H⋯Cl>O—H⋯S

表 11-21 列出了一些常见氢键的键长和键能。

表 11-21　一些无机物中常见氢键的键长和键能

氢键类型	键长 l/pm	键能 E_b/(kJ·mol^{-1})	化合物
F—H⋯F	270	28.0	固体 HF
	255	28.0	$(HF)n$，$n\leqslant5$ 蒸汽
O—H⋯O	276	18.8	$H_2O(s)$
	285	18.8	$H_2O(l)$
N—H⋯F	268	20.9	NH_4F
N—H⋯N	338	5.4	NH_3
N≡C—H⋯N	320	13.7	$(HCN)_2$

氢键的键能处于共价键与范德华作用力之间，为 8.4～168 kJ/mol。F. Hibbea 将氢键按键能高低分为 3 类：弱氢键(weak hydrogen bond)，其键能在 10～50 kJ/mol；强氢键(strong hydrogen bond)，其键能在 50～100 kJ/mol；超强氢键(very strong hydrogen bond)，其键能大于 100 kJ/mol。但氢键有两个与范德华力不同的特点，那就是它具有饱和性和方向性。氢键的饱和性表示一个 X—H 只能和一个 Y 形成氢键，这是因为氢原子半径比 X、Y 小得多，如果另有一个 Y 原子接近它们，则受到 X 和 Y 原子的排斥力比受氢原子的吸引力大得多，所以 X—H…Y 中的 H 原子不可能再形成第二个氢键。氢键的方向性是指 Y 原子与 X—H 形成氢键时，其方向尽可能与 X—H 键轴在同一方向，即 X—H…Y 尽可能保持 180°。因为这样成键可使 X 与 Y 距离最远，两原子的电子云斥力最小，形成稳定的氢键。

氢键可以分为分子间氢键和分子内氢键两大类。前面的例子都是分子间氢键，HNO_3 分子，以及在苯酚的邻位上有—NO_2、—COOH、—CHO、—$CONH_3$ 等基团时都可以形成分子内氢键，如图 11-31 所示。分子内氢键由于分子结构原因通常不能保持直线形状。

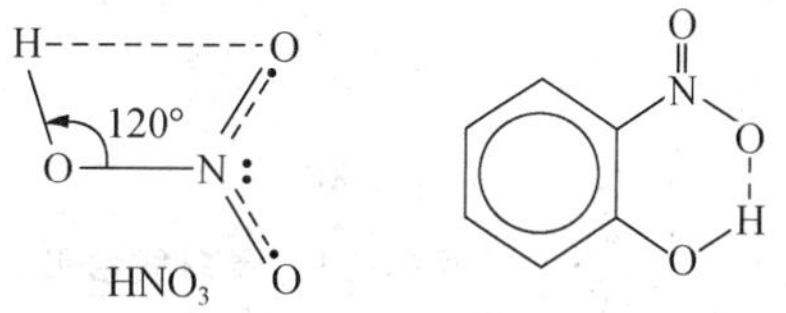

图 11-31 硝酸与邻硝基苯酚中的分子内氢键

氢键对物质性质的影响是多方面的，主要有以下几点：

(1)熔、沸点 分子间形成氢键时，使分子间结合力增强，使化合物的熔点、沸点、熔化热、气化热、黏度等增大，蒸气压则减小。例如 HF 的熔、沸点比 HCl 高，H_2O 的熔、沸点比 H_2S 高。

分子内氢键的形成一般使化合物的熔点、沸点、熔化热、气化热、升华热减小。例如，邻硝基苯酚易形成分子内氢键，其熔点为 45℃；间位和对位的硝基苯酚易形成分子间氢键，其熔点分别为 96℃和 114℃。

(2)溶解度 氢键的形成还会影响化合物的溶解度。当溶质和溶剂分子间形成氢键时，使溶质的溶解度增大；当溶质分子间形成氢键时，在极性溶剂中的溶解度下降，而在非极性溶剂中的溶解度增大。当溶质形成分子内氢键时，在极性溶剂中的溶解度也下降，而在非极性溶剂中的溶解度则增大。例如，邻硝基苯酚易形成分子内氢键，比其间、对硝基苯酚在水中的溶解度更小，更易溶于苯中。

(3)酸性 分子内形成内氢键时，会使酸性增强。

(4)黏度 液体分子间若有氢键存在，会拉近其分子间距离，使得黏度增大。例如，甘油、磷酸、浓硫酸都是因为分子间有氢键存在，通常为黏稠状的液体。

氢键广泛存在于许多化合物中，如水、醇、酚、酸、羧酸、胺、氨基酸、蛋白质和碳水化合物等。氢键在生物大分子如蛋白质、DNA、RNA 及糖类等中有重要作用。蛋白质分子是由许多氨基酸以肽键缩合，长链分子之间又是靠羰基(C ═ O)上的 O 原子和氨基(—NH)上的 H 原子以氢键(C ═ O…H—N)在折叠平面上相连接(图 11-32a)。蛋白质分子的 α-螺旋结构也是羰基上的氧和氨基上的氢以氢键结合而成(图 11-32b)。DNA 的双螺旋结构也是靠碱基之间的氢键连接在一起的(图 11-32c)。

虽然氢键很弱，但在生物体中，大量氢键的共同作用仍然可以起到稳定结构的作用。由

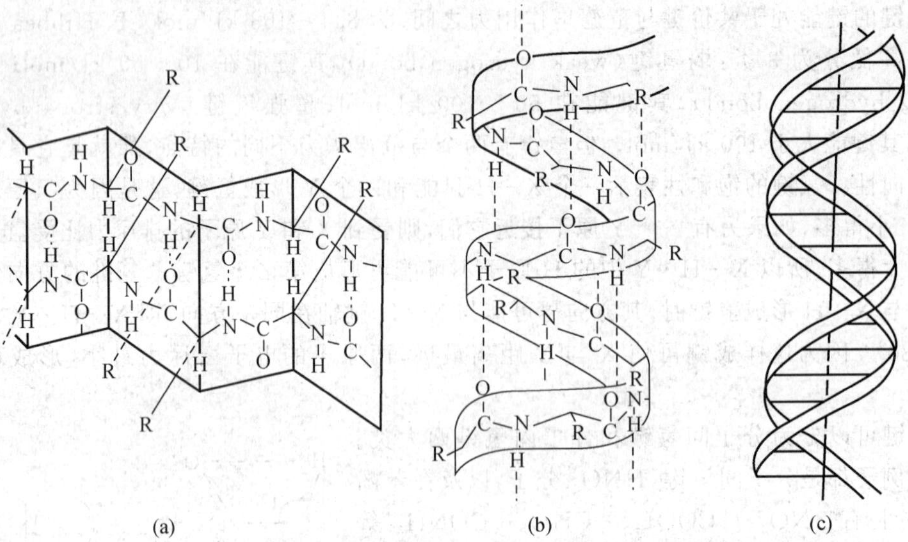

图 11-32 蛋白质多肽折叠(a)、α-螺旋结构(b)和 DNA 的双螺旋结构(c)

于氢键在形成蛋白质的二级结构中的作用，氢键在人类和动植物的生理、生化过程中起着十分重要的作用。氢键键能较低，形成和破坏都比较容易，能满足生物大分子在发挥功能时经常涉及键的断裂与生成的需要，例如有些酶要发挥活性，同样也离不开氢键的参与，所以氢键对生物分子间的识别与反应都有着非常重要的意义。氢键的这些性质使得氢键在生物体中的作用越来越被人们所关注。

长期以来，人们认为分子是体现物质性质的最小微粒，但是，随着对生命现象的深入研究，人们已经开始认识到，生物体系内许多与化学有关的复杂过程，并非由单一的分子来完成的，而是由一些分子通过相互间的作用，聚集成有序的空间结构的分子集合体相互协同才能完成的。例如，细胞膜就是由许多类磷脂分子依靠分子间力有序聚集起来的具有许多生物功能的膜。近年来，逐渐发现一些传统分子理论难以解释的现象，如 DNA 合成等形成的有序组合、绿色植物的光合作用、酶的催化作用、神经系统的信息传递等，均有特异的物质识别、输送及能量传递和转换功能。分子间作用力协同作用的重要性逐渐为人们所认识，因此超分子化学应运而生。超分子化学主要研究两个或多个分子通过分子之间的非共价键弱相互作用，如氢键、范德华力、偶极/偶极相互作用、亲疏水相互作用以及它们之间的协同作用而生成的分子聚集体的结构与功能。因此，超分子化学也被称为分子层次以上的化学。显然，超分子化学的研究，对于人类更深入地认识生命等复杂现象是极为重要的。

11.6.3 离子的极化

分子间力的概念也可以推广到离子体系。在外电场作用下，离子中的原子核和电子会发生位移，离子就会变型而产生诱导偶极，这一过程称为离子的极化(ionic polarization)。离子都带有电荷，所以离子本身就可以产生电场。因此，在离子化合物中，相邻的正离子和负离子之间会发生极化作用。

1. 离子的极化能力与变形性

某离子使带相反电荷离子变形的性能，称为该离子的极化作用。离子受带相反电荷离子的极化作用而变形的性能，称为该离子的变形性。通常正离子由于带有正电荷，一般其半径较小，它对相邻的负离子会产生诱导作用，使其变形极化；而负离子由于带有负电荷，一般半径较大，易被诱导极化，变形性较大。因此，考虑离子极化作用时，一般考虑正离子对负离子的极化能力大小和负离子在正离子极化作用下的变形性大小。若正离子的极化能力愈大、负离子的变形性愈大，则离子极化作用愈强。

离子极化能力的大小取决于离子的半径、电荷和电子层构型。正离子的电荷越多，半径愈小，极化能力愈强。此外，正离子的外层电子构型对极化能力也有影响，其极化能力大小顺序为：

18、(18＋2)及2电子构型＞(9～17)电子构型＞8电子构型

例如 K^+、Ag^+ 的电荷相同、半径相近，Ag^+ 为18电子构型而 K^+ 为8电子构型，所以 Ag^+ 的极化率比 K^+ 的极化率大得多。

离子的半径愈大，变形性愈大。用极化率 α 表示离子的变形性大小，表11-22列出了一些离子的极化率和离子半径。由表可知：离子半径越大，极化率 α 越大。因为负离子的半径一般比较大，所以负离子的极化率一般比正离子大；正离子的电荷越多，极化率越小；负离子的电荷越多，极化率越大。在常见离子中 S^{2-} 和 I^- 是很容易被极化的。离子的变形性也与离子的电子层构型有关，通常有如下规律：

18、(18＋2)电子构型＞(9～17)电子构型＞8电子构型

表11-22　离子的极化率 α

离子	极化率/(10^{-40} C·m²·V⁻¹)	半径/pm	离子	极化率/(10^{-40} C·m²·V⁻¹)	半径/pm
Li^+	0.034	68	Y^{3+}	0.61	93
Na^+	0.199	95	La^{3+}	1.16	104
K^+	0.923	133	C^{4+}	0.001 4	15
Rb^+	1.56	149	Si^{4+}	0.018 4	41
Cs^+	2.69	169	Ti^{4+}	0.206	68
Ag^+	1.91	121	Ce^{4+}	0.81	101
Be^{2+}	0.009	31	F^-	1.16	136
Mg^{2+}	0.105	65	Cl^-	4.07	181
Ca^{2+}	0.52	99	Br^-	5.31	196
Sr^{2+}	0.96	113	I^-	7.90	216
Ba^{2+}	1.72	135	O^{2-}	4.32	140
Hg^{2+}	1.39	110	S^{2-}	11.3	184
B^{3+}	0.003 3	20	Se^{2-}	11.7	198
Al^{3+}	0.058	50	Te^{2-}	15.6	221
Sc^{3+}	0.318	81			

在负离子被正离子极化的同时，正离子也有被极化的可能。当负离子被极化后，在一定程度上增强了负离子对正离子的极化作用，结果使正离子也变形极化；正离子被极化后又反过来增强了它对负离子的极化作用。这种加强的相互极化作用称为附加极化作用。每个离子的总极化作用应是它原来的极化作用和附加极化作用之和。通常离子的 d 电子数愈多，电子层数愈多，附加极化作用也愈大。

在讨论离子的极化作用时，一般情况下，我们只须考虑正离子的极化能力和负离子的变形性。只有在遇到如 Ag^+、Hg^{2+} 等变形性很大的正离子（通常为 18、(18＋2) 电子构型）以及极化能力较大的负离子时，才考虑离子的附加极化作用。

2. 离子极化对晶体键型的影响

由于电子构型为 18、(18＋2) 的正离子极化力和变形性都比较大，当它们与变形性较大的负离子结合时，在使负离子变形极化的同时，它们本身又会受到负离子极化而变形，从而产生附加极化作用。例如，Ag^+、Cd^{2+}、Hg^{2+} 与 I^-、S^{2-} 间的极化作用就很强，以致正负离子的电子云产生较大变形，发生了电子云的相互重叠，如图 11-33 所示，此时离子键已转变成了共价键，离子晶体转变为共价型晶体。

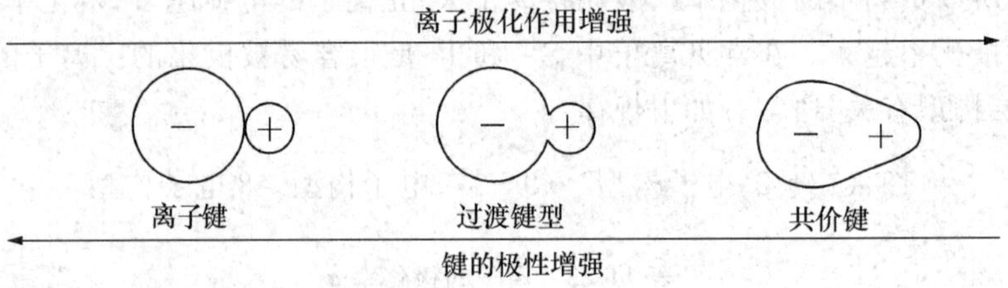

图 11-33　离子的极化

离子发生极化后，正、负离子相互靠近，缩短了两核间的距离，或者说键长缩短了。我们把实测的键长和正负离子半径之和作一比较，可以大致判断键型的变化。键长与正负离子半径之和基本一致的是离子型，键长与正负离子半径之和差别显著的，基本上是共价型，差别不很大的则是过渡型。见表 11-23。

表 11-23　离子型晶体与共价型晶体的判别

晶体	实测键长/pm	离子半径之和/pm	键型	晶体	实测键长/pm	离子半径之和/pm	键型
NaF	231	231	离子型	AgF	246	257	离子型
MgO	210	205	离子型	AgCl	277	302	过渡型
AlN	187	221	共价型	AgBr	288	320	过渡型
SiC	189	301	共价型	AgI	299	337	共价型

例如，$NaCl$、$MgCl_2$、$AlCl_3$、$SiCl_4$ 均为第三周期的氯化物，由于 Na^+、Mg^{2+}、Al^{3+}、Si^{4+} 的正电荷依次递增而半径减小，离子的极化力依次增强，引起 Cl^- 的变形程度也依次增大，致使 M—Cl 键的共价成分依次增大，Si—Cl 之间的键已是共价键，相应的晶体类型也由 NaCl 的离子晶体转变为 $MgCl_2$、$AlCl_3$ 的过渡型晶体，最后转变为 $SiCl_4$ 的分子晶体。

3. 离子极化对化合物性质的影响

(1)溶解度　离子极化作用的结果使化合物的键型从离子键向共价键过渡。根据相似相溶的原理,离子极化的结果必然导致化合物在水中的溶解度下降。例如,在卤化银 AgX 中,Ag^+ 为 18 电子构型,极化能力和变形性均很大,而 X^- 随 F^-、Cl^-、Br^-、I^- 顺序离子半径依次增大,变形性也随之增大。所以,除 AgF 为离子化合物溶于水外,AgCl、AgBr、AgI 均为共价化合物,并且共价程度依次增大,水中溶解度依次降低。

(2)颜色　在通常情况下,如果组成化合物的两种离子都是无色的,该化合物也无色,如 NaCl、K_2SO_4 等;如果其中一种离子无色,则另一种离子的颜色就是该化合物的颜色,如 K_2CrO_4 呈黄色。但有时无色离子也能形成有色化合物,例如,Ag^+ 离子和卤素离子都是无色的,但 AgBr、AgI 却是黄色的。又如 Ag_2CrO_4,是砖红色而不是黄色。这都与离子极化作用有关,一般离子极化作用越大,化合物的颜色越深。所以 AgBr 是浅黄,而 AgI 是黄色的。当然引起化合物颜色变化的因素很复杂,离子的极化作用仅是引起离子晶体颜色变化的重要因素之一。

(3)熔、沸点　在 $BeCl_2$、$MgCl_2$、$CaCl_2$、$SrCl_2$、$BaCl_2$ 等化合物中,由于 Be^{2+} 离子半径最小,又是 2 电子构型,所以有很大的极化能力,它使 Cl^- 发生显著的变形,Be^{2+} 与 Cl^- 之间的键有很大的共价成分。因而 $BeCl_2$ 具有较低的熔、沸点。ⅡA 碱土金属离子的氯化物随着金属离子半径的逐渐增大,极化能力逐渐下降,化合物的共价成分依次下降,熔、沸点逐渐升高。又如 $HgCl_2$,Hg^{2+} 为 18 电子构型,极化能力与变形性都很大,$HgCl_2$ 中正、负离子的相互极化使其键具有显著的共价性,基本上为共价键型。因此,$HgCl_2$ 的熔、沸点都很低,且容易升华,故又称升汞。

必须指出,离子极化理论在阐明无机化合物的性质方面有一定的作用,是对离子键理论的一种补充。但离子极化理论目前还很不完善,有待进一步的完善与发展。同时在无机化合物中,离子型化合物也只占一部分,所以在应用这一理论时应注意到它的局限性。

11.7* 晶体简介

固体物质按物质组成排列的有序程度通常分为两类:一类是没有整齐的外形,内部质点排列不规则,并且没有固定的熔点,这一类固体叫做非晶体或无定形体(amorphous solid),如玻璃、石蜡、橡胶等;另一类有整齐的外型,内部质点排列有规律,有固定的熔点,这一类固体叫做晶体(crystal),如氯化钠、金刚石、石英等。气态、液态物质和无定形物质在一定条件下也可以转变成晶体。

10.7.1 晶体的类型

1. 晶体的特征

晶体内部质点呈有规律排布,并贯穿于整个晶体,为长程有序性。晶体内部的这种长程有序性,使得晶体具有区别于无定形体的一些共同的特征。

晶体的特征之一是各向异性(anisotropy),即在晶体的不同方向上具有不同的物理性质。如光学、电学、力学和导热等物理性质在晶体的不同方向上往往是各不相同的。如石墨特别容易沿层状结构方向断裂成薄片，石墨在与层平行方向的电导率要比与层垂直方向上的电导率高1万倍以上。而无定形体则是各向同性(isotropy)的。

晶体的另一重要特征是它具有一定的熔点，而无定形体则没有固定的熔点，只有软化温度范围(如玻璃、石蜡、沥青等)。

晶体还有一些其他的共性，如晶体具有规则的几何外形；具有均匀性，即一块晶体内各部分的宏观性质(如密度、化学性质等)相同。

晶体的结构通常用X射线衍射法测定，从研究的结果可知，晶体是由在空间排列得很有规则的结构单元(可以是离子、原子或分子等)组成的。人们把晶体中具体的结构单元抽象为几何学上的点(称结点)，把它们连接起来，构成不同形状的空间网格，称晶格(lattice)，见图11-34。晶格中的格子都是平行六面体。设想将晶体结构截裁成一个个彼此互相并置而且等同的平行六面体的最基本单元，这些基本单元就是晶胞(unit cell)。整个晶体就是由这些基本单元(晶胞)在三维空间无间隙地堆砌构成的。晶胞是一个平行六面体，其形状和大小由6个晶胞参数决定。这6个晶胞参数是平行六面体的三条边长 a、b、c 和三条边之间的夹角 α、β、γ，如图11-35所示。

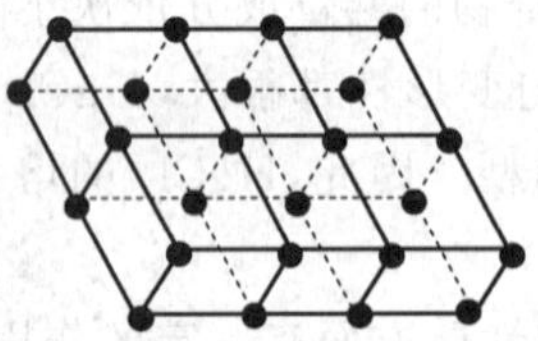

图11-34 晶格

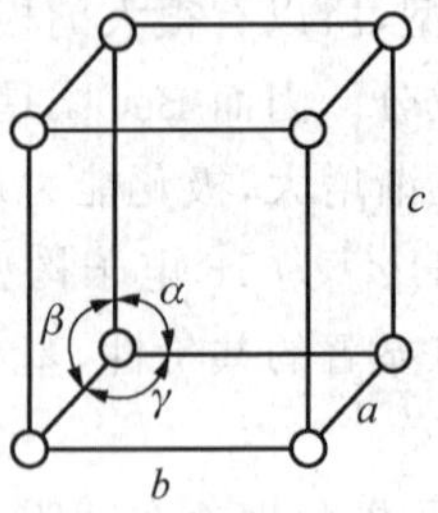

图11-35 晶胞

1. 晶体的分类

自然界晶体有成千上万种，可以根据对称性和作用力进行分类。

(1)按晶体的对称性分类　根据晶胞形状即晶胞参数的不同，可归结为7大类，即7个晶系。表11-24列出了7个晶系的名称、晶胞参数的特征和一些实例。

表11-24 七个晶系

晶系	晶胞类型	实例
立方晶系	$a=b=c$　$\alpha=\beta=\gamma=90°$	NaCl、CsCl、CaF_2、金属Cu
四方晶系	$a=b\neq c$　$\alpha=\beta=\gamma=90°$	SnO_2、TiO_2、$NiSO_4$、金属Sn
六方晶系	$a=b\neq c$　$\alpha=\beta=90°,\gamma=120°$	AgI、石英(SiO_2)、ZnO、石墨
菱形晶系	$a=b=c$　$\alpha=\beta=\gamma\neq 90°<120°$	方解石($CaCO_3$)、Al_2O_3、As、Bi
斜方晶系	$a\neq b\neq c$　$\alpha=\beta=\gamma=90°$	HIO_3、$NaNO_2$、$MgSiO_4$、斜方硫
单斜晶系	$a\neq b\neq c$　$\alpha=\beta=90°,\gamma>90°$	$KClO_3$、KNO_2、单斜S
三斜晶系	$a\neq b\neq c$　$\alpha\neq\beta\neq\gamma$	$CuSO_4\cdot 5H_2O$、$K_2Cr_2O_7$、高岭土

(2)按结构单元间作用力分类　晶体的性质不仅和结构单元的排列规律有关,更主要的,还和结构单元间结合力的性质有密切关系。根据晶胞结构单元间作用力性质的不同,又可把晶体分成离子晶体、原子晶体、金属晶体和分子晶体四种基本类型,见表 11-25。这四种晶体微粒间的作用力分别为离子键、共价键、分子间力(还可能有氢键)和金属键。晶体中微粒间作用力的不同,直接影响晶体的性质。

表 11-25　四种基本晶体类型的结构及性能特征

晶体类型		离子晶体	原子晶体	分子晶体		金属晶体
晶格结点上微粒		正、负离子	原子	极性分子	非极性分子	原子、正离子(晶格间隙有自由电子)
结合力		离子键	共价键	分子间力(氢键)	色散力	金属键
物理性质	熔点	高	很高	低	很低	高:W 低:Hg
	硬度	硬	很硬	软	很软	高 :Cr 低:Sn
	机械加工性	差	差	脆	很脆	延展性好(Au 最佳)
	导电、导热性	熔融及溶于水导电	一般为非导体(半导体导电)	晶体不导电,溶于水导电	非导体	良导体(Cu、Ag、Au 最佳)
	溶解性	一般易溶于水,晶格能太大难溶	不溶	易溶于极性溶剂	易溶于非极性溶剂	不溶。Na、K 等能形成汞齐、能与水反应
晶体实例		NaCl、MgO 等	金刚石、SiO_2、SiC、AlN 等	HCl、H_2O、NH_3 等	CO_2、N_2、CCl_4 等	Na、Cu、Fe、Mn、W 等

11.7.2　离子晶体

由离子键形成的化合物叫离子型化合物。离子型化合物虽然在气态可以形成离子型分子,但主要还是以晶体状态出现,例如氯化钠、氯化铯晶体。在离子晶体(ionic crystal)的晶格结点上排列着正离子和负离子,正、负离子之间有很强的静电引力,即离子键作用力。按组成离子晶体的离子数目不同,离子晶体可分成 AB 型、A_2B 型和 AB_2 型等。

1. AB 型离子晶体

AB 型离子晶体主要可分为 NaCl 型、CsCl 型和 ZnS 型三种结构形式。

(1)NaCl 型晶体　NaCl 晶体如图 11-36a 所示,属于面心立方晶格,在每个 Na^+ 的周围最接近的有 6 个 Cl^-,而每个 Cl^- 周围最接近的也有 6 个 Na^+。通常把分子或晶体中任一原子周围最接近的原子(或离子)数目叫做配位数,那么在 NaCl 晶体中,Na^+ 的配位数是 6,Cl^- 的配位数也是 6,它们的配位比是 6∶6。属于 NaCl 型结构的离子晶体有碱金属的大多数卤化物、氢化物和碱土金属的氧化物、硫化物,AgCl 也属此类型。

(2)CsCl 型晶体　CsCl 型晶体结构如图 11-36b 所示,属于简单立方晶格。在 CsCl 型晶体中,每个立方体中心排有一个 Cs^+,而在立方体的 8 个顶角上排有 8 个 Cl^-。这样形成了每个正离子或负离子均被 8 个带异号的离子所包围的排列方式，所以配位数比是 8∶8，每个晶胞中所含的 Cs^+ 数与 Cl^- 数之比是 1∶1。

属于 CsCl 型结构的离子晶体有 CsCl、CsBr、CsI、RbCl、ThCl、TlCl、NH_4Cl、NH_4Br 等。

(3)ZnS 型晶体　ZnS 的晶体结构如图 11-36c 所示，属面心立方晶格，配位数比为 4∶4。属立方 ZnS 型的离子晶体有：BeO、BeS、BeSe 等。

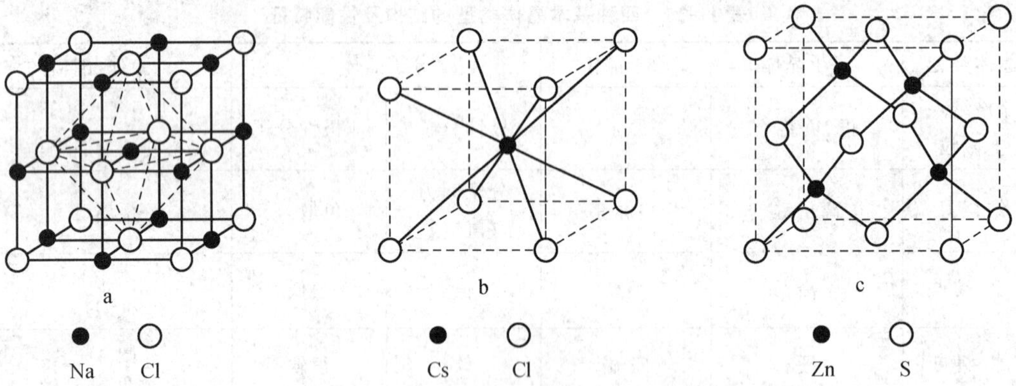

图 11-36　NaCl、CsCl 和 ZnS(立方)的晶胞

2. AB_2 型离子晶体

晶体中正负离子比例为 1∶2 的离子晶体为 AB_2 型离子晶体，属于这类晶体的有 CaF_2、$BeCl_2$、$SrCl_2$、HgF_2、CeO_2、PbF_2 等。

3. A_2B 型离子晶体

晶体中正负离子比例为 2∶1 的离子晶体为 A_2B 型离子晶体，属于这类晶体的有 Na_2SO_4、Li_2O、Ag_2CrO_4、Na_2S 等。

离子键的键焓较大，所以离子晶体一般具有较高的熔点和较大的硬度。离子晶体虽硬，但延展性较差，很脆。这是因为晶体在受冲击时晶体中各层离子发生错动，减弱了离子间的引力而引起破裂。离子化合物在固态时离子被限制在晶格结点上振动，所以几乎不能导电。若在溶融状态下或在水溶液中，由于离子能自由运动而成为良好的导体。大多数离子化合物易溶于水等极性溶剂，而不溶于非极性溶剂中。

11.7.3　原子晶体

原子晶体(atomic crystal)的晶格结点上排列着中性原子，原子之间以共价键结合。属于原子晶体的物质为数不多，除金刚石外，还有单质硅、单质硼、碳化硅(SiC)、石英(SiO_2)、氮化硼(BN)和氮化铝(AlN)等。

原子晶体的主要特点是连接原子之间的结合力(共价键)牢固，要破坏原子间的共价键，需消耗很大的能量，因此原子晶体熔沸点高、硬度大；不存在离子，也不存在独立的小分子；一般不导电，但硅、碳化硅具有半导体性质；在一般溶剂中都不溶。例如，金刚石是原子晶体的典型代表，每个 C 原子以 sp^3 杂化轨道，每一个 C 原子与邻近的 4 个 C 原子构成三维空间网状结构，键角均为 109°28′，见图 11-37。要破坏共价键极不容易，因此金刚石不导电、熔点高、硬度大、化学性质很稳定。由于共价键的方向性和饱和性，使得原子晶体不能采取紧密堆积的形式，只能是低配位数、低密度。例如金刚石配位数是 4，空间利用率仅为 34%。

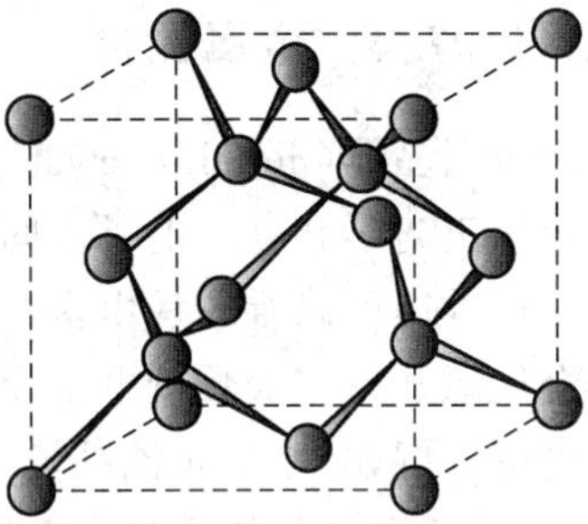
图 11-37 金刚石结构

11.7.3 分子晶体

分子晶体(molecular crystal)的晶格结点上排列着分子(极性分子或非极性分子)，分子之间靠分子间力聚集在一起，某些分子晶体中还存在着氢键。由于分子间力没有方向性和饱和性，所以球形或近似球形的分子晶体也采用紧密堆积方式，配位数有时可高达 12。

非金属单质(如 O_2，CI_2，S，I_2 等)，非金属化合物(如 CO_2，NH_3，H_2O，尿素等)以及许多有机化合物在降温凝聚时可通过分子间力聚集在一起，形成分子晶体。分子晶体内存在着独立的分子，分子内是共价键，分子间是分子间力。绝大多数共价化合物都形成分子晶体，只有很少一部分共价化合物形成原子晶体，如 SiO_2，SiN 等。

在分子晶体中，由于分子间力较弱，只要提供少量的能量，晶体就会破坏，因此分子晶体的硬度较小，熔点较低(一般低于 400℃)。例如，碘的熔点为 183℃，萘为 80.3℃，二氧化碳为−57℃，稀有气体氦最低，为−270℃。分子晶体有较大的挥发性，在常温下以液体或气体的状态存在，即使在常温下呈固态，其挥发性也很大，蒸汽压高，常具有升华的特点，如碘(I_2)、萘($C_{10}H_8$)。

分子晶体是由电中性的分子组成的，固态和熔融状态下都不导电。有些分子晶体，如 SiF_6 是工业上极好的绝缘材料。若干极性分子晶体在水中解离成离子，则其水溶液导电，如冰醋酸。分子晶体的性质会因分子间力的大小和有无氢键存在而有差异。

蛋白质、核酸等生物分子分子量大，结构比较复杂。蛋白质晶体中分子或亚基的空间分布称为蛋白质的四级结构(quarternary structure)，现在利用 X 射线衍射法已经测定了许多蛋白质、核酸的晶体结构，推动了分子生物学的发展。肯德鲁(J. C. Kendrew)和佩鲁斯(M. F. Perutz)因利用 X-射线衍射成功地测定了鲸肌红蛋白和马血红蛋白的空间结构获得了诺贝尔化学奖。

碳的同素异晶体除了金刚石和石墨外，在 1985 年发现了以 C_{60} 为代表的第三种结晶形态。C_{60} 是由 60 个碳原子经 12 个正五边形和 20 个正六边形构成的 32 面体原子簇，参见图 11-38，其中五边形相互不连接，只与正六边形相邻。每个碳原子以 sp^2 杂化轨道和相邻的 3 个碳原子成键，剩余的 p 轨道在 C_{60} 分子的外表和内腔形成大 π 键。C_{60} 分子之间靠范德华力结合成分子晶体，经 X 射线衍射法测定 C_{60} 为面心密堆积结构，每个立方面心晶胞中含有 4 个 C_{60} 分子。可在 C_{60} 分子的腔内“植入”其他原子，也可在 C_{60} 分子的表面“嫁接”其他的原子或原子团，形成各种衍生物。如将 K，Rb，Cs 植入腔内可得到超导体；将 Li 植入腔内可制得高能锂电池；化学合成的 $C_{60}F_{60}$ 是一种白色粉末状物质，可作耐高温(～970 K)高级润滑油。对 C_{60} 的发现做出贡献的美国罗伯特·柯尔(Curl R. F.)、理查德·斯莫利(Smalley R. E.)和英国的哈罗德·克罗托(Kroto. H. W.)获得了 1996 年诺贝尔化学奖。

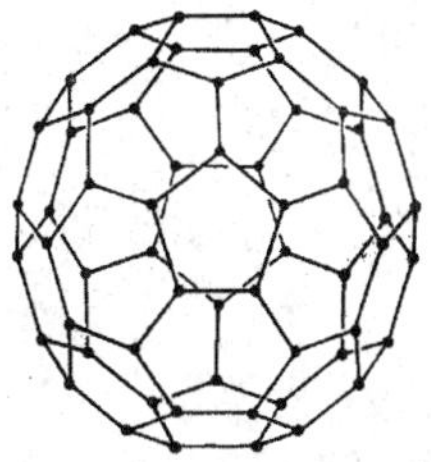
图 11-38 C_{60} 的结构

11.7.4　金属晶体

金属晶体(metallic crystal)的晶格结点上排列着金属原子和金属阳离子。金属晶体是靠金属正离子和自由电子之间的相互吸引作用结合成一个整体的，这种结合作用就是金属键。这种键可以看成是由多个原子共用一些电子所组成，所以有人称之为改性共价键。由于金属原子只有少数价电子能用于成键，这样少的价电子不足以使金属原子间形成正常的共价键。例如，在金属钠晶体中，钠的价电子只有一个，而配位数为 8，不可能形成 8 个共价键，这些价电子只能为整个金属晶体所共用，即金属键具有离域性。因此，金属在形成晶体时倾向于组成极为紧密的结构，使每个原子拥有尽可能多地相邻原子，这样原子轨道可以尽可能多地发生重叠，使少量的电子自由地在较多原子、离子之间运动，将这些金属原子或金属离子结合起来。从 X 射线衍射分析证明，大多数金属单质都是具有较简单的等径圆球密堆积结构。这种结构使得每个原子拥有尽可能多的相邻的原子(往往是 8 或 12 个)，这样其原子轨道可以取得尽可能多的重叠，从而形成金属键。在金属中最常见的三种密堆积晶格是：配位数为 8 的体心立方密堆积晶格；配位数为 12 的面心立方密堆积晶格和配位数为 12 的六方密堆积晶格，见表 11-26、图 11-39。

表 11-26　常温下一些金属晶体的晶格

晶格	元素	原子空间利用率/%
体心立方密堆积	碱金属、Ba、Cr、Mo、W、Fe 等	68
面心立方密堆积	Al、Pb、Cu、Ag、Au、Ni、Pa、Pt 等	74
六方密堆积	La、Y、Mg、Ti、Co、Zn、Cd 等	74

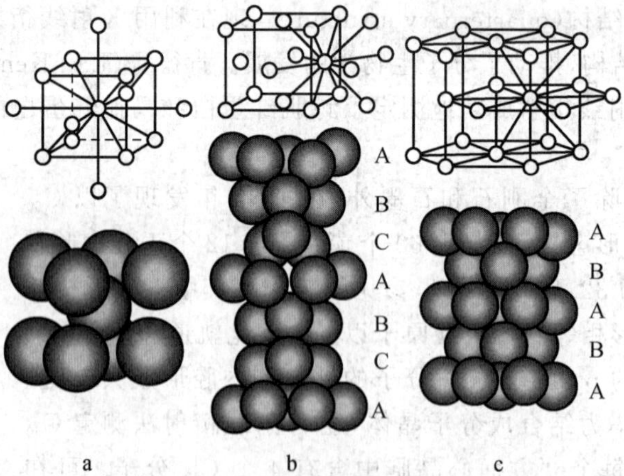

图 11-39　金属晶体的三种密堆积

a. 体心立方密堆积；b. 面心立方密堆积；c. 六方密堆积

金属的良好的导电和导性都是由电子的自由运动而传递的。导电能力 IB 族的铜、银、金最佳。金属晶体的优良的机械加工性和延展性也与金属键的离域性有关，当两层之间发生相互滑动时，某一处金属键遭到破坏，可以在另一处形成新的金属键，金属不会遭到破坏，只会改变形状，延展性最好的金属是金。由于自由电子很容易吸收可见光，使金属晶体不透明；当被激发的电子回到能量低的轨道上来时放射出不同波长的光，因而具有金属光泽。对于金属晶体导电性质的差异等，需用以量子力学为基础的能带理论解释。

许多金属具有较高的熔点和较大的硬度，但也有一些金属的熔点较低，硬度较小。熔点高的金属集中在ⅤB、ⅥB族，熔点最高的金属是钨，为 3 410。ⅦB族铼的熔点也高，为 3 180℃也有部分金属熔点较低，ⅠA族除锂以外的金属熔点都不超过 100℃，如铯的熔点为 28.5℃。熔点最低的是汞仅为－38.84℃。硬度也以ⅤB和ⅥB族金属较高，如铬的莫氏硬度为 9。ⅠA族金属的硬度最低，锂、钠、钾、铷、铯的硬度分别为 0.6、0.4、0.5、0.3 和 0.2。

□ 相关阅读

1. 张太平，等. 元素的电离能、电子亲合能、电负性、电极电势四者的联系与区别. 高等函授学报(自然科学版)，2001(6):15.

2. 武永兴. 浅谈电负性. 大学化学，1998(3):46.

3. 王毓江，等. 基于氢键作用结合的超分子聚合物. 化学进展，2006(2):308.

4. 张广宏，等. 氢键的类型和本质. 化学教学，2007(7):72.

5. 郑一哲，等. 生命体系中的氢键. 大学化学，2007(2):27.

6. 朱斌. 杂化轨道理论与价层电子对互斥理论应用于分子构型的比较研究. 四川Ⅰ师范学院学报(自然科学版)，2003(2):240.

7. 阎莉，等. 共价键理论提出的历史背景. 化学教育，2003(9):53.

8. 冯一兵，等. 波粒二象性的认识过程及启示. 物理教师，2008(3):49.

9. 沈家聰，等. 超分子科学研究进展. 中国科学院院刊，2004(6):420.

10. 夏琳，等. 化学科学的研究新领域——超分子化学. 化学推进剂与高分子材料，2007(5):33.

11. 张晨曦，等. 价层电子对理论中两个问题的讨论. 大学化学，2012(6):61.

12. 李晓东. 结构化学教学中对学生学习兴趣的培养. 大学化学，2013(1):27.

□ 习　题

基础题

11-1　选择题

(1)下列原子轨道中，不可能存在的是________。

A. 2d　　B. 8s　　C. 4f　　D. 7p

(2)金属离子 M^{2+} 的第三电子层中有 14 个电子，则该离子的外层电子构型为________。

A. $3d^6 4s^2$　　B. $3d^8 s^0$　　C. $3d^6 4s^0$　　D. $3d^8 4s^2$

(3)基态原子外层轨道的能量存在 $E_{3d} > E_{4s}$ 的现象是因为________。

A. 钻穿效应　　B. 洪特规则　　C. 屏蔽效应　　D. A 和 C

(4)19 号元素 K 基态最外层电子的四个量子数为________。

A. 4,0,0,1/2　　B. 3,0,0,1/2　　C. 4,1,1,1/2　　D. 4,1,0,1/2

(5)决定多电子原子中电子能量的量子数为________。

A. n　　B. n,l　　C. n,l,m　　D. n,l,m,s_i

(6)下列元素的电负性大小顺序正确的是________。

A. B>C>N>O>F　　B. F>Cl>Br>I

C. Si>P>S>Cl　　D. Te>Se>S>O

(7)PCl_3 分子中,与 Cl 原子成键的中心原子 P 采用的原子轨道是________。

A. p_x, p_y, p_z　　B. 三个 sp 杂化轨道

C. 三个 sp^2 杂化轨道　　D. 三个 sp^3 杂化轨道

(8)下列分子中,分子构型为三角锥形的是________。

A. H_2O　　B. NF_3　　C. BF_3　　D. SiH_4

(9)液态 H_2 分子间存在着的分子间力是________。

A. 取向力　　B. 诱导力　　C. 色散力　　D. 氢键

(10)下列电子构型中,通常第一电离能最小的原子具有的电子构型为________。

A. ns^2np^3　　B. ns^2np^4　　C. ns^2np^5　　D. ns^2np^6

(11)Fe(Ⅲ)形成的配位数为 6 的外轨配合物中,Fe^{3+} 离子接受孤对电子的空轨道是________。

A. d^2sp^3　　B. p^3d^3　　C. sp^3d^2　　D. sd^5

(12)$[NiCl_4]^{2-}$ 是顺磁性分子,则它的空间构型为________。

A. 平面正方形　　B. 正四面体形　　C. 正八面体形　　D. 四方锥形

(13)下列物质中存在氢键的是________。

A. H_2Sc　　B. C_2H_5OH　　C. HCl　　D. C_6H_6

(14) 下列各组分子中,中心原子均采取 sp^3 不等性杂化的是________

A. PCl_3 和 NF_3　　B. BF_3 和 H_2O

C. CCl_4 和 H_2S　　D. $BeCl_2$ 和 BF_3

(15)关于元素 N 和 O,下列叙述错误的是________。

A. 作用于原子最外层电子的有效核电荷:N<O

B. 原子半径:N>O

C. 第一电子亲和能的绝对值:O>N

D. 第一电离能:O>N

(16)以波函数 $\psi_{n,l,m}$ 表示原子轨道时,下列表示正确的是

A. $\psi_{3,3,2}$　　B. $\psi_{3,1,1/2}$

C. $\psi_{3,2,0}$　　D. $\psi_{4,0,-1}$

11-2　量子数为 $n=3,l=2,m=2$ 的能级可允许的最多电子数为多少?

11-3　用合理的量子数表示:

(1)3 d 能级　(2)$4s^1$ 电子　(3)3p 电子　(4)5f 电子

11-4　分别写出下列元素基态原子的电子排布式,并分别指出各元素在周期表中的位置(周期、区、族)。

$_{9}F$　　$_{10}Ne$　　$_{25}Mn$　　$_{29}Cu$　　$_{24}Cr$　　$_{55}Cs$

11-5　写出下列离子的最外层电子排布式，并指出属什么电子构型。

S^{2-}　　K^{+}　　Pb^{2+}　　Ag^{+}　　Mn^{2+}　　Co^{2+}

11-6　已知某副族元素 A 的原子，电子最后填入 3 d 轨道，最高氧化值为 4；元素 B 的原子，电子最后填入 4p 轨道，最高氧化值为 5。

(1)写出 A、B 元素原子的电子排布式；

(2)根据电子排布，指出它们在周期表中的位置(周期、区、族)。

11-7　指出第四周期中具有下列性质的元素，并用元素符号表示。

(1)最大原子半径　　(2)最大电离能

(3)最强金属性　　(4)最强非金属性

(5)最大电子亲和能　　(6)化学性质最不活泼

11-8　从原子结构解释：

(1)N 的第一电离能(I_1)比在它前面的 C 和后面的 O 都要大；

(2)O 的电子亲和能(Y_1)比 S 小(负值绝对值小)；

(3)K 的第二电离能(I_2)为第一电离能(I_1)的 7.3 倍，而 Ca 的第二电离能(I_2)只有第一电离能(I_1)的 1.93 倍。

11-9　下列分子中谁的键角最小？为什么？

(1)CH_4　(2)NH_3　(3)H_2O　(4)BF_3　(5)$HgCl_2$

11-10　据电负性差值判断下列各对化合物中键的极性大小。

(1)FeO 和 FeS　(2)AsH_3 和 NH_3　(3)NCl_3 和 NF_3　(4)CCl_4 和 $SiCl_4$

11-11　下列分子哪些是极性分子？哪些是非极性分子？为什么？

(1)CCl_4；(2)$CHCl_3$；(3)CO_2；(4)BCl_3；(5)H_2S；(6)CO；(7)SO_4^{2-}；(8)SF_6；(9)PCl_3；(10)XeF_4；

11-12　试由下列各物质的沸点，推断它们分子间力的大小，列出分子间力由大到小的顺序，这一顺序与分子量的大小有何关系？

Cl_2：−34.1℃；O_2：−183.0℃；N_2：−198.0℃；H_2：−252.8℃；I_2：181.2℃；Br_2：58.8℃

11-13　下列分子中偶极矩不为零的有哪些？

CS_2　CO_2　CH_3Cl　H_2S　SO_3

11-14　判断下列各组分子之间存在着什么形式的分子间作用力。

(1)CO_2 与 N_2　　(2)HBr 蒸气

(3)N_2 与 NH_3　　(4)HF 水溶液

11-15　(1) Write the possible values of l when $n=5$.

(2) Write the allowed number of orbitals (a) with the quantum numbers $n=4$, $l=3$; (b) with the quantum numbers $n=4$; (c) with the quantum numbers $n=7$, $l=6$, $m=6$; (d) with the quantum numbers $n=6$, $l=5$.

11-16　How many unpaired electrons are in atoms of Na, Ne, B, Be, Se, and Ti?

提高题

11-17　第四周期的 A、B、C 三种元素，其价电子数依此为 1、2、7，其原子序数按 A、B、C

顺序增大。已知A、B次外层电子数为8，而C次外层电子数为18，根据结构判断：

(1)C与A的简单离子是什么？

(2)B与C两元素间能形成何种化合物？试写出化学式。

11-18　某元素的原子序数小于36，当此元素原子失去3个电子后，它的轨道角动量量子数等于2的轨道内电子数恰好半满：

(1)写出此元素原子的电子排布式；

(2)此元素属哪一周期、哪一族、哪一区？写出其元素符号。

11-19　某元素的最高氧化态为+6，最外层电子数为1，原子半径是同族元素中最小的，试求：

(1)该元素原子的电子排布式及未成对电子数；

(2)+3氧化态离子的电子排布式及未成对电子数；

11-20　写出下列化合物的结构式(用短线表示共用电子对)，并指出分子中相应的键型(σ,π键)。

(1)PH_3　(2)H_2S　(3)乙烯C_2H_4　(3)N_2　(4)O_2

11-21　试用杂化轨道理论说明：由BF_3转变为BF_4^-，由NH_3转变为NH_4^+，由H_2O转变为H_3O^+时，分子几何构型发生的变化.

11-22　试用价层电子对互斥理论判断下列分子或离子的空间构型(列表写出Vp,Lp,Vp排布，分子构型)并指出其中心原子的杂化轨道类型：

$HgCl_2$、CO_3^{2-}、SO_2、NH_4^+、PCl_3和BrF_2^+

11-23　试判断$Cl_2C{=}O$分子的空间构型及∠ClCCl和∠ClCO的相对大小。

11-24　解释下列事实：

(1)邻羟基苯甲酸的熔(沸点)低于对羟基苯甲酸的熔(沸点)。

(2)NH_3及易溶溶于水而CH_4难溶于水。

(3)乙醚的相对分子质量(74)大于丙酮的相对分子质量(58)，但乙醚的沸点却比丙酮低许多，而乙醇相对分子质量更小(46)，沸点却更高.

11-25　判断下列各组离子的极化能力相对大小，并说明理由。

(1)Li^+,Na^+,K^+,Rb^+　　(2)Na^+,Mg^{2+},Al^{3+},Si^{4+}

(3)Ca^{2+},Fe^{2+},Zn^{2+}　　(4)Fe^{2+},Fe^{3+}

11-26　用离子极化理论讨论下列问题：

(1)AgF在水中溶解度较大，而AgCl则难溶于水；

(2)Cu^+的卤化物CuX的$r_+/r_- > 0.414$，但它们都是ZnS型结构；

(3)Pb^{2+}、Hg^{2+}、I^-均为无色离子，但PbI_2呈金黄色，HgI_2呈朱红色。

11-27　解释下列各组物质熔点(或沸点)高低不同的原因。

(1)	SiF_4	$SiCl_4$	$SiBr_4$	SiI_4
t_b/℃	−95.5(升华)	57.6	154	288
(2)	NaF	NaCl	NaBr	NaI
t_m/℃	1 266	1 074	1 028	934

11-28　试确定下列配合物是内轨型还是外轨型，说明理由，并以它们的电子层结构表

示之。

(1)$K_4[Mn(CN)_6]$测得磁矩 $m/\mu_B = 2.00$；(2)$(NH_4)_2[FeF_5(H_2O)]$测得磁矩 $m/\mu_B = 5.78$。

11-29 For each of the following pairs indicate which substance is expected to be:

(1)More covalent:

$MgCl_2$ or $BeCl_2$	$CaCl_2$ or $ZnCl_2$	$CaCl_2$ or $CdCl_2$
$TiCl_3$ or $TiCl_4$	$SnCl_2$ or $SnCl_4$	$CdCl_2$ or CdI_2
ZnO or ZnS	NaF or CuCl	$FeCl_2$ or $FeCl_3$

(2)higher melting point:

NaF or NaBr	Al_2O_3 or Fe_2O_3	Na_2O or CaO

11-30 The boiling points of HCl, HBr and HI increase with increasing molecular weight. Yet the melting and boiling points of the sodium halides, NaCl, NaBr, and NaI, decrease with increasing formula weight. Explain why the trends opposite.

Chapter 12 第12章

重要的生命元素

Important Life Element

学习目标

1. 了解元素的分布及其分类。
2. 掌握 s 区、p 区元素的通性，熟悉元素及其化合物的性质，了解元素的生物效应。
3. 掌握 d 区元素的通性，了解重要元素及其化合物的性质、元素的生物效应。
4. 了解 f 区元素的通性、重要的元素及其化合物的性质、元素的生物效应。

在前面的学习中，我们已经掌握了化学反应的基本规律和物质结构基础，认识了物质结构与元素基本性质的周期律之间的关系。为了更充分地了解元素所组成的单质及化合物的性质特征、化学反应和制备等方面的基本知识，就必须学习元素化学。元素及其化合物组成、结构、性质等方面的研究对人们的生产和生活均具有重要的意义。本章在系统地学习各区元素性质的基础上，主要对生命活动中的重要元素及其化合物进行初步的阐述，简要介绍常见元素的生物效应。

12.1 元素概述

元素(element)又称化学元素，是对质子数相同的一类原子的总称。迄今为止，人类已经发现的元素和人工合成的元素共有 112 种，其中 92 种为地球上存在的天然元素，其余为人工合成元素。在元素周期表中的所有元素及其组成的化合物，除由 C、H 等组成的有机化合物以外，其余都是无机化学研究的内容。

12.1.1 元素的分布

地球上天然存在的元素主要存在于岩石圈、水圈和大气圈。元素在地壳中的含量称为丰度，常用质量分数表示。地球上分布最广的 10 种元素如表 12-1 所示。

由表可见，以上 10 种元素约占地壳中原子总数的 99%，其余所有元素的含量累计不超过 1%。由于海水的总体积(约 $1.4\times10^9\ km^3$)十分巨大，大气也约有 100 km 厚，因此，它们都是元素资源的巨大宝库。

表 12-1 地球上分布最广的 10 种元素的质量分数

元素符号	O	H	Si	Al	Na	Fe	Ca	Mg	K	Ti
质量分数/%	52.32	16.95	16.67	5.53	1.95	1.50	1.48	1.39	1.08	0.22

我国的矿产资源丰富。如钨、锂、锑、锌、硼和稀土元素的储量均居世界之首，为我们发展生产提供了有力的资源保障。

12.1.2 元素的分类

目前发现的 100 多种元素按性质分为金属元素和非金属元素，其中金属元素 90 种，非金属元素 22 种。金属元素和非金属元素可以通过长式周期表中硼-硅-砷-碲-砹和铝-锗-锑-钋之间的对角线来区分。其中，位于对角线左下方的都是金属元素；右上方的都是非金属元素。这条对角线附近的锗、砷、锑、碲称为准金属元素，因其单质的性质介于金属和非金属之间，故多数可作半导体使用。

此外，元素又可分为普通元素和稀有元素。其中，稀有元素一般指自然界中含量少或分布稀散，或是被人们发现得较晚，或是难从矿物中提取的或在工业上制备和应用较晚的元素。而普通元素主要是指元素周期表中前四周期的除 Li、Be 和稀有气体元素以外的元素。随着人们对元素认识的深入，各种元素的应用也日益广泛，普通元素和稀有元素之间的界限已经越来越模糊了。

根据元素的生物效应，化学元素还可以分为具有生物活性的生命元素和非生命元素。目前，在生命体内，已经发现了 60 多种与生命有关的元素，这些元素在生命体内含量千差万别，其作用各不一样。现代生物学和医学研究认为，与生命有关的 60 多种元素按照其生物效应的不同，又可分为必需元素、有毒元素、有益元素和不确定元素四类。

在生命必需的元素中，按体内含量的高低可分为宏量元素（常量元素）和微量元素。其中，宏量元素（常量元素）指含量占生物体总质量 0.01%以上的元素。如在人体中的含量均大于 0.03%的 O、C、H、N、P、S、Cl、K、Na、Ca 和 Mg 等，它们共占人体总质量的 99.95%。其中前 6 种是蛋白质、脂肪、糖和核酸的主要成分，即构成生物体的基本元素；后 5 种则是血液和体液以及许多重要生化、代谢过程的必需组分。而微量元素指占生物体总质量 0.01%以下的元素。如 Fe、Si、Zn、Cu、I、Br、Mn 等，它们占人体总质量的 0.05%左右。尽管微量元素在体内的含量小，但它们大都是生物体内酶的活性中心，在生命活动中具有十分重要的作用。对于必需元素均有一个最佳摄入量的问题。例如，碘以每天毫克计，人体最小需要量为 0.1 mg，耐受量为 1 000 mg，大于 1 000 mg 即为中毒量。

宏量元素、微量元素在生命科学中具有十分重要的地位。这些无机物质不仅对于维持生物大分子的结构至关重要，而且广泛参与各种生命过程，比如，参与酶和蛋白质的合成、构象、分泌、转运、磷酸化和细胞调节，参与基因的转录、表达、调控和分子识别，而且在物质输送、信息传递、生物催化和能量转换中都起着十分关键的作用。目前，生命科学已经进入基因组和蛋白质组的时代，无机化学与生命科学结合所产生的新学科——生物无机化学是研究无机物质与具有生物特性的物质间的相互作用的学科，该学科在揭示生命的奥秘和疾病的防治中将发挥独特的作用。

总之，生命元素既有金属，又有非金属，他们遍布整个元素周期表，我们将结合元素周期表对一些重要的生命元素进行简单的介绍。

12.2 s区元素

12.2.1 s区元素的通性

s区元素位于元素周期表的最左边，包括ⅠA族和ⅡA族。ⅠA族元素包括H，Li，Na，K，Rb，Cs，Fr共7个元素，由于钠和钾的氢氧化物是典型的“碱”，故本族元素有碱金属之称。ⅡA族元素包括Be，Mg，Ca，Sr，Ba，Ra共6种元素，由于钙、锶、钡的氧化物性质介于“碱”族和“土”族元素（第三主族元素有时称为土族元素）之间，故有碱土金属之称。其中，第七周期的Fr和Ra为放射性元素。

1. 物理性质

在s区元素中，除H元素的单质为气体外，其余元素的单质均为金属，它们都具有金属光泽。它们的金属键较弱，故具有密度小、熔点低、硬度小的特点，s区元素的金属一般都非常软，可用刀切。此外，s区元素的金属还具有良好的导电性和传热性质。

2. 化学性质

s区元素的共同特点是最后一个电子填充在s轨道上，形成ns^1或ns^2的价电子构型。相比同周期的其他元素，由于价电子离核较远，原子核对其束缚能力较弱，所以特别容易失去外层的电子，形成稳定的氧化数为+1（ⅠA）和+2（ⅡA）的离子，无变价。生成的化合物都是离子型化合物。

s区元素是同周期中最活泼的金属，为强还原剂，可以和氧、水、卤素、酸等多种物质发生反应。相比较而言，在同一周期中，碱金属的还原性比碱土金属的还原性强。在同一族中，其还原性从上到下依次增强。

12.2.2 重要元素、化合物及其生物效应

1. 氢

氢是自然界中含量最丰富的元素，主要以化合状态存在。在水、有机化合物、生物体的组织中都含有氢。

氢排在元素周期表的第一个位置，在所有元素中，它的原子结构最简单，其电子结构为$1s^1$，因此，它与碱金属同在ⅠA族。氢原子比碱金属原子的半径小，电离能却比碱金属电离能大得多。氢的成键方式主要有三种，一是失去价电子，成为H^+；二是结合一个电子，形成H^-；三是形成共价化合物，成为氢化物。

氢气是无色、无臭、无味、质量较轻的气体。它难以液化，几乎不溶于水。但金属镍、钯、铂等可大量吸收（溶解）氢气。在常温下，氢的化学性质并不活泼，但它可直接或间接地与金属或非金属结合，形成的化合物种类和数目非常多。氢气具有还原性。

氢是人和动、植物所必需的宏量元素，可与氧结合生成水；另外，它是构成生命体中一切有机物不可缺少的重要元素，许多与生、老、病、死有着密切关系的生物大分子，如蛋白质、脂

肪、肽、多糖、核酸、激素和维生素的合成，都离不开氢元素的参与。

2. 钠和钾

(1)金属钠和钾　在自然界中，钠和钾元素主要以化合物的形式存在。单质的金属钠和钾常用电解法获得。金属钠和钾质软可切，呈银白色，是电、热的良导体。在潮湿的空气中这两种金属会马上失去金属光泽。

这两种金属可以浮于水面并同水剧烈反应，放出大量的热量，生成氢氧化物，并放出氢气，这种热量足以引起它们各自的燃烧。这也正是用手摸这两种金属可导致烧伤的原因。此外，金属钠和钾还可与酸、卤素、氧、氢、醇等剧烈反应，故金属钠和钾通常应存放于煤油中。

(2)氢氧化钠(钾)　氢氧化钠(钾)俗称苛性钠(钾)，也称为烧碱。尽管金属钠和钾与水反应可以生成氢氧化钠(钾)，但在实际生产中并不是通过上述反应来进行，而是通过电解氯化钠(钾)溶液，放出 H_2 和 Cl_2，并制得 NaOH (KOH)。NaOH (KOH)是白色固体，极易吸水和空气中的 CO_2，NaOH (KOH) 吸收 CO_2 后变成 Na_2CO_3(K_2CO_3)。NaOH (KOH)的水溶液呈强碱性，可与酸、金属和非金属作用生成钠(钾)盐。在ⅠA 族中碱金属的碱性强弱次序为：LiOH＜NaOH＜KOH＜RbOH＜CsOH，除 LiOH 为中强碱外，其余均为强碱。氢氧化钠是重要的化学试剂，也是非常有用的化工生产原料，主要用于精炼石油、肥皂、洗涤剂、纺织、造纸等工业生产。

(3)碳酸钠与碳酸氢钠　Na 和 K 均可生成碳酸盐和碳酸氢盐，但 Na 的碳酸盐和碳酸氢盐在工业上应用更为广泛。碳酸钠(Na_2CO_3)俗称为苏打或纯碱，它有多种水合盐。在空气中易风化而成为疏松的粉末，易溶于水，其水溶液有较强的碱性。碳酸钠是化工生产的重要原料，大量用于玻璃、搪瓷、肥皂、洗涤剂、纺织、造纸等的生产和有色金属的冶炼中。根据复分解反应，它还是制备其他碳酸盐的原料。

碳酸氢钠($NaHCO_3$)俗称小苏打，白色粉末，可溶于水，但溶解度不大，其水溶液为弱碱性。它与 Na_2CO_3 一样，也是化工生产的重要原料，主要用于医药和食品工业中。

(4)钠、钾的生物效应　Na 和 K 是生物必需的重要元素。在人体中，钠约占总重的 0.16%，其中 80%分布于细胞外液，血浆中钠的浓度为 0.013 5～0.014 8 $mol \cdot L^{-1}$。钾主要存在于细胞内部，在人体中细胞外液含钾量很少。例如红细胞内钾的浓度为 0.110～0.125 $mol \cdot L^{-1}$，而血浆中仅含 5.0×10^{-3} $mol \cdot L^{-1}$。

钾和钠的生物功能主要体现在以下几个方面：

①保持神经肌肉的应激性。K^+ 和 Na^+ 承担着传递神经脉冲的功能。

②保持一定的渗透压。由于渗透压的变化将直接影响肌体对水的吸收和体内水的转移，因此，保持一定的渗透压是肌体正常生命活动的需要。研究表明，K^+ 和 Na^+ 具有维持和调节体液渗透压的重要作用。当细胞外 K^+ 或 Na^+ 浓度升高时，水分子由细胞内转移到细胞外，从而引起细胞皱缩；相反，水由胞外转移到胞内而引起细胞肿胀。

③维持体液酸碱平衡。在生物体内，体液中任何一种酸性物质或碱性物质过多，都会导致酸碱平衡失调，因此，体液酸碱性的相对恒定对保证正常的物质代谢和生理机能具有非常重要的意义。K^+ 或 Na^+ 与其他离子组成的各种缓冲体系具有调节体液酸碱平衡的重要作用，能维持体液酸碱平衡，保证生物体的物质代谢和生理机能可正常进行。

④参与某些物质的吸收过程。体液中的 Na^+ 可参与糖和氨基酸的吸收过程，细胞内 Na^+ 的排出也与氨基酸和糖类进入细胞的传递过程相关联。由于 K^+ 的离子半径较 Na^+ 大，但电荷密度较 Na^+ 小，因而 K^+ 具有扩散通过疏水溶液的能力，如 K^+ 扩散通过脂质蛋白细胞膜几乎与扩散通过水一样容易。同时，K^+ 作为某些酶的辅基，也具有稳定细胞内部结构的作用。如糖分解所必需的丙酮酸激酶就需要高浓度的 K^+，而该酶却被 Na^+ 所抑制。核糖体内进行蛋白质合成是最关键的生命过程，为了获得较高的活性，也需要高浓度的 K^+。

此外，植物体内碳水化合物的形成过程中，钾也起着十分重要的作用。禾本科植物缺钾时，其籽实、块根或根茎的淀粉含量会显著下降。在植物体内，糖类物质在酶作用下，会转化为蛋白质和脂肪。因此，钾元素也会间接影响到植物体内蛋白质和脂肪合成。由于钾可促进纤维管束的发育，使植物茎秆更加坚固，因此钾的含量与植物的抗倒伏的能力密切相关。如植物的叶片边缘出现黄褐色斑点，可以判断该植物缺钾了。过去我国农村主要是以秸秆或草木为燃料，燃烧生成的草木灰含较高的 K_2O，易溶于水，有利于植物吸收利用，是农民施钾肥的主要原料。

总之，Na、K 作为生物必需的重要元素，在生物体内具有重要的生理作用，但必须适量，若其过量也会对生物体带来一些不良反应，如人体中 Na 含量过高，会引起高血压等症。K 含量过高，会产生恶心、腹泻等症。因此，在日常生活中，我们应提倡少吃盐。

3. 镁和钙

(1)金属单质镁和钙　镁和钙同属于ⅡA 族的碱土金属元素，其化学性质也很活泼，在自然界中一般以化合物形式存在。金属镁和钙的单质一般也是用电解熔融盐的方法制取，它们在空气中迅速氧化，在其表面形成一种氧化膜，阻止继续氧化。与金属钾和钠相比，镁和钙的金属活动性相对较弱，与冷水作用缓慢，但与酸作用可置换出氢气。金属镁在实际工作中具有重要的用途，镁铝合金以其密度小，硬度大、韧性高的特点，在飞机和汽车制造中得到广泛的应用。

(2)氧化镁和氧化钙　镁和钙的碳酸盐、硝酸盐、草酸盐和氢氧化物加热，都可生成相应的氧化物。

$$CaCO_3 \xlongequal{\triangle} CaO + CO_2$$

$$MgCO_3 \xlongequal{\triangle} MgO + CO_2$$

其中，氧化镁俗称苦土，是一种碱性白色粉末，难溶于水，但可与水反应生成 $Mg(OH)_2$。氧化镁熔点约为 2 850℃，可作耐火材料、润滑剂以及抑酸剂等使用。

氧化钙俗称生石灰，是一种白色块状或粉末状碱性固体。它微溶于水，可与水作用生成 $Ca(OH)_2$，放出大量的热。氧化钙熔点为 2 615℃，具有强吸湿性，可作耐火材料和干燥剂。

工业上生产镁和钙的氧化物主要是煅烧菱镁矿和石灰石的方法来制备的。

(3)镁、钙的生物效应　钙和镁在生物体中含量较高，如在人体中，Mg 的含量约为 0.029%，而 Ca 的含量约为 2%，它们是人和动、植物所必需的宏量元素。钙和镁在整个细胞新陈代谢过程中起着各种重要的结构稳定作用和催化作用。

Mg 是一种参与生命所必需的代谢过程的普遍存在的元素，是人体细胞内含量第二的金属元素。细胞内 Mg 的浓度约为 10 $mmol \cdot L^{-1}$。Mg 是 300 多种酶促反应的辅因子，特别为 ATP 的代谢反应所必需。Mg 也是其他离子跨膜和细胞内分布的调节物。Mg 的体内平衡发生变化，特别是缺乏时，可引起机体代谢改变，造成疾病。Mg 缺乏可造成心血管系统功能失常，因此对某些心血管疾病患者补充 Mg 是有益的。镁是一种细胞内部结构的稳定剂和细胞内酶的辅因子，是许多酶的激活剂，细胞内的核苷酸也以镁的配合物的形式存在。在绿色植物的光合作用中，镁有着非常重要的作用。叶绿素分子中 Mg^{2+} 扮演着结构中心和活性中心的作用。此外，在生物体内的糖代谢中，镁也具有非常重要的作用。

钙是细胞膜的组织成分，细胞膜的坚固程度与组织中的钙含量有关，充足的钙能够防止细胞和液泡内物质外渗。缺钙会导致水果苦痘病、水心病和腐烂病的发生。人体内 99%的钙是骨头、牙齿及外壳中羟基磷灰石的组成部分，其余的 1%存在于各种体液中。Ca^{2+} 具有的多样性生物功能，如钙在传递神经信息、触发肌肉收缩和激素的释放、调节心律等过程中都起重要作用。Ca^{2+} 还是生物体内多种酶必不可少的组成部分。此外，Ca^{2+} 参与体内凝血过程。当机体组织或血管壁受到损伤时，血液流出管外，血液会凝固成块，Ca^{2+} 起到止血作用。缺钙会引发人和动物产生多种疾病，如骨质疏松、佝偻病等，但人体内钙含量过高，也易产生结石等疾病，故我们在日常生活中饮用水应注意软化，减少钙、镁的摄入。

生物矿化是生物形成矿物的过程，是在生物的特定部位，在一定物理化学条件下，在生物有机物质的控制或影响下，将溶液中的离子转变为固相矿物的过程，也是钙的代谢的重要组成部分。生物体从环境中摄取钙离子的大部分将转化为难溶钙盐，形成生物矿化材料(骨骼、牙、软骨、软体动物的外骨骼、蛋壳等)。生物矿化材料具有高度的装配有序性、特殊的理化性质、可控的动态性质、因而具有各自的生物功能。生物矿化涉及基因调控表达、蛋白质功能、界面作用、自组装等问题，是当今化学、材料科学和生物学等多学科交叉研究的热点之一。

12.3 p 区元素

12.3.1 p 区元素的通性

p 区元素是指价电子构型为 $ns^2np^{1\sim6}$ 的，位于元素周期表右边的元素，包括ⅢA 至ⅧA 共计 6 个主族，31 个元素。p 区元素中既有金属元素又有非金属元素，其性质变化较大。

在 p 区元素中，从ⅢA 族的 Al 开始，沿着ⅣA 族 Ge，到ⅤA 的 Sb 和ⅥA 的 Po 的一条斜线把 p 区元素划分为金属元素和非金属元素。右边为非金属元素和稀有气体，左边为金属元素，折线附近的元素是半导体元素。根据元素的周期律，一般地，同周期元素中，熔、沸点从左到右逐渐减小，同族元素中，熔、沸点从上到下逐渐增大。

p 区共有 21 种非金属元素，除稀有气体外，其电负性一般较大，大多具有多种氧化数，其最高氧化数等于其最外层电子数。在单质状态以非极性共价键结合，而在和金属化合时，表现出氧化性，一般形成离子型化合物。

p 区金属元素共有 10 种，其电负性比 s 区元素的要大，所以其金属性比活泼的 s 区元素要弱。一般地，同周期元素中，金属性从左到右逐渐减小，同族元素中，金属性从上到下逐渐增大。其中 Al、Si 等元素为典型的两性元素。p 区金属元素在与其他元素化合时，既可以仅以 p 电子参加反应,又可以 s、p 电子全都参与反应,因此表现出两种或两种以上的氧化数。在 p 区的 10 种金属元素中,Po 为放射性元素,Ge 为有益元素,Sn 为必需微量元素,而其余 7 种元素全部为有毒元素。除氢以外,所有非金属元素全部集中在该区。

12.3.2 重要元素、化合物及其生物效应

1. 铝和氧化铝

(1)单质金属铝　铝位于元素周期表的第三周期,ⅢA 族,是典型的两性金属元素。金属单质铝是一种很重要的金属材料,具有银白色光泽,质软,具有良好的导电导热和延展性能。金属铝被广泛用来作为导线、结构材料和日用器皿。铝合金因为其质轻而又坚硬,大量用于飞机制造和其他构件上。

铝的化学性质比较活泼,如与氧气反应,生成三氧化二铝。但铝曝露在空气中,因其表面会形成一层致密的氧化膜,阻止其继续氧化。同样,尽管铝的金属性较强,但它不能从水中置换出氢气。铝在冷的浓 H_2SO_4,浓 HNO_3 中呈钝化状态,因为铝的表面易生成一层难溶解的致密的膜。但铝可与稀 H_2SO_4 溶液、稀 HCl 和碱发生反应放出氢气。

$$2Al+6HCl=2AlCl_3+3H_2\uparrow$$

$$2Al+3H_2SO_4=Al_2(SO_4)_3+3H_2\uparrow$$

$$2Al+2NaOH+2H_2O=2NaAlO_2+3H_2\uparrow$$

(2)氧化铝　氧化铝是两性氧化物,既可溶于酸也可溶于碱,一般可由氢氧化铝加热脱水而制得。在不同的温度条件下制得的 Al_2O_3 可以有不同的形态和不同的用途。如于900℃时由氢氧化铝脱水得到的 α-Al_2O_3 却既不溶于酸也不溶于碱。α-Al_2O_3 具有很高的熔点和硬度,称为刚玉。含有少量杂质的 Al_2O_3 常呈鲜明的颜色。如红宝石就是含极微量 Cr_2O_3 的 α-Al_2O_3,而蓝宝石则是含铁和钛氧化物的 α-Al_2O_3。α-Al_2O_3 是一种多孔性物质,以其比表面积大,并有优异的吸附性、表面活性和热稳定性,常被用作催化剂的活性成分,又称活性氧化铝。

(3)铝的生物效应　铝在人和动植物体内广泛存在,是一种低毒、非必需的微量元素,但在过去铝元素曾被认为是无毒害和具有生理功能的元素。近年来的研究认为铝的生化功能涉及酶、辅因子、蛋白质、ATP、DNA 和钙、碘的代谢。

铝元素是否对人体有害,与铝的化合物的溶解性有关。不溶性的金属铝或其他不溶性的铝的化合物进入体内,会大部分随粪便排出体外,一般均不会引起明显的毒害。但可溶性的铝的化合物进入体内后,具有一定的毒性。如烷基铝的毒性较高,大鼠吸入三乙基铝 10 g/m^3,15 min 即全部致死。此外,烷基铝的毒性一般随其烷基链的增长而增加。

此外,铝对植物的生长也有一定影响,研究发现适量的铝对普通农作物的生长发育和产量的提高具有一定的促进作用,但目前的研究还不能确定铝元素就是植物所必需的微量元素。例如,一些水生和茶科植物在适量的铝溶液中,铝可促进其发根,使叶片绿色浓郁。在缺绿的茶树上,喷施 1% 硫酸铝溶液后,会使叶片呈现暗绿色。与其他微量元素一样,过量的铝对植物也是有害的。如 20 世纪初,有人就发现过量铝可使大麦根生长迟缓。20 世纪 70 年代中期,全球性的酸雨导致土壤酸化,土壤中可溶性铝增加,被植物吸收后,造成大面

积的植物由于铝中毒而衰亡。此外，由于铝可以提供空轨道，可与植物细胞内的有机酸、三磷酸腺苷及脱氧核糖核酸等生物分子发生配位，形成螯合物，从而造成一系列代谢紊乱症。

2. 碳及其化合物

(1)碳及其化合物　碳位于元素周期表的第二周期，ⅣA族，价电子结构为 $2s^2 2p^2$，是一种典型的非金属元素。单质碳具有还原性，有多种同分异构体，如石墨、无定形碳、金刚石、C_{60}、纳米碳管等，这主要是因为碳元素特殊的成键方式导致的。碳元素在成键时，可以采用 sp、sp^2、sp^3 等多种杂化方式，可以成为链状或环状化合物，从而使碳化合物的种类和数量非常之多，以碳和氢等其他元素一起形成了数量、种类非常之多的有机化合物。本节仅介绍几种常见碳的无机化合物，如二氧化碳、碳酸盐等。

单质碳在常温下不活泼，在空气中可稳定存在。其中活性碳具有较大的比表面积，可以作为吸附剂、脱色剂等使用。碳在加热时可与氢、氧、硫、硅等非金属以及其他若干金属化合。在日常生活中，我们就是利用碳在空气中加热时生成 CO_2 并放出大量热，用于取暖等。

二氧化碳为无色、无味、无臭的气体，其化学性质比较稳定。大气中含有约 0.03%的 CO_2，在自然界中通过植物的光合作用，完成了碳的循环。大气中 CO_2 浓度的增加，是造成"温室效应"的主要原因之一。固态 CO_2 是分子晶体，它的熔点很低(−78.5℃)。固态 CO_2 会直接升华，故称干冰。干冰常用作制冷剂，其冷冻温度可达−70℃到−80℃。干冰还常被用于易腐食品的保存和运输中。CO_2 可溶于水，生成 H_2CO_3 溶液，显现弱酸性。CO_2 还可以与碱反应，生成碳酸盐。

只有碱金属的碳酸盐可溶于水，其他金属的碳酸盐一般为难溶于水的。不同的碳酸盐的热稳定性变化很大。在碳酸盐中，最重要的是碳酸钠。1942 年，我国著名化工专家侯德榜发明的侯氏制碱法，为碳酸钠的生产做出巨大的贡献。

(2)碳的生物效应　碳是最重要的生命元素之一，无论是植物还是动物的各种组织器官，都是由碳和其他元素构成的。单质碳难以被动植物直接利用，但碳可以通过各种途径转化为 CO_2。自然界中的 CO_2 被植物吸收后，通过叶绿素的光合作用，最终形成碳水化合物等有机物，并放出氧气，把光能转变为化学能储藏在植物体内，供其生长发育。动植物的代谢过程和人类的活动，又把 CO_2 排放到大气中，构成了碳在自然界中的循环。总之，生命就是在元素碳的基础上形成和发展的。近几十年来，随着工业、交通的发展，矿物燃料消耗的增加引起全球 CO_2 排放量增加，出现了气候变暖等环境问题。CO_2 对来自太阳的短波辐射具有高度的透过性，而对地面反射的长波辐射具有高度的吸收能力。由于 CO_2 在大气层中含量的增加，地面反射的红外辐射被大量截留在大气层内，导致大气层温度升高，气候变暖，形成温室效应。温室效应将使农业和自然生态发生难以预测的变化，可能导致物种的灭绝和农作物的减产，引起了人们的关注。

3. 氮元素及其化合物

(1)氮元素及其化合物　氮元素位于元素周期表的ⅤA族，第二周期，是典型的非金属元素，其单质氮气为空气的主要成分。由氮元素组成的化合物种类非常多，并很重要，如生物体内的蛋白质中就含有氮元素，是一类重要的生物大分子。

N 原子的价层电子构型是 $2s^2 2p^3$，它可以形成氧化数为−3、0、+2、+3、+4 和+5 的化合物。常见的化合物很多，如 NH_3、N_2、NO、NO_2、HNO_3 等，下面介绍部分重要化合物。

由两个氮原子结合而成的单质就是氮气(N_2)。它主要存在于大气中,含量约占80%,是一种无色、无臭、无味的气体,微溶于水。氮气分子由两个氮原子的2p轨道上的6个电子,通过形成一个σ键和两个π键组成,两个氮原子之间为三键,键能很大,所以N_2非常稳定,一般不与其他物质发生反应。因此,氮气常用作保护性气体。

氮气的主要来源是大气,可以通过分馏液态空气而得到。在实验室里,可以采用加热$NaNO_2$和NH_4Cl的饱和溶液的方法制备:

$$NaNO_2 + NH_4Cl = N_2 + NaCl + 2H_2O$$

在化学工业中,氮气最主要的用途是合成氨,并进一步转化成为氮肥、硝酸、炸药等产品。

固氮是指把大气中的氮气转变为化合态氮。在自然界中,豆科植物根部的根瘤菌在常温、常压下即可将大气中的氮气分子稳定的三键打破,转变为能被植物吸收的氮化合物。因此,如何人工模拟生物固氮,从而使大气中的氮气更加高效地为人类服务。我国科学家在这方面的研究已处于世界领先地位,有待更进一步的研究,使人工模拟生物固氮为人类造福。

氨(NH_3)是具有特殊刺激气味的无色气体。在低温−33℃(一个大气压)可凝聚为液体,称为液氨。由于其气化热较大,可作制冷剂使用。此外,氨也是制备其他含氮化合物的重要原料。

在工业生产中,目前主要是在高温、高压和铁作催化剂作用下,由N_2和H_2直接合成氨(NH_3)。在实验室中,一般用铵盐和强碱共热来制取:

$$2NH_4Cl + Ca(OH)_2 = CaCl_2 + 2NH_3\uparrow + 2H_2O$$

NH_3分子中的N原子采用sp^3不等性杂化,其中的3个sp^3不等性轨道与3个H原子的s轨道形成3个σ键,剩余的一个sp^3杂化轨道中为一孤电子,因此NH_3分子的空间构型为三角锥形,NH_3分子具有极性。由相似相溶原理可知,氨气极易溶于水,氨水溶液呈弱碱性。

氨的化学性质很活泼,根据其元素组成和结构特点,主要有下列三方面的性质:

①加合反应　由氨分子的结构可知,氨原子有一对弧对电子,未参与成键。故氨分子可作为电子给予体,可与具有空轨道的离子或分子发生加合反应。

$$NH_3 + H_2O = NH_3 \cdot H_2O = NH_4^+ + OH^-$$
$$Cu^{2+} + 4NH_3 = [Cu(NH_3)_4]^{2+}$$

②取代反应　在氨分子中,由于N元素的电负性大于H元素的电负性,H元素的氧化数为+1,故氢原子能被活泼金属取代,形成金属氨基化物或金属的氮化物。

$$2NH_3 + 2Na = 2NaNH_2 + H_2\uparrow$$
$$2NH_3 + 3Mg = Mg_3N_2 + 3H_2\uparrow$$

③氧化反应　在氨分子中,N的氧化数为−3,为N元素的最低氧化态,因此,它具有还原性,可被氧化。氨在纯氧中燃烧:

$$4NH_3 + 3O_2 = 6H_2O + 2N_2\uparrow$$

在一定条件下,氨催化氧化,可得到 NO:

$$4NH_3+5O_2=6H_2O+4NO\uparrow$$

氨是氮肥工业的基础,也可用于制造铵盐、硝酸、纯碱等化工产品。此外,氨在有机合成、医药等的制备中也具有广泛的用途。

(2)氮元素的生物效应　氮是动植物体内最重要的元素之一,是组成蛋白质的主要元素。众所周知,生物体是以蛋白质为基本成分构成的,小至细胞核和原生质,大至动物的毛、发、肌肉、神经、血液、乳汁,以及植物的根、茎、叶、花和果实、种子都由蛋白质组成,生物体内各种酶、激素、抗体和病毒也都以蛋白质为物质基础。由此可见,氮元素对生物体的重要意义。

动物通过食用植物或动物蛋白质,而获得氮元素。植物主要通过生物固氮或人工氮肥,而补充氮元素。若氮元素缺少,由于蛋白质的合成量减少,使作物生长缓慢、植株矮小。但若氮肥过多,可使细胞增大、细胞壁变薄、水分增多,含钙减少,植物变得叶大色浓、容易倒伏,减少收成,所以要合理施肥。

4. 氧元素及其化合物

(1) 氧及其化合物　氧(O)位于元素周期表中的第二周期、ⅥA 族,是地壳中含量最多的元素,也是对人类最重要的元素之一。氧原子的价电子构型为 $2s^2 2p^4$,电负性较大,表现为典型的非金属元素,可以得到 2 个电子,成为氧化数为 −2 的 O^{2-}。氧的单质主要有 O_2 和 O_3 两种同素异形体,其中 O_2 存在于空气中,约占 20%,O_3 存在于离地面 20~40 km 的臭氧层中。氧气是无色、无臭的气体,常温下在水中的溶解度不大,为 49 $mL\cdot L^{-1}$。氧气的用途非常广泛,主要用于助燃和呼吸,可以说没有氧气,就没有人类的生命活动。臭氧是浅蓝色气体,因其具有特殊的腥臭味而得名臭氧。臭氧层中的臭氧可避免过多的太阳紫外线照射到地球表面,从而起到保护人类的作用。

氧的化学性质比较活泼。在一定条件下,氧能与多数单质直接化合,也能将许多氢化物、硫化物或低价化合物氧化,从而得到各种氧化物。多数金属氧化物都是由离子键形成的离子化合键,故其为离子晶体,具有较高的熔点、沸点和硬度。少数过渡金属氧化物为分子晶体,为共价化合物。非金属氧化物都是共价键,为分子晶体,其熔点、沸点较低。少数非金属氧化物为巨型分子,如 SiO_2 为原子晶体,具有高的熔点、沸点。

根据氧化物的酸碱性,可以把氧化物可分为四类:酸性氧化物(如 CO_2、SO_3 等)、碱性氧化物(如 MgO、Na_2O 等)、两性氧化物(如 ZnO、Al_2O_3 等)和不成盐氧化物(如 CO、N_2O 等)。在周期表中,氧化物的酸碱性呈现以下递变规律:在同周期元素的最高氧化数的氧化物从左往右碱性递减,而酸性递增;同一族元素中,相同氧化数的氧化物从上到下酸性递减,而碱性递;同一元素,不同氧化数的氧化物,其氧化数从低到高,碱性递减,酸性递增。

(2)氧元素的生物效应　氧是地球上最丰富的元素,含氧化合物广泛分布于生物体的各个器官和体液中。生物依靠氧来实现呼吸作用,一切生物都靠呼吸氧气维持生命,植物在光合作用中合成碳水化合物并放出氧气,形成了氧在生物界的循环。总之,氧元素是生命的重要元素之一,可以毫不夸大地说,没有了氧元素,就没有了生命。

5. 卤素和其生物效应

(1)卤素及其化合物　卤素位于元素周期表的ⅦA 族,是 5 个元素 F,Cl,Br,I,At 的统称。除放射性元素 At 外，其余 4 个在自然界中主要以盐的形式存在，故卤素在希腊语中为成盐元素的意思。如，F 主要以萤石(CaF_2)和冰晶石(Na_3AlF_6)等矿物存在，而 Cl，Br，I 则以 Na、K、Ca、Mg 的盐存在于海水中，它们均是生命必需元素，其主要性质见表 12-2。

表 12-2　卤素的性质

项目	F	Cl	Br	I
原子序数	9	17	35	53
价电子结构	$2s^2 2p^5$	$3s^2 3p^5$	$4s^2 4p^5$	$5s^2 5p^5$
主要氧化数	−1，0，	−1，0，+1，+3，+4，+5，+7	−1，0，+1，+3，+5，+7	−1，0，+1，+3，+5，+7
原子半径/pm	64	99	114	133
离子(X^{-1})半径/pm	133	181	196	220
电负性	4.0	3.2	3.0	2.7
电子亲和能/($kJ \cdot mol^{-1}$)	322	349	324	295
第一电离能/($kJ \cdot mol^{-1}$)	507	368	335	1 008

由表 12-2 可见，卤素原子的价电子构型为 ns^2np^5，容易再获得一个电子，成为 8 电子的稳定结构，故在同周期元素中，卤素的电负性最大，表现为典型的非金属性。在同一族中，从氟到碘，非金属性减弱。

卤素单质均有颜色，随着相对分子质量的增大，卤素单质颜色依次加深。

卤素的单质均是氧化剂，其氧化性次序为：$F_2 > Cl_2 > Br_2 > I_2$。其中 F_2 的氧化能力很强，能把水分子中的氧元素氧化为氧气：

$$2F_2 + 2H_2O = O_2 + 4HF$$

Cl_2 的氧化性次之，与水发生岐化反应，在日光下缓慢置换水中的氧。Br_2 与水反应更慢，I_2 几乎不与 H_2O 发生反应。

$$Cl_2 + H_2O = HClO + HCl$$

卤素的单质(X_2)可与 H_2 反应生成卤化氢(HX)，在工业上，盐酸(HCl)制备就是利用 H_2 与 Cl_2 的反应，而制得 HCl 气体，用水吸收后，即为盐酸。

其他 HX 的实验室制备如下：

$$CaF_2 + H_2SO_4(\text{浓}) = 2HF + CaSO_4$$
$$2NaCl + H_2SO_4(\text{浓}) = 2HCl + Na_2SO_4$$
$$KBr + H_3PO_4(\text{浓}) = HBr + KH_2PO_4$$
$$KI + H_3PO_4(\text{浓}) = HI + KH_2PO_4$$

此外，也可用非金属的卤化物水解而制得：

$$PBr_3 + 3H_2O = 3HBr + H_3PO_3$$
$$PI_3 + 3H_2O = 3HI + H_3PO_3$$

$$3Br_2 + 2P + 6H_2O = 6HBr + 2H_3PO_3$$
$$3I_2 + 2P + 6H_2O = 6HI + 2H_3PO_3$$

尽管 HX 是共价型化合物，但由于卤素的电负性大，因此 HX 是极性分子，在水中溶解度大。因 HF 分子间形成氢键，其物理化学性质特殊。除 HF 为弱酸外，HCl、HBr、HI 都是强酸，且酸性依次增强。

卤素在与氧化合时，可以将电子偏移给别的氧原子，而生成不同氧化数的含氧化合物，如次氯酸及其盐、氯酸及其盐和高氯酸及其盐，它们均是强氧化剂。

HClO 酸性很弱又不稳定，常用碱反应生成 $Ca(ClO)_2$，即漂白粉。

$$2Ca(OH)_2 + 2Cl_2 = Ca(ClO)_2 + CaCl_2 + 2H_2O$$
$$2NaOH + Cl_2 = NaClO + NaCl + H_2O$$

$HClO_3$ 是强氧化性的强酸。可通过 Cl_2 或 ClO^- 在碱性介质中发生歧化反应而得到。

$$3Cl_2 + 6OH^- = 5Cl^- + ClO^- + 3H_2O$$

因固体 $KClO_3$ 与 S、P 等易燃物混合后，受撞击会立即爆炸，故常用来制造火柴，炸药，信号弹等。

$$2KClO_3 + 3S = 2KCl + 3SO_2$$

高氯酸（$HClO_4$）是最强的无机酸之一，也是强氧化剂，与易燃物相遇会发生猛烈的爆炸，高氮酸盐比较稳定，因此用 $KClO_4$ 制成的炸药安全性较好。

$$4HClO_4 = 2Cl_2 + 7O_2 + 2H_2O$$

(2)卤素的生物效应　卤素中的 F，Cl，Br，I 在生物体内含量不多，是微量元素。它们在生物体内的作用各不相同。

由于氟具有很强的配位能力，能和许多金属元素配位，影响多种酶的活性，总的来说，氟是植物的有毒元素。植物中的氟主要来源于土壤和大气。一般来说，只有其浓度超过某一阈值后，才对植物产生伤害。研究表明，氟影响水稻的发育，当氟化物浓度在 500 $\mu g \cdot mL^{-1}$ 时，发芽率为 50%；在 750 $\mu g \cdot mL^{-1}$ 时，种子不发芽。长期接触氟化物的植物，会出现叶落、枝枯，甚至死亡。另外，HF 也是植物的有毒物，它进入植物叶片后，聚集在叶尖、叶缘，会使组织坏死。即使是低浓度的含氟气体，也可引起落花、落果，造成农作物、果树的减产。

另一方面，氟是人和动物必需的微量元素。如氟在组织和牙齿中使羟基磷灰石转化为氟磷灰石，从而在牙齿的表面形成更加坚硬的保护层，使其硬度和抗酸腐蚀性都增强，有利于牙齿的保护。但是，若体内氟过量时，也会影响钙、磷正常代谢，抑制多种酶的活性，引起其他疾病。

气态卤素单质均有刺激性气味，吸入较多蒸汽会严重中毒，甚至会造成死亡，所以使用卤素单质时应该特别小心。如果不慎吸入氯气，应该立即到室外，也可以吸入少量氨气解毒，必要时要及时送到医院。

近年来，由于人类大量使用氟里昂（氟氯烃）作冷冻剂和雾化剂，当其进入大气臭氧层时，会破坏臭氧层，使臭氧层变薄或产生臭氧空洞。最终导致臭氧层失去阻止紫外线照射的功能，使皮肤癌患者大量增加。因此，禁止氟里昂的使用，是十分必要的。

氯是生命必需的宏量元素。在人体内氯主要以离子状态存在，主要与钾、钠一起，共同参加生理作用。与氢离子结合后，形成盐酸，在胃液中可加速食物的消化。因此，我们每天都必须补充食盐氯化钠。若人体缺盐，就会出现胃酸减少，食欲减退，无力、精神不振等现象。但必须注意，过量的氯化钠也会引起高血压，故食用的盐应适量。

碘是生命中最重要的微量元素之一，尤其对人和动物来讲是所必需的微量元素。动物和人体内的碘主要集中于甲状腺里，对调节新陈代谢起着重要作用。若人体缺碘，会引起"大脖子病"，特别是缺碘地区发生的克汀病，危害最严重。故我们提倡在食盐中添加碘，适当补充碘。但应注意，若长期食用碘含量较高的食品，也会引起高碘甲状腺肿。而一次性接受大剂量碘也可引起急性碘中毒。

极微量的碘对高等植物的发育有促进作用，在植物体内，一般不会有缺碘现象。

12.4 d 区元素

12.4.1 d 区元素的通性

d 区元素位于元素周期表的中部，包括所有副族的元素，一般又称为过渡元素。通常按照元素周期表的周期的不同，把第四、第五、第六周期的元素分别称为第一、第二、第三过渡系列。该区元素在原子结构上的共同特点就是随着原子序数的增加，电子依次填充在次外层的 d 轨道上，而最外层只有 1～2 个电子，其价电子层构型一般为 $(n-1)d^{1\sim n}ns^{1\sim 2}$。由于有未充满的 d 轨道，d 电子可部分或全部参与化学反应，并且最外层的电子也易失去，因此，d 区元素均为金属元素。

在 d 区元素中，随着原子序数的增加，原子半径缓慢地减少，与同周期的其他金属元素的单质相比，其密度较大。并且，由于 d 电子可参与成键，使金属键具有共价的成分，单质形成的金属键很强，因此，d 区元素的金属单质大都具有质地坚硬，色泽光亮的特点，具有很好的传热和导电的性能，并且其熔点、沸点一般较高。例如，密度最大的锇（22.59 $g \cdot cm^{-3}$），硬度最大的铬（9），熔点最高的钨（3 407℃）。沸点最高的铼（5 687℃）都位列于本区。

d 区元素特殊的电子构型，决定了其特殊的化学性质。其中，最显著的特征之一，就是 d 区元素具有多种氧化数。这主要是因为 d 区元素的 ns 和 $(n-1)d$ 轨道能量相近，不仅 ns 电子可参与成键外，$(n-1)d$ 电子也可部分或全部参与成键，形成多种氧化数，并且，其氧化数大多连续变化。例如，Mn 的氧化数可由 −3 连续变化到 +7。

另外，根据 d 区元素的标准电极电势，可以比较其氧化还原能力和金属的活泼性。在第一过渡系的金属，除铜外，大都是活泼金属，其单质可以从非氧化性酸中置换出氢。在同一周期，从左到右，金属的活泼性减弱。

此外，与主族元素相比，d 区元素易形成配合物。这是由于 d 区元素的原子或离子具有能级相近的、未充满的 $(n-1)d$ 轨道、ns、np 空轨道，并且由于 d 轨道的屏蔽作用较小，因而有较大的有效核电荷，对配位体有较强的吸引力和极化作用，因而它们易于形成配合物。例如，常见的配体氨、氰基、草酸根、羰基、水分子等都能和 d 区元素形成配合物。特别是 d 区元素的许多水合离子、配离子一般都呈现颜色，这主要是由于电子发生 d-d 跃迁所致，据此，我们可以用来鉴别离子。

总之，特殊的电子构型，决定了其特殊的性质。d 区元素还以其特殊的催化性、磁性等，在化工生产、材料科学中发挥着巨大的作用。

12.4.2 重要元素及其生物效应

1. 铜、锌元素及其生物效应

(1)铜、锌元素及其化合物　铜、锌位于元素周期表的第四周期，ⅠB 族和ⅡB 族，为 ds 区元素，其价电子构型为$(n-1)d^{10}ns^{1\sim2}$。尽管最外层电子与 s 区元素相同，但由于原子半径小，次外层部分 d 电子也可以参与化学反应，显示了其特殊性。如铜、锌单质均为稳定的金属，具有特征的颜色，铜为紫色、锌为微蓝色。铜、锌金属的熔点、沸点都相对低，具有高的延展性、导热性和导电性。

金属铜的化学性质比较稳定，在干燥的空气中稳定，但长期在 CO_2 和潮湿的空气中，会反应生成铜绿(碱式碳酸铜)。

$$2Cu+H_2O+CO_2+O_2=Cu_2(OH)_2CO_3$$

此外，铜也不与非氧化性酸反应，但可溶于 HNO_3 和热的浓硫酸。在高温下，与活泼的非金属 O_2、S、卤素反应。

$$Cu+4HNO_3(浓)=Cu(NO_3)_2+2NO_2+2H_2O$$
$$3Cu+8HNO_3(稀)=3Cu(NO_3)_2+2NO+4H_2O$$
$$Cu+2H_2SO_4(浓)=CuSO_4+2SO_2+2H_2O$$

硫酸铜 $CuSO_4\cdot5H_2O$ 俗名胆矾，是制备其他铜化合物的主要原料。硫酸铜具有杀菌能力。由硫酸铜与石灰乳混合配制的波尔多液，在农业生产中用于防治或消灭植物的多种病虫害，也可在水池中防止藻类的生长。

金属锌与铝的性质相似，为两性物质，既可溶于酸，也可溶于碱。在加热情况下，与活泼的非金属 O_2、S、卤素也可直接化合反应。金属单质锌在潮湿的空气中，因形成致密的碱式碳酸锌而起保护作用。

氧化锌(ZnO)俗称锌白，大量用作橡胶填料及油漆颜料，也可用作催化剂和医药上制造药膏。氢氧化锌($Zn(OH)_2$)为难溶于水的白色沉淀，显两性。而溶于氨水，形成配离子。

$$2Zn(OH)_2+2H^+=Zn^{2+}+2H_2O$$
$$2Zn(OH)_2+2OH^-=[Zn(OH)_4]^{2-}+2H_2O$$
$$2Zn(OH)_2+4NH_3=[Zn(NH_3)_4]^{2+}+2OH^-$$

无水氯化锌为白色固体，易溶于水，溶解度是固体盐中最大的(333 g $ZnCl_2$/100 g H_2O，10℃)。它在空气中容易潮解，吸水性强，在有机化学中常用作去水剂和催化剂。

氯化锌的浓溶液(俗称熟镪水)中，因形成配合酸($H[ZnCl_2(OH)]$)，而使其溶液具有酸性，可以作为溶解、清除金属表面的氧化物而不损害金属表面。

$$ZnCl_2+H_2O=H[ZnCl_2(OH)]$$
$$Fe_2O_3+6H[ZnCl_2(OH)]=Fe[ZnCl_2(OH)]_3+3H_2O$$

(2)铜、锌元素的生物效应　铜(Cu)和锌(Zn)都是生物体内重要的必需元素之一。其中,铜是植物体内许多氧化酶(如多酚氧化酶、抗坏血酸氧化酶等)的组成元素,参与体内氧化还原过程。在叶绿体中含有铜蛋白质,在光合作用中具有传递电子的作用。另外,在人和动物体内,铜与蛋白质结合成为血细胞铜蛋白,它影响铁的代谢,从而参与造血活动。铜还是构成体内的许多细胞色素的主要成分,铜与许多酶的活性有关。在家畜体内缺铜,其繁殖能力降低,并且会产生许多中枢神经病变。此外,铜对提高家畜皮毛品质也有重要作用,可使畜毛顺亮有光泽。

锌是植物体内许多酶(如谷氨酸酶、苹果酸酶等)的必要元素。如含锌碳酸酐酶与光合作用有关,植物体内生长素的合成,也必须有锌的参与。植物体内缺锌常表现为生长停滞,可以通过喷施锌盐稀溶液来促进植物生长。

人体含锌为1.4～2.3g,约为铁含量的一半,是含量仅次于铁的微量元素。人体内各个器管都含有锌,主要集中于肝脏、肌肉、骨骼和皮肤(包括头发)。血液中的锌大多数分布在红细胞中,主要以酶的形式存在。在人体中,锌对人体蛋白质的合成,物质代谢和能量代谢,各种酶的活性,生长发育,智力发展和免疫功能等方面都具有重要的作用。例如,缺锌时常出现蛋白质合成障碍和细胞分裂,生长速度缓慢,严重者则使繁殖器官发育不全。因为锌参与肝脏和视网膜内维生素A还原酶的合成,所以缺锌也表现为肝病和夜盲症。研究表明,锌还有促进创伤愈合、增强免疫能力和抗毒能力。此外,人体高血压症与缺锌也有一定关系。

2. 钒的化合物及其生物效应

(1)钒的化合物　钒(V)是第四周期,ⅤB族的第一个元素。在地壳中的含量比Zn、Cu、Pb等普通元素大,但分布较广,属于稀有元素。钒的价层电子构型为$3d^34s^2$,这5个电子都可能成键,形成+5、+3、+2等氧化数的化合物,其中重要的化合物是五氧化二钒(V_2O_5)偏钒酸铵(NH_4VO_3)。五氧化二钒可以通过灼热偏钒酸铵而得到。

$$2NH_4VO_3 = V_2O_5 + 2NH_3 + H_2O$$

五氧化二钒(V_2O_5)为橙黄色至砖红色粉末,无味、有毒。微溶于水,水溶液为淡黄色并为酸性。

冷的强碱中:$V_2O_5 + 6OH^- = 2VO_4^{3-} + 3H_2O$

热的强碱中:$V_2O_5 + 2OH^- = 2VO_3^{3-} + H_2O$

五氧化二钒是两性物质,也可溶于强酸。

$$V_2O_5 + 2H^+ = 2VO_2^+\text{(淡黄色)} + H_2O$$

五氧化二钒是中强氧化剂,是制备硫酸的催化剂。

$$V_2O_5 + 6H^+ + 2Cl^- = 2VO^+\text{(蓝色)} + Cl_2 + 3H_2O$$

(2)钒元素的生物效应　钒主要存在于植物、动物和人的脂肪中,参与动植物的许多生理过程,具有十分重要的生物作用。如,钒是植物固氮菌所必需的元素,它是固氮酶中蛋白质的构成成分,能补充和加强钼的功能,促进根瘤菌对氮的固定。此外,在植物中,钒还可参与硝酸盐的还原,促使NO_3^-转化为氮。

在某些海虫中,钒化合物是呼吸链中的色素成分。另外,钒血红素在海鞘类动物的血细胞中起运载氧的作用,由于钒的性质不同于铁,使其血液成为绿色。在人体内,钒与脂蛋白结合,具有特殊的功能。但应注意,过量的钒对人体会产生的毒性,它会抑制胆固醇、磷脂及其他脂质的合成;影响胱氨酸、半胱氨酸和蛋氨酸的形成;干扰铁在血红蛋白合成中的作用。

3. 铬的化合物及其生物效应

(1)铬的化合物　铬(Cr)是第四周期,ⅥB族的第一个元素。其价层电子构型为 $3d^5 4s^1$,这6个电子都可能成键,形成+6、+3、+2等氧化数的化合物,其中+6的Cr在碱性溶液中具有较强的氧化性,+3、+2的Cr具有还原性。

金属铬为银白色金属,其熔点、沸点在同周期中最高,硬度也大。常温下,因金属表面形成致密的氧化膜,而在空气和水中都很稳定,但可与热浓硫酸作用。在高温下,它可与卤素、硫、氮、碳等直接化合。

$$2Cr + 6H_2SO_4(\text{热、浓}) = Cr_2(SO_4)_3 + 3SO_2 + 6H_2O$$

金属铬具有良好的光泽,抗腐蚀能力强。常用作金属表面的镀层。铬的合金,如铬钢、不锈钢等,具有很好的耐磨、耐腐蚀和耐高温性能。

铬的重要化合物是三氧化二铬(Cr_2O_3)、三氧化铬(CrO_3)和重铬酸钾($K_2Cr_2O_7$)。其中,重铬酸钾($K_2Cr_2O_7$)为橙红色晶体,又名红钾钒,因其不含结晶水,易提纯,常作为定量分析的基准物。它是一个强氧化剂,本身被还原为 Cr^{3+}。在实验室中,常用重铬酸钾和浓硫酸配成铬酸洗液。

$$Cr_2O_7^{2-} + 14HCl(\text{热、浓}) \xlongequal{\triangle} 2Cr^{3+} + 3Cl_2 + 8Cl^- + 7H_2O$$

(2)铬元素的生物效应　铬是植物、动物和人所必需的微量元素。目前的研究表明,Cr对植物生理的影响不明显。一般来说,植物若缺乏铬,其正常的生长发育会受到影响,但若Cr过量又会引起毒害。铬元素具有一定的配位能力,会影响或参与酶的生理生化过程。而在动物和人体内,也发现了铬对维持胆固醇和脂肪的正常代谢的影响,缺铬就会引起这些物质的代谢紊乱,是造成动脉硬化的主要原因之一。另外,Cr^{6+} 对人和动物有巨毒,Cr^{6+} 具有强氧化性,能影响体内的氧化、还原、水解等过程,并可使蛋白质变性,核酸沉淀。此外,铬酸盐还会与血液中的氧反应,或使血红蛋白变成高铁血红蛋白,从而破坏红细胞携带氧的功能,导致细胞内窒息。但 Cr^{3+} 又可作为饮食营养补充品和治疗糖尿病的药物,铬(Ⅲ)三甲基吡啶盐被人们用作为减肥药物,用于减去多余脂肪,而Vincent发现它会使果蝇发生致命的突变。铬的双重性是由于铬的不同价态产生的两种不同机制,而且这正是由于铬在生命过程中铬的氧化还原性质和铬的取代化学的复杂性所引起的。人体内的Cr主要来源于食物中有机铬。因精制的白糖和面粉中Cr的含量远远比不上原糖和粗制面粉,因此提倡多吃原糖和粗粮。

4. 锰的化合物及其生物效应

(1)锰的化合物　锰(Mn)是第四周期,ⅦB族的第一个元素。其价层电子构型为 $3d^5 4s^2$,这7个电子都可能成键,形成+7、+6、+4、+2等氧化数的化合物。由锰的元素电势图可知，+7、+6、+4 的 Mn 具有较强的氧化性，在酸性溶液中，Mn^{3+} 和 $MnO_4{}^{2-}$ 易发生歧化反应，Mn^{2+} 比较稳定。

锰的氧化物有 6 种，MnO、Mn_3O_4、Mn_5O_8、Mn_2O_3、MnO_2、Mn_2O_7。其中，MnO_2 为锰的最稳定的氧化物，是自然界中软锰矿的主要成分，在酸性介质中具有强氧化性。

$$MnO_2+4HCl(浓)\xlongequal{\triangle}MnCl_2+Cl_2+2H_2O$$
$$2MnO_2+2H_2SO_4(浓)=2MnSO_4+O_2+2H_2O$$

在碱性条件下，MnO_2 可以被氧化成 Mn(Ⅵ)。

$$2MnO_2+4KOH+O_2=2K_2MnO_4+2H_2O$$

高锰酸钾 $KMnO_4$ 为紫黑色固体，俗名灰锰氧。易溶于水，$MnO_4{}^-$ 离子为特征的紫红色。高锰酸钾不是很稳定，受热或见光易分解。

$$2KMnO_4\xlongequal{\triangle}K_2MnO_4+O_2+MnO_2$$

高锰酸钾具有强氧化性，其氧化能力与酸性介质有关，不同的介质，还原产物不同。在分析化学中，用于还原性物质含量的测定。

高锰酸钾是化学上常用的试剂，主要作为氧化剂使用，也可用作特殊织物、蜡、油脂等的漂白剂，在医药上也可作为防腐剂、杀菌剂、消毒剂，除臭剂等。

(2)锰元素的生物效应　锰是植物、动物和人所必需的微量元素，是许多氧化酶的组成部分，能参与蛋白质合成和遗传信息的传递，以及对植物的光合作用和呼吸作用都有影响，因此，锰具有十分重要的生理作用。锰在成人体中的总含量一般在 12～20 mg，主要集中在肌肉、表皮和肝脏中，大脑、骨骼、血液以及其他器官中。Mn 元素一般以 Mn(Ⅱ)形式被人体吸收，在十二脂肠的碱性环境中部分转化 Mn(Ⅲ)，并随血液流动带到各组织器官。其中，Mn(Ⅱ)、Mn(Ⅲ)是多种酶的激活剂，也是精氨酸酶、脯氨酸酶、谷胱苷肽过氧化物酶的活性中心，并在人体中的氧化还原、脂肪代谢、能量转化、防御调控以及信息传递等过程具有重要的作用，是生命中必不可少的微量元素之一。另外，人体中锰缺乏会引起多种疾病，如骨骼发生畸变、精神病、生育障碍、动脉硬化等，而吸收过量锰，会引起锰中毒，产生震颤性麻痹。因此，为了维护人体健康，我国暂行规定，成人锰摄入量为每日 5～10 mg，最低不少于 3 mg。在黄豆、小麦、脂肪、绿色蔬菜和茶叶中都富含锰，平时饮食中要注意多吃豆类食品。

5. 铁的化合物及其生物效应

(1)铁的化合物　铁(Fe)是第四周期，Ⅷ族的一个元素，由于铁(Fe)、钴(Co)、镍(Ni)的性质相似，把它们合并为一族，称为铁系元素。铁原子的价层电子构型为 $3d^64s^2$，其主要氧化数+6、+3、+2，其中+6、+3 的 Fe 具有较强的氧化性，+2 的 Fe 具有还原性。

金属铁为光亮的银白色金属，熔点 1 539℃、沸点 2 500℃。单质铁具有磁性，也能被磁化。常温下，纯铁的耐腐蚀性较强，在干燥空气中，加热到 150℃也不与 O_2 作用。但在潮湿的空气中，却易生锈，这主要是电化腐蚀的缘故。

金属铁是中等活泼金属，能和稀盐酸和稀硫酸反应，生成 Fe^{2+} 并放出 H_2。

$$Fe+2H^{+}(稀)=Fe^{2+}+H_2$$

与氧化性酸反应，在加热条件下，生成 Fe^{3+}。但在冷的浓硝酸和浓硫酸中钝化。在高温下，铁可与氯、硫、磷等直接化合。此外，金属铁还可与其他元素互熔形成各种合金。总之，铁及其合金是最基本的金属结构材料，在生产和生活中有非常广泛的应用。

铁的重要化合物是三氧化二铁（Fe_2O_3）、氧化铁（FeO）、氢氧化亚铁 $Fe(OH)_2$、氢氧化铁 $Fe(OH)_3$ 和氯化铁、硫酸铁等。其中，Fe^{2+} 的化合物具有还原性，而 Fe^{3+} 的化合物具有氧化性，在空气中，氧的作用即可把 Fe^{2+} 氧化为 Fe^{3+}。

(2)铁元素的生物效应　铁是一切生命体（植物、动物和人）不可缺少的必需元素，是生命体系中研究最多的金属元素。在植物中，铁的含量不是很高，主要作为酶的组成元素，在氧化还原、叶绿素的合成中起着重要作用。在人体内，铁是最丰富的过渡金属，其含量为 4～6 g，其中 70%左右主要以血红蛋白和肌红蛋白形式贮存于血液和肌肉组织中，其余则与各种蛋白质和酶结合。铁主要参与氧的转运和利用，如果缺 Fe 或 Fe 的利用不良时，就不能合成血红蛋白，就无法输送氧，新陈代谢就不能进行，生命就会停止。关于铁传递蛋白铁的结合和铁蛋白铁的释放的可能机理方面已取得了进展。Theil 发现铁蛋白中的孔洞能够因为受热或化学反应的原因而打开，这就意味着通过调控的分子能有效地实现在生命体系中有选择地“开”和“关”，因此铁能够在需要的时候被传递到细胞中。此外，铁元素还与生物活动中电子的传递、氧化还原等很多代谢过程有关。总之，铁对生命体不仅是有益的必须元素，而且毒性很小。

12.5　f 区元素

12.5.1　f 区元素概述

在元素周期表中，第六周期的ⅢB，包括原子序数为 57 的镧，到原子序数为 71 的镥，共计 15 个元素，称为镧系元素，以 Ln 代表。类似地，第七周期的ⅢB，包括原子序数为 89 的锕，到原子序数为 103 的铹，共计 15 个元素，称为锕系元素。从电子结构上看，由于这两族元素的电子填充到 f 轨道，故把它们统一称为 f 区元素，并把它们单独列于元素周期表的下部，成为独立的一个区。

由于ⅢB 的另外两种元素钪（Sc）和钇（Y）和镧系元素的性质相似，故把它们一起称为稀土元素，并统一用 RE 代表。稀土元素以其特殊的性质，在冶金、电子、化工、玻璃、陶瓷、医药等领域中得到了广泛的应用，特别是近年来发展的尖端科学技术大量应用到稀土元素，更使稀土元素得到了普遍的重视和关注。我国稀土资源位于世界首位，更好地开发和利用好稀土资源是我们义不容辞的责任。

由于锕系元素大都是人工合成的放射性元素，人们对之认识不多。本节主要简述镧系元素的性质。

1. 镧系元素的一些性质

镧系元素的一些性质，如原子价层电子结构、氧化数、原子半径、熔点等列于表 12-3。

表 12-3 镧系元素的一些性质

元素	价层电子结构	氧化数	原子半径/pm	熔点/℃
$_{57}La$	$5d^1 6s^2$	+3	187	921
$_{58}Ce$	$4f^1 5d^1 6s^2$	+3,+4	181	799
$_{59}Pr$	$4f^3 6s^2$	+3,+4	182	931
$_{60}Nd$	$4f^4 6s^2$	+3	182	1 021
$_{61}Pm$	$4f^5 6s^2$	+3	—	1 168
$_{62}Sm$	$4f^6 6s^2$	+2,+3	181	1 077
$_{63}Eu$	$4f^7 6s^2$	+2,+3	199	822
$_{64}Gd$	$4f^7 5d^1 6s^2$	+3	179	1 313
$_{65}Tb$	$4f^9 6s^2$	+3,+4	180	1 356
$_{66}Dy$	$4f^{10} 6s^2$	+3,+4	180	1 412
$_{67}Ho$	$4f^{11} 6s^2$	+3	179	1 474
$_{68}Er$	$4f^{12} 6s^2$	+3	178	1 529
$_{69}Tm$	$4f^{13} 6s^2$	+2,+3	177	1 545
$_{70}Yb$	$4f^{14} 6s^2$	+2,+3	194	819
$_{71}Lu$	$4f^{14} 5d^1 6s^2$	+3	175	1 663

2. 镧系收缩

由表 12-3 可知，镧系元素的原子半径和离子半径同元素周期表中同周期的其他元素一样，符合元素周期律，即在同一周期中，随着原子序数的增加，原子半径和离子半径逐渐减少。但相比其他周期的元素，如在第三周期中，随着原子序数的增加 1，原子半径减少约为 5 pm，在第四周期的过渡金属元素中，随着原子序数的增加 1，原子半径减少约为 2.5 pm，而在镧系元素中，从 57 的镧到原子序数为 71 的镥，原子序数增加了 15，原子半径却仅减少约为 15 pm。像这样的镧系元素的原子半径和离子半径，随着原子序数的增加，而减少量不明显的现象，在无机化学中就称为镧系收缩。

镧系收缩是无机化学中的一个重要现象，镧系收缩的结果使第二、第三过渡系元素的性质差别比第一过渡系元素性质差别减小。

3. 离子颜色

镧系元素的许多离子在晶体或水溶液中均有颜色，这与其 f—f 电子的跃迁有关。离子的颜色与未成对的 f 电子数有关，如 La^{3+} 的 $4f^0$ 和 Lu^{3+} 的 $4f^{14}$ 中没有未成对电子，故离子无色，其他离子应该都有颜色，并且，具有 f^x ($x=0\sim7$) 的电子的离子与具有 f^{14-x} ($x=0\sim7$) 的电子的离子，常常具有相同或相近的颜色。

4. 金属的活泼性

镧系元素都是活泼金属，其标准电极电势大都低于 −1.99 V，具有较强的还原性，其活泼性仅次于碱金属和碱土金属。

镧系元素化学性质活泼，可与大多非金属元素氧、硫、氯、氮等反应，并且可与水反应放出氢气，与酸反应非常激烈。

12.5.2 稀土元素及其生物效应

稀土元素包括镧系元素和21号元素钪以及39号元素钇，它们在生物体中含量甚微，对它们的生物功能了解得也很少。但大量的实验事实表明，稀土离子与不同的生物分子都有一定的亲合力，对生物体内多种酶具有激活或抑制作用，对许多疾病有不同程度的防治作用。特别是以稀土离子为中心的许多配合物具有各式各样的药用活性，主要有抗凝血作用；抗炎、杀菌和抑菌作用；降血糖，抗癌，抗动脉粥样硬化作用等。有的稀土化合物作为药物已被列入了许多国家的药典。例如，草酸铈可作为止吐剂、各类肠胃病和咳嗽的治疗药物，稀土的3-碘基异烟酸盐和乙酰丙酸盐是常用的抗凝血剂等，都表明了具有较好的医用效果。有待于开展更多的关于稀土进入人体后的作用机理、潜在危害性等方面的研究，使稀土化合物更好地为人类服务。

此外，稀土元素还可以促进植物的生长发育，可作微肥使用。我国科学工作者对稀土元素在农业上的应用研究居世界前列。早在20世纪70年代初，我国科技工作就开展了将稀土硝酸盐($RE(NO)_3 \cdot nH_2O$)应用于农业生产的研究，发现它对作物具有增产作用。大量田间和室内研究证明，稀土元素具有重要生理活性，除了它可影响作物的外部形态和生长发育外，还有利于作物产量的提高和品质的改善，稀土元素在农业生产中大有可为。

□ 相关阅读

1. 毛宗万，等. 关于我国生物无机化学发展战略的一点思考. 化学进展，2004(4)：660.

2. 柴巍中，等. 从生命元素的发展历史和互作关系看当前生命元素研究的现状和局限以及开展全元素研究的重要意义. 微量元素与健康研究，2003(5)：54.

3. 高述唐. 生命元素及其在生物界的作用. 河北林学院学报，1995(4)：349.

4. 徐辉碧，等. 苟日新，日日新，又日新. 值王夔教授八十寿诞侧记我国生物无机化学研究. 化学进展，2008(5)：625.

5. 郑文治，等. 生命元素铜、铁、锌及其生理功能. 长春师范学院学报，2000(5)：12.

6. 唐志华. 生命元素图谱与化学元素周期表. 广东微量元素科学，2001(2)：1.

7. 柏树纲. 生命元素与健康. 辽宁中医杂志，2008(9)：35.

8. 王学琳，等. 生命元素与微量元素. 微量元素与健康研究，2000(3)：76.

9. 王则民. 元素的生物选择规律. Ziran Zazhi(生物科学)，1996(1)：47.

10. 成亮，等. 生物矿化碳酸钙机理研究进展. 硅酸盐通报，2006(6)：108.

11. 裘凌沧. 生命元素周期变化节律与健康. 广东微量元素科学，2012(3)：56.

□ 习　题

基础题

12-1　选择题

(1)在下列离子中，氧化能力最强的是________。

A. Fe^{3+}　　B. I^-　　C. MnO_4^-　　D. Cu^{2+}

(2)在下列离子中，还原能力最强的是________。

A. Na^+　　B. Mg^{2+}　　C. Fe^{2+}　　D. Cr^{3+}

(3)下列试剂中，可将 Zn^{2+} 和 Al^{3+} 区别出来的是________。

A. HCl　　B. NaOH　　C. 浓氨水　　D. 浓硫酸

(4)过渡元素的共同性质有________。

A. 单质的金属性　　B. 可变的氧化数

C. 易形成配合物　　D. 水合离子多有颜色

(5)下列金属离子中，可成为血红素的中心离子的是________。

A. Cu^{2+}　　B. Fe^{3+}　　C. Mg^{2+}　　D. Fe^{2+}

(6)列元素中，电负性最大的是________。

A. N　　B. Br　　C. S　　D. F

(7)下列化合物中，酸性最强的是________。

A. HCl　　B. HF　　C. HBr　　D. HI

(8)人体中由于含量过高，容易引起高血压的元素是________。

A. Na　　B. N　　C. Mg　　D. Ca

12-2　元素通常是怎样分类的？在元素周期表中，如何划分金属和非金属元素？

12-3　简述 s 区元素的特性。其性质的变化规律是什么？

12-4　简述 p 区元素的特性。其性质的变化规律是什么？

12-5　简述 d 区元素的特性。其性质的变化规律是什么？

12-6　什么叫熟镪水？在金属焊接中，它有什么作用？

12-7　铜器在潮湿的空气中生成“铜绿”是什么？写出相关的反应方程式。

12-8　为什么碘微溶于水而易溶于碘化钾？

12-9　写出下列反应的反应式：

(1)氯气通入冷的石灰水。

(2)在长久保存的 Na_2SO_3 溶液，加入 $BaCl_2$，有不溶于 HNO_3 白色沉淀生成。

(3)实验室制备氨气。

(4)氯气与水的反应。

12-10　如何鉴别纯碱、烧碱和小苏打？

提高题

12-11　写出下列反应的离子方程式。

(1) 铜与稀硝酸或浓硝酸的反应；

(2) 氢氧化锌与氨水的反应；

(3) 高锰酸钾在碱性溶液中与亚硫酸钠的反应；

(4) 高氯酸钾与单质硫的反应。

12-12 简述 s 区元素的生物效应。

12-13 简述 p 区元素的生物效应。

12-14 简述 d 区元素的生物效应。

12-15 什么叫稀土元素？镧系收缩？简述 f 区元素的生物效应。

12-16 Compare metals with nonmetals with regard to (a) number of valence electrons, (b) ionization energy, (c) electron affinity, (d) electrogativity, and (e) acidic or nature of hydroxides.

附 录

Appendix

附录Ⅰ 本书采用的法定计量单位

本书采用《中华人民共和国法定计量单位》，现将有关法定计量单位摘录如下。

1. 国际单位制基本单位

量的名称	单位名称	单位符号
长度	米	m
质量	千克	kg
时间	秒	s
电流	安培	A
热力学温度	开尔文	K
物质的量	摩[尔]	mol
光强度	坎德拉	cd

2. 国际单位制导出单位(部分)

量的名称	单位名称	单位符号
面积	平方米	m^2
体积	立方米	m^3
压力	帕斯卡	Pa
能、功、热量	焦耳	J
电量、电荷	库仑	C
电势、电压、电动势	伏特	V
摄氏温度	摄氏度	℃

3. 国际单位制词冠(部分)

倍数	中文符号	国际符号	分数	中文符号	国际符号
10^1	十	da	10^{-1}	分	d
10^2	百	h	10^{-2}	厘	c
10^3	千	k	10^{-3}	毫	m
10^6	兆	M	10^{-6}	微	μ
10^9	吉	G	10^{-9}	纳	n
10^{12}	太	T	10^{-12}	皮	p

4. 我国选定的非国际单位制单位(部分)

	单位名称	单位符号
时间	分 [小]时 天(日)	min h d
体积	升 毫升	L mL
能	电子伏特	eV
质量	吨	t

附录Ⅱ 基本物理常量和本书使用的一些常用量的符号与名称

基本物理常量

量	符号	数值	单位
摩尔气体常数	R	8.314 510	$J \cdot mol^{-1} \cdot K^{-1}$
阿伏伽德罗常数	N_A	$6.022\,136\,7\times10^{23}$	mol^{-1}
光速	c	$2.997\,924\,58\times10^{8}$	$m \cdot s^{-1}$
普朗克常量	h	$6.626\,075\,5\times10^{-34}$	$J \cdot s$
元电荷	e	$1.602\,177\,22\times10^{-19}$	C
法拉第常数	F	96 487.309	$C \cdot mol^{-1}$ 或 $J \cdot V^{-1} \cdot mol^{-1}$
热力学温度	T	$\{T\}=\{t\}+273.15$(正确值)	K

本书使用的一些常用量的符号与名称

符号	名称	符号	名称	符号	名称
a	活度	N_A	阿佛伽德罗数	E_a	活化能
A_i	电子亲合能	p	压力(压强)	E	能量、误差、电动势
c	物质的量浓度	Q	热量、电量、反应商	α	副反应系数、极化率
d_i	偏差	r	粒子半径	β	累积平衡常数
D_i	键解离能	s	标准偏差、溶解度	γ	活度系数
G	吉布斯函数	S	熵	Δ	分裂能
H	焓	T	热力学温度、滴定度	θ	键角
I	离子强度、电离能	U	热力学能、晶格能	μ	真值、键矩、磁矩、偶极矩
k	速率常数	V	体积	ρ	密度
K	平衡常数	w	质量分数	ξ	反应进度
m	质量	W	功	σ	屏蔽常数
M	摩尔质量	x_B	摩尔分数、电负性	φ	电极电势
n	物质的量	$Y_{l,m}$	原子轨道的角度分布	ψ	波函数、原子(分子)轨道

附录Ⅲ 一些常见单质、离子及化合物的热力学函数

(298.15 K,100 kPa)

物质 B 化学式	状态	$\Delta_f H_m^\ominus$ / $kJ \cdot mol^{-1}$	$\Delta_f G_m^\ominus$ / $kJ \cdot mol^{-1}$	$S_m^\ominus$ / $J \cdot mol^{-1} \cdot K^{-1}$
Ag	cr	0	0	42.55
Ag^+	ao	105.579	77.107	72.68
AgBr	cr	−100.37	−96.90	107.1
AgCl	cr	−127.068	−109.789	96.2
$Ag_2C_2O_4$	cr	−673.2	−584.0	209.0
Ag_2CrO_4	cr	−731.74	−641.76	217.6
AgI	cr	−61.84	−66.19	115.5
$AgNO_3$	cr	−124.39	−33.41	140.92
$Ag(NH_3)_2^+$	ao	−111.29	−17.12	245.2
Ag_2O	cr	−31.05	−11.20	121.3
Ag_2S	cr(α-斜方)	−32.59	−40.69	144.01
Al	cr	0	0	28.33
Al^{3+}	ao	−531.0	−485.0	−321.7
$AlCl_3$	cr	−704.2	−628.8	110.67
Al_2O_3	cr(刚玉)	−1 675.7	−1 582.3	50.92
$Al_2(SO_4)_3$	cr	−3 440.84	−3 099.94	239.3
Ba	cr	0	0	62.8
Ba^{2+}	ao	−537.64	−560.77	9.6
$BaCl_2$	cr	−858.6	−810.4	123.68
$BaCO_3$	cr	−1 216.3	−1 137.6	112.1
BaO	cr	−553.5	−525.1	70.42
$Ba(OH)_2$	cr	−944.7	—	—
$BaSO_4$	cr	−1 473.2	−1 362.2	132.2
Bi	cr	0	0	56.74
$BiCl_3$	cr	−379.1	−315.0	117.0
Br^-	ao	−121.55	−103.96	82.4
Br_2	l	0	0	152.231
Br_2	g	30.907	3.110	245.436
HBr	g	−36.40	−53.45	198.695
HBrO	ao	−113.0	−82.4	142.0
C	cr(石墨)	0	0	5.740
C	cr(金刚石)	1.895	2.900	2.377
CH_4	g	−74.81	−50.72	186.264
CH_3OH	g	−200.66	−161.96	239.81

续附录Ⅲ

物质 B 化学式	状态	$\Delta_f H_m^\ominus$ / $kJ \cdot mol^{-1}$	$\Delta_f G_m^\ominus$ / $kJ \cdot mol^{-1}$	$S_m^\ominus$ / $J \cdot mol^{-1} \cdot K^{-1}$
CH_3OH	l	−238.66	−166.27	126.8
CH_2O	g	−115.9	−110	218.7
HCOOH	ao	−425.43	−372.3	163.0
C_2H_2	g	226.73	209.20	200.94
C_2H_4	g	52.26	68.15	219.56
C_2H_6	g	−84.68	−32.82	229.60
CH_3CHO	g	−166.19	−128.86	250.3
CH_3CHO	l	−192.2	−127.6	160.2
C_2H_5OH	g	−235.10	−168.49	282.70
C_2H_5OH	l	−277.69	−174.78	160.78
C_2H_5OH	ao	−288.3	−181.64	148.5
CH_3COO^-	ao	−486.01	−369.31	86.6
CH_3COOH	l	−484.5	−389.9	124.3
CH_3COOH	ao	−485.76	−396.46	178.7
$(CH_3)_2O$	g	−184.05	−112.59	266.38
$C_6H_{12}O_6$	s	−1 274.4	−910.5	212
$C_{12}H_{22}O_{11}$	s	−2 222		360.2
$CHCl_3$	l	−134.47	−73.66	201.7
CCl_4	l	−135.44	−65.21	216.40
CN^-	ao	150.6	172.4	94.1
HCN	ao	107.1	119.7	124.7
SCN^-	ao	76.44	92.71	144.3
CO	g	−110.525	−137.168	197.674
CO_2	g	−393.509	−394.359	213.74
CO_2	ao	−413.80	−385.98	117.6
CO_3^{2-}	ao	−677.14	−527.81	−56.9
HCO_3^-	ao	−691.99	−586.77	91.2
H_2CO_3	ao[CO_2(ao)+H_2O(l)]	−699.65	−623.08	187.4
$C_2O_4^{2-}$	ao	−825.1	−673.9	45.6
$HC_2O_4^-$	ao	−818.4	−698.34	149.4
CS_2	l	89.70	65.27	151.34
Ca	cr	0	0	41.42
Ca^{2+}	ao	−542.83	−553.58	−53.1
CaC_2	cr	−59.8	−64.9	69.96
$CaCl_2$	cr	−795.8	−748.1	104.6
$CaCO_3$	cr(方解石)	−1 206.92	−1 128.79	92.9
CaF_2	cr	−1 219.6	−1 167.3	68.87
CaO	cr	−635.09	−604.03	39.75
$Ca(OH)_2$	cr	−986.09	−898.49	83.39

续附录Ⅲ

物质 B 化学式	状态	$\Delta_f H_m^\ominus$ / $kJ \cdot mol^{-1}$	$\Delta_f G_m^\ominus$ / $kJ \cdot mol^{-1}$	$S_m^\ominus$ / $J \cdot mol^{-1} \cdot K^{-1}$
$Ca_3(PO_4)_2$	cr(β,低温型)	−4 120.8	−3 884.7	236.0
$Ca_3(PO_4)_2$	cr(α,高温型)	−4 109.9	−3 875.5	240.91
$CaSO_4 \cdot 2H_2O$	cr(石膏)	−2 022.63	−1 797.28	194.1
Cd	cr	0	0	51.76
Cd^{2+}	ao	−75.9	−77.612	−73.2
CdS	cr	−161.9	−156.5	64.9
Ce	cr	0	0	72.0
Ce^{3+}	ao	−696.2	−672.0	−205.0
Ce^{4+}	ao	−537.2	−503.8	−301.0
Cl^-	ao	−167.159	−131.228	56.5
Cl_2	g	0	0	223.066
ClO_3^-	ao	−103.97	−7.95	162.3
HCl	g	−92.307	−95.299	186.908
Cr	cr	0	0	23.77
CrO_4^{2-}	ao	−881.15	−727.75	50.21
$Cr_2O_7^{2-}$	ao	−1490.3	−1 301.1	261.9
Cu	cr	0	0	33.150
Cu^+	ao	71.67	49.98	40.6
Cu^{2+}	ao	64.77	65.49	−99.6
$Cu(NH_3)_4^{2+}$	ao	−348.5	−111.07	273.6
CuO	cr	−157.3	−129.7	42.63
CuS	cr	−53.1	−53.6	66.5
$CuSO_4$	cr	−771.36	−661.8	109
F^-	ao	−332.63	−278.79	−13.8
F_2	g	0	0	202.78
Fe	cr	0	0	27.28
Fe^{2+}	ao	−89.1	−78.9	−137.7
Fe^{3+}	ao	−48.5	−4.7	−315.9
Fe_2O_3	cr(赤铁矿)	−824.2	−742.2	87.4
Fe_3O_4	cr(磁铁矿)	−1 118.4	−1 015.4	146.4
$FeSO_4 \cdot 7H_2O$	cr	−3 014.57	−2 509.87	409.2
H^+	ao	0	0	0
H_2	g	0	0	130.684
H_2O	g	−241.818	−228.575	188.825
H_2O	l	−285.830	−237.129	69.91
H_2O_2	g	−136.31	−105.57	232.7
H_2O_2	l	−187.78	−120.35	109.6
Hg	l	0	0	76.02
Hg	g	61.317	31.820	174.96

续附录Ⅲ

物质B 化学式	状态	$\Delta_f H_m^\ominus$ / kJ·mol^{-1}	$\Delta_f G_m^\ominus$ / kJ·mol^{-1}	$S_m^\ominus$ / J·mol^{-1}·K^{-1}
HgO	cr(红色)	−90.83	−58.539	70.29
HgO	cr(黄色)	−90.46	−58.409	71.1
HgS	cr(红色)	−58.2	−50.6	82.4
HgS	cr(黑色)	−53.6	−47.7	88.3
I^-	ao	−55.19	−51.57	111.3
I_2	cr	0	0	116.135
I_2	g	62.438	19.327	260.69
HI	g	26.48	1.70	206.549
K	cr	0	0	64.18
K^+	ao	−252.38	−283.27	102.5
KBr	cr	−393.798	−380.66	95.90
KCl	cr	−436.747	−409.14	82.59
$KClO_3$	cr	−397.73	−296.25	143.1
K_2CO_3	cr	−1 151.02	−1 063.5	155.52
K_2CrO_4	cr	−1 403.7	−1 295.7	200.12
$K_2Cr_2O_7$	cr	−2 061.5	−1 881.8	291.2
$KMnO_4$	cr	−837.2	−737.6	171.71
K_2SO_4	cr	−1 437.79	−1 321.37	175.56
Mg	cr	0	0	32.68
Mg^{2+}	ao	−466.85	−454.8	−138.1
$MgCl_2$	cr	−641.32	−591.79	89.62
$MgCO_3$	cr	−1 095.8	−1 012.1	65.7
MgO	cr(方镁石)	−601.70	−569.43	26.94
$Mg(OH)_2$	cr	−924.54	−833.51	63.18
Mn	cr(α)	0	0	32.01
Mn^{2+}	ao	−220.75	−228.1	−73.6
MnO_2	cr	−520.03	−466.14	53.05
MnO_4^-	ao	−541.4	−447.2	191.2
MnO_4^{2-}	ao	−653.0	−500.7	59.0
$Mn(OH)_2$	am	−695.4	−615.0	99.2
$MnSO_4$	cr	−1 065.25	−957.36	112.1
N_2	g	0	0	191.61
HN_3	ao	260.08	321.8	146
NH_3	g	−46.11	−16.45	192.45
NH_3	ao	−80.29	−26.50	111.3
NH_4^+	ao	−132.51	−79.31	113.4
N_2H_4	l	50.63	149.34	121.21
N_2H_4	g	95.40	159.35	238.47
NH_4Cl	cr	−314.43	−202.87	94.6

续附录Ⅲ

物质 B 化学式	状态	$\Delta_f H_m^{\ominus}$ / $kJ \cdot mol^{-1}$	$\Delta_f G_m^{\ominus}$ / $kJ \cdot mol^{-1}$	$S_m^{\ominus}$ / $J \cdot mol^{-1} \cdot K^{-1}$
NO	g	90.25	86.55	210.761
NO_2	g	33.18	51.31	240.06
HNO_3	l	−174.10	−80.71	155.6
Na	cr	0	0	51.21
Na^+	ao	−240.12	−261.905	59.0
HCOONa	cr	−666.5	−599.9	103.7
NaAc	cr	−708.81	−607.18	123.0
$Na_2B_4O_7$	cr	−3 291.1	−3 096.0	189.54
$Na_2B_4O_7 \cdot 10H_2O$	cr	−6 288.6	−5 516.0	586.0
NaBr	cr	−361.062	−348.983	86.82
NaCl	cr	−411.153	−384.138	72.13
Na_2CO_3	cr	−1 130.68	−1 044.44	134.98
NaOH	cr	−425.609	−379.494	64.455
Na_3PO_4	cr	−1 917.4	−1 788.80	173.80
Ni	cr	0	0	29.87
Ni^{2+}	ao	−54.0	−45.6	−128.9
O	g	249.170	231.731	161.055
O_2	g	0	0	205.138
O_3	g	142.7	163.2	238.9
OH^-	ao	−229.994	−157.244	−10.75
P	cr(白磷)	0	0	41.09
P	cr 红磷(三斜)	−17.6	−121.1	22.80
PF_3	g	−918.8	−897.5	273.24
PCl_3	g	−287.0	−267.8	311.78
PCl_3	l	−319.7	−272.3	217.1
PCl_5	g	−374.9	−305.0	364.58
PH_3	g	5.4	13.4	210.23
PO_4^{3-}	ao	−1 277.4	−1 018.7	−222
Pb	cr	0	0	64.81
Pb^{2+}	ao	−1.7	−24.43	10.5
$PbCl_2$	cr	−359.41	−314.10	136.0
PbI_2	cr	−175.48	−173.64	174.85
PbO	cr(黄色)	−217.32	−187.89	68.70
PbO	cr(红色)	−218.9	−188.93	66.5
PbO_2	cr	−277.4	−217.33	68.6
S	cr(正交)	0	0	31.80
S^{2-}	ao	33.1	85.8	−14.6
HS^-	ao	−17.06	12.08	62.8
H_2S	g	−20.63	−33.56	205.79

续附录Ⅲ

物质B 化学式	状态	$\Delta_f H_m^\ominus$ / $kJ \cdot mol^{-1}$	$\Delta_f G_m^\ominus$ / $kJ \cdot mol^{-1}$	$S_m^\ominus$ / $J \cdot mol^{-1} \cdot K^{-1}$
H_2S	ao	−39.7	−27.83	121
SO_2	g	−296.830	−300.194	248.22
SO_2	ao	−322.980	−300.676	161.9
SO_3	g	−395.72	−371.06	256.76
SCN^-	ao	76.44	92.71	144.3
Si	cr	0	0	18.83
SiO_2	α-石英	−910.49	−856.64	41.84
Sn	cr(白色)	0	0	51.55
Sn	cr(灰色)	−2.09	0.13	44.14
Sn^{2+}	ao	−8.8	−27.2	−17
$SnCl_2$	ao	−329.7	−299.5	172
$SnCl_4$	l	−511.3	−440.1	258.6
SnS	cr	−100.0	−98.3	77.0
W	cr	0	0	32.64
WO_3	cr	−842.87	−764.03	75.90
Zn	cr	0	0	41.63
Zn^{2+}	ao	−153.89	−147.06	−112.1
$ZnCl_2$	cr	−415.05	−396.398	111.46
$ZnCl_2$	ao	−488.2	−409.5	0.8
$Zn(NH_3)_4^{2+}$	ao	−533.5	−3 301.9	301.0
$Zn(OH)_2$	cr(β)	−641.91	−553.52	81.2
ZnS	闪锌矿	−205.98	−201.29	57.7
$ZnSO_4$	cr	−982.8	−871.5	110.5
$ZnSO_4$	ao	−1 063.2	−891.6	−92.0

注：cr—结晶固体；am—非晶态固体；l—液体；g—气体；ao—水溶液，非电离物质，标准状态，$b=1\ mol \cdot kg^{-1}$ 或不考虑进一步解离时的离子。

数据摘自《NBS 化学热力学性质表》[美国]国家标准局，刘天河、赵梦月译，中国标准出版社，1998。

附录Ⅳ　一些弱电解质的解离常数(25℃)

a. 弱酸

弱电解质		级数	$K_a^\ominus$	$pK_a^\ominus$
铝酸	H_3AlO_3	1	6×10^{-12}	11.2
亚砷酸	$HAsO_2$	1	6.0×10^{-10}	9.22
砷酸	H_3AsO_4	1	6.3×10^{-3}	2.20
		2	1.1×10^{-7}	6.96
		3	3.2×10^{-12}	11.49
二甲基砷酸	$(CH_3)_2AsO(OH)$		6.4×10^{-7}	6.19
硼酸	H_3BO_3	1	5.8×10^{-10}	9.24

续附录Ⅳ

弱电解质		级数	$K_a^\ominus$	$pK_a^\ominus$
		2	1.8×10^{-13}	12.74
		3	1.6×10^{-14}	13.80
次溴酸	HBrO		2.4×10^{-9}	8.62
氢氰酸	HCN		6.2×10^{-10}	9.21
碳酸	H_2CO_3	1	4.2×10^{-7}	6.38
		2	5.6×10^{-11}	10.25
次氯酸	HClO		3.2×10^{-8}	7.49
亚氯酸	$HClO_2$		1.1×10^{-2}	1.96
铬酸	H_2CrO_4	1	9.5	−0.98
		2	3.2×10^{-7}	6.49
氢氟酸	HF		6.6×10^{-4}	3.18
次碘酸	HIO		2.3×10^{-11}	10.64
高碘酸	HIO_4		2.8×10^{-2}	1.56
氰酸	HOCN		3.5×10^{-4}	3.46
硫氰酸	HSCN		1.4×10^{-1}	0.85
铵离子	NH_4^+	1	5.8×10^{-10}	9.24
亚硝酸	HNO_2		5.1×10^{-4}	3.29
过氧化氢	H_2O_2	1	2.2×10^{-12}	11.66
次磷酸	H_3PO_2		1×10^{-11}	11.0
亚磷酸	H_3PO_3	1	5.0×10^{-2}	1.30
		2	2.5×10^{-7}	6.6
磷酸	H_3PO_4	1	7.5×10^{-3}	2.12
		2	6.3×10^{-8}	7.20
		3	4.3×10^{-13}	12.36
焦磷酸	$H_4P_2O_7$	1	3.0×10^{-2}	1.52
		2	4.4×10^{-3}	2.36
		3	2.5×10^{-7}	6.60
		4	5.6×10^{-10}	9.25
氢硫酸	H_2S	1	1.07×10^{-7}	6.97
		2	1.3×10^{-13}	12.90
亚硫酸	SO_2+H_2O	1	1.3×10^{-2}	1.90
		2	6.3×10^{-8}	7.20
硫酸	H_2SO_4	2	1.2×10^{-2}	1.92
硫代硫酸	$H_2S_2O_3$	1	2.5×10^{-1}	0.60
		2	1.9×10^{-2}	1.72
偏硅酸	H_2SiO_3	1	1.7×10^{-10}	9.77
		2	1.6×10^{-12}	11.80
甲酸(蚁酸)	HCOOH		1.8×10^{-4}	3.74
乙酸(醋酸)	$CH_3COOH(HAc)$		1.8×10^{-5}	4.74
乙二酸(草酸)	$H_2C_2O_4$	1	5.4×10^{-2}	1.27
		2	6.4×10^{-5}	4.19
丙酸	CH_3CH_2COOH		1.35×10^{-5}	4.87
丙烯酸	$CH_2CHCOOH$		5.5×10^{-5}	4.26

续附录Ⅳ

弱电解质		级数	$K_a^\ominus$	$pK_a^\ominus$
乳酸(丙醇酸)	$CH_3CHOHCOOH$		1.4×10^{-4}	3.85
丙二酸	$HOOCCH_2COOH$	1	1.4×10^{-3}	2.85
		2	2.2×10^{-6}	5.66
正丁酸	C_3H_7COOH		1.52×10^{-5}	4.82
异丁酸	$(CH_3)_2CHCOOH$		1.41×10^{-5}	4.85
甘油酸	$HOCH_2CHOHCOOH$		2.29×10^{-4}	3.64
柠檬酸	$HOCOCH_2C(OH)(COOH)CH_2COOH$	1	7.4×10^{-4}	3.13
		2	1.7×10^{-5}	4.77
		3	4.0×10^{-7}	6.40
酒石酸	$HOCOCH(OH)CH(OH)COOH$	1	9.1×10^{-4}	3.04
			4.3×10^{-5}	4.37
氯乙酸	$ClCH_2COOH$		1.4×10^{-3}	2.85
二氯乙酸	$Cl_2CHCOOH$		5.0×10^{-2}	1.30
三氯乙酸	Cl_3CCOOH		2.0×10^{-1}	0.70
氨基乙酸	$^{+}H_3NCH_2COOH$	1	4.5×10^{-3}	2.35
	$^{+}H_3NCH_2COO^-$	2	2.5×10^{-10}	9.60
谷氨酸	$HOCOCH_2CH_2CH(NH_2)COOH$	1	7.3×10^{-3}	2.13
		2	4.9×10^{-5}	4.31
		3	4.4×10^{-10}	9.36
葡萄糖酸	$CH_2OH(CHOH)_4COOH$		1.4×10^{-4}	3.86
水杨酸	$C_6H_4(OH)COOH$	1	1.05×10^{-3}	2.98
		2	4.17×10^{-13}	12.38
苯酚	C_6H_5OH		1.1×10^{-10}	9.96
苯甲酸	C_6H_5COOH		6.2×10^{-5}	4.21
氯化丁基铵	$C_4H_9NH_3^+Cl^-$		4.1×10^{-10}	9.39
吡啶硝酸盐	$C_5H_5NH^+NO_3^-$		5.6×10^{-6}	5.25
EDTA	H_6Y^{2+}	1	1.3×10^{-1}	0.9
	H_5Y^+	2	2.5×10^{-2}	1.6
	H_4Y	3	1.0×10^{-2}	2.0
	H_3Y^-	4	2.1×10^{-3}	2.67
	H_2Y^{2-}	5	6.9×10^{-7}	6.16
	HY^{3-}	6	5.5×10^{-11}	10.26

b. 弱碱

弱电解质		级数	$K_b^\ominus$	$pK_b^\ominus$
氢氧化铝	$Al(OH)_3$		1.38×10^{-9}	8.86
氢氧化铍	$Be(OH)_2$	1	1.78×10^{-6}	5.75
	$BeOH^+$	2	2.51×10^{-9}	8.6
氢氧化铅	$Pb(OH)_2$	1	9.55×10^{-4}	3.02
		1	3.0×10^{-8}	7.52
氢氧化锌	$Zn(OH)_2$		9.55×10^{-4}	3.02
氨水	$NH_3\cdot H_2O$		1.8×10^{-5}	4.74
联氨(肼)	$N_2H_4+H_2O$		9.8×10^{-7}	6.01

续附录Ⅳ

弱电解质		级数	$K_b^\ominus$	$pK_b^\ominus$
羟氨	H_2NOH		9.1×10^{-9}	8.04
甲胺	CH_3NH_2		4.17×10^{-4}	3.38
尿素(脲)	$CO(NH_2)_2$		1.5×10^{-14}	13.82
乙胺	$CH_3CH_2NH_2$		4.27×10^{-4}	3.37
乙醇胺	$H_2N(CH_2)_2OH$		3.16×10^{-5}	4.50
乙二胺	$H_2NCH_2CH_2NH_2$	1	8.5×10^{-5}	4.07
		2	7.1×10^{-8}	7.15
吡啶	C_5H_5N		1.5×10^{-9}	8.82
六次甲基四胺	$(CH_2)_6N_4$		1.4×10^{-9}	8.85
苯胺	$C_6H_5NH_2$		3.98×10^{-10}	9.40
二苯胺	$(C_6H_5)_2NH$		7.94×10^{-14}	13.1

注：附录Ⅳ～Ⅷ数据主要源于"*CRC Handbook of Chemistry and Physics* 82th"。

附录Ⅴ 配位化合物的累积稳定常数

	$\lg\beta_1$	$\lg\beta_2$	$\lg\beta_3$	$\lg\beta_4$	$\lg\beta_5$	$\lg\beta_6$
1. F^-						
Al(Ⅲ)	6.10	11.15	15.00	17.75	19.37	19.84
Be(Ⅱ)	5.1	8.8	11.26	13.10		
Fe(Ⅲ)	5.28	9.30	12.06		15.77	
Th(Ⅲ)	7.65	13.46	17.97			
Ti(Ⅳ)	5.4	9.8	13.7	18.0		
Zr(Ⅳ)	8.80	16.12	21.94			
2. Cl^-						
Ag(Ⅰ)	3.04	5.04		5.30		
Au(Ⅲ)		9.8				
Bi(Ⅲ)	2.44	4.7	5.0	5.6		
Cd(Ⅱ)	1.95	2.50	2.60	2.80		
Cu(Ⅰ)		5.5	5.7			
Fe(Ⅲ)	1.48	2.13	1.99	0.01		
Hg(Ⅱ)	6.74	13.22	14.07	15.07		
Pb(Ⅱ)	1.62	2.44	1.70	1.60		
Pt(Ⅱ)		11.5	14.5	16.0		
Sb(Ⅲ)	2.26	3.49	4.18	4.72		
Sn(Ⅱ)	1.51	2.24	2.03	1.48		
Zn(Ⅱ)	0.43	0.61	0.53	0.20		
3. Br^-						
Ag(Ⅰ)	4.38	7.33	8.00	8.73		
Au(Ⅰ)		12.46				
Cd(Ⅱ)	1.75	2.34	3.32	3.70		
Cu(Ⅰ)		5.89				

续附录V

	$\lg\beta_1$	$\lg\beta_2$	$\lg\beta_3$	$\lg\beta_4$	$\lg\beta_5$	$\lg\beta_6$
Cu(Ⅱ)	0.30					
Hg(Ⅱ)	9.05	17.32	19.74	21.00		
Pb(Ⅱ)	1.2	1.9		1.1		
Pd(Ⅱ)				13.1		
Pt(Ⅱ)				20.5		
4. I^-						
Ag(Ⅰ)	6.58	11.74	13.68			
Cd(Ⅱ)	2.10	3.43	4.49	5.41		
Cu(Ⅰ)		8.85				
Hg(Ⅱ)	12.87	23.82	27.60	29.83		
Pb(Ⅱ)	2.00	3.15	3.92	4.47		
5. CN^-						
Ag(Ⅰ)		21.1	21.7	20.6		
Au(Ⅰ)		38.3				
Cd(Ⅱ)	5.48	10.60	15.23	18.78		
Cu(Ⅰ)		24.0	28.59	30.30		
Fe(Ⅱ)						35
Fe(Ⅲ)						42
Hg(Ⅱ)					41.4	
Ni(Ⅱ)					31.3	
Zn(Ⅱ)	5.3	11.70	16.70	21.60		
6. NH_3						
Ag(Ⅰ)	3.24	7.05				
Cd(Ⅱ)	2.65	4.75	6.19	7.12	6.80	5.14
Co(Ⅱ)	2.11	3.74	4.79	5.55	5.73	5.11
Co(Ⅲ)	6.7	14.0	20.1	25.7	30.8	35.2
Cu(Ⅰ)	5.93	10.86				
Cu(Ⅱ)	4.31	7.98	11.02	13.32	12.86	
Fe(Ⅱ)	1.4	2.2				
Hg(Ⅱ)	8.8	17.5	18.5	19.28		
Ni(Ⅱ)	2.80	5.04	6.77	7.96	8.71	7.74
Pt(Ⅱ)						35.3
Zn(Ⅱ)	2.37	4.81	7.31	9.46		
7. OH^-						
Ag(Ⅰ)	2.0	3.99				
Al(Ⅲ)	9.27			33.03		
Be(Ⅱ)	9.7	14.0	15.2			
Bi(Ⅲ)	12.7	15.8		35.2		
Cd(Ⅱ)	4.17	8.33	9.02	8.62		
Cr(Ⅲ)	10.1	17.8		29.9		
Cu(Ⅱ)	7.0	13.68	17.00	18.5		
Fe(Ⅱ)	5.56	9.77	9.67	8.58		
Fe(Ⅲ)	11.87	21.17	29.67			

续附录Ⅴ

	$\lg\beta_1$	$\lg\beta_2$	$\lg\beta_3$	$\lg\beta_4$	$\lg\beta_5$	$\lg\beta_6$
Ni(Ⅱ)	4.97	8.55	11.33			
Pb(Ⅱ)	7.82	10.85	14.58		61.0	
Sb(Ⅲ)		24.3	36.7	38.3		
Tl(Ⅲ)	12.86	25.37				
Zn(Ⅱ)	4.40	11.30	14.14	17.60		
8. $P_2O_7^{4-}$						
Ca(Ⅱ)	4.6					
Cd(Ⅱ)	5.6					
Cu(Ⅱ)	6.7	9.0				
Ni(Ⅱ)	5.8	7.4				
Pb(Ⅱ)	7.3	10.15				
Zn(Ⅱ)	8.7	11.0				
9. SCN^-						
Ag(Ⅰ)	4.6	7.57	9.08	10.08		
Au(Ⅰ)		23		42		
Cd(Ⅱ)	1.39	1.98	2.58	3.6		
Co(Ⅱ)	−0.04	−0.70	0	3.00		
Cu(Ⅰ)	12.11	5.18				
Fe(Ⅲ)	2.21	3.64	5.00	6.30	6.20	6.0
Ni(Ⅱ)	1.18	1.64	1.81			
Zn(Ⅱ)	1.33	1.91	2.00	1.60		
10. $S_2O_3^{2-}$						
Ag(Ⅰ)	8.82	13.46				
Cd(Ⅱ)	3.92	6.44				
Cu(Ⅰ)	10.27	12.22	13.84			
Hg(Ⅱ)		29.44	31.90	33.24		
Pb(Ⅱ)		5.13	6.35			
11. 草酸 $H_2C_2O_4$						
Ag(Ⅰ)	2.41					
Al(Ⅲ)	7.26	13.0	16.3			
Fe(Ⅱ)	2.9	4.52	5.22			
Fe(Ⅲ)	9.4	16.2	20.2			
Mn(Ⅱ)	3.97	5.80				
Ni(Ⅱ)	5.3	7.64	8.5			
Zn(Ⅱ)	4.89	7.60	8.15			
12. 乙酸 CH_3COOH						
Ag(Ⅰ)	0.73	0.64				
Pb(Ⅱ)	2.52	4.0	6.4	8.5		

续附录Ⅴ

	$\lg\beta_1$	$\lg\beta_2$	$\lg\beta_3$	$\lg\beta_4$	$\lg\beta_5$	$\lg\beta_6$
13. 乙二胺 en						
Ag(Ⅰ)	4.70	7.70				
Cd(Ⅱ)	5.47	10.09	12.09			
Co(Ⅱ)	5.91	10.64	13.94			
Co(Ⅲ)	18.7	34.9	48.69			
Cr(Ⅱ)	5.15	9.19				
Cu(Ⅰ)		10.8				
Cu(Ⅱ)	10.67	20.00	21.0			
Fe(Ⅱ)	4.34	7.65	9.70			
Hg(Ⅱ)	14.3	23.3				
Mn(Ⅱ)	2.73	4.79	5.67			
Ni(Ⅱ)	7.52	13.84	18.33			
Zn(Ⅱ)	5.77	10.83	14.11			

附录Ⅵ 溶度积常数(18～25℃)

物质	溶度积常数 $K_{sp}^{\ominus}$	$pK_{sp}^{\ominus}$	物质	溶度积常数 $K_{sp}^{\ominus}$	$pK_{sp}^{\ominus}$
AgAc	1.9×10^{-3}	2.72	$BaCrO_4$	1.2×10^{-10}	9.93
Ag_3AsO_4	1.0×10^{-22}	22.00	BaF_2	1.0×10^{-6}	5.98
AgBr	5.0×10^{-13}	12.30	$Ba(OH)_2$	5×10^{-3}	2.3
$AgBrO_3$	5.3×10^{-5}	4.28	$Ba_3(PO_4)_2$	3.4×10^{-23}	22.47
AgCN	1.2×10^{-16}	15.92	$BaSO_4$	1.1×10^{-10}	9.96
Ag_2CO_3	8.1×10^{-12}	11.09	BiI_3	8.1×10^{-19}	18.09
$Ag_2C_2O_4$	3.4×10^{-11}	10.46	Bi_2S_3	1.0×10^{-97}	97
AgCl	1.8×10^{-10}	9.75	$CaCO_3$	2.8×10^{-9}	8.54
Ag_2CrO_4	1.1×10^{-12}	11.95	$CaC_2O_4\cdot H_2O$	4.0×10^{-9}	8.4
$Ag_2Cr_2O_7$	2.0×10^{-7}	6.70	CaF_2	2.7×10^{-11}	10.57
AgI	8.3×10^{-17}	16.08	$Ca(OH)_2$	5.5×10^{-6}	5.26
$AgIO_3$	3.0×10^{-8}	7.52	$Ca_3(PO_4)$	2.0×10^{-29}	28.70
AgOH	2.0×10^{-8}	7.71	$CaSO_4$	9.1×10^{-6}	5.04
Ag_3PO_4	1.4×10^{-16}	15.84	$Cd(OH)_2$	5.27×10^{-15}	14.28
Ag_2S	6.3×10^{-50}	49.2	$CdCO_3$	5.2×10^{-12}	11.28
AgSCN	1.0×10^{-12}	12.00	$CdC_2O_4\cdot 3H_2O$	9.1×10^{-8}	7.04
Ag_2SO_3	1.5×10^{-14}	13.82	$Cd_3(PO_4)_2$	2.5×10^{-33}	32.6
Ag_2SO_4	1.4×10^{-5}	4.84	CdS	8.0×10^{-27}	26.1
$Al(OH)_3$(无定形)	1.3×10^{-33}	32.9	$Co(OH)_2$(新制备)	1.6×10^{-15}	14.8
$AlPO_4$	6.3×10^{-19}	18.24	$Co(OH)_3$	1.6×10^{-44}	43.8
Al_2S_3	2.0×10^{-7}	6.7	$Co_3(PO_4)_2$	2.0×10^{-35}	34.7
$BaCO_3$	5.1×10^{-9}	8.29	α-CoS	4.0×10^{-21}	20.4
BaC_2O_4	1.6×10^{-7}	6.79	β-CoS	2.0×10^{-25}	24.7

续附录Ⅵ

物质	溶度积常数 $K_{sp}^{\ominus}$	$pK_{sp}^{\ominus}$	物质	溶度积常数 $K_{sp}^{\ominus}$	$pK_{sp}^{\ominus}$
$Cr(OH)_2$	2×10^{-16}	15.7	$Mg(OH)_2$	1.8×10^{-11}	10.74
$Cr(OH)_3$	6.3×10^{-31}	30.2	$MnCO_3$	1.8×10^{-11}	10.74
CuBr	5.3×10^{-9}	8.28	$Mn(OH)_2$	1.9×10^{-13}	12.72
CuCl	1.2×10^{-6}	5.92	MnS(无定形)	2.5×10^{-10}	9.6
CuCN	3.2×10^{-20}	19.49	MnS(晶状)	2.5×10^{-13}	12.6
CuI	1.1×10^{-12}	11.96	$NiCO_3$	6.6×10^{-9}	8.18
CuOH	1×10^{-14}	14.0	NiC_2O_4	4×10^{-10}	9.4
Cu_2S	2.5×10^{-48}	47.6	$Ni(OH)_2$(新制备)	2.0×10^{-15}	14.7
CuSCN	4.8×10^{-15}	14.32	α-NiS	3.2×10^{-19}	18.5
$CuCO_3$	1.4×10^{-10}	9.86	β-NiS	1.0×10^{-24}	24.0
CuC_2O_4	2.3×10^{-8}	7.64	γ-NiS	2.0×10^{-26}	25.7
$Cu(IO_3)_2$	7.4×10^{-8}	7.13	$PbAc_2$	1.8×10^{-3}	2.75
$Cu(OH)_2$	2.2×10^{-20}	19.66	$PbBr_2$	4.0×10^{-5}	4.41
$Cu_3(PO_4)_2$	1.3×10^{-37}	36.9	$PbCO_3$	7.4×10^{-14}	13.13
CuS	6.3×10^{-36}	35.2	PbC_2O_4	4.8×10^{-10}	9.32
$FeCO_3$	3.2×10^{-11}	10.50	$PbCl_2$	1.6×10^{-5}	4.79
$Fe(OH)_2$	8.0×10^{-16}	15.1	$PbCrO_4$	2.8×10^{-13}	12.55
FeS	6.3×10^{-18}	17.2	PbF_2	2.7×10^{-8}	7.57
$Fe(OH)_3$	4×10^{-38}	37.4	PbI_2	7.1×10^{-9}	8.15
$FePO_4$	1.3×10^{-22}	21.89	$Pb(IO_3)_2$	3.2×10^{-13}	12.49
Hg_2Br_2	5.6×10^{-23}	22.24	$Pb(OH)_2$	1.2×10^{-15}	14.93
Hg_2CO_3	8.9×10^{-17}	16.05	$Pb_3(PO_4)_2$	8.0×10^{-43}	42.10
$Hg_2C_2O_4$	2.0×10^{-13}	12.7	PbS	1.3×10^{-28}	27.9
Hg_2Cl_2	1.3×10^{-18}	17.88	$Pb(SCN)_2$	2.0×10^{-5}	4.70
Hg_2I_2	4.5×10^{-29}	28.35	$PbSO_4$	1.6×10^{-8}	7.79
HgI_2	2.82×10^{-29}	28.55	$Sn(OH)_2$	1.4×10^{-28}	27.85
Hg_2S	1.0×10^{-47}	47.0	SnS	1.0×10^{-25}	25.0
$Hg_2(SCN)_2$	2.0×10^{-20}	19.7	$Sn(OH)_4$	1×10^{-56}	56
Hg_2SO_4	7.4×10^{-7}	6.13	$SrCO_3$	1.1×10^{-10}	9.96
$Hg(OH)_2$	3.0×10^{-26}	25.52	SrF_2	2.5×10^{-9}	8.61
HgS(红色)	4×10^{-53}	52.4	$SrSO_4$	3.2×10^{-7}	6.49
HgS(黑色)	1.6×10^{-52}	51.8	$ZnCO_3$	1.4×10^{-11}	10.84
$K_2[PtCl_6]$	1.1×10^{-5}	4.96	ZnC_2O_4	2.7×10^{-8}	7.56
K_2SiF_6	8.7×10^{-7}	6.06	$Zn(OH)_2$	1.2×10^{-17}	16.92
$MgCO_3$	3.5×10^{-8}	7.46	α-ZnS	1.6×10^{-24}	23.8
MgF_2	6.5×10^{-9}	8.19	β-ZnS	2.5×10^{-22}	21.6

附录Ⅶ 标准电极电势(298.15 K)

a. 酸性介质(按 $\varphi_A^\ominus$ 代数值由小到大排列)

电极反应	$\varphi_A^\ominus$/V	电极反应	$\varphi_A^\ominus$/V
$Li^+ + e^- \rightleftharpoons Li$	−3.045	$CO_2 + 2H^+ + 2e^- \rightleftharpoons CO + H_2O$	−0.120
$K^+ + e^- \rightleftharpoons K$	−2.925	P(红)$+3H^+ + 3e^- \rightleftharpoons PH_3$(气)	−0.111
$Rb^+ + e^- \rightleftharpoons Rb$	−2.925	$S + H^+ + 2e^- \rightleftharpoons HS^-$	−0.065
$Cs^+ + e^- \rightleftharpoons Cs$	−2.923	$Fe_2O_3(\alpha) + 6H^+ + 6e^- \rightleftharpoons 2Fe + 3H_2O$	−0.051
$Ba^{2+} + 2e^- \rightleftharpoons Ba$	−2.906	$[HgI_4]^{2-} + 2e^- \rightleftharpoons Hg + 4I^-$	−0.038
$Sr^{2+} + 2e^- \rightleftharpoons Sr$	−2.888	$CuI_2^- + e^- \rightleftharpoons Cu + 2I^-$	0.000
$Ca^{2+} + 2e^- \rightleftharpoons Ca$	−2.866	$HSO_3^- + 5H^+ + 4e^- \rightleftharpoons S + 3H_2O$	0.000
$Na^+ + e^- \rightleftharpoons Na$	−2.714	$2H^+ + 2e^- \rightleftharpoons H_2$	0.000
$Ce^{3+} + 3e^- \rightleftharpoons Ce$	−2.483	$Sn^{4+} + 4e^- \rightleftharpoons Sn$	0.009
$Mg^{2+} + 2e^- \rightleftharpoons Mg$	−2.363	$CuBr + e^- \rightleftharpoons Cu + Br^-$	0.033
$H_2 + 2e^- \rightleftharpoons 2H^-$	−2.250	P(白)$+3H^+ + 3e^- \rightleftharpoons PH_3$(气)	0.063 7
$Be^{2+} 2e^- \rightleftharpoons Be$	−1.847	$AgBr + e^- \rightleftharpoons Ag + Br^-$	0.071
$Al^{3+} + 3e^- \rightleftharpoons Al$	−1.622	$Si + 4H^+ + 4e^- \rightleftharpoons SiH_4$	0.102
$Mn^{2+} + 2e^- \rightleftharpoons Mn$	−1.180	$NiO + 2H^+ + 2e^- \rightleftharpoons Ni + H_2O$	0.110
$Cr^{2+} + 2e^- \rightleftharpoons Cr$	−0.913	$CuCl + e^- \rightleftharpoons Cu + Cl^-$	0.137
$H_3BO_3 + 3H^+ + 3e^- \rightleftharpoons B + 3H_2O$	−0.870	$S + 2H^+ + 2e^- \rightleftharpoons H_2S$(水)	0.142
$SiO_2 + 4H^+ + 4e^- \rightleftharpoons Si + 2H_2O$	−0.857	$SO_4^{2-} + 8H^+ + 8e^- \rightleftharpoons S^{2-} + 4H_2O$	0.149
$H_2SiO_3 + 4H^+ + 4e^- \rightleftharpoons Si + 3H_2O$	−0.840	$Sn^{4+} + 2e^- \rightleftharpoons Sn^{2+}$	0.151
$V^{3+} + 3e^- \rightleftharpoons V$	−0.835	$Cu^{2+} + e^- \rightleftharpoons Cu^+$	0.153
$SnO_2 + 4H^+ + 2e^- \rightleftharpoons Sn^{2+} + 2H_2O$	−0.770	$SO_4^{2-} + 4H^+ + 2e^- \rightleftharpoons H_2SO_3 + H_2O$	0.172
$Zn^{2+} + 2e^- \rightleftharpoons Zn$	−0.763	$2Cu^{2+} + H_2O + 2e^- \rightleftharpoons Cu_2O + 2H^+$	0.203
$Cr^{3+} + 3e^- \rightleftharpoons Cr$	−0.744	$SbO^+ + 2H^+ + 3e^- \rightleftharpoons Sb + H_2O$	0.204
$H_3PO_3 + 3H^+ + 3e^- \rightleftharpoons$ P(白)$+3H_2O$	−0.502	$AgCl + e^- \rightleftharpoons Ag + Cl^-$	0.222
$2CO_2 + 2H^+ + 2e^- \rightleftharpoons H_2C_2O_4$	−0.490	$[HgBr_4]^{2-} + 2e^- \rightleftharpoons Hg + 4Br^-$	0.223
$SiO_3^{2-} + 6H^+ + 4e^- \rightleftharpoons Si + 3H_2O$	−0.455	$CO_3^{2-} + 3H^+ + 2e^- \rightleftharpoons HCOO^- + H_2O$	0.227
$H_3PO_3 + 3H^+ + 3e^- \rightleftharpoons$ P(红)$+3H_2O$	−0.454	$SO_3^{2-} + 6H^+ + 6e^- \rightleftharpoons S^{2-} + 3H_2O$	0.231
$Fe^{2+} + 2e^- \rightleftharpoons Fe$	−0.440	$As_2O_3 + 6H^+ + 6e^- \rightleftharpoons 2As + 3H_2O$	0.234
$Cr^{3+} + e^- \rightleftharpoons Cr^{2+}$	−0.408	$Sb^{3+} + 3e^- \rightleftharpoons Sb$	0.240
$Cd^{2+} + 2e^- \rightleftharpoons Cd$	−0.403	饱和甘汞电极(饱和 KCl 溶液)	0.241 2
$PbSO_4 + 2e^- \rightleftharpoons Pb + SO_4^{2-}$	−0.359	$PbO + 2H^+ + 2e^- \rightleftharpoons Pb + H_2O$	0.248
$Ni^{2+} + 2e^- \rightleftharpoons Ni$	−0.250	$N_2 + 8H^+ + 6e^- \rightleftharpoons 2NH_4^+$	0.260
$CO_2 + 2H^+ + 2e^- \rightleftharpoons HCOOH$	−0.199	$Hg_2Cl_2 + 2e^- \rightleftharpoons 2Hg + 2Cl^-$	0.268
$CuI + e^- \rightleftharpoons Cu + I^-$	−0.185	甘汞电极(1 mol KCl)	0.280 1
$AgI + e^- \rightleftharpoons Ag + I^-$	−0.152	$2SO_4^{2-} + 10H^+ + 8e^- \rightleftharpoons S_2O_3^{2-} + 5H_2O$	0.290
$Sn^{2+} + 2e^- \rightleftharpoons Sn$	−0.136	$Cu^{2+} + 2e^- \rightleftharpoons Cu$	0.337
$Pb^{2+} + 2e^- \rightleftharpoons Pb$	−0.126	$AgIO_3 + e^- \rightleftharpoons Ag + IO_3^-$	0.354

续附录Ⅶ

电极反应	$\varphi_A^\ominus$/V	电极反应	$\varphi_A^\ominus$/V
$SO_4^{2-}+8H^++6e^- \rightleftharpoons S+4H_2O$	0.357	$NO_3^-+4H^++3e^- \rightleftharpoons NO+2H_2O$	0.96
$SnO_3^{2-}+3H^++2e^- \rightleftharpoons HSnO_2^-+H_2O$	0.374	$2MnO_2+2H^++2e^- \rightleftharpoons Mn_2O_3+H_2O$	0.98
$[HgCl_4]^{2-}+2e^- \rightleftharpoons Hg+4Cl^-$	0.38	$AuCl_4^-+3e^- \rightleftharpoons Au+4Cl^-$	1.00
$[PtI_6]^{2-}+2e^- \rightleftharpoons [PtI_4]^{2-}+2I^-$	0.393	$HNO_2+H^++e^- \rightleftharpoons NO+H_2O$	1.00
$2H_2SO_3+2H^++4e^- \rightleftharpoons S_2O_3^{2-}+3H_2O$	0.400	$NO_2+2H^++2e^- \rightleftharpoons NO+H_2O$	1.03
$Co^{3+}+3e^- \rightleftharpoons Co$	0.4	$N_2O_4+4H^++4e^- \rightleftharpoons 2NO+2H_2O$	1.035
$As_2O_5+10H^++10e^- \rightleftharpoons 2As+5H_2O$	0.429	$N_2O_4+2H^++2e^- \rightleftharpoons 2HNO_2$	1.065
$H_2SO_3+4H^++4e^- \rightleftharpoons S+3H_2O$	0.450	Br_2(液)$+2e^- \rightleftharpoons 2Br^-$	1.065
$S_2O_3^{2-}+6H^++4e^- \rightleftharpoons 2S+3H_2O$	0.465	$NO_2+H^++e^- \rightleftharpoons HNO_2$	1.07
$CO+6H^++6e^- \rightleftharpoons CH_4+H_2O$	0.497	$IO_3^-+6H^++6e^- \rightleftharpoons I^-+3H_2O$	1.085
$4H_2SO_3+4H^++6e^- \rightleftharpoons S_4O_6^{2-}+6H_2O$	0.51	Br_2(水)$+2e^- \rightleftharpoons 2Br^-$	1.087
$Cu^++e^- \rightleftharpoons Cu$	0.521	$2NO_3^-+10H^++8e^- \rightleftharpoons N_2O+5H_2O$	1.116
I_2(结晶)$+2e^- \rightleftharpoons 2I^-$	0.536	$AuCl_2^-+e^- \rightleftharpoons Au+2Cl^-$	1.15
$I_3^-+2e^- \rightleftharpoons 3I^-$	0.536	$AuCl+e^- \rightleftharpoons Au+Cl^-$	1.17
$Cu^{2+}+Cl^-+e^- \rightleftharpoons CuCl$	0.538	$ClO_4^-+2H^++2e^- \rightleftharpoons ClO_3^-+H_2O$	1.19
$AgBrO_3+e^- \rightleftharpoons Ag+BrO_3^-$	0.546	$2IO_3^-+12H^++10e^- \rightleftharpoons I_2+6H_2O$	1.195
$H_3AsO_4+2H^++2e^- \rightleftharpoons HAsO_2+2H_2O$	0.56	$ClO_3^-+3H^++2e^- \rightleftharpoons HClO_2+H_2O$	1.21
$CuO_+2H^++2e^- \rightleftharpoons Cu+H_2O$	0.570	$O_2+4H^++4e^- \rightleftharpoons 2H_2O$	1.229
$[PtBr_4]^{2-}+2e^- \rightleftharpoons Pt+4Br^-$	0.58	$MnO_2+4H^++2e^- \rightleftharpoons Mn^{2+}+2H_2O$	1.23
$2HgCl_2+2e^- \rightleftharpoons Hg_2Cl_2+2Cl^-$	0.63	$2NO_3^-+12H^++10e^- \rightleftharpoons N_2+6H_2O$	1.24
$Cu^{2+}+Br^-+e^- \rightleftharpoons CuBr$	0.640	$2HNO_2+4H^++4e^- \rightleftharpoons N_2O+3H_2O$	1.29
$Ag_2SO_4+2e^- \rightleftharpoons 2Ag+SO_4^{2-}$	0.654	$Cr_2O_7^{2-}+14H^++6e^- \rightleftharpoons 2Cr^{3+}+7H_2O$	1.33
$PbO_2+4H^++4e^- \rightleftharpoons Pb+2H_2O$	0.666	$HBrO+H^++2e^- \rightleftharpoons Br^-+H_2O$	1.33
$[PtCl_6]^{2-}+2e^- \rightleftharpoons [PtCl_4]^{2-}+2Cl^-$	0.68	$ClO_4^-+8H^++7e^- \rightleftharpoons 1/2Cl_2+4H_2O$	1.34
$O_2+2H^++2e^- \rightleftharpoons H_2O_2$	0.682	$2NO_2+8H^++8e^- \rightleftharpoons N_2+4H_2O$	1.35
$2SO_3^{2-}+6H^++4e^- \rightleftharpoons S_2O_3^{2-}+3H_2O$	0.705	Cl_2(气)$+2e^- \rightleftharpoons 2Cl^-$	1.358
$[PtCl_4]^{2-}+2e^- \rightleftharpoons Pt+4Cl^-$	0.73	$ClO_4^-+8H^++8e^- \rightleftharpoons Cl^-+4H_2O$	1.38
$Fe^{3+}+e^- \rightleftharpoons Fe^{2+}$	0.771	$Au^{3+}+2e^- \rightleftharpoons Au^+$	1.40
$Hg_2{}^{2+}+2e^- \rightleftharpoons 2Hg$	0.788	$IO_4^-+8H^++8e^- \rightleftharpoons I^-+4H_2O$	1.4
$Ag^++e^- \rightleftharpoons Ag$	0.799	$2HNO_2+6H^++6e^- \rightleftharpoons N_2+4H_2O$	1.44
$NO_3^-+2H^++e^- \rightleftharpoons NO_2+H_2O$	0.80	$BrO_3^-+6H^++6e^- \rightleftharpoons Br^-+3H_2O$	1.44
$Hg^{2+}+2e^- \rightleftharpoons Hg$	0.854	$BrO_3^-+5H^++4e^- \rightleftharpoons HBrO+2H_2O$	1.45
$Cu^{2+}+I^-+e^- \rightleftharpoons CuI$	0.86	$ClO_3^-+6H^++6e^- \rightleftharpoons Cl^-+3H_2O$	1.45
$HNO_2+7H^++6e^- \rightleftharpoons NH_4{}^++2H_2O$	0.864	$2HIO+2H^++2e^- \rightleftharpoons I_2+2H_2O$	1.45
$NO_3^-+10H^++8e^- \rightleftharpoons NH_4{}^++3H_2O$	0.864	$PbO_2+4H^++2e^- \rightleftharpoons Pb^{2+}+2H_2O$	1.455
$2Hg^{2+}+2e^- \rightleftharpoons Hg_2{}^{2+}$	0.920	$ClO_3^-+6H^++5e^- \rightleftharpoons 1/2Cl_2+3H_2O$	1.47
$AuCl_4^-+2e^- \rightleftharpoons AuCl_2^-+2Cl^-$	0.926	$HClO+H^++2e^- \rightleftharpoons Cl^-+H_2O$	1.494
$NO_3^-+3H^++2e^- \rightleftharpoons HNO_2+H_2O$	0.934	$Au^{3+}+3e^- \rightleftharpoons Au$	1.498
$AuBr_2^-+e^- \rightleftharpoons Au+2Br^-$	0.956	$Mn^{3+}+e^- \rightleftharpoons Mn^{2+}$	1.51

续附录Ⅶ

电极反应	$\varphi_A^\ominus$/V	电极反应	$\varphi_A^\ominus$/V
$MnO_4^- + 8H^+ + 5e^- \rightleftharpoons Mn^{2+} + 4H_2O$	1.51	$MnO_4^- + 4H^+ + 3e^- \rightleftharpoons MnO_2 + 2H_2O$	1.692
$O_3 + 6H^+ + 6e^- \rightleftharpoons 3H_2O$	1.511	$BrO_4^- + 2H^+ + 2e^- \rightleftharpoons BrO_3^- + H_2O$	1.763
$BrO_3^- + 6H^+ + 5e^- \rightleftharpoons 1/2Br_2 + 3H_2O$	1.52	$N_2O + 2H^+ + 2e^- \rightleftharpoons N_2 + H_2O$	1.77
$2NO + 2H^+ + 2e^- \rightleftharpoons N_2O + H_2O$	1.59	$H_2O_2 + 2H^+ + 2e^- \rightleftharpoons 2H_2O$	1.776
$HClO + H^+ + e^- \rightleftharpoons 1/2Cl_2 + H_2O$	1.63	$NaBiO_3 + 4H^+ + 2e^- \rightleftharpoons BiO^+ + Na^+ + 2H_2O$	>1.8
$IO_4^- + 2H^+ + 2e^- \rightleftharpoons IO_3^- + H_2O$	1.653	$Co^{3+} + e^- \rightleftharpoons Co^{2+}$	1.808
$NiO_2 + 4H^+ + 2e^- \rightleftharpoons Ni^{2+} + 2H_2O$	1.678	$Ag^{2+} + e^- \rightleftharpoons Ag^+$	1.98
$2NO + 4H^+ + 4e^- \rightleftharpoons N_2 + 2H_2O$	1.68	$S_2O_8^{2-} + 2e^- \rightleftharpoons 2SO_4^{2-}$	2.01
$PbO_2 + SO_4^{2-} + 4H^+ + 2e^- \rightleftharpoons PbSO_4 + 2H_2O$	1.682	$O_3 + 2H^+ + 2e^- \rightleftharpoons O_2 + H_2O$	2.07
$Pb^{4+} + 2e^- \rightleftharpoons Pb^{2+}$	1.69	$MnO_4^{2-} + 4H^+ + 2e^- \rightleftharpoons MnO_2 + 2H_2O$	2.257
$Au^+ + e^- \rightleftharpoons Au$	1.691	$F_2 + 2H^+ + 2e^- \rightleftharpoons 2HF$	3.035

b. 碱性介质(按 $\varphi_B^\ominus$ 由小到大排列)

电极反应	$\varphi_B^\ominus$/V	电极反应	$\varphi_B^\ominus$/V
$Al(OH)_3 + 3e^- \rightleftharpoons Al + 3OH^-$	−2.30	$HgS(黑) + 2e^- \rightleftharpoons Hg + S^{2-}$	−0.69
$SiO_3^{2-} + 3H_2O + 4e^- \rightleftharpoons Si + 6OH^-$	−1.697	$AsO_4^{3-} + 2H_2O + 2e^- \rightleftharpoons AsO_2^- + 4OH^-$	−0.67
$Mn(OH)_2 + 2e^- \rightleftharpoons Mn + 2OH^-$	−1.55	$AsO_4^{3-} + 2H_2O + 2e^- \rightleftharpoons AsO_2^- + 4OH^-$	−0.67
$[Fe(CN)_6]^{4-} + 2e^- \rightleftharpoons Fe + 6CN^-$	−1.5	$Ag_2S + e^- \rightleftharpoons 2Ag + S^{2-}$	−0.66
$ZnS + 2e^- \rightleftharpoons Zn + S^{2-}$	−1.405	$SO_3^{2-} + 3H_2O + 4e^- \rightleftharpoons S + 6OH^-$	−0.66
$Cr(OH)_3 + 3e^- \rightleftharpoons Cr + 3OH^-$	−1.34	$Au(CN)_2^- + e^- \rightleftharpoons Au + 2CN^-$	−0.611
$[Zn(CN)_4]^{2-} + 2e^- \rightleftharpoons Zn + 4CN^-$	−1.26	$PbO + H_2O + 2e^- \rightleftharpoons Pb + 2OH^-$	−0.58
$Zn(OH)_2 + 2e^- \rightleftharpoons Zn + 2OH^-$	−1.245	$2SO_3^{2-} + 3H_2O + 4e^- \rightleftharpoons S_2O_3^{2-} + 6OH^-$	−0.571
$SO_4^{2-} + H_2O + 2e^- \rightleftharpoons SO_3^{2-} + 2OH^-$	−0.93	$S + 2e^- \rightleftharpoons S^{2-}$	−0.48
$PbS + 2e^- \rightleftharpoons Pb + S^{2-}$	−0.93	$2S + 2e^- \rightleftharpoons S_2^{2-}$	−0.476
$Fe(OH)_2 + 2e^- \rightleftharpoons Fe + 2OH^-$	−0.877	$[Cu(CN)_2]^- + e^- \rightleftharpoons Cu + 2CN^-$	−0.429
$SnS + 2e^- \rightleftharpoons Sn + S^{2-}$	−0.87	$Cu_2O + H_2O + 2e^- \rightleftharpoons 2Cu + 2OH^-$	−0.358
$NiS(\alpha) + 2e^- \rightleftharpoons Ni + S^{2-}$	−0.83	$Ag(CN)_2^- + e^- \rightleftharpoons Ag + 2CN^-$	−0.31
$[Co(CN)_6]^{3-} + e^- \rightleftharpoons [Co(CN)_6]^{4-}$	−0.83	$Cu(OH)_2 + 2e^- \rightleftharpoons Cu + 2OH^+$	−0.224
$2H_2O + 2e^- \rightleftharpoons H_2 + 2OH^-$	−0.828	$NO_3^- + 2H_2O + 3e^- \rightleftharpoons NO + 4OH^-$	−0.14
$NiS(\gamma) + 2e^- \rightleftharpoons Ni + S^{2-}$	−1.04	$CrO_4^{2-} + 4H_2O + 3e^- \rightleftharpoons Cr(OH)_3 + 5OH^-$	−0.13
$[Zn(NH_3)_4]^{2+} + 2e^- \rightleftharpoons Zn + 4NH_3$	−1.04	$[Cu(NH_3)_2]^+ + e^- \rightleftharpoons Cu + 2NH_3$	−0.12
$FeS + 2e^- \rightleftharpoons Fe + S^{2-}$	−0.95	$[Cu(NH_3)_4]^{2+} + 2e^- \rightleftharpoons Cu + 4NH_3$	−0.05
$CuS + 2e^- \rightleftharpoons Cu + S^{2-}$	−0.76	$MnO_2 + 2H_2O + 2e^- \rightleftharpoons Mn(OH)_2 + 2OH^-$	−0.05
$Ni(OH)_2 + 2e^- \rightleftharpoons Ni + 2OH^-$	−0.72	$[Cu(NH_3)_4]^{2+} + e^- \rightleftharpoons [Cu(NH_3)_2]^+ + 2NH_3$	−0.01

续附录Ⅶ

电极反应	$\varphi_B^\ominus$/V	电极反应	$\varphi_B^\ominus$/V
$NO_3^- + H_2O + 2e^- \rightleftharpoons NO_2^- + 2OH^-$	0.01	$ClO^- + H_2O + e^- \rightleftharpoons 1/2Cl_2 + 2OH^-$	0.49
$Ag(S_2O_3)_2^{3-} + e^- \rightleftharpoons Ag + 2S_2O_3^{2-}$	0.017	$BrO_3^- + 2H_2O + 4e^- \rightleftharpoons BrO^- + 4OH^-$	0.54
$S_4O_6^{2-} + 2e_2^- \rightleftharpoons 2S_2O_3^{2-}$	0.08	$MnO_4^- + e^- \rightleftharpoons MnO_4^{2-}$	0.558
$[Co(NH)_6]^{3+} + e^- \rightleftharpoons [Co(NH)_6]^{2+}$	0.108	$ClO_4^- + 4H_2O + 8e^- \rightleftharpoons Cl^- + 8OH^-$	0.56
$Mn(OH)_3 + e^- \rightleftharpoons Mn(OH)_2 + OH^-$	0.15	$MnO_4^{2-} + 2H_2O + 2e^- \rightleftharpoons MnO_2 + 4OH^-$	0.603
$2IO_3^- + 6H_2O + 10e^- \rightleftharpoons I_2 + 12OH^-$	0.21	$BrO_3^- + 3H_2O + 6e^- \rightleftharpoons Br^- + 6OH^-$	0.61
$IO_3^- + 3H_2O + 6e^- \rightleftharpoons I^- + 6OH^-$	0.26	$ClO_3^- + 3H_2O + 6e^- \rightleftharpoons Cl^- + 6OH^-$	0.63
$MnO_4^- + 4H_2O + 5e^- \rightleftharpoons Mn(OH)_2 + 6OH^-$	0.34	$BrO^- + H_2O + 2e^- \rightleftharpoons Br^- + 2OH^-$	0.761
$[Fe(CN)_6]^{3-} + e^- \rightleftharpoons [Fe(CN)_6]^{4-}$	0.356	$ClO^- + H_2O + 2e^- \rightleftharpoons Cl^- + 2OH^-$	0.89
$[Ag(NH_3)_2]^+ + e^- \rightleftharpoons Ag + 2NH_3$	0.373	$Cu^{2+} + 2CN^- + e^- \rightleftharpoons [Cu(CN)_2]^-$	1.12
$O_2 + 2H_2O + 4e^- \rightleftharpoons 4OH^-$	0.401	$MnO_4^- + 2H_2O + 3e^- \rightleftharpoons MnO_2 + 4OH^-$	1.23
$2BrO^- + 2H_2O + 2e^- \rightleftharpoons Br_2 + 4OH^-$	0.45	$O_3 + H_2O + 2e^- \rightleftharpoons O_2 + 2OH^-$	1.24
$Ag_2CrO_4 + 2e^- \rightleftharpoons 2Ag + CrO_4^{2-}$	0.464	$F_2 + 2e^- \rightleftharpoons 2F^-$	2.866
$IO^- + H_2O + 2e^- \rightleftharpoons I^- + 2OH^-$	0.485		

附录Ⅷ 条件电极电势

电极反应	条件电极电势 $\varphi^{\ominus\prime}$/V	介 质
$Ag^+ + e^- \rightleftharpoons Ag$	0.792	1 mol·L^{-1} $HClO_4$
	0.228	1 mol·L^{-1} HCl
	0.59	1 mol·L^{-1} NaOH
$H_3AsO_4 + 2H^+ + 2e^- \rightleftharpoons H_3AsO_3 + H_2O$	0.577	1 mol·L^{-1} HCl,$HClO_4$
	0.07	1 mol·L^{-1} NaOH
	−0.16	5 mol·L^{-1} NaOH
$Au^{3+} + 2e^- \rightleftharpoons Au^+$	1.27	0.5 mol·L^{-1} H_2SO_4(氧化金饱和)
	1.26	1 mol·L^{-1} HNO_3(氧化金饱和)
	0.93	1 mol·L^{-1} HCl
$Au^{3+} + 3e^- \rightleftharpoons Au$	0.30	7~8 mol·L^{-1} NaOH
$Ce^{4+} + e^- \rightleftharpoons Ce^{3+}$	1.70	1 mol·L^{-1} $HClO_4$
	1.71	2 mol·L^{-1} $HClO_4$
	1.75	4 mol·L^{-1} $HClO_4$
	1.82	6 mol·L^{-1} $HClO_4$

续附录Ⅷ

电极反应	条件电极电势 $\varphi^{\ominus\prime}$/V	介 质
	1.87	$8\ mol \cdot L^{-1}\ HClO_4$
	1.61	$1\ mol \cdot L^{-1}\ HNO_3$
	1.62	$2\ mol \cdot L^{-1}\ HNO_3$
	1.61	$4\ mol \cdot L^{-1}\ HNO_3$
	1.56	$8\ mol \cdot L^{-1}\ HNO_3$
	1.44	$1\ mol \cdot L^{-1}\ H_2SO_4$
	1.44	$0.5\ mol \cdot L^{-1}\ H_2SO_4$
	1.43	$2\ mol \cdot L^{-1}\ H_2SO_4$
	1.28	$1\ mol \cdot L^{-1}\ HCl$
$Co^{3+} + e^- \rightleftharpoons Co^{2+}$	1.84	$3\ mol \cdot L^{-1}\ HNO_3$
$Cr^{3+} + e^- \rightleftharpoons Cr^{2+}$	−0.40	$5\ mol \cdot L^{-1}\ HCl$
$Cr_2O_7^{2-} + 14H^+ + 6e^- \rightleftharpoons Cr^{3+} + 7H_2O$	0.93	$0.1\ mol \cdot L^{-1}\ HCl$
	0.97	$0.5\ mol \cdot L^{-1}\ HCl$
	1.00	$1\ mol \cdot L^{-1}\ HCl$
	1.05	$2\ mol \cdot L^{-1}\ HCl$
	1.08	$3\ mol \cdot L^{-1}\ HCl$
	1.15	$4\ mol \cdot L^{-1}\ HCl$
	0.92	$0.1\ mol \cdot L^{-1}\ H_2SO_4$
	1.08	$0.5\ mol \cdot L^{-1}\ H_2SO_4$
	1.10	$2\ mol \cdot L^{-1}\ H_2SO_4$
	1.15	$4\ mol \cdot L^{-1}\ H_2SO_4$
	0.84	$0.1\ mol \cdot L^{-1}\ HClO_4$
	1.10	$0.2\ mol \cdot L^{-1}\ HClO_4$
	1.025	$1\ mol \cdot L^{-1}\ HClO_4$
	1.27	$1\ mol \cdot L^{-1}\ HNO_3$
$CrO_4^{2-} + 2H_2O + 3e^- \rightleftharpoons CrO_2^- + 4OH^-$	−0.12	$1\ mol \cdot L^{-1}\ NaOH$
$Cu^{2+} + e^- \rightleftharpoons Cu^+$	−0.09	pH=14
$Fe^{3+} + e^- \rightleftharpoons Fe^{2+}$	0.73	$0.1\ mol \cdot L^{-1}\ HCl$
	0.72	$0.5\ mol \cdot L^{-1}\ HCl$
	0.70	$1\ mol \cdot L^{-1}\ HCl$
	0.69	$2\ mol \cdot L^{-1}\ HCl$
	0.68	$3\ mol \cdot L^{-1}\ HCl$
	0.64	$5\ mol \cdot L^{-1}\ HCl$

续附录Ⅷ

电极反应	条件电极电势 $\varphi^{\ominus\prime}$/V	介 质
	0.68	0.1 mol·L^{-1} H_2SO_4
	0.674	0.5 mol·L^{-1} H_2SO_4
	0.68	4 mol·L^{-1} H_2SO_4
	0.735	0.1 mol·L^{-1} $HClO_4$
	0.732	1 mol·L^{-1} $HClO_4$
	0.46	2 mol·L^{-1} H_3PO_4
	0.70	1 mol·L^{-1} HNO_3
	−0.68	10 mol·L^{-1} NaOH
	0.51	1 mol·L^{-1} HCl+0.5 mol·L^{-1} H_3PO_4
$2Hg^{2+}+2e^- \rightleftharpoons Hg_2^{2+}$	0.920	1 mol·L^{-1} $HClO_4$
	0.28	1 mol·L^{-1} HCl
$Hg_2^{2+}+2e^- \rightleftharpoons 2Hg$	0.33	0.1 mol·L^{-1} KCl
	0.28	1 mol·L^{-1} KCl
	0.25	饱和 KCl
	0.66	4 mol·L^{-1} $HClO_4$
	0.274	1 mol·L^{-1} HCl
$I_3^-+2e^- \rightleftharpoons 3I^-$	0.544 6	0.5 mol·L^{-1} H_2SO_4
$I_2(aq)+2e^- \rightleftharpoons 2I^-$	0.627 6	0.5 mol·L^{-1} H_2SO_4
$Mn^{3+}+e^- \rightleftharpoons Mn^{2+}$	1.50	7.5 mol·L^{-1} H_2SO_4
$MnO_4^-+8H^++5e^- \rightleftharpoons Mn^{2+}+4H_2O$	1.45	1 mol·L^{-1} $HClO_4$
$O_2+2H_2O+4e^- \rightleftharpoons 4OH^-$	0.41	1 mol·L^{-1} NaOH
$Sb^{5+}+2e^- \rightleftharpoons Sb^{3+}$	0.82	6 mol·L^{-1} HCl
	0.75	3.5 mol·L^{-1} HCl
$Sn^{4+}+2e^- \rightleftharpoons Sn^{2+}$	0.14	1 mol·L^{-1} HCl
	0.13	2 mol·L^{-1} HCl
	−0.16	1 mol·L^{-1} $HClO_4$
$SnCl_4^{2-}+2e^- \rightleftharpoons Sn+4Cl^-$	−0.19	1 mol·L^{-1} HCl
$SnCl_6^{2-}+2e^- \rightleftharpoons SnCl_4^{2-}+2Cl^-$	0.14	1 mol·L^{-1} HCl
	0.10	5 mol·L^{-1} HCl
	0.07	0.1 mol·L^{-1} HCl
	0.40	4.5 mol·L^{-1} H_2SO_4
$Ti^{4+}+e^- \rightleftharpoons Ti^{3+}$	−0.05	1 mol·L^{-1} H_3PO_4
	−0.15	5 mol·L^{-1} H_3PO_4
	−0.24	0.1 mol·L^{-1} KSCN
	−0.01	0.2 mol·L^{-1} H_2SO_4
	0.12	2 mol·L^{-1} H_2SO_4

附录Ⅸ 希腊字母表

(The Greek Alphabet)

Letter 字母		Name 名称	Pronunciation 读音
Α	α	alpha	[ˈælfə]
Β	β	beta	[ˈbiːtə,ˈbeitə]
Γ	γ	gamma	[ˈgæmə]
Δ	δ	delta	[ˈdeltə]
Ε	ε	epsilon	[epˈsailən,ˈepsilən]
Ζ	ζ	zeta	[ˈziːtə]
Η	η	eta	[ˈiːtə,ˈeitə]
Θ	θ	theta	[ˈθiːtə]
Ι	ι	iota	[aiˈoutə]
Κ	κ	kappa	[ˈkæpə]
Λ	λ	lambda	[ˈlæmdə]
Μ	μ	mu	[mjuː]
Ν	ν	nu	[njuː]
Ξ	ξ	xi	[gzai,ksai,zai]
Ο	ο	omicron	[ouˈmaikrən]
Π	π	pi	[pai]
Ρ	ρ	rho	[rou]
Σ	σ	sigma	[sigmə]
Τ	τ	tau	[tɔː]
Υ	υ	upsilon	[juːpˈsailən,ˈjuːpsilən]
Φ	φ	phi	[fai]
Χ	χ	chi	[kai]
Ψ	ψ	psi	[psai]
Ω	ω	omega	[ˈoumigə]

附录X 一些常用的 Internet 信息资源

搜索引擎

1. 百度 http://www.baidu.com(中文版)
2. 谷歌 http://www.google.cn/(中文版)
   http://www.google.com/(英文版)
3. Google 学术搜索 http://scholar.google.com
4. 雅虎 http://cn.yahoo.com(中文版)

化学专业信息网

1. 化学信息网 http://www.chinweb.com.cn/
2. 中国化工信息网 http://www.cheminfo.gov.cn/
3. 中国化工网 http://china.chemnet.com/
4. 美国化学学会 https://portal.acs.org/portal/acs/corg/content
5. 英国皇家化学会 http://www.rsc.org/

和化学学科相关的信息网

1. 中国生物信息网 http://www.biosino.org
2. 中国医药信息网 http://www.cpi.gov.cn/
3. 中国材料研究学会 http://www.c-mrs.org.cn/
4. 资源环境学科信息门户网站 http://www.resip.ac.cn/

科技文献数据库

1. CNKI 全文期刊数据库－中国期刊全文数据库 http://www.cnki.net
2. 维普《中文科技期刊数据库》http://cqvip.com
3. Elsevier《期刊全文数据库》http://www.sciencedirect.com

专利数据库

1. 欧洲专利数据库 http://ep.espacenet.com
2. 美国专利数据库 http://www.uspto.gov/patft/index.html
3. 日本专利数据库 http://www.ipdl.inpit.go.jp/homepg_e.ipdl
4. 中国专利信息中心 http://www.cnpat.com.cn/
5. 中国知识产权网 www.cnipr.com

化学信息数据库

1. 剑桥结构数据库(Cambridge Structural Data,CSD)

http://www.ccdc.cam.ac.uk/pages/Home • aspx

2. 蛋白质数据库(RCSB Protein Data Bank)
   http://www.rcsb.org
3. Rutgers 大学核酸数据库 http://ndbserver.rutgers.edu/
4. 化合物基本性质数据库 http://chemfinder.cambridgesoft.com/
5. 中科院科学数据库 http://www.cas.cn/ky/kycc/kysjk/

图书馆网站

1. 中国国家图书馆 http://www.nlc.gov.cn
2. 国家科技图书文献情报中心 http://www.nstl.gov.cn
3. 中国科学院国家科学图书馆 http://www.las.ac.cn
4. 超星数字图书馆 http://www.chaoxing.com/
5. 书生之家数字图书馆 http://edu.21dmedia.com/

习题参考答案

Answers

第一章

1-8 5 000 g

1-9 18.4 $mol \cdot L^{-1}$;10.87 mL

1-10 0.049 9;753 kPa

1-11 $C_{10}H_{14}N_2$

1-12 9.68 kg

1-13 1.49 kPa

1-14 690 $g \cdot mol^{-1}$

1-15 270.98 K;373.76 K

1-16 0.169 $mol \cdot kg^{-1}$;
0.083 6 $mol \cdot kg^{-1}$

1-17 0.384

1-18 5 768 $g \cdot mol^{-1}$;
9.9×10^{-5} kPa

1-19 带负电;向正极移动

1-20 4.23 $mol \cdot L^{-1}$;
0.804 $mol \cdot L^{-1}$;由 b 流向 a

第二章

2-3 -750 $kJ \cdot mol^{-1}$

2-4 -905.48 $kJ \cdot mol^{-1}$

2-6 6.9

2-7 40.68 kJ; 3.101 kJ; 37.58 kJ;
40.68 kJ

2-8 -188.06 $J \cdot mol^{-1}1 \cdot K^{-1}$;
-197.78 $kJ \cdot mol^{-1}$;
-141.74 $kJ \cdot mol^{-1}$;
6.9×10^{10}

2-9 348.6 K

2-10 574.92 K

2-11 89.65 $kJ \cdot mol^{-1}$

2-12 0.157 4

2-14 $kc^2(A) \cdot c(B)$;
$0.06(mol \cdot L^{-1})^{-2} \cdot s^{-1}$;
4.8×10^{-4} $mol \cdot L^{-1} \cdot s^{-1}$

2-15 115.4 $kJ \cdot mol^{-1}$;
0.146 $mol \cdot L^{-1} \cdot s^{-1}$

2-16 77.7 $kJ \cdot mol^{-1}$

第三章

3-2 NO_3^-;Ac^-;OH^-;H_2O;HPO_4^{2-};
CO_3^{2-};HCO_3^-;NH_3;
$[Fe(H_2O)_5OH]^{2+}$

3-3 H_2O;NH_4^+;H_3O^+;$H_2C_2O_4$;
$(CH_2)_6N_4H^+$、$[Al(H_2O)_5OH]^{2+}$;
H_2SO_4;H_2S;HPO_4^{2-}

3-5 碱性由强到弱的顺序为:Na_3PO_4,
Na_2CO_3,NaCN,NaF,NaSCN

3-6 1.3%;1.8×10^{-2}%

3-8 9.33×10^{-5} $mol \cdot L^{-1}$;
9.98×10^{-2} $mol \cdot L^{-1}$;
1.30×10^{-4} $mol \cdot L^{-1}$

3-9 (1)5.13;(2)1.50;(3)6.88;

(4)12.74;(5)9.23;(6)4.66

3-10 29.40

3-13 3.10×10^{-2} mol·L^{-1};
1.68×10^{-1} mol·L^{-1};
1.04×10^{-3}

第四章

4-7 pH 至少应为 6.64

4-8 (1)2.1×10^{-6} g·L^{-1};
(2)1.9×10^{-11} g·L^{-1};
(3)1.9×10^{-12} g·L^{-1}

4-9 3.0×10^{-8}

4-10 1.1×10^{-10} mol·L^{-1}

4-12 (1)$Q=9.0\times10^{-9}>1.9\times10^{-13}$,会生成 $Mn(OH)_2$ 沉淀;(2)$Q=1.3\times10^{-13}<1.9\times10^{-13}$;不会生成 $Mn(OH)_2$ 沉淀。

4-13 pH 不超过 2.33

4-14 pH 范围为:2.63~6.85

4-15 AgCl 先析出;$c(Cl^-)=5.5\times10^{-6}<1.0\times10^{-5}$;第一种离子已被沉淀完全。

4-16 3.25×10^{3}; 0.010 mol·L^{-1}

4-17 $K^{\ominus}=2.7\times10^{-14}$;
0.004 5 mol·L^{-1}

第五章

5-4 0.271 V

5-5 (1)1.388 V;(2)0.028 V;
(3)0.178 V;(4)0.266 V

5-9 1.58~4.54

5-10 (1)1.228 V;(2)1.021 V

5-11 0.002 7 mol·L^{-1}

5-12 0.001 8 mol·L^{-1}

5-13 1.80×10^{-8}

5-14 (1)6.10×10^{-7};(2)4.38×10^{5}

5-15 (1)0.715 V;(2)1.43×10^{24}

5-16 −1.006 V

5-17 −53.46 kJ·mol^{-1};2.28×10^{9}

5-18 (1)Cu^+,Au^+;(2)0.337 V;
1.390 V;1.497 V;−0.036 V

第六章

6-9 $[Co(NH_3)_5SO_4]Cl$;
$[Co(NH_3)_5Cl]SO_4$

6-10 $[Cr(NH_3)_6]Cl_3$:三氯化六氨合铬(Ⅲ) $[Cr(NH_3)_5Cl]Cl_2$:二氯化一氯·五氨合铬(Ⅲ)

6-11 有沉淀生成

6-12 0.5 mol·L^{-1}

6-13 $[I^-]=1.2\times10^{-3}$ mol·L^{-1}
$[Cl^-]=2\ 593$ mol·L^{-1} 故能得到 AgI 沉淀,而不能得到 AgCl 沉淀

6-14 有沉淀生成;9.32 mol·L^{-1}

6-15 (a) $NH_2-CH_2-CH_2-NH_2$;
(b)+3;
(c)4 ;(d)en

6-16 1.6×10^{-13} mol·L^{-1}

第七章

7-12 (1)2.90×10^{-3};(2)3.27×10^{5};
(3)326.4;(4)0.93 mol·L^{-1}

7-13 0.59;两位有效数字

7-14 ±0.2%;±0.05%;±0.01%

7-15 20.53%;0.03%;0.04%;0.2%

7-16 应舍去

7-17 应保留

7-18 40 kg;6 次;60 号筛

7-20 10 mL;±0.4%;±0.08%

7-21 4.3%

7-22 合格

7-23 11.68%;11.38%

7-24 0.02%;(20.41±0.05)%

7-25 7 次

第八章

8-4　3.05;不能;10

8-5　10.05%

8-6　42.27%

8-7　64.94%

8-8　0.458 3 g

8-9　0.101 7 $mol \cdot L^{-1}$

8-10　0.23 g

8-11　0.080 0 $g \cdot L^{-1}$

8-12　21.40 $g \cdot L^{-1}$

8-13　0.601 $g \cdot L^{-1}$

8-14　0.315 9;0.451 7;0.436 7

8-15　0.014 68 $mol \cdot L^{-1}$

第九章

9-11　(1)$\alpha=14(L \cdot g^{-1} \cdot cm^{-1})$;
$\varepsilon=2.2\times10^{3}(L \cdot mol^{-1} \cdot cm^{-1})$;
(2)−1.1%

9-12　0.16 g

9-13　0.038 5%

9-14　(1)0.600;0.200;
(2)普通法:标液 25.1%;试液 15.8%;示差法:标液 25.1%;试液 63.1%
(3)扩展4倍;
(4)4.4($mg \cdot L^{-1}$)

9-15　x:3.9×10^{-4} $mol \cdot L^{-1}$;
y:6.3×10^{-4} $mol \cdot L^{-1}$

9-16　(1)0.130; (2)0.520

9-17　(1)68.5%; (2)32.2%;
(3)1.03×10^{5} $L \cdot mol^{-1} \cdot cm^{-1}$

第十章

10-7　(1) 1.96;(2)5.74

10-8　6.67×10^{-3} $mol \cdot L^{-1}$

10-9　3.93 $\mu g \cdot mL^{-1}$

10-10　(1) $K_a=1.85\times10^{-5}$;
(2)pH=8.53
(3)27.39 mL
(4)0.273 9 $mol \cdot L^{-1}$

第十一章

11-2　2

11-7　K,Kr,K,Br,Br,Kr

11-15　(1)0, 1, 2, 3, 4
(2)7, 16, 1, 11

11-16　1;0;1;0;2;2

11-29　(1)$BeCl_2$;$ZnCl_2$;$CdCl_2$;$TiCl_4$;$SnCl_4$;CdI_2;ZnS;CuCl;$FeCl_3$
(2)NaF;Al_2O_3;CaO

参考文献

References

[1] 傅献彩. 大学化学. 北京:高等教育出版社,1999.

[2] 南京大学《无机及分析化学》编写组. 无机及分析化学. 4版. 北京:高等教育出版社,2004.

[3] 倪静安,商少明,翟滨. 无机及分析化学教程. 北京:高等教育出版社,2006.

[4] 史启祯. 无机化学与化学分析. 2版. 北京:高等教育出版社,2006.

[5] 呼世斌,黄蔷蕾. 无机及分析化学. 2版. 北京:高等教育出版社,2005.

[6] 天津大学无机化学教研室. 无机化学. 3版. 北京:高等教育出版社,2002.

[7] 大连理工大学. 无机化学. 4版. 北京:高等教育出版社,2001.6.

[8] 武汉大学. 分析化学. 4版. 北京:高等教育出版社,2000.

[9] 周公度. 结构和物性. 2版. 北京:高等教育出版社,2000.

[10] 北京师范大学,等. 无机化学. 4版. 北京:高等教育出版社,2002.

[11] 贾之慎. 无机及分析化学. 2版. 北京:高等教育出版社,2008.

[12] 浙江大学. 普通化学. 5版. 北京:高等教育出版社,2002.

[13] 赵士铎. 普通化学. 3版. 北京:中国农业大学出版社,2007.

[15] 钟国清,朱云云. 无机及分析化学. 北京:科学出版社,2006.

[16] 华彤文. 普通化学原理. 3版. 北京:北京大学出版社,2005.

[17] 曹凤歧. 大学化学基础. 北京:高等教育出版社,2005.

[18] 揭念芹. 基础化学. 2版. 北京:科学出版社,2007.

[19] 李键美,李利民. 法定计量单位在基础化学中的应用. 北京:中国计量出版社,2000.

[20] Housecroft C E, Sharpe A G. Inorganic Chemistry. London: Pearson Education Limited, 2001.

[21] Geoff Rayner-Canham. Description Inorganic Chemistry. New York: W. H. Freeman and Company, 1996.

[22] Holtzciaw H F, Bobinson W R, Odom J D. General Chemistry with Qualitative Analysis. Ninth edition. Lexington: D. C. Head and Company, 1991.

[23] [美]戈德堡 E. 全美精典学习指导系列:3 000化学习题精解. 夏定国,译. 北京:科学出版社,2003.

[24] [美]罗森堡 L,爱泼斯坦 M. 全美精典学习指导系列:大学化学习题精解．孙家跃,杜海燕,译．北京:科学出版社,2003.
[25] 高岐．分析化学．北京:高等教育出版社,2006.
[26] 金继红．大学化学．北京:化学工业出版社,2007.
[27] 华中师范大学．分析化学．3 版．北京:高等教育出版社,2001.
[28] 王立,等．色谱分析样品处理．北京:化学工业出版社,2001.
[29] 汪茂田,等．天然有机化合物提取分离与结构鉴定．北京:化学工业出版社,2004.
[30] 朱明华．仪器分析．3 版．北京:高等教育出版社,2000.
[31] 武汉大学《定量分析习题精解》编写组．定量分析习题精解．北京:科学出版社,2000.
[32] [英]考尔卡特 R,鲍迪 R. 分析化学工作者用统计学．王克谦,张华,译．北京:科学出版社,1989.

元素周期表

氧化态（单质的氧化态为0，未列入；常见的为红色）

以$^{12}C=12$为基准的相对原子质量（注+的是半衰期最长同位素的相对原子质量）

示例：+2 +3 +4 +5 +6 95 Am 镅▲ $5f^7 7s^2$ 243.06+ —— 原子序数；元素符号（红色的为放射性元素）；元素名称（注▲的是人造元素）；价层电子构型

s区元素　p区元素　d区元素　ds区元素　f区元素　稀有气体

族/周期	1 IA	2 IIA	3 IIIB	4 IVB	5 VB	6 VIB	7 VIIB	8 VIII	9 VIII	10 VIII	11 IB	12 IIB	13 IIIA	14 IVA	15 VA	16 VIA	17 VIIA	18 VIIIA	电子层
1	−1 +1 1 H 氢 $1s^1$ 1.00794(7)																	2 He 氦 $1s^2$ 4.002602(2)	K
2	+1 3 Li 锂 $2s^1$ 6.941(2)	+2 4 Be 铍 $2s^2$ 9.012182(3)											+3 5 B 硼 $2s^2 2p^1$ 10.811(7)	−4 +2 +4 6 C 碳 $2s^2 2p^2$ 12.0107(8)	−3 −2 −1 +1 +2 +3 +4 +5 7 N 氮 $2s^2 2p^3$ 14.0067(2)	−2 −1 8 O 氧 $2s^2 2p^4$ 15.9994(3)	−1 9 F 氟 $2s^2 2p^5$ 18.9984032(5)	10 Ne 氖 $2s^2 2p^6$ 20.1797(6)	L K
3	+1 11 Na 钠 $3s^1$ 22.989770(2)	+2 12 Mg 镁 $3s^2$ 24.3050(6)											+3 13 Al 铝 $3s^2 3p^1$ 26.981538(2)	−4 +2 +4 14 Si 硅 $3s^2 3p^2$ 28.0855(3)	−3 +1 +3 +5 15 P 磷 $3s^2 3p^3$ 30.973761(2)	−2 +2 +4 +6 16 S 硫 $3s^2 3p^4$ 32.065(5)	−1 +1 +3 +5 +7 17 Cl 氯 $3s^2 3p^5$ 35.453(2)	18 Ar 氩 $3s^2 3p^6$ 39.948(1)	M L K
4	+1 19 K 钾 $4s^1$ 39.0983(1)	+2 20 Ca 钙 $4s^2$ 40.078(4)	+3 21 Sc 钪 $3d^1 4s^2$ 44.955910(8)	−1 +2 +3 +4 22 Ti 钛 $3d^2 4s^2$ 47.867(1)	±1 +2 +3 +4 +5 23 V 钒 $3d^3 4s^2$ 50.9415	−3 ±1 ±2 +3 +4 +5 +6 24 Cr 铬 $3d^5 4s^1$ 51.9961(6)	−2 ±1 +2 ±3 +4 +5 +6 +7 25 Mn 锰 $3d^5 4s^2$ 54.938049(9)	−2 ±1 +2 +3 +4 +5 +6 26 Fe 铁 $3d^6 4s^2$ 55.845(2)	±1 +2 +3 +4 +5 27 Co 钴 $3d^7 4s^2$ 58.933200(9)	±1 +2 +3 +4 28 Ni 镍 $3d^8 4s^2$ 58.6934(2)	+1 +2 +3 +4 29 Cu 铜 $3d^{10} 4s^1$ 63.546(3)	+1 +2 30 Zn 锌 $3d^{10} 4s^2$ 65.409(4)	+1 +3 31 Ga 镓 $4s^2 4p^1$ 69.723(1)	+2 +4 32 Ge 锗 $4s^2 4p^2$ 72.64(1)	−3 +3 +5 33 As 砷 $4s^2 4p^3$ 74.92160(2)	−2 +4 +6 34 Se 硒 $4s^2 4p^4$ 78.96(3)	−1 +1 +3 +5 +7 35 Br 溴 $4s^2 4p^5$ 79.904(1)	+2 +4 36 Kr 氪 $4s^2 4p^6$ 83.798(2)	N M L K
5	+1 37 Rb 铷 $5s^1$ 85.4678(3)	+2 38 Sr 锶 $5s^2$ 87.62(1)	+3 39 Y 钇 $4d^1 5s^2$ 88.90585(2)	+1 +2 +3 +4 40 Zr 锆 $4d^2 5s^2$ 91.224(2)	±1 +2 +3 +4 +5 41 Nb 铌 $4d^4 5s^1$ 92.90638(2)	±1 ±2 +3 +4 +5 +6 42 Mo 钼 $4d^5 5s^1$ 95.94(2)	±1 +2 +3 +4 +5 +6 +7 43 Tc 锝▲ $4d^5 5s^2$ 97.907+	±1 ±2 +3 +4 +5 +6 +7 +8 44 Ru 钌 $4d^7 5s^1$ 101.07(2)	±1 +2 +3 +4 +5 +6 45 Rh 铑 $4d^8 5s^1$ 102.90550(2)	±1 +2 +3 +4 46 Pd 钯 $4d^{10}$ 106.42(1)	+1 +2 +3 47 Ag 银 $4d^{10} 5s^1$ 107.8682(2)	+1 +2 48 Cd 镉 $4d^{10} 5s^2$ 112.411(8)	+1 +3 49 In 铟 $5s^2 5p^1$ 114.818(3)	+2 +4 50 Sn 锡 $5s^2 5p^2$ 118.710(7)	−3 +3 +5 51 Sb 锑 $5s^2 5p^3$ 121.760(1)	−2 +2 +4 +6 52 Te 碲 $5s^2 5p^4$ 127.60(3)	−1 +1 +3 +5 +7 53 I 碘 $5s^2 5p^5$ 126.90447(3)	+2 +4 +6 +8 54 Xe 氙 $5s^2 5p^6$ 131.293(6)	O N M L K
6	+1 55 Cs 铯 $6s^1$ 132.90545(2)	+2 56 Ba 钡 $6s^2$ 137.327(7)	57~71 La~Lu 镧系	+1 +2 +3 +4 72 Hf 铪 $5d^2 6s^2$ 178.49(2)	±1 +2 +3 +4 +5 73 Ta 钽 $5d^3 6s^2$ 180.9479(1)	±1 ±2 +3 +4 +5 +6 74 W 钨 $5d^4 6s^2$ 183.84(1)	±1 +2 +3 +4 +5 +6 +7 75 Re 铼 $5d^5 6s^2$ 186.207(1)	±1 +2 +3 +4 +5 +6 +7 +8 76 Os 锇 $5d^6 6s^2$ 190.23(3)	±1 +2 +3 +4 +5 +6 77 Ir 铱 $5d^7 6s^2$ 192.217(3)	+1 +2 +3 +4 +5 +6 78 Pt 铂 $5d^9 6s^1$ 195.078(2)	+1 +2 +3 +5 79 Au 金 $5d^{10} 6s^1$ 196.96655(2)	+1 +2 +3 80 Hg 汞 $5d^{10} 6s^2$ 200.59(2)	+1 +3 81 Tl 铊 $6s^2 6p^1$ 204.3833(2)	+2 +4 82 Pb 铅 $6s^2 6p^2$ 207.2(1)	−3 +3 +5 83 Bi 铋 $6s^2 6p^3$ 208.98038(2)	−2 +2 +4 +6 84 Po 钋 $6s^2 6p^4$ (208.98)+	±1 +5 +7 85 At 砹 $6s^2 6p^5$ (209.99)+	+2 86 Rn 氡 $6s^2 6p^6$ (222.02)+	P O N M L K
7	+1 87 Fr 钫▲ $7s^1$ (223.02)+	+2 88 Ra 镭 $7s^2$ (226.03)+	89~103 Ac~Lr 锕系	104 Rf 𬬻▲ $6d^2 7s^2$ (261.11)+	105 Db 𬭊▲ $6d^3 7s^2$ (262.11)+	106 Sg 𬭳▲ $6d^4 7s^2$ (263.12)+	107 Bh 𬭛▲ $6d^5 7s^2$ (264.12)+	108 Hs 𬭶▲ $6d^6 7s^2$ (265.13)+	109 Mt 鿏▲ $6d^7 7s^2$ (266.13)+	110 Ds 𫟼▲ (281)+	111 Rg 𬬭▲ (281)+	112 Cn 鿔▲ (285)+	113 Nh 鿭▲ (284)+	114 Fl 𫓧▲ (289)+	115 Mc 镆▲ (289)+	116 Lv 𫟷▲ (293)+	117 Ts 鿬▲ (294)+	118 Og 鿫▲ (294)+	Q P O N M L K

系															
★镧系	+3 57 La★ 镧 $5d^1 6s^2$ 138.9055(2)	+2 +3 +4 58 Ce 铈 $4f^1 5d^1 6s^2$ 140.116(1)	+3 +4 59 Pr 镨 $4f^3 6s^2$ 140.90765(2)	+2 +3 +4 60 Nd 钕 $4f^4 6s^2$ 144.24(3)	+3 61 Pm 钷▲ $4f^5 6s^2$ 144.91+	+2 +3 62 Sm 钐 $4f^6 6s^2$ 150.36(3)	+2 +3 63 Eu 铕 $4f^7 6s^2$ 151.964(1)	+3 64 Gd 钆 $4f^7 5d^1 6s^2$ 157.25(3)	+3 +4 65 Tb 铽 $4f^9 6s^2$ 158.92534(2)	+3 +4 66 Dy 镝 $4f^{10} 6s^2$ 162.500(1)	+3 67 Ho 钬 $4f^{11} 6s^2$ 164.93032(2)	+3 68 Er 铒 $4f^{12} 6s^2$ 167.259(3)	+2 +3 69 Tm 铥 $4f^{13} 6s^2$ 168.93421(2)	+2 +3 70 Yb 镱 $4f^{14} 6s^2$ 173.04(3)	+3 71 Lu 镥 $4f^{14} 5d^1 6s^2$ 174.967(1)
★锕系	+3 89 Ac★ 锕 $6d^1 7s^2$ (227.03)+	+3 +4 90 Th 钍 $6d^2 7s^2$ 232.0381(1)	+3 +4 +5 91 Pa 镤 $5f^2 6d^1 7s^2$ 231.03588(2)	+2 +3 +4 +5 +6 92 U 铀 $5f^3 6d^1 7s^2$ 238.02891(3)	+3 +4 +5 +6 +7 93 Np 镎 $5f^4 6d^1 7s^2$ (237.05)+	+3 +4 +5 +6 +7 94 Pu 钚 $5f^6 7s^2$ (244.06)+	+2 +3 +4 +5 +6 95 Am 镅▲ $5f^7 7s^2$ (243.06)+	+3 +4 96 Cm 锔▲ $5f^7 6d^1 7s^2$ (247.07)+	+3 +4 97 Bk 锫▲ $5f^9 7s^2$ (247.07)+	+2 +3 +4 98 Cf 锎▲ $5f^{10} 7s^2$ (251.08)+	+2 +3 99 Es 锿▲ $5f^{11} 7s^2$ (252.08)+	+2 +3 100 Fm 镄▲ $5f^{12} 7s^2$ (257.10)+	+2 +3 101 Md 钔▲ $5f^{13} 7s^2$ (258.10)+	+2 +3 102 No 锘▲ $5f^{14} 7s^2$ (259.10)+	+3 103 Lr 铹▲ $5f^{14} 6d^1 7s^2$ (260.11)+